台风监测与预报研究丛书

国家科学技术学术著作出版基金
国家重点研发计划项目(2023YFC3107900)
国家重点研发计划项目(2021YFC3000805)　　资助出版
国家自然科学基金气象联合基金项目(U2142206)
国家自然科学基金面上项目（42175016）

台风监测预报
技术与方法

许映龙　等　编著

气象出版社
China Meteorological Press

内容简介

本书系统论述了台风生成、运动和强度变化的特征、影响因子，总结了台风的天气学预报方法和数值预报模式的科研进展及业务成果，介绍了台风发生发展及其结构和强度变化的机理，讲解了台风生成预报、路径预报和强度预报方法与技术，并对新技术发展作了展望；同时也详细介绍了台风暴雨、台风大风等台风影响的诊断和预报技术方法。本书图文并茂、数据翔实，可供台风预报业务人员、科研人员和高等院校师生阅读和参考，也可为政府相关部门管理者参考。

图书在版编目（CIP）数据

台风监测预报技术与方法 / 许映龙等编著. -- 北京 : 气象出版社, 2023.12

ISBN 978-7-5029-8149-5

Ⅰ. ①台… Ⅱ. ①许… Ⅲ. ①台风预报 Ⅳ. ①P457.8

中国国家版本馆CIP数据核字(2023)第253616号

台风监测预报技术与方法

TAIFENG JIANCE YUBAO JISHU YU FANGFA

出版发行：气象出版社

地　　址：北京市海淀区中关村南大街46号　　**邮政编码：**100081

电　　话：010-68407112(总编室)　010-68408042(发行部)

网　　址：http://www.qxcbs.com　　**E-mail：**qxcbs@cma.gov.cn

责任编辑：隋珂珂　　**终　　审：**吴晓鹏

责任校对：张硕杰　　**责任技编：**赵相宁

封面设计：艺点设计

印　　刷：北京地大彩印有限公司

开　　本：787 mm×1092 mm　1/16　　**印　　张：**26

字　　数：660千字

版　　次：2023年12月第1版　　**印　　次：**2023年12月第1次印刷

定　　价：228.00元

《台风监测预报技术与方法》

编委会

前 言

Preface

我国是世界上受台风袭击最多的国家之一，平均每年约有7个台风（包括热带风暴、强热带风暴、台风、强台风和超强台风，下同）登陆我国。台风是夏秋季节影响我国的最严重和常见的灾害性天气之一，沿海自南向北各省（区、市）均可能受到台风的袭击和影响，其灾害具有突发性强和破坏力大的特点，准确的台风预报预警事关广大人民群众生命财产安全和经济社会发展。党和政府一直以来十分重视台风业务和科研工作，在新中国气象事业70周年之际，习近平总书记专门对气象工作作出重要指示，指出气象工作关系生命安全、生产发展、生活富裕、生态良好，做好气象工作意义重大、责任重大，要求广大气象工作者发扬优良传统，加快科技创新，做到监测精密、预报精准、服务精细，推动气象事业高质量发展，提高气象服务保障能力，发挥气象防灾减灾第一道防线作用，努力为实现中华民族伟大复兴的中国梦作出新的更大的贡献。

为了实现我国台风业务的监测精密、预报精准和服务精细的目标，筑牢气象防灾减灾的第一道防线，必须不断提高台风监测预报预警的技术水平。总结归纳目前我国台风监测预报预警业务的技术方法及相关技术国际前沿，提炼台风预报相关技术着眼点，是提升业务人员台风监测预报预警技术服务水平的重要途径和手段之一，也是本书最初的编写目的。本书的编写和出版得到了2021年国家科学技术学术著作出版基金以及国家重点研发计划项目（2023YFC3107900、2021YFC3000805）、国家自然科学基金气象联合基金项目（U2142206）和国家自然科学基金面上项目（42175016）的共同资助。此外，本书在编写的过程中，也得到了气象出版社领导的大力支持，本书责任编辑隋珂珂在书稿的精心整理和编辑出版过程中，付出了极大的心血和努力，在此一并表示感谢。

本书主要讲述了全球热带气旋的分布、等级划分与气候概况以及台风监测预报方法和相关技术前沿进展。通过本书，可以系统、全面了解台风活动的一般特征，了解影响台风路径、强度和风雨变化的主要天气系统和大气海洋环境因子以及相关预报技术方法，掌握台风监测预报的主要业务技术方法以及台风路径、强度和风雨预报的基本预报思路，有助于提高天气预报一线业务人员的台风监测预报预警业务技术水平和服务能力。

本书由许映龙等编著，作者主要是从事台风监测预报预警的一线业务人员以及相关科研研发人员。全书分为8章，第1章概论和第3章台风监测方法及新技术，由国家气象中心的许映龙编写；第2章台风的一般结构，由上海台风研究所的余晖和朱雪松编写；第4章台风生成预报，由国家气象中心吕心艳、高拴柱以及上海中心气象台的曹晓岗编写；第5章台风路径预报，由广东省气象台的程正泉、杨国杰、蔡景就和林良勲编写；第6章台风强度预报，由福建省气象台的潘宁、余洋和林毅编写；第7章台风暴雨预报和第8章台风大风预报，由福建省气象台的林小红、吴幸毓、郑林晔和刘爱鸣编写。

本书内容力求理论与实际相联系、科研与业务相结合。希望本书对台风预报一线业务人员、科学研究人员和高等院校师生都有一定的参考价值。

由于编写人员水平有限，书中错漏之处在所难免，恳请读者指正。

作者

2023年10月

目 录

Contents

第 1 章

概　论

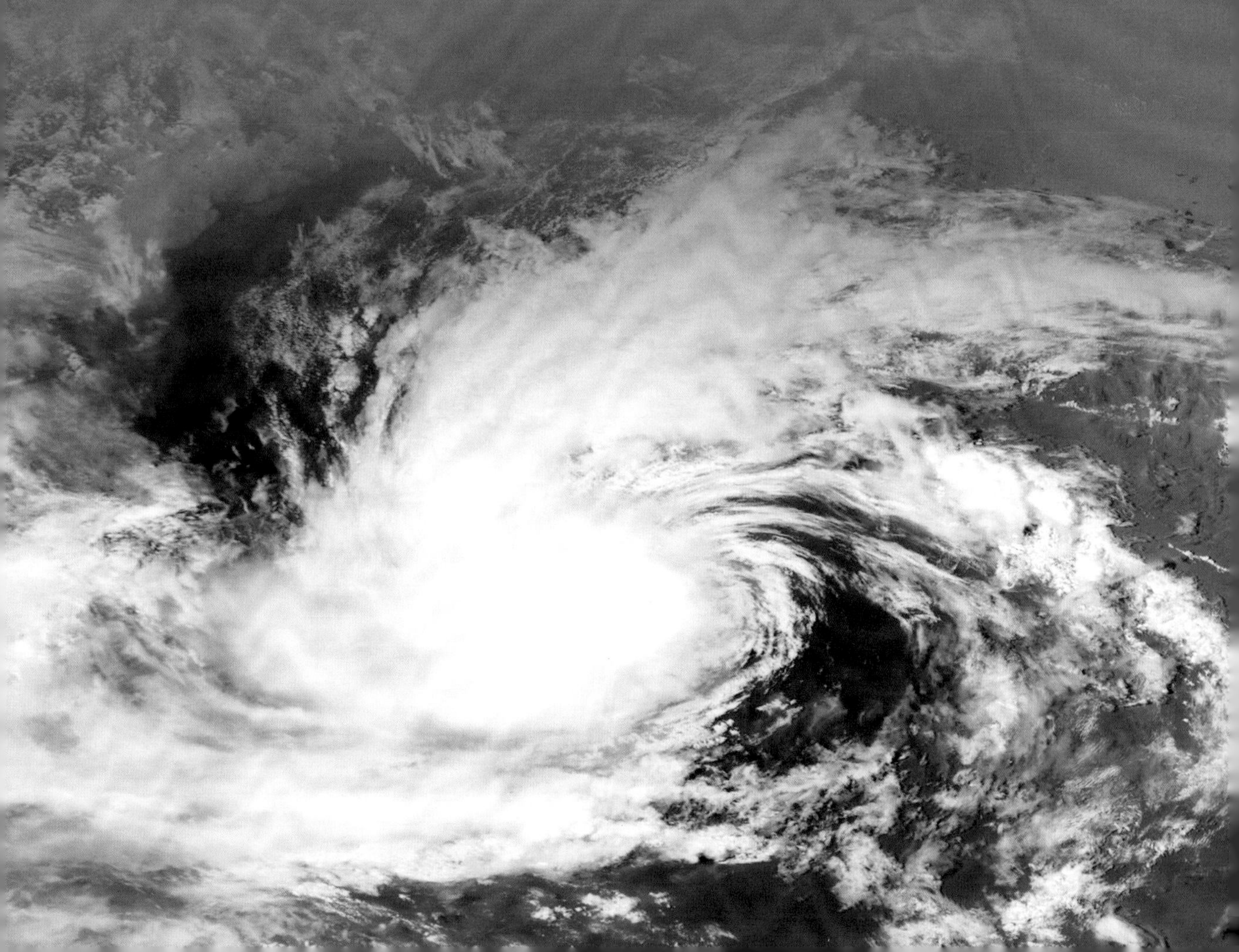

热带气旋是指生成于热带或副热带洋面上、具有有组织的对流和确定的气旋性环流的非锋面性涡旋。根据《热带气旋等级》(GB/T 19201—2006)的定义,热带气旋分为热带低压、热带风暴、强热带风暴、台风、强台风和超强台风6类。在我国,习惯上一般把热带风暴、强热带风暴、台风、强台风和超强台风5类统称为台风。

台风是一种快速旋转的大气涡旋,在北半球呈逆时针方向旋转,在南半球呈顺时针方向旋转,是一种暖心、非锋面性的天气尺度低压系统。全球平均每年约有80～90个台风活动,分布在西北太平洋和南海、北印度洋、东太平洋(含中太平洋)、北大西洋和加勒比海、西南印度洋、西南太平洋和东南印度洋及澳大利亚附近海域七大海域。

台风作为一种灾害性天气系统,一旦生成并登陆,常伴有狂风、暴雨、巨浪、狂潮,是夏秋季节严重威胁我国华南和华东沿海及其内陆省份的灾害性天气系统之一,也是影响全球的主要灾害性天气系统,尤其是随着全球经济发展及一体化趋势的加强,台风相关灾害对全球经济社会生活的影响日益深远,其影响范围已超越国界,成为全球普遍关注的问题。

1.1 全球热带气旋概况

1.1.1 地域分布

在全球范围内,除了赤道两侧、南北纬5°之间的环球带状热带海域以及东南太平洋和南大西洋的热带洋面以外,全球其他热带海域洋面均有热带气旋发生和活动。

根据美国国家海洋和大气管理局大西洋海洋和气象实验室飓风研究部(HRD/AOML/NOAA)的统计资料,过去43年(1980—2022年),全球平均每年约有86.1个热带气旋(中心风力达到8级及以上)生成。其中,北半球台风活动较南半球更为活跃,平均每年约有59.9个热带气旋生成,约占全球总数的69.57%;南半球平均每年约有26.2个热带气旋生成,仅约占全球总数的30.43%(表1.1)。

表1.1 全球各大海域热带气旋年平均生成频数(1980—2022年) (单位:个)

海域名称	热带气旋年平均生成频数			
	最多	最少	平均数	平均百分比
北大西洋和加勒比海	30	4	13.3	15.45%
东太平洋/中太平洋	27	8	17.2	19.98%
西北太平洋	36	12	25.5	29.62%
北印度洋	8	1	3.9	4.53%
西南印度洋	15	3	9.1	10.57%
东南印度洋及澳大利亚附近海域	17	4	10.3	11.96%
西南太平洋	16	1	6.8	7.90%
全球	105	62	86.1	100.00%

资料来源:HRD/AOML/NOAA,2024.07。

全球热带气旋主要分布在西北太平洋和南海、东太平洋(含中太平洋)、北大西洋和加勒比海、西南太平洋、西南印度洋、东南印度洋及澳大利亚附近海域和北印度洋七大海域。其中,西北太平洋和南海海域是全球热带气旋最为活跃的海域,平均每年约有 25.5 个热带气旋生成,约占全球总数的 29.62%;北大西洋和加勒比海、西南太平洋、西南印度洋、东南印度洋及澳大利亚附近海域的热带气旋也很活跃;北印度洋则是全球热带气旋最不活跃的海域,平均每年约有 3.9 个热带气旋生成,仅约占全球的 4.53%(表 1.1,图 1.1)。处于北印度洋的孟加拉湾三角区是一个特殊的地势低洼的脆弱地带,热带气旋不来则罢,一来往往造成灭顶之巨灾。如 1970 年 11 月超级气旋风暴"博拉"(Bhola)袭击孟加拉国吉大港,致使孟加拉国 30 万～50 万人丧生;又如 2008 年 5 月特强气旋风暴"纳尔吉斯"(Nargis)袭击缅甸依洛瓦底省,在缅甸造成超过 13 万人死亡或失踪。

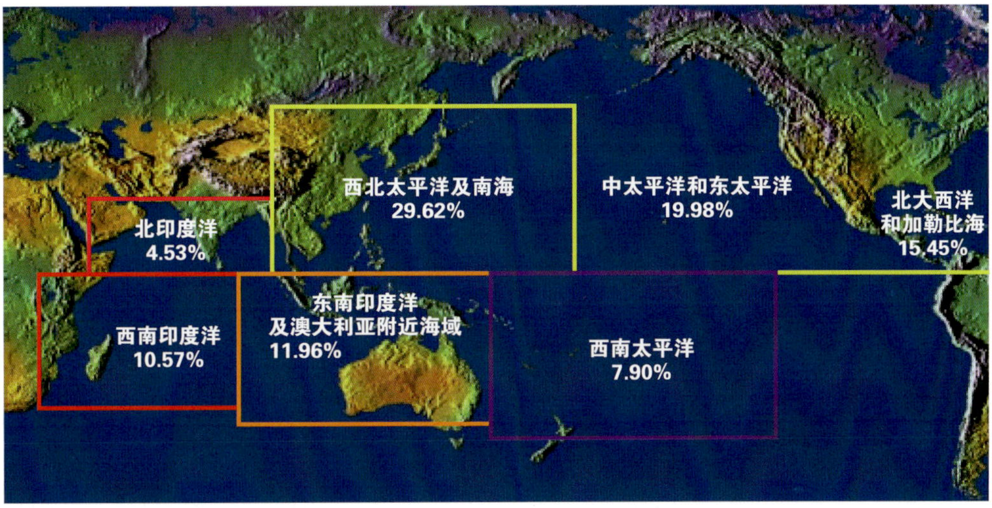

图 1.1 全球热带气旋生成频数百分比分布(1980—2022 年)

在赤道两侧、南北纬 5°之间的环球带状热带洋面,由于地理纬度低,地转偏向力很小,热带扰动很难旋转起来,因此几乎没有热带气旋生成。但也有例外的情况,如 2001 年 12 月下旬在新加坡以东、1.5°N 附近的近赤道海域形成的热带气旋"画眉"(Vamei)先后袭击新加坡和马来半岛。这是一个在中国气象局台风最佳路径资料中没有记录的台风,是有纪录以来第一个袭击新加坡和马来半岛南部的热带气旋,也是西太平洋上最接近赤道形成的热带气旋,同时是全球第二最接近赤道形成的热带气旋。另一个例外是 2004 年 11 月下旬在阿拉伯海 0.7°N 的赤道洋面上形成的气旋风暴"阿格尼"(Agni),是全球最接近赤道形成的热带气旋,并袭击了索马里。上述两个热带气旋生成纬度之低,历史上十分罕见,是向台风形成条件的挑战。

另外,在东南太平洋和南大西洋的热带洋面,由于海表温度较低,同时环境风垂直切变较大,因此除个别情况外,也几乎没有热带气旋生成。但南大西洋有一个例外,那就是 2004 年 3 月下旬在南大西洋热带洋面上生成的一级飓风"卡塔琳娜"(Catarina),它因袭击巴西南部圣卡塔琳娜州而得名。"卡塔琳娜"在南大西洋的出现并登陆巴西,在历史上是一个突破,也是全球气候变化导致极端天气事件增多的一个有力的证据。

此外，全球热带气旋各年生成总频数年际差异显著，最多年份可达 105 个（2019 年），最少年份仅有 62 个（1999 年）。不同海域各年生成频数也存在显著的年际差异，最多生成年份与最少生成年份差异极大，如北大西洋两者相差达 7 倍之多，西南印度洋、东南印度洋及澳大利亚附近海域、西南太平洋和北印度洋等两者则相差达 4 倍及以上（表 1.1）。

1.1.2 月际分布和起源

全球热带气旋的生成和活动具有明显的季节性特征（图 1.2）。从全球范围来看，全年各月均可能有热带气旋生成，生成频数呈不明显的双峰型分布特征，生成盛期分别集中在 1—3 月和 7—10 月，分别对应南北半球的盛夏或初秋。具体来看，南北半球热带气旋生成频数呈明显的单峰型分布特征，北半球全年各月均可能有热带气旋生成，生成盛期集中在 7—10 月，对应北半球的盛夏或初秋；而南半球仅从 9 月到来年的 1 月可能有热带气旋生成，生成盛期集中在 1—3 月，对应南半球的盛夏。

从不同海域来看，西北太平洋和南海海域是全球唯一的全年均有热带气旋生成的海域，生成期相对集中在夏秋之际的 7—10 月，8 月为高产月份，其次为 9 月和 7 月。该海域绝大多数热带气旋（91%）起源于 5°—22°N 的热带洋面，其初始胚胎扰动 80%来自热带辐合带（Intertropical Convergence Zone，ITCZ）或季风槽（Monsoon Trough），10%来源于深厚东风带上的波动，另有少部分来源于热带高层对流层槽（Tropical Upper Tropospheric Trough，TUTT）切断形成的涡旋（TUTT Cell）的向下发展，还有少部分与陆地上发展东移的波动入海有关。

北大西洋上热带气旋的发生频率远比西北太平洋发生频率小，其活动开始于 4 月，结束于 12 月，高发期在 8—10 月，高峰期在 9 月。该海域一半以上的热带气旋的初始胚胎扰动来源于非洲西移来的东风波，少部分来源于 ITCZ，另有一些热带气旋的生成与中纬度入侵的环流系统有关。

东太平洋热带气旋的活动时间开始于 5 月，结束于 12 月，高发期在 7—9 月，高峰期在 8 月。东太平洋大部分热带气旋形成于墨西哥下加利福尼亚以南大约 800 km 的热带洋面上，这与该海域较高的海表温度有关（≥29 ℃），该海域热带气旋的初始胚胎扰动主要来源于东北太平洋上的 ITCZ 和由北大西洋西移而来的东风波。

发生在北印度洋的热带气旋分别活动在孟加拉湾和阿拉伯海两个海域，虽然发生频数较少，仅占全球总数的 4.53%，但该海域热带气旋活动的季节变化却有着与其他海域显著不同的特点，存在两个热带气旋生成活跃期，分别出现在 2—6 月和 9—12 月，呈现双峰型分布特征，双峰分别出现在 5 月和 11 月，以 11 月最多。该海域的热带气旋与中国南海“土生土长”的热带气旋有相似之处，其生长环境与南亚季风活动有关，其双峰型分布特征与南亚季风在冬夏两次爆发有着密切关系。该海域多数初始扰动胚胎均是在季风槽内孕育成长起来的，少部分热带气旋则与来自西北太平洋、南海并跨越中南半岛移入北印度洋的东风波有关，也有一部分与南海热带气旋减弱后的低压环流移入孟加拉湾有关。如 1970 年 11 月中旬袭击孟加拉国吉大港的超级气旋风暴“博拉”（Bhola）就是一个南海热带气旋“Nora”减弱后的低压环流移入孟加拉湾后再度迅速发展所致，并造成孟加拉国 30 万～50 万人丧生。孟加拉湾三角形海湾地势低凹的陆地是一个著名的脆弱地带，中等强度

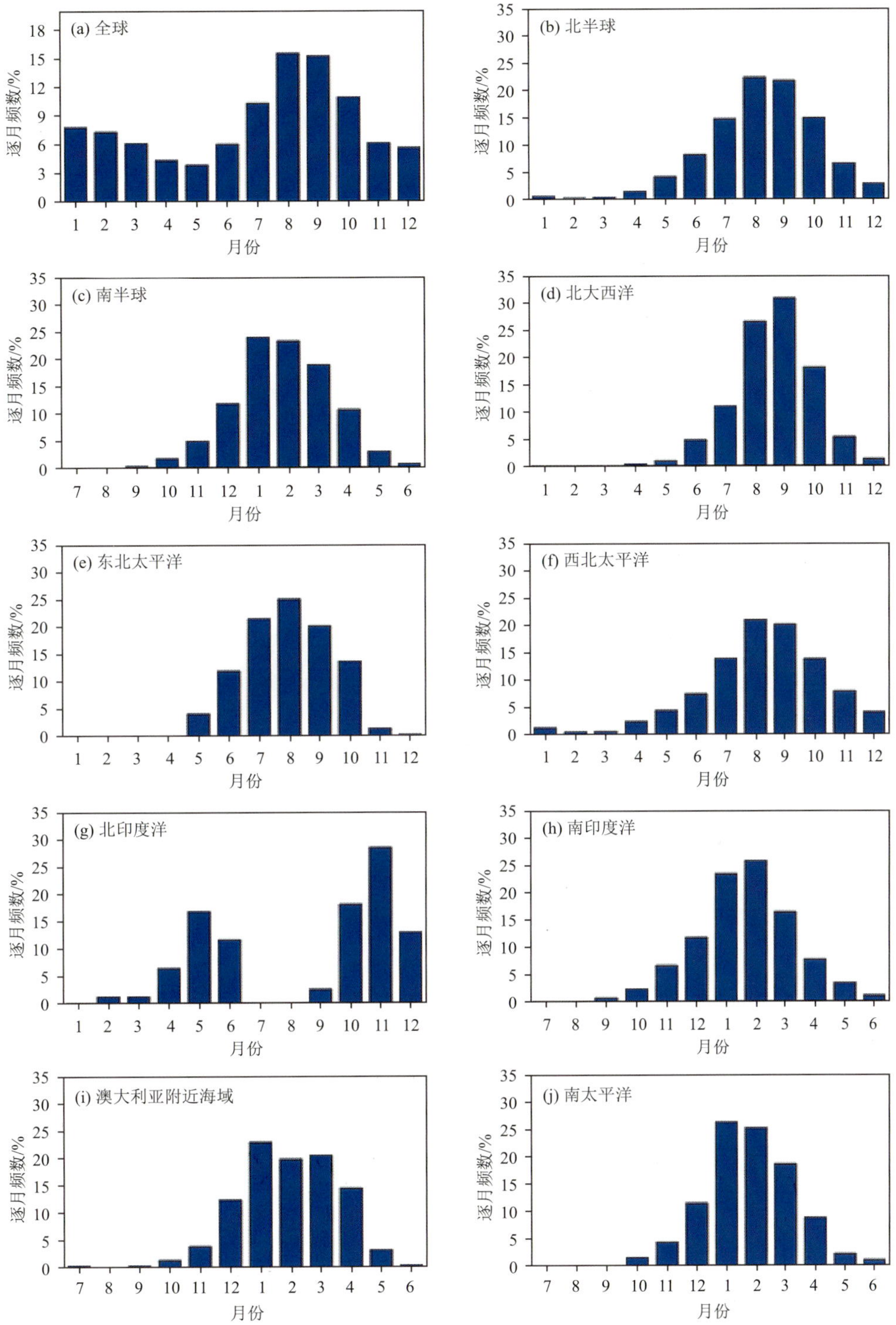

图 1.2 1985—2014 年全球及各大海域热带气旋逐月生成频数分布(Hamish, 2017)

的热带气旋就可以掀起巨大风暴潮,造成死亡无数,是世界最为致命的热带气旋发灾地。孟加拉湾的热带气旋比阿拉伯海的要多 5～6 倍。

西南印度洋热带气旋活跃于当年 9 月至次年的 6 月，1—3 月为生成盛期，高峰期出现在 2 月。该海域多数热带气旋生成在南印度洋辐合带（South Indian Ocean Convergence Zone，SICZ）西段，其形成与来自北半球的跨赤道冷潮有关，部分热带气旋有可能袭击马达加斯加和马斯克林群岛（毛里求斯和留尼汪），有的热带气旋也会生成于狭窄的莫桑比克海峡，袭击马达加斯加和莫桑比克。

西南太平洋上的热带气旋生成在当年 10 月至次年的 6 月，1—3 月为生成盛期，高峰期出现在 1 月。该海域多数热带气旋生成在南太平洋辐合带（South Pacific Convergence Zone，SPCZ）上，其形成与来自北半球的跨赤道冷潮有关，也有少数热带气旋来源于热带洋面自东向西传播的东风波。

澳大利亚附近海域包括东南印度洋以及澳大利亚的西北海岸、东北海岸和卡奔塔利亚湾四个海域，该海域热带气旋主要活跃于当年 10 月至次年 5 月，生成盛期为当年 12 月至次年 4 月，高峰期出现在 1 月，6 月、7 月和 9 月也偶有热带气旋生成。这里的多数热带气旋的初始胚胎扰动来源于南印度洋辐合带东段、季风切变线（Monsoon Shear）和东风波，也有一些是陆地上的低压扰动移入近海海面发展而成，或由登陆热带气旋的残涡重新入海再生而成。

1.2 全球热带气旋等级划分

1.2.1 西北太平洋和南海海域

目前，针对西北太平洋和南海海域的热带气旋活动，中国中央气象台（CMO/CMA）、日本气象厅（JMA）和美国联合台风警报中心（JTWC）等业务机构均对其进行监测和预报，并发布相关热带气旋预警服务，但不同机构对热带气旋的等级划分存在一定的差异，具体如下。

1.2.1.1 中国中央气象台热带气旋等级划分

根据中国《热带气旋等级》（GB/T19201—2006），按照热带气旋底层中心附近最大平均风速（2 min 平均风速），中央气象台将热带气旋划分为热带低压、热带风暴、强热带风暴、台风、强台风和超强台风 6 个等级。在我国，习惯上把热带风暴、强热带风暴、台风、强台风和超强台风 5 类统称为台风。具体的中英文等级名称及风速范围规定如表 1.2 所示。

表 1.2 中央气象台热带气旋等级划分

热带气旋等级		底层中心附近最大平均风速/(m/s)	底层中心附近最大风力/级
中文名称	英文名称（缩略语）		
热带低压	Tropical Depression（TD）	10.8～17.1	6～7
热带风暴	Tropical Storm（TS）	17.2～24.4	8～9
强热带风暴	Severe Tropical Storm（STS）	24.5～32.6	10～11

续表

热带气旋等级		底层中心附近最大平均风速/(m/s)	底层中心附近最大风力/级
中文名称	英文名称(缩略语)		
台风	Typhoon(TY)	32.7～41.4	12～13
强台风	Severe Typhoon(STY)	41.5～50.9	14～15
超强台风	Super Typhoon(SuperTY)	≥51.0	≥16

1.2.1.2 日本气象厅热带气旋等级划分

根据世界气象组织热带气旋等级的划分标准，按照热带气旋底层中心附近最大平均风速(10 min 平均风速)，日本气象厅将热带气旋分为热带低压、热带风暴、强热带风暴和台风 4 个等级。此外，为加强日本国内的台风灾害防御工作，又进一步将台风级的热带气旋划分为强台风(強い)、特强台风(非常に強い)和猛烈台风(猛烈な)3 个等级。具体的中英日文等级名称及风速范围如表 1.3 所示。

表 1.3 日本气象厅热带气旋等级划分

热带气旋等级			底层中心附近最大平均风速/(m/s)	底层中心附近最大风力/级
中文名称	英文/日文名称(缩略语)			
热带低压	Tropical Depression(TD)		10.8～17.1	6～7
热带风暴	Tropical Storm(TS)		17.2～24.4	8～9
强热带风暴	Severe Tropical Storm(STS)		24.5～32.6	10～11
台风	Typhoon(TY)	強い	32.7～43.9	12～14
		非常に強い	44.0～53.9	14～16
		猛烈な	≥54.0	≥16

1.2.1.3 美国联合台风警报中心

按照热带气旋底层中心附近最大平均持续风速(1 min 平均风速)，美国联合台风警报中心将热带气旋分为热带低压、热带风暴、台风和超级台风 4 个等级。具体的中英文等级名称及风速范围如表 1.4 所示。

表 1.4 美国联合台风警报中心热带气旋等级划分

热带气旋等级		底层中心附近最大平均风速		底层中心附近最大风力/级
中文名称	英文名称(缩略语)	米/秒(m/s)	海里*/小时(knot)	
热带低压	Tropical Depression(TD)	10.8～17.1	22～33	6～7
热带风暴	Tropical Storm(TS)	17.2～32.6	34～63	8～11
台风	Typhoon(TY)	32.7～66.7	64～129	12～17 以上
超级台风	Super Typhoon(ST)	≥66.8	≥130	>17

* 1 海里＝1.852 km，后同。

1.2.2 北大西洋、东太平洋(含中太平洋)海域

按照热带气旋底层中心附近最大平均持续风速(1 min 平均风速),美国国家飓风中心将活跃于赤道以北、140°W—180°的中太平洋和赤道以北、140°W 以东的东太平洋以及赤道以北的北大西洋等海域的热带气旋分为热带低压、热带风暴、一级飓风、二级飓风、三级飓风、四级飓风和五级飓风 7 个等级。具体的中英文等级名称及风速范围如表 1.5 所示。

表 1.5 美国国家飓风中心热带气旋等级划分

热带气旋等级		底层中心附近最大平均风速		底层中心附近最大风力/级
中文名称	英文名称(缩略语)	米/秒(m/s)	海里/小时(knot)	
热带低压	Tropical Depression(TD)	10.8～17.1	22～33	6～7
热带风暴	Tropical Storm(TS)	17.2～32.6	34～63	8～11
一级飓风	Hurricane Category 1	32.7～42.5	64～82	12～14
二级飓风	Hurricane Category 2	42.6～49.2	83～95	14～15
三级飓风	Hurricane Category 3	49.3～58.1	96～112	15～17
四级飓风	Hurricane Category 4	58.2～69.9	113～136	≥17
五级飓风	Hurricane Category 5	≥70.0	≥137	>17

1.2.3 北印度洋海域

印度气象局按照热带气旋底层中心附近最大平均持续风速(3 min 平均风速)将活跃于赤道以北的北印度洋(含孟加拉湾和阿拉伯海)海域的热带气旋分为低压、深低压、气旋风暴、强气旋风暴、特强气旋风暴、极强气旋风暴和超级气旋风暴 7 个等级。具体的中英文等级名称及风速范围如表 1.6 所示。

表 1.6 印度气象局热带气旋等级划分

热带气旋等级		底层中心附近最大平均风速		底层中心附近最大风力/级
中文名称	英文名称(缩略语)	米/秒(m/s)	海里/小时(knot)	
低压	Depression (D)	8.7～13.8	17～27	5～6
深低压	Deep Depression (DD)	13.9～17.1	28～33	7
气旋风暴	Cyclonic Storm (CS)	17.2～24.4	34～47	8～9
强气旋风暴	Severe Cyclonic Storm (SCS)	24.5～32.6	48～63	10～11
特强气旋风暴	Very Severe Cyclonic Storm (VSCS)	32.7～46.1	64～89	12～14
极强气旋风暴	Extremely Severe Cyclonic Storm (ExSCS)	46.2～61.6	90～119	15～17 以上
超级气旋风暴	Super Cyclonic Storm (SuCS)	≥61.7	≥120	>17

1.2.4 西南印度洋海域

按照热带气旋底层中心附近最大平均持续风速(10 min 平均风速),法国气象局将活跃于赤道以南、90°E 以西的西南印度洋海域的热带气旋分为热带扰动、热带低压、热带风暴、强热带风暴、热带气旋、强热带气旋和特强热带气旋 7 个等级。具体的中英文等级名称及风速范围如表 1.7 所示。

表 1.7 法国气象局热带气旋等级划分

热带气旋等级		底层中心附近最大平均风速		底层中心附近最大风力/级
中文名称	英文名称	米/秒(m/s)	海里/小时(knot)	
热带扰动	Tropical Disturbance	<13.9	<28	<7
热带低压	Tropical Depression	13.9~17.1	28~33	7
热带风暴	Moderate Tropical Storm	17.2~24.4	34~47	8~9
强热带风暴	Severe Tropical Storm	24.5~32.6	48~63	10~11
热带气旋	Tropical Cyclone	32.7~46.1	64~89	12~14
强热带气旋	Intense Tropical Cyclone	46.2~59.1	90~115	15~17
特强热带气旋	Very Intense Tropical Cyclone	>59.1	>115	≥17

1.2.5 西南太平洋、东南印度洋及澳大利亚附近海域

按照热带气旋底层中心附近最大平均持续风速(10 min 平均风速),澳大利亚气象局和斐济气象局将活跃于赤道以南、160°E 以东的西南太平洋和赤道以南、90°E 以东的东南印度洋以及澳大利亚附近海域的热带气旋分为热带低压、一级热带气旋、二级热带气旋、三级热带气旋、四级热带气旋和五级热带气旋 6 个等级。具体的中英文等级名称及风速范围如表 1.8 所示。

表 1.8 澳大利亚气象局和斐济气象局热带气旋等级划分

热带气旋等级		底层中心附近最大平均风速		底层中心附近最大风力/级
中文名称	英文名称	米/秒(m/s)	海里/小时(knot)	
热带低压	Tropical Low Depression	10.8~17.1	22~33	6~7
一级热带气旋	Tropical Cyclone Category 1	17.2~24.4	34~47	8~9
二级热带气旋	Tropical Cyclone Category 2	24.5~32.6	48~63	10~11
三级热带气旋	Tropical Cyclone Category 3	32.7~44.1	64~85	12~14
四级热带气旋	Tropical Cyclone Category 4	44.2~55.0	86~107	14~16
五级热带气旋	Tropical Cyclone Category 5	>55.0	>107	16 级及以上

1.3 西北太平洋和南海台风概况

西北太平洋和南海海域是全球台风（包括热带风暴、强热带风暴、台风、强台风和超强台风，下同）最为活跃的海域，而且由于在该海域生成的台风多取西北或偏西路径移动，因此它们对东南亚各国（包括中国）均可能造成灾害性的影响，也使这一地区成为世界上少数几个受台风影响最严重的地区之一。从历史平均水平看，西北太平洋和南海海域平均每年有26～27个热带气旋生成，约占全球总数的30%。其中每年有近20个台风影响我国海域，登陆台风有34%袭击我国沿海地区，菲律宾约为26%，越南约为18%，日本约为16%，韩国及朝鲜约为5%，俄罗斯约为1%。

1.3.1 生成源地

台风源地分布在西北太平洋广阔的低纬洋面上和南海海面上，但也有一部分台风的源地可以追溯到更远的中太平洋和东太平洋洋面上，如2006年第12号超强台风“伊欧凯”(Ioke)和1967年的超强台风“Sarah”就分别是源于中太平洋和东太平洋的飓风。此外，还有一部分南海台风的初期扰动竟发源在我国大陆上，如2021年第9号台风“卢碧”(Lupit)。图1.3给出了1949—2023年西北太平洋台风的生成源地分布，可以看到台风的生成源地主要分布于5°—30°N的广阔海域，但相对集中在3个海区：南海中北部海面、菲律宾群岛以东海面和关岛附近海面。

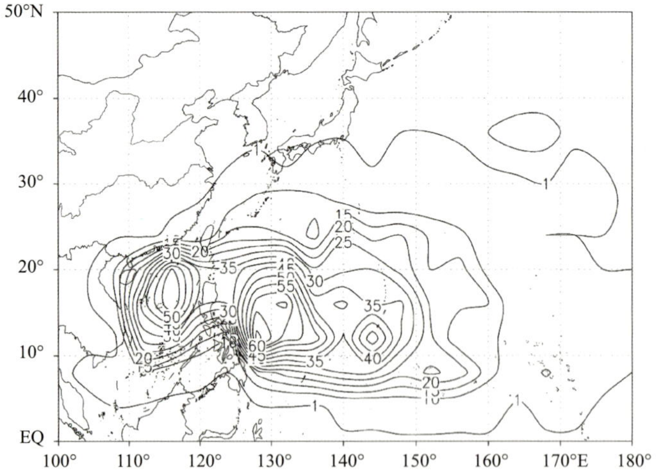

图1.3　1949—2023年西北太平洋和南海台风生成源地分布（单位：个/πR^2，$R=250$ km）

1.3.2 年际变化

从1949—2023年的统计结果看，西北太平洋和南海共有2005个台风生成，平均每年有26.7个，其中热带风暴、强热带风暴、台风、强台风和超强台风分别占生成总数的

1.5 登陆日本台风概况

根据日本气象厅的资料，1951—2023 年的 73 a 间共有 213 个台风在日本沿海地区登陆，平均每年有 2.94 个。

1.5.1 年际变化

从登陆日本台风频数的年际变化看，登陆频数存在着非常明显的年际变化（图 1.12）。多台风年和少台风年之间差别很大，2004 年最多，有 10 个台风登陆，1984 年、1986 年、2000 年、2008 年和 2020 年则没有台风登陆日本。登陆台风频数的年际振动明显，登陆台风频数高于多年平均值的年份有 43 a，20 世纪 50、60、70、90 年代和 2013 年以后明显偏多，分别有 6 a、7 a、6 a、7 a 和 8 a 较多年平均值偏多；低于多年平均值的年份有 30 a，20 世纪 80 年代和 2000—2010 年明显偏少，分别有 6 a 和 7 a 低于多年平均值。

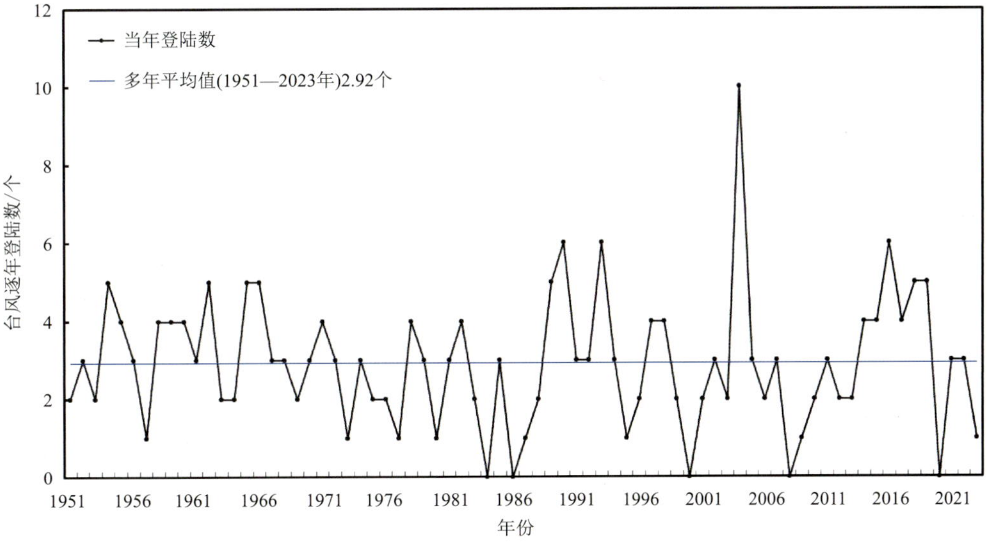

图 1.12 1951—2023 年登陆日本台风频数变化曲线

1.5.2 月际变化

从台风登陆日本的月份来看，除 1—3 月和 12 月没有台风登陆日本沿海外，其余月份均有台风登陆日本（图 1.13），台风登陆日本的时间也主要集中在盛夏初秋的 7—9 月。这一期间平均每年有 2.47 个台风登陆日本沿海，占台风登陆总数的 84.51%。具体而言，7—9 月平均每月各有 0.49 个、1.04 个和 0.93 个台风登陆日本沿海，分别占登陆总数的 16.90%、35.68%和 31.92%。

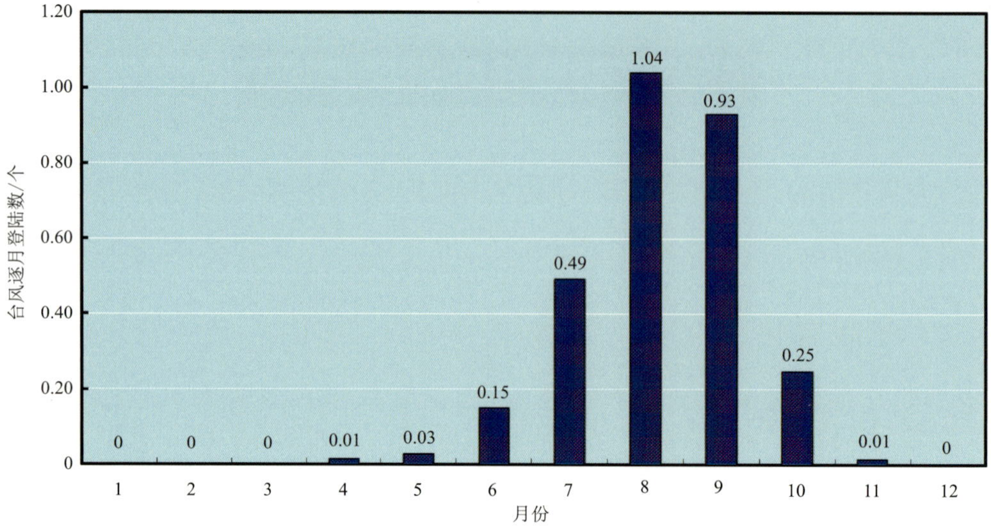

图 1.13　1951—2023 年登陆日本台风频数的月际变化

1.5.3　地域分布

从 1951—2023 年的统计结果看，共有 184 个台风在日本列岛本岛沿海地区登陆（登陆时中心附近最大风力达到 8 级及以上），平均每年 2.52 个，其中鹿儿岛县、高知县、和歌山县和静冈县 4 县最多，平均每年分别有 0.59 个、0.36 个、0.34 个和 0.30 个台风登陆。另外，还有 29 个台风在日本列岛本岛以外的其他岛屿登陆（图 1.14）。

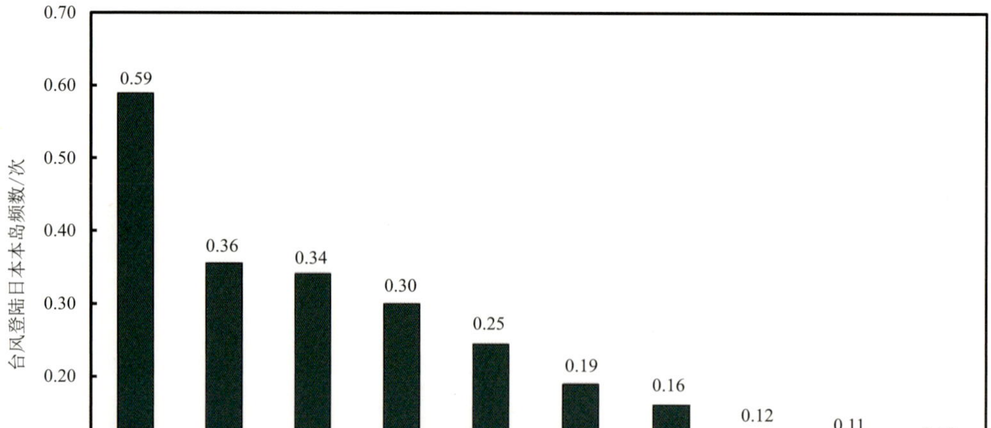

图 1.14　1951—2023 年登陆日本列岛本岛台风频数的地域分布

1.6 北印度洋热带气旋概况

1.6.1 年际变化

根据印度气象局(IMD)的数据,1891—2023 年的 133 a 间,北印度洋共有 685 个中心附近风力达到 8 级及以上的热带气旋生成,平均每年 5.15 个。其中孟加拉湾海域有 534 个,平均每年约 4.02 个;阿拉伯海有 137 个,平均每年约 1.03 个;另有 14 个生成源地在陆地,平均每年约 0.11 个。在全部 685 个热带气旋中,中心附近风力达到 10 级及以上的热带气旋共有 330 个,占全部生成总数的 48.18%,平均每年 2.48 个。其中孟加拉湾海域有 243 个,平均每年约 1.83 个;阿拉伯海海域有 83 个,平均每年约 0.62 个;另有 4 个生成源地在陆地,平均每年约 0.03 个,如表 1.9 所示。

表 1.9 1891—2023 年北印度洋热带气旋生成频数统计

		孟加拉湾	阿拉伯海	陆地	全部
气旋风暴(CS)	生成频数总数/个	291	54	10	355
	生成频数百分比	81.97%	15.21%	2.82%	100.00%
	年平均生成频数/个	2.19	0.41	0.08	2.67
强气旋风暴及以上强度(SCS)	生成频数总数/个	243	83	4	330
	生成频数百分比	73.64%	25.15%	1.21%	100.00%
	年平均生成频数/个	1.83	0.62	0.03	2.48
CS+SCS	生成频数总数/个	534	137	14	685
	生成频数百分比	77.96%	20.00%	2.04%	100.00%
	年平均生成频数/个	4.02	1.03	0.11	5.15

从热带气旋发生频次的年际变化看,北印度洋热带气旋的发生频数存在着较大的年际变化(图 1.15),多热带气旋年和少热带气旋年之间差别较大。1893 年、1926 年、1930 年和 1976 年最多,有 10 个热带气旋生成;1949 年、1953 年、1954 年和 1986 年最少,仅有 1 个。

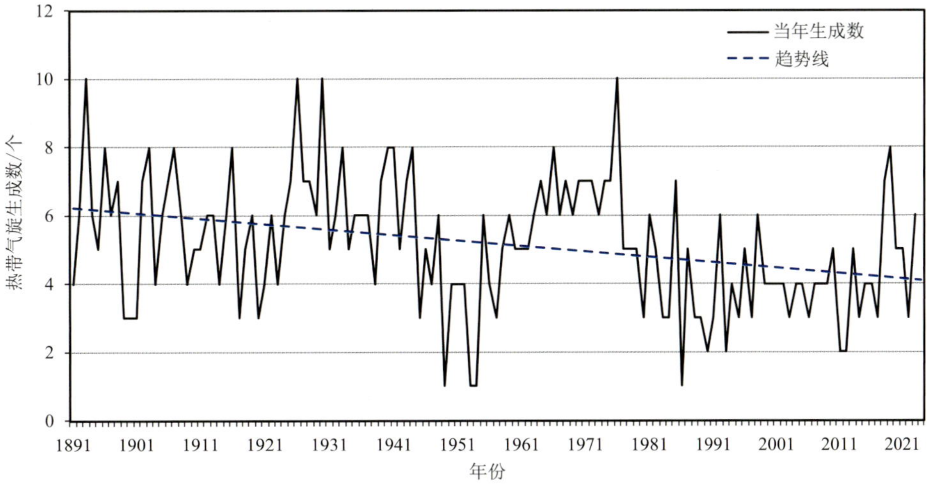

图 1.15 1891—2023 年北印度洋热带气旋年生成频数变化曲线

从长期趋势看，北印度洋热带气旋逐年生成频数呈现较明显的下降趋势（图 1.15）。1980—2023 年的 44 a 间，北印度洋共有 177 个热带气旋生成，平均每年约有 4.02 个。其中中心附近风力达到 10 级及以上的热带气旋有 107 个，平均每年约有 2.43 个，占全部生成总数的 60.45%，可见北印度洋热带气旋的强度呈现一定的增强趋势，主要表现为阿拉伯海热带气旋强度增强趋势明显（表 1.10）。

表 1.10　1980—2023 年北印度洋热带气旋生成频数统计

		孟加拉湾	阿拉伯海	陆地	全部
气旋风暴（CS）	生成频数总数/个	52	17	1	70
	生成频数百分比	74.29%	24.29%	1.43%	100%
	年平均生成频数/个	1.18	0.39	0.02	1.59
强气旋风暴及以上强度（SCS）	生成频数总数/个	74	33	0	107
	生成频数百分比	69.16%	30.84%	0	100%
	年平均生成频数/个	1.68	0.75	0	2.43
CS+SCS	生成频数总数/个	126	50	1	177
	生成频数百分比	71.19%	28.25%	0.56%	100%
	年平均生成频数/个	2.86	1.14	0.02	4.02

1.6.2　月际变化

根据印度气象局（IMD）的数据，1891—2023 年的 133 a 间，北印度洋热带气旋主要活跃于 4—12 月，其活动呈现明显的双峰型分布特征。这是北印度洋热带气旋活动不同于其他海域的一个重要特征，这与印度季风的活动相一致，两个峰值位于 5 月和 11 月，分别有 0.71 个和 1.12 个热带气旋生成。其中，孟加拉湾热带气旋双峰型活动特征与北印度洋一致，两个峰值位于 5 月和 11 月，分别有 0.50 个和 0.94 个热带气旋生成；而阿拉伯海热带气旋活动双峰型特征则分别位于 5 月和 10 月，分别有 0.22 个和 0.25 个热带气旋生成（图 1.16）。

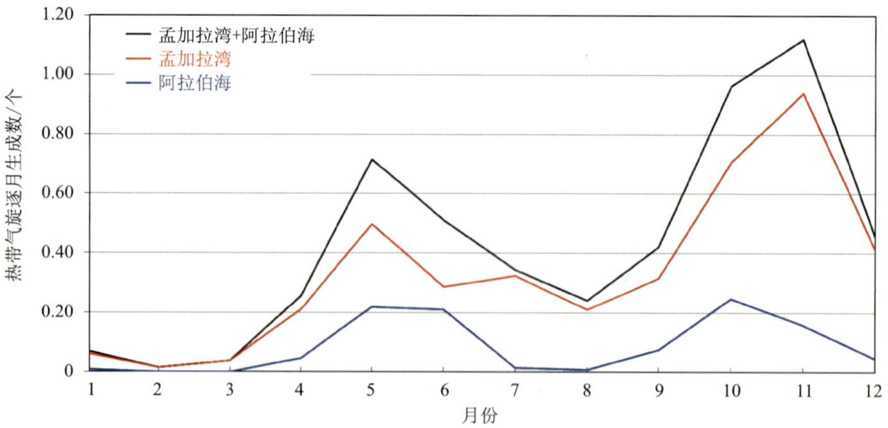

图 1.16　1891—2023 年北印度洋热带气旋逐月生成频数变化曲线

1.6.3 登陆地段

根据印度气象局(IMD)的数据,生成于孟加拉湾的热带气旋约有 87%登陆孟加拉湾沿岸,其中超过 60%登陆印度东海岸,约 30%登陆孟加拉国和缅甸;另有约 13%不会登陆而在孟加拉湾海面减弱消散。

据统计,1891—2023 年共有 287 个热带气旋(登陆时中心附近最大风力达到 8 级及以上)登陆印度东海岸的西孟加拉邦(West Bengal)、奥里萨邦(Odisha)、安得拉邦(Andhra)和泰米尔纳德邦(Tamilnadu),年均 2.16 个。其中登陆时中心风力≥10 级的热带气旋 117 个,年均 0.88 个,占全部登陆印度东海岸热带气旋总数的 40.77%(表 1.11)。登陆时间集中在 10—12 月,10 月登陆地段主要位于印度东北部的奥里萨邦到西孟加拉邦,11 月主要登陆地段位于印度中部的安得拉邦,12 月则主要位于印度东南部的泰米尔纳德邦。

表 1.11 1891—2023 年登陆印度的热带气旋概况

登陆地点		热带气旋登陆数	
		登陆时中心风力≥8 级	登陆时中心风力≥10 级
印度东海岸	西孟加拉邦	48	25
	奥里萨邦	98	24
	安得拉邦	82	35
	泰米尔纳德邦	59	33
	小计	287	117
	平均数	2.16	0.88
印度西海岸	古吉拉特邦	24	13
	马哈拉施特拉邦和果阿邦	7	5
	卡纳塔克邦	0	0
	喀拉拉邦	2	1
	小计	33	19
	平均数	0.25	0.14

生成于阿拉伯海的热带气旋,约有 51.5%登陆阿拉伯海沿岸。其中,约 23%登陆印度西海岸的古吉拉特邦,约 11%登陆巴基斯坦,约 11%登陆阿曼,约 6.5%登陆伊朗、也门和索马里等地。另有约 48.5%不会登陆而在阿拉伯海海面减弱消散。

据统计,1891—2023 年共有 33 个热带气旋登陆印度西海岸的古吉拉特邦(Gujarat)、马哈拉施特拉邦(Maharashtra)和果阿邦(Goa)以及喀拉拉邦(Kerala)等地,年均 0.25 个,约有 72.73%登陆古吉拉特邦。其中登陆时中心附近最大风力≥10 级的热带气旋 19 个,年均 0.14 个,占全部登陆印度西海岸热带气旋总数的 57.58%(表 1.11)。

1.7 北大西洋热带气旋概况

1.7.1 年际变化

根据美国国家飓风中心(NHC/NOAA)的数据,1851—2023 年的 173 a 间,北大西洋共有 1728 个热带气旋(包括热带风暴、一级飓风、二级飓风、三级飓风、四级飓风和五级飓风,本节下同)生成,平均每年约有 10.0 个。其中,960 个达到一级飓风及以上强度,平均每年约有 5.6 个,占全部生成总数的 55.56%;341 个三级飓风及以上强度(强飓风,Major Hurricane,MH),平均每年约有 2.0 个,占全部生成总数的 19.73%。

从热带气旋发生频次的年际变化看,北大西洋热带气旋的发生频数存在着非常明显的年际变化(图 1.17),多热带气旋年和少热带气旋年之间差别很大,2020 年最多,有 30 个热带气旋生成,1914 年最少,仅有 1 个。

从长期趋势看,北大西洋热带气旋逐年生成频数呈现较明显的上升趋势(图 1.17)。1980—2023 年的 44 a 间,北大西洋共有 594 个热带气旋生成,平均每年约有 13.5 个。其中,299 个达到一级飓风及以上强度,平均每年约有 6.8 个,占全部生成总数的 50.34%;125 个三级飓风及以上强度,平均每年约有 2.8 个,占全部生成总数的 21.04%。

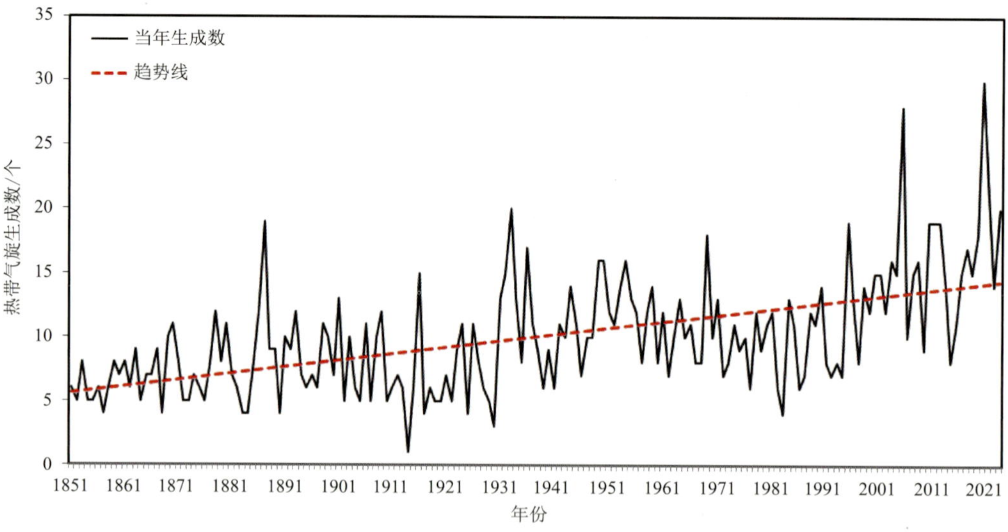

图 1.17 1851—2023 年北大西洋热带气旋生成频数变化曲线

1.7.2 月际变化

1851—2023 年的 173 a 间,北大西洋热带气旋活跃于 5—12 月,生成盛期在夏末初秋之际的 8—10 月,这一期间平均每年有 7.8 个热带气旋生成,占生成总数的 77.72%,具体而言 8—10 月平均每月各有 2.43 个、3.38 个和 1.96 个热带气旋生成(图 1.18),分别占生成总数的 24.31%、33.80%和 19.62%。9 月为“高产”月份,但年际差异极大,最多有 10 个热带气旋生成,发生在 2020 年,共有 19 a 最少,仅各有 1 个热带气旋生成。另外,1—4 月,北大西洋鲜有热带气旋生成,在 1851—2022 年的 173 a 间,1 月仅有 5 个热带气旋生成,分别发生在 1938 年、1951 年、1978 年、2016 年和 2023 年;2 月和 3 月仅分别有 1 个热带气旋生成,分别发生在 1952 年和 1908 年;4 月仅有 3 个热带气旋生成,分别发生在 1992 年、2003 年和 2017 年。

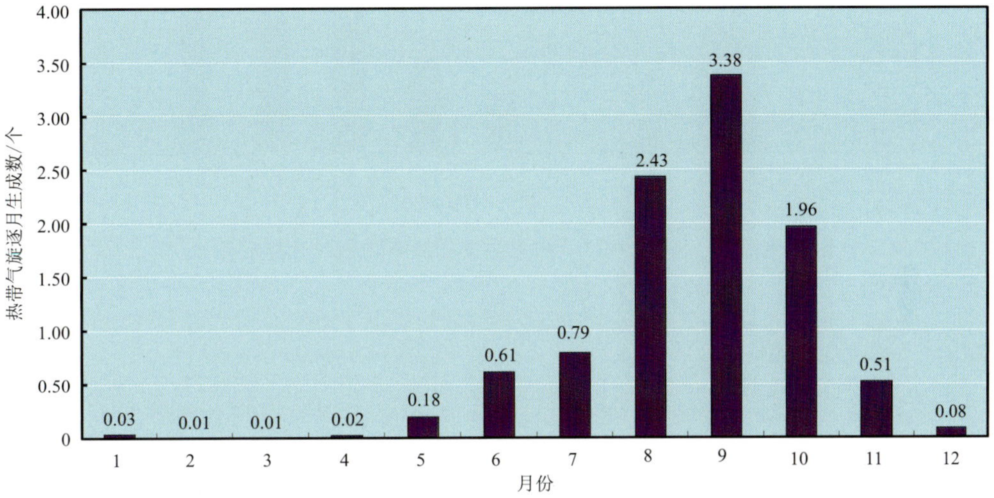

图 1.18 1851—2023 年北大西洋热带气旋生成频数月际变化

1.8 登陆美国热带气旋概况

根据美国 HRD/AOML/NOAA 的统计资料,1851—2023 年的 173 a 间,共有 304 个飓风登陆美国大陆(登陆时中心附近最大风力达 12 级及以上),平均每年约有 1.76 个。其中,包括一级飓风 123 个、二级飓风 84 个、三级飓风 64 个、四级飓风 29 个和五级飓风 4 个。

1.8.1 月际变化

从飓风登陆美国的月份看,每年的 6—11 月是飓风登陆美国大陆的月份,1—5 月和 12 月没有飓风登陆美国(图 1.19),但飓风登陆美国主要集中在夏末初秋的 8—10 月,这一期间平均每年有 1.46 个飓风登陆,占飓风登陆总数的 83.22%,具体而言,8—10 月平均每月各有 0.47 个、0.64 个和 0.35 个飓风登陆美国,分别占登陆美国总数的 26.97%、36.51%和 19.74%。

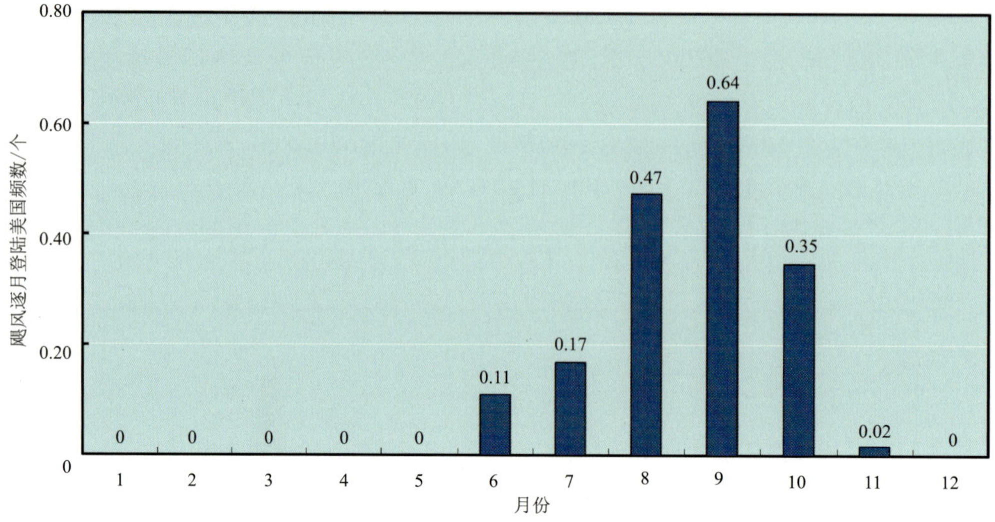

图 1.19 1851—2023 年登陆美国飓风频数的月际变化

1.8.2 地域分布

从 1851—2023 年的统计结果看(图 1.20),从南部的得克萨斯州到东北部的缅因州的美国南部和东部沿岸均可能遭到飓风袭击,登陆美国的 304 个飓风共袭击美国南部和东部 470 次(中心附近最大风力达 12 级及以上),平均每年有 2.72 次。其中佛罗里达州、得克萨斯州、路易斯安那州和北卡罗来纳州 4 州最多,平均每年分别有 0.70 次、0.37 次、0.36 次和 0.34 次遭飓风袭击。

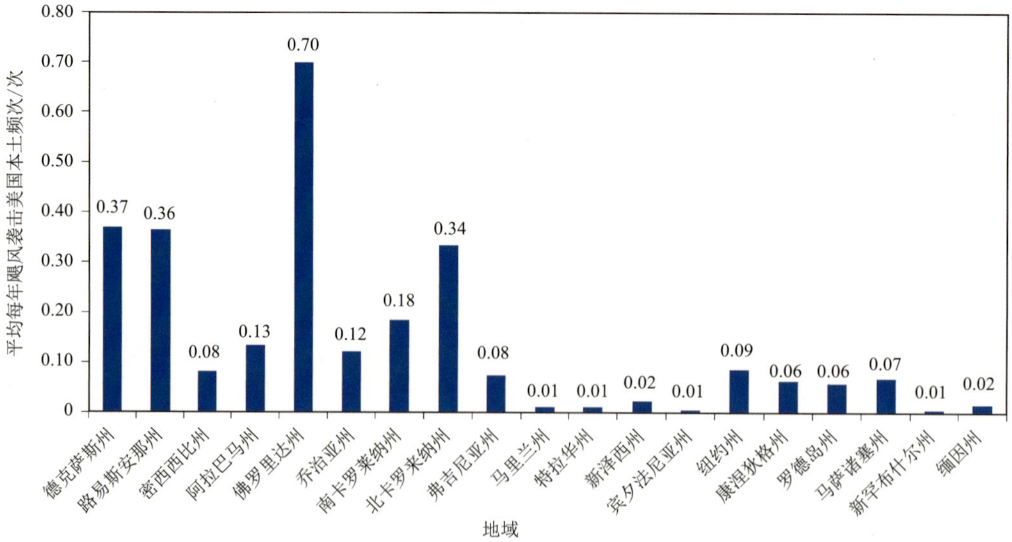

图 1.20 1851—2023 年飓风袭击美国频数的地域分布

1.9 台风灾害影响

台风的破坏力极大，是夏秋季节严重威胁我国沿海、特别是华南和华东沿海及其内陆省份最重要的灾害性天气系统之一。它主要通过三种方式酿成灾害：一是强风，二是暴雨，三是风暴潮。而在台风登陆过程中，往往是三种方式同时作用，并且由于台风登陆时多与天文大潮期重合，在天文潮高潮、风暴潮和短周期波浪的综合影响下，往往造成沿岸地区严重程度不同的潮灾和浪灾，从而常常给人民生命、国家财产和工农业生产等造成重大损失。

台风灾害带来的损失与影响地域的经济状况有关，经济愈发达，损失愈严重。我国沿海是经济最发达、人口最稠密的地区，全国70%以上的大城市、55%的国民经济收入都分布在常受台风袭击的东部和南部沿海地区，最严重的是海南、广东、福建、浙江、江苏和上海。不仅如此，我国广大的内陆地区，除西北地区的少数几个省(区)外，大部分省也受到深入内陆台风或由此减弱的热带低压的袭击，有时也会产生相当大的灾害，甚至可能超过沿海地区。如1975年8月上旬7503号台风在福建晋江登陆后，并不迅速消失，而向西北方向深入内陆，并在河南省境内停滞较长时间，河南许昌、驻马店、南阳等地出现持续性大暴雨，5 d累计雨量超过200 mm的覆盖面积为4.38万 km^2，造成汝河板桥和滚河石漫滩两座大型水库垮坝，河南省有29个县(市)受灾，受灾人口1100万人，淹死26000余人，农田受灾面积达1700万亩*，直接经济损失达100亿元。

1.9.1 风灾

台风风灾是台风引发的主要灾害之一，其影响范围较大，危害性和破坏性强。目前，全球有记录的观测到的最大平均风速和最大瞬时风速均是由热带气旋造成的(表1.12和表1.13)。

表1.12 全球和中国最大平均风速记录一览

序号	平均风速/(m/s)	出现海域或地点	出现时间(年.月.日)	说明
1	90.28	东太平洋(17.0°N,105.5°W)	2015.10.23	1 min平均风速 五级飓风"帕特里夏"(Patricia)
2	84.88	西太平洋(17.57°N,124.55°E)	2010.10.17	1 min平均风速 1013号超强台风"鲇鱼"(Megi)
3	83.50	美国华盛顿山	1934.4.12	5 min平均风速 龙卷

* 1亩≈666.67 m^2，下同。

续表

序号	平均风速/(m/s)	出现海域或地点	出现时间(年.月.日)	说明
4	74.70	中国台湾兰屿	1961.5.26	10 min 平均风速 6104 号强台风“贝蒂”(Betty)
5	72.50	日本富士山	1942.4.5	10 min 平均风速
6	>61.00	广东汕尾遮浪	1979.8.2	10 min 平均风速 7908 号超强台风“荷贝”(Hope)

注:资料引自中国台湾地区气象部门《台风百问》和中国气象局《台风年鉴》等。

表 1.13　全球和中国最大瞬时风速记录一览

序号	瞬时风速/(m/s)	出现海域或地点	出现时间(年.月.日)	说明
1	113.20	澳大利亚巴罗岛(Barrow Island)	1996.4.10	热带气旋“奥莉维亚”(Olivia)
2	103.00	美国华盛顿山	1934.4.12	龙卷
3	97.74	西太平洋 (17.57°N、124.55°E)	2010.10.17	1013 号超强台风“鲇鱼”(Megi)
4	95.20	中国台湾兰屿	2023.10.4	2314 号台风“小犬”(Koinu)
5	91.00	日本富士山	1966.9.25	10 min 平均风速
6	81.30	浙江苍南鹤顶山风电站	2006.8.10	0608 号超强台风“桑美”(Saomai)
7	76.10	浙江苍南石砰山	2013.10.7	1323 号强台风“菲特”(Fitow)
8	75.80	福建福鼎佛掌岩	2006.8.10	0608 号超强台风“桑美”(Saomai)
9	74.10	海南文昌外海浮标	2014.7.18	1409 号超强台风“威马逊”(Rammasun)
10	72.60	日本筑波山	1949.8.31	

注:资料引自中国台湾地区气象部门《台风百问》和中国气象局《台风年鉴》等。

台风风灾主要有以下几种表现形式:①海上航行或港口锚泊的船舶受不同程度损坏,严重者倾覆甚至沉没;②农作物大面积倒伏或抽穗扬花期作物生长严重受损,导致减产或绝收;③果树、甘蔗、林木等经济作物受强风损毁减产;④海上石油勘探和平台生产设施受损;⑤沿海渔业和海洋养殖业设施受损,水产业减产;⑥海港码头装卸运输设施受损;⑦城市建筑工程设施、高层建筑和广告牌被摧毁;⑧城市交通运输受阻、事故频发。

台风强风的破坏一般限于近海海域和沿海地区,登陆后在地形摩擦作用下,其风力大多较快减弱,风力大小及危害程度呈现出沿海岛屿大于沿海海岸带和沿海地带大于内陆的特征。如浙江东部沿海最大风力在 12 级以上,浙江北部平原可达 10~12 级,而浙江中部因受山脉阻挡风力为 8~10 级,浙江西部山区风力一般降至 8 级以下;台风登陆福建时,其内陆风力也不大,仅少数可达 8 级左右。因此台风风灾影响范围远比台风强降水引发的洪涝灾害影响区域小。

此外,台风风灾往往与其他灾害同时出现,如狂风伴随巨浪对船舶的损害、狂风激起风暴潮冲毁海塘、堤坝或导致海水漫滩、狂风夹带暴雨引发的洪水灾害、暴雨倾盆情况下强风拔树可触发山体滑坡和泥石流等次生地质灾害。

1.9.2 暴雨洪涝灾害

台风暴雨洪涝灾害是指台风登陆前后在沿海和内陆累积雨量很大情况下引发的大范围自然灾害，尤其在登陆的沿海丘陵地带常引起山洪暴发，使得受灾范围更广，主要表现为：城市严重积水，居民住房和企业仓库进水，居民财物和仓储物资受损，同时阻碍交通运输，影响城市经济活动和居民生活；大面积农田被淹没，造成植被破坏和农作物减产，甚至绝收；冲毁堤岸，甚至引起水库垮坝，导致淹没村镇和农田；冲毁路基、桥梁，导致火车出轨，车辆翻车，铁路交通中断；冲毁通信和输电网设施，导致通信中断和停电、停工停产；浸坏或冲毁村庄房屋等建筑物基础，导致大量农舍、禽畜棚屋倒塌，致使人畜伤亡，灾后引发流行疾病和瘟疫；淹没或冲毁树木等植物，破坏生态环境。

暴雨洪涝灾害往往比台风风灾更加严重，可造成洪水泛滥，淹没良田城镇，使广大面积顷刻变成一片汪洋。中国暴雨之最均是由台风造成的（表1.14），特别一些未登陆台风或登陆后减弱的残涡有时可下惊人的暴雨，甚至可超过登陆超强台风或强台风暴雨，如1963年6312号超强台风“葛乐礼”（Gloria）、1967年6718号超强台风“解拉”（Carla）、1987年8719号台风“琳恩”（Lynn）和2009年0917号超强台风“芭玛”（Parma）均未在我国台湾岛登陆，却分别在台湾白石、新寮、竹子湖和古鲁创下了1248.0 mm、1672.6 mm、1151.9 mm和1201.5 mm的24 h极端降雨。再如1975年8月7503号超强台风“妮娜”（Nina）登陆我国台湾花莲和福建晋江后深入内陆，其减弱后的残涡在河南驻马店林庄创下1062 mm的我国大陆24 h降雨量的历史记录，成为中国大陆最强的一场雨，称为“75·8”河南特大暴雨。

表1.14 我国24 h降雨量历史极值一览表

序号	24 h降雨量/mm 地点	台风编号 台风名	登陆时间 （年.月.日）	登陆地点	登陆强度 /(m/s)
1	1748.5 台湾嘉义阿里山	9608 贺伯（Herb）	1996.7.31 1996.8.1	台湾基隆 福建福清	45 33
2	1672.6 台湾宜兰新寮	6718 解拉（Carla）	1967.10.19	广东徐闻	23
3	1623.5 台湾嘉义阿里山	0908 莫拉克（Morakot）	2009.8.7 2009.8.9	台湾花莲 福建霞浦	40 33
4	1412.5 台湾高雄多纳林道	2403 格美（Gaemi）	2024.7.25 2024.7.25	台湾宜兰 福建莆田	48 33
5	1248.0 台湾白石	6312 葛乐礼（Gloria）	1963.9.12	福建连江	30
6	1201.5 台湾宜兰古鲁	0917 芭玛（Parma）	2009.10.12	海南万宁	23
7	1151.9 台湾竹子湖	8719 琳恩（Lynn）	1987.10.28	广东珠海	12
8	1062 河南驻马店林庄	7503 妮娜（Nina）	1975.8.3 1975.8.4	台湾花莲 福建晋江	55 35

另外，目前全球观测到的最大降雨量也是由热带气旋所造成的，且均发生在西南印度洋上的留尼汪岛(法属)，具体见表 1.15。

表 1.15　全球热带气旋最大降雨记录

时间	降雨量/mm	发生时间(年.月.日)	发生地点或海域	热带气旋名称
12 h	1144	1966.1.7—1.8	留尼汪岛(法属)西南印度洋	丹尼斯(Denise)
24 h	1825	1966.1.7—1.8	留尼汪岛(法属)西南印度洋	丹尼斯(Denise)
48 h	2467	1958.4.8—4.10	留尼汪岛(法属)西南印度洋	未命名
72 h	3929	2007.2.24—2.27	留尼汪岛(法属)西南印度洋	戛么迪(Gamede)
10 d	5678	1980.2.18—2.27	留尼汪岛(法属)西南印度洋	亚辛特(Hyacinthe)
15 d	6083	1980.2.14—2.28	留尼汪岛(法属)西南印度洋	亚辛特(Hyacinthe)

1.9.3　风暴潮灾害

台风风暴潮是指由台风导致的海水异常升降，使受其影响，海区潮位大大超过平常潮位的现象，多见于夏秋季节，具有来势猛、速度快、强度大、破坏力强等特点，常导致海堤决口、海潮满过堤顶，使沿海地区受到严重冲刷和淹没。

在西太平洋沿岸国家中，我国近海大陆架水域较浅，岸带上河湾众多、滩涂宽阔，有利于风暴潮发展。夏秋季节受台风侵袭次数最多，风暴潮灾害时有发生，几乎遍及整个中国沿海，平均每年发生增水 1 m 以上的台风风暴潮约 6 次，形成灾害的平均为 2.4 次，灾害居西太平洋沿岸国家之首。

我国台风风暴潮灾害主要分布在以下 4 个区域：江苏南部到浙江北部沿岸，主要是长江口和杭州湾；浙江温州到福建闽江口沿岸；广东汕头到珠江口沿岸；广东雷州半岛到海南岛东北部沿岸(表 1.16)。

风暴潮能否成灾，很大程度上取决于最大风暴潮位是否与天文潮高潮叠加，尤其与天文大潮期高潮相叠加，也决定于受灾地区的地理位置、海岸地形特征，尤其是滨海地区社会及经济(承灾体)情况。若最大风暴潮位与天文大潮高潮叠加，会导致发生特大潮灾；若风暴潮位非常高，即使未遇天文大潮，也会造成严重潮灾。

目前，全球观测到的最高风暴增水有 13 m 之高((Whittingham，1958)，它是由 1899 年 3 月袭击澳大利亚巴瑟斯特湾的热带气旋“马希纳”(Mahina)所造成的。但 Nott 等(2014)最新的研究指出：热带气旋“马希纳”袭击澳大利亚时造成的最高风暴增水大约有 9 m 之高，总风暴潮漫滩高度大约有 13 m。在全球范围内，孟加拉湾三角形海湾地势低凹的陆地是一个著名的脆弱地带，热带气旋不来则罢，一来往往会由于风暴潮造成灭顶之

表 1.16 1949—2023 年期间我国大陆最高风暴增水超过 300 cm 的部分台风一览表

序号	台风名(编号)	日期	测站	最高风暴增水/cm	受灾区域	死亡数/人	直接经济损失/亿元
1	Joe(8007)	1980.7.22	南渡	594	雷州半岛、海南	433	5.00
2	Wanda(5612)	1951.8.1	澉浦	502	杭州湾等	4626	无数据
3	海鸥(1415)	2014.9.16	南渡	495	琼、粤、桂	0	42.75
4	桑美(0608)	2006.8.10	鳌江	401	闽、浙	326	70.17
5	威马逊(1409)	2014.7.18	南渡	392	琼、粤、桂	6	80.80
6	菲特(1323)	2013.10.7	鳌江	375	浙、闽	0	34.92
7	Fred(9111)	1991.8.16	南渡	384	雷州半岛等	21	12.90
8	云娜(0414)	2004.8.12	海门	350	闽、浙、沪	22	21.50
9	山竹(1822)	2018.9.16	三灶	339	粤、闽、桂	0	24.57
10	Wayne(8616)	1986.9.5	南渡	339	雷州半岛、琼	20	4.70
11	海葵(1211)	2012.8.8	澉浦	323	浙、沪、苏	0	42.38
12	森拉克(0216)	2002.9.7	鳌江	321	闽、浙、沪	30	62.20
13	卡努(0515)	2005.9.11	海门	320	浙、沪、苏	18	22.20
14	伊布都(0307)	2003.7.24	北津	319	粤、桂	3	21.54
15	利奇马(1909)	2019.8.10	海门	312	闽、浙、沪、苏、鲁、冀、津、辽	0	102.88
16	灿鸿(1509)	2015.7.11	澉浦	312	浙、闽、沪、苏	0	10.98
17	Viola(6903)	1969.7.18	汕头	302	粤东	1554	无具体损失数据

巨灾,伤亡无数。如 1970 年 11 月超级气旋风暴“博拉”(Bhola)登陆孟加拉国吉大港,孟加拉国沿岸出现 3～7 m 的风暴潮,最高达 10.6 m,造成 30 万～50 万人死亡,是全球 20 世纪以来造成人员死亡最多的热带气旋,也是全球 20 世纪以来最为严重的自然灾害之一(表 1.17)。

表 1.17 全球因台风(飓风)及其风暴潮而造成的重大人员死亡事故一览

年份	国家/地区	死亡人数(含失踪)
1970	孟加拉国	300000～500000
1737	印度	300000
1886	中国	300000
1923	日本	250000
1876	孟加拉国	200000
1897	孟加拉国	175000
1991	孟加拉国	140000
2008	缅甸	133655
1922	中国	70000 以上
1833	印度	50000
1864	印度	50000
1822	孟加拉国	40000
1905	中国	26000

续表

年份	国家/地区	死亡人数(含失踪)
1780	安的列斯群岛	22000
1965	孟加拉国	19297
1999	印度	15000
1963	孟加拉国	11520
1961	孟加拉国	11466
1985	孟加拉国	11069
1906	中国	10000 以上
1971	印度	10000
1977	印度	10000
1966	古巴	7196
1900	美国	6000

资料来源:联合国亚洲及太平洋经济社会理事会/世界气象组织台风委员会第 31 次届会技术报告,孟加拉国科学院和中国气象科学研究院中国登陆台风灾害监测及预报技术研究项目百年台风网。

1.9.4 山体滑坡和泥石流灾害

对于地质状况脆弱的地区,台风带来的特大暴雨可以引发山体滑坡和泥石流等地质灾害,造成严重财产损失和人员伤亡。台风登陆时,受到地形抬升作用,往往会使暴雨强度加大,加剧在迎风坡上产生泥石流的可能性。且台风登陆后与冷空气结合也容易诱发大暴雨,这类暴雨具有持续时间短、雨强大的特点,如 1990 年 9 月 4 日 9017 号台风"西索"(Cecil)在福建霞浦—福鼎一带沿海登陆,受其影响,浙江苍南 3 h、6 h、12 h、24 h 降雨量分别达 298.3 mm、412.4 mm、514.8 mm 和 573.1 mm。台风降雨的特点决定了台风影响期间的地质灾害具有历时短、发生相对集中的特点。统计结果表明,台风影响期间的地质灾害集中分布在台风影响最强的 1～2 d 内,特别是泥石流灾害往往发生在降雨过程中。一旦离开台风降雨云团的影响范围,该地区发生地质灾害的危险性也急剧降低。

在我国,伴随台风登陆引发的山洪灾害造成大量人员伤亡的问题十分突出。我国山丘区面积约占国土面积的三分之二,聚集了全国 56%的人口,全国 2100 多个县级行政区中有 1500 多个在山区。台风登陆后带来的强降雨往往在山丘区引发山洪、滑坡、泥石流等次生衍生灾害,造成重大人员伤亡。因此,随着台风登陆,其灾害影响范围呈现扩大化态势,不仅局限于沿海地区且深入内陆省份,造成重大损失。据统计,我国山丘区约有 7400 万人不同程度地受到山洪、滑坡、泥石流灾害的威胁。如 2006 年 0604 号强热带风暴"碧利斯"(Bilis)登陆福建霞浦,虽然登陆时最大风力仅有 11 级,但由于"碧利斯"及减弱的低气压深入内陆,造成闽、粤、桂、浙、赣、湘等省(区)出现历史少见的大范围、长时间强降雨,导致山洪暴发、城镇被淹、铁路中断、道路损毁、农作物绝收,共造成 3194 万人受灾,死亡 843 人,其中死于山洪、滑坡、泥石流灾害的人数占死亡总数的 90%以上。因此,进一步加快山洪防治规划实施进程,加强台风强降雨范围、地点、强度监测手段和预报方法的研制，扎扎实实做好山洪、山地灾害监测、预报和预警减灾等防治工作，无疑具有十分重要的意义。

1.10 台风的潜在益处

台风灾害由伴随的狂风和暴雨等引发。然而，台风风场具有显著径向分布特征：一方面台风云墙附近风速最大，云墙以外风速随着与台风中心径向距离增大而单调递减、风害也随之减小。此外，台风登陆，陆地下垫面会迅速削弱其风速，因此风害也被减轻，甚至不再成害而可以被用于风力发电。另一方面，台风降水可以增加土壤湿度（从而缓解旱情）、补充地下水（从而减缓地面沉降）和江河湖泊及水库的蓄水量，即使形成了洪水，也是可供调度、济旱的水资源。当前，国内外洪水资源化利用、风力发电等新兴可持续能源利用产业正方兴未艾地发展。由此可见，伴随台风的大风和充足的雨水也不乏益处，在气候变化的背景下，“风调雨顺”的降水资源将可能减少，而台风暴雨性降水及丰富的风能资源量所占比重将增大。因而，台风也是一种宝贵且日渐重要的、具有重大社会经济意义的可能被利用的潜在资源。

1.10.1 调节气候和淡化海水

台风在自然界中扮演着重要的调节全球冷热的角色。台风发展和维持的主要能量来源是水汽凝结释放出的潜热能，其水汽主要来自低纬度的热带洋面。随着台风从热带向中高纬度地区的移行，由其携带的大量热量和水汽即从热带输送至中高纬度地区。因此，台风与海洋中的温盐环流等一样，起着使全球各地的冷热保持相对均衡的调节作用。低纬度地区气候炎热，若没有台风部分地驱散这些热量，热带会更热、寒带会更冷，温带也会从地球上消失。特别是在全球气候变暖、温盐环流将减弱甚至中断的背景下，台风的这种从热带向中高纬度地区高效率地输送热量和水汽的贡献可能显得更为重要。

台风的水汽源自热带洋面的海水（咸水），而降落的台风雨则是淡水，因此台风还是天然的海水淡化“机器”。研究表明，一个普通强度的台风登陆时即可带来约 30 亿 t 的淡水（降雨）资源，台风在整个生命期能淡化的水资源由此可见一斑。

1.10.2 缓解旱情

台风是低纬度地区降水的主要天气系统。在南亚和东南亚地区台风带来的降水占当地全年雨量的大部分甚至全部，在美国东海岸约占 1/3，在我国华南夏秋季也是主要降水来源：浙、闽、两广（广东、广西）地区 7 月、8 月的降水量约有 50%～70%来自台风降雨。

影响（或登陆）我国的台风大多发生在盛夏季节（7—9 月），而盛夏正是我国南方（包括长江中下游地区）旱情如火的伏旱季节，因此台风降雨在可能对我国沿海地区造成危害的同时，也能及时缓解、甚至解除几十万至上百万平方千米广大地区的旱情。比如：2004

年8月中旬登陆浙江的台风“云娜”(Rananim)在造成浙江省201亿多元人民币直接经济损失的同时，也缓解了江南大部的旱情，其中江西、安徽、江苏、湖北等省并未出现灾情。同样，尽管2004年的台风“艾利”(Aere)曾使广东省30多个水文站点出现暴雨，但是因为干旱的大地承载力强、江河湖库水位低，所以不仅未造成丝毫损失，还为广东省带来了甘霖。类似的例子每年都有发生。可见，台风降雨实际上是我国南方大陆盛夏翘首以待的水资源，是久旱少雨时解除旱情的主要因素，也为水稻生长、水利灌溉等提供了有利条件。

事实上，台风给人类送来的水资源大大缓解了全球的水荒。因此，台风并非都是“恶魔猛兽”，台风也是宝贵资源，是一种可以带来水资源的特殊资源。

1.10.3 缓解酷暑和电力需求

台风在缓解伏旱的同时，也缓解了当地群众所受的高温酷暑之苦。例如，2003年7月下旬正是台风“伊布都”(Imbudo)结束了江南大部分地区持续40 ℃左右的高温天气。再如，2004年江南的持续高温也正是由8月中旬的台风“云娜”终结的。台风通过缓解高温酷暑，节约了因防暑降温支出的生活用水和用电量，从而缓解了能源(电力)的紧张程度。例如，2004年盛夏江南大部的电力紧张，浙江省杭州市等地出现拉、限居民用电情况，8月中旬到来的台风“云娜”缓解了该地区用电紧张的情况；又如2014年7月“威马逊”影响广东期间，佛山市气温下降2 ℃左右，佛山市的每日最大用电负荷从台风前的957.6万kW下降到781.8万kW，“威马逊”的到来也终结了持续多日的高温天气，节约了因防暑降温支出的用电量，从而缓解了电力的紧张程度。

另一方面，进入江河和水库的台风降雨还可能直接用于水力发电，从而缓解电力供应的紧张程度。例如，1995年夏，广东省水利厅根据准确天气预报，下令在9505号台风来袭之前，全省大、中型水库放水发电，过后让台风雨再把水库灌满，结果这个9505号台风果然为广东省多发电800万kW·h，因此台风又成了盛夏宝贵的水电资源。

不仅如此，登陆后减弱的台风大风(或近海热带低压的大风)还是潜在的风电资源。研究表明，我国沿海及其岛屿地区每当台风登陆后即可出现1次大风过程，其影响半径达400～500 km，而且只要不是在台风正面登陆的地区，风速一般小于26 m/s(风力10级)，在风力发电机切出风速范围之内，因此是一次满发电的好机会。

1.10.4 增加渔业产量

台风过后海表温度(SST)明显下降，其原因是台风中心的低气压、近海面的巨大风力和强烈的气流旋转及辐合等作用，迫使海浪剧烈运动、海水上翻。而伴随海水上翻的是大量海洋深层的浮游生物，这种从海洋深层上翻到浅层的营养物质为鱼群提供了大量的饵料，有利于其生长和增加渔产。如2004年浙江省遭遇的多次台风，它们在给人民财产造成损失的同时，也增加了浙江省海洋渔业的产量。

台风对保存渔业资源也十分有益。台风影响期间，原来在浅海进行张网作业的渔民担心渔网被台风刮破而停止作业。同时，台风逼近时鱼类为免受海浪翻滚的威胁，会成群结队地从浅海区游向相对平静的深海区，使大量鱼群得以生存。因此，台风还是增加渔业产量的宝贵海洋资源。

此外，台风的风力还有利于大气层中各种污染物的扩散，使空气清新等。

总之，台风灾害虽然是一种自然灾害现象，但防台减灾不仅是一种被动防范，更重要的是要主动适应。此外，台风又是一种潜在的自然资源，具有相当的益处，就应该被人们所利用。因此，一提台风就“谈虎色变”或者不分青红皂白把台风视为“恶魔猛兽”，都是不科学的。台风不仅是资源，还是可以“主动”利用的无污染、可再生的资源，台风的资源化利用与防台减灾对于社会经济的可持续发展而言同等重要。在科技迅猛发展的当代，科学地应对台风的“影响”，实现既防御台风可能造成的灾害（“避害”），又充分利用台风资源（“趋利”）；既减小台风对国家、社会和人民生命财产等公共安全的威胁，又缓解我国社会经济快速发展过程中突现的水、电等资源短缺问题，为我国社会经济的可持续发展和全面建设小康社会服务，造福于民，是十分必要的。

1.11 全球气候变化对台风活动的影响

过去数十年的观测事实表明，伴随全球气候变暖，全球大部分热带海洋的海表温度（SST）升高了 0.25～0.50 ℃，海表温度是影响全球台风生成频率和强度的重要因子，因此，台风的活动也呈现出一些新的变化，全球各地极端台风/飓风/气旋事件频发，造成重大经济损失和人员伤亡。在我国，以登陆台风为代表的极端天气事件呈明显增多趋势。下面主要利用中国气象局台风最佳路径资料以及联合国政府间气候变化专门委员会第五次评估报告（IPCC-AR5）和第六次评估报告（IPCC-AR6）气候模拟预测的结果，分析全球气候变化对西北太平洋和南海台风的生成源地、生成频数以及台风登陆我国的频数、强度和地段等变化趋势的影响，并对其未来的活动进行预估。

1.11.1 生成源地的变化

根据中国气象局台风年度最佳路径资料（这里的台风仅指近中心风速≥17.2 m/s 的热带气旋，而不包括热带低压，下同），在 1961—2020 年 60 a 间，西北太平洋和南海台风生成源地呈现向西移动的趋势。

1961—1990 年的 30 a 间，西北太平洋和南海台风生成源地主要集中在南海北部、菲律宾以东洋面和关岛附近洋面三个海域，而最近 30 a（1991—2020 年）台风生成源地主要集中在南海北部和菲律宾以东洋面两个海域（图 1.21）。台风生成源地的这种变化主要发生在 20 世纪 90 年代以后，特别是 2006 年以后这种趋势更加明显（图 1.22）。这种趋势表明：台风生成源地更靠近我国陆地，使得台风影响我国时间缩短，给台风防御工作带来新挑战。

1.11.2 生成频数的变化

根据中国气象局的台风年度最佳路径资料，1961—2020 年 60 a 间，西北太平洋和南

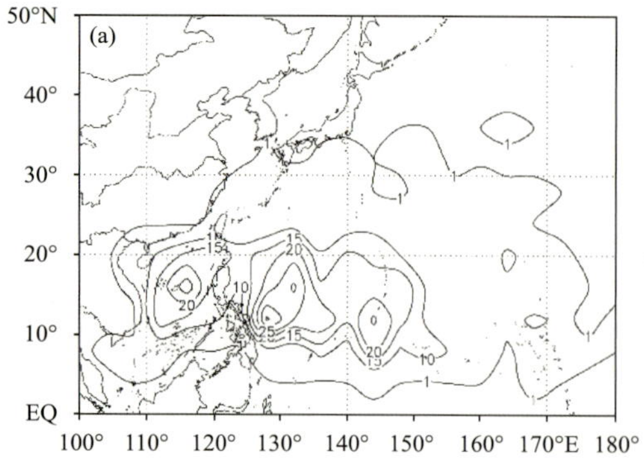

图 1.21　1961—2020 年西北太平洋和南海台风生成源地逐 30 a 变化对比

(a)1961—1990 年;(b)1991—2020 年

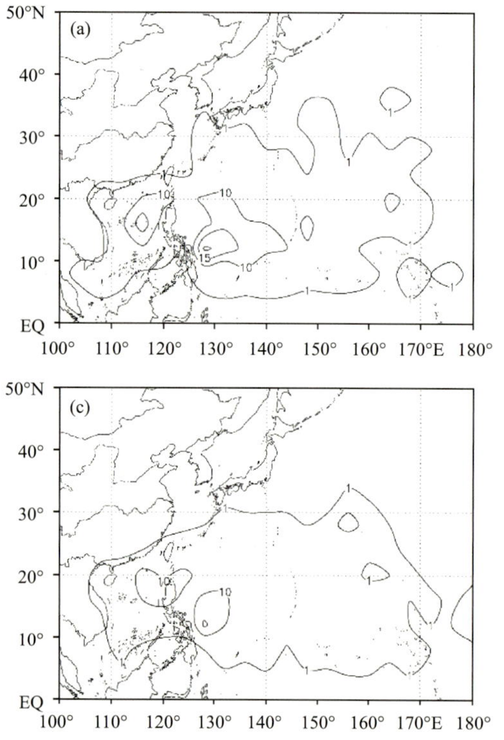

图 1.22　1961—2020 年西北太平洋和南海台风生成源地逐 15 a 变化对比

(a)1961—1975 年;(b)1976—1990 年;(c)1991—2005 年;(d)2006—2020 年

海台风生成频数呈现一定的减少趋势(图 1.23)。

对比 1961—2020 年 60 a 期间的前后 30 a 的西北太平洋和南海台风生成频数,可以发现最近 30 a(1991—2020 年)的台风生成频数较过去 30 a(1961—1990 年)减少了 13.25%,强台风及超强台风生成频数也呈减少趋势,减少了 13.15%(图 1.24a)。

从逐 15 a 的年代际变化来看,自 20 世纪 60 年代以来,台风生成频数一直呈减少趋势,而进入 21 世纪以后,虽然台风生成频数呈减少趋势,但强台风及超强台风的生成频数却呈现明显增加的趋势，强台风及超强台风生成比例由 1991—2005 年的 35.25%增加到 2006—2020 年的 40.27%，增加了 10.37%（图 1.24b）。

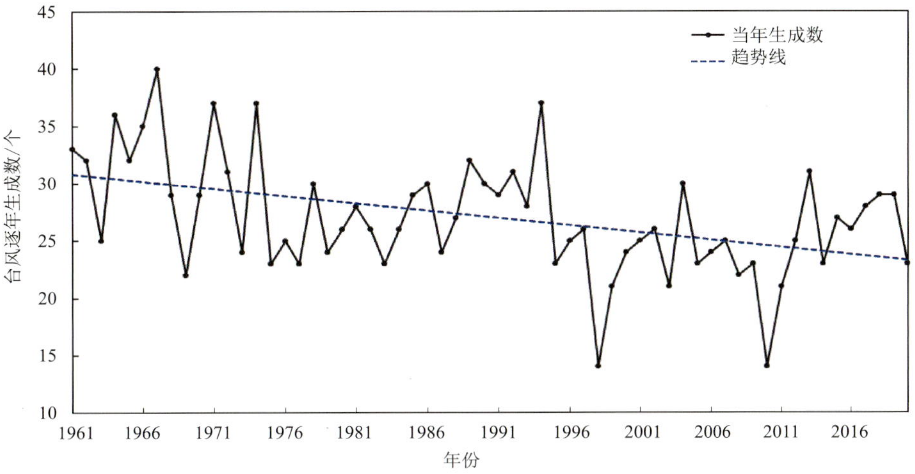

图 1.23 1961—2020 年西北太平洋和南海逐年台风生成频数演变曲线

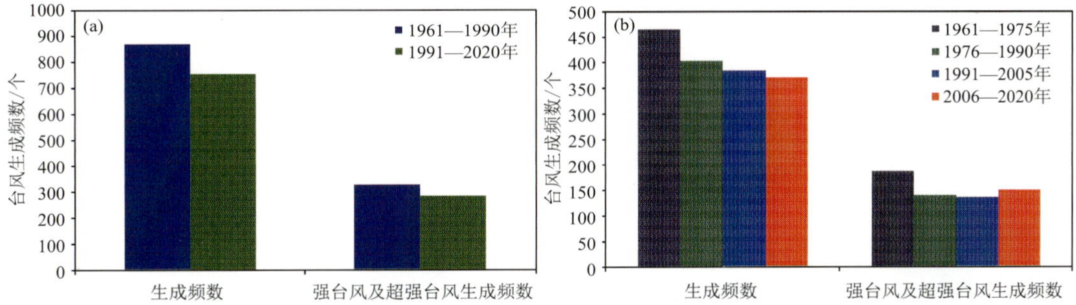

图 1.24 1961—2020 年西北太平洋和南海逐 30 a(a)和逐 15 a(b)台风生成频数变化对比

1.11.3 登陆频数和强度的变化

根据中国气象局的台风年度最佳路径资料，1961—2020 年 60 a 间，登陆我国的台风频数呈现弱的下降趋势（图 1.25）。

对比 1961—2020 年 60 a 期间的前后 30 a 的登陆我国台风频数，可以发现 1991—2020 年的 30 a 间与 1961—1990 年的 30 a 间，登陆我国的台风频数略有下降，下降了 1.83%，但强台风及超强台风登陆我国的比例呈现明显增加的趋势，由 1961—1990 年的 11.42%增加至 1991—2020 年的 20.47%；强台风及超强台风登陆我国的频数由 1961—1990 年的 25 个增加至 1991—2020 年的 44 个，增加了 76.00%（图 1.26a）。

从逐 15 a 的年代际变化来看，20 世纪 60—80 年代，登陆我国的台风频数呈现较明显的减少趋势，但自 20 世纪 90 年代以来，登陆我国的台风频数则呈现一定增加的趋势。强台风及超强台风登陆我国的频数也呈现同样的变化趋势，尤其是进入 21 世纪以后的后

15 a(2006—2020 年),强台风及超强台风登陆我国的频数呈现明显的增加趋势,强台风及超强台风登陆我国的比例由 1976—1990 年的 8.91%和 1991—2005 年的 14.42%增加至 2006—2020 年的 26.13%;强台风及超强台风登陆我国的频数则分别由 1976—1990 年的 9 个和 1991—2005 年的 15 个增加至 2006—2020 年的 29 个,分别增加了 222.22%和 93.33%(图 1.26b)。

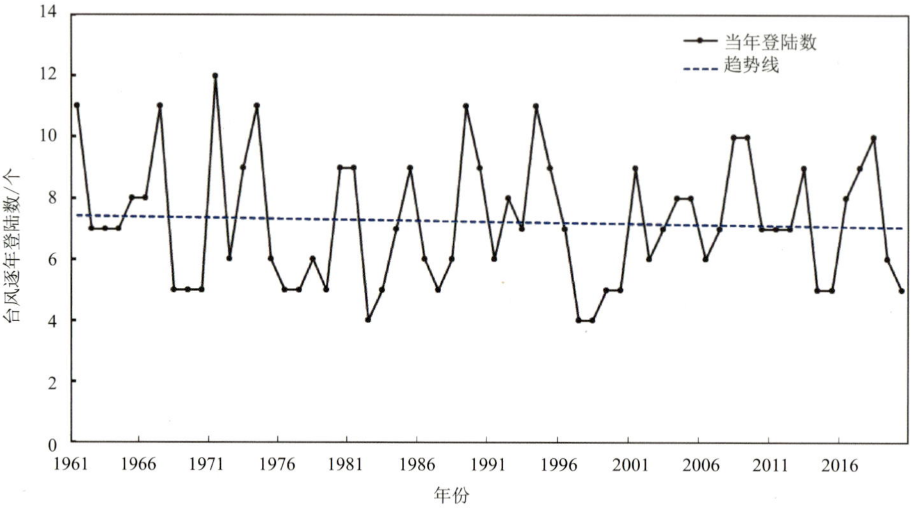

图 1.25 1961—2020 年逐年登陆我国台风频数演变曲线

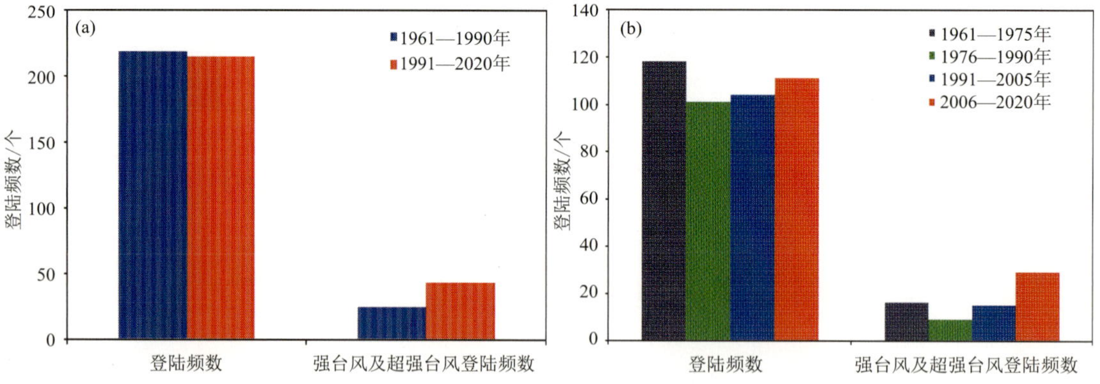

图 1.26 1961—2020 年登陆我国台风频数逐 30 a(a)和逐 15 a(b)变化对比

从台风登陆强度来看,1976—1990 年和 1991—2005 年台风登陆我国的平均强度分别是 30.45 m/s(11 级)和 30.82 m/s(11 级),2006—2020 年的台风登陆我国的平均强度是 31.50 m/s(11 级),分别增强了 3.45%和 2.20%。

由此可见,进入 21 世纪以后,台风登陆我国的平均强度呈现一定的增强趋势,强台风及超强台风比例呈现明显上升趋势,2006—2020 年登陆我国的强台风及超强台风总数占过去 60 a 强台风及超强台风登陆总数的 42.03%,这个趋势值得政府及相关决策机构部门给予高度关注。

1.11.4 登陆地段的变化

根据中国气象局的台风年度最佳路径资料，1961—2020 年的过去 60 a 中，台风登陆我国的地段有向中部集中的弱趋势。具体表现为登陆福建和浙江的台风呈现增多的趋势，虽然这种趋势并不十分显著，且存在较明显的年代际变化，如近 15 a(2006—2020 年)出现登陆广东、浙江台风减少，登陆台湾、海南、福建台风增多的现象(图 1.27b)，值得给予关注。

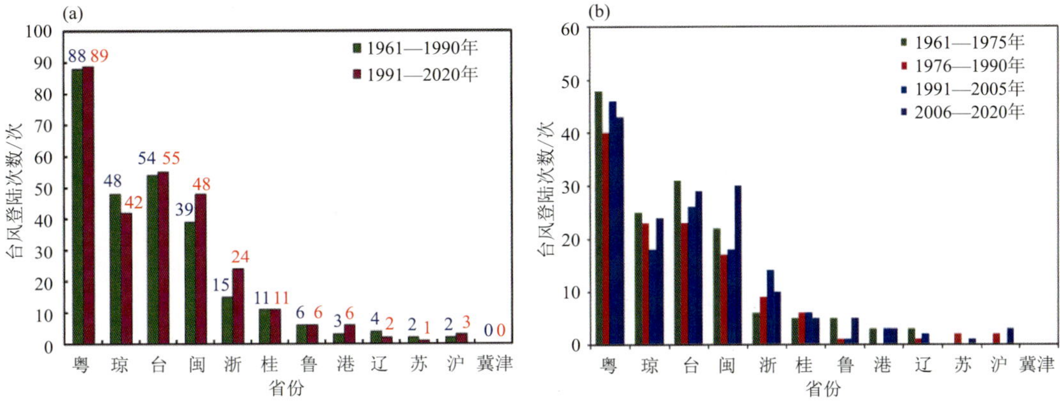

图 1.27 1961—2020 年登陆我国台风频数逐 30 a(a)和逐 15 a(b)的省际分布变化对比

1.11.5 对未来的预估

极端台风事件频发与全球变暖背景下海表温度的上升存在着密切关系，目前虽然针对在一些海域观测到的台风活动频数和强度以及降雨量的年代际变化是否超出了自然变率范围仍然存在较大不确定性，但大多数气候模拟预测表明：全球变暖背景下，全球台风可能变得更强，具有更大的风速和更强的降水，而西北太平洋还将伴随着生成频数可能减少。

1.11.5.1 台风生成频数

未来全球台风生成频数可能会减少或基本保持不变，但对部分海域未来台风生成频数预估的可信度较低。现有气候数值模式预估：21 世纪末，全球台风生成频数将会减少 6%～34%，其中西北太平洋将可能减少约 15%，但部分海域则有可能减少 50%，也有可能会增加约 50%，如北大西洋和东北太平洋。

1.11.5.2 台风强度

现有气候数值模式预估：全球变暖导致气温升高 1 ℃、2 ℃和 4 ℃，台风强度则将分别增强 10%、13%和 20%。预估 21 世纪末，未来全球台风强度(以台风近中心最大平均风速表示)将可能增强约 2%～11%，特别一些海域出现极端或高影响台风事件的概率较大，台风最大强度将增加 0～5%，强度达到四级或五级飓风的台风将增加 5%～20%。其中西北太平洋将可能减少约 15%。

1.11.5.3 台风降雨

现有气候数值模式预估：全球变暖导致气温升高 1 ℃、2 ℃和 4 ℃，台风带来的降雨则将分别增加 11%、14%和 28%。预估 21 世纪末，台风带来的降雨量将可能增加 5%～20%，台风中心 100 km 以内范围内降雨将可能增加约 20%。

1.11.5.4 台风生成源地、路径和风暴潮

现有气候模拟预测对未来全球台风的生成源地、路径、持续时间和影响地区的预估没有表现出明显的变化趋势，但随着未来海平面的上升和沿海经济社会的发展，沿海地区遭受风暴潮灾害影响的脆弱性将更加突出，但这种脆弱性还将取决于未来台风的具体强度和特征。

需要指出的是：由于受未来气候强迫情景、模式分辨率以及物理过程等诸多不确定因子制约，未来百年内台风生成频数及强度变化的气候模拟预测仍然具有较大的不确定性。目前尚不能证明全球变暖对台风生成频数有明显影响，但在全球变暖背景下，伴随海平面上升，台风强度及强台风频数有较大可能出现增加的趋势，我国沿海地区对台风风暴潮、内陆地区对台风暴雨的脆弱性均将继续增大，防台减灾，特别是对巨灾台风的风险防御能力建设应进一步加强。然而，目前对台风气候变化趋势及其与全球变暖的关系等诸多问题仍不甚清楚，特别是台风气候变化对社会经济各行各业产生怎样的影响及其风险防御对策等，远没有形成共识。为了提早防范全球变暖对台风活动及社会经济带来的可能风险，有关台风气候变化的观测研究和全球变暖对台风气候影响的数值模拟预测工作仍有待进一步加强和深入探讨。

第 2 章

台风的一般结构

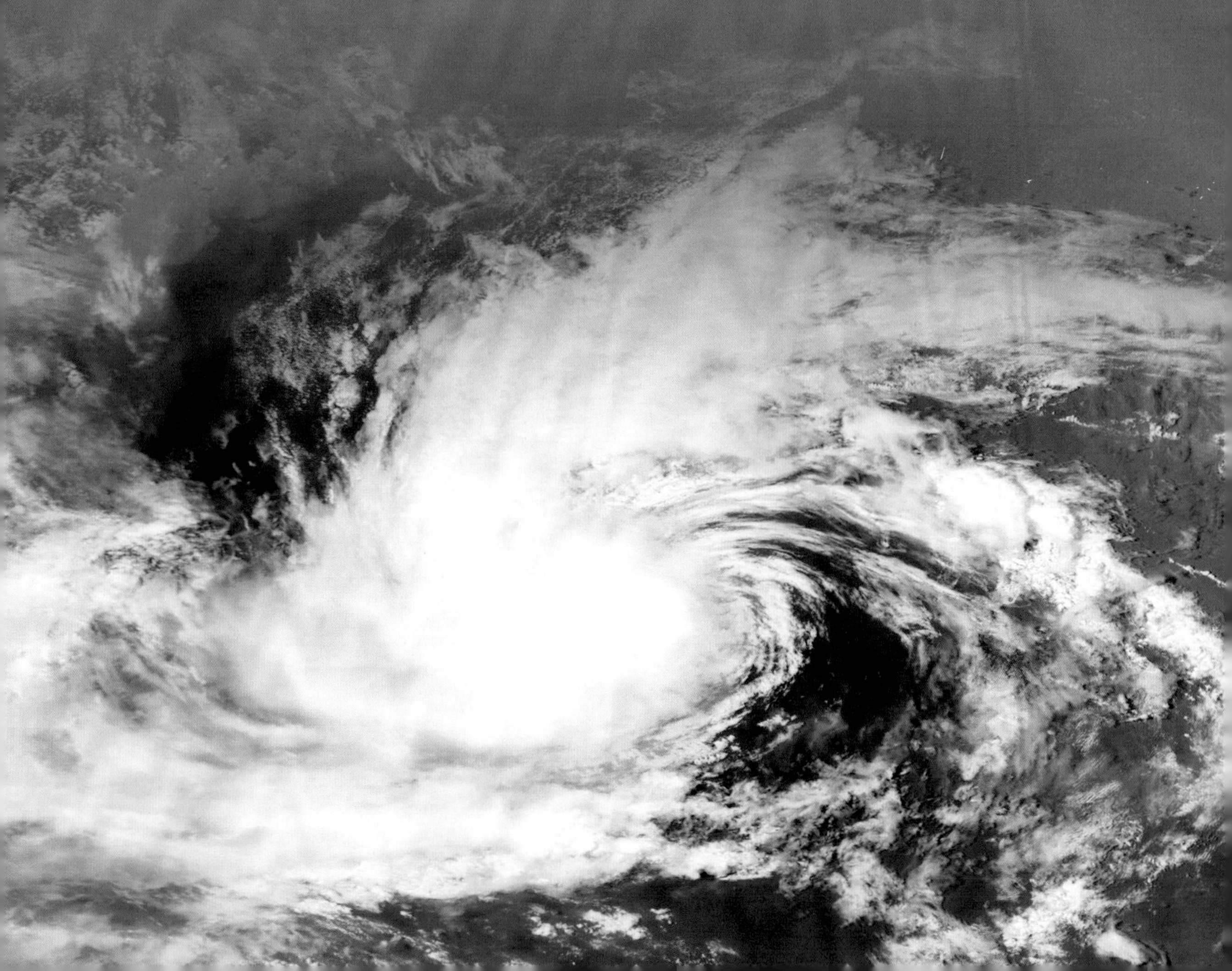

台风是一种快速旋转、暖心、非锋面性的天气尺度低压系统，其环流在对流层低层可伸展至离中心上千千米处，在垂直方向上一般会达对流层顶。成熟台风的结构自中心向外依次为台风眼、眼墙和螺旋雨带。台风眼一般呈圆形，晴空无雨且比周围暖很多。眼墙主要由高大的对流云组成，是台风风雨最猛烈的地方。在眼墙外常有多条螺旋雨带并存，降水呈带状分布，其内有对流单体，可出现骤然的大暴雨。

台风在对流层中低层为低气压涡旋，风场呈准对称的气旋式环流，最大风速出现在眼墙附近，中心附近为静风区。台风的强度越强，低压区伸展的高度越高，有时可达平流层下部。水平风速自地面向上迅速增大，眼墙附近的风速最大值一般在 300～800 m 高度，随台风强度的增强而降低。行星涡度梯度、非均一的大尺度环境或下垫面状况、台风内部的动热力不稳定等均会使台风结构出现明显的非对称特征，螺旋雨带、台前飑线等也可导致局地风速极值的出现。

台风的尺度、紧密度和丰满度都是用于描述台风结构的常用参数。台风进入中高纬度后，与斜压系统发生相互作用，会发生变性，在有利条件下可发展成为强烈的冷心温带气旋。

2.1 基本特征

台风是一种快速旋转的大气涡旋，在北半球呈逆时针方向旋转，在南半球呈顺时针方向旋转，是暖心、非锋面性的天气尺度低压系统。台风环流在对流层低层可伸展到离中心上千千米处，在垂直方向上一般可达对流层顶，个别可以伸展到平流层下部，其垂直尺度与水平尺度的比值约为 1∶50，是一个扁平的涡旋。

成熟台风的结构自中心向外依次是台风眼、眼墙和螺旋雨带。台风眼一般呈准对称的圆形，直径 20～100 km，其内存在补偿下沉运动，风弱、干暖、无云或少云。环绕在台风眼四周的是眼墙，台风中最强烈的对流和降水发生在此处，平均宽度 10～20 km，一般与地面最大风速区一致。在可见光云图上，可看到深厚的强对流顶形成一个浓密蔽卷云区。从台风顶部吹出的卷云在台风来临前 1～2 d 便可见到。通常将眼墙外侧至台风边缘的范围称为台风的外区。在这个区域中，水平风速向中心增加，非对称结构明显，一般存在着一条或几条螺旋雨带，其内活跃着对流性云和降水，也常常存在大范围的层状云和降水。外区的平均垂直运动是上升的，其上叠加着中尺度下沉运动。

在垂直方向，通常将台风从低到高分为三个层次，即入流层、中层和外流层。入流层位于对流层低层，空气呈气旋式向中心辐合，最强入流一般出现在行星边界层中。台风的气旋式环流在入流层范围最大，随高度逐渐收缩。到对流层高层，除台风中心附近外，空气呈反气旋式流出，称为外流层。最强外流一般出现在对流层顶下方的一个薄层内。在入流层和外流层之间，以环绕台风中心的切向环流为主，径向风分量很小，称为中层。在中层，垂直气流很强，从低层辐合流入的暖湿空气通过这一层向高层输送。在高层流出的空气和四周的空气混合又通过这一层下沉到低层，构成了台风的径向-垂直环流圈。

2.2 台风的气压场、温度场和湿度场结构

2.2.1 气压场结构

台风在对流层中低层为低气压涡旋，愈向中心气压愈低。根据有历史记载的数据，西北太平洋台风中心最低海平面气压的极值出现在 1979 年超强台风“Tip”中，达 870 hPa，对应的底层中心附近最大风速达 80 m/s。不过，从 1951—2020 年间的统计数据看（图 2.1），台风中心最低海平面气压小于 900 hPa 的情形仅发生过 2.6%，是小概率事件。有超过 50%的台风的中心最低海平面气压是高于 970 hPa 的。

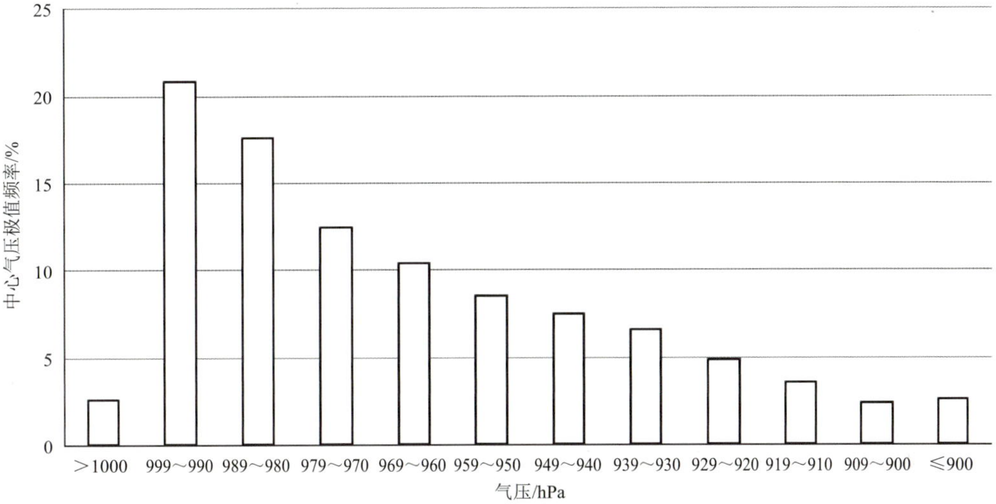

图 2.1 台风中心气压极值频率分布（1951—2020 年平均，%）
（中国气象局，2020）

从径向分布看，台风的气压曲线呈漏斗状（图 2.2a）。在外区，随着向中心的靠近，气压缓慢下降，到内区后接近中心时迅速下降。台风内区的水平气压梯度很大，可达 0.5～1.0 hPa/km，指向台风中心。因此，当某地有台风内区过境时，可观测到气压的陡降和陡升过程。如图 2.2b 所示，在 2006 年台风“桑美”过境时，台山站观测到的 3 h 降压高达 61.3 hPa。台风海平面气压随半径的变化可用以下模型描述：

$$\frac{\partial p}{\partial r}=\frac{B\cdot(p_{\infty}-p_{\min})}{r}\left(\frac{r_{\max}}{r}\right)^{B}\exp\left[-\left(\frac{r_{\max}}{r}\right)^{B}\right] \tag{2.1}$$

式中，p_{∞} 为环境海平面气压；$p_{\min}$ 为中心最低气压；$r_{\max}$ 为最大风速半径；r 为到台风中心的距离，单位为 km；B 是形状参数，通常称为 Holland B 参数，该参数取值在 1.0～2.5，随台风位置、强度、移速等的变化而有所不同。

随高度升高，台风的低压区逐渐缩小，中心附近的气压梯度也逐渐减小。台风的强度越强，低压区伸展的高度越高，有时可达平流层下部。到对流层高层，低压区通常只存在

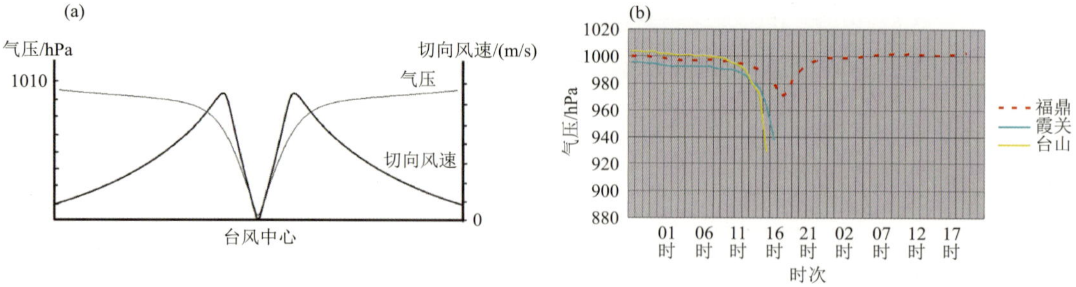

图 2.2 (a)台风地面切向风速和气压随半径变化的示意和(b)2006 年 8 月 10 日台风“桑美”过境时的代表站福鼎、霞关和台山站气压变化

于中心附近很小的范围内，外围为高压区，存在结构明显非对称的高压脊和反气旋环流(图 2.3)。高压脊线随高度向内倾斜，到对流层顶附近最接近中心，在平流层减弱，但其影响可到 25 km 或更高。

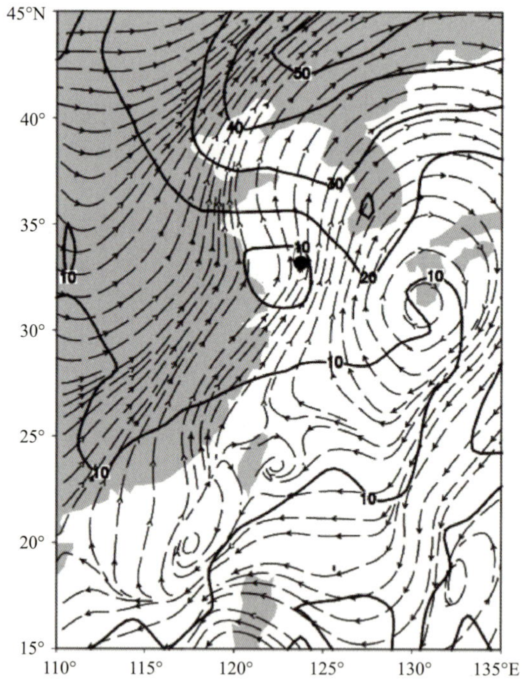

图 2.3 2000 年 8 月 31 日 08 时 200 hPa 流场图

(台风符号所示为台风“派比安”所在位置，实线为等风速线，单位：m/s)(Yu et al.,2005)

2.2.2 温度场结构

暖心结构是台风温度场最明显的特征之一。在相对于环境温度廓线的温度距平场上，依台风强度和范围不同，温度距平最大值可在几摄氏度至 20 ℃之间变化。图 2.4 是根据美国国家海洋和大气局(NOAA)的先进微波探空仪(AMSU-A)资料反演得到的飓

风“Floyd”(1999)温度距平垂直剖面图。由图可见，在 1999 年 9 月 14 日 12 时 38 分(世界时)，增暖最强的高度在 250 hPa，温度距平达 18 ℃。11 时 13 分(世界时)，飞机探测的中心最低气压是 924 hPa。在暖心两侧，从眼区外缘向外一直到眼壁外界，有很强的径向温度梯度。眼区的径向温度梯度很弱。在眼壁外的对流层低层，温度距平很小或者是负距平。体现暖心强度的最大温度距平多位于 250～200 hPa，但最低可出现在 800～700 hPa。台风强度越强，温度距平越大，其向上伸展的高度也越高。相比于大西洋飓风，西北太平洋台风的暖心高度更高、尺度更大。在超强台风中还存在双暖心现象，一个位于对流层中层，一个位于对流层高层，接近对流层顶。对登陆我国台风平均暖心结构的分析表明，在登陆过程中，随着台风强度的减弱，其暖心也逐步减弱，高度降低。

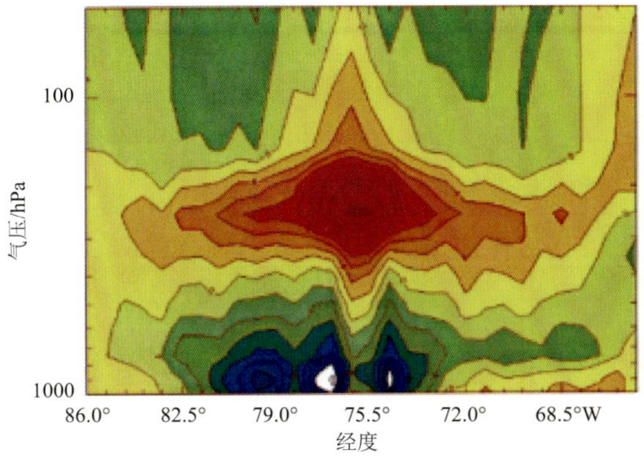

图 2.4 根据 AMSU-A 观测反演得到的飓风 Floyd 的温度距平垂直剖面图
(1999 年 9 月 14 日 12 时 38 分(世界时)，等值线间隔为 2 ℃)(Brueske et al.，2003)

通常所说的台风暖心结构主要是指对流层中上层的现象，再往上，就转变为冷心结构。根据多类卫星资料反演的结果(图 2.5)，冷心通常位于对流层顶附近，15～20 km 高度处，平均强度大约是－3～－2 ℃。冷心强度在不同台风个体间的差异很大，通常和台风强度成正比，标准差可达 4 ℃。这一冷心结构和台风积云塔突破对流层顶的向上伸展有关。在浮力等于 0 的高度(密度平衡高度)以上，绝热冷却效应产生低温致使云塔顶部变冷，从这些冷云顶流出的空气造成了台风顶部的冷心。观测表明，大西洋飓风的顶部冷心结构较西北太平洋台风更为明显。

2.2.3 湿度场结构

在台风内区，由于对流云发展旺盛，相对湿度非常大，90%以上的等值线可向上扩展到 400 hPa，眼墙区可达 250 hPa 高度(图 2.6a)。随着台风半径向外，相对湿度则迅速减小，至 500～600 km 处就与环境大气无明显差异了。台风环境大气的平均相对湿度随高度迅速降低，在 900 hPa 约为 80%，800 hPa 约 70%，到 500 hPa 低于 50%。和暖心结构类似，台风内区的水汽压也在对流层中上部有一个正距平中心，所在高度略低于温度场上的暖心，其强度也与台风强度成正比。

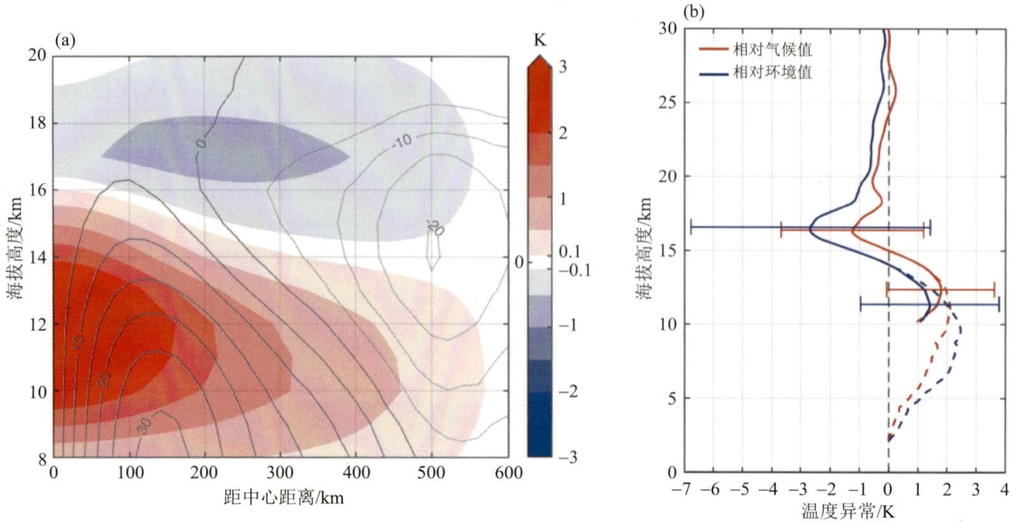

图 2.5 根据卫星观测反演得到的台风温度距平合成图,合成对象是 2007—2014 年全球南北纬 35°之间的 322 个热带气旋

(a)根据 AMSU-A 观测反演的高空温度距平随半径和高度的分布(阴影),合成时间窗是台风生命史最大强度前后 3 h;等值线是切向风速,实线为气旋式环流,虚线为反气旋式环流(单位:m/s);(b)根据气象宇宙星座观测系统(COSMIC)观测反演的台风中心温度距平垂直廓线,合成时间窗是台风生命史最大强度前后 24 h;实线和虚线分别表示干、湿反演算法的结果,误差条表示干反演算法得到的温度距平极值处 1 个标准差范围(Rivoire et al.,2016)

台风眼是台风内区相对较为特殊的区域。在这一区域的 850～500 hPa 高度通常存在一个逆温层,其上方有干、暖空气下沉,相对湿度明显低于周边眼墙区。而其下方的空气因与洋面、眼墙等的相互作用,基本处于饱和状态。在相当位温的分布上(图 2.6b),台风中层中心附近为低值区,眼壁区的等相当位温线近乎垂直,与强烈对流上升运动一致,表明相当位温随高度保持守恒。

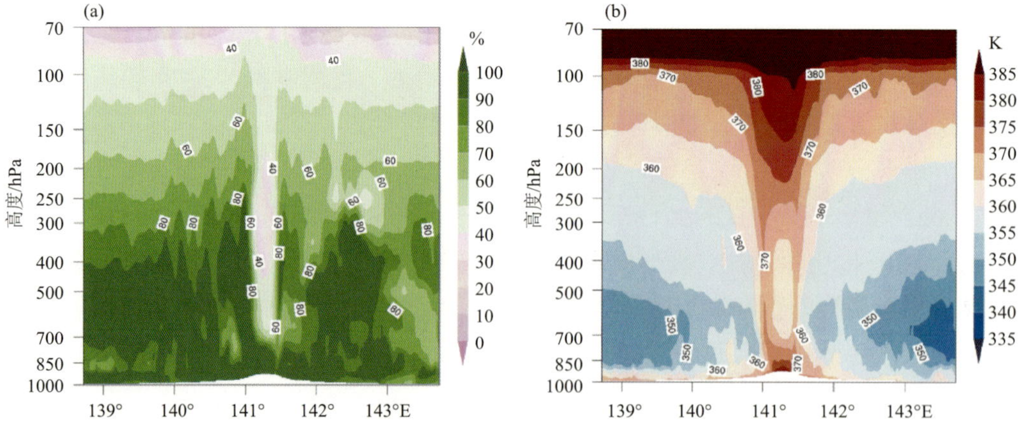

图 2.6 2015 年超强台风“苏迪罗”纬向垂直剖面图

(a)相对湿度(%);(b)相当位温(单位:K)

2.3 台风的风场结构

2.3.1 主环流结构

在对流层中下部，成熟台风风场的主要特征是准对称的气旋式环流，风速在外区随半径减小而增大，最大风速出现在眼墙附近，底层风速极值可超过 90 m/s，再向内迅速减小，台风中心附近为静风区。为描述台风切向风速的轴对称结构，人们提出了多种数学模型，最为经典的是将台风视为旋转刚体的兰金（Rankine）涡旋模型：

$$v_c = v_m(r/r_{max}) \qquad 0 \leqslant r < r_{max} \tag{2.2}$$

$$v_c = v_m(r_{max}/r)^{1/2} \qquad r \geqslant r_{max} \tag{2.3}$$

式中，v_c 为切向风；r 为半径；v_m 为最大风速。最大风速半径 r_{max} 在几千米至上百千米之间。假设风场满足旋衡风平衡，$v_c^2/r = \rho_0^{-1}\partial p/\partial r$，可积分得到气压分布廓线，并可得到最大风速与中心最低气压的如下关系：

$$v_m = \sqrt{\frac{2}{3}\rho_0^{-1}(p_\infty - p_{min})} \tag{2.4}$$

式中，ρ_0 为空气密度。需要注意的是，实际台风中，旋衡风平衡只适用于最大风速半径附近区域（$v_c/r \gg f$）。在其他区域，除大气边界层和上部外流层之外，基本满足梯度风平衡，$v_c^2/r + f v_c = \rho_0^{-1}\partial p/\partial r$。因此，在实际应用中，目前较多采用的风速模型是在式（2.1）基础上，根据梯度风平衡关系得到的，表达式如下：

$$v_c = \left\{\frac{B\cdot(p_\infty - p_{min})}{\rho_0}\left(\frac{r_{max}}{r}\right)^B \exp\left[-\left(\frac{r_{max}}{r}\right)^B\right] + r^2\cdot f^2/4\right\}^{1/2} - rf/2 \tag{2.5}$$

图 2.7 为根据式（2.1）和式（2.5）所得气压和风速随半径分布的示例。如假设最大风速区域满足旋衡风平衡，可根据式（2.5）得到最大风速与中心最低气压的如下关系，

$$v_m = \sqrt{\frac{B}{\rho_0 e}(p_\infty - p_{min})} \tag{2.6}$$

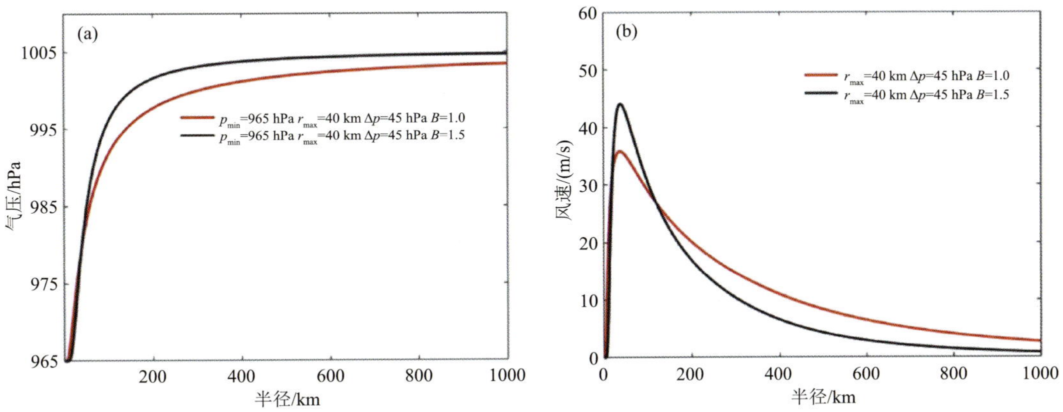

图 2.7　根据式（2.1）和式（2.5）所得气压（a）和风速（b）随半径分布的示例

由该表达式可以得知，台风最大风速由台风中心和环境的气压差以及气压廓线的形状决定，而与最大风速半径无关。

虽然实际台风的轴对称风场大多为以上模型所描述的单峰结构，但是也存在一些特殊情况，例如同心双眼台风的双峰结构以及三眼墙台风的三峰结构等。对于这样的情况，可采用分段连续的函数来对风速随半径的变化进行描述。

在北半球，因行星涡度梯度的存在，台风环流的水平平流会使得台风中心西侧出现正涡度倾向，东侧出现负涡度倾向，从而产生如图 2.8 所示的 β 偶极子结构。这是台风风场所固有的一波非对称结构，是使得台风的移动偏离环境引导气流的主要原因之一。非均一的大尺度环境或下垫面状况、台风内部的动热力不稳定等均会使台风结构出现明显的非对称特征，螺旋雨带、台前飑线等也可导致局地风速极值的出现，将在后文相应部分讨论。

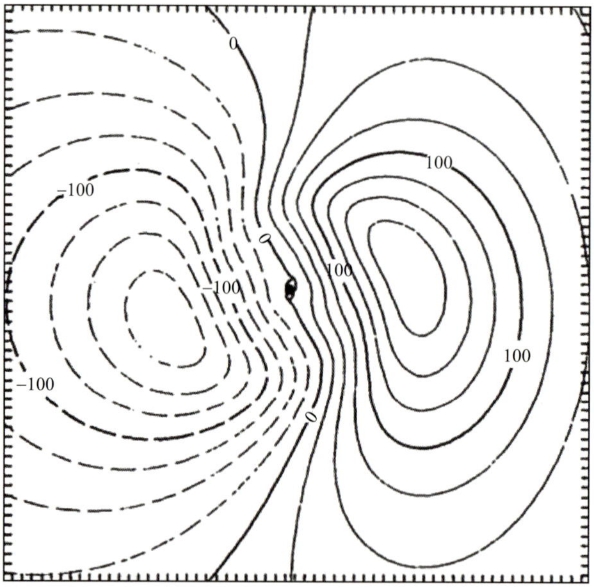

图 2.8　正压模式模拟的 β 效应非对称流函数(单位：$10^4\ m^2/s$)

(Fiorino et al. ,1989)

在垂直方向上，台风的水平风速自地面向上迅速增大，眼墙附近的风速最大值一般在 300～800 m 高度，外区在 1～2 km 高度。眼墙最大风速所在高度随台风强度的增强而降低。通常将风速最大值所在高度称为台风的动力边界层高度。在最大风高度以下，风速一般随高度呈对数律增长，与中性层结大气理论一致。

$$U(z) = \frac{u_*}{\kappa}\ln(\frac{z}{z_0}) \tag{2.7}$$

式中，$\kappa=0.4$，为冯·卡门常数；u_* 为摩擦速度；z 为高度；z_0 为表面粗糙度。自最大风高度向上，因台风具有暖心结构，风随高度减小。气旋性环流区的范围也随高度显著缩小，但是可伸展到对流层顶，甚至平流层下部。最大风速半径随高度的倾斜与常值绝对角动量面基本一致，倾斜程度随最大风速半径的增大而增大(图 2.9)。

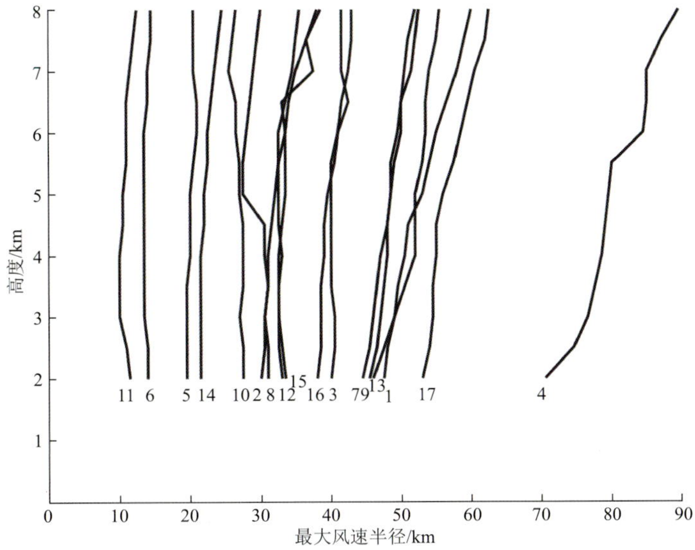

图 2.9 机载雷达观测的 17 个飓风的最大风速半径随高度的变化，数字表示不同的飓风(Stern et al.，2009)

2.3.2 次级环流结构

低空入流、高空外流、眼墙内外的垂直运动共同组成了台风的次级环流，其平均强度在内核区比切向环流小一个量级，在外区二者相当。次级环流由非绝热加热源和角动量源所驱动，为台风的加强和维持提供角动量和热能。强入流主要集中在 1.5 km 以下的最大风半径以外的区域，入流层厚度随着向台风中心的靠近而降低。低空入流所携带的角动量基本与洋面摩擦耗散相平衡，它主要为眼墙的发展提供潜热能。在高空，成熟台风的中心附近为气旋性外流，向外则转为反气旋性外流，外流高值区一般出现在 200 hPa 高度附近，非对称特征明显，常常有风速达 30.0～40.0 m/s 的急流存在。当与中高纬西风带系统相互作用时，急流强度可达 50.0～60.0 m/s。

台风中最强的上升运动发生在眼墙区，最大速度可达 10.0 m/s。台风眼内存在动力强迫下沉运动，眼墙外侧存在降水拖曳下沉。在眼墙外的层云区，0 ℃层以上的凝结潜热释放会激发出中尺度上升运动，其下因降水拖曳及水凝物溶解的冷却效应，存在中尺度下沉运动。根据对大西洋飓风的机载多普勒雷达观测合成分析，眼墙区的切向平均最强上升运动位于最大风半径的内侧，上升气流可从边界层伸展到 14 km 高度(图 2.10)。从区域平均看(图 2.11a)，眼墙区的上升运动速度存在双峰结构，首先从 1 km 高度的 1.0 m/s 向上增大到 6 km 高度的 1.5 m/s，再向上略有减小，在 10 km 高度附近又恢复到 1.5 m/s。在外区，平均上升运动明显偏弱，且随高度单调递增，从 1 km 的 0.1 m/s 增大到 14 km 的 1.2 m/s。从不同高度处的垂直速度分布频率看(图 2.11b 和图 2.11c)，眼墙区的垂直速度可在－7.0～10.0 m/s 之间变化，最强下沉运动在 3 km 高度，最强上升运动在 6 km 高度。较宽的垂直速度频谱说明飓风眼墙区的垂直运动既有强烈的浮力抬升，也有较弱的倾斜中性上升运动。外区的垂直速度频谱相对较窄，－4.0～5.0 m/s，表现出层云活动为主的特征。眼墙垂直运动在不同方位的分布和环境风切变关系密切(图 2.12):对流首先在右下风切方位被激发,到左下风切方位增强,至上风切方位减弱。伴随左下风切方位强对流的是左上风切方位高空下沉运动的发展。

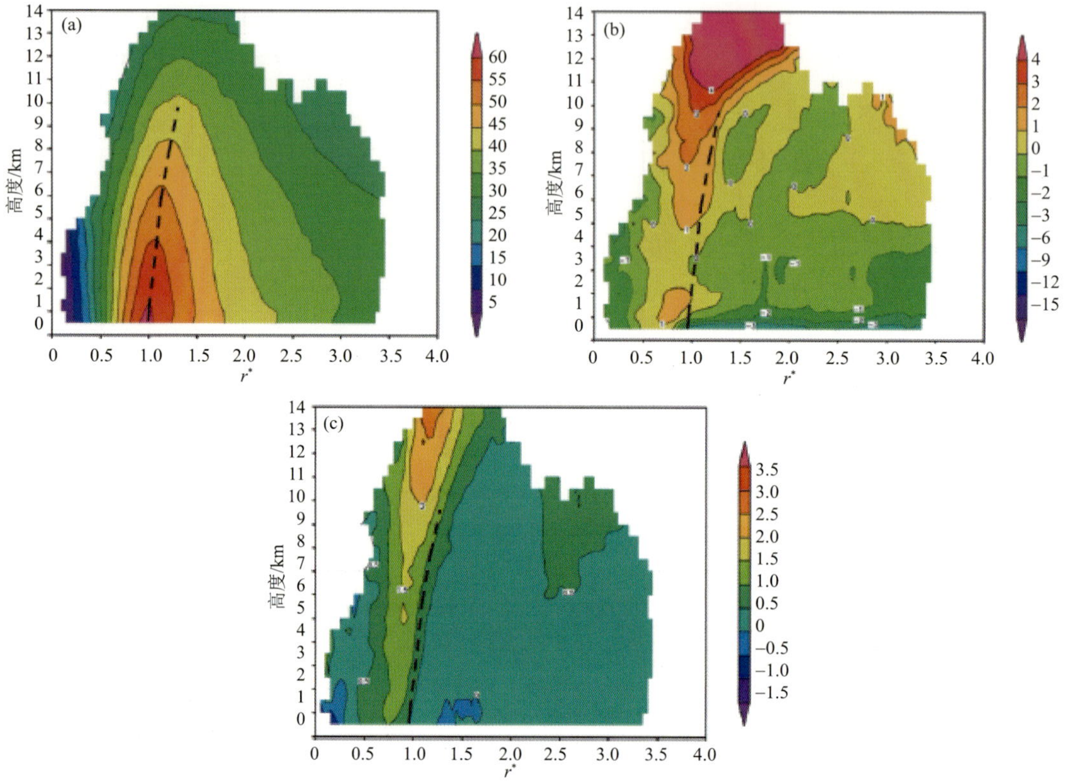

图 2.10 机载多普勒雷达观测的大西洋飓风合成风速
(a)轴对称切向风速;(b)轴对称径向风速;(c)轴对称垂直速度
(虚线为轴对称切向风速最大值所在位置)(单位:m/s)(Rogers et al.,2011)

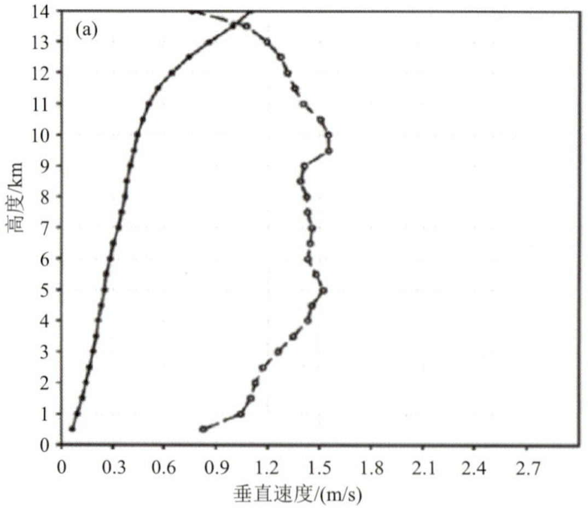

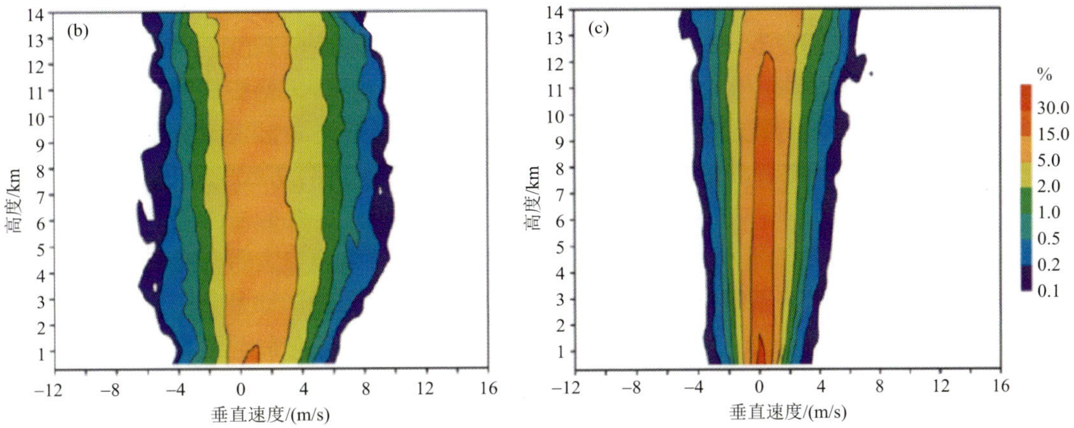

图 2.11 (a)眼墙(点线)和外区(实线)平均垂直速度(单位:m/s)的垂直廓线;(b)眼墙区垂直速度随高度的分布频率(填色,单位:%);(c)同(b),但为外区结果(Rogers et al.,2011)

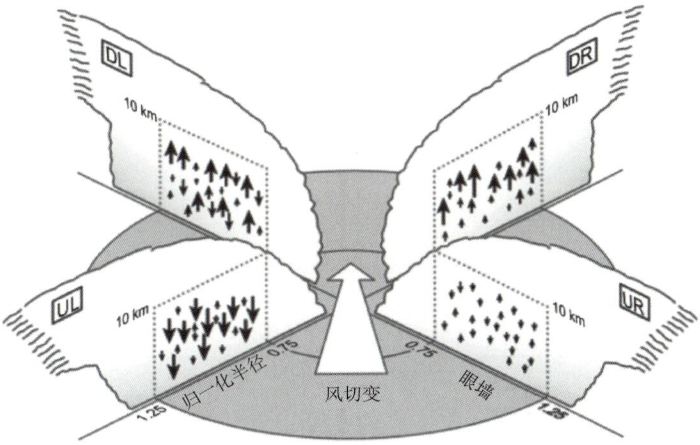

图 2.12 环境风切变(图中央指向顶部的箭头)作用下,各象限垂直运动分布的示意图(云下的同心圆表示眼墙;垂直箭头表示垂直运动,箭头长短表示风速大小)(Dehart et al.,2014)

2.4 台风的尺度、紧密度和丰满度

2.4.1 尺度

通常所说的台风尺度是指台风的水平尺度,一般用地面 8 级风圈或海平面最外围闭合等压线的平均半径来描述。统计表明,西北太平洋台风的平均海平面最外围闭合等压线半径约 4.4 经纬度,平均 8 级风圈半径约 200 km,最大可达 500 km,最小约 10 km。

台风的尺度有显著的季节变化和区域差异。在西北太平洋,7 月和 10 月的台风尺度最大，而在大西洋则是9月最大。平均而言，西北太平洋台风的8级风圈半径约比大西洋飓风大16%，最外围闭合等压线半径则大40%。从区域分布看(图2.13)，进入朝鲜半岛和日本南端及其南部海域的台风平均尺度最大，这与该区域的台风大多已发展成熟并与西风带系统发生相互作用有关。南海台风平均尺度较小。在5°—20°N之间海域，台风多在自东向西移动过程中发展成熟，因此平均尺度自东向西增大。总体而言，台风尺度与其强度呈正相关关系，单个台风的增强过程多伴随着尺度的增大，减弱过程伴随着尺度的减小。台风发展成熟达到生命史最大强度之后，其尺度往往会继续增长一段时间(6 h左右)。

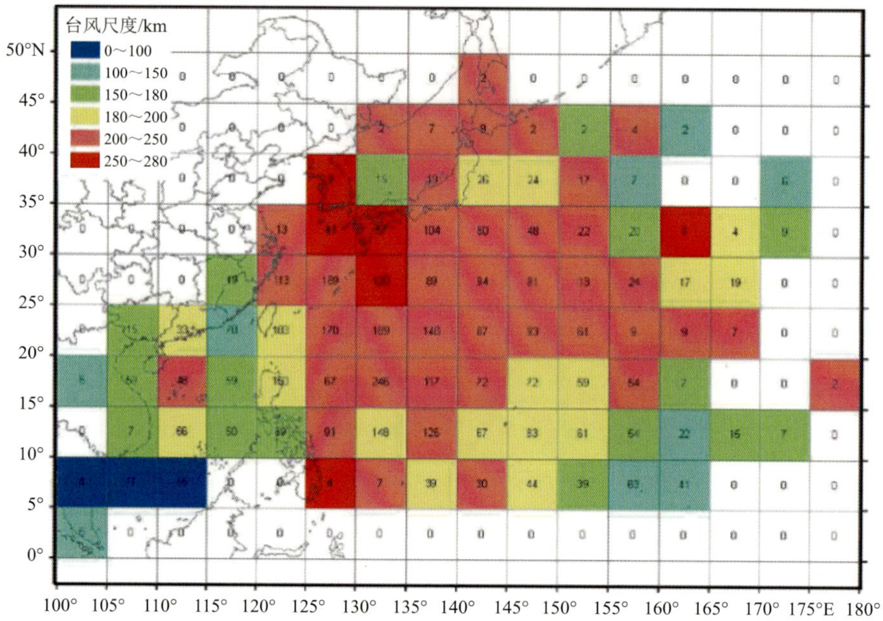

图2.13　西北太平洋台风平均8级风半径的区域分布
(Lu et al.,2011)

台风的尺度及其变化与初始扰动的尺度、环境角动量输送以及环境湿度状况有关。大部分起源于东风波扰动的台风尺度较小，季风槽则有利于中等或大尺度的台风生成。大台风在增强过程中，其南侧多有低空西南风急流，小台风的增强过程则主要受副高影响(图2.14)。台风在加强过程中多维持生成时的尺度特征不变，如生成时尺度小，其在整个生命史期间一般都会始终是个小台风，反之亦然。不过也会有例外，如2006年的强热带风暴"碧利斯"，当其刚达到生命史最大强度时，近中心附近最大风速为30 m/s，尺度(8级风圈平均半径)为230 km。两天后，尺度突然增大至380 km，从一个中等大小的台风变为了一个大台风。因中纬度系统较强的角动量输送，台风在转向过程中尺度一般会增长，同等强度台风的尺度也有随纬度增大的特征。外围雨带的凝结潜热释放可使得台风环流区域的位涡和相应的平衡风场向外扩展，因此环境相对湿度可通过影响台风外围雨带的强度和覆盖范围来影响台风尺度。

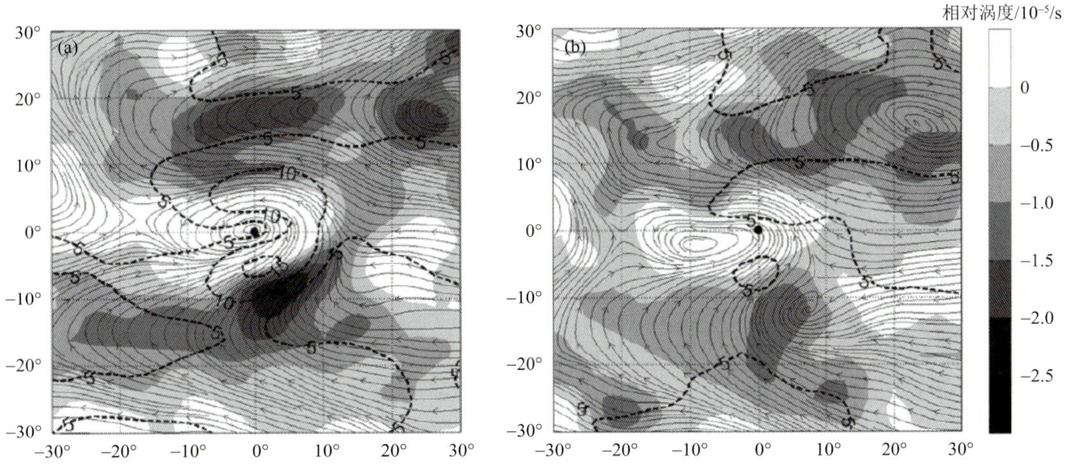

图 2.14 不同尺度台风形成前 24 h 的合成 850 hPa 流场、风速(虚线)和相对涡度(阴影)
(a)大台风;(b)小台风。纵横坐标为相对台风中心经纬度(Lee et al.,2009)

2.4.2 紧密度和丰满度

台风强度通常用中心最低气压或中心附近最大风速来表示,体现的是内核强度。台风尺度体现的是台风环流影响范围。除了强度和尺度之外,壮度是用来描述台风风场结构的另外一个物理量,通常定义为一定半径范围内的风速平均值。但是,对这一物理量的分析结果会因为平均范围的不同而存在显著差异,因此应用很少。

为了简洁、定量地描述台风风场自最大风速半径向外的变化特征,Chen 等(2011a)根据最大风速半径及最大风速沿半径向外的衰减速率将台风分为紧密型和非紧密型,并定义了一个无量纲结构参数 S 来定量描述台风结构的紧密度。

$$S=\frac{v_{c\_2r\max}\times r_{\max}}{(v_{c\_2r\max}\times r_{\max})_{\mathrm{ave}}} \tag{2.8}$$

式中,$v_{c\_2r\max}$ 为两倍 $r_{\max}$ 处的切向风速,下标 ave 表示气候平均。紧密型台风的最大风速半径小、最大风速沿半径向外衰减快(图 2.15),强对流区集中在眼区四周,外围雨带不活

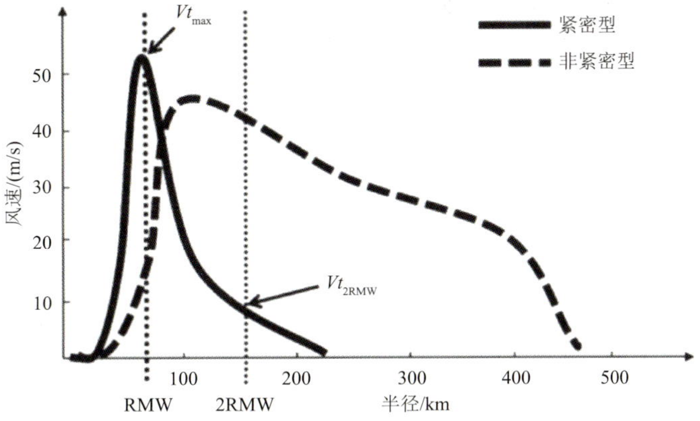

图 2.15 紧密型和非紧密型结构台风示意(RMW 指最大风速半径)(Chen et al.,2011a)

跃，S 偏小。紧密型结构在弱台风中发生的比例高，其增强过程主要受内部动力学过程控制，易发生迅速增强，而非紧密型台风的增强过程受环境影响显著。

丰满度(TCF)是 Guo 等(2017)提出的一个描述台风外区结构的新物理量，其定义是：

$$\mathrm{TCF}=\frac{r_{17}-r_{\max}}{r_{17}} \tag{2.9}$$

式中，r_{17} 为 8 级风圈半径。该物理量反映了台风外区范围的相对大小，即从最大风速半径到 8 级风圈半径之间的区域范围。TCF 取值在 0～1.0 之间(图 2.16)，和台风强度有显著的正相关关系，尤其是强台风通常都具备超过 0.8 的 TCF 值。迅速增大的 TCF 也多预示台风的加强。

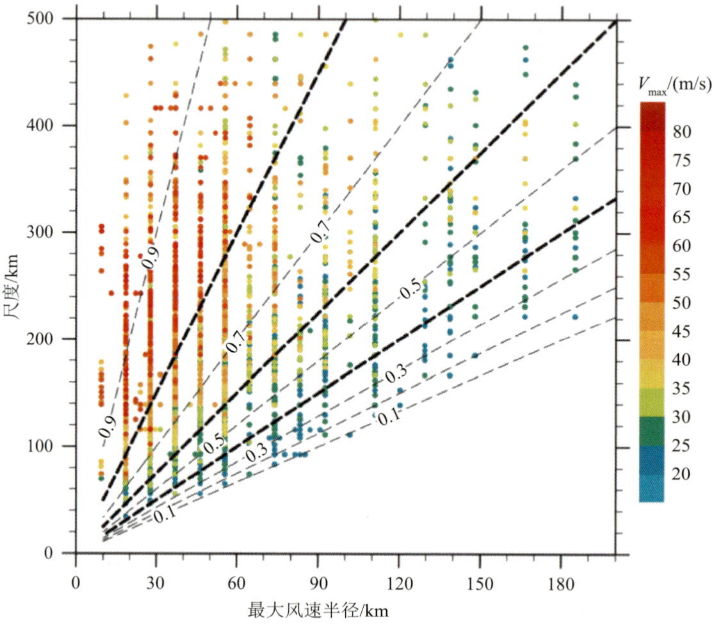

图 2.16　不同丰满度(虚线)台风的强度(彩色点)(单位：m/s)(Guo et al.，2017)

2.5　台风的降水及相关结构

2.5.1　云的分布和降水场结构

台风内的云是呈环状或螺旋状围绕着台风中心的(图 2.17)。在可见光卫星云图上，通常看到的是反气旋式外旋的高空卷云和卷层云。最强降水往往出现在内核的环状眼墙区，该区域由对流旺盛的积雨云占主导。眼内为晴空或低的层积云，眼墙外有时会出现环状晴空区，被形象地称为“壕沟”(moat)区。有些较强的台风会出现双眼墙甚至是三眼墙结构。台风外区常有若干条螺旋雨带与眼壁相连，该区域大部分是层性降水，但其内活跃着积云单体，是台风内部热量垂直输送和位能转换为动能的主要区域。

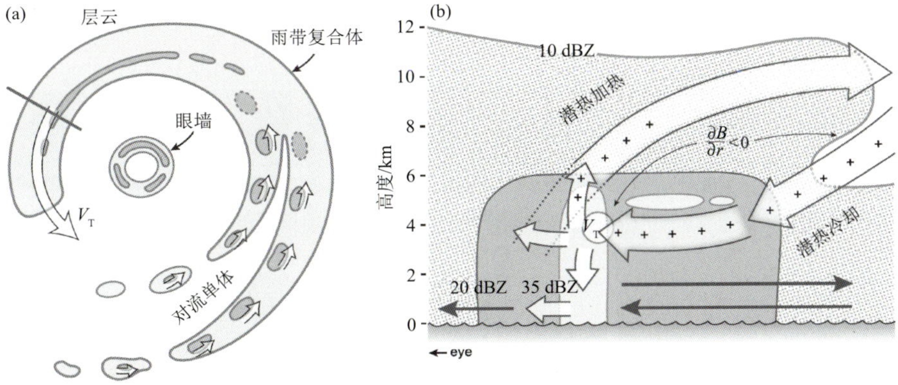

图 2.17 (a)成熟台风的雨带结构平面示意(20 dBZ 和 35 dBZ 的反射率等值线示意的是雨带内对流单体的减弱(虚线)并形成层云降水带,V_T 表示层云区切向急流);(b)沿(a)中灰色线段所作截面的雨带层云动力学结构示意(单线箭头表示涡旋尺度运动,宽箭头表示层云区的中尺度运动,下沉入流受径向浮力(B)梯度驱动)(Didlake et al.,2013a)

眼墙降水占内核降水的 25%～50%,占整个台风区域的 10%。强度超过 10 mm/h 的降水大约占台风内核区面积的 15%,但对台风总降水量的贡献达 50%,极端降水强度可达 50 mm/h。大量水凝物从向外倾斜的眼墙中下落,在眼墙外侧下方形成降水和下沉运动通道。几乎所有的上升气流都在−5 ℃结冰。随上升气流到达对流层上部的水凝物随外流而水平扩展,形成覆盖核区的中心密蔽云区(约 10～15 km 高度),其中的大部分以降雪形式到达 0 ℃层形成雷达图像上的亮带。

台风的降水场通常有显著的非对称性,其非对称程度随强度的增强而减弱。最强降水多出现在台风移动的前方,在弱台风中位于左前方,强台风中位于右前方,移速越快非对称性越强。环境垂直风切变是影响台风降水非对称结构的另一重要因子,最强降水多出现在左下切方向。

当台风登陆时,螺旋雨带的结构会因陆地影响而发生变形,其降水根据发生区域可划分为:①内核区降水;②外区或螺旋雨带区降水,包括倒槽区和低空风切变区;③中小尺度系统降水,多发生在东北象限;④不稳定降水,多发生在中心南侧的高空冷空气和低空暖湿气流叠加区域;⑤台前飑线;⑥远距离降水,发生在中纬度西风槽的前侧或地形辐合区。

2.5.2 台风眼和眼墙

台风眼可用不同的方法来定义,如海平面气压的最低点(气压眼)、台风中心的静风区(风眼)、雷达回波上的晴空区(雷达眼)、红外云图上台风中心的高温区或可见光云图上的晴空区(卫星眼)等。由不同方法确定的台风眼的位置常会有所差别,尤其是在台风发展的初期,一般没有眼,即使有也不典型不完整,常没有云墙,只存在一片弱风区或是一些螺旋云带形成的曲率中心。这种中心多位于风暴主要云区的边缘。以后随着风暴的发展,眼区才逐渐明显,并移向环流或云型中心。到了成熟阶段,台风眼多为范围较小的圆形对称的晴空区,用不同方法确定的台风眼的位置也较一致。台风眼的外形与台风发展程度有关系。一般呈圆形,也有椭圆形或不规则形的(图 2.18)。椭圆形或不规则形的眼多与台风内核区环状高位涡带不稳定所致涡旋罗斯贝波的活动有关。发展愈强的台风，眼的外形愈对称。

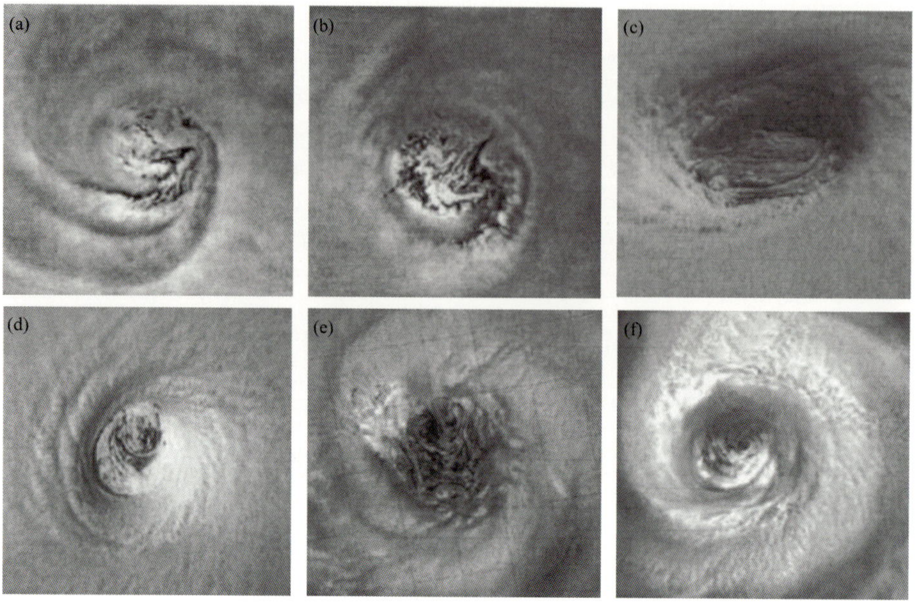

图 2.18　形态各异的台风眼(Kossin et al.,2002)

(a)Ida1958；(b)Ida 1958；(c)Yuri 1991；(d)Emilia1994；(e)Alberto 2000，(f)Man-Yi 2001

根据 34 a 红外云图资料统计，全球热带气旋的眼平均半径 26 km，75%和 90%分位值分别为 28 km 和 50 km，最大可达 80 km(图 2.19)。在北半球各海域中，西北太平洋台风的眼最大，平均半径 25 km。大西洋飓风的眼要小一些，平均半径 23 km。在大多数情况下，台风眼的大小有随台风增强而逐渐缩小的趋势，但并不是所有台风都如此。当台风登陆时，摩擦作用常使眼增大。当台风移至中纬度西风带减弱或变性时，眼区有时也会增大，并沿移动方向伸长成椭圆形，长度可达 100 多千米。

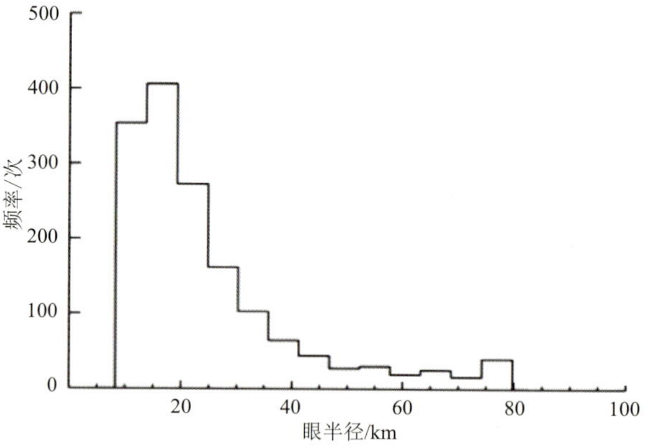

图 2.19　全球热带气旋的眼的半径频率分布(Knapp et al.,2018)

台风眼的温度比周围暖得多，最暖的温度位于眼壁内边缘附近。在地面或低层眼区内外温差不大，但到高层差别明显。在对流层中上部(400～200 hPa)可比环境温度高十几摄氏度，并且比湿绝热上升的气块的温度要高。地面中心气压愈低，眼的温度愈高。在眼区一般比较干燥，尤其在中层，而低层的相对湿度并不低。大部分台风眼的低空有逆温层，其下空气饱和。在眼的中心区域，可以观测到逐渐向上伸展的低云系，叫车轴云。

一般认为，台风眼内的干暖空气是下沉气流造成的。当空气从高空下沉到低层时，由于压缩而增暖。眼中最强的下沉运动出现在眼壁边缘附近，因而在该处最暖。实际上，在眼区并不是所有的空气都从很高的高度下沉。如果是这样，由下沉运动产生的温度值应远远大于实际观测到的值，并且相对湿度也应变得十分小，甚至接近于0。而实际观测到的温度要低一些，相对湿度也高很多。这是因为在空气下沉过程中，四周不断有眼墙区的湿空气向内混合。这一侧向混合及其伴随的蒸发使眼内温度降低，湿度增大，部分抵消了下沉的作用。据估计，700 hPa的眼区空气有97%来源于周围的云区，800 hPa以上眼区的空气5%来自平流层，其余均来自眼墙。所有这些过程，使眼中的相当位温几乎保持不变，与云墙最内部的相当位温相等。

水分也可以从很高的高空进入眼区，然后发生蒸发冷却。这种水分主要来源于进入台风眼区的冰粒，它们是由高大的积雨云顶水平扩展而进入眼区，这种积雨云常高达12 km以上。由于上方有稳定层阻止其垂直发展，积雨云便在这种高度向水平方向扩展，其中一部分可伸展到眼区上空，使冰粒落入眼内，在眼内下沉，并通过蒸发使空气冷却。这种冷却过程对台风的发展有阻碍作用。虽然在台风眼中常可观测到中高密蔽云区，但在发展极深的台风中，眼内是没有高云的。不过，在台风减弱阶段，随着眼墙对流的减弱和外移，在眼区有时会出现对流云。

台风眼外的环状云区称为眼墙，主要由高大的对流云组成，高度可达20 km，宽度一般有20～30 km，是台风风雨最猛烈的地方。该区域的凝结潜热释放是台风的主要驱动力。对大西洋飓风眼墙区的卫星测雨雷达观测表明，在5 km高度以下，超过50%的雷达反射率为22～43 dBZ，中值30 dBZ，极值超过50 dBZ。在5 km高度之上，雷达反射率显著减小，中值为22 dBZ。雷达反射率的非对称结构和环境风垂直切变密切相关，低空的反射率在左下切方向最强，右上切方向最弱，和降水的非对称分布一致。

眼墙随高度向外倾斜是台风的一般特征。在低层眼墙几乎是垂直的，而到了对流层上部逐渐转变成准水平。不过，并非每个台风都一样。有些台风的眼墙近乎垂直，有些则逐渐向外扩展，类似于圆形剧场或体育场的看台。眼墙倾斜面与边界层之上的绝对角动量面一致。台风的增强一般都伴随着最大风速半径的收缩，因此也伴随着眼墙的收缩以及眼墙倾斜程度的减弱。台风眼放大，眼壁组织疏松，是台风减弱即将衰亡的特征。

强台风的螺旋雨带有时会在眼墙外形成完整或部分的对流环。这个对流环通常与局地切向风最大值及径向风辐合相对应，与主眼墙类似，称为次眼墙或同心眼墙。在西北太平洋，中心气压低于940～950 hPa或最大风速大于50～60 m/s的台风中，有80%会出现一次同心眼墙结构。这个比例在北大西洋减小至70%，在东太平洋减小至50%，在南半球减小至40%。这说明，除台风自身强度外，局地环境条件对同心眼墙结构的形成也会有影响。同一个台风在其生命史中可以发生多次同心眼墙的更迭过程（图2.20），极个别台风中还观测到过三重同心眼墙结构。

同心眼墙的更迭过程会导致台风强度和结构的明显变化。因为次眼墙有边界层入流辐合，流入内眼墙的质量和水汽减少，与外眼墙相联系的次级环流（下沉运动和低层外流）也不利于内眼墙的存在与发展，因此当外眼墙发展并增强时，内眼墙通常会减弱，并伴随着外眼墙的收缩。这一过程可持续数小时或超过1 d，大约70%的台风会在这一过程中

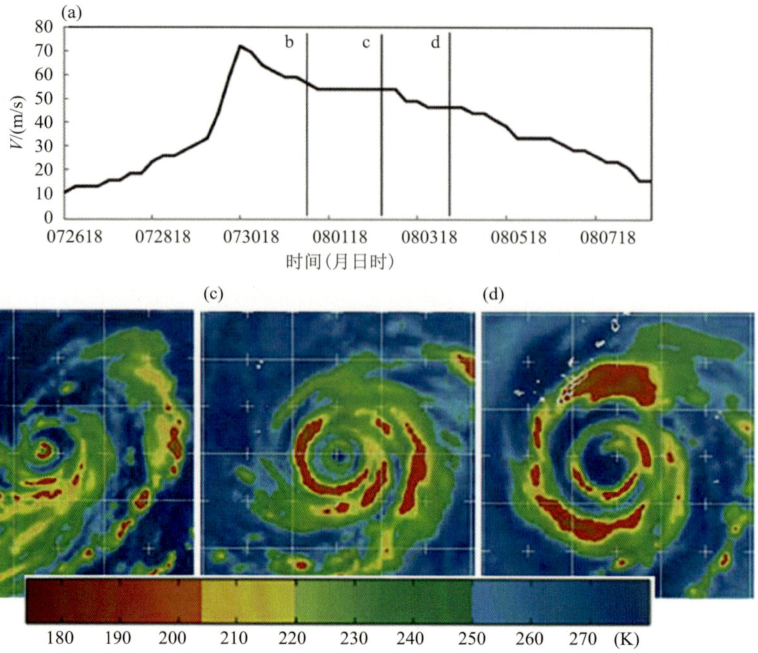

图 2.20 2011 年台风“梅花”生命史中出现的三次同心双眼结构(Zhu et al.,2019)
(a)台风强度时序图,(b)、(c)、(d)分别为(a)中三条竖线对应时刻的 Aqua-1 卫星 AMSR-E 传感器 89～91 GHz 水平极化通道亮温图

减弱。一旦内眼墙消失并被外眼墙替代,在适宜的环流背景下台风会再次得到增强。但是,并非所有的同心眼墙都会发生上述更迭过程。例如 2006 年台风“珊珊”的同心眼墙在形成之后,内外眼墙同时减弱、消散。还有些台风的外眼墙在内眼墙消散过程中,既不增强也不收缩。和单眼墙台风相比较,有同心眼墙的台风维持较强强度的时间通常较长。

环形台风是另外一类特殊的台风,在西北太平洋发生的概率大约是 4%。其特点是眼圆且大、眼墙对流均匀、无螺旋雨带,强度强。这一结构的另一特点是维持时间长、减弱慢,平均维持时间达 24 h,最长接近 90 h。此类台风如登陆,通常会给登陆区域带来严重的灾害。2006 年在我国浙闽交界处登陆的台风“桑美”就是一例,其登陆强度创造了自 1949 年以来登陆我国台风的强度新记录。

2.5.3 螺旋雨带

在卫星云图上,常可看到一条或几条云带呈螺旋状从外围一直向内旋向中心云区。这是台风的特有结构,称作螺旋云带或螺旋雨带。螺旋雨带近于等角螺旋线,它们与等压线的交角在 10°左右,因此采用 10°角的对数螺旋曲线可以很好地拟合大部分螺旋雨带的走势(图 2.21)。不过,在有些情况下,因台风中心附近高空卷云的遮盖,需要用可穿透云层的微波探测或是测雨雷达才能观测到螺旋雨带。

螺旋雨带区域的降水呈带状分布,其内有对流单体,可出现骤然的大暴雨。在近地面,螺旋雨带的前方通常有一中尺度低槽,其过境时引起的典型气压波动值为 1～2 hPa。中尺

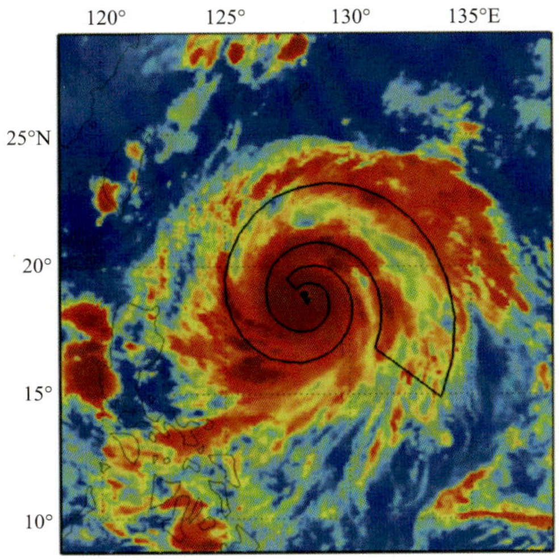

图 2.21 台风螺旋雨带的对数螺旋曲线拟合(Lu et al.,2019)

度低槽的最大上升气流比最低气压落后 90°位相。雨带附近低层风辐合明显,辐散出现在雨带后侧。雨带过境时,风向平均顺转 10°～20°,局部地区的阵风风速增大值可超过 50%。雨带内的温度梯度和风速切变都很大,前者超过 1°/(10 km),后者每 10 km 大于 5 m/s。

在台风范围内常有多条雨带并存,间距 30～40 km。带与带之间有下沉气流,无云。雨带的条数各个台风不同,有的台风观测到了 6 条。这些雨带在成熟期大多围绕台风中心对称分布,并呈气旋式旋转向内。但在发展或衰减期,分布则不太对称,常常表现为一条或几条云带从台风某一部位卷入。环形台风则以无螺旋雨带为主要特征。

根据活动区域和结构特征的不同,螺旋雨带可分为远距离雨带、主雨带和次雨带三大类。远距离雨带远离台风中心,由浮力强迫的对流单体构成。这些对流单体发生在对流有效位能较高的环境中,并顺着低空大尺度流场旋转进入台风环流区。因距离台风中心较远,其结构主要受外部环境控制,台风内核动力机制对其影响很小,因此具备普通积雨云的特点,上升运动和下沉运动都很明显。在雷达图像上有时能观测到类似于弓形回波的弧状回波线,那是强下沉气流在对流单体下方扩散的信号。

主雨带的宽度通常为 20～100 km,愈近中心愈宽,主要特征是大范围的层云区域内嵌着组织程度各异的对流单体。这些对流单体大多按气旋环流形式沿着螺旋带向中心运动,具有类似眼墙的随高度向外倾斜的结构,湿空气的倾斜上升也和眼墙区类似,但因受到眼墙外流的抑制,雨带区上升运动的反转高度较低(对流层中层,图 2.22)。新的对流单体趋于在雨带的上风端形成和发展,移速与平均风速大体一致,愈往下风方向去,其外形逐渐变成层状结构,最后在雨带的下风端消失,生命史一般为 20～40 min。沿着主雨带的轴向,低空通常有急流,对流单体主要活动于急流内侧,并有助于急流的加强。在雨带层云区(图 2.17),降水相对较均匀,其内部减弱的对流区有上升的径向外流,带来向上的输送和潜热加热。在雨带上部、对流外侧,升华冷却产生水平浮力梯度,产生水平涡度和下沉入流。在层云降水密集区,外雨带边缘的融化冷却产生中层水平浮力梯度,使气流可在雷达亮带下方伸入更远。这一次级环流随着对流单体的消散而减弱。

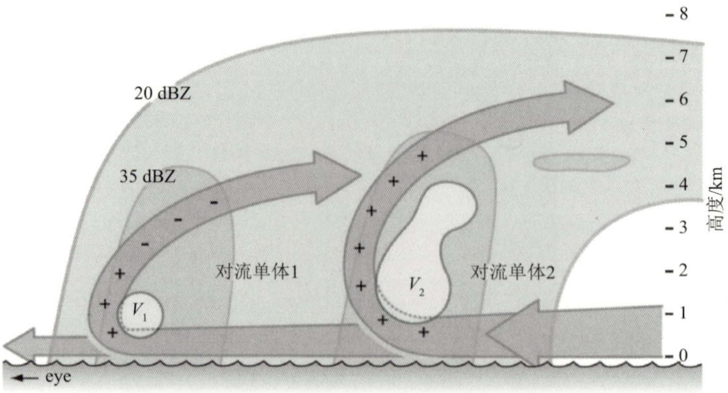

图 2.22 距离台风中心不同半径处的两个成熟对流单体(35 dBZ 反射率廓线区域)示意
实线箭头为单体内的次级环流,加号(减号)表示切向风增大(减小);V_1 和 V_2 表示切向急流
(Didlake et al.,2013b)

主雨带有准静止和传播性雨带两类。准静止雨带多与准稳定的强迫有关,如环境垂直风切变。传播性雨带则可由多种过程激发,例如外流层的惯性不稳定、内核涡度分布的变化、与中尺度对流系统的相互作用或合并等。此类雨带多在 3 倍于最大风速半径处形成,之后以 5 m/s 左右的速度外传,存在 22～26 h 的准周期性。这种准周期性活动可能与边界层的恢复机制有关:雨带一旦生成,就伴随着对流下沉并消耗对流有效位能,使其生成区域的对流减弱。随着雨带外传,其原生成区域的边界层空气需要大约 10 h 才能通过从洋面吸收能量而恢复,对流才能重新得到发展。

次雨带多发于台风内核靠近眼墙处,和主雨带相比尺度小、生命史短,主要体现的是对流耦合的涡旋罗斯贝波特征,在径向和切向的传播均较快。次雨带在切向方向也是气旋式旋转,但要慢于切向风。在次雨带的形成区域存在很强的拉力流,其变率比相对涡度大,羽化时间比对流翻转的时间尺度要短,是快速羽化区。在这一区域,所有的场都会很快羽化,对流被扭曲和抑制,有利于生成"壕沟"区,即在雷达图像上可看到眼墙外围存在晴空或弱回波区。

2.5.4 中小尺度系统和切变线

在台风移行前缘,有时会出现弧形中尺度辐合线,称为台前飑线,其内可能孕育小尺度龙卷。登陆我国的台风中约有 43%伴随着台前飑线,其中半数超过一条,平均生成位置是台风右前侧 600 km 左右处(图 2.23)。这些飑线通常由准线形的地面辐合区发展而来,均生成于较为平坦的地面上,且多于午后至半夜生成。平均而言,维持时间约 4 h,降水强度 18 mm/h,移动速度 12.5 m/s,移动方向与其走向基本垂直。在雷达组合反射率图像上,台前飑线成熟时的平均长度为 224 km,强度 57～62 dBZ,比台风外雨带高约 5～10 dBZ。与中纬度飑线类似,台前飑线中大部分(约 70%)以断续线形生成,具有先导层云。其生成位置附近由于台风外围环流的水汽输送使得水汽含量明显上升,且有显著的低空锋生过程。飑线和台风环流之间有一条狭长的无云带,是台风外围边缘之外的下沉运动区。

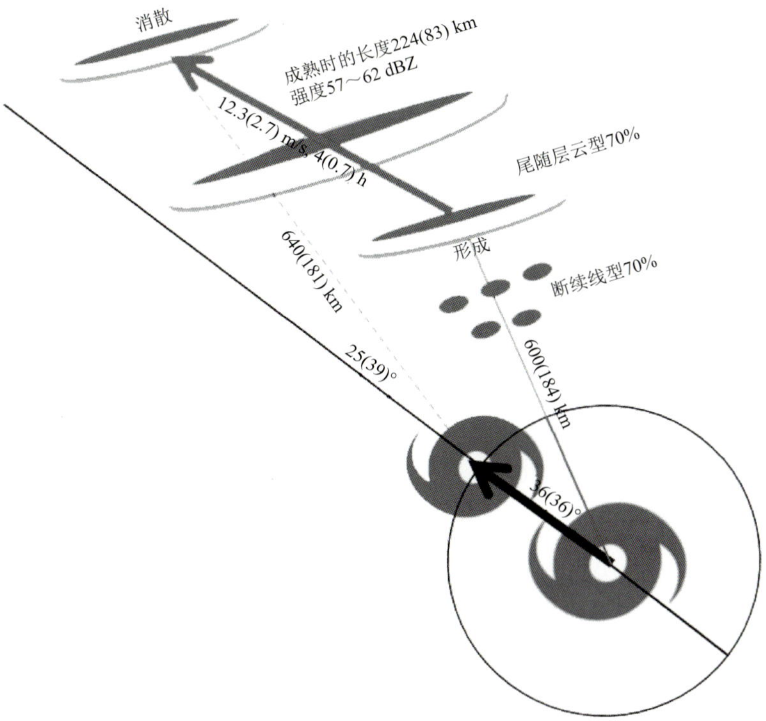

图 2.23 台前飑线基本特征的概念模型(括号内的数值为标准偏差)(Meng et al.,2012)

我国几乎每年都有台风相关的龙卷事件见诸报道。台风在陆地上引发的龙卷过程多发生在台风登陆后迅速减弱的右前象限,但也不乏在沿海活动的台风引发的龙卷过程。据统计,江苏境内平均每两年就会发生一次台前龙卷过程,一次过程可有多个龙卷活动,登陆北上台风中居多。除江苏外,广东、福建、浙江、上海等地也时有台风带来的龙卷发生。对 2015 年 10 月 4 日发生在广东佛山的一次龙卷过程分析表明,台风龙卷的很多特征都和中纬度龙卷类似。这次龙卷过程发生在登陆台风彩虹中心东北侧约 350 km 处的一个微型超级单体内,前后共维持了 32 min,移行路径平行于它所在的螺旋雨带,致灾区域长 30.85 km,最宽处 570 m,路径右侧的灾害比左侧严重。龙卷中气旋先在中层出现,然后向下伸展,漏斗状云的地面直径约 11～15 m,风场呈气旋式辐合,伴有垂直次生涡旋和水平涡管。

台风中除了上述强烈天气系统外,还常见中尺度小涡,伴随着很强的局地大风和暴雨。2003 年 9 月 12 日 13—15 时,美国国防气象卫星可见光云图上可以看到,在强飓风“伊塞贝尔”(Isabel)的内核区有 5 个生长在眼墙云壁对流环上的中尺度小涡(图 2.24)。这种罕见现象被称为海星状云环。眼墙中尺度涡可使眼墙与眼之间发生位涡和角动量混合,对于台风内核结构有重要作用。中尺度涡不仅可在眼壁对流环上形成,也可在螺旋雨带上形成,多见于登陆台风的残涡之中。台风或其残涡中的中尺度系统产生后,会按台风环流和地形特征移动传播,一路下着暴雨。这类中尺度系统的寿命一般为 4～12 h,老的衰亡,新的还会再生。对于一个静止少动的残涡,新的中尺度对流系统还会在老地方再生,犹如系统生成的“源”,生成后沿类似路径移出,并在另一个相近的地方消亡,那里犹如一个“汇”。重复几次,特大暴雨就在所难免。

图 2.24　2003 年 9 月 12 日 15:00(UTC)美国国防气象卫星可见光云图
5 个中尺度小涡围着台风眼出现在内核对流环上(陈联寿 等,2012)

每个台风内部,从地面到高空皆存在着切变线。台风倒槽是东南风潮湿气流与东北风干气流形成的切变,是最为常见的。倒槽使得雨区向北扩展,形成南北不对称的降雨分布。在福建登陆的台风,有时在北面浙江下的雨远远超过福建。在浙江登陆的台风,其倒槽可在江苏、上海、安徽、山东等地引发大暴雨。台风中心南侧的切变线不如倒槽多见,但也常常形成局地大暴雨。尤其是在西南侧切变线中生成的中尺度强对流系统,会在华南登陆台风的西部或华东登陆台风的南部产生特大暴雨。当登陆台风有冷空气侵入时,偏北风和偏东或东南风之间也会形成中尺度切变或中尺度锋面。这种中尺度切变会制造涡度,抬升暖湿空气,提供不稳定能量,加强上升运动,从而形成新的暴雨中心。当有双台风活动时,北台风西侧的偏北气流与南台风北侧的东南气流之间也可形成较强切变,引发大暴雨(图 2.25)。

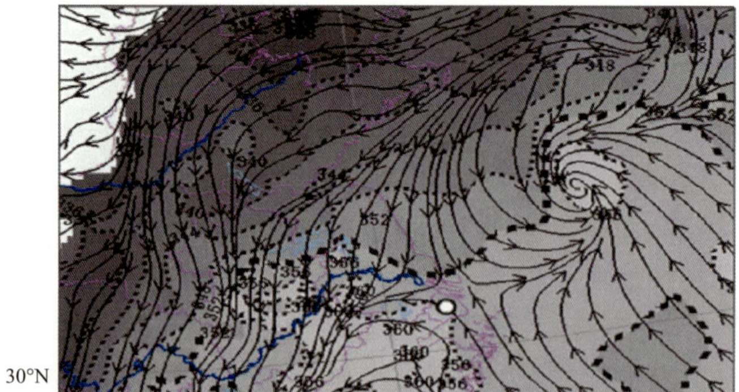

图 2.25　双台风间的切变线(粗黑虚线)(漆梁波 等,2013)

2.6 台风的变性

台风的变性是其进入中高纬度后，与斜压系统发生相互作用，原有热带暖心系统特征消失而逐渐转变为斜压系统的过程，在有利条件下可发展成为强烈的冷心温带气旋。西北太平洋台风约有35%发生变性，平均变性纬度是35.4°N，其频数的季节分布特征类似于总台风频数的季节分布特征。登陆我国的台风中有约17%发生变性，8月登陆台风的变性比例最高。

在台风向中高纬度移动的过程中，大气环境和下垫面状况会发生显著变化，包括风切变和斜压性增强、湿度经向切变增大、海温下降、海温梯度增大、柯氏参数增大等，还可能与高空槽或成熟温带系统发生相互作用。如登陆的话，下垫面粗糙度将增大，潜热和感热通量减小，并可能受到复杂地形的影响。有些台风未完成变性就会消失，有些会在变性为温带气旋后消失，有些则在变性为温带气旋后再次发展。

从台风开始变性至变性为温带气旋的过程十分复杂，持续时间1～3 d，变性过程中的台风称为混合系统或半热带系统。在变性过程中，台风移速加快并具有显著的非对称性，大风区范围扩大，强风出现在路径右侧，强降水一般在左侧，并可出现在远离台风中心处。通常将变性过程分为三个阶段：第一阶段，随着台风向斜压区靠近，环境干冷空气卷入，西部对流减弱，并出现干带，东部对流则保持活跃且伴有偏南风急流，暖湿气流在北部沿着斜压区的倾斜等熵面抬升；第二阶段，伴有干带的减弱对流区扩展至台风南部，北部上升运动产生的云带围绕台风中心向西、向南卷，与之相伴随的干绝热下沉使眼墙对流活动受到抑制，暖心伸展高度降低；第三阶段，台风暖心完全被破坏，变性为温带气旋。可见，显著的非对称性是变性台风的典型特征。红外云图上台风西部深对流的显著减弱往往意味着变性的开始，接着南部雨带云系减弱并出现干槽，随后东部深对流活动减弱，北部对流活动和云系发展并向西向南扩展。外流卷云与极地急流辐合形成边界清晰的卷云飑，内核深对流逐渐减弱，东至北部出现暖锋云系。这些云系演变特征是判断台风是否发生变性的主要依据。

台风与西风槽的相对位置及各自的强度是决定其变性后能否重新发展的关键因素，环境场锋面斜压结构特征、北侧弱冷空气入侵、高空急流等均是台风变性发展的可能触发条件。研究表明，如果台风西北侧的槽是中纬度的主导环流型，则有利台风变性后发展。如果台风东北侧有较大的准静止气旋，或者西风带环流平直，变性台风将不会加强。

变性台风会在中高纬度或者内陆地区造成严重的风雨影响。变性过程中，台风内核强度减弱但外围风力显著增大。因移速快，地面风通常是右强左弱的非对称分布，还会出现局地的低空急流。变性台风的强降水通常集中在其前部准静止的锋面附近及其路径左侧数百千米范围内的一个三角形区域。移动偏慢的变性台风所引起的风浪会外传，并以逐渐衰减的涌浪形式传播。移动较快的变性台风则可能和其之前所引起的风浪同时到达某处，发生共振，使有效波高迅速增大，其危害可能超过强台风。

2.7 地形效应

当台风靠近陆地时，地形辐合可使其右前方生成一系列龙卷或在台风前部生成飑线或雷暴。台风一旦登陆，由于摩擦增大、热量和水汽供应减少，地面风迅速减小，对流减弱，眼区扩张。平均而言，登陆我国台风在登陆后 12～24 h 即减弱为低压。在台风登陆过程中，切向风速减小、入流增大，易在向岸侧形成辐合带，有利于对流活动，而在离岸侧形成辐散带，抑制对流活动，因此降水常出现沿台风路径右强左弱的非对称结构。如果沿海是山地地形，则强降水中心多出现在台风路径右侧的迎风坡，喇叭口地形也有利强降水发生。在台风远距离雨带中，沿海山脉迎风坡的陡峭地形容易频繁触发对流胞并向下游平流，而背风坡上空出现稳定层结的时候可能激发山地波。从风场分布看，洋面风显著强于陆面一侧，陆上边界层顶较洋面一侧偏高。台风越强，非对称性越明显。来自陆地干空气的卷入也是使台风结构出现非对称的原因之一。通常而言，当大尺度环境场较弱时，海陆差异对登陆台风非对称结构的影响会更为明显。快速填塞的登陆台风，因边界层顶有强风切变，有时会诱发龙卷。

台风登陆后，下垫面由海洋转为陆面，陆面过程可造成地表感热和潜热通量的不均匀分布，在对流层低层大气产生能量锋区，从而改变台风内部局地中尺度环流，影响其中尺度结构。一般而言，台风会在登陆后迅速衰亡，但是有些台风可在陆上维持不消甚至再次发展。除一些有利环境条件(如强水汽输送、斜压能量释放等)可延缓登陆台风的衰亡之外，内陆大尺度水面，例如洞庭湖、鄱阳湖、太湖、洪泽湖、杭州湾等，对台风衰减有明显的减缓作用，有时可使得登陆减弱台风再次增强，并诱发中小尺度涡旋，导致强烈天气。

内陆山脉地形(如我国的大别山、庐山等)和冷空气共同作用，可在登陆减弱的台风环流内引起地形辐合线和中尺度强对流系统的形成和发展，使得迎风坡气流辐合加大以及中低层涡度辐合和上升运动总体加强，导致强暴雨或大风，有时可能会引发龙卷。例如1975 年的台风“妮娜”(Nina)深入内陆后，因和中纬度西风槽相互作用而复苏，并在河南伏牛山脉喇叭口地形的影响下，出现中尺度辐合线，致使不断有对流性小涡生成，使暴雨积累成灾，24 h 雨量达 1062 mm，造成了“75・8”河南特大洪水。

我国台湾岛、海南岛和菲律宾、日本等国家大型岛屿和群岛地形会使台风结构出现显著不对称，地形阻挡造成的“角流”及海峡的“开通道流”还可使大气低层出现急流现象。2005 年台风“海棠”在靠近台湾岛的过程中，受其外围环流影响在台湾沿海观测到低空急流(图 2.26)。该急流长 140 km、宽 25 km，生命史 6 h，急流轴位于 1～2.5 km 高度，最大风速达 52 m/s，强度和近中心最大风速相当。敏感性数值试验表明，地形阻挡效应对这一急流的贡献达到 25%～50%。当台风向台湾岛靠近时，在环绕台湾的阻塞流型作用下，北部的台风会先向北偏，南部的则向南偏。但是，当台风环流与地形发生直接的相互作用时，强风区会明显变形，使北部台风南偏，南部台风北偏。当台风靠近或穿过台湾岛时，常在台湾岛西海岸产生诱生低压，使台风路径发生偏折或跳跃。部分诱生低压可发展为副中心，并最终替代原台风中心。据统计，产生诱生低压的台风数约占穿过台湾岛台风数的 24%，多数为登陆台湾岛中南部的台风，且在慢速移动的弱台风中表现更明显。当台风靠近日本和菲律宾时，偶尔也会产生诱生低压，但频次很低。海南岛对台风结构也会产生显著影响。如 2001 年台风"菲特"自东向西穿越琼州海峡时，在海南岛五指山就出现了一个中尺度涡。和这一中尺度涡的相互作用使"菲特"路径发生了向西南方向的偏折。

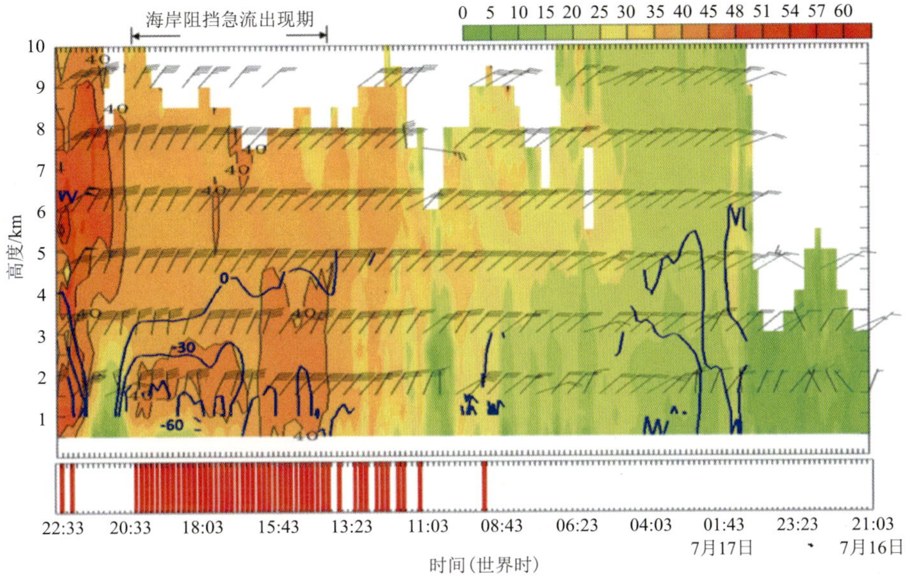

图 2.26　2005 年 7 月 16—17 日中国台湾花莲 S 波段多普勒雷达反演的水平风时间一高度剖面图（彩色阴影是风速（单位：m/s），黑色等值线标出的是风速超过 40 m/s 的区域，蓝色粗实线是散度（单位：10^{-5}/s）(Kao et al.，2019)

第 3 章

台风监测方法及新技术

台风监测是指利用各种探测手段和技术对台风中心位置、强度、结构、降雨、风场和其他各种气象要素的变化及其所反映的物理现象或物理过程进行的观测和分析。台风监测所获取的上述各种气象记录或资料是进行台风预报、预警、科学研究、防灾减灾和决策服务的基础。目前对于远海台风的监测主要依赖于气象卫星，而当台风临近或登陆沿海地区时更多的是借助于地面气象站网加密观测、多普勒天气雷达站网以及中尺度地面自动观测站网的监测。而随着探测技术和手段的不断丰富，不同平台多源观测资料的融合应用，同时借助于人工智能技术和海量训练数据的分析应用，形成台风相关特征定量化客观分析产品，已逐渐成为未来台风监测分析业务应用的一个主要发展方向。

3.1 台风监测方法

3.1.1 卫星遥感观测

台风生成于热带或副热带洋面上，由于海洋是常规气象观测的盲区，地面雷达探测距离有限，而气象卫星资料具有观测范围广、观测时次多等优点，因此自 20 世纪 60 年代气象卫星投入业务运行以来，气象卫星就成为对台风进行全天候监测的主要手段。尤其是对远海台风的监测，气象卫星几乎成了唯一手段，特别是台风中心定位、定强更离不开卫星云图。作为国际上同时拥有静止和极地轨道业务气象卫星的三个国家（地区）之一，我国发射的风云系列气象卫星已成为全球对地观测系统的重要成员。借助于气象卫星和卫星云图分析技术，不仅可以了解台风的定位定强信息，而且还可以了解台风的三维结构、降雨、风场以及海洋和大气环境信息等，从而及时滚动发布有关台风的预警信息。

3.1.1.1 台风强度业务分析技术

利用气象卫星确定台风强度的通用方法是 20 世纪 70 年代末 80 年代初美国科学家 Dvorak 研发的 Dvorak 技术，1987 年由世界气象组织推荐使用，为缺少飞机探测情况下估计台风强度的世界标准。Dvorak 技术分析方法是在假定台风云型特征变化与台风的某一发展阶段和一定的强度相对应的基础上，通过对卫星云图上的台风云型特征进行提取和分析，得到用于表征台风强度的台风现实强度指数（CI），然后由观测统计得到的 CI 与台风中心最大风速的经验关系，得到台风近中心最大风速，再由台风中心最低海平面气压与台风中心最大风速的风压统计关系确定台风中心最低海平面气压。

进入 21 世纪以后，为了增强各业务中心台风业务定强结果的可比性，保持台风强度估计结果资料的气候均一性，世界气象组织先后于 2011 年、2016 年和 2021 年分别召开了三届热带气旋卫星分析国际研讨会（IWSATC-1/2/3）。会议指出，1987 年世界气象组织推荐使用的 1984 年版本的 Dvorak 台风强度卫星分析技术仍将是全球各海域确定台风强度的主要通用技术标准，并建议建立一套全球统一的台风强度卫星估计流程，以规范全球台风强度估计业务。

在 2012 年 3 月以前，我国台风业务中使用的台风强度业务卫星分析技术流程采用的是1980年中央气象台卫星云图联合分析组(1980a,1980b)和方宗义等(1980)提出简化的Dvorak技术分析流程。简化的流程虽然操作简单,但主要适用于40 m/s以下的台风,对40 m/s以上的台风只能定性地判定为40～60 m/s,且分析精度取决于预报员的实际经验。由于分析流程过于简化,且没有采用红外BD增强卫星云图进行分析,分析流程仅仅考虑了台风云型特征,而没有细致考虑台风眼区周围云顶亮温、眼区亮温等与台风强度变化相关的特征因子,也没有考虑Dvorak分析的一系列限制规则和约束条件,分析的随意性较大、精度低,与国际上其他业务中心定强结果的可比性差。根据2011年4月10—18日在美国夏威夷召开的世界气象组织第一届热带气旋卫星分析国际研讨会(IWSATC-1)的建议,我国于2012年3月建立了基于世界气象组织推荐使用的1984年版本的Dvorak台风强度卫星分析技术流程,Dvorak技术的业务应用不仅提高了我国台风业务定强分析的客观性,实现了我国台风业务定强分析流程与国际其他台风业务中心分析流程的接轨,还增强了我国台风业务定强数据与国际上其他台风业务中心的可比性。

3.1.1.2 台风强度客观估计技术

为了提高Dvorak台风强度卫星分析技术的客观性,20世纪80年代后期Zehr设计出一种人机对话系统,自动读取台风眼区和云墙的云顶亮温,输出台风强度,只需输入台风当前中心位置,消除了部分主观偏差。20世纪90年代,Velden等(1998)又进一步改进,通过自动读取台风中心及环流的云顶亮温,利用经验规则、约束条件及由实测得到的查算表估测强度,还引入时间权重,即对当前强度指数和12 h前强度指数加权平均,以消除算法本身引起的强度变化虚假信号。根据ODT的应用反馈,Olander等(2004)提出了先进的客观Dvorak技术,主要的改进包括拓展算法的应用范围以及消除台风云型分析和识别的主观偏差。Olander等(2007)又进一步提出改进版的高级Dvorak技术(Advanced Dvorak Technique,ADT),此后又增加了利用多源微波资料自动识别台风中心位置的分析功能(Automated Rotational Center Hurricane Eye Retrieval Method, ARCHER),使得Dvorak技术向着更加客观、精度更高的方向发展。

此外,日本气象厅于2013年建立了基于格点卫星云图资料的客观Dvorak分析系统(Cloud Grid Information Objective Dvorak Analysis,CLOUD),并投入业务运行,该系统除了具有热带气旋的客观Dvorak分析功能外,还增加了对热带气旋早期发展阶段(Early Stage Dvorak Analysis, EDA)的监测分析。

近年来,基于静止气象卫星的台风强度估计分析技术得到了进一步的发展和业务应用,主要的工作包括以下几个方面。

①美国亚利桑那大学Ritchie等发展的基于静止气象卫星的偏差角方差分析技术(Deviation-Angle Variance Technique, DAV-T),该技术最初仅用于台风强度估计分析,偏差角方差越大,表示台风云系缺乏对流组织性,台风强度越弱;而相反偏差角方差越小,表示台风云系对流组织性越强,台风强度越强。目前,偏差角方差分析技术也逐步应用于台风的生成监测分析和台风7级、10级和12级风圈半径的尺度分析。

②美国海军研究院(NRL)研发的基于SSMIS卫星的台风强度自动客观估计算法。

③美国威斯康星大学气象卫星联合研究所(CIMSS)研发的融合静止气象卫星ADT台风强度估计结果和AMSU/SSMIS等极轨气象卫星台风强度估计结果的台风强度估计

集成算法(Satellite Consensus, SATCON)。

④国家气象中心和中国气象科学研究院联合研发的基于中国新一代辐射传输模式(Advanced Radiative Transfer Modeling System,ARMS)和风云三号D/E星微波探测仪数据的台风强度客观估计,主要利风云三号D/E星用微波温度计和微波湿度计融合产品,通过基于场景自适应的一维变分算法,获取大气温湿廓线,然后通过大气湿静力平衡方程输出的海平面气压值进行台风中心位置和强度的客观估计。

⑤中国气象局上海台风研究所研发的基于日本MTSAT静止气象卫星、台风内核对流强度和台风强度持续性的台风强度客观估计算法。

⑥日本气象厅建立的基于AMSU亮温距平和TRMM/TMI亮温的台风强度估计算法。

⑦借助于人工智能技术和大数据处理技术的台风强度客观估计和台风强度快速增强识别技术。如国家气象中心和北京邮电大学利用2017—2020年风云四号A星和2005—2018年葵花8号(Himawari-8)高时空分辨率的卫星云图数据,将深度学习模型应用于台风涡旋识别、台风定位定强、台风强度突变判识等方面,建立了基于深度图像目标检测、图像分类检索和融合时空序列特征提取等技术方法的台风智能监测分析系统,实现了台风自动识别、智能追踪、定位定强和强度快速增强客观识别。2020年全部台风的独立样本测试结果表明,强热带风暴级及以上强度的台风涡旋正确识别率达90%以上,台风强度客观估计绝对误差(MAE)和均方根误差(RMSE)分别为3.8 m/s和5.1 m/s,台风强度快速增强预测的综合判识准确率达到65.3%。美国威斯康星大学CIMSS利用2005—2016年的ADT(9.0版)热带气旋强度分析参数和最佳路径数据,研发了基于深度学习模型的高级Dvorak技术(AiDT)。针对2017年和2018年两年的全球热带气旋独立样本测试结果表明,全球热带气旋强度客观估计均方根误差(RMSE)分别达4.0 m/s和4.2 m/s,2017年北大西洋、东/中太平洋、西北太平洋、南太平洋/南印度洋和北印度洋的热带气旋强度客观估计均方根误差(RMSE)分别达4.3 m/s、3.5 m/s、3.8 m/s、4.1 m/s和3.9 m/s,2018年的热带气旋强度客观估计均方根误差(RMSE)分别达则分别为4.6 m/s、3.4 m/s、3.6 m/s、5.3 m/s和4.0 m/s,分别较单纯的ADT热带气旋强度客观估计均方根误差(RMSE)提高了30%和23%,表明人工智能技术的应用有助于提高热带气旋强度客观估计的精度。

3.1.1.3 台风风场监测分析技术

20世纪90年代以来,随着卫星探测技术的发展,借助星载微波辐射仪的洋面风探测取得了重大进展,目前除2009年停止运行的美国宇航局(NASA)的QuikSCAT以外,其他利用星载微波辐射仪进行洋面风场探测的卫星主要有:中国气象局风云三号E星风场测量雷达(WRAD);中国国家海洋局海洋二号卫星(HY-2);美国国家海洋大气管理局、宇航局与国防部联合开发的WindSat/Coriolis卫星;欧洲气象卫星应用组织的ASCAT卫星;欧洲空间局的ERS-2卫星;欧洲航天局的土壤湿度和海洋盐度观测卫星(Soil Moisture and Ocean Salinity,SMOS);美国国防气象卫星计划的SSM/I卫星;欧洲航天局哨兵1号(Sentinel-1)合成孔径雷达卫星(SAR);NASA的土壤水分主被动探测计划卫星(Soil Moisture Active and Passive, SMAP)等。它们可观测每天全球的洋面风,揭示全球洋面风丰富的细微结构特征。但由于星载微波辐射仪是搭载在极轨卫星上，其探测频次及探测范围有限，对同一海域每天只能获取两次洋面风的探测信息，因此很难满足台风监测业务对洋面风信息获取的需要。

进入21世纪以来，国内外利用卫星遥感资料对台风洋面风估计及台风风场结构分析已开展多项研究工作，部分成果已在实时监测分析业务中得到应用，主要的工作如下。

①Demuth等(2004)和Bessho等(2006)分别利用AMSU微波卫星资料进行的台风强度、尺度和风场的估计。

②Mueller等(2006)利用静止气象卫星红外通道资料对台风风场的客观估计分析。

③John等(2007)利用静止气象卫星资料和气候持续性方法建立的台风大风半径统计预报方法。

④John等(2011)研发的融合多种星载微波散射仪资料和静止气象卫星的台风洋面风综合分析平台(CIRA Multi-Platform Tropical Cyclone Surface Wind Analysis, MTC-SWA)，该平台融合了多种卫星资料，包括GOES、Meteosat、RapidSCAT、ASCAT、WindSat、SSM/I以及AMSU反演风场和卫星云导风等多源卫星资料，以构建高分辨的台风风场实时分析场和台风7级、10级和12级特征风圈分析产品。

⑤日本气象厅基于Himawari-8静止气象卫星云导风资料(Atmospheric Motion Vectors, AMVs)的洋面风场算法(AMV-based Sea surface Winds, ASWinds)。

⑥国家气象中心和中国气象科学研究院联合研发的基于中国新一代快速辐射传输模式(ARMS)和风云三号D/E星微波探测仪数据的洋面风场反演算法，主要基于微波温度计和微波湿度计融合产品，采用国际上广泛使用的洋面发射率模式FASTEM，通过基于场景自适应的一维变分算法，并分别结合风云三号D/E星微波成像仪和风云三号E星散射计风场数据，输出洋面风场产品。

此外，国家气象中心还开展了基于风云三号C/D星微波温度计探测数据，通过对椭圆形平衡方程和ω方程的求解，以反演获取台风三维风场和台风不同方位大风圈半径产品的业务试验。试验结果表明，利用风云三号C/D/E星微波温度计探测数据进行台风大风反演具有可行性，可为台风强度确定及不同方位大风圈半径分析业务提供客观定量分析依据。

为进一步加强卫星对飓风/台风的探测能力，提高飓风/台风的监测预报水平，解决极轨气象卫星星载微波辐射仪探测频次少及探测范围有限的不足，近年来，国外极轨气象卫星监测技术正在朝着小型化卫星和小型化卫星群(Microsats/CubeSats)的方向发展，如NASA正在发展的飓风成像辐射计(Hurricane Imaging Radiometer, HIRAD)、气旋全球导航卫星系统(the Cyclone Global Navigation Satellite System, CYGNSS)、风暴与热带系统跟踪试验器(Temporal Experiment for Storms and Tropical Systems, TEMPEST)、小型洋面风矢量辐射计(Compact Ocean Wind Vector Radiometer, COWVR)和降水结构/风暴强度高时间分辨观测小卫星星座(Time-Resolved Observations of Precipitation Structure and Storm Intensity with a Constellation of Smallsats, TROPICS)等小型化卫星或小型化卫星群观测系统，以用于对飓风/台风风场、降雨和结构等的精细观测。

3.1.2 飞机观测

飞机气象观测是指用飞机携带气象仪器对环境大气进行探测，它开始于20世纪初期，早期的台风飞机观测一般是机组人员通过目测法来估计海面风速，领航员则利用“双偏流测风法”来估计飞行层高度风速，往往带有很大的主观性，机组人员的观测经验起着十分重要的作用。目前的台风飞机观测则是通过机载下投式探空仪和机载多普勒雷达来进行观测，有的飞机还带有深海温度测量器(AXBT)和粒子测量系统等，深海温度测量器可以用来测量海表面以下300 m以内的海洋温度，粒子测量系统则是用来区分水滴和冰粒子，同时估测粒子大小。

按照探测任务性质，台风飞机观测可分为业务和科研观测两类。业务观测的主要目的是为了实时获取台风的中心位置、强度和风场等信息，以支持台风的实时业务预报预警服务。对于不同发展阶段或不同强度等级的台风，飞机探测高度不尽相同，对于中心风力达到12级及以上的台风，探测高度大约在10000英尺(700 hPa)的高度；而对于中心风力在8～11级的台风，探测高度大约在5000英尺(850 hPa)的高度；对于热带扰动，探测高度则大约在1500英尺(457 m)的高度；进行飞机探测时，一般采用穿过台风中心的“4字型”和“蝴蝶型”的飞行路线对台风外围和台风本体进行连续的观测，探测时间一般在10～12 h。

目前，全球仅有美国开展了飓风飞机观测业务，且仅针对北大西洋和东太平洋飓风进行飞机业务观测。此外，中国台湾地区、香港天文台和日本也先后开展了不定时的台风飞机准业务观测，主要通过机载GPS下投探空对台风外围环境大气进行观测，且探测时间不长，主要用于台风外围风场的监测分析，以辅助台风业务定位、定强和风场分析，或用于数值预报模式同化，以提高台风路径预报的准确率。

科研观测的主要目的是获取台风内部及其周围环境场的观测数据，以支持对台风结构、移动及强度变化的业务预报和理论研究，以最终提高台风路径和强度的预报能力。探测的主要内容是：在对流层顶以下、台风半径范围内，记录台风的三维动力、热力结构及其随时间的演变；获取台风内部微物理过程、动力过程及边界层海气相互作用的观测资料；获取台风涡旋与周围大尺度环流相互作用的观测资料；获取有助于台风移动研究的观测资料；获取有助于台风变性研究的观测资料；获取有助于台风高层流出研究的观测资料等。飞行路线除采用一般的“4字型”和“蝴蝶型”外，根据台风强度及范围大小，还采用“旋转4字型”“除草机型”和“箱体-螺旋线型”等飞行线路。表3.1给出了2001年以来国内外利用飞机观测进行的台风外场观测试验。

表3.1 2001年以来台风飞机观测外场试验一览表

试验名称	机构名称	试验目的	迄止时间(年份)	试验区域
对流与水汽科学试验(The Convection and Moisture Experiment, CAMEX-4)	NASA	研究飓风路径、强度变化及登陆影响	2001	北大西洋

续表

试验名称	机构名称	试验目的	迄止时间（年份）	试验区域
台湾地区台风飞机观测及下投式测风探空仪观测试验（Dropwindsonde Observation for Typhoon Surveillance near Taiwan Region，DOTSTAR）	中国台湾大学	增进台风动力学理论理解，提高台风路径预报准确率	2003—2012	西太平洋
耦合边界层海气交换试验（Coupled Boundary Layer Air-Sea Transfer Experiment，CBLAST）	美国海军研究院（ONR/NAVY）	加强对海气交互面通量过程的理解	2003—2004	北大西洋 东太平洋
热带气旋强度预报改进试验（The Intensity Forecasting Experiment，IFEX）	NOAA	提高对飓风强度变化的理解，改进飓风强度预报	2005—2012	北大西洋 东太平洋
飓风雨带和强度变化试验（The Hurricane Rainband and Intensity Change Experiment，RAINEX）	美国国家科学基金会（NSF）	加强对飓风内核和雨带相互作用的理解	2005	北大西洋
热带云系和过程试验（The Tropical Cloud Systems and Processes，TCSP）	NASA	研究降水云系和热带气旋的动力学和热力学	2005	东太平洋
2008年热带气旋结构试验（The Tropical Cyclone Structure 2008，TCS-08）	ONR/NAVY	提高对热带气旋形成、强度及结构变化的理解和预报	2008	西太平洋
太平洋-亚洲热带观测系统研究及可预报性试验（THORPEX Pacific-Asian Regional Campaign，T-PARC）	NSF	增进对高影响天气机理认识，提高该类天气预报技术	2008	西太平洋
2010年热带气旋结构试验暨台风对太平洋海洋影响试验（Tropical Cyclone Structure 2010/Impact of Typhoons on the Ocean in the Pacific，TCS-10/ITOP）	ONR/NAVY	研究海洋对台风的响应	2010	西太平洋
飓风生成和快速增强过程试验（The Genesis and Rapid Intensification Processes，GRIP）	NASA	增进对飓风生成和快速增强过程的理解	2010	北大西洋
热带低压生成前期热带云系调查试验（The PRE-Depression Investigation of Cloud-systems in the Tropics，PREDICT）	NSF	加强对飓风生成的理解，提高飓风生成预报水平	2010—2011	北大西洋

续表

试验名称	机构名称	试验目的	迄止时间(年份)	试验区域
飓风预报改进计划(Hurricane Forecast Improvement Program, HFIP)	NOAA	改进数值模式，为美国国家飓风中心提供更好指导产品	2011—2015	北大西洋 东太平洋
飓风和“超强风暴哨兵”号无人飞机试验(Hurricane and Severe Storm Sentinel, HS3)	NASA	增进对飓风生成和强度变化机理的理解	2012—2014	北大西洋
热带气旋强度试验(Tropical Cyclone Intensity Experiments, TCI)	ONR/NAVY	理解高层流出对台风强度和结构的影响	2012—2015	北大西洋
太平洋-亚洲热带气旋强度估计和预报改进试验(Tropical Cyclones-Pacific Asian Research Campaign for Improvement of Intensity Estimations and Forecasts, T-PARC-II)	日本名古屋大学	改进台风强度估计和路径强度预报	2017 至今	西太平洋
近海台风强度变化试验(The Experiment on Typhoon Intensity Change in Coastal Areas, EXOTICCA)	中国气象局上海台风研究所/香港天文台(STI/CMA, HKO	理解近海或登陆台风结构和强度变化特征，提高数值预报和业务预报水平	2014 至今	西太平洋

3.1.3 多普勒天气雷达观测

多普勒天气雷达是以多普勒效应为基础的一种探测手段，其具体的工作原理为：当降水粒子与雷达发射波束相对运动时，可以测定接收信号与发射信号的高频频率之间存在的差异，从而可以测定散射体相对于雷达的速度，在一定条件下反演计算出大气风场、气流垂直速度的分布以及空气湍流情况等。

当台风逼近沿海地区时，多普勒天气雷达可以对台风进行连续监测和跟踪，探测的降水强度、高度、范围和分布状况等可为台风实时监测以及临近预报提供重要参考依据。多普勒天气雷达可用于对台风内部风场结构进行观测研究，应用连续探测资料，配合地面中尺度自动站加密观测资料，可以对台风登陆前后的螺旋云带、台风眼壁的垂直累积含水量与降水量和眼区速度谱宽、台风内中尺度环流等进行分析，研究登陆前后台风强度和雷达径向速度演变特征。利用单多普勒天气雷达径向速度 PPI 资料，使用型态识别技术能够自动探测台风中心位置。如在假设台风环流存在最大风速半径的条件下，Wood 等(1994)提出的几何轴对称中心定位法和周仲岛等(1996)提出的速度距离方位显示中心定位法，前者直接应用多普勒径向速度场进行台风定位估计，后者则是应用多普勒径向速度场与观测点至雷达中心距离的乘积(力矩场)估计台风中心位置,两种方法均取得了较好的定位效果,但一旦当台风中心靠近多普勒雷达时,由于径向速度场发生严重形变,定位精度将大大下降。

在大多数情况下,一个发展完整的台风都有眼壁回波,台风眼是台风的最显著特征之一,也是台风的主要雷达回波结构特征之一。当观测到的眼壁回波清晰完整时,台风中心位置可由台风眼区(眼壁回波包围的无回波区)的几何中心确定。而当眼壁回波不完整甚至难以辨别时,可以将多条螺旋雨带的共同曲率中心确定为台风的中心位置,也可以借助多普勒雷达径向速度场或其他观测手段来确定台风中心。而飞机探测的结果表明雷达回波的中心和台风中心有时并不一致,台风中心通常偏向于雷达回波最强的区域一侧。

此外,多普勒天气雷达径向速度还可用于对台风强度的估计等,一般采用 0.5°仰角退模糊后的雷达径向速度,乘以订正系数 0.7 后,作为台风强度的初步估计值。

3.1.4 地面观测

这里的地面观测除包括常规地面气象观测站和地面加密自动气象站外,也包括海岛气象观测站、浮标、石油平台和船舶等。目前我国已建成测站分布布局合理、密度较高的地面观测网,可获取每 5 min、10 min 或 1 h 的基本地面气象要素的连续观测资料。当台风登陆或影响前后,可实现对台风影响的地面气象要素的全方位监测,不仅可以采集到更多的大风和降雨数据,还可以监测到更大的瞬时极大风速和降雨量。地面观测网实时获取的雨量、温度、气压、风向、风速、露点、浪高、浪向等气象要素实时监测信息,是台风登陆前后确定台风中心位置、强度及风雨影响的重要依据,也是判断台风登陆与否的直接观测资料。

尽管地面观测资料作为台风监测分析最重要、最有用、最直接的工具,一直受到业务分析人员的高度重视,但在使用地面观测资料进行台风业务定位定强分析时,仍应持较为审慎的态度。因为现有地面测站分布并不能完全覆盖台风的整个环流范围,地面测站通常观测到的最大地面风速可能仅仅是“最小的”最大地面风速,且仅在台风登陆前几小时或更短的时间内,地面测站才能捕捉到台风所带来的强风。因此,完全依靠地面测站确定台风强度具有较大的局限性,且可能影响台风的有效预警时间。而通过较为稀疏的测站来确定台风中心位置时,除非地面测站观测到可分辨的、闭合的风场环流中心时,均可能会出现较大的定位误差,并可能对未来移动路径产生错误的解读,导致台风路径预报的失败。

3.2 台风的编号和命名

3.2.1 国家气象中心(中央气象台)

国家气象中心负责对西北太平洋和南海海域出现的热带低压和台风进行编号(国内编号),编号规定如下。

①48 h 警戒线内出现的中心附近最大平均风力达到 6～7 级的热带低压，按照其出现的先后次序进行低压编号(图 3.1)。编号用四个字符表示，前两个字符“TD”为热带低压英文首字母缩写，后两个字符表示序号。例如，2024 年出现的第三个达到编号标准的热带低压应编为“TD03”。热带低压编号仅供气象部门内部使用，对公众只提低压(可在低压前加注出现的海域)，不提编号，以免引起混淆。

②在 180°E 以西、赤道以北的西北太平洋和南海海面上出现的中心附近最大平均风力达到 8 级或以上的台风(下同)，按照其出现的先后次序进行国内编号(图 3.1)。编号用四个字符表示，前两个字符表示年份，后两个字符表示出现的先后次序。例如，2024 年出现的第 5 个达到编号标准的台风应编为“2405”。

③由台风减弱后的热带低压，仍维持原台风的编号和命名，直至停止编号。

④当台风在海上减弱为热带低压后，又再度发展为台风时，进行续编(国内编号)，且台风编号不变。

⑤各级气象台站公开发布的台风预报、预警和警报中必须统一使用国家气象中心确定的编号、中心位置和中英文命名。

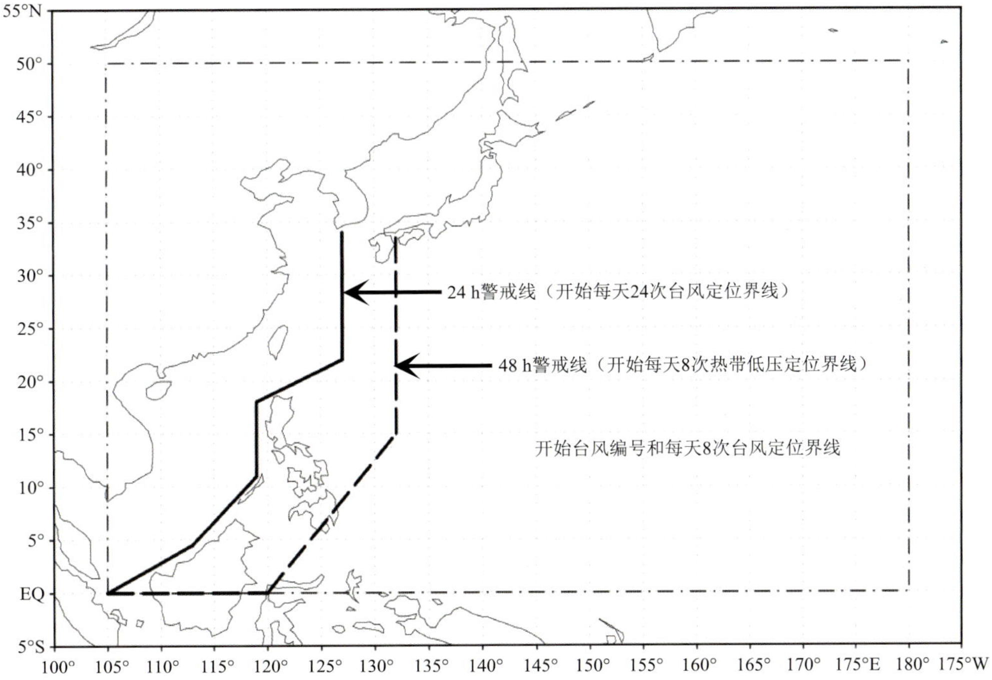

图 3.1 国家气象中心(中央气象台)台风编号、定位及警戒区

——为 24 h 警戒线(0°N,105°E;4.5°N,113°E;11°N,119°E;18°N,119°E;22°N,127°E;34°N,127°E);

– – 为 48 h 警戒线(34°N,132°E;15°N,132°E;0°N,105°E)

3.2.2 东京台风中心

东京台风中心负责对西北太平洋和南海海域出现的中心附近最大平均风力达到 8 级或以上的台风，按照其出现的先后次序进行编号(国际编号)和命名。台风编号同样用四

个字符表示，前两个字符表示年份，后两个字符表示台风出现的先后次序，例如2024年出现的第5个达到编号标准的台风编号为“2405”；并同时按台风命名表的顺序对台风进行命名。

3.2.3 台风的命名原则

①每个名称不超过9个英文字母。

②容易发音。

③不会给台风委员会各成员带来任何困难。

④不允许是商业机构的名称。

⑤选取的名称应得到亚太经社理事会/世界气象组织（ESCAP/WMO）台风委员会全体成员的认可（一票否决）。

⑥中文译名由中国气象局主管机构与香港、澳门地区以及中国台湾地区的气象机构协商统一确定。

⑦在各成员所使用的语言中没有不良的含义。

3.2.4 台风的命名方法

根据1998年12月在菲律宾举行的ESCAP/WMO台风委员会第31届会议的决议，西北太平洋和南海海域台风自2000年1月1日起实施新的台风命名方法。

①东京台风中心负责按照ESCAP/WMO台风委员会确定的命名表给达到热带风暴及以上强度的台风编号，并同时命名。

②台风的名称由ESCAP/WMO台风委员会所有成员以及该区域世界气象组织的有关成员所贡献的名称中选出。

③西北太平洋和南海海域采用一套专门的台风命名表，西北太平洋和南海海域是指180°以西、赤道以北的太平洋洋面和南海海域。

3.2.5 台风命名表的形成

①台风命名表共有140个名称，分别来自ESCAP/WMO台风委员会以及该区域世界气象组织有关的14个成员，即柬埔寨、中国、朝鲜、中国香港、日本、老挝、中国澳门、马来西亚、密克罗尼西亚、菲律宾、韩国、泰国、美国和越南14个国家或地区，每个成员各贡献10个名称。这里需要说明的是，作为ESCAP/WMO台风委员会成员的新加坡没有提供台风名字，而是由美国代表密克罗尼西亚提供了10个台风名称。

②按命名表顺序对台风命名，循环使用。命名表共有五列，每列分两组，每组为各成员的一个轮回，每组里的名称按每个成员英文名称的字母顺序依次排列。

③每年的ESCAP/WMO台风委员会届会将审议、删除和替换台风命名表。

④对造成特别严重灾害的台风，ESCAP/WMO台风委员会成员可以申请将该台风名称从命名表中删除，作为该台风的永久命名，如2022年第54次届会对台风“莲花”“黄蜂”“莫拉菲”“天鹅”和“环高”除名；也可以因为其他原因申请删除某个名称，如2002年除名

的“翰文”(Hanuman),该名字还没有被使用,但由于其发音可能引起宗教情绪上的误解,遭到一些国家的反对而被除名;2004 年除名的“画眉”(Vamei),由于生成在1.5°N附近的低纬度地区,是有纪录以来西太平洋最接近赤道形成的台风,也是有纪录以来全球第二最接近赤道形成的台风,改写了气象教科书台风生成条件的描述,即近赤道附近海域从不发生台风的认知,而被除名;2015 年除名的“清松”(Sonamu),由于发音与海啸的英文“tsunami”发音相似而除名; 2015 年除名的“韦森特”,则是由于与东太平洋飓风名字相同而被除名;2023 年“马勒卡”则是因为该名称在希腊语中有不良含义而被除名等等。

⑤被删除的台风名称由原来的成员重新提供,ESCAP/WMO 台风委员会审议后代替原来的名称。

3.2.6 台风名称的使用原则

①中国气象局所属国家级气象业务机构采用东京台风中心对台风的命名,对公众发布台风预报和预警。地方各级气象主管机构所属气象台依据国家级气象业务机构发布的台风预报和预警的台风的名称,向公众发布台风预报和预警。

②台风在整个生命史中保持名称不变。对由东向西通过经度 180°线进入西北太平洋的台风,维持美国中太平洋飓风中心原有名称不变;从西向东越过经度 180°线进入中太平洋的台风,维持东京台风中心的原有名称不变。

③台风的名称同时用于国内媒体以及向国内航空和航海界发布的预报和预警中,也用于向国际社会发布的预报和预警中。

3.3 台风中心位置的确定

气象卫星探测图像是确定台风中心位置最常用的资料。气象卫星上有三种基本传感器,两种为被动式,一种为主动式。①第一种传感器是卫星上的电视系统,能够给大气“照相”,早期卫星只提供这种照片。②第二种传感器是高级辐射仪,能够收集来自大气和地面的上行辐射,并可调整合适的波段观测不同的大气特征。对确定台风中心位置特别有用的是可见光、近红外和微波传感器,此外还有水汽通道传感器。可见光传感器只能在白天使用,它能够直接反映出云层外观和台风环流结构;红外传感器可在白天或夜间使用,它能够探测由云顶所释放出的红外射线,由于红外线是由物体热能转化而成的射线,因此它能提供云顶温度的分布,并区分不同层次的云;水汽通道传感器能够提供整层大气水汽含量的图像,对弱的和正在发展的台风,使用这种图像可以对可见光和红外资料定位提供有益的补充。微波辐射易穿透云层且很少衰减,因此对弱台风的精确定位十分有用,此外,还可用于对台风暖心结构等的分析。③第三种传感器是主动传感性的,它发射能量脉冲,且测量后向散射部分,包括微波雷达和激光雷达。微波雷达能够观测云中的液态水,还可以通过雷达发出回波扫描地球海面上波浪的大小来估算海面风场分布,这对于掌握较弱台风的中心位置和强度有很大帮助。

目前业务中最常见的卫星定位方法是 Dvorak 定位方法，该方法通过确定适当的台风云系中心位置来定位，并结合透明螺旋线板和主观解释。由于微波图像以及主动传感性的卫星图像由极轨气象卫星所获取，这些资料的时间分辨率较低，一般每天只有两次观测，因此目前在台风日常监测业务中，一般都使用静止气象卫星红外和可见光图像来确定台风中心的位置。

3.3.1 卫星业务定位原则

台风业务定位的精度往往决定着台风路径预报的质量，尤其是在台风即将登陆的关键阶段。而较大的定位误差往往会导致台风预报出现重大的偏差或失误，如当台风定位误差为 25 km 时，48 h 路径的预报误差可达 300 km 以上，且可能影响所有的预报时效。一些近乎灾难性的预报误差常常是由于卫星定位分析时，追踪了不正确的云系特征或局部的环流中心所致。因此，为了保证台风定位的精度和质量，利用卫星云图进行台风业务定位时，应遵循以下定位原则。

①应尽可能地使用可获得的所有观测资料，包括静止/极轨气象卫星、雷达、微波探测、洋面风场、地面观测、海岛、船舶、浮标、石油平台等观测资料，以保证台风业务定位的精度。

②在环流形势没有较大调整的情况下，应当尽可能地保持台风路径的连续性。一旦出现定位不连续时，必须密切关注，并严密监视，而规范化的台风业务定位流程则十分注重台风定位的连续性(Vernon et al.，1996)。

③应尽可能找到台风的低层环流中心(Low Level Circulation Center，LLCC)，而不是台风的高层环流中心(Upper Level Circulation Center，ULCC)。

④对于一个发展较弱的台风云系来说，有时并不存在一个闭合的环流中心，而是存在多个环流中心，在这种情况下，可以使用多个环流中心的平均位置，作为台风的中心位置。

⑤对于一个具有切变型特征的台风云系来说，台风的中心位置一般位于最强对流的逆风切变一侧。

3.3.2 卫星业务定位方法

在气象卫星云图上，台风表现为有组织的涡旋状云系，是一种比较容易识别的天气系统。对于一个发展成熟的台风来说，其云系通常由眼区、近中心浓密云区和螺旋云带三部分组成。而对于一个处于发展中的台风来说，通常观测不到明显的台风眼区，其云系由若干条弯曲云带环绕一个强对流云区所组成，台风(云系)中心一般定义为所有弯曲(螺旋)云带的共同曲率中心，但通常台风(云系)中心并不十分明显和清楚，特别是在晚上的时候，并不容易准确地确定台风的中心位置。

图 3.2 给出了弯曲云带型、中心密闭云区型和切变型三种台风云型在不同发展阶段的 Dvorak 模式期望的台风中心位置，其中图中给出的切变型云型是在较强西风切变条件下的台风云型。在台风的实时定位业务分析中，可以将当前台风云系云型与 Dvorak 模式的台风云型进行比较，选择与 Dvorak 台风云型最为相似的云型，根据图中给出的 Dvorak

模式台风中心位置，来确定当前台风的整体中心位置。

下面简单介绍使用静止气象卫星红外云图(IR)或可见光云图(VIS)来确定台风中心位置的几种业务分析方法。

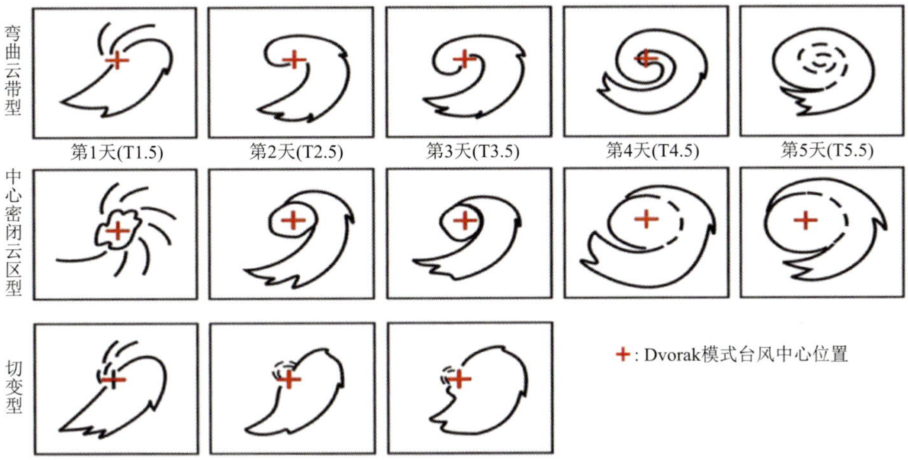

图 3.2 台风云型在不同发展阶段期望的台风中心位置

3.3.2.1 外露的低层环流中心(Exposed LLCC)

外露的低层环流中心适用于眼型(图 3.3a，图 3.3b，图 3.3c)和切变型(图 3.3d)两种台风云型，这是两种最容易识别台风中心位置的台风云型，台风中心定位的精度一般均较高。

台风眼是台风强度发展到一定阶段的特殊现象，一般出现在系统达到强热带风暴级后 24 h。当弯曲云带环绕台风中心完全闭合后，可在台风云系中观测到明显的台风眼。眼形成后，在可见光云图上，其继续加强的征兆是：眼愈来愈清晰，或眼周围的密闭云区变得愈来愈深厚；在红外云图上，则表现为：眼变得愈来愈暖，或眼周围的深对流云区变得愈来愈冷。这里的眼型是指任何种类的台风眼，既包括规则眼，也包括不规则眼和弯曲云带眼型。对于小而圆的针眼，眼区即是台风中心位置；对于规则的大眼，眼区的几何中心即为台风中心；对于不规则眼，眼区长轴的中点或者眼区暖点可作为台风中心；对于弯曲云带眼型，弯曲云带共同的曲率中心可作为台风中心。

切变型云系是一种经常可以观测到的台风云系，一般出现在台风发展的早期或衰弱阶段。由于受到较大的环境风垂直切变的影响，环绕台风中心的深对流云区发展受到抑制，深对流云区的一边出现陡直的边界，低层云线部分或完全暴露出来，可见光云图上可以看到低层云线环绕着台风的低层中心(LLCC)。当台风加强时，云线变得更加弯曲，彼此更加平行，低层中心距离深对流云区的距离变得更近；当环境风垂直切变加大时，低层中心与深对流云区逐渐分离开来，然后强度开始减弱。对于具有切变型云系的台风，在可见光云图上，可以看到由低层积云线所构成的具有涡旋特征的云系，台风中心位于低层积云线的共同曲率中心(图 3.4a)；而在红外卫星云图上，在较强的东北风切变条件下，台风中心一般位于强对流云系东北象限边缘(图 3.4b)，而在较强的西南风切变条件下，台风中心一般位于强对流云系西南象限边缘，即均位于最强对流的逆风切变一侧。

图 3.3　外露低层环流中心的台风云型示例

(a)规则眼;(b)不规则眼;(c)弯曲云带眼型;(d)切变型

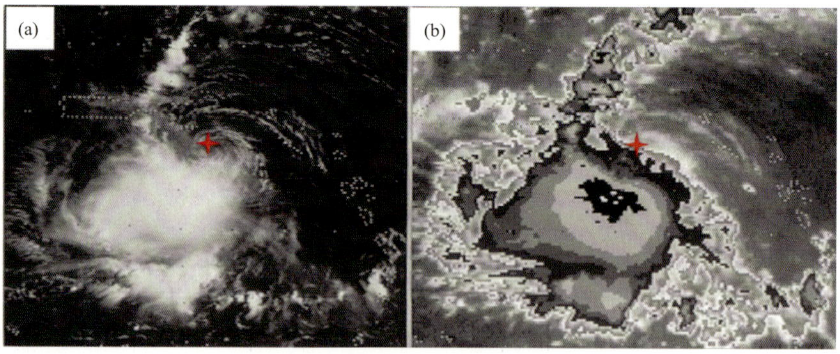

图 3.4　切变型台风中心确定示意(红色十字星为台风中心位置)

(a)可见光云图;(b)红外 BD 增强云图

对于具有切变型云系的台风,当环境风垂直切变减小或强度发展时,原来外露的低层环流中心可能被强对流云区覆盖,这时仅仅可以看到部分外露的低层环流中心,在可见光云图上,只能看到部分低层的积云线(图 3.5)。在东北风切变条件下,台风中心位于强对流云系东北象限边缘;在较强的西南风切变条件下,台风中心一般位于强对流云系西南象限边缘,均是位于最强对流的逆风切变一侧。

图 3.5 部分外露的低层环流中心的台风中心确定示意

3.3.2.2 中心覆盖型(Covered Centre)

中心覆盖型是指当台风云系发展到一定阶段后，其低层中心被高云所覆盖，看不到低层的环流中心。在可见光云图上，我们将这种台风云型称之为中心密闭云区型(Central Dense Overcast，CDO)，台风中心一般位于上冲云顶附近，且可以确定在最高上冲云顶处(图 3.6a)；在红外卫星云图上，则将这种台风云型称之为嵌入中心型，台风中心一般位于深对流云区暖点附近(图 3.6b)，且靠近最强亮温梯度的边缘附近。

当可见光云图上的密闭云区处于弯曲云带之中时，CDO 的大小与台风的强度有着相当密切的关系，在热带风暴级或强热带风暴级阶段，CDO 直径约为 1 个纬距；而在台风级及以上强度阶段，CDO 直径约为 2 个纬距。

由于确定中心覆盖型的台风中心位置带有较大的主观性和不确定性，因此定位分析时应注意保持其移动路径的连续性。

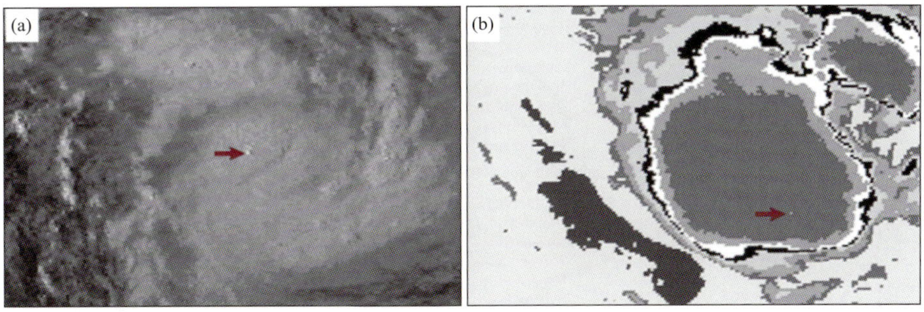

图 3.6 中心覆盖型台风中心确定示意
(a)可见光云图；(b)红外 BD 增强云图

3.3.2.3 弯曲云带型(Curved Banding Pattern)

大多数台风的云型特征是围绕着少云区形成一条由对流云和高层碎云组成的弯曲云带，在其发展早期，有时还可以看到两条连在一起的弯曲云带。弯曲云带形成以后，可以观测到地面气压的下降。当弯曲云带环绕中心旋转半圈时，其强度一般可以达到热带风暴级，此时可以看到弯曲云带中的对流云团形成紧密的弯曲云线，标志着云墙开始形成，在云系中心附近通常还可以看到与弯曲云带平行的低云线；当弯曲云带环绕中心达到3/4圆圈时，其强度一般可以达到强热带风暴级；当弯曲云带环绕中心完全闭合时，其强度一般可以达到台风级。在弯曲云带的演变发展过程中，随着中心附近密闭云区云量的增加，中心气压的下降呈现明显的下降趋势。对于迅速发展的台风，弯曲云带形成 2 d 以后，其强度就可以达到台风级，而对于缓慢发展的台风，则需要 4 d 或更多时间。

对于具有弯曲云带型的台风，业务上有两种确定台风中心的方法。①第一种方法是将几条螺旋云带的共同曲率中心作为台风中心，且中心位置应尽可能地靠近强对流云带（图 3.7a）。具体是将弯曲云线或云带向外延伸，以确定一个尽可能小的共同曲率中心，且只对尺度较大的云线或云带向外延伸，以保证确定的系统中心落在其中的区域（图 3.7b）。②第二种方法是最小云楔法，先确定弯曲云带的轴线，并使其穿过云系中最密实（最冷）的云区（图中虚线），然后将弯曲云带轴线的顶端（图 3.8 的 A 点）与少云区楔形（干楔）的末端（图 3.8 的 B 点）的连线中点作为台风的中心位置。

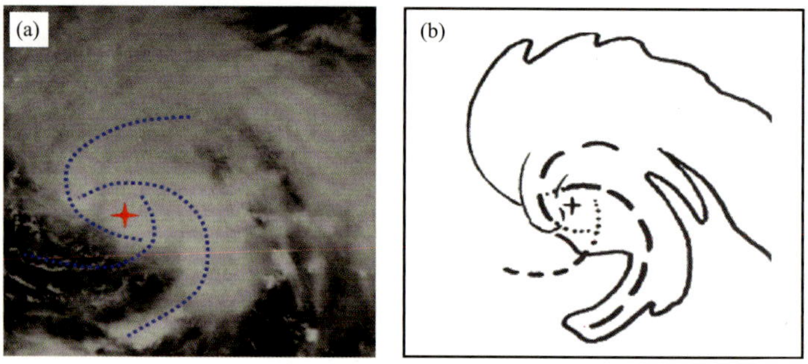

图 3.7　基于云线或云带确定台风中心位置的方法

（a）确定共同曲率中心（红色十字星）；（b）确定中心方法示意

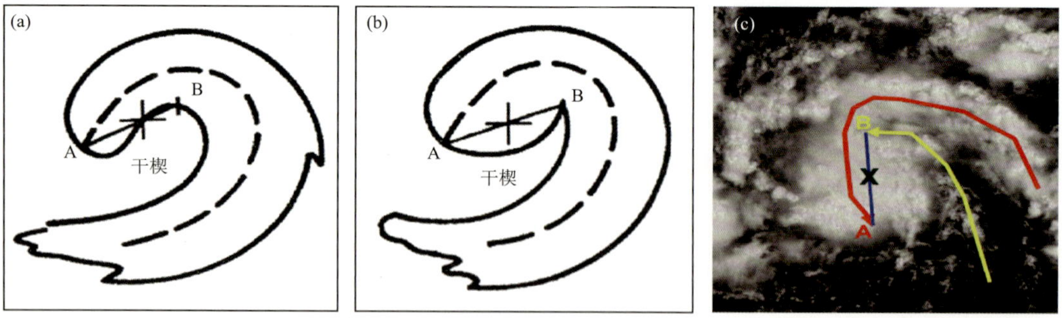

图 3.8　最小云楔定位法示意

（a）中心未被高云覆盖示例；（b）中心被高云覆盖示例；（c）实际台风云型中心定位示例

3.3.2.4　中心冷云盖型（Central Cold Cover，CCC）

当台风中心附近有深层对流爆发性发展，而未能有效组织成中心密闭云区（CDO）时，称为中心冷云盖型，这种台风云型易与切变型、CDO 型或嵌入中心型混淆。在红外增强云图上，可以观测到云系中心附近的大块近似圆形的膨胀冷云（图 3.9）；可见光云图上，则可看到薄的密闭卷云区从系统中心向外扩张。中心冷云盖型的主要特征是：外形浑圆或逗号状的深层强对流云团；边缘清晰，外螺旋环流不明显；云顶亮温（<－70 ℃）卷云区域范围大（>60%）、呈不均匀分布，覆盖台风大部分区域；云盖内降雨剧烈，但不集中在中心附近。由于冷云盖中有大量冰晶形成，可以激发重力波，减弱台风的暖心结构、高空辐散及上升运动，因此，中心冷云盖一旦形成以后，通常代表着台风在未来的12～24 h停止增强。

对于具有中心冷云盖云系的台风，准确地确定台风的中心位置是非常困难的，通常台风的中心位置不是位于云盖的中心附近，而是位于强对流云区的边缘，台风中心定位一般依据路径的连续性原则确定。

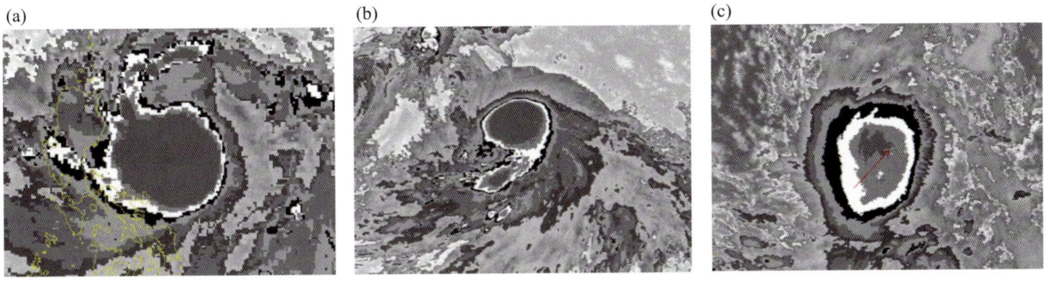

图3.9 中心冷云盖型（CCC）台风BD增强红外云图示例
（a）9607号台风“Gloria”（1996）；（b）1215号台风“布拉万”（2012）；（c）北大西洋飓风“丹妮尔”（2010）

3.3.2.5 其他定位方法

对于一些发展较弱的台风云系，在卫星云图上，准确确定台风的中心位置变得十分困难，此时可以根据具体情况，采用下面的定位方法，来确定大概的台风中心位置。

（1）动画法

当卫星云图上很难找到低层环流中心（LLCC）时，可以使用卫星云图动画方式，并通过和过去的台风定位进行比较，以确定当前的台风中心位置。

（2）保守定位法

如果确信LLCC在较长时间内没有发生明显的移动，且周围环境相对也没有明显的变化，可以把台风的中心位置确定在过去的定位点附近，但最长保持这个位置12 h。

（3）画圆法

适用于很弱或者很宽广的系统，可以根据系统对流云团的发展和分布情况，尽可能多地画不同的圆，多数圆的共同交汇区可作为大致的台风中心位置。

（4）外推法

根据台风过去一段时间的定位和移动路径，通过外推方法来确定台风的中心位置，但一般不建议作为一种业务分析方法。

（5）卷云流出法

当低云不可见时，可以通过卷云流出反气旋来大致推断台风的中心位置，但这样确定的中心位置往往是高层环流中心（ULCC），因此一般不建议使用。

3.3.2.6 卫星定位的合理性检验

为了保证确定的台风中心位置是合理的，且具有较为可靠的定位精度，需要对台风卫星定位进行合理性检验，这种合理性检验主要包括以下三个方面。

①将确定的台风中心位置与过去外推路径位置（或预报路径位置）比较。这对于发现台风定位中可能发生而未被察觉的问题十分关键，这样做可以减小由于错误选择系统中心或由于环境风垂直切变影响造成云系位移所带来的定位误差。如图 3.10，选择 A 点为台风中心位置，而过去路径的外推位置，以及螺旋云线均指示，中心位置确定为 B 点可能更好。

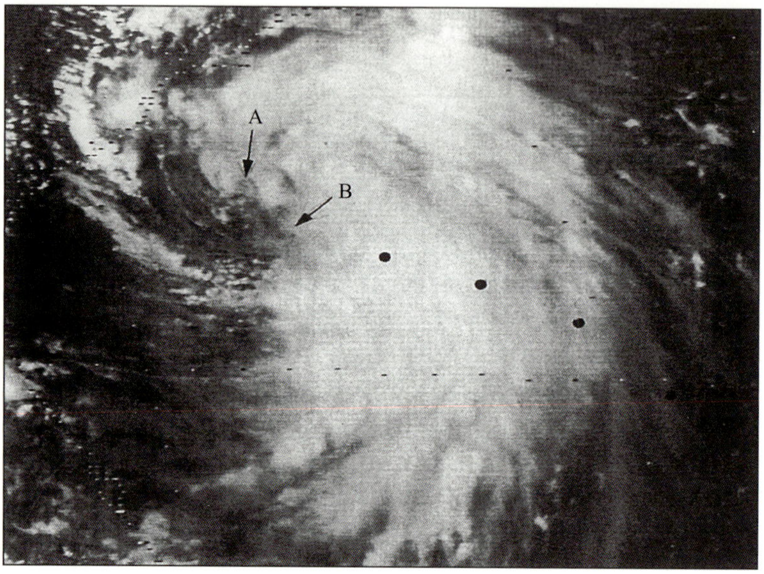

图 3.10　基于过去台风路径外推位置确定台风中心位置示例
（黑色圆点表示 6 h 间隔的过去台风中心位置）

②将前一时次与当前时次确定的中心位置在云系中的相对位置进行比较。具体而言，就是将前一时次的中心相对于云系的位置，与当前时次的中心相对于云系的位置进行比较，这有助于中心不清晰或可能存在多个中心的台风中心位置的合理确定。

③进行网格和斜视误差校正。位于卫星正下方的一点，称为星下点。由于卫星本身倾斜并不停地摇摆和旋转，使星下点位置也会发生相应的变化，因此以星下点为基点所确定的网格也可能相应发生偏差，所以在确定台风中心位置后，需要进行网格误差校正，一般是根据卫星云图上的海岸线、湖泊、河流以及岛屿等地标特征校正网格。由于西北太平洋和南海地区的大多数台风距离星下点较远，还必须进行斜视误差校正，台风定位误差与卫星观测角（α）及云系高度（h）有关，是台风中心位置与星下点之间距离（d）的函数（图 3.11）。一般而言，当台风中心位置与星下点相距 15～25 个纬度时，需将台风中心位置向星下点方向校正 0.05 个纬度；当台风中心位置与星下点相距大于 30 个纬度时，需将台风中心位置向星下点方向校正 0.1 个纬度，以得到最终的台风中心位置。

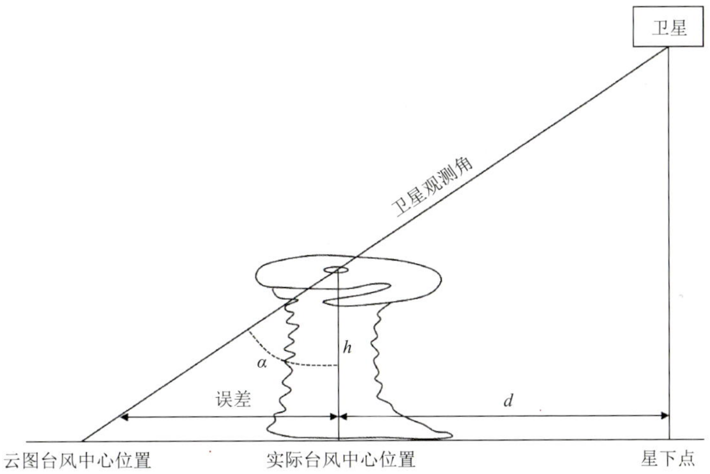

图 3.11　台风中心位置和星下点相对位置示意

3.3.2.7　台风定位应注意的问题

应该指出的是,"真正"的台风中心位置并不存在,台风中心位置既取决于所选择的中心位置的定义,也与所使用的观测设备有关。如卫星和雷达确定的围绕眼区的云墙或雨带圆形区域的几何中心,除非可分辨出地面的台风环流中心,一般卫星云图显示的是中层环流的位置。对一个结构松散或有风切变的台风来说,中层环流中心与地面环流中心差异相当大。类似地,在台风距离雷达站较远时,雷达只能通过探测高空雨的特征确定台风中心位置,随着台风的靠近,才逐渐观测到较低层次的环流。另外,地面气压场中的低压中心和风场中的气旋中心很少同雷达或卫星显示的几何中心一致,地面低压中心和风场涡旋中心彼此也很少一致,对于一个以 18～36 km/h 的速度移动的中等热带气旋,气压中心和风场中心可能相距达半个最大风速半径。

因此,在实际业务中,有时需要从多种观测资料中推断出台风的中心位置。分析的不准确,不同的观测资料得出不同的位置以及中心位置的高频振荡使得可能的台风中心位置十分分散,必须从这些位置中推断出最终位置。国内外大多数气旋警报中心根据定位的可靠性权重,通过某种形式的曲线拟合或平滑来确定最终位置,而地面分析则用于检查总误差和对最终估计的位置进行调整(McBride et al.,1981)。

值得注意的另一个问题是弱台风的定位问题,这时由于弱台风可能具有较强的切变或者包含多个中心,选择哪个中心作为台风的实际中心是一个难题。在台风发展过程中,某个中心一度起支配作用,而后又被另一个中心取代。从一些个例中已经发现,台风最佳路径的剧烈变化与多中心的支配作用更替有关,也就是说一些大的、近乎灾难性的预报误差往往是由于使用卫星资料定位分析时追踪了不正确的特征或局部环流中心所致。对于具有多中心的台风定位,可以选择台风整体云系期望的台风中心位置作为当前台风的中心位置。如图 3.12 中的 A 点,或者选择台风整体云系中心附近最清晰的弯曲低云线的曲率中心作为当前的台风中心位置,或者选择多个中心的平均位置作为台风的中心位置。对于具有多中心的台风定位,必须牢记保持路径的连续性是一项非常重要的定位原则。

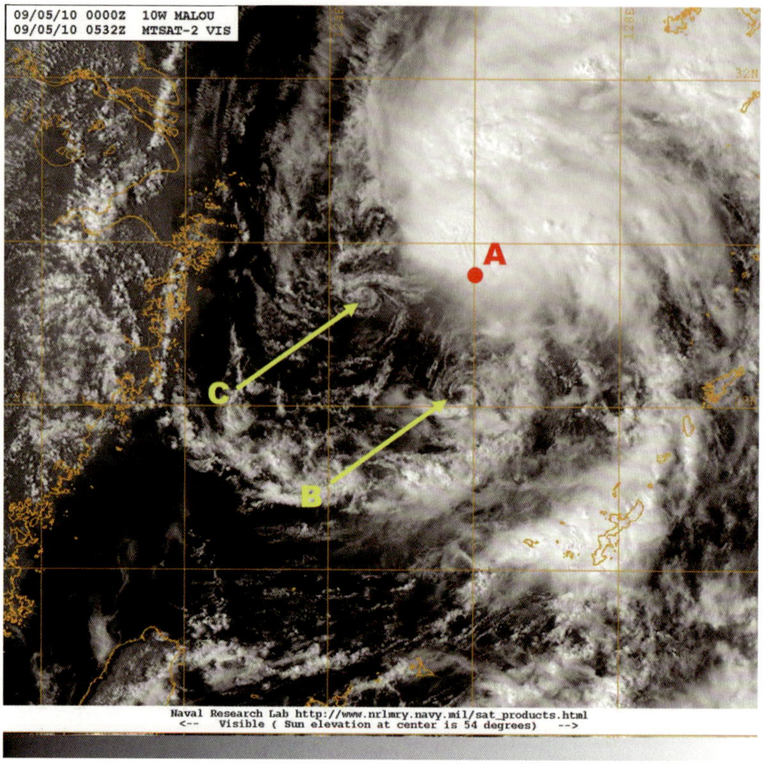

图 3.12 1010 号台风“玛瑙”可见光云图
（2010 年 9 月 5 日 13 时 32 分）

此外，台风路径的小尺度振荡也是一个常见的定位分析难题，当准确的、高频次的加密观测（如地面基准雷达）时，可以分辨出这种振荡，并在最终路径上反映出来。然而，多数情况下，观测资料难以做出如此详细的定位分析，路径在一定程度上被平滑了，也可能被所用的特殊观测所歪曲。业务定位中，由于资料较差或实际的路径摆动或方向长期变化，通常难以指出分析出的位置是否偏向于前期路径的某一侧，因此一旦做出错误的解释，就可能导致严重的预报误差。

3.4 台风强度的确定

卫星云图作为台风业务定强最常用的资料，在台风业务实践中的应用一直是广大业务科研工作人员所关注的重要课题之一。早期的研究工作包括 20 世纪 60 年代，Sadler（1964）、Fett（1966）、Fritz 等（1966）和 Hubert 等（1969）利用卫星云图估计台风强度的初步有益尝试，但当时由于卫星探测手段技术的局限，并没有取得实质性的突破。直到 20 世纪 70 年代以后，Dvorak 博士在多年预报经验及气象侦察飞机观测资料的基础上，逐步发展了一套基于红外(IR)和可见光(VIS)卫星云图的台风云型特征和一系列确定规则来估计台风强度的业务分析技术，该技术于 1984 年确立了最终的分析版本，并于 1987 年为世界气象组织推荐使用。经过多年业务实践，该技术已成为世界上最成熟的利用卫星云图确定台风强度的方法，目前仍然缺少飞机探测条件下确定台风强度的世界通用标准。

在卫星云图上，台风强度是台风云型结构多种特征的综合反映。这些特征包括：台风环流中心、中心强对流云区范围、外围螺旋云带以及台风眼区周围云顶亮温、眼区亮温等方面。Dvorak 技术分析方法就是在假定台风云型特征变化与台风的某一发展阶段和一定的强度相对应的基础上，通过对卫星云图上的台风云型特征进行提取和分析，得到用于表征台风强度的台风现实强度指数(CI)，然后由观测统计得到的 CI 与台风中心最大风速的经验关系，得到台风近中心最大风速，再由台风中心最低海平面气压与台风中心最大风速的风压统计关系确定台风中心最低海平面气压。

Dvorak 技术之所以能够反映台风强度变化的关键在于其包含了影响台风强度变化的动力和热力两类因子。其中动力因子包括台风云带的弯曲程度和深对流偏离台风中心的距离等，分别反映了台风涡度的大小和高低空环境风场水平风速垂直切变的大小；热力因子则包括不同的台风云型分类和台风眼区亮温等方面，分别反映了台风对流发展的强度和台风内核发展的强度。Dvorak 技术分析流程和步骤分别如图 3.13 和图 3.14 所示。

在 1984 年版的 Dvorak 技术分析流程中，将云系特征分析得到的 T 指数定义为台风现时强度指数(CI)，用于描述台风强度，CI 指数变化范围从 1 到 8，以 0.5 为变化单位，CI 越大，表示台风强度越强。此外，Dvorak 技术还规定了台风业务定强的具体分析流程及必须遵守的一系列限定规则和约束条件。下面将对基于该版本的分别采用 BD 增强红外云图和可见光云图的 Dvorak 台风业务定强分析技术流程进行介绍，但由于使用可见光云图时，台风云系特征和强度的分析具有很大的主观性和不确定性，因此，在实际业务分析中，建议使用 BD 增强红外云图进行强度分析。现对 Dvorak 技术分析流程的具体分析步骤进行详述如图 3.13，其分析的过程和结果将记录在表 3.2 中。

3.4.1 热带扰动分析启动条件

确定一个热带扰动系统是否可以开始进行 Dvorak 技术分析，需要满足 3 个条件(图 3.15)。

①该系统持续了 12 h 以上。

②该系统在直径小于等于 2.5 个纬距范围内的云系中心已经持续了 6 h 以上。

③有一个宽度大于 1.5 个纬距的浓密而冷的(一般 IR 云图上的亮温值低于－31 ℃)密闭云区，且该密闭云区距离系统中心距离不超过 2 个纬距。

同时满足上述 3 个条件的热带扰动的初始 T 指数定义为 1.0 或 1.5。上述条件将保证一个初始热带扰动在未来有足够且稳定发展的深对流云团，在合适的环境场条件下，可预报该系统在未来 24～36 h 发展为台风(即最终强度指数 FT 达到 2.5)以上。若初始涡旋没有发展，则在初始的 T 指数后面加负号表示。

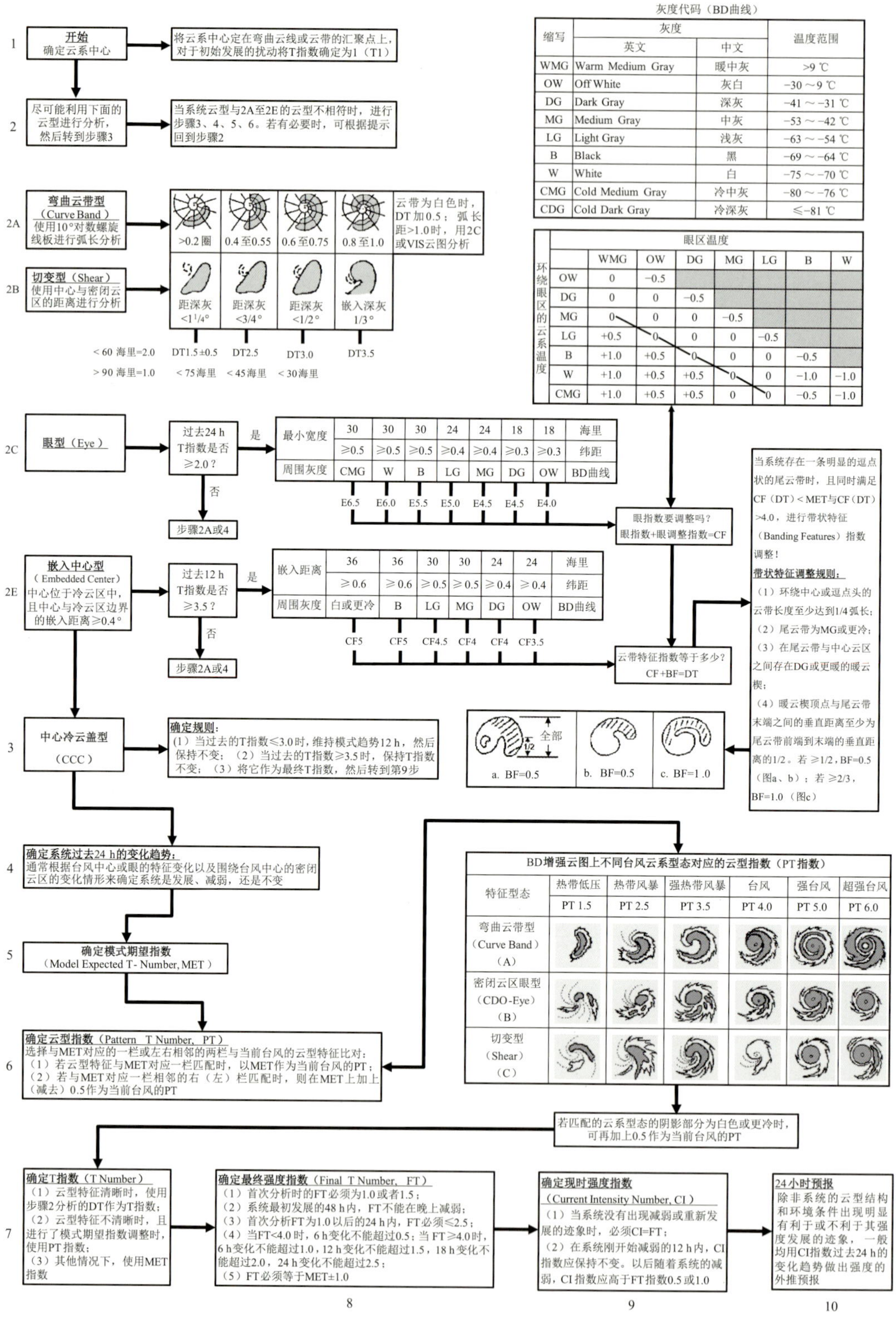

图 3.13 基于静止气象卫星 BD 增强红外云图的 Dvorak 技术（1984 年版）分析流程

表 3.2　台风 Dvorak 定强分析流程记录

台风编号(　　　)　台风编号(　　　)

时间（世界时）		台风中心位置		弯曲云带型		切变型		眼型 Eye$_{adj}$.（CF=Eye#+Eye$_{adj}$.）（DT=CF+BF）								中心密闭云区型（DT=CF+BF）				嵌入中心型（DT=CF+BF）					中心冷云盖型	模式期望指数		云型指数		最终强度指数	现时强度指数	分析评价	
mmdd	hhmm	Lat	Lon	Spiral Dist	DT	Dist to Cntr.	DT	Surr. Gray	Narr. Wid.	Eye. Gray	Eye#	Eye$_{adj}$.	CF	BF	DT	Diam. Size	CF	BF	DT	Surr. Gray	Emb. Dist	CF	BF	DT	DT Use Rules	D/S /W	MET	Type	PT	Use Rules	Use Rules	IR VIS	comm.
月日	时分	中心纬度	中心经度	弯曲云带长度	资料分析指数	中心与强对流云区的距离	资料分析指数	满足最小宽度限制的完全包围眼区的最冷云带颜色	满足最小宽度限制的完全包围眼区的最冷云带宽度(km)	眼区颜色	眼指数	眼调整指数	中心特征指数	带状特征指数	资料分析指数	密闭云区直径大小	中心特征指数	带状特征指数	资料分析指数	满足最小嵌入距离限制的最冷云带颜色	嵌入距离(km)	中心特征指数	带状特征指数	资料分析指数	资料分析指数	过去24 h强度变化趋势分析	模式期望指数	云系类型	型态识别指数	确定规则	确定规则	分析云图类型	当前时刻分析评估

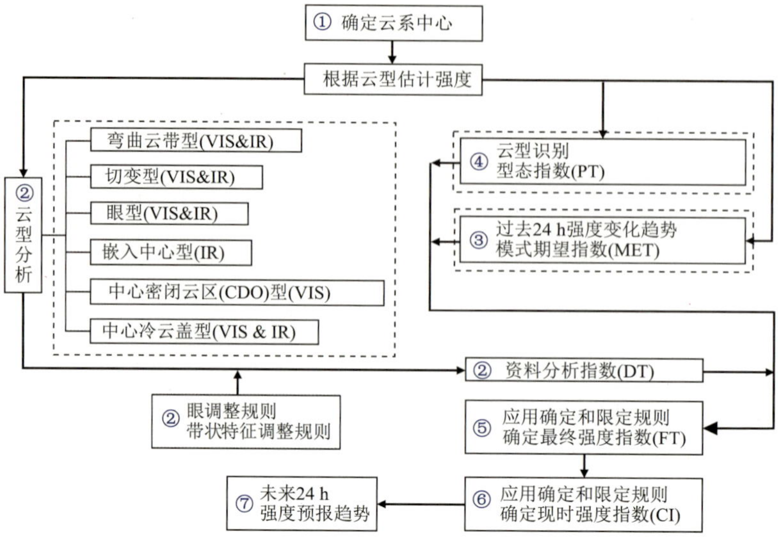

图 3.14　基于静止气象卫星的 Dvorak 技术(1984 年版)分析步骤

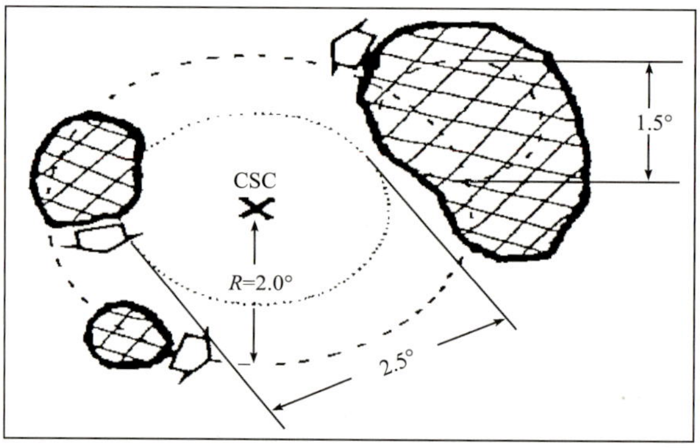

图 3.15　热带扰动分析启动条件示意

3.4.2　确定台风云系中心(Cloud System Center，CSC)

在 Dvorak 分析流程中，根据台风云型特征将台风云型划分为 6 种类型：

(1)弯曲云带型

适用于可见光(VIS)和红外(IR)云图，包括适用于 VIS 的弯曲云带眼型。

(2)切变型

适用于 VIS 和 IR 云图。

(3)眼型

适用于 VIS 和 IR 云图。

(4)CDO 型

仅适用于 VIS 云图。

(5)嵌入中心型

仅适用于 IR 云图。

(6)CCC 型

适用于 VIS 和 IR 云图。

确定台风的云系中心(CSC),对分析台风云型特征,特别是对切变型和嵌入中心型是非常重要的。在确定台风云系中心时要考虑台风云型的整体结构,在有可见光时应注意分析云顶的中小尺度特征,如上冲云顶;红外图像上则应注意分析冷云区中明显的暖点。同时要考虑系统移动的连续性及与预报的一致性。对于切变型云系,除了确定系统中心外,还应尽可能找到其低层环流中心;对弯曲云带型云系,可采用最小云楔法和多条螺旋云带的共同曲率中心确定云系中心。

3.4.3 确定资料分析指数(Data T Number, DT)

资料分析指数(DT)是基于当前云图的台风云系特征,选择适合的 Dvorak 技术分析云型,按步骤分析而得到的指数。台风云型可能在几小时内发生较大变化,选择合适的云型对强度确定至关重要。

Dvorak 根据台风强度的发展规律和实际业务报经验,针对台风不同云型类型给出了不同阶段对应的强度指数模型(图 3.16),同时针对台风不同云型类型给出了具体的分析流程和一系列分析调整和限制规则,包括眼和螺旋云带带状特征调整规则以及眼型、嵌入中心型和中心冷云盖型分析的限制规则等。

在业务定强分析中,业务分析人员可以根据当前台风的云型特征,选择对应云型特征的分析流程,得到适合当前台风云型特征的 DT。

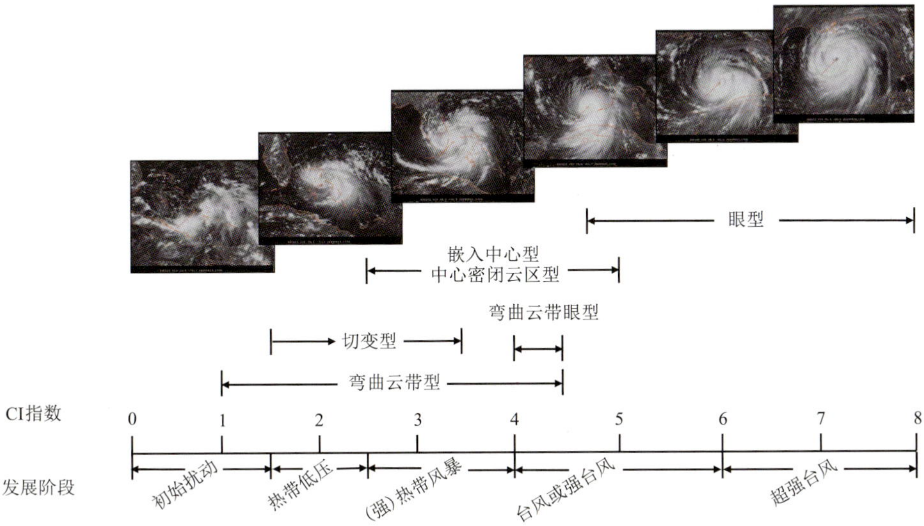

图 3.16 台风不同强度及云型分类所对应的 CI 指数

在确定 DT 时,Dvorak 技术分析使用的工具包括 BD 增强显示红外云图和 10°的对数螺旋线板(图 3.17)。BD 增强显示红外云图主要用于台风云型特征的分析(图 3.17a),

10°的对数螺旋线板则是用于台风弯曲云带弧长的度量(图 3.17b)。

在 BD 增强显示红外云图(图 3.17a)中,根据台风云系云顶亮温的不同,将台风云系颜色分为暖中灰(WMG)、灰白(OW)、深灰(DG)、中灰(MG)、浅灰(LG)、黑色(B)、白色(W)、冷中灰(CMG)和冷深灰(CDG)9 个色阶(表 3.3)。一般而言,由台风外围云系到眼墙附近对流云区的亮温是逐渐降低的,眼区亮温相对较高,这样通过 BD 增强显示红外云图,可以很清晰直观地分辨出台风螺旋云带、中心云区和眼区的亮温以及对流发展的强度,用于台风云系的主要特征和 DT 的分析。

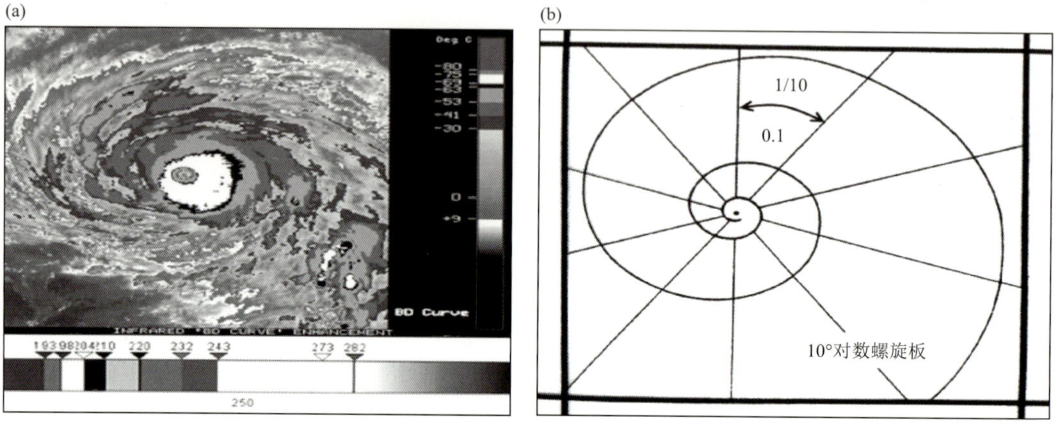

图 3.17 Dvorak 技术分析工具

(a)BD 增强显示红外云图;(b)10°对数螺旋线板

表 3.3 红外 BD 增强显示云图(IR)色阶灰度代码和温度范围

色阶灰色范围	云顶温度范围/℃	色阶名称/缩写
0～255	>9	暖中灰/(WMG)
109～202	9～−30	灰白/(OW)
60～60	−31～−41	深灰/(DG)
110～110	−42～−53	中灰/(MG)
160～160	−54～−63	浅灰/(LG)
0～0	−64～−69	黑/(B)
255～255	−70～−75	白/(W)
135～135	−76～−80	冷中灰/(CMG)
85～35	<80	冷深灰/(CDG)

3.4.3.1 弯曲云带型 (IR & VIS)

当台风云系为弯曲云带型(Curved Band)时,DT 确定规则如图 3.18 和图 3.19 所示,使用 10°对数螺旋线板进行弧长分析,确定 DT。具体分析流程如下。

①将 10°对数螺旋板的曲率中心放在确定的台风云系中心位置上。

②然后旋转对数螺旋板,找到合适的弯曲云带,在 BD 增强红外云图上,弯曲云带必须是温度低于−31 ℃的连续云带,即深灰颜色以上的连续云带,由外向里画出弯曲云带

曲线。

③最后度量弯曲云带的弧长，根据 DT 确定规则，给出相应的 DT。

④当弯曲云带为白色时，DT 可加 0.5。

⑤当弯曲云带的弧长＞1.0°时，使用可见光云图（VIS）弯曲云带型台风 DT 确定规则（图 3.19）进行分析。

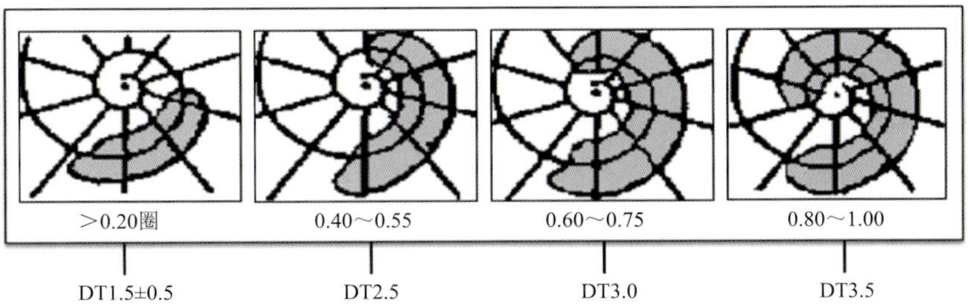

图 3.18 BD 增强红外云图（IR）
弯曲云带型台风资料分析指数（DT）确定规则

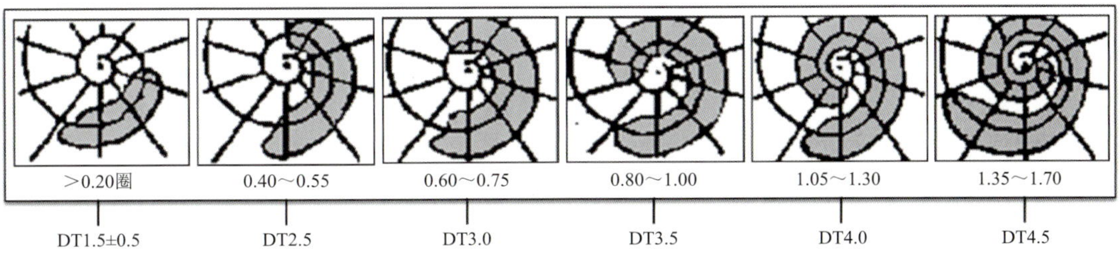

图 3.19 可见光云图弯曲云带型 DT 确定规则

对于弯曲云带型云系的台风，由于识别和度量云带弧长存在主观性，DT 的分析确定具有一定的主观性，其强度可以是热带低压（TD）、热带风暴（TS）、强热带风暴（STS）和台风（TY）。

对于如图 3.20 所示的弯曲云带型台风个例，其云带的弧长是 0.80，该台风的 DT 是 3.5。

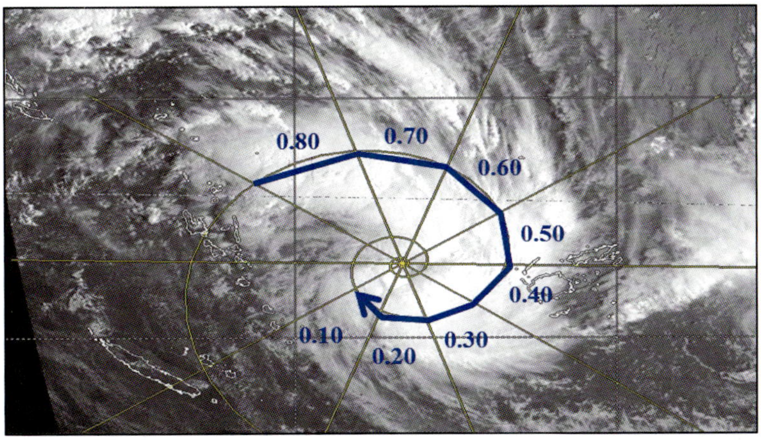

图 3.20 可见光云图（VIS）弯曲云带型 DT 确定示例

3.4.3.2 切变型(IR & VIS)

对于具有切变型云系的台风，可以根据台风低层环流中心偏离深对流云区的距离，分为两种类型：外露的低层环流中心(Exposed Low Level Circulation Center，XPSD LLCC)和部分外露的低层环流中心(Partially Exposed Low Level Circulation Center，PRTLY XPSD LLCC)，如图 3.21 所示。

(a) (b)

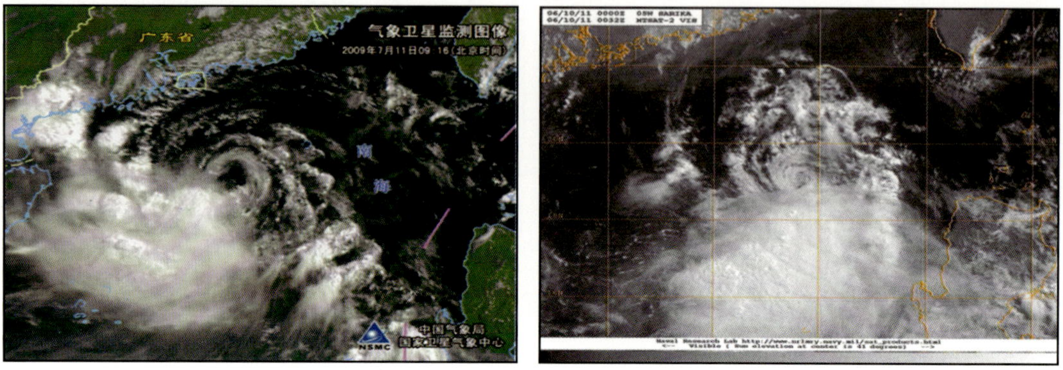

图 3.21 切变型云系台风示例

(a)2009 年第 5 号台风“苏迪罗”；(b)2011 年第 3 号台风“莎莉嘉”

当台风云系为切变型时，DT 确定规则如图 3.22 所示，可以根据台风云系中心与浓密对流云区的距离进行 DT 分析。注意这里的浓密对流云区必须是 BD 增强红外云图上温度低于−31 ℃的对流云区，即深灰(DG)颜色以上的对流云区。切变型云系的台风可以是 TD、TS 和 STS。

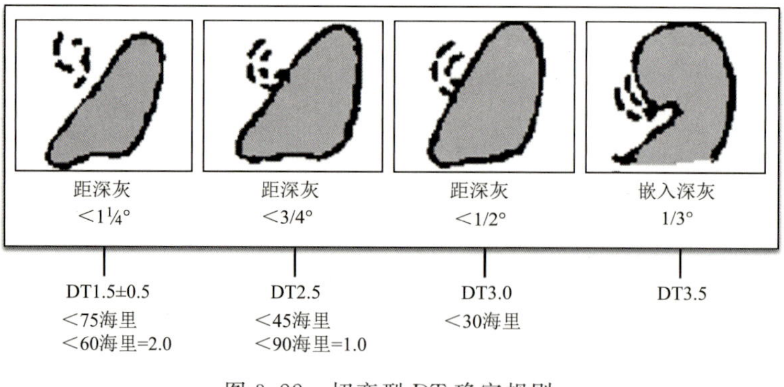

图 3.22 切变型 DT 确定规则

对于如图 3.23 所示的切变型台风个例，其中心(图 3.23a 中红点)偏离浓密对流云区的距离小于 0.5°(图 3.23b)，该台风的 DT 是 3.0。

3.4.3.3 眼型(IR & VIS)

对于具有眼型的台风云系，在确定 DT 时，所分析的眼型是指任何种类的台风眼，既包括规则眼，也包括不规则眼和弯曲云带眼型，如图 3.24 所示。

这里，需要说明的是，针对红外云图(IR)和可见光云图(VIS)的眼型强度分析流程存

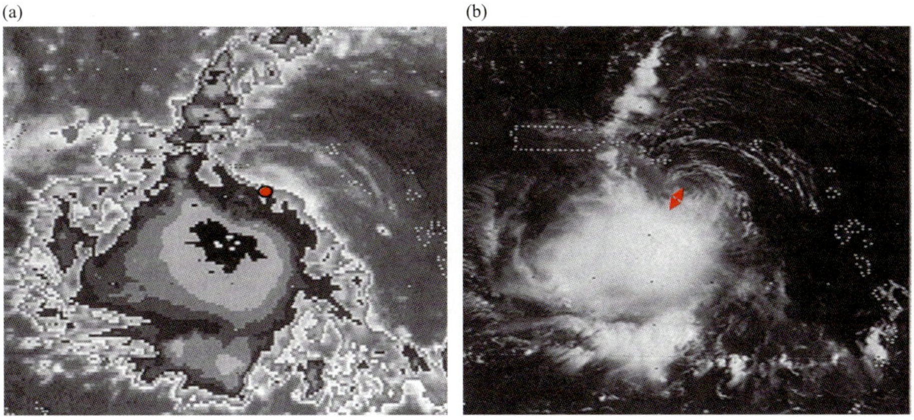

图 3.23 切变型台风资料分析指数(DT)确定示例
(a)红外 BD 增强显示云图;(b)可见光云图

在较大的差异,由于使用 VIS 眼型强度分析流程时,中心密闭云区(CDO)大小以及螺旋云带的数量、长度和宽度的选取和识别均存在较大的主观性,不同分析人员确定的 DT 可能存在较大的差异。因此,在实际业务中,一般不建议采用 VIS 眼型强度分析流程对眼型台风进行 DT 分析。

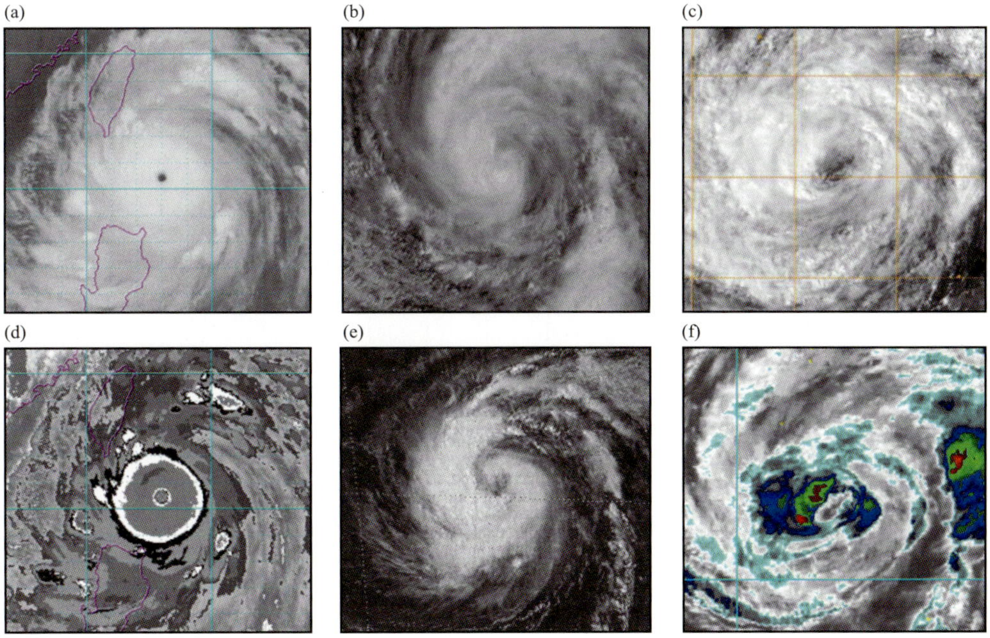

图 3.24 眼型(Eye)云系台风示例
(a)、(d)规则眼;(b)、(e)弯曲云带眼型;(c)、(f)不规则眼

对于眼型台风,确定 DT 的具体分析流程如下。

①DT 分析前,首先应确定该系统过去 24 h 前的最终强度指数(FT)是否>2.0,如果不满足,则不能选择眼型进行 DT 分析,而使用弯曲云带型分析,或直接转入模式期望指

数(MET)分析。

②确定眼指数(Eye＃)。

③确定眼调整指数($Eye_{adj.}$)。

④确定中心特征指数(CF),CF 定义为眼指数(Eye＃)与眼调整指数($Eye_{adj.}$)之和,即 $CF = Eye\# + Eye_{adj.}$。

⑤确定带状特征指数(BF)。

⑥确定 DT,DT 定义为中心特征指数与带状特征指数(BF)之和,即 DT＝CF＋BF。

下面分别就可见光眼型分析流程和红外云图眼型分析流程进行介绍。

3.4.3.3.1 可见光云图(VIS)眼型分析流程

对于可见光云图(VIS)眼型的台风,在确定 DT 前,首先应判断该系统是弯曲云带眼型,还是其他眼型(CDO 眼型),然后再考察该系统过去 24 h 前的最终强度指数(FT)是否＞2.0。如果不满足,则不能选择眼型进行资料分析指数(DT)分析,而使用弯曲云带型分析,或直接转入模式期望指数(MET)分析。

可见光云图(VIS)眼型台风的资料分析指数(DT)分析流程如图 3.25 所示,具体分析步骤如下。

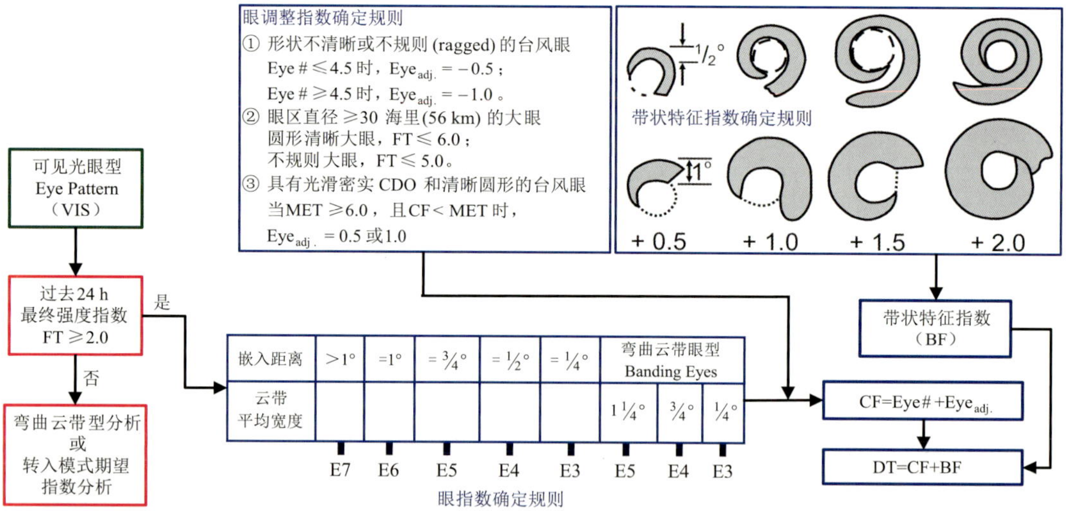

图 3.25 可见光(VIS)眼型台风 DT 分析流程

(1)弯曲云带眼型眼指数(Eye＃)的确定

对于弯曲云带眼型,测量眼区边缘周围的螺旋云带的平均宽度,然后根据表 3.4 的弯曲云带眼型台风眼指数确定规则,确定眼指数(Eye＃)。在测量眼区边缘周围的螺旋云带的平均宽度时,应选择环绕台风眼区的云带平均宽度,而不要使用最窄和最宽的云带宽度,云带宽度选择具有很强的主观性。

表 3.4 弯曲云带眼型台风眼指数(Eye＃)确定规则

螺旋云带平均宽度	$1\frac{1}{4}°$	$\frac{3}{4}°$	$\frac{1}{4}°$
眼指数(Eye＃)	5	4	3

对于如图3.26所示的弯曲云带眼型台风个例，其眼区边缘周围各方位的螺旋云带（图中蓝色箭头线）的平均宽度为1.0°，介于0.75°和1.25°之间，根据表3.4的Eye#确定规则，该台风的眼指数为4.5。

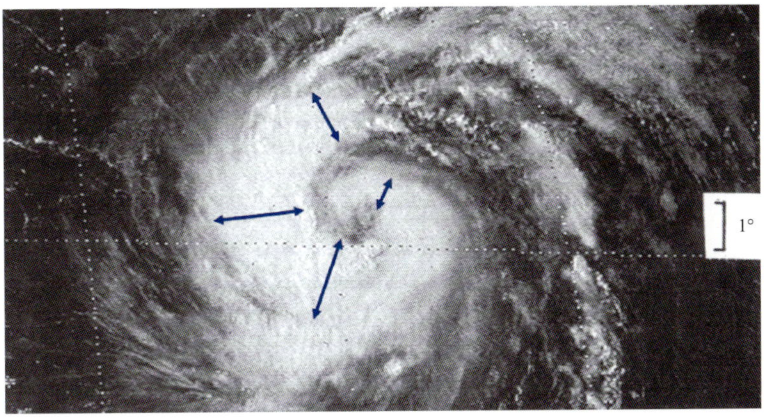

图3.26 弯曲云带眼型台风Eye#确定示例

（2）CDO眼型眼指数（Eye#）的确定

对于CDO眼型的台风，先测量台风眼区到CDO边缘的距离（嵌入距离），然后根据表3.5的CDO眼型Eye#确定规则，确定Eye#。嵌入距离的测量，需要根据眼区的直径大小，进行不同标准的测量，具体标准如下。

①若眼区直径<30海里（0.5纬距），由眼区中心测量，如图3.27a所示；

②若眼区直径≥30海里，由眼区边缘测量，如图3.27b所示。

表3.5 CDO眼型台风眼指数（Eye#）确定规则

嵌入距离	>1°	=1°	$=\frac{3}{4}°$	$=\frac{1}{2}°$	$=\frac{1}{4}°$
眼指数（Eye#）	7	6	5	4	3

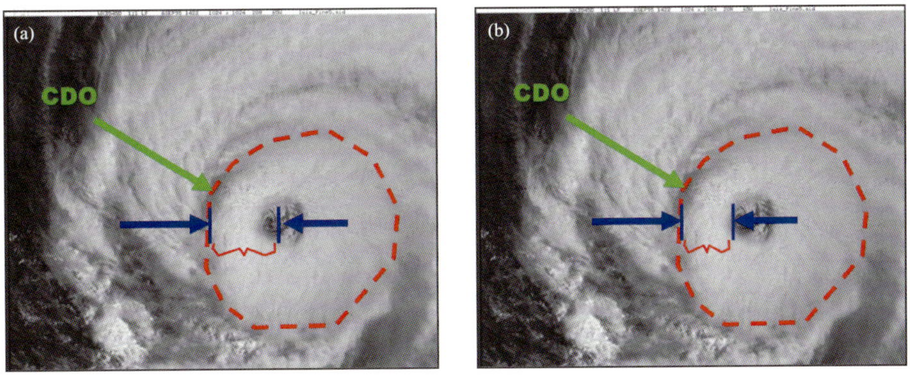

图3.27 CDO眼型台风嵌入距离测量示例

（a）眼区直径<30海里的小眼；（b）眼区直径≥30海里的大眼

对于如图 3.28 所示的 CDO 眼型台风个例，其嵌入距离为 3/4°，根据表 3.5 的 CDO 眼型台风 Eye# 确定规则，该台风的眼指数为 5。

图 3.28　CDO 眼型台风眼指数（Eye#）确定示例

（3）眼调整指数（$Eye_{adj.}$）的确定

无论对于弯曲云带眼型台风，还是 CDO 眼型台风，均是根据台风眼区的大小和清晰程度，按照表 3.6 的可见光云图（VIS）$Eye_{adj.}$ 确定规则，来确定其眼调整指数（$Eye_{adj.}$）。

表 3.6　可见光（VIS）眼型台风眼调整指数（$Eye_{adj.}$）确定规则

台风眼区特征	眼调整指数（$Eye_{adj.}$）确定规则
形状不清晰或不规则的台风眼	当 Eye#≤4.5 时，$Eye_{adj.}$=−0.5 当 Eye#>4.5 时，$Eye_{adj.}$=−1.0
眼区直径≥30 海里（56 km）的大眼	圆形清晰大眼，DT≤6.0 不规则大眼，DT≤5.0
光滑密实 CDO 和清晰圆形的台风眼	当 MET≥ 6.0，且 CF<MET 时，$Eye_{adj.}$=0.5 或 1.0

对于图 3.26 的弯曲云带眼型台风个例，具有形状不清晰或不规则的台风眼，Eye#=4.5，根据表 3.6 $Eye_{adj.}$ 确定规则，当 Eye#≤4.5 时，$Eye_{adj.}$=− 0.5。

对于图 3.28 的 CDO 眼型台风个例，由于具有光滑密实 CDO 和清晰圆形的台风眼，且 CF>MET，根据表 3.6 眼调整指数 $Eye_{adj.}$ 确定规则，无需进行眼调整，$Eye_{adj.}$=0。

（4）中心特征指数（CF）的确定

中心特征指数（CF）定义为 Eye# 与 $Eye_{adj.}$ 之和，即

$$CF = Eye\# + Eye_{adj.} \quad (3.1)$$

对于图 3.26 的弯曲云带眼型的台风个例，其 CF 为：

$$CF = Eye\# + Eye_{adj.} = 4.5 - 0.5 = 4.0$$

对于图 3.28 的 CDO 眼型的台风个例，其中心特征指数（CF）为：

$$CF = Eye\# + Eye_{adj.} = 5.0 + 0 = 5.0$$

(5)带状特征指数(BF)的确定

对弯曲云带眼型台风,不使用带状特征指数(BF)。

对CDO眼型台风,根据环绕CDO的对流外螺旋云带的数量、长度和宽度确定BF,对照图3.29的可见光云图(VIS)眼型分析流程BF调整规则,确定BF,使用BF时,应注意以下问题。

①外围螺旋云带宽度必须>0.5°,才使用BF。

②只有当密实的对流螺旋云带至少环绕CDO达1/4的圆形区域时,才使用BF。

③可使用多条外螺旋云带,但BF最多加2.5。

④一般均应分析BF,但当CF≥4.5时,很少使用BF。

对于图3.26的弯曲云带眼型的台风个例,不使用BF,BF=0。

对于图3.28的CDO眼型的台风个例,根据图3.28带状特征指数确定规则和云带的长度和宽度(见图3.29中红色虚线框),BF=2.0。

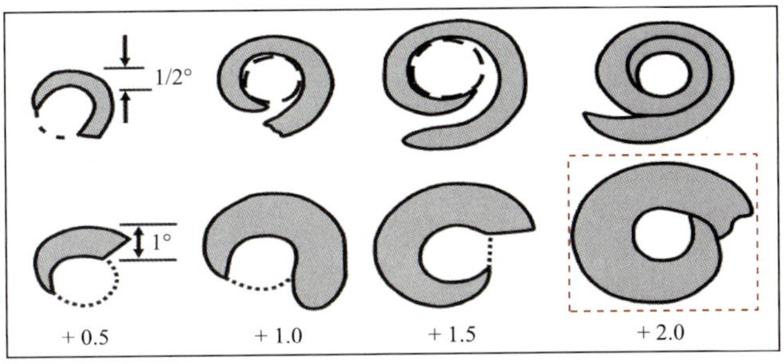

图3.29 可见光云图(VIS)眼型BF调整规则

(6)资料分析指数(DT)的确定

资料分析指数(DT)定义为中心特征指数(CF)与带状特征指数(BF)之和。

$$DT = CF + BF \tag{3.2}$$

对于图3.26的弯曲云带眼型的台风个例,其DT为:

$$DT = CF + BF = 4.0 + 0 = 4.0$$

对于图3.28的CDO眼型的台风个例,其DT为:

$$DT = CF + BF = 5.0 + 2.0 = 7.0$$

3.4.3.3.2 红外云图(IR)眼型分析流程

对于红外(IR)眼型的台风,在确定资料分析指数(DT)前,首先应判断该系统过去24 h前的最终强度指数(FT)是否>2.0,若不满足,则不能选择眼型进行DT分析,而使用弯曲云带型分析,或直接转入模式期望指数(MET)分析。

需要特别指出的是,进行DT分析时,必须使用红外BD增强云图;这里的台风眼既包括规则眼,也包括不规则眼;分析Eye#和$Eye_{adj.}$时,使用的是台风眼区,而不使用台风中心。

红外云图(IR)眼型台风的DT分析流程如图3.30所示,具体分析步骤具体如下:

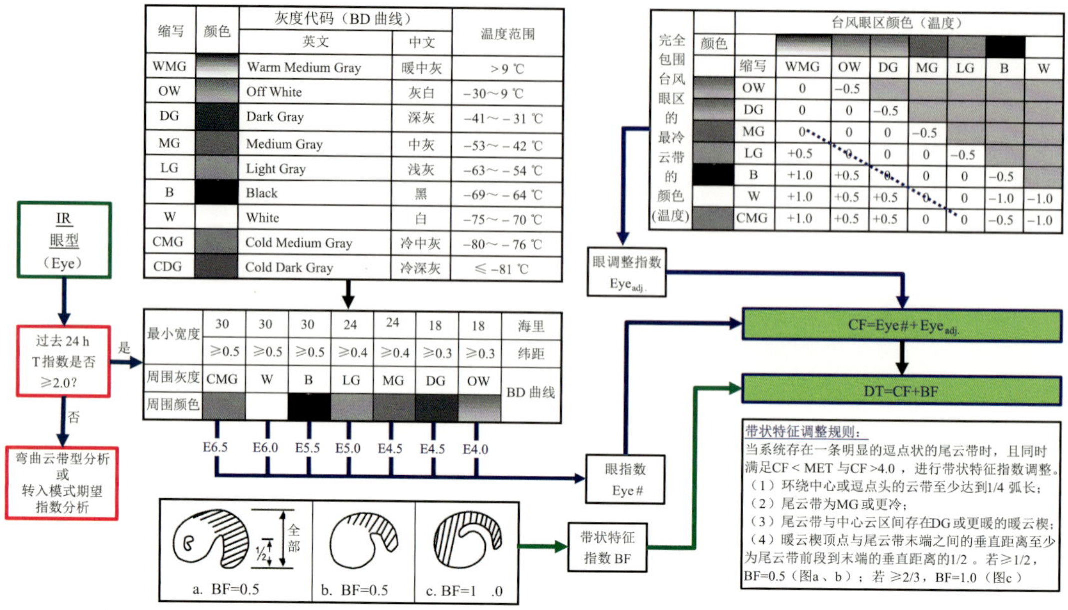

图 3.30 红外云图(IR)眼型资料分析指数(DT)分析流程

(1)眼指数(Eye＃)的确定

对于 BD 增强红外云图(IR)眼型的台风，根据满足最小宽度限制的完全包围台风眼区的最冷云带的颜色，按照红外云图眼型分析流程 Eye＃确定规则(表 3.7)，确定台风眼指数。

具体分析步骤如下。

①首先找出完全包围台风眼区的最冷云带(色带)。

②测量最冷云带(色带)的内边缘与外边缘的宽度。

③检查最冷云带(色带)的宽度是否满足最小宽度限制。

④若最冷云带(色带)的最小宽度不满足最小宽度限制，则测量完全包围台风眼区的次冷云带(色带)的宽度，以此类推。

表 3.7 红外云图(IR)眼型分析流程 Eye＃确定规则

完全包围台风眼区的最冷云带的最小宽度	30	30	30	24	24	18	18	海里
	≥0.5	≥0.5	≥0.5	≥0.4	≥0.4	≥0.3	≥0.3	纬距
满足最小宽度限制的完全包围台风眼区的最冷云带的颜色	CMG 冷中灰	W 白色	B 黑色	LG 浅灰	MG 中灰	DG 深灰	OW 灰白	BD 曲线
眼指数(Eye＃)	6.5	6.0	5.5	5.0	4.5	4.5	4.0	—

(5)最后，根据满足最小宽度限制的完全包围台风眼区的最冷云带的颜色，确定台风的 Eye＃。

图 3.31 给出了一个 BD 增强红外云图眼型台风 Eye＃确定的台风示例。可以发现，该台风的眼区颜色为黑色(B)，完全包围台风眼区的云带颜色分析如下。

①最冷云带是冷暗灰(CDG)，其最小宽度为 9 海里。

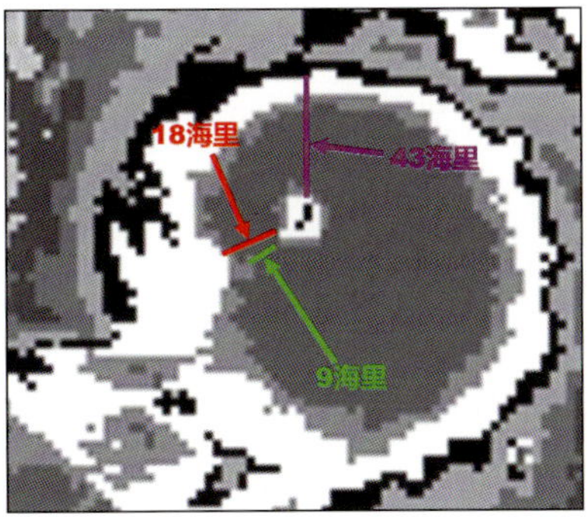

图 3.31　红外云图眼型台风 Eye＃确定示例

②次冷云带是冷中灰(CMG)，其最小宽度为 18 海里。

③再次冷云带是白色(W)，其最小宽度为 43 海里。

④最冷(CDG)和次冷(CMG)云带均不满足云带最小宽度限制。

⑤再次冷(W)云带满足云带最小宽度限制。

可见，该台风满足最小宽度限制的完全包围台风眼区的最冷云带的颜色是白色(W)。根据表 3.7 红外云图眼型分析流程 Eye＃的确定规则，该台风 Eye＃为 6.0(见表 3.7 中的红色虚线框)，即 Eye＃＝6.0。

(2)眼调整指数($\text{Eye}_{\text{adj.}}$)的确定

对于 BD 增强红外云图(IR)眼型的台风，根据台风眼区的颜色(最暖点或区域)和完全包围台风眼区的最冷云带(色带)，按照红外云图眼型分析流程 $\text{Eye}_{\text{adj.}}$ 确定规则(表 3.8)，确定 $\text{Eye}_{\text{adj.}}$。应该注意，这里的最冷云带(色带)不要求满足最小宽度限制。

表 3.8　红外云图(IR)眼型分析流程眼调整指数($\text{Eye}_{\text{adj.}}$)确定规则

		台风眼区颜色(温度)						
		WMG	OW	DG	MG	LG	B	W
完全包围台风眼区的最冷云带的颜色(温度)	OW	0	−0.5					
	DG	0	0	−0.5				
	MG	0	0	0	−0.5			
	LG	+0.5	0	0	0	−0.5		
	B	+1.0	+0.5	0	0	0	−0.5	
	W	+1.0	+0.5	+0.5	0	0	−1.0	−1.0
	CMG	+1.0	+0.5	+0.5	0	0	−0.5	−1.0

对于图 3.31 的台风个例，台风眼区的颜色是黑色(B)，完全包围台风眼的最冷云带的颜色是冷暗灰(CDG)和冷中灰(CMG)，因此，该台风的 $\text{Eye}_{\text{adj.}}=-0.5$，见表 3.8 表格中的黄色格子。

(3)中心特征指数(CF)的确定

中心特征指数(CF)定义为 Eye＃与 $\text{Eye}_{\text{adj.}}$ 之和。

$$\text{CF}=\text{Eye}\#+\text{Eye}_{\text{adj.}} \tag{3.3}$$

对于图 3.31 的台风个例，其 CF 为：

$$CF = Eye\# + Eye_{adj.} = 6.0 - 0.5 = 5.5$$

(4)带状特征指数(BF)的确定

仅当系统存在一条明显的逗点状尾云带，且同时满足 CF＜MET 与 CF＞4.0，才需进行 BF 调整。若没有 BF 分析，红外云图眼型台风的最大 DT 只能达到 7.5，只有加上 BF，才能达到 8.0。在这里，逗点状的尾云带必须同时具有如下 4 个特征。

①环绕中心或逗点状的云带至少达 1/4 弧长。

②尾云带为 MG 或更冷。

③尾云带与中心云区间存在 DG 或更暖的暖云楔。

④暖云楔顶点与尾云带末端间的垂直距离至少为尾云带前端到末端的垂直距离的 1/2。

红外眼型台风 BF 调整规则如图 3.32 所示，具体确定规则如下。

①当暖云楔顶点与尾云带末端之间的垂直距离大于等于尾云带前端到末端的垂直距离的 1/2 时，BF＝0.5。

②当暖云楔顶点与尾云带末端之间的垂直距离大于等于尾云带前端到末端的垂直距离的 2/3 时，BF＝1.0。

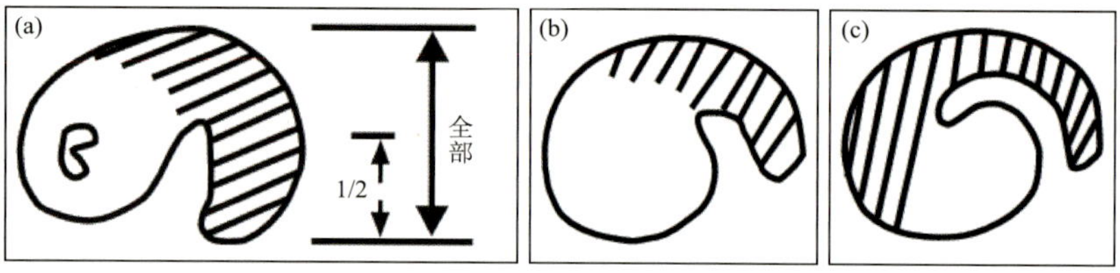

图 3.32　红外眼型分析流程 BF 调整规则

(a)BF＝0.5；(b)BF＝0.5；(c)BF＝1.0

对于图 3.31 的台风个例，不存在一条明显的逗点状尾云带，因此，该台风的 BF＝0。

(5)资料分析指数(DT)的确定

资料分析指数(DT)定义为中心特征指数(CF)与带状特征指数(BF)之和。

$$DT = CF + BF \tag{3.4}$$

对于图 3.31 的台风个例，其资料分析指数(DT)为：

$$DT = CF + BF = 5.5 + 0 = 5.5$$

3.4.3.3.3　卫星天顶角对红外眼型台风强度分析的影响

当台风距离卫星较近时，天顶角或视角小，此时对台风强度的分析影响较小。而当台风距离卫星较远时，如当台风位于全圆盘卫星图像的边缘时，由于卫星天顶角或视角较大，卫星观测到的云顶亮温较低，若眼区的亮温灰度相同或基本一致，则有可能会高估台风的强度。此时眼区也有可能被高云所覆盖，眼区的亮温也较低，若符合最小宽度限制的完全包围眼区的云区最冷云带亮温灰度相同或基本一致，则有可能会低估台风的强度。因此进行 Dvorak 分析时，应尽量可能使用距台风较近的卫星。

图 3.33 给出了相近时刻的不同卫星观测的 2010 年北大西洋飓风“丹妮尔”(Danielle) BD 增强红外云图，2010 年 8 月 26 日 20 时“丹妮尔”的中心位于 24.0°N、55.4°E。其中，图 3.33a 为 GOES-13 卫星云图，该卫星位于 75°W，具有较小的卫星天顶角（视角）；图 3.33b 为 METEOSAT-9 卫星云图，该卫星位于 0°，具有较大的卫星天顶角（视角）。表 3.9 为分别采用 GOES-13 和 METEOSAT-9 卫星确定的飓风“丹妮尔”中心特征指数（CF），分别为 4.5 和 5.0。可见，采用天顶角或视角较大的卫星云图，飓风“丹妮尔”强度出现高估。

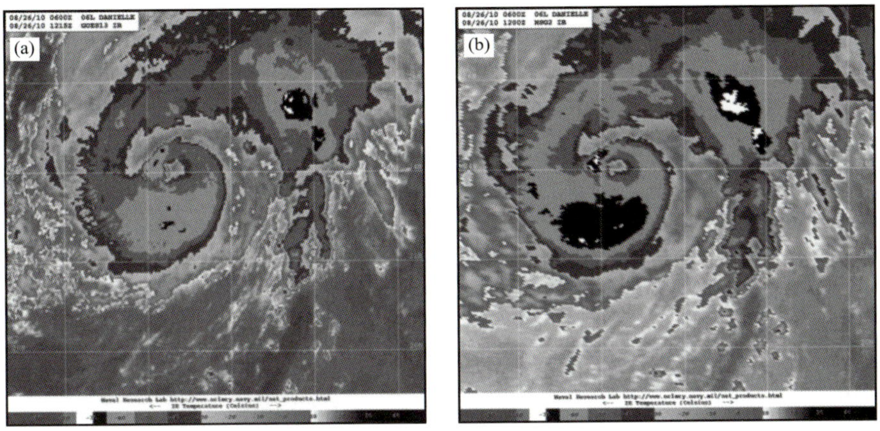

图 3.33 不同卫星观测的飓风“丹妮尔”BD 增强红外云图
(a)GOES-13 卫星云图，观测时间：2010 年 8 月 26 日 20 时 15 分；
(b)METEOSAT-9 卫星云图，观测时间：2010 年 8 月 26 日 20 时 00 分

表 3.9 采用不同卫星确定的飓风“丹妮尔”中心特征指数(CF)

	符合最小宽度限制的完全包围眼区的最冷云带颜色	眼指数 Eye#	眼区颜色	完全包围眼区的最冷云带颜色	眼调整指数 $Eye_{adj.}$	中心特征指数 CF= Eye# + Eye_{adj}
GOES-13 卫星	MG 中灰	4.5	OW 灰白	MG 中灰	0	4.5
METEOSAT-9 卫星	LG 浅灰	5.0	OW 灰白	LG 浅灰	0	5.0

3.4.3.3.4 卫星图像分辨率对红外眼型台风强度分析的影响

对一些具有小眼台风(直径<10 海里)，较粗分辨率的卫星图像由于可能看不到台风眼区的最暖亮温，因此往往会低估台风的强度。

图 3.34 给出了相近时刻的不同分辨率的卫星观测的 2005 年北大西洋五级飓风“威尔玛”(Wilma)BD 增强红外云图。眼区直径约为 4 海里，其中，图 3.34a 为较低分辨率的 GOES 卫星云图，眼区温度为 0 ℃，图 3.34b 为较高分辨率的 Aqua 卫星云图，眼区温度为 +20 ℃。表 3.10 为分别采用 GOES 和 Aqua 卫星确定的飓风“威尔玛”中心特征指数(CF)，分别为 7.0 和 7.5。可见，采用较低分辨率的卫星云图，飓风“威尔玛”的强度出现了低估。

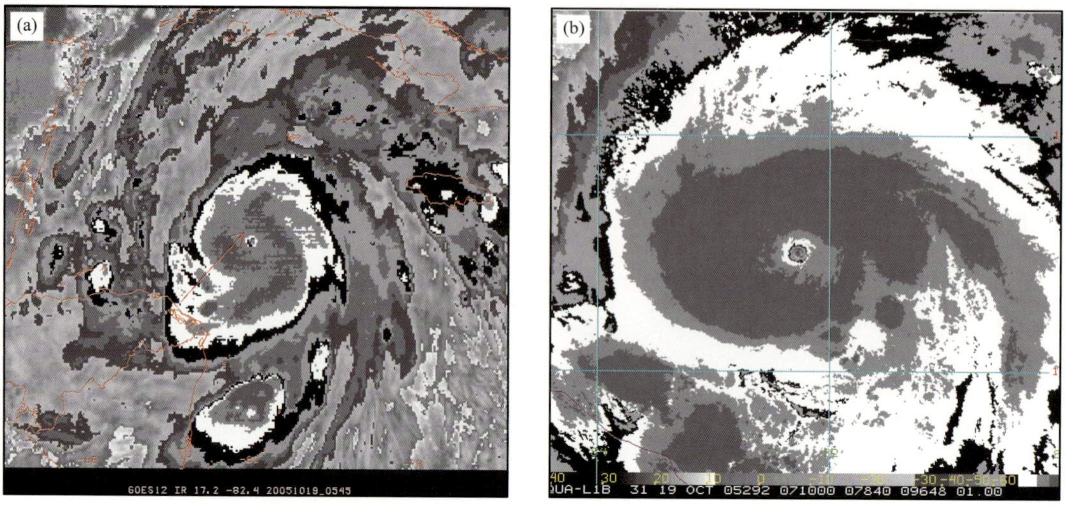

图 3.34 不同分辨率的卫星观测的五级飓风“威尔玛”(Wilma)BD增强红外云图
(a)GOES 卫星云图,观测时间:2005 年 10 月 19 日 13 时 45 分;
(b)Aqua 卫星云图,观测时间:2005 年 10 月 19 日 15 时 10 分

表 3.10 采用不同分辨率卫星确定的五级飓风“威尔玛”中心特征指数(CF)

	符合最小宽度限制的完全包围眼区的最冷云带颜色	眼指数 Eye#	眼区颜色	完全包围眼区的最冷云带颜色	眼调整指数 $Eye_{adj.}$	中心特征指数 CF= Eye# + Eye_{adj}
GOES 卫星	CMG 冷中灰	6.5	OW 灰白	CMG 冷中灰	0.5	7.0
Aqua 卫星	CMG 冷中灰	6.5	WMG 暖中灰	CDG 冷深灰	1.0	7.5

3.4.3.4 中心密闭云区型(VIS)

中心密闭云区型(CDO)仅适用可见光(VIS)云图分析,夜间则采用弯曲云带型分析。只有当 LLCC 位于在深对流云区之下,且 CDO 直径≥0.75(80 km),才使用 CDO 进行 DT 分析,否则使用弯曲云带型,或直接转入模式期望指数(MET)分析。CDO 台风 DT 分析流程如图 3.35 所示,具体分析步骤如下。

(1)中心特征指数(CF)的确定

对于具有 CDO 的台风,根据 CDO 边缘形状的规整度和平均直径,按照表 3.11 的确定规则,确定其 CF。当 CDO 为椭圆形时,则其直径为其长轴和短轴的直径的平均值。

需要说明的是,CDO 的边缘与大小以及螺旋云带的长度与宽度的选取和识别均存在较大的主观性,不同分析人员分析的 DT 存在较大的差异,实际业务中,一般不建议采用 CDO 型分析 DT,而采用红外云图(IR)的嵌入中心型进行分析。

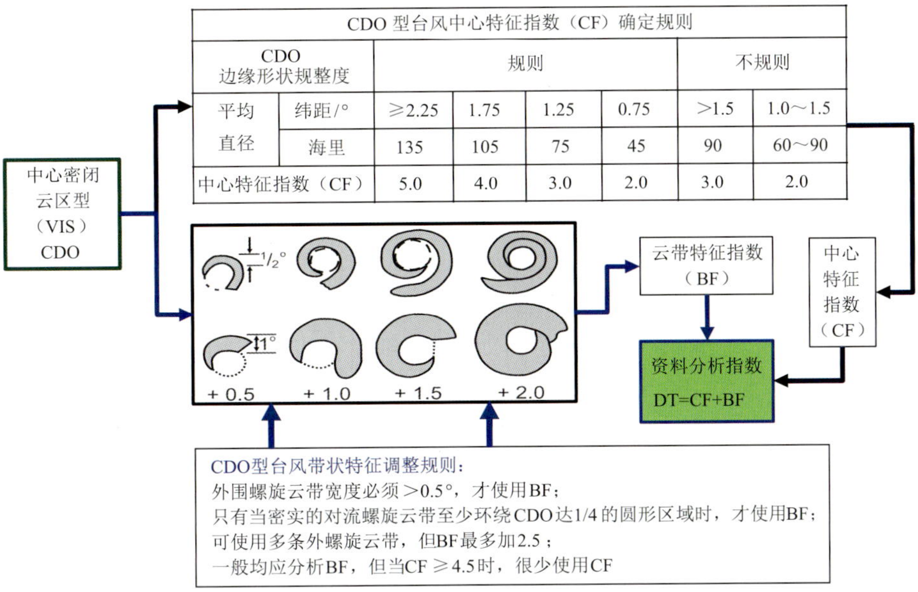

图 3.35　CDO 型台风资料分析指数(DT)分析流程

表 3.11　中心密闭云区型(CDO)台风中心特征指数(CF)确定规则

CDO 边缘形状规整度		规则				不规则	
平均直径	纬距/°	≥2.25	1.75	1.25	0.75	>1.5	1.0～1.5
	海里	135	105	75	45	90	60～90
中心特征指数(CF)		5.0	4.0	3.0	2.0	3.0	2.0

对于图 3.36 的 CDO 型台风个例，具有规则的 CDO(图中绿色虚线)，其平均直径约为 2°。由于其 CDO 平均直径大小位于表 3.11 中两个红色虚线框之间，根据表 3.11 的确定规则，其 CF=4.5。

图 3.36　CDO 型台风 CF 确定示例

（2）带状特征指数（BF）的确定

CDO 型台风一般均伴有外围螺旋云带，其带状特征指数的调整与可见光云图（VIS）眼型台风带状特征指数（BF）调整一样，根据环绕 CDO 的对流外螺旋云带的长度和宽度，可按照图 3.37 的 CDO 型台风 BF 调整规则，确定其 BF。

确定 CDO 型台风的 BF 时，应注意以下问题。

①只有当外围螺旋云带宽度>0.5°，才使用 BF。

②只有当密实的对流螺旋云带至少环绕 CDO 达 1/4 的圆形区域时，才使用 BF。

③可使用多条外螺旋云带，但 BF 最多加 2.5。

④一般均应分析 BF，但当 CF≥4.5 时，很少使用 BF。

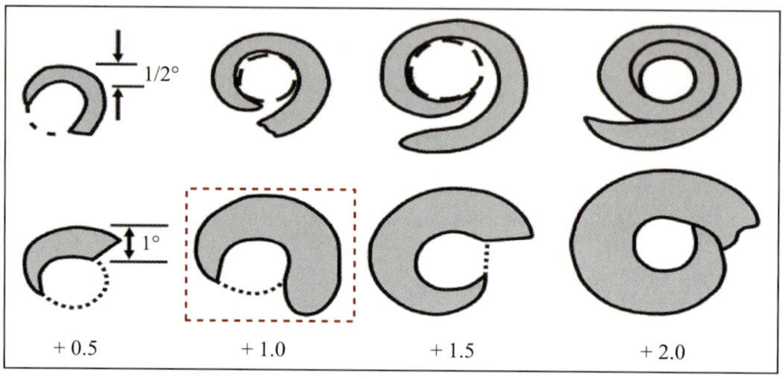

图 3.37　CDO 型台风 BF 调整规则

图 3.38　CDO 型台风 BF 确定示例

对于图 3.36 的 CDO 型台风个例，其外围螺旋云带如图 3.38 中的蓝绿色实线所示，根据图 3.37 的 CDO 型台风 BF 调整规则（红色虚线框表示），其 BF=1.0。

（3）资料分析指数（DT）的确定

CDO 型台风 DT 定义为中心特征指数（CF）与带状特征指数（BF）之和，即

$$DT = CF + BF \tag{3.5}$$

对于图 3.36 的台风个例，其 DT 为：

$$DT = CF + BF = 4.5 + 1.0 = 5.5$$

3.4.3.5 嵌入中心型(IR)

嵌入中心型仅适用红外(IR)云图分析，且必须同时满足以下两个条件，才能采用嵌入中心型进行 DT 分析。

①中心位于冷云区中，且中心与冷云区边界的嵌入距离>0.4°。

②过去 12 h T 指数必须≥3.5。

若不能同时满足上述两个条件，则使用弯曲云带型进行 DT 分析，或直接转入 MET 分析。

嵌入中心型台风 DT 分析流程如图 3.39 所示，具体分析步骤如下：

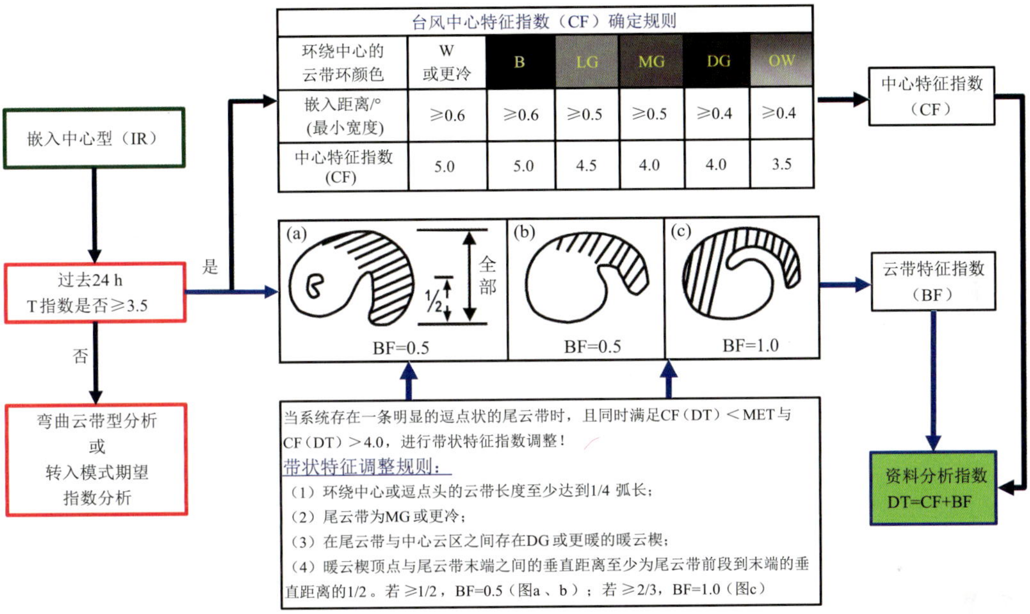

图 3.39 嵌入中心型台风 DT 分析流程

(1)中心特征指数(CF)的确定

对于嵌入中心型的台风，根据环绕台风中心的最冷云带环的最小宽度(嵌入距离)，按照表 3.12 的确定规则，确定其 CF。

需要说明的是，台风中心位置决定着嵌入距离的大小，由于确定嵌入中心型台风的中心位置带有较大的主观性和不确定性，而嵌入距离的差异常导致分析精度具有较大的不确定性。

表 3.12 嵌入中心型台风中心特征指数(CF)确定规则

环绕中心的云带环颜色	W 白色或更冷	B 黑色	LG 浅灰	MG 中灰	DG 深灰	OW 灰白
嵌入距离/°(最小宽度)	≥0.6	≥0.6	≥0.5	≥0.5	≥0.4	≥0.4
中心特征指数(CF)	5.0	5.0	4.5	4.0	4.0	3.5

对于图 3.40 的嵌入中心型台风个例，台风中心（图中红色＋号）嵌入在 CMG 的冷云带中，环绕台风中心的最冷云带环（图中绿色实线包围区域）的最小宽度（嵌入距离）＞0.6°，颜色为白色或更冷，根据表 3.12 的确定规则，其 CF＝5.0。

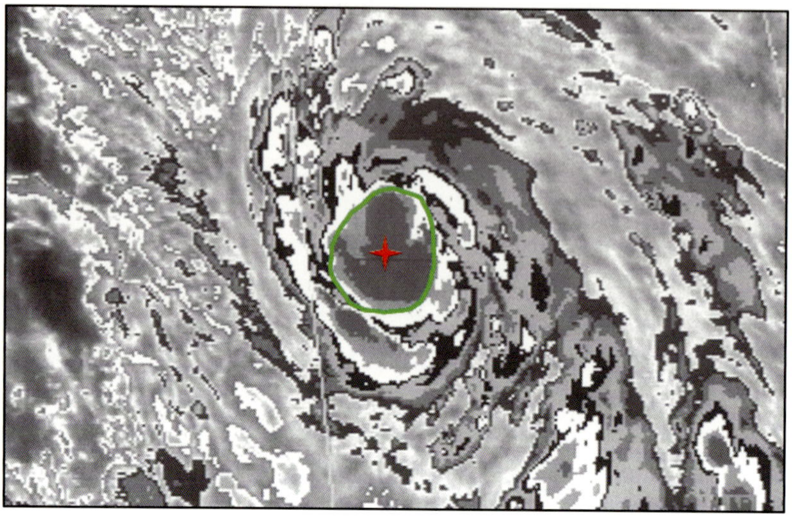

图 3.40　嵌入中心型台风 CF 确定示例

（2）带状特征指数（BF）的确定

嵌入中心型台风一般也伴有外围螺旋云带，也需要根据情况进行 BF 的调整，其调整规则与红外眼型台风分析流程中的 BF 调整规则相同，即：仅当系统存在一条明显的逗点状尾云带，且同时满足 CF＜MET 与 CF＞4.0，才需进行 BF 调整。同时，逗点状的尾云带同样必须同时具有下列 4 个特征：①环绕中心或逗点状的云带至少达 1/4 弧长；②尾云带为 MG 或更冷；③尾云带与中心云区间存在 DG 或更暖的暖云楔；④暖云楔顶点与尾云带末端间的垂直距离至少为尾云带前端到末端的垂直距离的 1/2。

嵌入中心型台风带状特征指数（BF）调整规则如图 3.41 所示，具体确定规则如下。

①当暖云楔顶点与尾云带末端之间的垂直距离大于等于尾云带前端到末端的垂直距离的 1/2 时，BF＝0.5。

②当暖云楔顶点与尾云带末端之间的垂直距离大于等于尾云带前端到末端的垂直距离的 2/3 时，BF＝1.0。

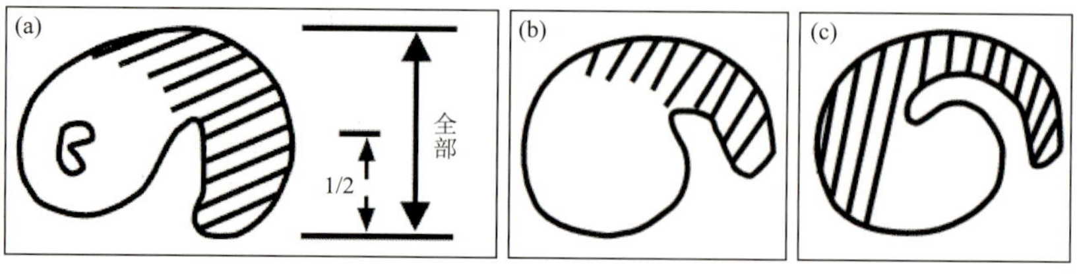

图 3.41　嵌入中心型台风 BF 调整规则

（a）BF＝0.5；（b）BF＝0.5；（c）BF＝1.0

对于图3.40的嵌入中心型台风个例，其CF＝5.0＞4.0，但CF＞MET（模式期望指数），未同时满足CF＜MET与CF＞4.0的BF调整规则使用条件，因此，该台风的BF＝0。

（3）资料分析指数（DT）的确定

嵌入中心型台风DT定义为中心特征指数（CF）与带状特征指数（BF）之和，即

$$DT = CF + BF \tag{3.6}$$

对于图3.40的台风个例，其DT为：

$$DT=CF+BF=5.0+0=5.0$$

3.4.3.6 中心冷云盖型（CCC）

当台风中心附近有深层对流爆发性发展，而未能有效组织成CDO时，为中心冷云盖型（图3.9），CCC型适用于可见光（VIS）和红外（IR）云图，其强度可以是TS和STS。

中心冷云盖型的台风云系具有如下4个明显特征。

①外形浑圆或逗号状的深层强对流云团。

②云系边缘清晰，外螺旋环流或螺旋云带不明显。

③云顶亮温（＜－70 ℃）卷云区域的范围大（＞60%），呈不均匀分布，覆盖台风云系的大部分区域。

④云盖内降雨剧烈，但不集中在中心附近。

由于CCC对流发展旺盛，发展高度较高，冷云盖中有大量冰晶形成，可激发重力波，从而减弱台风的暖心结构、高空辐散及上升运动，因此，中心冷云盖形成以后，通常代表台风在未来的12～24 h停止增强。具有冷云盖云系的台风，精确定位非常困难，中心定位大多依据路径连续性原则确定，一般位于对流云区边缘。CCC容易与切变型、CDO型或嵌入中心型云系混淆。

对于CCC型台风，无需进行云型分析，而是按照下列的确定规则，进行DT的确定，并且作为最终强度指数（FT），直接跳转确定CI。

①当过去T指数≤3.0时，未来12 h内T指数可按照过去12 h趋势变化（增强、减弱或无变化）确定，之后保持T指数不变，直到CCC消失。

②当过去T指数≥3.5时，T指数保持不变，直到CCC消失。

在对CCC型台风进行DT分析时，需注意不要因为CCC的范围缩小，就估计其强度出现减弱，而应维持其强度不变。

3.4.4 确定模式期望指数（MET）

模式期望指数（Model Expected T-Number，MET）定义为台风过去24 h强度变化趋势与该台风24 h前的最终强度指数（FT）之和。MET可以视为台风强度T指数的粗略估计值，也可以理解为台风强度变化的气候平均值。当热带扰动分析启动时，最初的MET定义为1.0。确定MET需要注意以下几方面。

①当台风是中心冷云盖型时，无需进行MET分析，而是直接跳转确定CI。

②不得参考实测的风场数据，修订MET。

③MET 的确定，不考虑眼墙替换过程，即眼墙替换过程并不是 Dvorak 概念模式的一部分。

(1)确定系统过去 24 h 的强度变化趋势

系统过去 24 h 的强度变化趋势是通过将当前的台风卫星图像与 24 h 前的卫星图像相比较而确定的。台风强度的变化趋势分为发展(D)、减弱(W)和无明显变化(S)三类，而根据台风强度变化剧烈程度又将发展和减弱趋势分为快速发展/减弱(D+/W+)、正常发展/减弱(D/W)和缓慢发展/减弱(D－/W－)等六类，快速发展/减弱(D+/W+)24 h MET 的变化量为±1.5，正常发展/减弱(D/W)24 h MET 的变化量为±1.0，缓慢发展/减弱(D－/W－)24 h MET 的变化量为±0.5，具体如图 3.42 所示。同时定义下列两种情况的台风强度发展趋势为：热带扰动分析启动时，台风最初强度发展趋势为正常发展(D)；热带扰动分析启动后 18 h 内，台风强度发展趋势也为正常发展(D)。

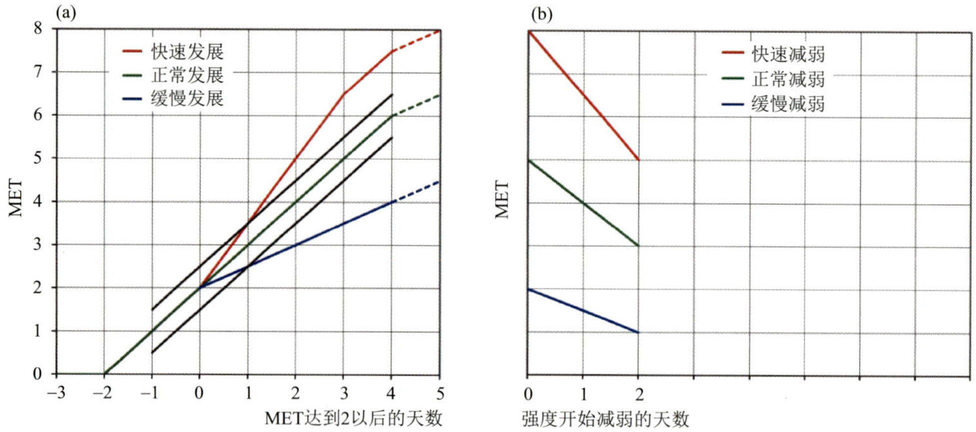

图 3.42 Dvorak 台风强度发展模式曲线

(a)发展阶段(图中绿线两侧黑色区域表示正常发展台风的 MET 强度指数变化范围)；(b)减弱阶段

在确定系统过去 24 h 的强度变化趋势时，通过将当前时刻与过去 24 h 前的卫星云图上的台风中心或眼区以及围绕台风中心或眼区的 CDO 和螺旋云带等卫星云图特征变化进行比较，以确定系统是发展、减弱、还是不变，表 3.13 给出了表征台风过去 24 h 强度变化趋势的主要卫星云图特征。24 h 的卫星云图变化趋势特征比较可以有效避免云系对流日变化的影响，即白天云顶亮温上升、夜间云顶亮温下降的日变化对台风强度变化趋势分析的影响。

(2)确定模式期望指数(MET)

MET 定义为台风过去 24 h 强度变化趋势与该台风 24 h 前的最终强度指数(FT)之和，具体确定规则如下。

①快速发展/减弱(D+/W+)台风，MET=24 h 前 FT±1.5。

②正常发展/减弱(D/W)台风，MET=24 h 前 FT±1.0。

表 3.13　台风过去 24 h 强度变化趋势的卫星云图特征

强度发展特征	• CSC 更容易清晰识别 • CSC 附近对流增强 • CSC 附近低云卷曲度增大 • 外露的 LLCC 更靠近强对流云区 • 原来外露的 LLCC 被云区所覆盖 • CDO 变大或变冷 • 系统主云带或环绕 CDO 云带增大或增多 • 台风眼区形成 • 台风眼区变得更暖 • 台风眼区变得更清晰 • 嵌入距离增大(最冷云带宽度加大) • 眼区不规则形态改善 • 环绕眼区云带更冷 • 环绕眼区的云带纹理更清晰光滑 • 环绕眼区的带状特征增强 • 日落前后，当云顶亮温没有明显回升或云系没有变暗，且持续 3 h，需调低一定的 T 指数
强度减弱特征	• 台风云型或云系持续出现与台风强度发展特征相反的变化特征 • 应特别留意两种情况：台风云系切变特征增强，夜间云顶亮温出现回升或云顶高度降低
强度无明显变化特征	• 与冷云带相关的 CSC 没有出现明显的变化 • 发展和减弱特征同时出现 • T 指数≥3.5 的系统出现中心冷云盖 • 较弱系统出现中心冷云盖，且持续 12 h 以上

③缓慢发展/减弱(D－/W－)台风，MET＝24 h 前 FT±0.5。

④强度无明显变化(S)台风，MET＝24 h 前 FT。

表 3.14 给出了 1330 号台风“海燕”、1409 号台风“威马逊”、1713 号台风“天鸽”和 1919 号台风“海贝斯”MET 分析示例。

表 3.14　模式期望指数(MET)分析示例

台风名称编号	过去 24 h 台风卫星云图	当前时刻台风卫星云图	24 h 前最终强度指数(FT)	台风强度变化趋势	模式期望指数(MET)
海燕 1330	 2013 年 11 月 5 日 20 时	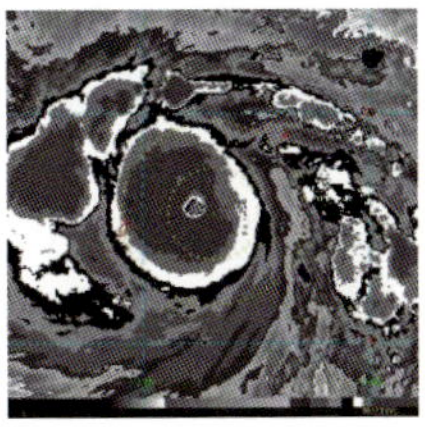 2013 年 11 月 6 日 20 时	FT＝5.0	快速发展 D＋1.5	MET＝5.0＋1.5＝6.5

续表

台风名称编号	过去 24 h 台风卫星云图	当前时刻台风卫星云图	24 h 前最终强度指数(FT)	台风强度变化趋势	模式期望指数(MET)
海燕 1330	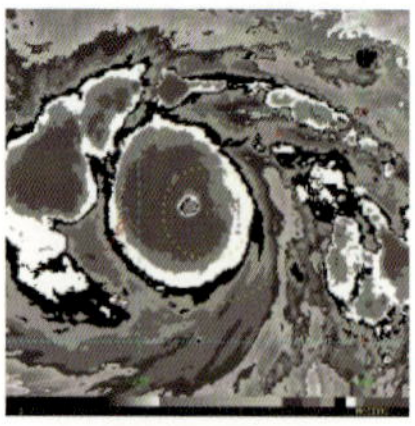 2013 年 11 月 6 日 20 时	 2013 年 11 月 7 日 20 时	FT=7.0	正常发展 D+1.0	MET=7.0+1.0=8.0
海燕 1330	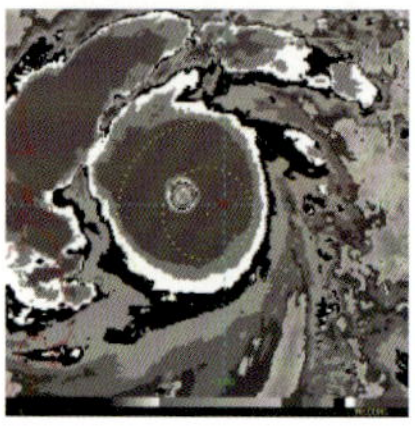 2013 年 11 月 7 日 20 时	 2013 年 11 月 8 日 20 时	FT=8.0	快速减弱 D−1.5	MET=8.0−1.5=6.5
威马逊 1409	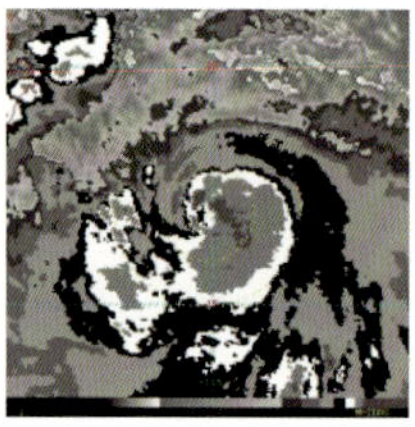 2014 年 7 月 17 日 14 时	 2014 年 7 月 18 日 14 时	FT=4.5	快速发展 D+1.5	MET=4.5+1.5=6.0
天鸽 1713	 2017 年 8 月 22 日 10 时	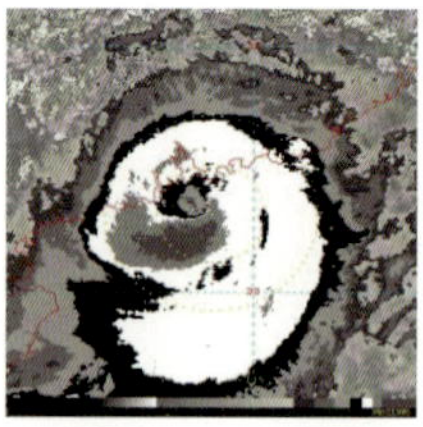 2017 年 8 月 23 日 10 时	FT=3.5	快速发展 D+1.5	MET=3.5+1.5=5.0
海贝斯 1919	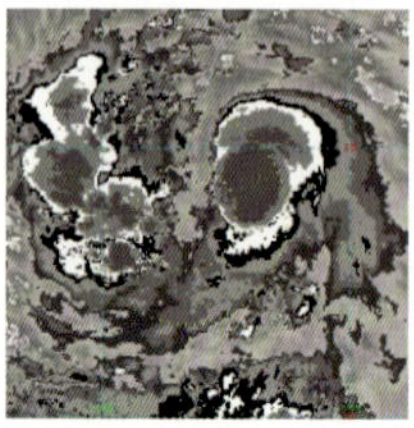 2019 年 10 月 6 日 20 时	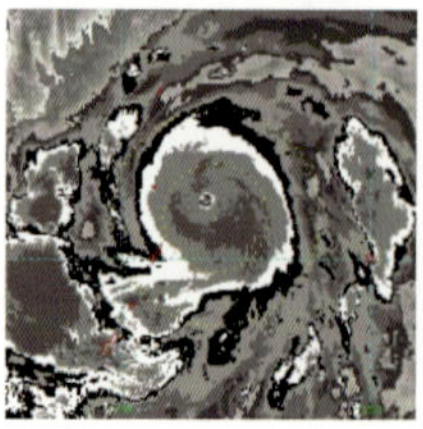 2019 年 10 月 7 日 20 时	FT=3.5	快速发展 D+1.5	MET=3.5+1.5=5.0

3.4.5 确定云型指数(PT)

台风云型指数(Pattern T Number,PT)是将当前台风的云型特征与 Dvorak 事先给定的台风云系型态(表 3.15)进行比对而得到的指数,主要是在需要对 MET 进行调整时使用。

在比对前,需要根据前面分析的 MET,选择与 MET 数值对应的一栏或左右相邻的两栏与当前台风的云型特征比对,然后选择与其匹配最好的云系型态对应的云型指数作为当前台风的 PT。即,若当前台风云型特征与 MET 数值对应一栏相邻的右(左)栏的云系型态更为匹配时,则在 MET 数值上加上(减去)0.5 作为当前台风的 PT。

此外,在进行比对时,若匹配的云系型态的阴影部分为白色或更冷时,可再加上 0.5 作为当前台风的 PT。

这里需要说明的是,确定 PT 时,只有当台风云型特征明显地强于或弱于 MET 数值所对应的云系型态时,PT 才可以与 MET 取不同的数值。

表 3.15 红外 BD 增强云图上不同云型指数对应的台风云系型态

台风云型特征型态	热带低压	热带风暴	强热带风暴	台风	强台风	超强台风
	PT 1.5±0.5	PT 2.5	PT 3.5	PT 4.0	PT 5.0	PT 6.0
(A) 弯曲云带型				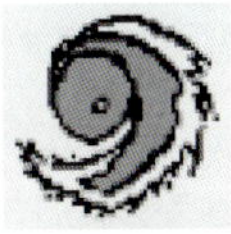		
(B) 密闭云区和眼型						
(C) 切变型						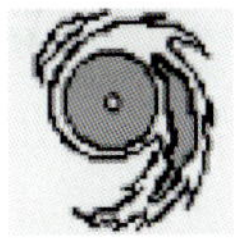

这里特别注意和指出的是,目前一些业务中心采用如下面 PT 取值规则,来确定 PT。

①理论上的 PT 取值范围为 PT=MET,或 PT=MET+/-0.5。

②若 DT 非常清晰,则 PT=DT。

③仅当云系非常强或非常弱时,PT≠MET,否则 PT=MET。

④当云系不清楚,强度确定非常困难时,FT=MET。

3.4.6 确定最终强度指数(FT)

在前面分析的资料分析指数(DT)、模式期望指数(MET)和云型指数(PT)的基础上,应用给定的确定规则和限制规则,从 DT、MET 和 PT 三个指数中,选择其中一个指数,作为台风的最终强度指数(Final T Number,FT)。FT 的确定规则和限制规则具体要求如下。

(1)FT 确定规则

①当台风云型特征清晰时，直接使用 DT 作为 FT。

②当台风云型特征不清晰，但云型可识别时，使用 PT 作为 FT。

③当台风云型特征不清晰，且云型难识别时，使用 MET 作为 FT。

(2)FT 限制规则

①热带云团首次定强分析时的 FT 必须为 1.0 或者 1.5。

②台风最初发展的 48 h 内，由于对流云团存在日变化，FT 不能在晚上减弱，在实际分析中规定为晚 20 时至次日凌晨 05 时，也即可看到可见光云图之前，但白天分析时，FT 可以出现减弱的情况。

③热带扰动云团首次定强分析 FT 为 1.0 以后的 24 h 内，FT 必须≤2.5。

④当 FT<4.0 时，6 h 的变化量不能超过 0.5。

⑤当 FT≥4.0 时，6 h 变化不能超过 1.0，12 h 变化不能超过 1.5，18 h 变化不能超过 2.0，24 h 变化不能超过 2.5。

⑥FT 必须在(MET－1.0)到(MET＋1.0)之间变化。

这里需要说明的是，Dvorak 技术是假定台风特定的云型特征与台风强度发展的特定阶段存在对应关系，根据典型台风的统计关系而建立的，因此有时并不能完全反映所有台风强度变化的真实情况。对一些快速增强的台风，有时其强度变化往往超过上述限制规则，严格使用 Dvorak 限制规则可能导致对其强度突变的误判，低估其强度，这时可以打破 Dvorak 上述限制规则，但打破 Dvorak 限制规则需慎之又慎，且只有在台风云型结构特征清晰、变化特征显著时，才能使用。

3.4.7 确定现时强度指数(CI)

台风现时强度指数(Current Intensity Number，CI)是基于前面分析的台风最终强度指数(FT)，根据给定的确定规则而得到的指数，它是 Dvorak 技术的最终强度分析产品，直接与台风当前的强度状况相对应。给定的确定规则是为了保证 CI 不会因为云型结构指数虚高而定得过强。而在减弱阶段，台风低层风场往往会维持一段时间，因此 CI 也应保持相应的时间。

CI 的确定规则具体如下。

①当台风处于发展阶段，CI 应与 FT 一致，即 CI＝FT。

②当台风处于减弱阶段，CI 应高于 FT，即 CI>FT。实际分析时，台风减弱的最初 12 h 内，CI 保持不变，之后保持较 FT 高 0.5 或 1.0。

③台风再次发展时，FT 未增至 CI 前，CI 应保持不变。

这里需要指出的是，每次台风业务定强分析后，需根据卫星图像演变对先前分析结果进行检查。当先前分析出现误差时，须及时修正先前的 CI，以保证为后续分析提供可靠的 MET，且这种修正有时可能会改变业务定强分析的结果。

3.4.8 确定台风中心风速和气压

Dvorak 技术并不是对台风风场和气压场的直接观测，它仅给出了用于表征台风强度的现时强度指数(CI)。为了直观地了解台风的强度状况,还需将反映台风强度的CI指数与台风中心附近最大风速和中心最低海平面气压联系起来。在实际业务定强分析中,通常是由CI指数与台风中心最大风速的经验关系来确定台风中心附近最大风速,而中心最低海平面气压则是通过应用台风风压关系而得到的。

台风风压关系是一种基于历史观测资料得到的台风中心风速与气压之间的统计关系。在西北太平洋和南海,2007年以前,美国联合台风警报中心(JTWC)一直采用Atkinson等(1977)在20世纪70年代末根据1947—1974年76个西北太平洋台风实测平均风速和海平面气压资料建立的风压统计关系,具体见公式(3.7)。期间,Guard等(1996)针对微型台风(Midget Typhoon)对Atkinson风压关系进行了修订,具体见公式(3.8)。2007年后,则采用Knaff-Zehr风压关系,具体见公式(3.9)~公式(3.18)。日本气象厅(JMA)则采用Koba等(1990,1991)在20世纪80年代末90年初根据1981—1986年50个西北太平洋台风实测资料所建立的风压统计关系,具体见公式(3.19)~公式(3.20)。JTWC和JMA采用的风压关系对台风以上强度的TC存在较大的差异(图3.43)。此外,在不同海域,台风生成发展的地理区域和环境条件不同,Dvorak分析时所采用的风压关系存在明显的差异。下面给出目前业务中常用的几种风压关系。

(1)Atkinson风压关系(式(3.7)~式(3.8))

$$V_{max} = 6.7 \times (1010 - P_c)^{0.644} \tag{3.7}$$

$$V_{max} = 17.548 \times (1010 - P_c)^{0.4345} \tag{3.8}$$

式中,V_{max}为1 min最大持续风速(kt[①]);P_c为中心最低海平面气压(hPa)。上式适用于西北太平洋和南海,为美国联合台风警报中心所采用,见表3.16。

(2)Knaff-Zehr风压关系(式(3.9)~式(3.18))

$\phi<18°$N时

$$V_{max} = 6.466 - 5.238S - 0.515\Delta P + 8.984\sqrt{|\Delta P|} + 1.5C^{0.63} \tag{3.9}$$

$$\mathrm{MSLP} = P_c = 5.962 - 0.267V_{srm} - \left(\frac{V_{srm}}{18.26}\right)^2 - 6.8S + P_{env} \tag{3.10}$$

$\phi\geqslant18°$N时

$$V_{max} = 18.633 - 14.960S - 0.518\Delta P - 0.755|\phi| + 9.738\sqrt{|\Delta P|} + 1.5C^{0.63} \tag{3.11}$$

$$\mathrm{MSLP} = P_c = 23.286 - 0.483V_{srm} - \left(\frac{V_{srm}}{24.254}\right)^2 - 12.587S - 0.483\phi + P_{env} \tag{3.12}$$

其中,

$$V_{srm} = V_{max} - 1.5C^{0.63} \tag{3.13}$$

$$\chi = 0.1147 + 0.0055V_{max} - 0.001 \times (\phi - 25) \tag{3.14}$$

$$R_{max} = 66.785 - 0.09102V_{max} + 1.0619 \times (\phi - 25) \tag{3.15}$$

$$S = \frac{V_{500}}{V_{500C}} \tag{3.16}$$

① 1 kt=1.852 km/h,后同。

$$V_{500c} = V_{max}\left(\frac{R_{max}}{500}\right)^{x} \tag{3.17}$$

$$V_{500} = \frac{R_{34}}{9} - 3 \tag{3.18}$$

式中，V_{max}为 1 min 最大持续风速(kt)；P_c 为中心最低海平面气压(hPa)；P_{env}为环境气压；C 为台风移速(kts)；ϕ 为台风所在纬度；χ为台风大小形态因子；S 为台风大小归一化参数；R_{max}为最大风速半径(km)；$P = P_c - P_{env}$；V_{srm} 为去除移速的台风最大风速；V_{500} 为400～600 km 范围平均切向风速；V_{500c}为 400～600 km 范围平均切向风速气候值；R_{34} 为级风圈半径平均值。式(3.9)～式(3.18)适用于全球海域。

(3)Koba 风压关系(式(3.19)～式(3.20))

$$V_{max} = 0.09\,CI^2 + 13.49CI + 8.38 \tag{3.19}$$

$$P_c = 1.53\,CI^2 - 3.03CI + 1010.01 \tag{3.20}$$

式中，V_{max}为10 min最大持续风速(kt)；P_c为中心最低海平面气压(hPa)；CI 为台风现时强度指数。式(3.19)～式(3.20)适用于西北太平洋和南海，为日本气象厅(JMA)所采用，见表 3.16。

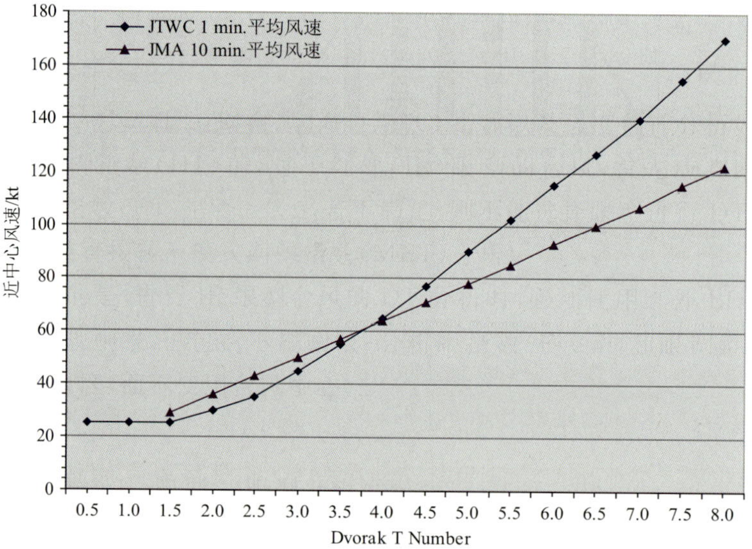

图 3.43　JTWC(Atkinson)和 JMA(Koba)台风风压关系差异比较

(4)Dvorak 风压关系(式(3.21))

$$V_{max} = 3.45\,(1016 - P_c)^{0.644} \tag{3.21}$$

式中，V_{max}为 1 min 最大持续风速(kt)；P_c为中心最低海平面气压(hPa)。式(3.21)适用于北大西洋、东太平洋和中太平洋，为美国国家飓风中心所采用，见表 3.16。

(5)Love 和 Murphy 风压关系(式(3.22))

$$V_{max} = 2.16\,(1010 - P_c)^{0.77} \tag{3.22}$$

式中，V_{max}为 10 min 最大持续风速(kt)；P_c为中心最低海平面气压(hPa)。式(3.22)适用于澳大利亚北部海域，为位于澳大利亚达尔文的澳大利亚北部热带气旋预警中心所采用(表 3.17)。

表 3.16 实际业务中常用的台风/飓风风压关系比较

CI 指数	中央气象台		日本气象厅		美国联合台风警报中心		美国国家飓风中心	
	中心气压/hPa	中心风速/(m/s)	中心气压/hPa	中心风速/(m/s)	中心气压/hPa	中心风速/(m/s)	中心气压/hPa	中心风速/(m/s)
1.5	1002	13	1002	15	1004	13	1013	13
2.0	1000	15	998	18	1000	15	1009	15
2.5	998	18	993	22	997	18	1005	18
3.0	990	23	987	26	991	23	1000	23
3.5	982	28	981	30	984	28	994	28
4.0	975	33	973	33	976	33	987	33
4.5	965	38	965	37	966	39	979	39
5.0	955	42	956	40	954	46	970	46
5.5	945	48	947	44	941	52	960	52
6.0	935	52	937	48	927	59	948	59
6.5	925	58	926	52	914	65	935	65
7.0	915	62	914	55	898	72	921	72
7.5	905	68	901	60	879	79	906	79
8.0	890	75	888	63	858	87	890	87

表 3.17 澳大利亚北部热带气旋预警中心风压关系

CI 指数	中心最低海平面气压/hPa	中心附近最大风速/(m/s)
2.0	1000	13
2.5	996	16
3.0	991	21
3.5	985	25
4.0	978	29
4.5	972	35
5.0	964	41
5.5	956	46
6.0	948	52
6.5	940	58
7.0	930	63
7.5	920	70
8.0	910	77

(6)Harper 风压关系(式(3.23))(Harper et al. ,2010)

$$V_{max} = 2.45\ (1010 - P_c)^{0.7} \tag{3.23}$$

式中,V_{max}为 10 min 最大持续风速(kt);P_c为中心最低海平面气压(hPa)。适用于澳大利亚东部海域，为澳大利亚布里斯班热带气旋预警中心所采用。

(7)印度气象局业务中使用的风压关系

表 3.18 给出了目前印度气象局业务中使用的风压关系，该关风压系适用于包括孟加拉湾和阿拉伯海的北印度洋海域。

表 3.18　印度气象局业务中使用的风压关系

CI指数	强度等级	中心附近最大风速			中心最低海平面气压/hPa	中心最大风速区间	
		kt	m/s	km/h		kt	km/h
1.0	L					<17	<31
1.5	D	25	12.9	46.3		17～27	31～49
2.0	DD	30	15.4	55.6	1005.5	28～33	50～61
2.5	CS	35	18.0	64.9	1003.9	34～47	62～88
3.0		45	23.1	83.4	1000.0		
3.5	SCS	55	28.3	101.9	995.0	48～63	89～117
4.0	VSCS	65	33.4	120.5	989.1	64～89	118～166
4.5		77	39.6	142.7	980.6		
5.0	ESCS	90	46.3	166.8	969.8	90～119	167～221
5.5		102	52.4	189.0	958.4		
6.0		115	59.1	213.1	944.4		
6.5	SuCS	127	65.3	235.4	930.0	⩾120	⩾222
7.0		140	72.0	259.5	912.8		
7.5		155	79.7	287.3	890.9		
8.0		170	87.4	315.1	866.7		

目前，我国中央气象台采用的风压关系如表 3.19 所示，该风压关系是根据中央气象台 2012—2016 年台风现时强度指数(CI)分析结果与中国气象局台风最佳路径资料统计确定的。在实际台风业务定强分析中，可以根据 CI 分析结果，查找表中 CI 对应的中心风速和中心最低海平面气压，最终确定台风中心附近风速和中心最低海平面气压，并可以根据分析时刻台风云系的具体细节特征变化，在取值范围进行适当的调整。

这里，需要特别指出的是，Dvorak 台风业务定强分析时所采用的台风风压关系，不仅是影响其分析精度和可信性的一个重要因素，而且也是进行全球台风强度长期趋势变化评估时，影响台风强度气候资料均一性的一个关键因素。然而，国际上不同台风业务中心用来定义台风强度的平均风速在定义上则存在着较大的差异，例如我国台湾、香港和澳门地区以及日本、菲律宾、越南、澳大利亚等大多数受台风影响的国家或地区采用的是 10 min 平均风速，美国采用的是 1 min 平均风速，印度采用的是 3 min 平均风速，我国采用的则是 2 min 平均风速。因此，国际上不同台风业务中心进行 Dvorak 台风业务定强分析时所采用的风压关系也存在较大的差异，从而导致不同台风业务中心针对同一台风的强度估计分析结果也会出现较大的差异。表 3.20 给出了世界气象组织(WMO)针对不同风速定义之间的转换关系，在台风实际业务分析预报服务中，通过不同风速定义之间的转换，可以更好地评估不同业务中心针对同一台风强度的实时监测分析结果。

表 3.19 CI 指数与台风中心最大风速和海平面气压的对应关系表

CI 指数	中心附近最大风速 /(m/s)	中心最低海平面气压可取值范围 /hPa
2.5	18	995～998～1000
	20	990～995
3.0	23	982～990
	25	980～985
3.5	28	975～982
	30	975～980
4.0	33	970～975
	35	965～970
4.5	38	960～965
	40	955～960
5.0	42	950～955
	45	945～950
5.5	48	940～945
	50	935～940
6.0	52	930～935
	55	925～930
6.5	58	920～925
	60	915～920
7.0	62	910～915
	65	905～910
7.5	68	900～905
	70	895～900
	72	890～895
8.0	75	885～890
	78	880～885
	80	875～880

表 3.20 不同风速定义之间的转换关系(阵风因子 G_{τ,T_0})

地表 10 m 高度		参考时间	阵风持续时间 τ/s				
地表类型	描述	T_0/s	3	60	120	180	600
内陆	粗糙开阔地形	3600	1.75	1.28	1.19	1.15	1.08
		600	1.66	1.21	1.12	1.09	1.00
		180	1.58	1.15	1.07	1.00	
		120	1.55	1.13	1.00		
		60	1.49	1.00			

续表

地表10 m高度		参考时间	阵风持续时间 τ/s				
地表类型	描述	T_0/s	3	60	120	180	600
近岸	海岸线陆地风	3600	1.60	1.22	1.15	1.12	1.06
		600	1.52	1.16	1.09	1.06	1.00
		180	1.44	1.10	1.04	1.00	
		120	1.42	1.08	1.00		
		60	1.36	1.00			
近海	海岸线海上风	3600	1.45	1.17	1.11	1.09	1.05
		600	1.38	1.11	1.05	1.03	1.00
		180	1.31	1.05	1.00	1.00	
		120	1.28	1.03	1.00		
		60	1.23	1.00			
海上	离岸20 km的海面	3600	1.30	1.11	1.07	1.06	1.03
		600	1.23	1.05	1.02	1.00	1.00
		180	1.17	1.00	1.00	1.00	
		120	1.15	1.00	1.00		
		60	1.11	1.00			

3.4.9 Dvorak技术的局限性

虽然Dvorak技术包含了与台风强度发展变化相关的环境动力和热力两类因子，但由于Dvorak技术是在假定台风特定的云型特征与台风强度变化发展的特定阶段存在对应关系的前提下，根据典型台风的统计关系而建立的，因此Dvorak技术并不能完全反映所有台风强度变化的真实情况，其技术本身具有一定的局限性。这种局限性主要表现在以下方面。

①对一些小尺度的台风(Midget Typhoon)，由于环绕台风中心的深对流冷云带最小宽度往往达不到Dvorak限定规则中对相应色阶的深对流冷云带的最小宽度要求，严格按照Dvorak限定规则进行分析，常会产生一定的偏差，低估其强度。

②Dvorak技术的一系列限制规则对台风强度突变的考虑存在不足，Dvorak规定：当FT<4.0时，其6 h的变化量不能超过0.5；当FT≥4.0时，其6 h变化量不能超过1.0，12 h变化量不能超过1.5，18 h变化量不能超过2.0，24 h变化量不能超过2.5。但一些快速增强台风的强度变化往往超过上述限制规则，因此当台风云型结构特征清晰、变化特征特别明显，可打破Dvorak规则和约束的限制，但需审慎为之。

③对于一些由季风低压发展而来的尺度较大的台风，其中心附近由于缺少深对流，Dvorak分析也常会低估其强度。

④对于一些移速较快的台风，由于环境风场的叠加和作用，常会造成台风破坏力的加

强，而这时的 Dvorak 分析也常会低估其强度。

⑤对于同时具有斜压性和正压性特征的温带气旋，特别是变性中(后)台风，Dvorak 分析也会由于系统中心附近缺乏持续的深对流云区而造成对其强度的低估。

⑥对一些临近登陆的台风，由于台风中心附近对流云系较为松散，Dvorak 分析也常会低估其强度，而这些台风往往在海岸地形向岸风的作用下，观测到的地面风速却会非常大。如 2012 年 1211 号强台风“海葵”(图 3.44a)和 2013 年 1323 号强台风“菲特”在靠近华东沿海时(图 3.44c)，在可见光云图上，强台风“海葵”和“菲特”均呈现典型的台风结构(图 3.44b、d)，中心密闭云区完整，且在红外 BD 增强云图上，两者也呈现出完整典型的台风结构，但眼区模糊，眼区边界也不清楚，黑色或白色的深对流云区未形成环状，很难根据眼型来确定其 DT 指数，而即使根据眼型来确定其 DT 指数，也因为环绕台风中心的深对流冷云带的最小宽度达不到 Dvorak 对相应色阶的深对流冷云带的最小宽度要求，因此 Dvorak 分析的强台风“海葵”和“菲特”的 DT 指数均较小，CI 指数只能定到 4.0，也即只能达到台风强度的下限(33 m/s)。而强台风“海葵”和“菲特”在靠近华东期间，地面观测的多个沿岸及海岛测站地面风速却出现持续增大，并出现了 14 级以上的平均持续风速。强台风“海葵”期间，浙江东矶和大陈观测到的最大平均风速分别达 46.9 m/s(15 级)和 39.4 m/s(13 级)；而在强台风“菲特”期间，浙江石坪和南麂观测到的最大平均风速则分别达 59.7 m/s(17 级)和 50.7 m/s(15 级)。因此，中央气象台对强台风“海葵”和“菲特”的实时业务定强一直维持着强台风强度，直至其分别登陆浙江象山和福建沙埕。Jie 等(2013)根据浙江宁波凉帽山 370 m 铁塔观测资料的分析也证实了中央气象台对“海葵”的实时业务定强结果的合理性。以上分析表明，对一些中心附近云系较为松散且临近登陆的台风，Dvorak 技术业务定强分析结果有时会出现较大的偏差，这时需综合分析各种观测资料，进行及时订正。

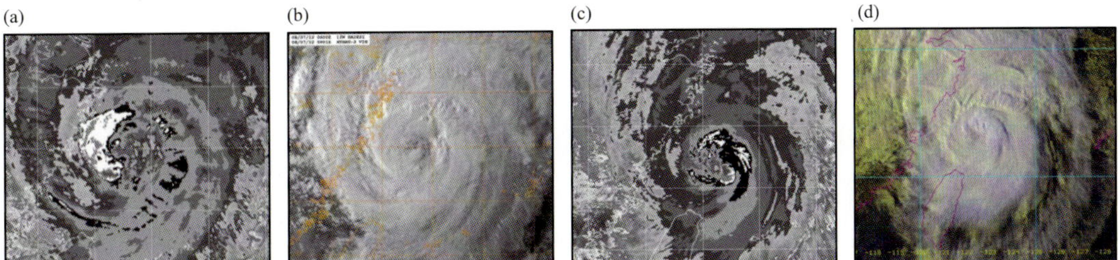

图 3.44　1211 号强台风“海葵”(a、b)与 1323 号强台风“菲特”(c、d)红外 BD 增强云图和可见光云图

(a)2012 年 8 月 7 日 16 时 02 分；(b)2012 年 8 月 7 日 17 时 01 分；
(c)2013 年 10 月 6 日 17 时 20 分；(d)2013 年 10 月 6 日 16 时 01 分

Dvorak 技术并不是对台风风场和气压场的直接观测，其本质上是一种基于卫星图像估计台风强度的统计方法，并不能完全反映所有台风强度变化的真实情况，特别是当台风靠近陆地时，由于受到地形的影响，台风云系结构遭到破坏或削弱，仅仅依靠卫星云图确定台风强度往往具有很大的局限性。为了解决 Dvorak 技术在实际台风业务定强分析中存在的局限性，综合应用极轨气象卫星微波遥感及洋面风场、雷达、浮标、石油平台及沿岸和海岛地面气象观测站或飞机观测等多源资料，对 Dvorak 台风定强分析结果进行有益的补充分析是非常必要的，且综合应用各种探测资料得到的台风业务定强分析结果往往更为合理，并更接近地面实际观测的风速。

3.5 台风业务卫星定强个例分析

3.5.1 1103 号台风“莎莉嘉”

图 3.45 给出了 1103 号台风“莎莉嘉”2011 年 6 月 9 日 08 时和 2011 年 6 月 10 日 08 时的红外 BD 增强云图和可见光云图。2011 年 6 月 9 日 08 时台风“莎莉嘉”的 FT 指数为 1.5，2011 年 6 月 10 日 08 时台风“莎莉嘉”中心距深灰（DG）的强对流云区距离约为 70 km。

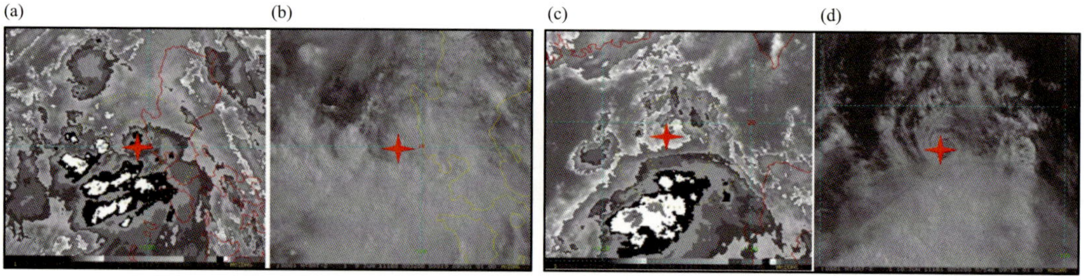

图 3.45　1103 号台风“莎莉嘉”红外 BD 增强云图和可见光云图（红色十字星号为台风中心位置）
(a)～(b)2011 年 6 月 9 日 08 时；(c)～(d)2011 年 6 月 10 日 08 时）

针对 2011 年 6 月 10 日 08 时台风“莎莉嘉”CI 指数以及强度估计分析如下。

3.5.1.1 第一步：确定资料分析指数（DT）

确定台风云型特征→切变型→切变型分析流程。

2011 年 6 月 10 日 08 时，台风“莎莉嘉”的中心位于 15.5°N、119.1°E，距离深灰（DG）的强对流云区大约为 70 km，根据切变型台风 DT 确定规则（图 3.22），70 km＜3/4°，因此，当前时刻“莎莉嘉”DT＝2.5。

3.5.1.2 第二步：确定模式期望指数（MET）

通过比较 2011 年 6 月 10 日 08 时和 2011 年 6 月 9 日 08 时的卫星云图（图 3.45），“莎莉嘉”的过去 24 h 强度变化趋势确定为正常发展（D）。

MET 定义为台风过去 24 h 强度变化趋势与该台风 24 h 前的最终强度指数（FT）之和，根据 MET 确定规则，该时刻“莎莉嘉”为正常发展（D），因此 MET 计算如式 3.24：

$$\text{MET} = 24\ \text{h 前 FT} + 1.0 = 1.5 + 1.0 = 2.5 \tag{3.24}$$

3.5.1.3 第三步:确定云型指数(PT)

根据前面的 MET 分析结果,根据红外 BD 增强云图上不同云型指数对应的台风云系型态(表 3.15),选择与 MET 对应一栏或左右相邻两栏与台风"莎莉嘉"2011 年 6 月 10 日 08 时的云型特征进行比对,发现当前时刻台风"莎莉嘉"云型特征与表 3.15 中第三行、第二列的台风云系最为匹配,因此,该时刻台风"莎莉嘉"的云型类型为 C2,PT=2.5。

3.5.1.4 第四步:确定最终强度指数(FT)

根据最终强度指数的确定规则:当台风云型特征清晰时,直接使用 DT 作为 FT,当前时刻台风"莎莉嘉"的云型特征非常清晰,因此,FT=DT=2.5。

3.5.1.5 第五步:确定台风现时强度指数(CI)

根据现时强度指数(CI)的确定规则:当台风处于发展阶段,CI=FT,当前时刻"莎莉嘉"处于发展阶段,因此,CI=FT=2.5。

3.5.1.6 第六步:确定中心风速和气压

通过 CI 指数与中心最大风速的经验关系,确定台风中心附近最大风速;基于台风风压关系,确定中心最低海平面气压。当前时刻台风"莎莉嘉"的 CI=2.5,根据 CI 指数与台风中心最大风速和海平面气压的对应关系表(表 3.19),当前时刻台风"莎莉嘉"中心附近最大风速(V_{max})=18 m/s,中心最低海平面气压(MSLP)=998 hPa。

3.5.2 1330 号台风"海燕"

图 3.46 给出了 1330 号台风"海燕"2013 年 11 月 6 日 20 时和 2013 年 11 月 7 日 20 时的红外 BD 增强云图。2013 年 11 月 6 日 20 时台风"海燕"的 FT 指数为 7.0,2013 年 11 月 7 日 20 时台风"海燕"满足最小宽度限制的完全包围台风眼区的最冷色带颜色为 CDG(冷暗灰),最小宽度约为 150 km,台风眼的温度颜色为 WMG(暖中灰)。

(a) (b)

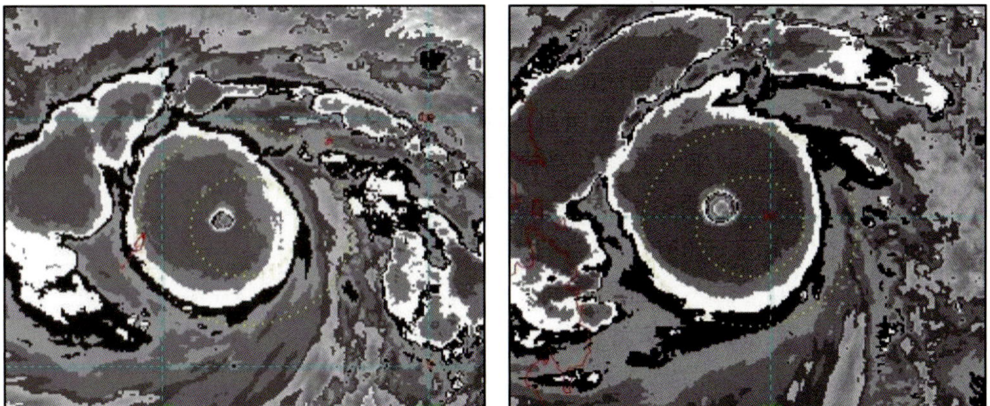

图 3.46 1330 号台风"海燕"红外 BD 增强云图
(a)2013 年 11 月 6 日 20 时;(b)2013 年 11 月 7 日 20 时

针对 2013 年 11 月 7 日 20 时台风“海燕”CI 指数以及强度估计分析如下。

在确定资料分析指数(DT)前，对于红外(IR)眼型的台风，首先应判断该系统过去 24 h前的最终强度指数(FT)是否>2.0，若不满足，则不能选择眼型进行 DT 分析，而使用弯曲云带型分析，或直接转入模式期望指数(MET)分析。

需要特别指出的是，进行 IR 眼型台风的 DT 分析时，必须使用红外 BD 增强云图；这里的台风眼既包括规则眼，也包括不规则眼；分析眼指数(Eye＃)和眼调整指数($Eye_{adj.}$)时，使用的是台风眼区，而不使用台风中心。

3.5.2.1 第一步：确定资料分析指数(DT)

确定台风云型特征 →眼型 →眼型分析流程。

(1)确定眼指数(Eye＃)

根据满足最小宽度限制的完全包围台风眼区的最冷云带颜色，确定 Eye＃。

2013 年 11 月 7 日 20 时，台风“海燕”的中心位于 10.2°N、129.1°E，完全包围台风眼的最冷色带颜色为 CDG(冷暗灰)，最小宽度为 150 km>0.5°，满足最小宽度限制，根据 IR 眼型分析流程 Eye＃确定规则(表 3.7)，由于 CDG 较 CMG 更冷，选择表中的 CMG(冷中灰)进行 Eye＃分析，因此，当前时刻台风“海燕”的 Eye＃=6.5。

(2)确定眼调整指数($Eye_{adj.}$)

根据台风眼区的颜色(最暖点或区域)和完全包围台风眼区的最冷云带(色带)确定 $Eye_{adj.}$)，注意这里的最冷云带不考虑最小宽度的限制。

2013 年 11 月 7 日 20 时，台风“海燕”的中心位于 10.2°N、129.1°E，完全包围台风眼的最冷色带颜色为 CDG，台风眼的温度颜色为 WMG，根据 IR 眼型分析流程 $Eye_{adj.}$ 确定规则(表 3.8)，由于 CDG 较 CMG 更冷，选择表中的 CMG 进行 $Eye_{adj.}$ 分析，因此，当前时刻台风“海燕”的 $Eye_{adj.}$=1.0。

(3)确定中心特征指数(CF)

CF 定义为 Eye＃与 $Eye_{adj.}$ 之和(式 3.25)。

$$CF = Eye\# + Eye_{adj.} = 6.5 + 1.0 = 7.5 \tag{3.25}$$

(4)确定带状特征指数(BF)

对于红外眼型台风，仅当系统存在一条明显的逗点状尾云带，且同时满足 CF<MET 与 CF>4.0，才需进行 BF 调整。

2013 年 11 月 7 日 20 时，台风“海燕”中心特征指数(CF)=7.5，模式期望指数(MET)=8.0，MET 的确定具体见下一步，同时满足 CF<MET 与 CF>4.0。

另外，台风“海燕”外围云系存在一条 MG 或更冷的尾云带，且尾云带与中心云区间存在 DG 或更暖的暖云楔(图 3.46b)。

根据红外眼型分析流程带状特征指数(BF)调整规则(图 3.32)，当前时刻台风“海燕”的 BF=0.5。

(5)确定资料分析指数(DT)

DT 定义为 CF 与 BF 之和(式 3.26)。

$$DT = CF + BF = 7.5 + 0.5 = 8.0 \tag{3.26}$$

3.5.2.2 第二步:确定模式期望指数(MET)

通过比较 2013 年 11 月 7 日 20 时和 2013 年 11 月 6 日 20 时的卫星云图(图 3.46),台风“海燕”的过去 24 h 强度变化趋势确定为正常发展(D)。

MET 定义为台风过去 24 h 强度变化趋势与该台风 24 h 前的最终强度指数(FT)之和,根据 MET 确定规则,该时刻台风“海燕”为正常发展(D),因此 MET 计算如式 3.27:

$$\text{MET} = 24\ \text{h 前 FT} + 1.0 = 7.0 + 1.0 = 8.0 \tag{3.27}$$

3.5.2.3 第三步:确定云型指数(PT)

根据前面的 MET 分析结果,根据红外 BD 增强云图上不同云型指数对应的台风云系型态(表 3.15),选择与 MET 对应一栏或左右相邻两栏与 台风“海燕”2013 年 11 月 7 日 20 时的云型特征进行比对,表 3.15 中并无 MET=8.0 的对应栏,通过比较发现当前时刻台风“海燕”云型特征与表 3.15 中第 3 行、第 6 列的台风云系最为匹配,因此,该时刻台风“海燕”的云型类型为 C6,PT=6.0。

3.5.2.4 第四步:确定最终强度指数(FT)

根据 FT 的确定规则:当台风云型特征清晰时,直接使用 DT 作为 FT,当前时刻台风“海燕”的云型特征非常清晰,因此,FT=DT=8.0。

3.5.2.5 第五步:确定台风现时强度指数(CI)

根据 CI 的确定规则:当台风处于发展阶段,CI=FT,当前时刻台风“海燕”处于发展阶段,因此,CI=FT=8.0。

3.5.2.6 第六步:确定中心风速和气压

通过 CI 指数与中心最大风速的经验关系,确定台风中心附近最大风速;基于台风风压关系,确定中心最低海平面气压。当前时刻台风“海燕”的 CI=8.0,根据 CI 指数与台风中心最大风速和海平面气压的对应关系表(表 3.19),当前时刻台风“海燕”中心附近最大风速(V_{max})=75 m/s,中心最低海平面气压(MSLP)=890 hPa。

3.5.3 1409 号台风“威马逊”

图 3.47 给出了 1409 号台风“威马逊”2014 年 7 月 17 日 14 时和 2014 年 7 月 18 日 14 时的红外 BD 增强云图。2014 年 7 月 17 日 14 时台风“威马逊”的 FT 指数为 4.5,2014 年 7 月 18 日 14 时台风“威马逊”满足最小宽度限制的完全包围台风眼区的最冷色带颜色为 W(白色),最小宽度约为 90 km,台风眼的温度颜色为 WMG(暖中灰)。

针对 2014 年 7 月 18 日 14 时台风“威马逊”CI 指数以及强度估计分析如下。

在确定资料分析指数(DT)前,对于红外(IR)眼型的台风,首先应判断该系统过去 24 h 前的最终强度指数(FT)是否>2.0,若不满足,则不能选择眼型进行 DT 分析,而使用弯曲云带型分析,或直接转入模式期望指数(MET)分析。

需要特别指出的是,进行 IR 眼型台风的 DT 分析时,必须使用红外 BD 增强云图;这里的台风眼既包括规则眼,也包括不规则眼;分析眼指数(Eye#)和眼调整指数($\text{Eye}_{adj.}$)时,使用的是台风眼区,而不使用台风中心。

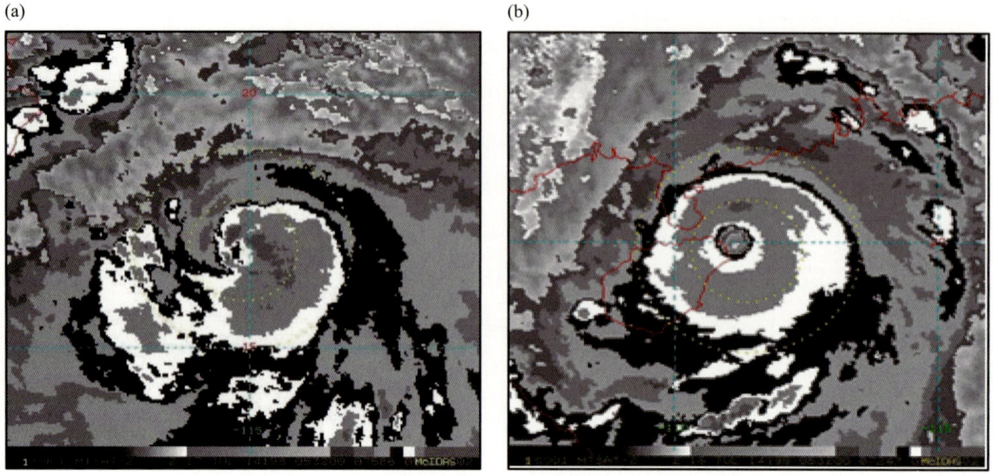

图 3.47　1409 号台风“威马逊”红外 BD 增强云图
(a)2014 年 7 月 17 日 14 时；(b)2014 年 7 月 18 日 14 时

3.5.3.1　第一步：确定资料分析指数(DT)

确定台风云型特征 →眼型 →眼型分析流程。

(1)确定眼指数(Eye＃)

根据满足最小宽度限制的完全包围台风眼区的最冷云带颜色，确定 Eye＃。

2014 年 7 月 17 日 14 时，台风“威马逊”的中心位于 19.9°N、111.3°E，完全包围台风眼的最冷色带颜色为 CMG(冷中灰)，不满足最小宽度限制，完全包围台风眼的次冷云带颜色为 W(白色)，最小宽度为 90 km＞0.5°，满足最小宽度限制(图 3.47b)，根据 IR 眼型分析流程 Eye＃确定规则(表 3.7)，选择表中的 W 进行 Eye＃分析，因此，当前时刻台风“威马逊”的 Eye＃＝6.0。

(2)确定眼调整指数($Eye_{adj.}$)

根据台风眼区的颜色(最暖点或区域)和完全包围台风眼区的最冷云带(色带)确定 $Eye_{adj.}$，注意这里的最冷云带不考虑最小宽度的限制。

2014 年 7 月 17 日 14 时，台风“威马逊”的中心位于 19.9°N、111.3°E，完全包围台风眼的最冷色带颜色为 CMG，台风眼的温度颜色为 WMG，根据 IR 眼型分析流程 $Eye_{adj.}$ 确定规则(表 3.8)，当前时刻台风“威马逊”的 $Eye_{adj.}=1.0$。

(3)确定中心特征指数(CF)

CF 定义为 Eye＃与 $Eye_{adj.}$ 之和(式 3.28)。

$$CF = Eye\# + Eye_{adj.} = 6.0 + 1.0 = 7.0 \tag{3.28}$$

(4)确定带状特征指数(BF)

对于红外眼型台风，仅当系统存在一条明显的逗点状尾云带，且同时满足 CF＜MET 与 CF＞4.0，才需进行带状特征指数(BF)调整。

2014 年 7 月 17 日 14 时，台风“威马逊”中心特征指数(CF)＝7.0，模式期望指数(MET)＝6.0，MET 的确定具体见下一步，未能同时满足 CF＜MET 与 CF＞4.0，因此无需进行带状特征指数(BF)调整,BF＝0。

(5)确定资料分析指数(DT)

DT为CF与BF之和(式3.29)。

$$DT = CF + BF = 7.0 + 0 = 7.0 \tag{3.29}$$

3.5.3.2 第二步:确定模式期望指数(MET)

通过比较2014年7月18日14时和2014年7月17日14时的卫星云图(图3.47),台风"威马逊"的过去24 h强度变化趋势确定为快速发展(D+)。

MET定义为台风过去24 h强度变化趋势与该台风24 h前的最终强度指数(FT)之和,根据MET确定规则,该时刻台风"威马逊"为快速发展(D+),因此MET计算如式3.30:

$$MET = 24h前\ FT + 1.5 = 4.5 + 1.5 = 6.0 \tag{3.30}$$

3.5.3.3 第三步:确定云型指数(PT)

根据前面的MET分析结果,根据红外BD增强云图上不同云型指数对应的台风云系型态(表3.15),选择与MET对应一栏或左右相邻两栏与台风"威马逊"2014年7月18日14时的云型特征进行比对,发现当前时刻台风"威马逊"云型特征与表3.15中第2行、第6列的台风云系最为匹配,因此,该时刻台风"威马逊"的云型类型为B6,PT＝6.0。

3.5.3.4 第四步:确定最终强度指数(FT)

根据FT的确定规则:当台风云型特征清晰时,直接使用DT作为FT,当前时刻台风"威马逊"的云型特征非常清晰,因此,FT＝DT＝7.0。

3.5.3.5 第五步:确定台风现时强度指数(CI)

根据CI的确定规则:当台风处于发展阶段,CI＝FT,当前时刻台风"威马逊"处于发展阶段,因此,CI＝FT＝7.0。

3.5.3.6 第六步:确定中心风速和气压

通过CI指数与中心最大风速的经验关系,确定台风中心附近最大风速;基于台风风压关系,确定中心最低海平面气压。当前时刻台风"威马逊"的CI＝7.0,根据CI指数与台风中心最大风速和海平面气压的对应关系表(表3.19),当前时刻台风"威马逊"中心附近最大风速(V_{max})＝62 m/s,中心最低海平面气压(MSLP)＝915 hPa。

3.5.4 1713号台风"天鸽"

图3.48给出了1713号台风"天鸽"2017年8月22日10时和2017年8月23日10时的红外BD增强云图。2017年8月22日10时"天鸽"的FT指数为3.5,2017年8月23日10时"天鸽"满足最小宽度限制的完全包围台风眼区的最冷色带颜色为W(白色),最小宽度约为85 km,台风眼的温度颜色为OW(灰白)。

针对2017年8月23日10时"天鸽"CI指数以及强度估计分析如下。

在确定资料分析指数(DT)前,对于红外(IR)眼型的台风,首先应判断该系统过去24 h前的最终强度指数(FT)是否＞2.0,若不满足,则不能选择眼型进行DT分析,而使用

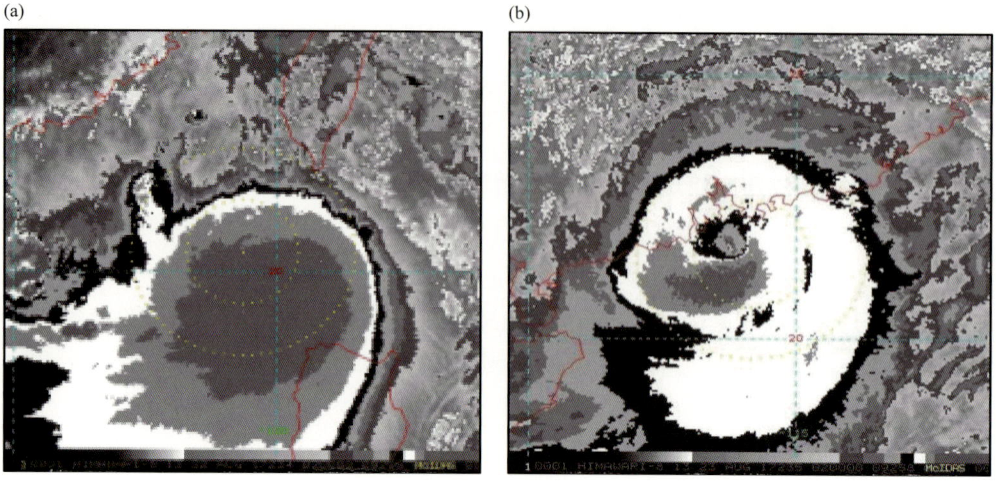

图 3.48　1713 号台风“天鸽”红外 BD 增强云图
(a)2017 年 8 月 22 日 10 时;(b)2017 年 8 月 23 日 10 时

弯曲云带型分析,或直接转入模式期望指数(MET)分析。

需要特别指出的是,进行 IR 眼型台风的 DT 分析时,必须使用红外 BD 增强云图;这里的台风眼既包括规则眼,也包括不规则眼;分析眼指数(Eye#)和眼调整指数($Eye_{adj.}$)时,使用的是台风眼区,而不使用台风中心。

3.5.4.1　第一步:确定资料分析指数(DT)

确定台风云型特征 →眼型 →眼型分析流程。

(1)确定眼指数(Eye#)

根据满足最小宽度限制的完全包围台风眼区的最冷云带颜色,确定 Eye#。

2017 年 8 月 23 日 10 时,台风“天鸽”的中心位于 21.8°N、113.8°E,完全包围台风眼的最冷色带颜色为 W(白色),最小宽度约为 85 km>0.5°,满足最小宽度限制(图 3.48b),根据 IR 眼型分析流程 Eye# 确定规则(表 3.7),选择表中的 W 进行 Eye# 分析,因此,当前时刻台风“天鸽”的 Eye# =6.0。

(2)确定眼调整指数($Eye_{adj.}$)

根据台风眼区的颜色(最暖点或区域)和完全包围台风眼区的最冷云带(色带)确定 $Eye_{adj.}$,注意这里的最冷云带不考虑最小宽度的限制。

2017 年 8 月 23 日 10 时,台风“天鸽”的中心位于 21.8°N、113.8°E,完全包围台风眼的最冷色带颜色为 W,台风眼的温度颜色为 OW,根据 IR 眼型分析流程 $Eye_{adj.}$ 确定规则(表 3.8),当前时刻台风“天鸽”的 $Eye_{adj.}$ =0.5。

(3)确定中心特征指数(CF)

CF 定义为 Eye# 与 $Eye_{adj.}$ 之和(式 3.31)。

$$CF = Eye\# + Eye_{adj.} = 6.0 + 0.5 = 6.5 \tag{3.31}$$

(4)确定带状特征指数(BF)

对于红外眼型台风,仅当系统存在一条明显的逗点状尾云带,且同时满足 CF<MET

与 CF＞4.0，才需进行 BF 调整。

2017 年 8 月 23 日 10 时，台风“天鸽”中心特征指数(CF)＝6.5，模式期望指数(MET)＝5.0，MET 的确定具体见下一步，未能同时满足 CF＜MET 与 CF＞4.0，因此无需进行 BF 调整，BF＝0。

(5)确定资料分析指数(DT)

DT 定义为 CF 与 BF 之和(式 3.32)。

$$DT = CF + BF = 6.5 + 0 = 6.5 \tag{3.32}$$

3.5.4.2 第二步：确定模式期望指数(MET)

通过比较 2017 年 8 月 23 日 10 时和 2017 年 8 月 22 日 10 时的卫星云图(图 3.48)，台风“天鸽”的过去 24 h 强度变化趋势确定为快速发展(D+)。

MET 定义为台风过去 24 h 强度变化趋势与该台风 24 h 前的最终强度指数(FT)之和，根据 MET 确定规则，该时刻台风“天鸽”为快速发展(D+)，因此 MET 计算如式 3.33。

$$MET = 24\ h 前\ FT + 1.5 = 3.5 + 1.5 = 5.0 \tag{3.33}$$

3.5.4.3 第三步：确定云型指数(PT)

根据前面的 MET 分析结果，根据红外 BD 增强云图上不同云型指数对应的台风云系型态(表 3.15)，选择与 MET 对应一栏或左右相邻两栏与“天鸽”2017 年 8 月 23 日 10 时的云型特征进行比对，发现当前时刻台风“天鸽”云型特征与表 3.15 中第 2 行、第 6 列的台风云系最为匹配，因此，该时刻“天鸽”的云型类型为 B6，PT＝6.0。

3.5.4.4 第四步：确定最终强度指数(FT)

根据 FT 的确定规则：当台风云型特征清晰时，直接使用 DT 作为 FT，当前时刻台风“天鸽”的云型特征非常清晰，因此，FT＝DT＝6.5。

3.5.4.5 第五步：确定台风现时强度指数(CI)

根据 CI 的确定规则：当台风处于发展阶段，CI＝FT，当前时刻台风“天鸽”处于发展阶段，因此，CI＝FT＝6.5。

3.5.4.6 第六步：确定中心风速和气压

通过 CI 指数与中心最大风速的经验关系，确定台风中心附近最大风速；基于台风风压关系，确定中心最低海平面气压。当前时刻台风“天鸽”的 CI＝6.5，根据 CI 指数与台风中心最大风速和海平面气压的对应关系表(表 3.19)，当前时刻台风“天鸽”中心附近最大风速(V_{max})＝58 m/s，中心最低海平面气压(MSLP)＝925 hPa。

3.5.5 1822 号台风“山竹”

图 3.49 给出了 1822 号台风“山竹”2018 年 9 月 10 日 20 时和 2018 年 9 月 11 日 20 时的红外 BD 增强云图。2018 年 9 月 10 日 20 时台风“山竹”的 FT 指数为 5.5，2018 年 9 月 11 日 20 时台风“山竹”满足最小宽度限制的完全包围台风眼区的最冷色带颜色为 W(白色)，最小宽度约为 125 km，台风眼的温度颜色为 WMG(暖中灰)。

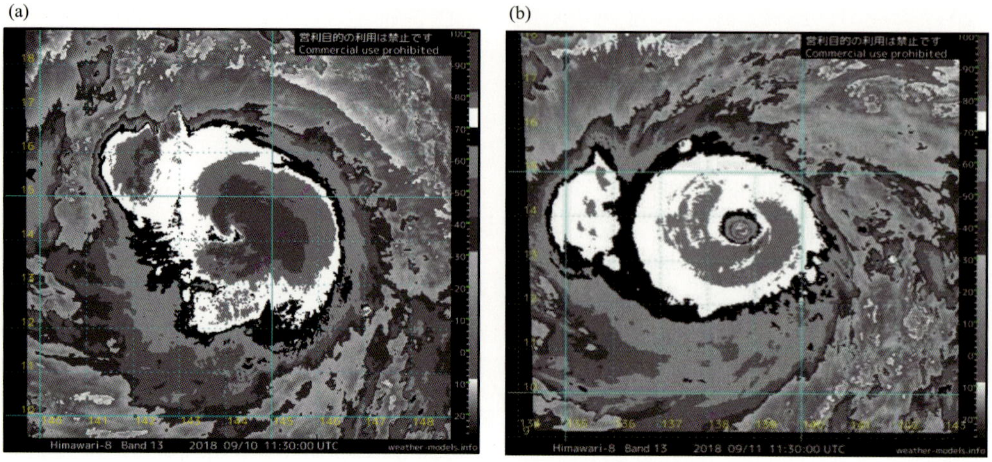

图 3.49 1822 号台风“山竹”红外 BD 增强云图
(a)2018 年 9 月 10 日 20 时;(b)2018 年 9 月 11 日 20 时

针对 2018 年 9 月 11 日 20 时“山竹”CI 指数以及强度估计分析如下。

在确定资料分析指数(DT)前,对于红外(IR)眼型的台风,首先应判断该系统过去 24 h前的最终强度指数(FT)是否>2.0,若不满足,则不能选择眼型进行 DT 分析,而使用弯曲云带型分析,或直接转入模式期望指数(MET)分析。

需要特别指出的是,进行 IR 眼型台风的 DT 分析时,必须使用红外 BD 增强云图;这里的台风眼既包括规则眼,也包括不规则眼;分析眼指数(Eyc＃)和眼调整指数($\text{Eye}_{\text{adj.}}$)时,使用的是台风眼区,而不使用台风中心。

3.5.5.1 第一步:确定资料分析指数(DT)

确定台风云型特征 →眼型 →眼型分析流程。

(1)确定眼指数(Eye＃)

根据满足最小宽度限制的完全包围台风眼区的最冷云带颜色,确定 Eye＃。

2018 年 9 月 11 日 20 时,台风“山竹”的中心位于 13.7°N、138.7°E,完全包围台风眼的最冷色带颜色为 W,最小宽度约为 125 km>0.5°,满足最小宽度限制(图 3.49b),根据 IR 眼型分析流程 Eye＃确定规则(表 3.7),选择表中的 W 进行 Eye＃分析,因此,当前时刻台风“山竹”的 Eye＃=6.0。

(2)确定眼调整指数($\text{Eye}_{\text{adj.}}$)

根据台风眼区的颜色(最暖点或区域)和完全包围台风眼区的最冷云带(色带)确定 $\text{Eye}_{\text{adj.}}$,注意这里的最冷云带不考虑最小宽度的限制。

2018 年 9 月 11 日 20 时,台风“山竹”的中心位于 13.7°N、138.7°E,完全包围台风眼的最冷色带颜色为 W,台风眼的温度颜色为 WMG,根据 IR 眼型分析流程 $\text{Eye}_{\text{adj.}}$ 当前时刻台风“山竹”的 $\text{Eye}_{\text{adj.}}=1.0$。

(3)确定中心特征指数(CF)

CF 定义为 Eye＃与 $\text{Eye}_{\text{adj.}}$ 之和(式 3.34)。

$$CF = Eye\# + Eye_{adj.} = 6.0 + 1.0 = 7.0 \quad (3.34)$$

(4)确定带状特征指数(BF)

对于红外眼型台风，仅当系统存在一条明显的逗点状尾云带，且同时满足 CF<MET 与 CF>4.0，才需进行 BF 调整。

2018 年 9 月 11 日 20 时，台风“山竹”CF=7.0，模式期望指数(MET)=7.0，MET 的确定具体见下一步，未能同时满足 CF<MET 与 CF>4.0，因此无需进行 BF 调整，BF=0。

(5)确定资料分析指数(DT)

DT 定义为 CF 与 BF 之和(式 3.35)。

$$DT = CF + BF = 7.0 + 0 = 7.0 \quad (3.35)$$

3.5.5.2 第二步：确定模式期望指数(MET)

通过比较 2018 年 9 月 11 日 20 时和 2018 年 9 月 10 日 20 时的卫星云图(图 3.49)，台风“山竹”的过去 24 h 强度变化趋势确定为快速发展(D+)。

MET 定义为台风过去 24 h 强度变化趋势与该台风 24 h 前的最终强度指数(FT)之和，根据 MET 确定规则，该时刻台风“山竹”为快速发展(D+)，因此 MET 计算如式 3.36：

$$MET = 24\ h前\ FT + 1.5 = 5.5 + 1.5 = 7.0 \quad (3.36)$$

3.5.5.3 第三步：确定云型指数(PT)

根据前面的 MET 分析结果，根据红外 BD 增强云图上不同云型指数对应的台风云系型态(表 3.15)，选择与 MET 对应一栏或左右相邻两栏与台风“山竹”2018 年 9 月 11 日 20 时的云型特征进行比对，表 3.15 中并无 MET=7.0 的对应栏，通过比较发现当前时刻台风“山竹”云型特征与表 3.15 中第二行、第六列的台风云系最为匹配，因此，该时刻台风“山竹”的云型类型为 B6，PT=6.0。

3.5.5.4 第四步：确定最终强度指数(FT)

根据 FT 的确定规则：当台风云型特征清晰时，直接使用 DT 作为 FT，当前时刻台风“山竹”的云型特征非常清晰，因此，FT=DT=7.0。

3.5.5.5 第五步：确定台风现时强度指数(CI)

根据 CI 的确定规则：当台风处于发展阶段，CI=FT，当前时刻台风“山竹”处于发展阶段，因此，CI=FT=7.0。

3.5.5.6 第六步：确定中心风速和气压

通过 CI 指数与中心最大风速的经验关系，确定台风中心附近最大风速；基于台风风压关系，确定中心最低海平面气压。当前时刻台风“山竹”的 CI=7.0，根据 CI 指数与台风中心最大风速和海平面气压的对应关系表(表 3.19)，当前时刻台风“山竹”中心附近最大风速(V_{max})=62 m/s，中心最低海平面气压(MSLP)=915 hPa。

3.5.6 1919 号台风“海贝斯”

图 3.50 给出了 1919 号台风“海贝斯”2019 年 10 月 6 日 20 时和 2019 年 10 月 7 日 20

时的红外 BD 增强云图。2019 年 10 月 6 日 20 时“海贝斯”的 FT 指数为 3.5,2019 年 10 月 7 日 20 时“海贝斯”满足最小宽度限制的完全包围台风眼区的最冷色带颜色为 CMG(冷中灰),最小宽度约为 150 km,台风眼的温度颜色为 OW(灰白)。

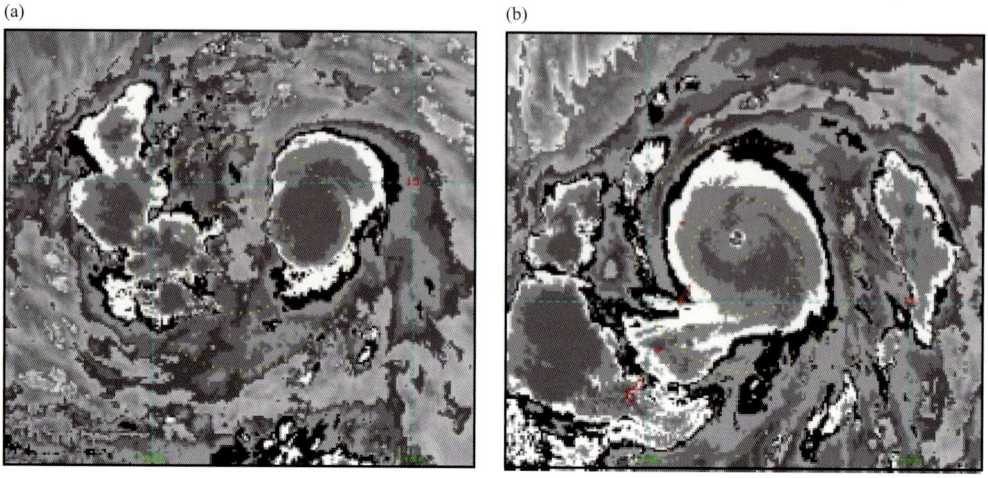

图 3.50 1919 号台风“海贝斯”红外 BD 增强云图

(a)2019 年 10 月 6 日 20 时;(b)2019 年 10 月 7 日 20 时

针对 2019 年 10 月 7 日 20 时台风“海贝斯”CI 指数以及强度估计分析如下。

在确定资料分析指数(DT)前,对于红外(IR)眼型的台风,首先应判断该系统过去 24 h前的最终强度指数(FT)是否>2.0,若不满足,则不能选择眼型进行 DT 分析,而使用弯曲云带型分析,或直接转入模式期望指数(MET)分析。

需要特别指出的是,进行 IR 眼型台风的 DT 分析时,必须使用红外 BD 增强云图;这里的台风眼既包括规则眼,也包括不规则眼;分析眼指数(Eye#)和眼调整指数($Eye_{adj.}$)时,使用的是台风眼区,而不使用台风中心。

3.5.6.1 第一步:确定资料分析指数(DT)

确定台风云型特征 →眼型 →眼型分析流程。

(1)确定眼指数(Eye#)

根据满足最小宽度限制的完全包围台风眼区的最冷云带颜色,确定 Eye#。

2019 年 10 月 7 日 20 时,台风“海贝斯”的中心位于 16.2°N、146.5°E,完全包围台风眼的最冷色带颜色为 CMG(冷中灰),最小宽度约为 150 km>0.5°,满足最小宽度限制(图 3.50b),根据 IR 眼型分析流程 Eye# 确定规则(表 3.7),选择表中的 CMG 进行 Eye# 分析,因此,当前时刻台风“海贝斯”的 Eye# =6.5。

(2)确定眼调整指数($Eye_{adj.}$)

根据台风眼区的颜色(最暖点或区域)和完全包围台风眼区的最冷云带(色带)确定 $Eye_{adj.}$,注意这里的最冷云带不考虑最小宽度的限制。

2019 年 10 月 7 日 20 时,台风“海贝斯”的中心位于 16.2°N、146.5°E,完全包围台风眼的最冷色带颜色为 CMG,台风眼的温度颜色为 OW,根据 IR 眼型分析流程 $Eye_{adj.}$ 确定规则(表3.8),当前时刻台风“海贝斯”的 $Eye_{adj.}=0.5$。

(3)确定中心特征指数(CF)

CF 定义为 Eye# 与 $Eye_{adj.}$ 之和(式3.37)。

$$CF = Eye\# + Eye_{adj.} = 6.5 + 0.5 = 7.0 \tag{3.37}$$

(4)确定带状特征指数(BF)

对于红外眼型台风,仅当系统存在一条明显的逗点状尾云带,且同时满足 CF<MET 与 CF>4.0,才需进行 BF 调整。

2019年10月7日20时,台风“海贝斯”CF=7.0,模式期望指数(MET)=5.0,MET 的确定具体见下一步,未能同时满足 CF<MET 与 CF>4.0,因此无需进行 BF 调整,BF =0。

(5)确定资料分析指数(DT)

DT 定义为 CF 与 BF 之和(式3.38)。

$$DT = CF + BF = 7.0 + 0 = 7.0 \tag{3.38}$$

3.5.6.2 第二步:确定模式期望指数(MET)

通过比较2019年10月7日20时和2019年10月6日20时的卫星云图(图3.50),台风“海贝斯”的过去24 h 强度变化趋势确定为快速发展(D+)。

MET 定义为台风过去24 h 强度变化趋势与该台风24 h 前的最终强度指数(FT)之和,根据 MET 确定规则,该时刻“海贝斯”为快速发展(D+),因此 MET 计算如式3.39:

$$MET = 24\ h 前\ FT + 1.5 = 3.5 + 1.5 = 5.0 \tag{3.39}$$

3.5.6.3 第三步:确定云型指数(PT)

根据前面的 MET 分析结果,根据红外 BD 增强云图上不同云型指数对应的台风云系型态(表3.15),选择与 MET 对应一栏或左右相邻两栏与台风“海贝斯”2019年10月7日20时的云型特征进行比对,发现当前时刻台风“海贝斯”云型特征与表3.15中第2行、第6列的台风云系最为匹配,因此,该时刻“海贝斯”的云型类型为 B6,PT=6.0。

3.5.6.4 第四步:确定最终强度指数(FT)

根据 FT 的确定规则:当台风云型特征清晰时,直接使用 DT 作为 FT,当前时刻“海贝斯”的云型特征非常清晰,因此,FT=DT=7.0。

3.5.6.5 第五步:确定台风现时强度指数(CI)

根据 CI 的确定规则:当台风处于发展阶段,CI=FT,当前时刻台风“海贝斯”处于发展阶段,因此,CI=FT=7.0。

3.5.6.6 第六步:确定中心风速和气压

通过 CI 指数与中心最大风速的经验关系,确定台风中心附近最大风速;基于台风风压关系,确定中心最低海平面气压。当前时刻台风“海贝斯”的 CI=7.0,根据 CI 指数与台风中心最大风速和海平面气压的对应关系表(表3.19),当前时刻台风“海贝斯”中心附近最大风速(V_{max})=62 m/s,中心最低海平面气压(MSLP)=915 hPa。

3.6 台风监测新技术的评估及展望

经过多年的业务实践和评估，Dvorak 技术目前仍然是世界上最为成熟和最具操作性的台风业务定强分析技术手段，为世界各大台风业务中心广泛采用。Dvorak 技术的业务应用保证了台风强度分析的一致性和可比性，克服了业务定强的主观随意性差异。世界气象组织先后于 2011 年、2016 年和 2021 年召开了三届热带气旋卫星分析国际研讨会，明确指出，1987 年世界气象组织推荐使用的 1984 年版本的 Dvorak 台风强度卫星分析技术仍将是未来全球各海域确定台风强度的通用技术标准，并建议建立一套全球统一的台风强度卫星估计流程，以规范全球台风强度估计分析业务。

近年来，随着人工智能技术的广泛应用，由于其在图像识别方面的优势，如何将深度学习技术应用于台风监测业务，受到越来越多的关注。特别是随着气象卫星探测技术的发展，如何从海量的卫星监测数据中，利用人工智能技术对卫星图像数据进行特征提取、抽取、识别和分析，发展台风客观定量监测分析技术，将是未来台风客观定量监分析的重点发展方向。此外，利用气象卫星、多普勒天气雷达、地面自动观测站、石油平台、海上浮标等获取的海量多源观测数据，探索适合台风客观定量监测分析的深度学习模型，加强多源观测（尤其是卫星遥感观测）资料在台风实时监测业务中的融合集成分析技术的研发及业务应用，无疑对提高台风监测分析业务的客观技术支撑水平和精度具有十分重要的作用，以保障台风预警的有效性和及时性。

第 4 章

台风生成预报

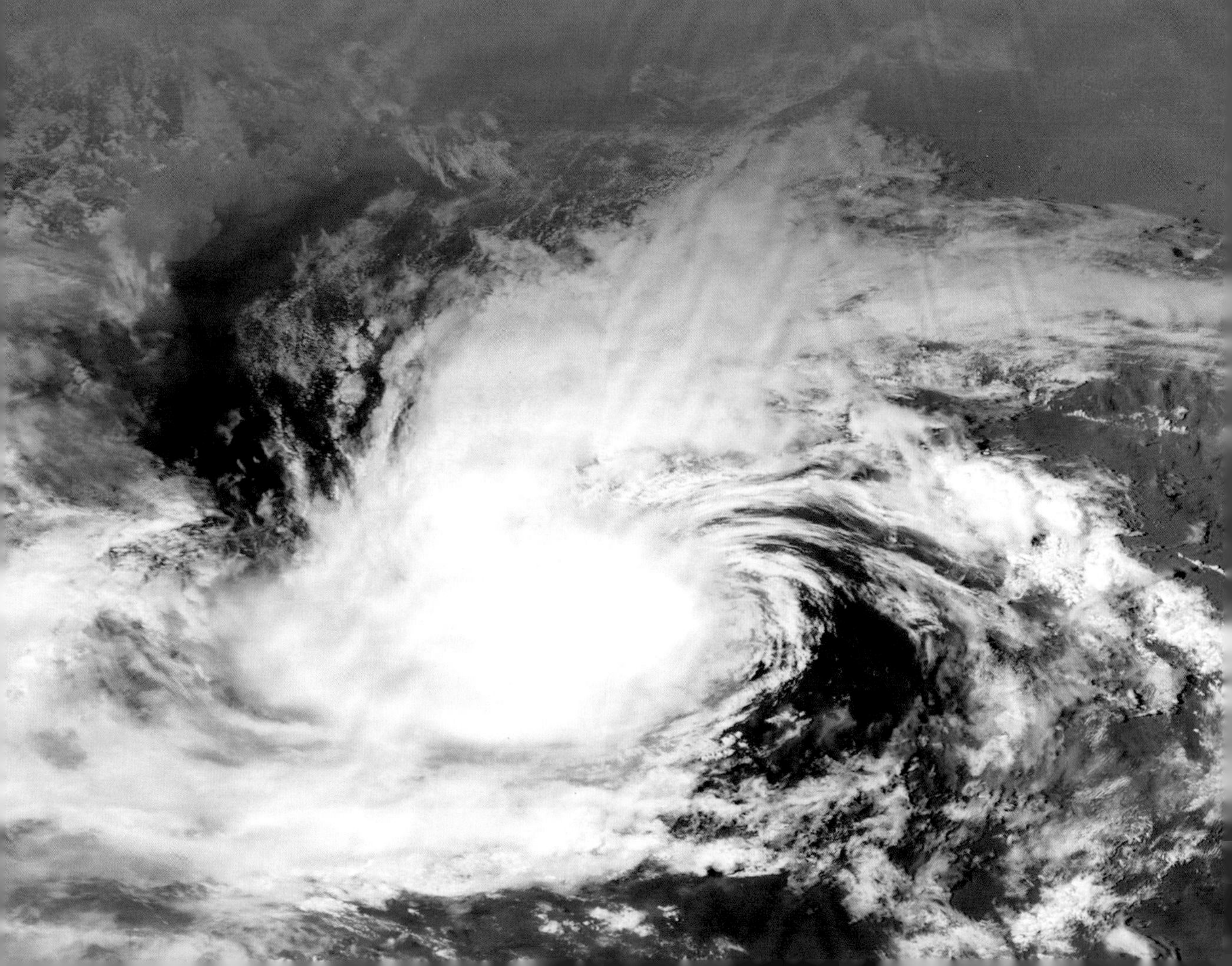

热带气旋是一种发生在热带或亚热带海洋上强烈的非锋面气旋，平均每年全球海域约有 80 个热带气旋生成，而南海—西北太平洋是全球热带气旋活动最为频繁的海域（该海域热带气旋称为台风），台风数量约占全球总数的 33%（Gray，1968）。本章主要针对西北太平洋（包括南海）热带气旋生成预报进行分析和总结。其中，台风生成是指热带扰动发展为热带气旋（中心附近最大风速达到 18 m/s，即 8 级）的过程。

4.1 台风生成的基本条件和理论

4.1.1 基本条件

气象工作者长期以来对热带气旋的成因进行了大量的研究工作，基于 Gray（1968）、陈联寿等（1979）、McBride（1995）和陈联寿等（2001）众多研究的基础上，提出了如下台风生成需要的 6 个基本条件。

（1）初始热带扰动作为胚胎

热带气旋是由热带扰动发展起来的，观测表明，热带扰动易在低层具有正涡度的环境场（如季风槽）发展为台风。

（2）对流层中下层湿度大

从海面到对流层中层有深厚的高湿度层，促进深厚积云对流和对流层垂直运动的发展，有能形成台风发生所需要的胚胎—热带扰动。

（3）较强的位势不稳定大气层结

大气中有较强的和经常出现的位势（对流）不稳定（$\Delta\theta_{se}/\Delta P>0$）层结，大气的温度（或湿度）垂直递减率较大。对流发生过程中能释放大量的水汽凝结潜热，有利于台风暖心结构的形成和维持。

（4）海表温度 26 ℃以上的海域

有足够广阔的热带洋面，从表面到 60 m 深的海温在 26 ℃以上，一般来说海表温度低于 26 ℃不易有台风生成。

（5）弱的环境风垂直切变

一般来说，较强环境风垂直切变会抑制热带扰动的发展，对流层上下弱的风速垂直切变，有利于气柱内凝结潜热的集聚和暖心结构的形成，进而促进地面气压的下降，形成低压环流。

（6）一定的地转科氏力

台风生成需要一定的地转科氏力，在赤道附近没有地转偏向力的作用，不能形成气旋性涡旋，因此，台风一般生成在赤道两侧 5°N(S) 以外的海域。但是，也有一些特例，如台风“画眉”生成时的纬度为 1.5°N，是有记录以来西北太平洋最接近赤道生成的台风。

4.1.2 台风生成的理论

台风的生成定义为热带扰动发展为热带气旋（中心附近最大风速达到 18 m/s，热带风暴级)的过程。在台风生成的有关研究中,曾提出过多种发生发展的理论,但以第二条件不稳定机制(Charney et al. ,1964))和海气相互作用理论(Emanuel,1986)为主,近年来也有提出台风生成的"Top-down"和"Bottom-up"理论。

4.1.2.1 第二类条件不稳定理论(CISK)

机制是由 Charney 等(1964)年提出来解释台风的生成。CISK 强调了积云对流尺度运动和大尺度运动之间的相互作用,既考虑了主要环流和次级环流间的相互促进,也考虑了天气尺度扰动与积云对流之间的正反馈过程。CISK 机制可以简单地表达为:在强的条件性不稳定大气中,大尺度低层涡旋通过 Ekman 次级环流提供给积云对流所需要的水汽,使得对流发展释放潜热,地面气压下降,径向环流加强,并通过地转科氏力使低层气旋性涡旋加强,进一步造成低层的大量热湿空气辐合流入并且抬升,形成更强的积云对流,释放更多的潜热,使地面气压继续下降,如此循环下去,低层气旋涡旋逐渐增加,建立了小尺度积云对流和大尺度涡旋互为正反馈,最终导致台风生成。从这个理论可知,台风中的对流活动和潜热释放不是随机的,而是受中尺度和天气尺度运动制约的,即天气尺度扰动产生水汽辐合,把积云组织起来,并维持其不断增长和发展,而扰动中的积云对流所释放的潜热能供给天气尺度扰动运动的能量。这种相互作用的过程使对流层中上部不断增暖,扰动中心气压不断降低,从而导致台风的不断发展。

可见,CISK 理论认为积云对流所释放的凝结潜热是热带气旋的主要能量来源,强调了积云对流的作用,却忽略了热带涡旋发展与海气之间能量交换的相互作用。另外,CISK 机制是假定热带大气是条件性不稳定的,这种假设忽略了热带大气在没有大尺度环流的时候,基本处于辐射对流平衡态,大尺度环流和对流之间的相互作用是稳定的。因此,Emanuel(1986)认为 CISK 机制建立在错误的假定之上,阻碍了热带气旋研究的发展。此外,CISK 机制还暗含假设了从热带扰动到一定强度的旋转系统的转变过程已经发生,即一个具有一定强度的地面涡旋已经建立。由于只有涡旋达到一定强度之后 CISK 机制才能发挥作用,因此,有些科研究认为 CISK 机制更适合于解释台风的增强过程,而难以解释一个热带扰动如何发展为热带气旋的过程。

4.1.2.2 海气相互作用理论(WISHE)

最早是由 Emanuel(1986)提出的,称为 ASII (Air Sea Interaction Instability),后来重新命名为 WISHE 。Emanuel 把热带气旋的生成过程总结为一个初始扰动转变为海洋表面焓通量和风场之间正反馈的过程,将台风看作一个简单的卡诺热机,它通过风驱动从高温的海洋表面吸收大量的潜热,导致边界层高相当位温空气的形成,高相当位温空气被沿着角动量面向上输送,然后在对流层中高层释放热量,导致高层温度正的扰动。这些高层温度扰动又增强了台风涡旋环流,台风涡旋环流又进一步增强风驱动的海面潜热通量,如此循环,建立了海洋焓通量和风场之间的正反馈,最终导致台风生成。由 WISHE 理论可知,海水温度越高,通过海气交换过程造成低层空气温度越高,湿度增大也很显著,对流层低层的相对湿度为台风中潜热释放提供所需的能量供应。另外,WHISE 从焓的角度解释了为什么观测和模拟都发现弱的环境风垂直切变在热带气旋的生成中是必要的,因为弱的风速垂直切变可以阻止中层的低焓大气传向低层。Emanuel 还提出另一个必要的条件是一个中尺度的整层湿中心，中尺度饱和气柱的存在会使对流体无法把低焓的空气向下传。

可见，WISHE 机制与 CISK 机制完全不同，CISK 机制强调积云对流的组织化，而 WISHE 机制强调来自海洋热通量的组织化。WISHE 关键反馈是在环流与海洋表面通量之间，相对 CISK 机制，可以更好解释 TC 生成过程(张庆红 等，2008)。但是，与 CISK 机制一样，WISHE 理论也要求一定强度的初始涡旋，但是，对于热带扰动如何发展为有一定强度的初始涡旋，对这一问题目前仍然不清楚。

4.1.2.3 "Top-down"和"Bottom-up"理论

热带气旋生成是一个多尺度相互作用过程，早期研究指出热带气旋生成可以分为两个阶段，分别是有利于热带气旋生成环境的形成和自我维持暖心涡旋的形成。Tory 等(2010)将热带气旋比喻为一台内部热机，指出在其可以自我维持以前还需要一个引擎去启动它。有些研究认为，热带气旋的生成是由热带扰动内的中尺度对流系统(Mesoscale Convective System，MCS)发展而来。观测和数值研究均表明，MCS 及其相互作用在形成可以自我维持且具有暖心的热带气旋尺度涡旋的过程起着重要的作用。但是，关于 MCS 对台风生成影响的物理机制存在两大截然相反的观点，一种是"Top-down"理论，另一种是"Bottom-up"理论。

"Top-down"(自上而下)理论是建立在 MCS 经典结构基础上，伴随着 MCS 的层状云降水产生一个生命期长的中层中尺度涡旋(middle-level Convective Vortice，MCV)，处于气旋环境中的 MCV 合并和涡度向下传递引起低层涡度的增长，最终导致低层新生的涡旋达到地表后触发热带气旋热机工作。因此，"Top-down"理论强调层云以及中层涡旋向下传递对引起低层涡度的集中、地表气旋性涡旋形成起着重要作用(Bister et al.，1997)。

另外一种观点认为，涡旋的发展是自下而上的发展过程("Bottom-up")，中层中尺度涡旋可以促进深对流的组织和发展，而深对流爆发后则会造成边界层辐合增强，进而造成低层气旋涡旋的增强。与"Top-down"理论不同，"Bottom-up"理论认为，涡旋发展过程中低层涡度的增长发生在深对流爆发后，强调深对流及其相关的低层辐合在台风生成中的重要作用。另外，深对流中常有大量"热塔"(Vortical Hot Tower，VHT)存在，VHT 是指可伸展至或穿过对流层顶(约 15 km 高)、水平尺度 10～20 km、具有强烈上升速度(>垂直速度 1 m/s)和强垂直涡旋的γ中尺度系统。"bottom-up"理论认为，VHT 是台风生成的重要组成部分，并强调了 VHT 在涡旋自下而上的发展过程起着重要作用(Fang et al.，2010；Lu et al.，2012)。

可见，相对于 WISHE 机制与 CISK 机制，"Top-down"理论和"Bottom-up"理论能更好地解释从热带扰动到热带风暴的发展阶段。

4.2 台风生成的大尺度背景

台风生成需要以初始热带扰动做胚胎，但对于热带扰动的来源却有着不同的看法，这是目前台风生成问题中争论的问题之一。早期关于台风初始扰动来源的研究认为，在大西洋海域主要是东风波(Briegel et al.，1997；Hennon et al.，2003；Ritchie et al.，1999)，而在西北太平洋主要是热带辐合区。目前认为赤道辐合带、季风槽、东风波是最有利于台风生成的主要大尺度背景环流。

统计一般将台风生成的大尺度背景分为四种：热带辐合带(包括季风槽)、东风波、热带对流层上部槽(TUTT)、斜压性扰动(冷空气的激发作用)。

4.2.1 热带辐合带

热带辐合带(Intertropical Convergence Zone，简称 ITCZ)是南北两副热带高压带之间气压最低、气流汇合的带区。ITCZ 可分为两种类型：一类是信风槽，又称为信风辐合带，由东北信风和东南信风在赤道附近形成的辐合带，又称赤道辐合带或赤道低压带，常表现为一条辐合渐近线中的扰动，一般热带扰动不活跃，很少有台风生成。另一类是季风槽，由偏东信风与西南季风相遇形成的辐合带，又称为无风带辐合带，通常热带扰动活跃，较容易有台风生成。下面重点叙述季风槽对台风生成的影响。

亚洲季风区是全球最为显著的季风区，夏季季风爆发后，西南暖湿季风气流与副热带高压南侧的偏东气流辐合形成了季风槽，季风槽也是 ITCZ 夏季主要表现形式。季风槽区具有典型的低层正涡度气旋式环流、高层负涡度反气旋式环流和垂直方向上深厚的暖湿空气的特征，且垂直风切变的零值区恰好经过季风槽区(高建芸 等，2010)，使得暖湿空气释放的热量容易集中。另外，季风槽内部存在着气流的动力不稳定机制(Ferreira et al.，1997，Yu et al.，2005)，非常有利于台风生成。此外，除了为台风生成提供有利的动力学条件外，季风槽也是由大量对流组成的初始扰动需要的环境场，当季风槽活跃时，常常有双台风甚至多台风同时或相继出现。以上是南海—西北太平洋海域约 71%的台风生成于季风槽内的重要原因。可见，季风槽是南海—西北太平洋海域台风生成的最主要的大尺度环流，而它为台风生成提供了非常有利的热动力条件，季风槽易出现大量热带扰动常会出现台风群发现象。如 2002 年 6 月 29 日，130°—160°E 区域越赤道气流增强，与副热带高压南侧偏东气流辐合，在菲律宾以东洋面形成强盛的季风槽(图 4.1)，菲律宾以东洋面偏南地区和关岛附近洋面，各出现了一个热带扰动，并且这两个热带扰动不断发展，它们同时发展成台风“威马逊”和“查特安”。

根据季风槽的位置和形态，统计发现与台风生成有关季风槽共有 5 个主要模态(吕心艳 等，2011)：南海—西北太平洋型(SCS-NWP)、西北太平洋型(NWP)、反向型(RO)、夏末型(LS)和中国南海型(SCS)(图 4.2)。每种季风槽模态台风生成详细信息见表 4.1，其中季风槽生成的台风中有 38.5%生成于 SCS-NWP 模态中，占比最高，NWP 模态比例

21.8%，占比仅次于 SCS-NWP 模态，RO 模态占比 18.4%，LS 模态约有 12.8%，SCS 模态占比最低(8.5%)。

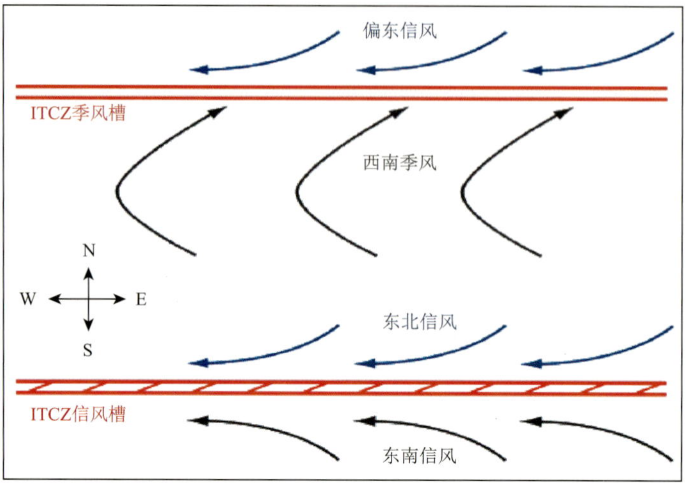

图 4.1　ITCZ 示意图

统计 2000—2004 年 5—10 月热带扰动的活动状况(表 4.1)，平均每年有 66.4 个热带扰动(Distarbance，DB)出现，其中 37.6%的 DB 可发展为 TD，非季风槽 DB 的发展概率为 23.7%；而季风槽内平均每年有 40.2 个 DB 出现，占总 DB 的 60.8%，其发展概率为 47.3%，明显高于平均发展概率，特别是远高于非季风槽 DB 的发展概率。季风槽内生成的 TD 有 86%可以加强为热带风暴级及以上强度。其中 RO 型季风槽模态中热带扰动发展为台风的概率最大(60.7%)，而 LS 型最小(30%)，NWP 模态发展概率为 59.0%，仅次于 RO 模态，SCS-NWP 模态发展概率为 50.9%，SCS 模态主要是出现在南海海域，发展概率相对较低，仅有 32.0%。

另外，季风槽任意一侧气流的加强均能增大低层相对涡度，如南(冬)半球的冷空气爆发，季风槽南侧的偏西气流出现“风涌”，导致进入季风槽的偏西气流加速；如副热带高压脊加强，在季风槽北侧产生强烈东风，两侧气流加速均能增强季风槽气旋性涡度，使得季风槽进入活跃期，常有双台风甚至多台风同时或相继出现(称为台风群发，此处定义同一个季风槽模态下同时或相继有两个或两个以上台风生成的现象称为台风的一次群发过程，且一次群发中的连续台风生成时间间隔不能超过 3 d)。统计发现约 40%台风群发出现在 SCS-NWP 模态中，RO 模态中约 70%台风出现在台风群发中，可见，一旦反向季风槽出现，将容易激发台风的群发，且群发频次高，平均频数为 3.3 个，如 2003 年 10 月 18 日至 21 日有 4 个台风生成于 RO 型季风槽内(图 4.2c)。而 SCS 型季风槽中群发过程均为 2 个台风生成，因此，SCS 模态中台风群发过程最多有两个台风出现。

可见，季风槽为热带扰动出现及其发展提供了有利的环境，常伴有大量热带扰动出现，季风槽内热带扰动发展概率远远高于非季风槽内热带扰动发展概率，季风槽活跃易伴随台风的群发(高建芸 等，2008；吕心艳 等，2011)。

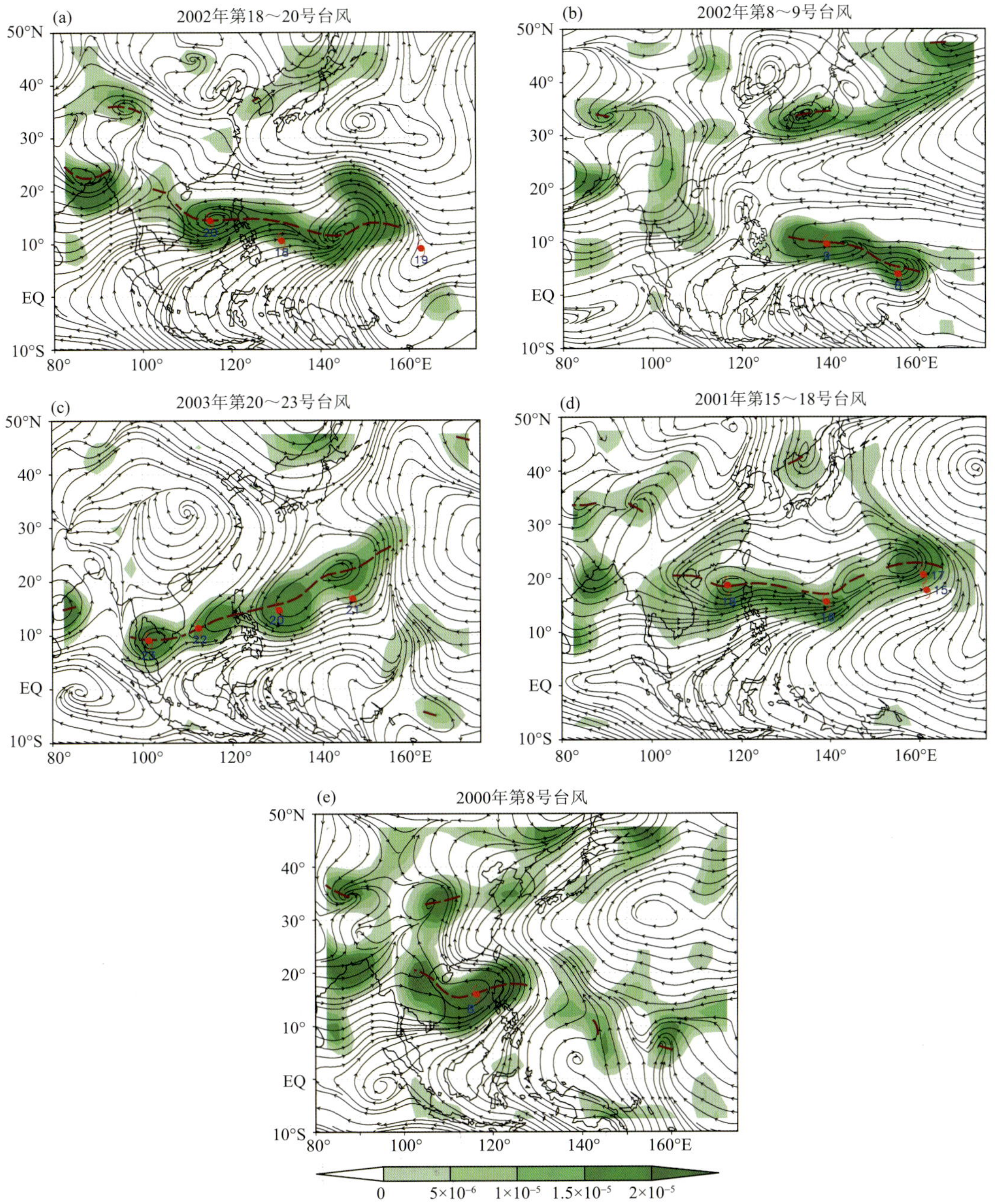

图 4.2 台风生成时季风槽的主要模态

阴影区为涡度 $V_o>0$ 的显著正涡度区，棕色虚线为季风槽的槽线（纬向风 $U=0$）

(a)SCS-NWP 型；(b) NWP 型；(c) Reverse-Oriented 型；(d) Late-Season 型；(e) SCS 型

表 4.1 2000—2004 年不同季风槽模态下台风生成的统计特征

季风槽模态	所占比率/%	群发占比/%	平均群发频数/个	DB 发展比率/%
SCS-NWP	38.5	39.5	2.5	50.7
NWP	21.8	23.7	2.2	59.0
RO	18.4	18.4	3.3	60.7
LS	12.8	7.9	2.7	30.0
SCS	8.4	10.5	2	32.0

注：2～4 列为 1995—2004 年的统计结果，由于资料有限最后 1 列为 2000—2004 年的统计结果。

4.2.2 东风波

东风波是指副热带高压南侧对流层中下层的东风气流里，常存在一个倒“V”形低压槽或气旋性曲率最大区（图 4.3），呈波状形式自东向西平均以 20 km/h 的速度向西移动，其水平波长约 2000～4000 km，最大强度一般出现于 700～500 hPa 等压面之间。东风波是北大西洋和东太平洋台风生成的主要大尺度环流背景，而在西北太平洋东风波一般出现在西太平洋东部，据王蔚等（2008）用 1995—2004 年资料统计，在南海—西北太平洋东风波形成台风仅占 10%。

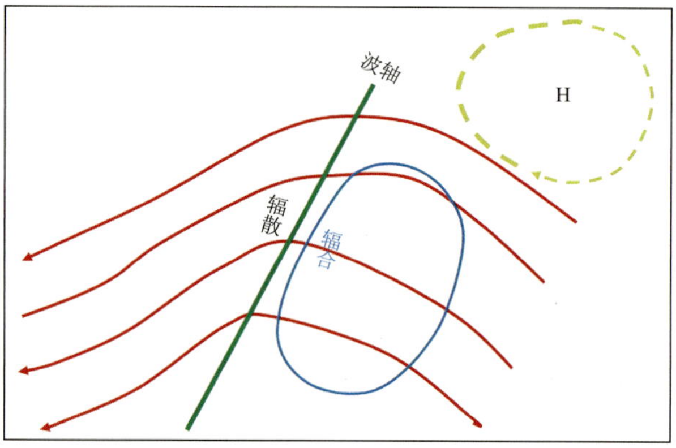

图 4.3 东风波示意图

东风波在台风生成中有两种作用，一种作为启动机制，东风波移到一个已存在的热带扰动之上，激发其发展成台风，例如 2004 年 7 月 25—26 日，南海东北部海面存在一个热带扰动（图略），当一个东风波从西北太平洋经台湾岛上空移到华南近海上空时，这个热带扰动 7 月 27 日在粤东近海突然加强为热带气旋。另一种东风波作为热带扰动，在适当环境条件下发展，最后加强为热带气旋，如 1999 年台风“丹恩”的生成，参照台风形成时刻 850 hPa流线图和台风形成前 12 h 500 hPa 天气图（图 4.4），副热带高压脊线在 30°N 附近，位置偏北，副高以南偏东气流上的东风波不断西移和发展，最终形成台风。

4.2.3 热带对流层高层槽(TUTT)

热带对流层上层槽（Tropical Upper Tropospheric Trough，简称 TUTT）指夏季形成于热带太平洋中部和大西洋中部地区对流层上层的低压槽，又称大洋中部槽，它可以是由中纬度西风槽振幅延长而伸展到热带而成，也可以是高层反气旋南侧的高空东风倒槽，一般活动于 5°—25°N（图 4.5），对流层上层 300 hPa 以上，且在 200 hPa 最为明显，行星尺度

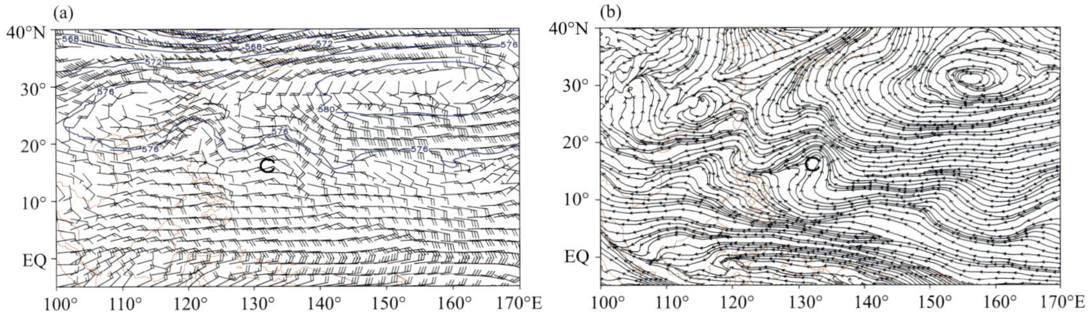

图 4.4 1999 年台风“丹恩”生成前 12 h 时刻 500 hPa (a)天气图和生成时刻 850 hPa(b)流线图（图中 C 表示台风生成前热带扰动位置以及生成后环流中心位置）

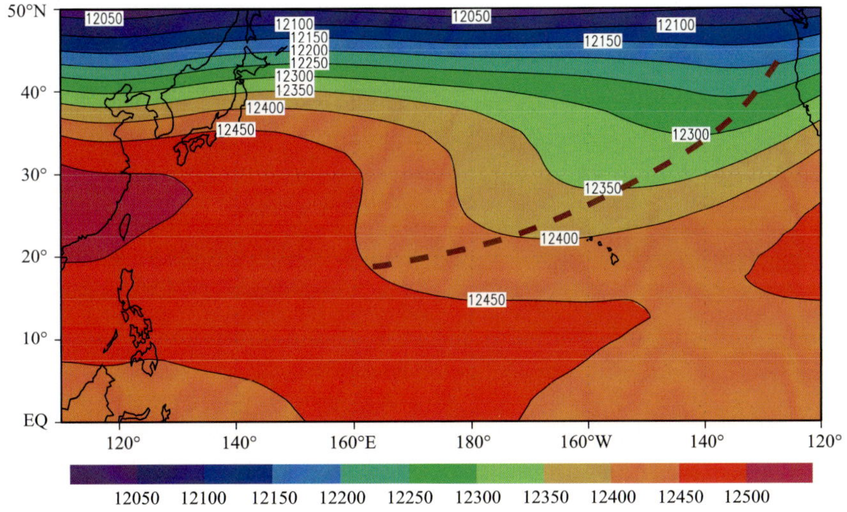

图 4.5 1990—2020 年 7—9 月 200 hPa 平均位势高度场分布（单位：gpm）

天气系统，槽线东西长度可达 70 个纬距以上。

研究发现，TUTT 有利于台风生成的主要作用有：①随着 TUTT 向西移动，槽前西北气流叠加在低层季风槽的西南气流之上，使得垂直切变大大减小；②TUTT 能够为台风生成和加强提供对流层高层强烈辐散的出流通道，特别是扰动从其东面移至 TUTT 槽前急流南侧时，非常有利于扰动发展；③TUTT 中形成的高层涡旋，其势力不断向下伸展时，低层或地面诱生出新的热带扰动，在有利环境条件下可以发展为热带气旋；④对流层高层移动的位涡异常与低层的热带扰动或波动之间的相互作用。

夏季和初秋西北太平洋暖水域刚好位于 TUTT 的西边（图 4.5），以促成有利于台风生成的大范围高层辐散的出现。如 2017 年台风“奥鹿”和“玫瑰”同一天生成均与 TUTT 密切相关（图 4.5），台风形成时刻前 3 d 200 hPa 流线部分可以看到（图 4.7a），高空从 160°E—70°W 被 TUTT 控制，180°附近形成 TUTT-cell（TUTT-cell 是位于热带高层 TUTT 中的一个低涡系统，它具有较强的气旋性涡旋和显著的冷中心）。TUTT 西端

160°E 附近高空有弱冷涡，中低层 1500 hPa 和 850 hPa，不断向下伸展并加强，在 500 hPa 可以看到明显闭合涡旋(图 4.7b)，同时在其西侧 160°E 附近有东风波存在，850 hPa 东风波也可以清楚看到东风波的存在(图 4.7c)。但是 180°高空 TUTT cell 涡旋在 850 hPa 看不到，说明 TUTT cell 只存在于 850 hPa 以上，但随着时间，180°高空 TUTT cell 涡旋不断发展伸向低层，同时高空 160°E 东风波发展为 TUTT cell 发展，造成在 TUTT 西端有两个 TUTT cell 同时存在。从 19 日卫星云图也可以出清楚看到(图 4.6)，160°E 高空 TUTT cell 向下发展，并且与中低层东波相互作用，在 TUTT 有利环境下，20 日发展为 1705 号台风“奥鹿“(图 4.7d)。180°E 的 TUTT cell 也进一步向下加强，最终发展为了台风 1706 号台风“玫瑰”。

图 4.6　2017 年 7 月 19 日 08 时卫星云图

可见，TUTT 对台风生成促进作用主要表现在两个方面：①槽前西南气流有利于建立有效的高空出流出通道(图 4.8)，有利于热带扰动发展；②TUTT 内的冷涡势力较强时也会伸到地面(方宗义，1982)，诱发出东风波和热带扰动或者和其他扰动相互作用，在有利的 TUTT 环境条件下造成这些扰动最终发展为台风。

4.2.4　斜压性扰动(冷空气的激发作用)

扰动发展必须供给能量，根据能源的不同，可将动力不稳定区分为正压不稳定和斜压不稳定两种。中高纬度斜压性扰动进入低纬，变性发展成台风(Davis et al.，2003)。斜压性扰动类型台风主要参照生成前底层流线图和形成时底层天气图。如 2002 年一个热带低压的生成(图 4.9)，参照台风生成前 6 h 850 hPa 流线图和台风生成时刻 850 hPa 天气图，有切断低涡存在，即当明显冷槽相配的西风槽东移加深，延伸到低纬，由于槽后冷平流作用，在槽的南段切断出低涡，低涡进一步发展成台风。

另外，在过渡季节，冷空气入侵致使台风生成，其作用如下：使不稳定空气发生明显扰动，形成大范围降水，引起潜热大量释放，加速上升运动；增加了台风外围的气压梯度，加强了热带扰动北侧的东北或偏东风；由于冷空气造成的斜压性，存在较强的温度梯度和部分斜压能量的释放；冷锋产生大量对流云是热带扰动发展的有利环境条件。

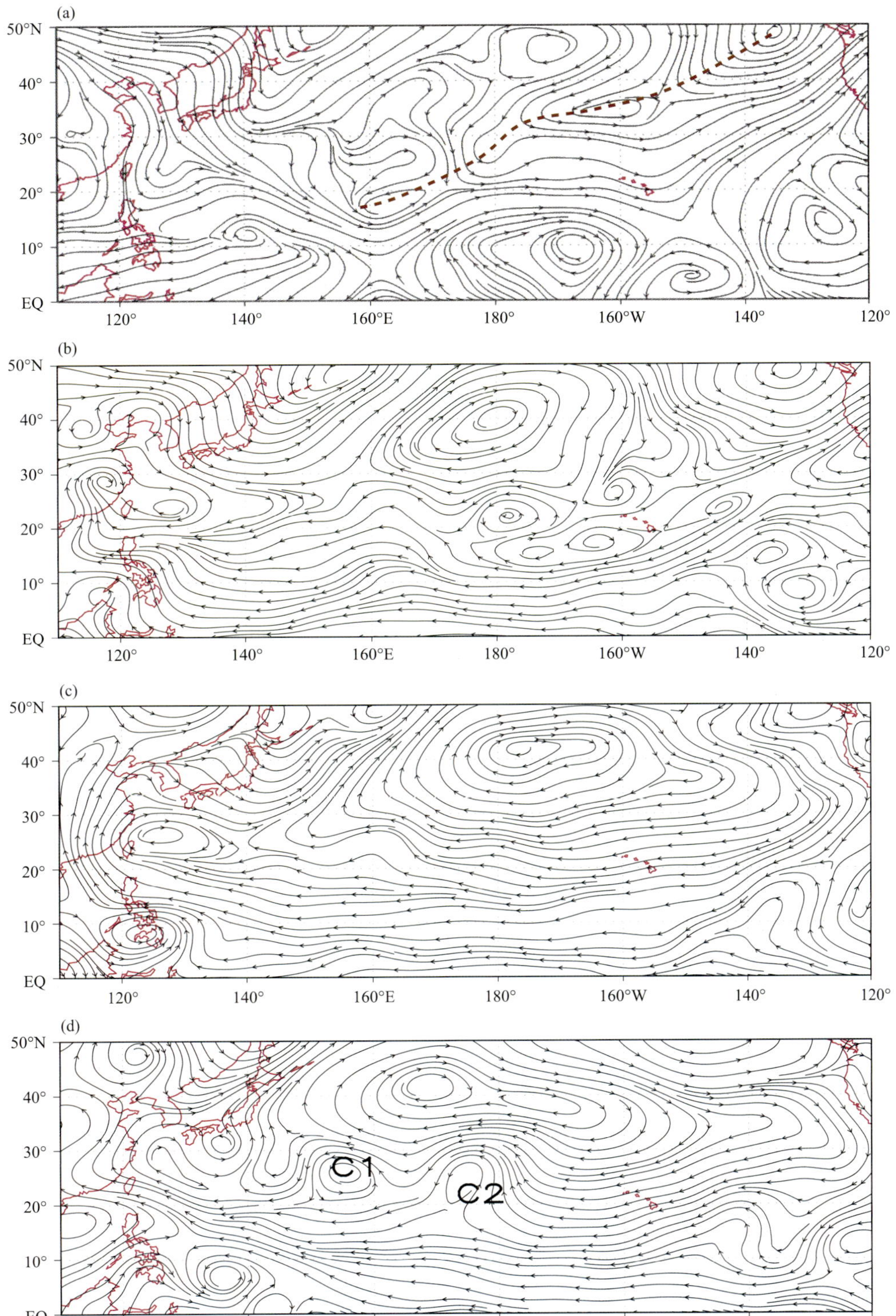

图 4.7 台风“奥鹿”(图中 c1)和“玫瑰”(图中 c2)生前 3 天 200 hPa(a)、500 hPa(b)、850 hPa(c)和生成当天 850 hPa(d)流线图，TUTT 类型

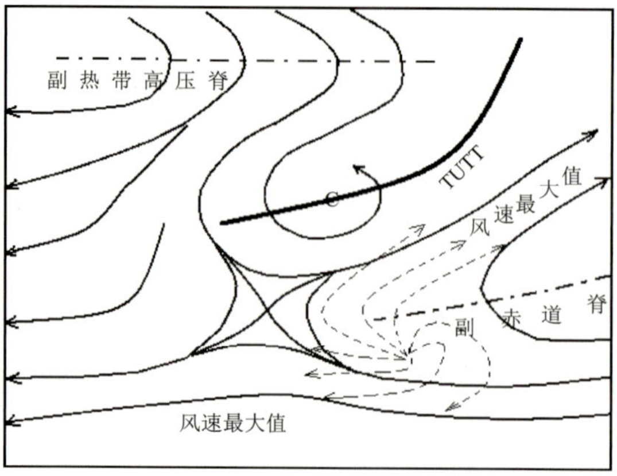

图 4.8　有利台风发展的 TUTT 及高空环境流型(Sadler,1978)

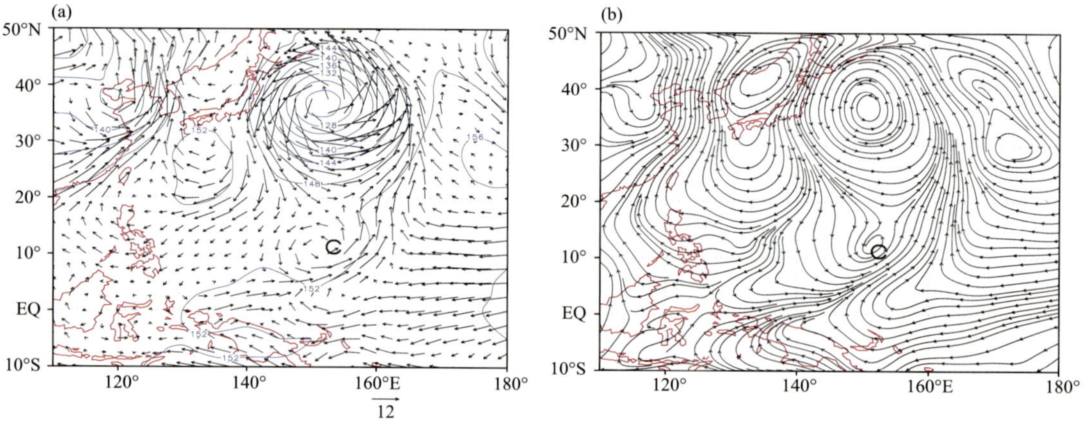

图 4.9　0204 号台风生成时刻 850 hPa (a)位势高度和风场以及生成前 6 h 850 hPa(b)流线图，斜压性扰动类型

4.2.5　南海台风形成的天气过程

南海是季风活动最活跃的海域，过渡季节常受到东北季风和西南季风交替影响。因此，除了上述提到的几种天气背景外，下列两种情况也可在南海形成台风。

①切变类低压发展成台风。在初夏的过渡季节(5—6 月)，南海西南季风活跃，同时，东亚沿岸有大振幅的高空槽不断南侵，引导冷空气南下，在地面和低空形成近乎东西向的切变线，云带从日本以南洋面伸到南海(图 4.10a)。如果西太平洋副高西伸，或者在 500 hPa 华南上空形成高压，与切变线联系的云系就会断裂，云带气旋性曲率加大，低压区逐渐发展成台风(图 4.10b)。1987 年 6 月中旬后期，8702 号台风“露丝”(Ruth)就是由南海的切变发展形成的(图 4.11)。

②华南低涡入海发展成台风。夏半年，中低层(850～700 hPa)具有明显的斜压结构的气旋性涡旋有时会从华南大陆移入南海，在有利的条件下发展成台风。这些低涡后部都有冷中心或冷槽配合，有分析认为，500 hPa 偏北气流移入南海后会出现变性，斜压能转变成潜热能，冷性结构变成暖性结构，从而形成台风。低涡入海发展成台风要具备 3 个

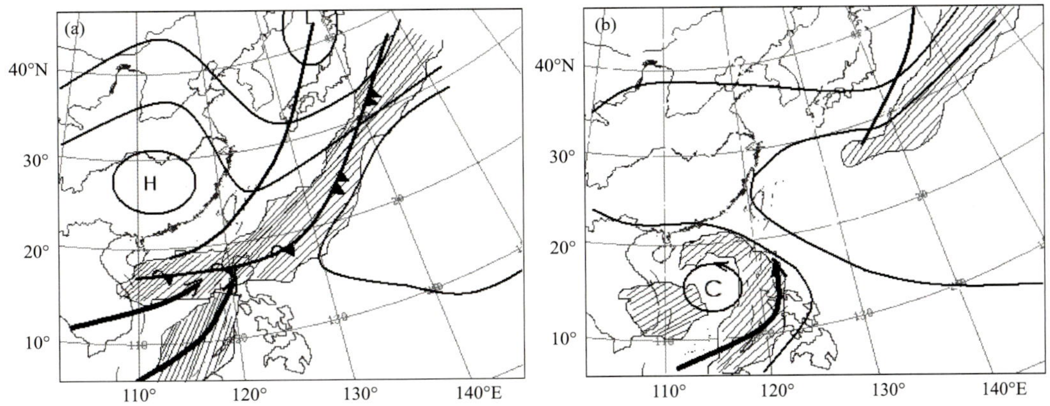

图 4.10　南海切变类台风发展过程示意

(a)切变阶段;(b)云带断裂低压发展阶段

(图中阴影区为云区)

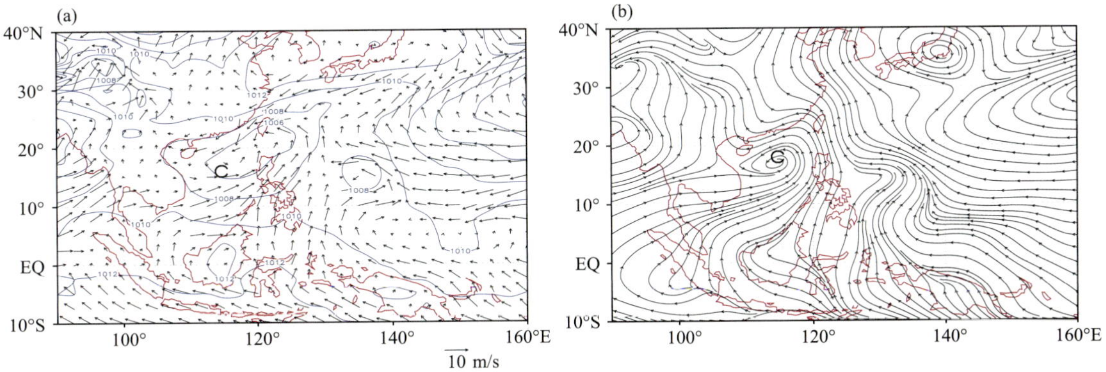

图 4.11　8702 号台风生成前 24 h 10 m 风场和 SLP 分布图(a)和生成时 925 hPa(b)流线图

条件:第一,500 hPa 西风脊和西太平洋副高相互作用,造成副高西伸,爆发北上的赤道反气旋在南海北部形成活跃的辐合带;第二,850 hPa 低涡附近地区东西风低空急流建立和增强,台风形成于纬向水平切变最大的区域;第三,低涡入海前(1～2 d),850 hPa 南海北部的 $\theta_{se}\geqslant 80$ ℃,低涡入海后,垂直方向形成一个高能柱。7405 号热带风暴是冷涡入海形成南海台风的个例。

4.3　近海台风生成的特点

近海台风从生成到登陆和消亡时间非常短,水平范围较小,直径 200～300 km,往往由于猝不及防而造成较大的损失。如 2006 号台风“米克拉”是南海东北部海面的一个热带低压快速发展而成的南海土台风(吕心艳 等,2023),自生成到登陆仅用 20.5 h,并以中心最大风速 33 m/s(台风级)登陆福建漳浦,受台风“米克拉”影响,福建东南部沿海、广东东部沿海、台湾等地部分地区出现大到暴雨，福建漳州局地大暴雨(100～217 mm)；福建东南部沿海出现 10～12 级阵风，个别岛屿风力 13～15 级。

台风 24 h 警戒区内(近海)生成台风约占全海域的 19.8%，近海台风生成台风数量从 5 月开始明显增多(图 4.12)，以 6—9 月为主，而以 9 月最多(占比 21.1%)，8 月次之(占比 20.3%)，10 月开始生成数量明显减少。大多发展为热带风暴级到强风暴强度级(约占 75.8%)，近海台风多数生成在南海北部洋面，因而登陆华南的较多。

最典型的近海生成台风当属序号为 6418 号的热带风暴 Olga(当时我国未编号)，从出现初始扰动到发展成热带风暴都发生在北部湾。1816 号台风“贝碧嘉”、2007 号台风“海高斯”、2109 号台风“卢碧”等台风也是在近海生成。也有一些台风是在离岸较远的海域形成热带低压，到近海再发展成热带风暴。近年出现的 1208 号台风“韦森特”、1818 号台风“温比亚”、2002 号台风“鹦鹉”就属这种类型。

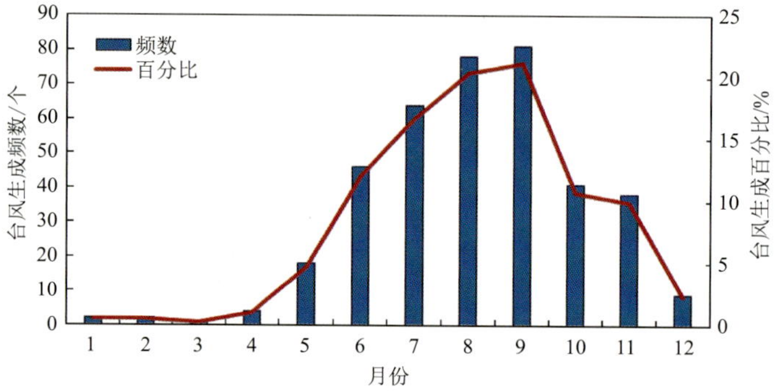

图 4.12　1949—2001 年近海(24 h 警戒区)台风生成频数逐月分布

4.4　台风生成的预报

生成过程包括热带扰动发展为热带低压以及热带低压加强为热带风暴两个阶段。对台风生成的预报，主要从环境条件的诊断、扰动云团发展、客观预报及综合诊断等方面进行预报。台风生成预报方法可分为 5 类。第 1 类，以东亚和西太平洋环流的演变来预报台风的生成，这种方法着重分析热带气旋形成前期大尺度环流条件。第 2 类，寻找台风发生发展的预报判据和指标。这些判据和指标反映了大尺度环流条件或台风生成的基本条件以及热带扰动本身的发展特征。这些判据和指标是根据预报员的实际经验或者是以理论研究结果为依据。第 3 类是结合第一类和第二类的方法，即环流型加上预报判据和指标。第 4 类，利用卫星云图分析和预报台风的发生发展。在卫星云图上台风表现成明显的有组织云系，在不同的发展阶段常常对应不同的云型。因此，可根据热带扰动演变发展成热带气旋的云图特征，来估计台风的发生发展趋势和强度预报技术。第 5 类，基于集合预报资料，在数值模式中识别台风生成的信号，研发出台风生成概率，根据概率时空变化产品，预报台风的发生发展。

4.4.1 环境条件的诊断

台风生成很大程度上取决于天气尺度扰动的发展以及它与大尺度环流场相互作用的结果，需要满足一定的热力条件、动力条件和环境条件。台风的形成和发展需要巨大的能量，因此，形成于高温高湿和其他气象条件适宜的热带洋面，如弱的风垂直切变、低层一定强度的正涡度及一定的纬度因子等（Demaria et al.，2001；Chan et al.，2002）。通过分析重要的大尺度环境流场，得到相应的预报因子，使得台风生成的客观业务预报方法成为可能。表 4.2 给出台风生成的主要大尺度背景参数的特征值。表 4.3 给出 5 种天气类型情况下台风生成主要大尺度背景参数的特征值（王蔚，2007）。

表 4.2 台风生成主要大尺度背景参数特征值

	讨论类型	最大值	最小值	平均值	方差
热带气旋事件（326 个）	SST/℃	30.421	25.829	29.143	0.701
	850～200 hPa 纬向风垂直切变/(m/s)	31.638	−21.384	−2.774	7.702
	850～200 hPa 经向风垂直切变/(m/s)	15.979	−20.987	−2.139	5.157
	200 hPa 散度/($10^{-6}s^{-1}$)	17.554	−11.132	6.191	4.611
	925 hPa 散度/($10^{-6}s^{-1}$)	5.173	−18.046	−5.083	3.944
	200 hPa 与 925 hPa 散度差/($10^{-6}s^{-1}$)	33.434	−16.305	11.274	7.911
	850 hPa 涡度/($10^{-6}s^{-1}$)	49.601	−16.769	19.305	11.024
	底层涡度三日变化趋势/($10^{-6}s^{-1}$)	50.923	−36.313	13.314	12.591
	925～850 hPa 水汽场/(g/kg)	16.385	7.997	13.483	1.144
	700～500 hPa 相对湿度/%	88.819	18.067	56.791	13.415
	中层相对湿度三日变化趋势/%	52.641	−34.699	5.894	13.685
	925～850 hPa 相对湿度/%	92.733	52.370	78.099	6.409
	CAPE/(J/kg)	1838.478	0	1197.485	224.107

表 4.3 五种天气分型情况下台风生成主要大尺度参数特征值

	讨论类型	最大值	最小值	平均值	方差
赤道辐合带（231 个）	SST/℃	30.421	26.929	29.252	0.558
	850～200 hPa 纬向风垂直切变/(m/s)	12.698	−21.384	−5.366	6.256
	850～200 hPa 经向风垂直切变/(m/s)	15.979	−18.064	−2.450	4.983
	200 hPa 散度/($10^{-6}s^{-1}$)	17.554	−4.744	7.041	4.416
	925 hPa 散度/($10^{-6}s^{-1}$)	3.834	−18.046	−5.979	3.945
	850 hPa 涡度/($10^{-6}s^{-1}$)	49.601	−7.967	21.887	10.565
	925～850 hPa 水汽场/(g/kg)	16.385	10.628	13.733	0.946
	700～500 hPa 相对湿度/%	88.819	19.199	59.924	12.554
	925～850 hPa 相对湿度/%	92.733	58.535	79.236	5.874
	CAPE(J/kg)	1839.478	172.529	1190.793	184.760

续表

讨论类型		最大值	最小值	平均值	方差
东风波（32个）	SST/℃	29.900	27.614	29.270	0.581
	850～200 hPa 纬向风垂直切变/(m/s)	19.325	−8.186	2.901	5.447
	850～200 hPa 经向风垂直切变/(m/s)	7.715	−9.919	−1.990	4.817
	200 hPa 散度/($10^{-6}s^{-1}$)	15.268	−4.666	3.525	3.798
	925 hPa 散度/($10^{-6}s^{-1}$)	2.067	−7.687	−2.022	2.218
	850 hPa 涡度/($10^{-6}s^{-1}$)	27.932	−9.109	11.159	7.597
	925～850 hPa 水汽场/(g/kg)	14.232	11.091	12.912	0.796
	700～500 hPa 相对湿度/%	61.528	30.401	44.204	7.157
	925～850 hPa 相对湿度/%	84.192	65.265	73.627	3.944
	CAPE/(J/kg)	1648.417	672.426	1301.725	222.081
热带对流层上部槽（33个）	SST/℃	30.409	26.488	29.140	0.717
	850～200 hPa 纬向风垂直切变/(m/s)	31.638	−7.992	4.081	8.146
	850～200 hPa 经向风垂直切变/(m/s)	9.190	−10.301	−2.857	4.306
	200 hPa 散度/($10^{-6}s^{-1}$)	14.186	−3.495	4.597	4.080
	925 hPa 散度/($10^{-6}s^{-1}$)	1.980	−12.177	−3.307	3.218
	850 hPa 涡度/($10^{-6}s^{-1}$)	29.589	−7.518	12.643	9.285
	925～850 hPa 水汽场/(g/kg)	14.395	10596	12.879	0.874
	700～500 hPa 相对湿度/%	72.954	24.902	49.842	13.688
	925～850 hPa 相对湿度/%	84.723	57.506	74.482	6.333
	CAPE/(J/kg)	1812.198	935.705	1327.154	190.058
斜压性扰动（20个）	SST/℃	30.109	25.829	28.079	1.067
	850～200 hPa 纬向风垂直切变/(m/s)	21.816	−11.857	−2.743	6.987
	850～200 hPa 经向风垂直切变/(m/s)	5.738	−20.987	−3.312	5.357
	200 hPa 散度/($10^{-6}s^{-1}$)	15.074	−2.778	5.808	5.040
	925 hPa 散度/($10^{-6}s^{-1}$)	−0.185	−9.336	−4.458	2.533
	850 hPa 涡度/($10^{-6}s^{-1}$)	37.762	6.123	18.543	8.293
	925～850 hPa 水汽场/(g/kg)	14.752	10.094	13.439	1.319
	700～500 hPa 相对湿度/%	81.481	38.554	60.181	12.144
	925～850 hPa 相对湿度/%	90.784	69.417	80.643	5.748
	CAPE/(J/kg)	1513.859	568.656	1067.772	232.278

表4.4为西太平洋及南海台风生成主要大尺度背景参数特征值，南海与西北太平洋台风生成区域相比，水汽条件较好；南海CAPE下降趋势较西北太平洋快；海温条件不如整体高；纬向风垂直切变变化不大，不像西北太平洋纬向风垂直切变相对较大，不过是以吹东风为主；南海经向风垂直切变在0 m/s附近徘徊，不像西北太平洋整体吹南风，值也较小；总的来讲，南海和西北太平洋上台风生成时，底层明显辐合，高层明显辐散，南海的

辐合、辐散值更大，南海和西北太平洋的涡度，台风生成当日 850 hPa 涡度比前两日增加了近 1 倍。

表 4.4 西太平洋及南海 TC 形成主要大尺度背景参数特征值

参数类型	西北太平洋+南海		西北太平洋		南海	
	平均值	方差	平均值	方差	平均值	方差
SST/℃	29.143	0.701	29.174	0.707	29.003	0.655
850～200 hPa 纬向风垂直切变/(m/s)	−2.774	7.702	−2.079	7.837	−5.986	6.090
850～200 hPa 经向风垂直切变/(m/s)	−2.139	5.157	−2.331	5.156	−1.255	5.070
200 hPa 散度/($10^{-6}s^{-1}$)	6.191	4.611	5.891	4.743	7.574	3.638
925 hPa 散度/($10^{-6}s^{-1}$)	−5.083	3.944	−4.692	3.814	−6.889	4.028
850 hPa 涡度/($10^{-6}s^{-1}$)	19.305	11.024	18.058	10.864	25.068	9.863
925～850 hPa 水汽场/(g/kg)	13.483	1.144	13.354	1.139	14.076	0.967
700～500 hPa 相对湿度/%	56.791	13.415	55.655	13.763	62.042	10.135
925～850 hPa 相对湿度/%	78.099	6.409	77.606	6.372	80.376	6.077
CAPE/(J/kg)	1197.485	224.107	1199.032	220.168	1190.336	241.346
底层涡度三日变化趋势/($10^{-6}s^{-1}$)	13.314	12.591	12.899	12.798	15.230	11.393
中层相对湿度三日变化趋势/%	5.894	13.685	5.664	13.870	6.957	12.745

4.4.2 热带扰动发展成台风的云图特征

台风的起源虽然不同，但都是在热带扰动的基础上发展起来的，没有一个例外。所谓热带扰动是指直径大约 3×4 经纬距，其形状近似圆形或椭圆形的云区。但并不是所有的热带扰动都会发展成台风。统计表明：约有 47.3%热带扰动能发展成为热带低压(TD)，而其中有 86.0%TD 可以进一步发展为编号台风，即热带扰动发展为台风概率约为 37.8%(吕心艳 等，2011)。热带扰动发展与不发展，其区别还是比较清楚的：

①热带扰动的生命史在一天以内的，一般不会发展；一个热带扰动生命史在 3～4 d，如果出现气旋性涡旋结构，同时出现一条或几条长达 500～1000 km 以上(图 4.13)，宽达 200～300 km 以上的长云带卷入低压内部，很可能发展成为热带气旋。云团中心部分的 TBB 降低到−70 ℃以下，而且 TBB=−60 ℃的范围扩大到 3×4 个纬距以上，则很可能在 24 h 以内发展成为台风。

②在云团的北边或东北边云系多，云团一般不会发展成 TC(图 4.14a)；在云团的北侧或东北侧晴空区不断扩大，则云团容易发展成台风(图 4.14b)。

③ 位于辐合区顶点（即东南风与西南风汇合处）的云团容易发展成台风。

4.4.2.1 判断热带扰动发展成台风的云图特征

①凡是发展成台风的热带扰动云系往往有好几天的发展过程，其云区直径至少要达到 150 km，持续时间至少在 24 h 以上。

②在气旋性扰动云系中，有一片强对流云区扩大或者云区内对流活动加强，云系色调变白，同时云区内卷云区面积一天天扩大，这说明低空有强的辐合，高空有明显辐散，表明

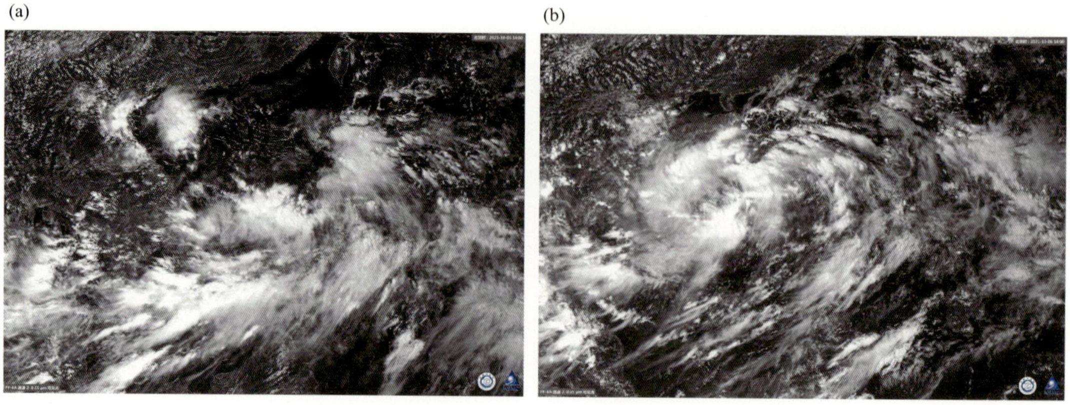

图 4.13　FY-4 可见光卫星云图

(a)2021 年 10 月 5 日 14 时；(b)2021 年 10 月 6 日 14 时

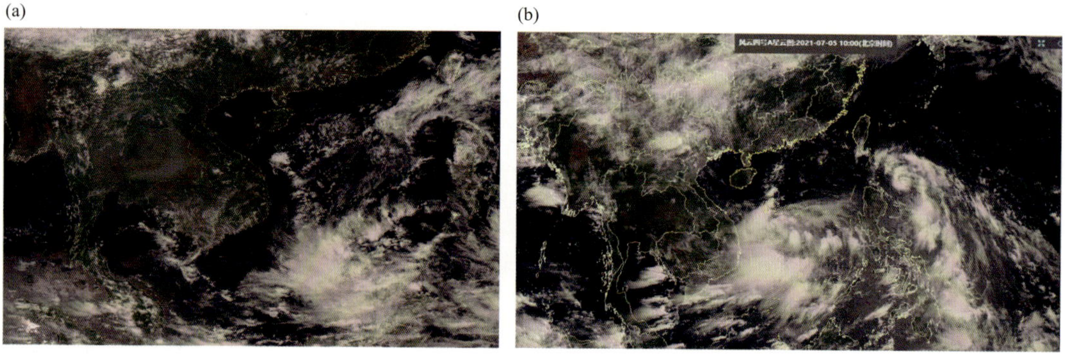

图 4.14　(a)1981 年 7 月 9 日 08 时红外云图；(b)2021 年 7 月 5 日 10 时可见光云图

这个低压能继续发展。

③在气旋性对流云四周只表现有一些向外辐散的短卷云线，说明风的垂直切变很小，有利于其发展成台风，如云区四周边界并不均匀，在一些象限内卷云伸得很长，表示风的垂直切变大，不利热带扰动的发展。

④在气旋性扰动四周的卷云边界很光滑，或与急流云带相遇，表明对流层上部风速很强，使得积聚在对流层上部中心的热量迅速向四周较冷区域转移，从而提高热机效率，促进台风发展。

⑤云区内出现涡旋结构，并且越来越明显，说明低压环流加强并正向台风发展。

4.4.2.2　发展系统与不发展系统的比较

①发展和不发展系统在高层都有暖核(McBride，1981)，在发展的系统中，300 hPa 暖区更明显。低空的高度距平也更明显，但是温度梯度和高度梯度的量级很小，以致要测量一个单独的系统有极大的困难。

②发展热带扰动或台风前期云团通常是在一个大的水平尺度较暖的大气中，例如，在所有方向中半径达 8°纬距以上。

③系统之间在湿对流垂直稳定度中没有明显差别。

④发展和不发展系统湿度距平和湿度含量是相似的。

⑤发展与不发展系统位于低空相对涡度高值的大区域中，在发展的云团临近的低空涡度值约为不发展云团的 2 倍。

⑥一旦系统具有足够的散度，在 4°半径区域内的垂直上升运动要达到 100 hPa/d 或更大。

⑦气旋发生在系统中心附近风速垂直切变为 0 的条件下。

⑧发展的系统需要有北侧的纬向切变为正，南侧的纬向切变为负，也需要其南侧有南风切变，东侧有北风切变。切变型的尺度是圆周半径为 10°纬距同最大的 6°纬距多重半径。

4.4.2.3 有利于台风发生发展的几种因素

(1)冷云的加强作用

通过红外增强显示云图的分层分析发现，如果在一个大云团内有冷云出现，是深对流发展比较旺盛的标志，有利于台风生成和发展。如果在热带扰动外围有多方向的冷云发展，则热带扰动将发展成台风。

(2)冷空气的激发作用

冷空气的激发作用是近海台风发生发展的一种重要过程。当北方有一次较明显的冷空气移进江南地区，如果这时 ITCZ 位置比较偏北，或者西南季风正在向北爆发，则可能导致台风的发生发展。

(3)上游效应的作用

南海西太平洋上的 ITCZ 是全球热带地区最活跃的一个辐合带，因而台风生成数量最多，约占全球台风总数的 1/3。尤其是在 ITCZ 系统的东端，东南风和西南风的汇合带，由于相对正涡度较大，因而是台风生成的主要源地。

(4)东风波的诱发作用

统计表明，在台风发生的主要源地(10°N、150°E)，由东风波诱发成为台风的过程较罕见。然而在近海区东风波的诱发作用是台风生成发展的一种重要过程。东风波云系西移到 130°—135°E 和原对流层低层之正涡度云系叠加，云团范围增大，云层加厚变密，形成浓密云团，范围达 5～6 个纬距，呈点状或半环状的热带扰动。叠加后的云团范围收缩，但结构更为紧密，周围为晴空区。云团向北凸起，开始呈气旋式弯曲，有时出现螺旋状积云线，后加强发展为台风。

(5)TUTT 的诱发作用

据统计，台风的平均生成位置是在 TUTT 平均位置的西南方，因此，TUTT 的位移，对台风生成重要影响。

4.4.2.4 近海台风发生的云图特征

(1)起源于赤道辐合带类

①单一云团类

在西太平洋到南海地区有一较活跃的辐合带云系，此云系上有数个较发展的云团或热带扰动。其中有一云团开始向北凸起，凸起部分呈圆形，并在此圆形凸起部分的北或东北侧出现有一定曲率的螺旋状细积云线。扰动中心位于向北凸起的圆形云区的边缘，中心风速约 8～10 m/s，将逐渐发展成台风。

②两云团旋转型

初始阶段在赤道辐合带云系上，有两个云团，其直径一般为 4～5 个纬距（马卫民 等，2008），两块云团之间为狭长的无云区。两块云团围绕一个共同中心旋转，常常是东侧云系旋向共同中心的东北方，西侧云系旋向西南方，两块云团逐渐合并成一体，其间界限分辨不清，总的云区范围也逐渐缩小，云系本身也呈现螺旋云系的结构，扰动中心常位于此主要云系的边缘。云区中有两个象限出现明显的卷云辐散，会发展成台风。

③积云群型

散乱阶段在赤道辐合带上，某一地区出现热带低压，在低压附近积云块开始聚集，这些散乱云块有绕中心晴空区旋转的趋势，云群的南及西南侧有交角较大的低空输入云带，云带边界光滑，有排列整齐的积云对流单体，将发展成台风。

(2)起源于切变线类

热带扰动常从大陆南移入海切变线上的低压（过文娟，1980）。在台风发生前 3～5 d，扰动南侧的西南季风和低压北侧的东北季风均有明显的加强，切变线两侧风向切变加大，这利于其上涡旋的产生。在台风发生前 1～2 d，北方的西太平洋副高加强西伸，有时和大陆的副高合并，此时热带东风常加强并向西扩展，原位于 140°E 附近的赤道辐合带也随之西伸和原低层之入海切变线相接，并逐渐转变为热带辐合带，台风即在此辐合带上形成。

在冷锋（或静止锋），云带的尾部有一片较稠密的对流云区，范围有 4～5 个纬距。对应切变线上有一闭合的低压中心。随着对流云区进一步发展，范围加大，云层增厚，逐渐和锋面云带脱离，并于云区北侧出现气旋式弯曲。云区的南侧、西南侧有大范围的季风云系卷入，高空卷云辐散清楚，有时也会形成台风。

4.4.3 西北太平洋台风生成客观预报方法

4.4.3.1 台风生成潜势预报方法

上海台风研究所台风生成潜势预报方法介绍：通过统计分析，揭示有利于台风生成的环境流场类型，利用全球数值预报产品（中国 CMA-GFS 模式、美国 GFS 模式、日本全球数值预报模式），研究各个不同全球模式数值预报产品的台风潜势预报方法，综合出集成指数，建立了西北太平洋台风生成客观预报系统。该系统实现了集成台风生成位置预报，提供了有利于台风生成的众多环境流场因子图像产品，实现了自动预报及业务网站实时显示功能。

(1)思路

利用大尺度再分析资料和卫星云图资料，对 1995—2004 年西北太平洋热带气旋形成的大尺度环流背景进行分类研究（王蔚，2007）。将台风形成的大尺度背景分为赤道辐合带（the Intertropical Convergence Zone，以下简称 ITCZ、包括季风槽）、东风波、热带对流层上部槽（TUTT）、斜压性扰动 4 类。在此基础上，进一步分析不同大尺度环流背景条件下热带气旋的形成时间、地点、强度、尺度等特征。通过台风历史台风数据及全球模式客观分析场，找到有利于台风生成的环境条件因子，并根据历史资料确定其阈值。在此基础上，利用全球模式预报资料，建立西北太平洋台风生成实时客观预报系统。

利用再分析资料和静止卫星云图资料，对 1995—2004 年南海—西北太平洋台风生成的大尺度环流背景进行分类研究（王蔚，2007）。在这 10 a 间，有 73.1%的西北太平洋台风形成于赤道辐合带（包括季风槽），10.1%生成于东风波，10.4%生成于热带对流层上部槽，6.3%生成于斜压性扰动条件下。

各物理量判据由 1995—2004 年 2.5°分辨率的 NCEP 再分析日平均资料和 1°×1°分辨率的 NCAR Reynolds 周平均海温资料计算所得。主要对 ITCZ（包括季风槽）、东风波、TUTT 和斜压性扰动这 4 种大尺度背景下的情况分别进行讨论。

1995—2004 这 10 a 中，在西北太平洋 JTWC 资料共有 326 个台风事件，其中发生在 180°以西的台风事件共有 316 个，平均每年发生 31.6 个台风。其中，1996 年发生了 42 个台风事件，明显高于平均水平，而 1997 年、1998 年、2003 年 3 年发生的台风事件不到 30 个，其余时刻台风事件基本保持在 32 个左右。

用统计的方法，从 SST、850～200 hPa 纬向和经向垂直切变、750～500 hPa 和 925～850 hPa 平均相对湿度、200 hPa 和 925 hPa 散度、850 hPa 涡度、CAPE 等方面着重讨论 100°E—180°范围西北太平洋台风生成时以台风形成地点为中心、5 个经纬度范围内的大尺度背景。

（2）判据确定

台风生成很大程度上取决于天气尺度扰动的发展和它与大尺度背景环流场的相互作用。台风的生成和发展需要很大的能量，因此生成于高温高湿和其他气象条件适宜的热带洋面，如风的弱垂直切变、低层一定强度的涡度及一定的纬度因子等。表 4.2、表 4.6 分别为台风以及 4 种大尺度背景情况下台风生成时主要大尺度背景参数的特征值。

将得到的 10 个大尺度参数落在平均值附近正负标准差范围内进行统计，落入范围内的计为 1，不落入范围的计为 0，通过对 10 个大尺度参数的统计可以看出平均值为 7.12。当选取 8 个大尺度参数指标时，有一半的台风可以包含在预报范围内。

（3）客观预报系统的建立

系统用 Fortran 编程语言、C-shell 及 GrADS 开发，在 Linux 环境中运行。通过实时读取中国 CMA-GFS 模式 168 h 预报产品、美国 GFS 模式 168 h 预报产品、日本全球数值预报模式 120 h 预报产品，计算 SST、850～200 hPa 纬向和经向风垂直切变、200 hPa 和 925 hPa 散度、850 hPa 涡度、850～500 hPa 和 925～850 hPa 平均相对湿度、CAPE 等大尺度环境流场指标。根据全球模式提供的资料不同，计算的指标会有减少。针对不同的全球模式，当有多项指标满足阈值时，则认定该区域为有利台风生成的区域。将不同全球模式的计算结果集成，计算台风易生成区域的指数。用图片形式在业务网站实时显示，同时提供各大尺度环境流场预报值（图 4.15）。

针对不同的全球模式（中国 CMA-GFS 模式 168 h 预报产品、美国 GFS 模式 168 h 预报产品、日本全球数值预报模式 120 h 预报产品）计算得到的有利台风生成的区域，计其生成指数为 1，取各个区域（经纬度）东西南北各 5°，检验是否同时存在其他全球模式的台

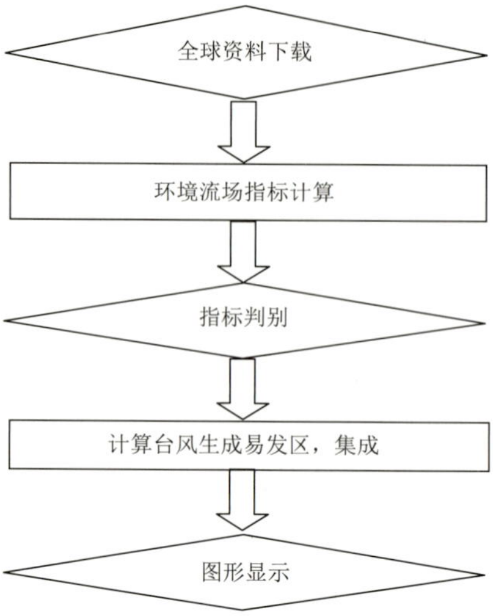

图 4.15　基于全球模式的台风生成潜势预报业务系统流程

风易生成区域，集成指数分别列为 2、3，2 表示同时有两个全球模式预报该区域未来有生成台风的可能，3 表示同时有 3 个全球模式预报该区域未来有生成台风的可能，可能性较大(图 4.16)。

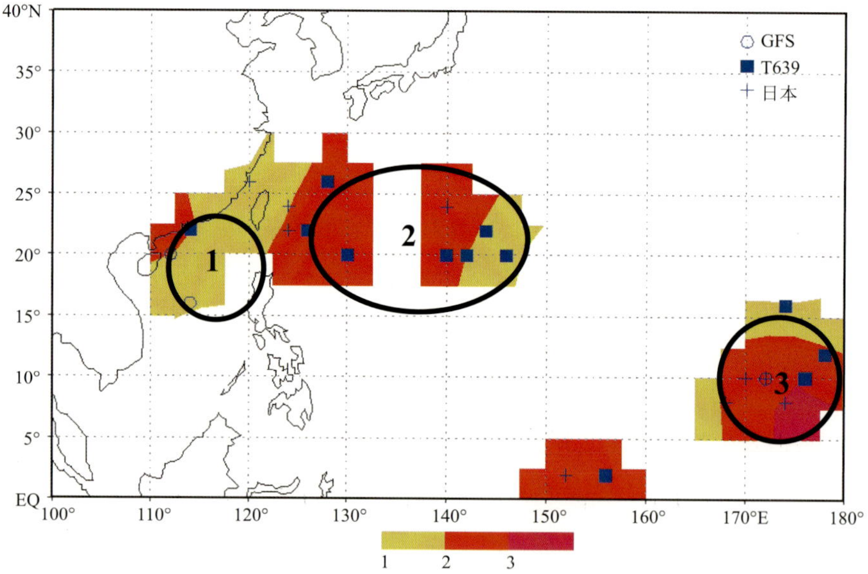

图 4.16　2009 年 08 月 03 日 08 时台风生成潜势预报集成指数

4.4.3.2　台风生成概率预报方法

中央气象台，基于多模式集合预报系统，研发了台风生成时空概率预报技术，业务试验结果显示该技术提供的台风生成概率最大的时间和位置与实际台风生成时间和位置基本一致，对业务台风生成预报具有很好的参考价值。

(1)技术路线

①初始涡旋中心识别

由于台风生成前涡旋比较弱，很难确定其中心位置，为了找到合理的热带扰动涡旋中心位置，使用多层次的多个参数在涡旋初猜位置 500 km 范围内寻找涡旋中心，包括 850 hPa、700 hPa 和 10 m 涡旋最大值以及风速最小值、850 hPa 和 700 hPa 位势高度最小值、海平面气压最小值等，利用优化算法，综合得到一个比较客观热带扰动低层环流中心位置，并最终将该位置作为热带扰动涡旋的中心位置(图 4.17)，建立了台风初始涡旋中心识别模块。

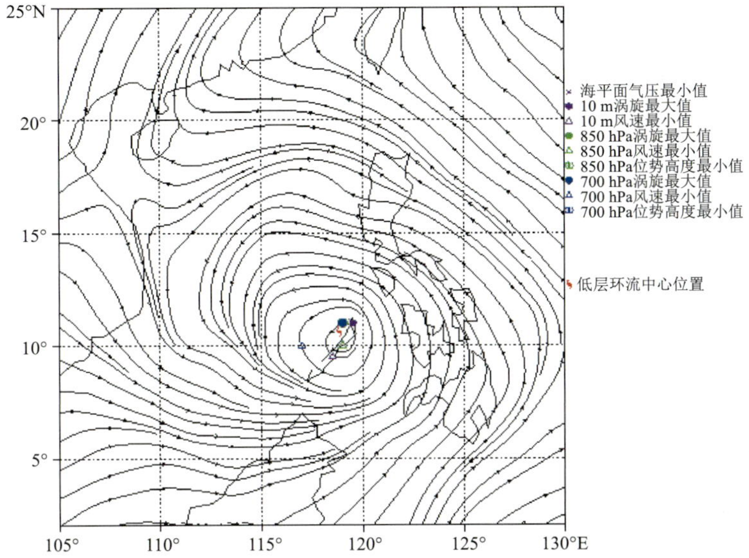

图 4.17 确定模式初始涡旋位置的确定

②台风生成判别

判别模块是主要用于判定涡旋是否可以发展为热带风暴，这也是本技术的最核心模块。基于多模式集合预报资料，在热带扰动涡旋中心附近，分别判断海平面气压闭合等压线、气压梯度、10 m 风速、850 hPa 涡度和 500～300 hPa 暖心结构等是否达到台风生成阈值，确定模式否有台风生成(图 4.18)。另外，除了满足台风生成判据外，并要求生命史持续至少 24 h 才最终判定该涡旋能够生成。

③台风生成概率计算

首先，判别集合预报系统中每个成员是否有台风生成以及生成的时间和位置。然后计算每个网格点 350 km 半径内台风生成的概率，针对每个扰动涡旋计算台风生成概率随时间的变化，从而得到了台风生成时空概率。

(2)台风生成概率预报产品

根据以上计算结果，生成西北太平洋台风生成时空概率图片和数据。该产品可以清楚提供未来台风生成的位置和时间以及生成的可能性，并利用涡旋识别模块提供了台风生成后的移动路径(图 4.19)。

为了满足防灾减灾需求，进一步开展了长时效(5 d)台风生成时空概率预报技术的研

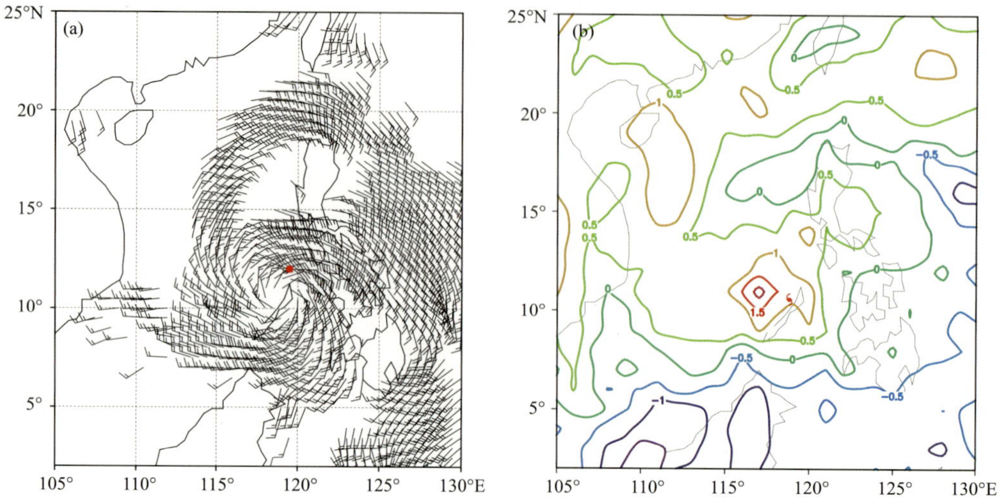

图 4.18 (a) 10 m 风分布，红色点代表涡旋附近 200 km 10 m 风速最大值所在位置；(b)台风涡旋温度距平(温度减去环境(r=1000 km 圆形区域平均)温度，表征台风暖心结构

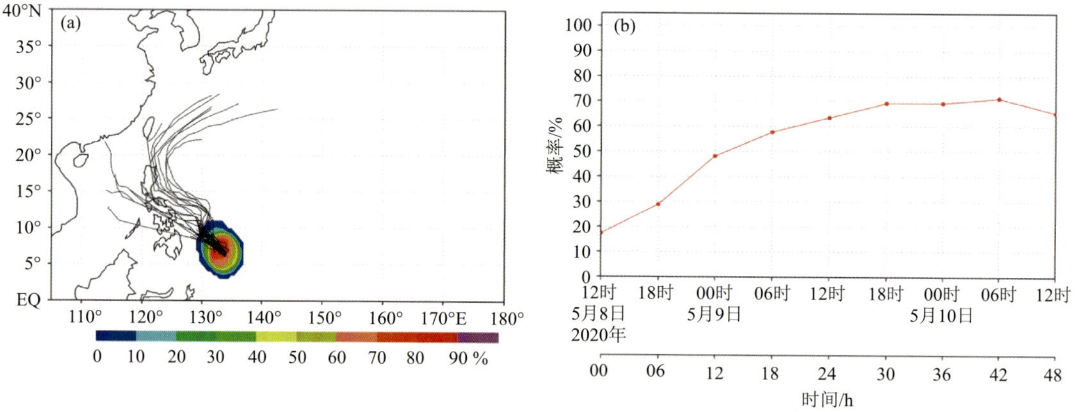

图 4.19 2020 年 5 月 08 日 20 时起报(北京时)

(a)0～48 h 台风生成空间概率分布以及生成后台风移动路径；

(b)南海热带扰动发展为台风的时间概率分布

究(图 4.20)。当卫星资料还未显示有热带扰动时，长时效台风生成概率预报技术能够为未来可能出现的热带扰动发展为台风概率预报提供参考。

4.4.4 综合诊断及预报

4.4.4.1 综合诊断及预报

综合诊断及预报由预报员根据天气学原理和预报经验，主要从环境条件的诊断、扰动云团发展、客观预报方法进行台风生成的预报。

对满足台风生成的基本条件，符合一定的台风形成天气形势背景，具有热带扰动发展条件，特别是数值预报模式预报有台风生成时，以及客观预报方法预报有台风生成等，经

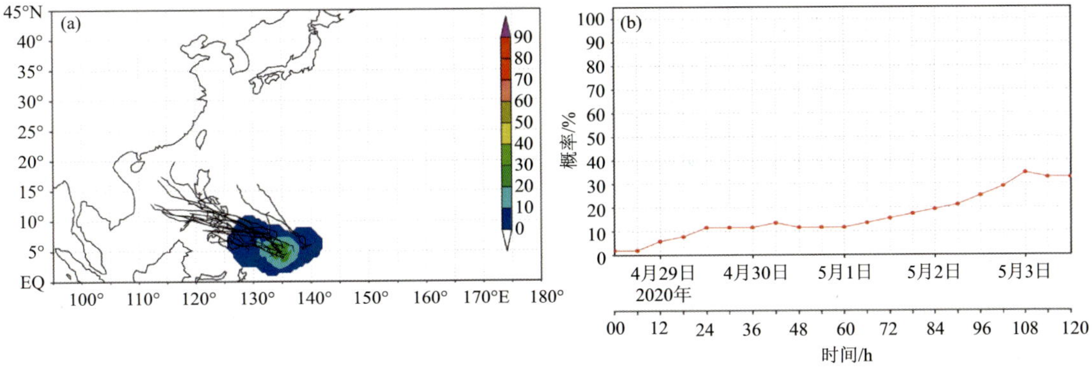

图 4.20　2020 年 4 月 28 日 20 时(北京时)起报

(a) 0～120 h 台风生成空间概率分布以及生成后台风移动路径;

(b)菲律宾以东热带扰动发展为台风的时间概率预报

过综合诊断可以作出台风生成的预报。另外,根据统计分析下面的一些预报要点也可以作为预报参考。

①SST 越高越利于台风生成,但当 SST 超过 30 ℃,达到这个海温的 SST 相对减少,形成的数目相对于达到这个海温的范围来说也减小;当 SST 超过 30.5 ℃,没有台风形成。

②200 hPa 纬向和经向垂直切变越小越有利于台风形成。

③当高层辐散,低层辐合时,容易形成台风。

④参考 850 hPa 涡度,台风形成时都有较大的涡度值出现。

⑤中层相对湿度越高越有利于台风生成。

⑥CAPE 是热带地区台风形成的主要能量来源之一,对于 CAPE,180°以西均有较大的 CAPE 值,为台风形成提供了充足的能量。

4.4.4.2　近海台风生成的预报

“近海形成”台风多出现在南海季风和印度季风活跃时期,ICTZ(包括季风槽)的位置较偏北,常位于中南半岛北部到南海北部。生成台风的初始扰动大都产生在 ITCZ 内。一般情况下,台风形成之前,中南半岛一带中低层为一致的强西南或偏西风,华南上空 850～700 hPa 有偏东或东南风,南海北部存在东西向的低压槽,低压槽中有活跃的季风云团,副高脊西伸到江南或华南,或南海北部有东风波西移。图 4.21 是 0703 号热带风暴“桃芝”生成时的 850 hPa 风场。当时印度季风槽强烈发展,向东伸展到南海西部,中南半岛中南部是强劲的偏西气流,华南西部沿海为东南气流。随着 500 hPa 中纬度脊的东移叠加,太平洋副高加强西伸,华南上空风向逆转,热带低压在西沙海域形成,在其登陆海南岛进入北部湾后进一步加强成台风。

个别“近海生成”台风可在由大陆移入南海的低槽中(属斜压性扰动)生成。由热带扰动发展成风暴时,在低层一般有弱冷空气南下,使南海北部偏东风增大,而南海南部的西南季风也较明显,或赤道西风比较稳定。在高层,常常是南亚高压东南侧的东风急流轴南移到低涡扰动中心的南侧。在风暴形成和移动过程中,700～850 hPa 有低压环流配合。

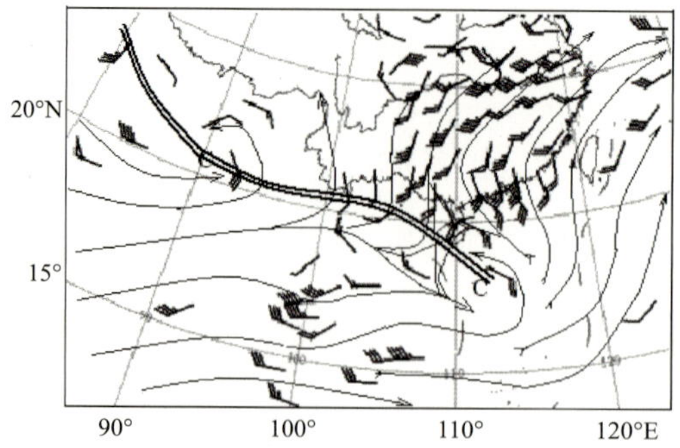

图 4.21 0703 号热带风暴“桃芝”形成热带低压时 850 hPa 风场
双线为季风槽位置，“C”为低压中心

在预报台风生成中可参考数值预报产品。业务常用模式 ECMWF、NCEP、CMA-GFS 等都能提前预报有完整的气旋性环流，具有很好的参考价值。另外，基于集合预报系统的台风生成概率以及概率变化对台风生成也具有很好的参考价值，如 2201 号台风“马勒卡”于 2022 年 4 月 8 日 08 时生成，早在 4 月 4 日 00 时起报 96 h 预报台风生成概率高达 60%，且概率随着时间逐渐增加，该产品为台风生成预报提供重要参考，并增强了预报员的信心。因此，当确定性模式在近海预报连续出现较强的气旋性环流时，且台风生成预报概率逐渐增大，台风生成的可能性较大。但是，模式对西北太平洋台风生成也有漏报情况，如与 TUTT 相关的台风生成，模式容易出现漏报。

4.5 台风生成预报技术的评估及展望

本章介绍了在西北太平洋(180°以西)洋面和南海台风生成的基本条件、理论、台风形成的天气类型、南海土台风生成的天气过程以及近海台风生成的特点。在此基础上分析和整理了台风生成的预报方法。台风生成很大程度上取决于天气尺度扰动的发展以及它与大尺度环流场相互作用的结果，需要满足一定的热力条件、动力条件和环境条件。本章给出了台风生成的主要大尺度背景参数的特征值。分析了热带扰动发展成台风的云图特征和近海台风发生的云图特征。介绍了上海台风研究所台风生成潜势预报方法和中央气象台台风生成概率预报技术。最后简介了台风生成的综合诊断、预报方法以及“近海形成”台风的预报。

虽然目前有一些台风生成预报技术方法，但是，台风生成预报仍然是台风业务的一大难点。但是，随着数值模式的进步和模式释用技术的发展以及台风生成理论的深入研究，台风生成预报能力会逐步提高。

第 5 章

台风路径预报

5.1 影响台风运动的因子

旋转地球表面的大气运动是一种非常复杂的流体运动，遵循着动力学、热力学、质量连续等规律。台风作为大气环流中的一分子，同样受上述规律制约。台风除了自身具有强烈的逆时针旋转（北半球）运动外，在外部各种因子的影响下，还可以发生直线、曲线、蛇形、加速、减速、停滞打转等复杂运动（陈联寿 等，1979）。影响台风运动的因子很多，目前公认有5类决定台风运动的基本因子：环境基本引导气流、不同尺度环流系统的相互作用、β效应、台风涡旋的非对称结构和下垫面影响（DUNN et al.，1960；JOHN et al.，1970；JONE et al.，1976；GREG et al.，1982，1984；CHAN et al.，1982，1985，1987，2002；DONG et al.，1986；VELDEN et al.，1991；HOLLAND et al.，1995；陈联寿 等，2002）。台风运动主要是受这5个因素相互作用的综合结果。

5.1.1 环境引导气流

5.1.1.1 引导气流基本理论

台风水平范围上千千米、垂直高度达10 km以上，但在地球大气环流中，犹如滚滚东流长江中的一个涡旋。台风除了自身快速按逆时针方向（北半球）旋转以外，还受到大范围气流的引导而运动着，如同江中旋涡边旋转边顺水流去一般。这种更大范围的气流称为环境基本引导气流，简称为引导气流。

从20世纪40年代起，台风长期被视为受环境场气流引导的一个点涡或刚性涡旋，不考虑其内部结构。台风未来移动的预测归结于环境场气流的预测。这种预测方法往往获得成功，目前在业务预报中仍被广泛使用。环境场气流的引导理论成为这种预测方法的理论基础（Julian et al.，1960）。

相对于行星尺度的基本流场来说，台风的尺度比较小。在自转的地球上，台风在大型基本流场内的稳定运动，将受到两个主要外力的作用（图5.1），一个是和基本流场对应的气压梯度力G，这在等压面上称为位势梯度力；另一个是作用在台风整个系统（台风被视为点涡或刚性涡旋）上的科氏力A。气压梯度力G与科氏力保持平衡（朱乾根 等，2007）。因此，比基本流场尺度小的台风，将大致上沿大型基本流场的方向移动。台风移动速度与基本流场流速相当。在多数情况下，引导运动是台风移动最主要的一种方式。引导气流越强，台风移速越快。据统计，超过70%的台风移动与环境引导气流有关。

引导气流强且稳定时，台风运动往往移速较快、路径稳定。如西北太平洋台风位于深厚副热带南侧，受其偏东引导气流的引导而稳定快速西移。当引导气流弱且多变时，台风移动往往偏慢、路径多变。如鞍型场中的台风，往往出现停滞打转、路径多变等情况。当引导气流强度发生变化时，如由强变弱或由弱变强，台风运动速度也相应变快或变慢（陈联寿 等，1979）。

常见的对台风移动有重要影响的深厚大尺度系统有副热带高压、西风槽前的西南急流等。

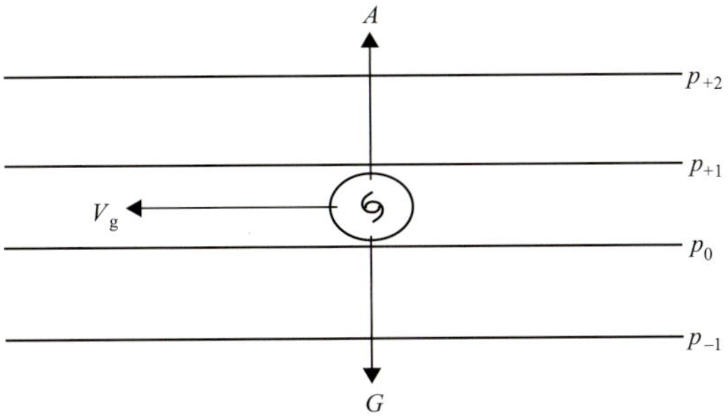

图 5.1 台风在大型基本流场内运动所受到的外力(其中 V_g 是大型基本流场内的地转风速)

5.1.1.2 最佳引导层的确定

台风是一个深厚的涡旋,不同高度上均受到环境流场的引导。对具体某一个台风来说,若某一层上的引导气流与台风移动之间存在最高的相关关系,则称之为最佳引导层。通常也可以用相邻的几层平均来确定最佳引导层。最佳引导层的确定对利用引导气流理论来预测台风移动有重要作用。

研究表明(DONG,1983;HOLLAND,1984;GRAY,1989;VELDEN,1993),对流层不同高度的引导气流与台风移动的关系并不一致。平均来看,中层(700~500 hPa)风与台风移动有着最好的关系。仅当环境气流的垂直风切变较小时,用对流层中层气流和对流层整层平均气流来描述台风的运动能获得相似的结果。业务上常常用 500 hPa 来作为最佳引导层来考虑台风的移动,通常情况下可取得较好的效果。进一步的研究表明,最佳引导层与台风强度有密切关系。一般来说,台风强度越强,其涡旋在对流层伸展高度也越高,其最佳引导层也越厚(VELDEN et al.,1991)。通常达到热带风暴强度的台风,可考虑 850~500 hPa 多层平均的结果作为相应的引导气流,而计算超过热带风暴强度的台风引导气流可使用多层平均结果(董克勤 等,1974,1976)。需要注意的是,由于随高度增加(气压下降),大气密度减小,因此在计算多层平均时,应考虑使用质量权重或者气压权重。在预报当中,如果多层平均计算所得引导气流不可信,对于强度超过热带风暴的台风,则 500 hPa 可作为“最佳引导层”来计算引导气流;对于热带风暴强度的台风,则可以用 700 hPa 作为“最佳引导层”来计算引导气流。若环境垂直风切变较大,台风将发生倾斜使得对流层上下层的涡旋中心分离,可以用 850 hPa 或 700 hPa 作为“最佳引导层”来计算引导气流。此外,除了考虑台风伸展高度外,“最佳引导层”的确定还需要考虑到不同季节各天气系统的垂直结构特征。如秋冬季时期,台风通常垂直伸展高度较低、副热带高压垂直厚度变薄,低层引导变得更为重要(陈联寿 等,1979)。

5.1.1.3 引导气流的计算

尽管应用引导气流理论时将台风看作一个点涡或刚性涡旋,在计算引导气流时仍必须考虑其范围和结构。此时,需要将台风环流从环境流场中“剔除”出来。通常利用距台风中心 1~7 个纬距环状范围内平均环境流计算引导气流,引导气流的方向和速度代表了台风未来的移向和移速(MARKS et al.,1992)。

早期在计算引导气流时,将台风近似为对称涡旋移除。这样计算所得的结果并不能真实反映环境引导气流,因为台风总是非对称的,移除对称涡旋的过程会将一部分环境场中的非对称信息也一同移除。此后,Kurihara 等(1993)以及 Kwon 等(2002)提出从涡旋中分离其非对称信息的方法,从而可实现将非对称台风涡旋信息较完美地从环境流场中分离出来。具体流程为先对流场进行滤波得到基本场和涡旋扰动场,然后确定涡旋中心,其后用 850 hPa 风场确定涡旋范围,再计算涡旋扰动场中的非台风扰动部分,接着从涡旋扰动场中减去非台风扰动部分即得到与台风相关的风场,最后将与台风相关的风场移除得到计算引导气流的环境场。

5.1.1.4 引导气流偏差

由于引导气流是准地转的,因此通常引导气流方向与台风实际移动方向有一定偏差。统计表明,从台风中心向外的 5°~7°纬度半径的中层(700~500 hPa)风与台风移动有着最好的关系,与上述风向相比,北半球台风移向平均偏左 10°~20°。进一步分析发现不同基本气流下台风的移向与之偏差有所不同(CARR et al.,1990)。Dunn 等(1960)发现,当飓风向西和西北移动时,路径偏于基本气流右侧约 10°~20°。据统计,在西风带中,台风路径向 700 hPa 以上各层基本气流的左侧(低压一侧);在东风带中,对于 700 hPa 以上各层基本气流台风移动偏于右侧(高压一侧)。

实际上的台风有一定的范围,并不是一个点涡。台风环流内的不同空气质点在绕中心作旋转运动时受到的科氏力并不一样。通常将台风范围内所有空气质点受到的科氏力合力(即净力)称为内力。台风空气质点相对其中心的运动可分为围绕中心旋转的逆时针切向运动和指向气旋中心的法向运动。由于相同的速度在不同纬度上受到的科氏力不同,作用在台风切向速度上的科氏力合力指向北,而作用在法向速度上的科氏力合力指向西。因此内力的方向指向西北。

图 5.2a 表明,东风带的基本流场气压梯度力 ∇p 指向南,内力 I 指向西北,为达到三力平衡,地转偏向力应指向东北,这个力应当在台风移向的右侧并与台风移速垂直,因此台风应向西偏北方向移动,偏向大型气压场高压一侧。

图 5.2b 表明,当台风转向进入西风带以后,将偏向低压一侧。

图 5.2c 是台风在南北向基本气流里向北移动的情况,它将偏向高压一侧。在我国东部海面上北移的台风,绝大多数都将右转偏向。

图 5.2d 的气压场,使气压梯度力与内力大致在一个方向,在地转偏向力与这两个力平衡时,台风移向与基本气流方向一致,偏差最小。

图 5.2e 是相反的情况,气压梯度力与内力方向相反,台风沿基本气流成倒抛物线移动,偏差也最小。以上 5 种情况中,如果大型气压场条件相同(即气压梯度力相等),则 b、c、d 三种情况中,台风移动的速度将大于 a、e 两种情况,因前三种情况地转偏向力比后两种大。

5.1.1.5 业务上使用引导气流需要注意的事项

由于应用引导气流理论时,需假定台风为点涡或刚性涡旋,因此当这一假定成立或近

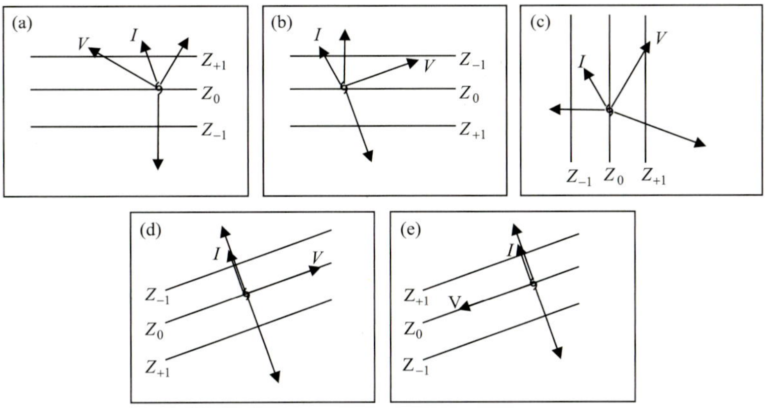

图 5.2 台风移动与基本流场之间的偏差

(a)东风带偏向高压一侧;(b)东风带偏向低压一侧;(c)北上路径偏向高压一侧;
(d)西风带抛物线路径与基本气流一致;(e)东风带抛物线路径与基本气流一致

似成立时,应用引导气流理论可获得较好的结果。当这一假定不成立时,应用效果往往较差。业务上需要注意以下几点。

①台风尺度越小、强度越强,其被近似为点涡或刚性涡旋这一假定越趋于成立,因此应用引导气流理论效果较好。反之,台风尺度越大、强度越弱,应用效果越差。

②由于台风强度的持续变化、大气环流在不同高度上的不一致以及实际存在的台风与其他系统的相互作用,最佳引导层往往不太容易确定,或者最佳引导层容易发生变化。即使在同一个台风的不同发展阶段,其最佳引导层也往往有差异。

③台风位于陆地上时,由于下垫面的作用,其移动方向与引导气流方向的偏差可能较海上二者的偏差更大。

④利用大气实况的引导气流诊断台风移动的有效时间与大尺度环境场的稳定程度有关。环境场系统较稳定时,大尺度流场变化相对较小,利用引导气流预报台风移动的有效时间也较长;在环境场急剧调整时期,大尺度流场变化较快,则利用引导气流预报台风移动的有效时间相应较短。一般说来,应用实况计算得到的引导气流来预报台风移动的有效时间不超过 24 h。目前,数值预报模式能力明显提高,有效时效也明显增加,对大尺度大气环流及其演变具有很强的预报能力,即使是大尺度大气环流的快速调整,模式往往也能准确计算出来。因此,可利用模式输出产品来估算未来时次的引导气流,从而有效延长台风路径预报的时效。这与过去仅利用实况流场和计算所得的引导气流来预测台风路径有了很大不同。

5.1.2 影响台风路径的主要天气系统

台风在大气流场中的运动,主要受到引导气流影响。引导气流的变化将引起台风运动状态的改变。除台风外,大气环流中还存在着各种尺度的天气系统,当这些天气系统的演变直接或间接地影响到台风周围的流场时,引导气流也将随之改变,从而影响到台风的移动。影响台风路径的常见天气系统有副热带高压、青藏高压、赤道高压、冷空气、西风槽、南支槽、季风、热带辐合带、其余涡旋系统等。

5.1.2.1 副热带高压(副高)

副高是影响台风路径最重要的天气系统。台风的三类典型路径(偏西型、西北型和抛物型)与之直接相关。靠近副高的台风受到其外围较强气流引导而发生顺时针运动(图5.3)。副高的季节性的北跳、南落是台风活动季节性特征的根本原因。其强度、范围、纬向移动等周期性变化均可引起台风路径的变化。副高呈“带状”分布时,天气形势往往比较稳定,西风带环流也比较平直,多数台风在副高南侧的偏东气流引导下向西到西北方向移动,这是西行台风最典型的环流形势。副热带高压呈“块状”分布时,往往与比较活跃的西风带系统相伴,是一种不稳定的环流形势,台风路径比较复杂,西太平洋台风登陆和转向均有,登陆略多,南海台风以登陆为主。当处在断裂的两环高压之间的鞍型场时,此时引导场非常弱,且引导气流方向容易发生变化,台风往往移动缓慢、停滞打转。

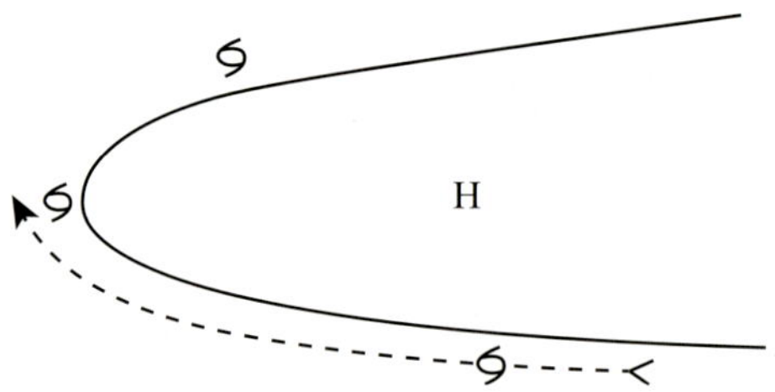

图5.3 台风绕副热带高压运动示意

需要注意的是,盛夏时期副高是一个庞大、深厚的高压系统,对靠近它的台风来说,各层引导气流往往一致或大多数一致,因此业务上利用500 hPa流场得到的引导气流来估算台风的移动往往效果较好。对春季和秋冬季节来说,副高往往范围偏小、垂直偏薄,或者变化较快,各层引导气流常常出现不一致,同时,台风的伸展高度也较盛夏时期更低,业务上利用500 hPa流场来预测台风移动误差往往明显增大。

如秋冬季节,低层引导作用往往较中层更为重要,这是显著的季节特征之一。对1970—1974年10—12月500 hPa和850 hPa引导气流不一致的台风的统计表明,14个西行台风中,13个受850 hPa气流引导,唯一一个与500 hPa气流一致的台风(7014)同时也受其他系统(南支急流)的影响。

此外,副高受到其他天气系统影响而发生变化时,引导气流也随之改变,从而对台风的移动产生影响。副高强度、范围及运动状态的突然改变(如副高的断裂、突然西伸、突然减弱等),往往导致台风移动的突兀变化。这一直是台风路径科研和业务预报的热点和难点。在没有有效模式产品参考以前,移动突变的台风很难被预报出来。而现在,数值模式对环流的急剧调整往往也能较好地预报出来,这使得业务上对这类复杂路径台风的预报能力得到明显提高。

5.1.2.2 青藏高压

青藏高压通过对其下游的槽脊及副热带高压的影响,可影响台风的运动,造成台风路径的差异,这是中纬度天气系统对低纬度环流强迫的一个表现。1970—1995年的统计结果表明,当青藏高原500 hPa上为高压时(图5.4a),介于高原高压与副高之间的西风槽加深，往往使西太平洋副高减弱东退，有利于副高西南侧台风转向或北上。当高原上为槽时（图 5.4b），原高原高压移出高原与副高合并，使副高增强西伸，台风将在副高南侧的东风引导下西行。青藏高压对台风路径的影响是通过影响副高来间接实现的。

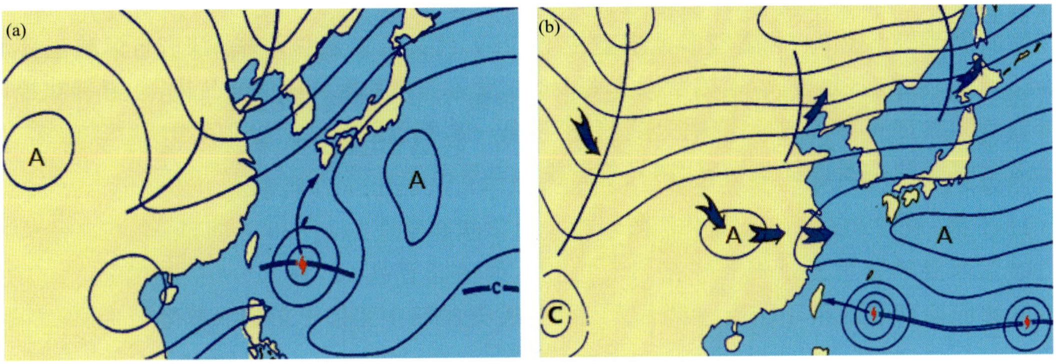

图 5.4　青藏高压影响台风路径的模型

(a)高原高压型；(b)高原低槽型

5.1.2.3　赤道高压

通常情况下，西太平洋赤道地区是一条行星尺度的热带辐合带。其与北半球的副热带高压之间是宽广的东风气流区，位于此区域的台风受到东风引导而发生向西运动。

有时候赤道高压或赤道缓冲带的加强，会抵消原先的东风引导，使得引导气流减弱，从而台风内力相对增加，因此台风偏北运动分量会增加。这是南海北翘台风的典型天气形势之一（图 5.5a）。

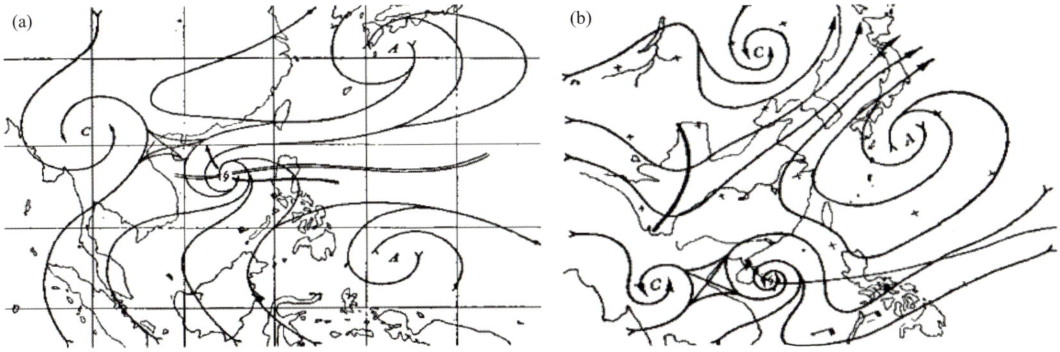

图 5.5　南海北翘台风模型

(a)赤道高压型；(b)副高南落型

另一种典型的南海北翘台风的形势（图 5.5b）是，位于台风中心东北处的副热带高压中心南落，高压脊伸至南海南部，台风东侧的高度场明显增加，形成“方头副高”，此时偏东引导气流明显减弱，偏南引导气流增强，从而引起台风出现北翘。

5.1.2.4　冷空气

当北方冷空气南下遇上台风时，也会影响台风的移动。一般情况下冷空气形成的冷高压对台风有阻挡作用，造成台风移速的减慢甚至停滞。实际上的台风运动十分复杂，这取决于冷空气、西风槽及其与台风的相对位置以及台风本身强度等。

当冷空气较弱时，此时若有高空西风引导，台风将以东移为主，若无高空西风引导，则台风受低层东北季风影响，以西移为主。

当冷空气较强时，若高空西风槽随冷空气同时南下、台风位于槽前时，台风将迅速转向东北方向移动，如台风“暹芭”（图 5.6a～c）；若高空西风槽未随冷空气南下，或西风槽南下但台风位于其南侧或西南侧而未受其引导时，台风将受低层东北季风影响移动停滞、甚至转向西南方向移动。如台风“西马仑”（图 5.6d～f）。

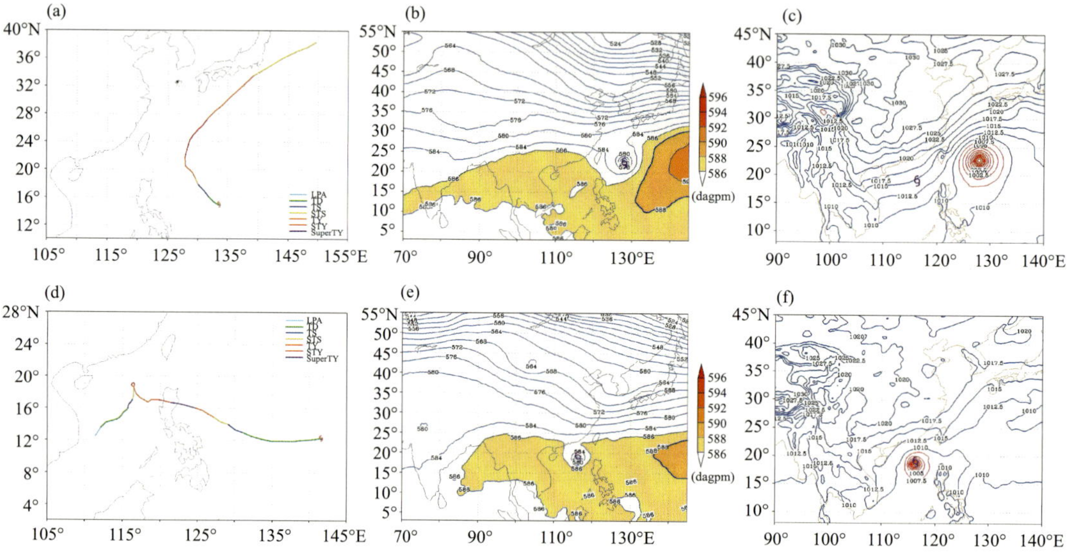

图 5.6 台风“暹芭”路径(a)；2010 年 10 月 27 日 20 时 500 hPa 高度场(b)及海平面气压(c)；台风“西马仑”路径(d)；2006 年 11 月 1 日 20 时 500 hPa 高度场(e)及海平面气压(f)(单位：dagpm)

5.1.2.5 西风槽

西风槽对台风运动的影响主要有两点。第一，当台风位于西风槽槽前急流区时，强的偏西南引导气流促使台风快速向偏东北方向移动。这是西风槽对台风运动的直接作用。在台风的完整生命史中，一般来说这个阶段移速是最快的。卫星云图上常表现为西风槽前云系与台风云系联结在一起；第二，西风槽移向副热带高压时，容易引起副热带高压强度减弱、西脊点东退，此时，原位于副热带高压东南侧的台风由最初的偏东南引导气流变成偏南引导气流，从而使得台风路径出现向北偏折。这是西风槽对台风移动的间接影响。

还有一种并不常见的现象。当高空西风带长波槽槽底切断出冷涡时，冷涡受到东北气流（副热带高压南侧）引导，一般都向偏西南方向移动，引起周围基本气流的剧变。这种气流的剧变会对附近的台风产生重要的影响。冷涡对台风的这种作用，和两者的距离、强度和冷涡路径有关。经验表明，当两者相距 5～10 个纬距时，冷涡外围气流对台风有引导作用，台风的移动与冷涡外围的基本气流大体一致（如 7204 号台风）。当小于或等于 5 个纬距，冷涡与台风有合并的趋势（如 7203 号台风）。

5.1.2.6 孟加拉湾南支槽

由于青藏高原的地形和高原冬季的冷源作用，从每年 10 月至次年 6 月，高原南侧的对流层中上层稳定存在着一支南支急流，也称为副热带急流。它对南亚、东南亚以及西太平洋地区的大气环流有重要的影响。冬半年台风的移动和这个南亚环流系统有十分密切的关系。

产生在南支急流上的扰动，称为南支波动（南支槽）。南支槽的活动带有准静止性，欧亚范围内南支槽容易在下面 4 个地区稳定：地中海、里海、巴基斯坦和孟加拉湾。尤其是孟加拉湾一带，是南支槽出现频率最高的地区。南支槽移到这个地区，移速一般都要减慢，振幅稍有加大。

孟加拉湾南支槽的稳定和移出对东南亚和西太平洋沿岸的环流有明显不同的影响。当孟加拉湾有一支强的南支槽存在时，槽前一支强西南急流可以穿过中南半岛北部和我国华南，一直伸到东海。这支急流对从东亚大槽南侵的冷空气有阻挡或使它向东移去的作用，一般称之为屏障作用。这种作用使西太平洋高压脊和南海高压不会受到冷空气侵袭而减弱。因此对台风西行进入南海是很有利的。

南支槽是不断调整和东移的。经验表明，大部分孟加拉湾低槽在东移过程中是减弱的，甚至作为槽的实体消失而不可追踪。但也有一部分槽东移时仍较强，当这种槽移过高原东侧或在西太平洋沿岸与一个东亚正在发展的极槽叠加，则会造成这个槽的强烈发展。南支槽叠加以后的作用，在于诱导极槽的冷空气向南爆发。其结果表现在两方面：第一，对太平洋高压或南海高压有较强的减弱作用，从而有利于台风北上或转向；第二，是华南受到强冷空气袭击的一个重要形势，长时间维持的阴雨天气立刻结束，气温骤降，风力增大。南支槽的这种作用称为诱发作用。

5.1.2.7 热带辐合带（ITCZ）

西南季风和越赤道气流的作用除了为台风提供大量水汽和能量外，强盛的西南季风和越赤道气流往往会抵消东风引导气流，使得台风偏北移动分量增大，特别是在其他引导气流较弱的情况下，这两股气流更显其作用。

ITCZ 是台风发生发展的主要源地，对台风的路径也有重要影响，并且是台风疑难路径的成因之一。在台风形成阶段，其主要在 ITCZ 的范围之内，同时受副热带高压南侧的东风气流和 ITCZ 南侧的偏西气流作用，移速缓慢，移向多变；当台风成熟后大多会沿着 ITCZ 向西北偏西—西北方向移动，当 ITCZ 发生全线北上时，台风会偏离副热带高压偏东气流的引导，随 ITCZ 一起北上，有时甚至形成疑难路径。

有时 ITCZ 受到其他天气影响会发生断裂，如副热带高压突然南落或北跳，季风的突然爆发或衰减，或者西风槽加深等均可以切断 ITCZ。此时台风往往受到其他天气系统更强的引导，从而运动发生变化。移动的方向和速度取决于 ITCZ 断裂后台风周围的引导气流状况。

5.1.2.8 其他涡旋系统

当台风周围有其他涡旋系统活动时，其环境流场会发生改变，从而可影响台风的移动。

(1)双台风作用

当两个台风距离不远时,往往会发生互旋或合并。经验表明,两个台风相距 1000~1500 km 时,一般容易发生互旋运动(北半球一般为逆时针)。两个台风互旋的中心是二者连线质点的中心。当相距在 600 km 以内时,容易发生合并。这种作用称为双台风作用,也叫藤原效应。当二者相距 1500 km 以上,一般不会产生直接影响,但可能有间接影响,如一个台风通过影响其他天气系统(如副热带高压等)来影响另一个台风的环境流场,从而影响后者的运动。实际上,双台风作用距离与两个台风强度、范围有关。一般来说,台风越强、范围越大,则作用距离越长,反之则越短。业务中根据实况的追踪研判来确认双台风作用的开始时间,是一项重要的工作。

一个典型的双台风互旋的场景是,东台风位于西北太平洋,强度强、范围广,紧挨副热带高压,受强引导气流快速稳定地向偏西北方向移动。西台风位于南海或附近海域,强度弱、范围小,远离副高引导气流弱,受双台风作用,西台风往往出现移速慢、停滞打转等复杂运动。这种复杂运动维持至两个台风距离足够远、双台风作用结束后,且引导气流增强时。

(2)东风波

西太平洋上经常能见到东风波动的活动。当东风波移近台风时,将改变台风周围的引导场,从而对其路径产生显著影响。这种影响可概括为重位或错位两种方式。当东风波与台风在经线上重合时称为重位,当东风波位于台风以东或以西时称为错位。

当东风波西移到台风北侧发生重位时,台风周围流场有一个突变,即台风北侧太平洋高压脊南侧牵引台风西移的东风显著减弱。这种变化将使台风内力运动相对增强,因此重位影响将使台风路径突然北折,移速也相应减慢。这种北折路径将使东风波对台风有吸引和合并的趋势。吸引和合并的作用将造成两种结果:一种是东风波与台风合并,成为一个系统;另一种是这两个系统重位以后,东风波又与台风分开,并向西移出,继续对台风施加错位影响。

当东风波与台风位相错开时,称为错位影响。当东风波位于台风后部时,将使台风北侧牵引它向西移动的偏东气流改变为东北气流,从而使台风折向比其原来移向偏西或偏南移出。当东风波移到台风前方时,台风将受到东风波后部东南气流的牵引,由原来重位时的偏北移动,折向偏西北方向移动。

因此,当一个东风波从台风北侧自东向西掠过台风时,台风路径所受到的影响可概括称为一个三阶段的模式(图 5.7)。第一阶段为后错位影响,使台风折向西南方向移动。第二阶段为重位影响,使台风北翘,折向偏北方向移动。第三阶段为前错位影响,使台风路径折向西北方向移动。台风路径受东风波影响之后,其路径的曲折变动是否显著,取决于东风波和台风的相对强度。尺度大、强度强、距离近的东风波,影响也较明显。

(3)台风周围中小尺度涡旋

此外,台风周围的较小尺度涡旋系统能对台风路径产生影响,这种影响常表现在引起台风路径非规则蛇形摆动上。业务中常常可以见到这样的例子,应引起注意。对这种中小尺度涡旋系统引起台风路径的非规则变化,利用模式可以较好地模拟出来。进一步分析可以发现中小尺度涡旋系统与台风的相互作用能够激发出弱环境场中台风非对称结构随时间的非规则变化。而这种非规则演变是引起台风路径非规则蛇形摆动的直接原因。较小尺度涡旋位于台风环流的不同位置时，不同尺度涡旋的相互作用对台风结构和移动的影响可以很不同。这对于结合云图资料预测台风未来的移动问题是有启发的。

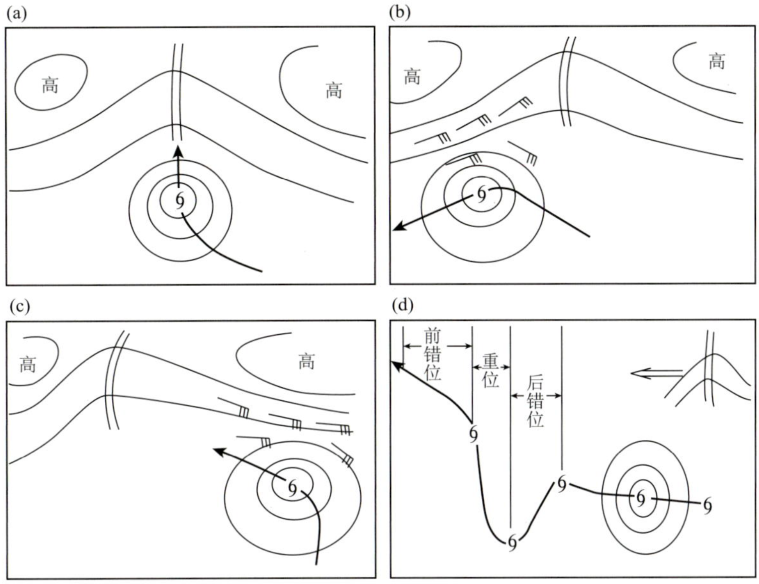

图 5.7 东风波对台风路径的影响

(a)重位影响；(b)后错位影响；(c)前错位影响；(d)东风波从台风北侧自东向西掠过台风对其路径影响的示意

5.1.3 β 效应

一个涡旋在转动的地球上运动必定受到科氏力的作用，科氏参数 $f=2\Omega\sin\varphi$，Ω 为地转角速度，φ 为纬度，可见科氏力参数随着纬度而变化，不同移速和不同纬度的台风受到不同科氏力作用，从而对台风运动产生影响。β 效应对台风运动具有显著影响。业务上经常用到的“内力”概念即是 β 效应的一种特殊形式。

5.1.3.1 台风内力

我们知道，作用在台风内空气质点的科氏力分布是不均匀的，称台风范围内空气质点所受科氏力的积分和（即净力）为台风内力。当台风周围的基本气流很弱，而台风的移动主要由台风内力所引起时，称台风的这种运动为内力运动。

可以通过图 5.8 来帮助理解台风内力的含义。假定台风为一对称圆、某一固定圆周上台风的切向风速相等。但因纬度不等，作用在空气质点上的科氏力（$F=-2\Omega\sin\varphi\cdot v_\lambda$）南北是不等的。如图 5.8a 所示，A、C 两点和 B、D 两点纬度不等，A 和 C 两点科氏力向北的分量将超过 B 和 D 两点向南的分量。将作用在台风环流各点上的科氏力合起来，则产生一个向北的净力。此外，台风除切向旋转运动外，还存在经向辐合运动，辐合流场也产生内力。同理如图 5.8b，台风经向辐合流场所受科氏力的合力，产生一个向西的净力。台风是一个气旋性旋转和辐合的系统，因此受到一个向西北方向作用的合力，这就是台风的内力。

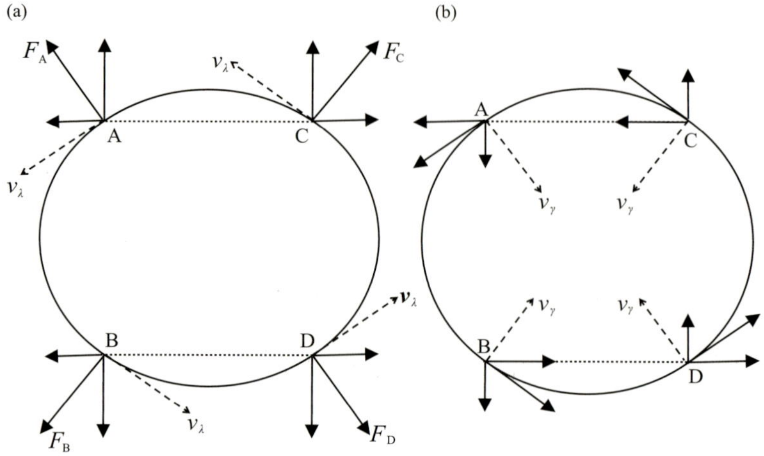

图 5.8 假定台风为对称圆作用在台风切向力(a)和法向力上的科氏力(b)

对上述假定条件下得到的内力作进一步的公式推导,可以得到以下结果。

①台风范围越大,所受内力越大,低纬度的内力较高纬度内力大。

②上升运动和经向辐合产生一个向西的内力,这两种运动的速度越大,向西的内力越大。

③气旋性的切向速度产生一个向北的内力,气旋性速度越大,向北的内力也越大。

④台风是一个辐合上升和气旋性旋转的环流系统,产生一个向西和向北的分力,总的内力是西北方向的。

在科氏力的力场中,某一个方向的内力自然不单只改变该方向的分速,如果把台风看作质点,则在向西的内力作用下,台风在向西运动的过程中增加向北的分速度,而在向北的内力作用下降增加向东的分速度。所以当环境气流很弱时,如果西移台风范围迅速扩大、强度急剧增加,内力 I 也将明显增大,增强的内力 ΔI 导致的分速度 ΔU 也随之增大,使得台风要向北偏转,当 ΔU 足够大时甚至引起台风向偏东北方向移动,即要转向。

业务中应用时发现,当引导气流很强、台风移动很快时,内力的作用表现得不太明显;当引导气流很弱时,内力作用开始显现出来,尤其是台风出现强度迅速增强、范围突然迅速扩大的情况下,内力作用的效果表现得非常明显。在后者情况下,台风运动常常表现出向偏北方向移动的特征。

上述内力的概念及结论是基于台风是对称圆以及距离台风中心的空气块移速相同这样的假设得到的,虽然这与实际台风有差异,但其业务应用结果与观测事实接近,因此台风内力仍是目前业务上经常使用到的概念。

5.1.3.2 β 效应的理论研究

内力的概念在业务中长期被使用并被业务人员所接受,而理论上的研究远不止于此。众所周知,台风移动所遵循的基本物理约束是绝对涡度守恒。其数学形式为准地转正压涡度方程,该方程包含 β 效应和涡度平流两项。20 世纪 90 年代以前,关于台风移动物理机制的研究,大多限于线性范畴,着重分析 β 效应的作用。如 Rossby(1948)、叶笃正

(1950)、Adem(1956)、Holland(1983)、Chan 等(1987)等。此后,对台风移动中的非线性项(涡度平流项)开始受到重视,台风运动机制得到了进一步的研究。

对 β 效应的研究主要是基于数值方法,从简单到复杂。

在环境气流速度为 0 的情况下,单独的线性 β 效应,使得台风形成南北分布对称、东西向分布不对称的流型,并且东西方向的非对称性随时间不断增大。线性 β 效应本身并不会使得台风直接发生移动。当考虑非线性因素(涡度平流)时,线性 β 效应所产生的非对称性会使得气旋向西北方向移动,切向风速越大、气旋尺度越大,向西北方向的移速越大。涡度平流作用在某种意义上会削减气旋的非对称性,使得气旋趋于对称化。

而当环境气流速度不为 0 时,台风的移动与台风强度、范围、结构、科氏参数随纬度变化、环境气流、风垂直切变等诸多因素有关,这一问题变得十分复杂。国内外许多专家对此问题做了大量研究,得到许多成果。然而,业务中主观定性分析 β 效应对台风路径的影响难度极大,这只能从模式输出结果中反映出来。

因此,看起来业务中使用到的内力概念与环境气流速度为 0 时的 β 效应有些相似,但其理论基础差异甚大。基本上,可以把内力的概念看作是环境流场非常弱条件下 β 效应的粗略近似。

5.1.4 非对称结构

当将台风近似为点涡或刚性涡旋时,应用引导气流理论来预报台风的移动一般可取得较好的效果,目前仍是业务上广泛使用的方法。但是仍有很多预报失败的例子。很早就有人发现,在弱引导场中,台风的内部结构对其运动有影响。陈联寿(1985)指出,台风内部的非对称结构往往是引起台风移向与引导气流偏差以及异常运动的一个因素。以前对这个问题研究很少,因为缺少台风内部资料。利用 SPECTRUM 期间台风的加密观测计划所取得的资料,对此问题进行了初步研究。发现三个转向目标台风在临近转向时其移速变慢,台风内部等值线结构也发生显著变化,由东北象限稠密、西南象限稀疏的 NE-SW 型非对称结构转变成 SW-NE 型非对称结构或 NE-SW 方向准对称结构。

台风内部结构的这种变化往往与环境场有一定的关系,例如台风在移动过程中与冷锋、冷涡、另一个台风、副高、大陆高压、阻塞高压、西风槽等遭遇。这会影响其结构变化,从而与运动发生联系。而当台风靠近陆地或在陆地上时,其不对称性更为显著,不仅表现在动力场上,热力场的非对称性也很明显。同时,不同高度上也存在着非对称性。台风内部结构对其运动的影响通常在弱环境引导场中起作用。

业务上,各地预报员利用卫星云图资料对非对称结构条件下台风运动的规律做了大量的统计工作。但由于缺乏台风非对称结构对其路径影响机制的认识,利用这种粗略的统计来做预报常面临失败。

不少学者利用数值模拟方法研究了台风非对称结构对运动路径影响的机制,获得了一些研究成果(陈联寿 等,1997;CHEN et al.,1998)。然而,这一机制并没有完全弄清楚,而且许多研究成果基于各种假设条件所得,是否符合大气真实的情况有待于进一步的检验。但上述研究成果仍有助于提高人们对此的认识。

5.1.4.1 动力非对称

前面提到，β效应可导致台风在东西方向上的非对称性，而涡度平流作用可以使东西方向的非对称性绕轴旋转。Fiorino 等(1989)详细讨论了对称和非对称环流之间的相互作用对涡旋移动的影响，并指出线性β项引起涡旋中心移动的反气旋非对称环流及涡旋中心以西的气旋性非对称环流，称之为"β陀螺"。在这非对称陀螺之间的"通风流"可使涡旋朝西北漂移。事实上，仅当初始时刻台风为圆形轴对称涡旋的结构时，其移动路径(正常路径)才指向西北方向。若初始时刻在台风环流区域引入随机扰动形成非对称涡旋结构，当非规则程度增加时，台风移动偏离正常路径(西北方向)的程度也增加。因此可以推测，台风的非规则结构也可能是影响台风移动的一个重要因子。

由于观测资料等原因，台风的非对称结构特征并未完全揭示。Wilson(1979)的铁塔观测发现，台风边界层内存在多重最大风速的现象。飓风 Andrew(1992)穿越墨西哥湾时，WSR-57、WSR-88D 雷达观测到飓风眼被一个大的眼壁取代，随后该新眼壁逐渐收缩并形成两个对流活跃的中尺度涡旋(其 500 m 高度的直径约 1 km)绕飓风中心旋转，构成 2 波不对称结构。类似的结构也在 NOAA 的飞机对飓风 Gladys(1975)和 Hugo(1989)的观测中被发现。因此，有理由相信，台风可能具有多波的非对称结构特征。数值试验发现，这种非对称结构能显著地引起台风路径曲率的变化，即影响台风的移动路径。且这种影响(作用)不仅与台风中心所在纬度、台风的尺度、最大风速、最大风速半径及台风的移动速度有关，还与非对称结构的分析(初始位相)及其振幅有关。

5.1.4.2 热力非对称

影响台风运动的非对称结构的概念不只是台风涡旋的动力特征，而且可更广泛地包含其外区热力结构的非轴对称特征。其中亦可表现在形成强对流云的层结不稳定热力因素。

观测事实表明，在环境场较弱的条件下，台风的转向往往与其外区对流云团的非对称分布密切相关，即台风有朝其外区积云对流活跃区一侧转向的迹象，这意味着台风趋向强温、湿不稳定层结的区域。例如，0212 号台风"北冕"(图 5.9)，在南海北部以偏西路径移至香港偏南约 200 km 的海面上时，其环境引导场明显减弱，此时广东东部大气处于强温、湿不稳定层结，最终"北冕"转向向偏东北方向移去并登陆汕尾，导致各机构预测均告失败。华南有一句民谚"一雷引九台"，反映的就是类似情景。然而，华南另一句民谚"一雷压九台"则表达了完全相反的意思。这可能是有时在台风到达某地前，该地已经出现了激烈的天气，导致大气降温、气压升高，反而不利于台风移来。这两种情形同时存在，使得业务判断变得更为困难。

从动力学角度可以认为，台风外区的不稳定温、湿层结特征必然导致该区域相应的上升运动与积云对流的加强。这一强上升运动或不稳定层结区域对台风运动有较强烈的"吸引"作用，即促使台风偏离原来的路径。利用数值试验可以揭示出台风外区非对称热力结构(温、湿不稳定层结)对台风移动轨迹的影响作用，反映出台风外围积云对流或上升运动区对台风的"吸引"机理，进一步证实了台风运动与热力非对称因子的相关关系。其可能的机理及其对台风运动的影响，可总结出如下几点结果。

①台风运动非对称的影响，不仅表现在台风动力结构特征上，而且反映在台风外围三

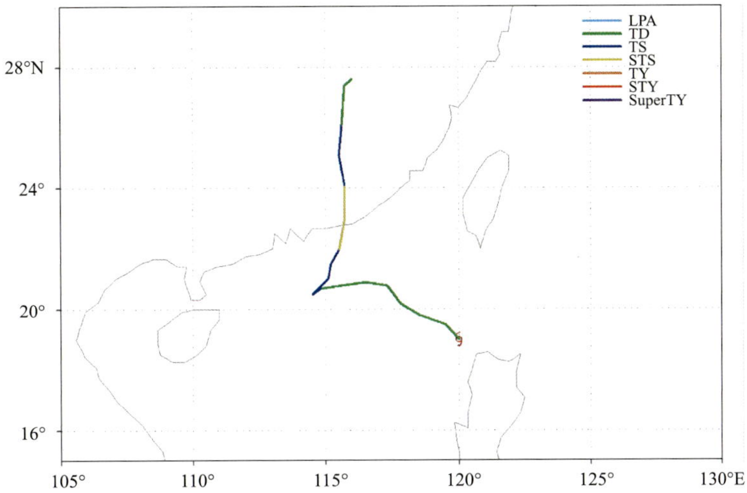

图 5.9 0212号台风“北冕”路径

维非对称热力结构的特征方面，如温、湿的不稳定层结的非对称分布。

②台风外区热力机构的非对称分布可导致台风路径的显著改变，即台风中心趋于强温、湿不稳定层结区域。

③台风的异常运动特征与其外围热力不稳定层结结构的强弱程度相关。

④台风运动对于其外区热力不稳定机构的分布特征具有较显著的敏感性，不同的外区热力非对称结构分布可导致台风轨迹的显著差异，并可形成各类复杂运动路径，其中包括“旋转”“打转”或“转向”等异常运动。

由于早期数值模式中的台风信息太弱，因此人们采用 Bogus 台风来克服这一问题(IWASAKI et al.，1987；MATHUR，1988)。最初采用的是对称 Bogus 台风，这使得台风模拟和预报有了一定的改善。随着观测手段的进步，台风非对称结构逐渐引起人们的重视。而其非对称结构对台风运动的影响也越来越引起关注，尤其在弱环境流场中。现在，人们已经可以构造出动力场、热力场和湿度场非对称的台风并植入数值模式中，使得台风的数值模拟和预报有了明显改善。

5.1.5 下垫面

除了大气因子外，下垫面对台风运动也有显著影响，重要的是海温，台风有向暖海温区运动的趋势。地形对台风靠近时的运动也产生影响，有时会在台湾海峡产生诱生低压，这种现象在日本海、吕宋岛西侧也会产生。有时台风本体消失，而诱生低压代替了原来的台风，从而形成路径不连续过程，下垫面对台风运动有不可忽视的影响。

5.1.5.1 海洋表面

研究发现，海水表面温度(SST)既是影响台风发生发展的因素之一，也是影响台风移动的一个非气象因子。一方面，台风具有朝高海温区移动的趋势，在引导气流较弱时，台风的这种趋暖运动特征往往表现得更为突出。另一方面，海温与台风之间存在着相互影响，当较强且移速较慢的台风移动海面时，会使得海水翻滚和混合，冷海水上涌，海表面水温降低，形成“冷尾流”。台风强度越强、移速越慢，“冷尾流”越明显。受台风影响海面降温以后，平均需要 10 d 海面温度才能恢复到影响前的状态，有时需要长达一个月，这将对后一个尾随台风的移动产生影响。后一个台风一般不会沿着前一个台风的路径移动，而是避开前一个台风形成的冷尾。因此，在引导气流很弱时，海温是台风路径预报需要考虑的因素之一。

需要特别指出的是，当引导气流较强时，趋暖运动不一定显现出来。

5.1.5.2 地形

地形对台风路径的影响主要有三个方面：路径偏折、加速和“跳跃”。当台风遇到陆地或山脉时，由于能源被切断，强度迅速减弱，内力减小、外力增大，台风路径会在引导气流作用下产生偏折现象甚至打转；当台风靠近或穿越大型岛屿（如台湾岛、海南岛）时，常在台风中心附近的某一部位产生一个诱生低压，原来的中心消亡、诱生低压中心加强为新的台风中心，使台风出现“跳跃”性移动；有时两个中心会同时移动，甚至先后登陆（骆荣宗 等，1988，1991；林新彬 等，2013；刘爱鸣 等，2010；张灵接，2020）。

对直接影响西太平洋上的海南岛、日本岛、朝鲜半岛、台湾岛和吕宋岛五大岛屿的台风在过岛前后的环流以及强度变化的统计结果表明（表 5.1），台湾岛是产生诱生低压最多的岛屿，生成概率为 19.8%。所有产生诱生低压的台风强度大多在热带风暴强度之上。此外，台湾附近出现路径左偏的台风也最多，概率为 28.6%，海南岛和吕宋岛附近出现路径左偏的台风也很多，分别占 25.0%和 22.8%。

表 5.1　台风经过岛屿时的强度和路径变化的统计结果

岛屿	台风个数	平均最大风速变化/(m/s)	平均最低气压变化/hPa	产生诱生低压的台风个数（百分比）	路径发生左折的台风个数（百分比）
海南岛	100	−5.22	6.92	2(2.0%)	25(25%)
日本岛	145	−9.43	12.60	5(3.4%)	8(5.5%)
朝鲜半岛	42	−5.26	5.04	0(0)	2(4.8%)
台湾岛	91	−9.04	10.58	18(19.8%)	26(28.6%)
吕宋岛	167	−5.20	8.28	2(1.2%)	38(22.8%)

（1）路径偏折、打转

登陆台湾岛和海南岛的台风中，在靠近岛屿时达到或超过四分之一的台风发生了偏折（左折或右折，图 5.10 和图 5.11）甚至打转现象。这在登陆台湾岛北部的台风中较为常见，也有登陆台湾中南部的。而且弱的、移速慢的台风，其路径偏折更大。

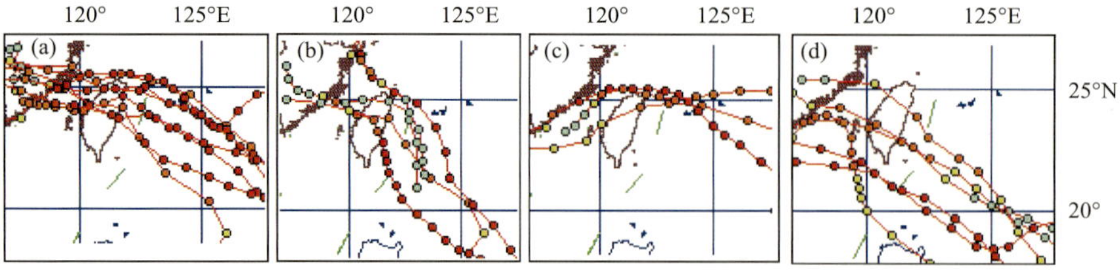

图 5.10　左折类路径示意

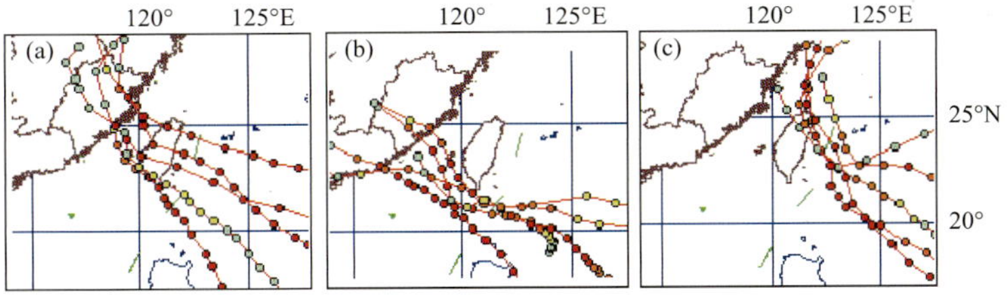

图 5.11　右折类路径示意

有分析认为，发生在台湾东北部或东北部近海区域的左折，主要由地形作用造成，如趋岸左折、与地形诱生低压的互旋、旧气旋被其西南面新气旋替换等；发生在台湾岛西部的左折主要是环境场的改变，如大陆高压加强、与热带云团互旋、双台风作用等。

对台风过岛发生偏折的原因目前并不完全清楚。一般通过数值模拟方法来研究这一问题。目前已有研究表明（罗哲贤 等，1995；余贞寿 等，2007；陈俊等，2017；龚月婷 等，2018），岛屿强迫、背景环流场、台风涡旋三者相互作用是造成台风过岛偏折的主要原因。例如，台湾岛地形的存在能显著地影响基本气流运动的动力特征。当台风趋近于台湾岛时，迎风坡一侧有利于产生气旋中心、背风坡一侧有利于产生反气旋中心，从而产生一对诱生偶极涡，地形越高，诱生极涡越强。诱生极涡可使环境基本气流在岛屿附近的运动方向和气压梯度发生变化，从而对台风运动产生影响。同时，诱生极涡能与台风发生相互作用从而影响其路径。另外台湾岛地形可以通过改变台风的结构与尺度（如大风区分布）来影响其路径。

打转台风大部分都是在花莲以北登陆，这与地形有很大关系。当台风中心位于台湾的东北部时，其中心南侧偏西气流越过台湾中央山脉时在山脉东侧低层出现减压，产生背风坡低压。同时气流沿背风坡下沉增温也使气压降低。背风坡低压的强弱与过山气流的强弱有关，过山气流越强，产生的背风坡低压也越强。这个由地形作用产生的背风坡低压对台风的中心有吸引和牵制作用，使台风中心南折，台风中心向南折后，所牵带的台风中层环流在其北部西侧也会产生下沉减压，并在台风的西北部形成次生低压，使台风中心再度转向北上，完成打转过程。

并非过岛的台风都会出现路径打转，只有在特定的环境流场下，地形作用才能显现出来。登岛打转台风常出现在引导气流较弱并变换的环境场中。顺利过岛台风（可能发生偏折）的引导气流则非常强。

（2）跳跃

台风中心在经过山脉时有时会在背风坡一侧产生一个诱生低压，原有低压中心减弱消失、诱生低压中心得到加强，看起来似乎是台风中心发生了跳跃。这种跳跃现象在陆地上（多见于我国华东山系）可以发生，但是大型岛屿附近更为常见，其中台湾岛附近是诱生低压发生的高频区（孟智勇 等，1998；沈武，2001；林新彬 等，2013；鲍旭炜 等，2013）。

诱生低压多数出现在台湾西部和台湾海峡（21 例），其中最多的是在澎湖列岛附近，其次是新竹附近；只有 3 例出现在台湾东侧。分析表明，当引导气流弱，向西北方向移动登陆或靠近台湾东南部的台风且其环流与中央山脉交角大时，易引发诱生低压。

诱生低压的出现，一般都会对台风路径造成影响，由表 5.2 可见，当诱生低压位于台风北部时，台风路径多右折；当诱生低压位于台风南部时，台风路径多左折。它们间的相互作用表现为：当台风和诱生低压共存时，相互间互旋或吸引，可使台风路径左折（图 5.12a、b）或右折（图 5.12d）；当原台风消失被由诱生低压发展的新台风所取代时（图 5.12c），路径上表现为不连续的向左跳跃，如 9018 号台风，或向右跳跃，如 8403 号台风。

表 5.2　诱生低压位置与路径统计

	右折	左折	正常	总
诱生低压在台风北	10	3	3	16
诱生低压在台风南	1	5	2	8

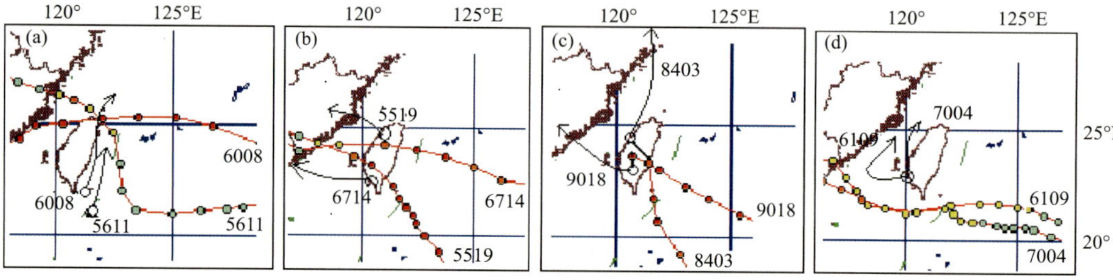

图 5.12　台风与诱生低压相互运动示意

对登陆后发生诱生低压的台风分析表明：一方面，靠近山脉的台风在一定环流条件下减速停滞时，气流持续不断爬坡并在北风坡下沉，背风坡气柱受到膨胀而产生水平压缩和辐合，正涡度不断增加；另一方面，当山脉位于台风强风带左侧时，山脉的阻滞摩擦作用使风速向左递减，将产生正的切变涡度，在有利条件下可产生新的低压中心。此处若有持续暴雨，释放的潜热将有利于加强低层的辐合和上升运动。因此，登陆台风产生诱生低压，多发生在台风减速停滞时期。诱生低压产生在山脉高度之下的近地层，它的加强和发展常与高空强辐散气流或中纬度冷空气活动有关。

现在，用数值模拟的方法可以完美地模拟出西行台风过台湾岛时在背风坡产生诱生低压的过程。山脉高度、台风强度和海峡宽度对这个低压的形成均有影响。山越高、海峡越宽，越有可能产生诱生低压。而很强的台风和很弱的台风对诱生低压的形成反而不利，典型的台风强度约为 960 hPa。台风过山时，低层中心被山脉破坏进而减弱或逐渐消失，而高层正涡度中心移至诱生低压上空可导致一个跳跃现象。弱诱生低压中心远离气旋环流（无高空环流中心的关联），由于结构上的浅薄，最终将减弱消失。

尽管利用数值模拟方法能够成功地模拟出台风过岛时的偏折和“跳跃”现象并给出了一定的解释，但是观测表明，更多的台风并未发生这一现象。数值模拟的分析结果也表明，台风偏折与台风（强度、范围、垂直伸展高度等）、环境场（流场、垂直风切变等）以及地形（尺度、高度、形态等）的特征有关。业务上对即将靠近或登陆的台风是否会发生偏折或“跳跃”的预报是十分困难的，高分辨率数值模式的预报结果有一定的参考性。精确预测地形对台风路径的影响有赖于地形影响台风运动机制的深入认识和模式对台风结构精细化预测能力的提高。

5.2 台风路径预报的天气学方法

5.2.1 正常路径预报

台风移动主要是受引导气流操纵，台风移动路径预报的问题，在某种意义上讲主要是预报台风引导气流问题。由于台风上空的引导气流及其变化决定于大型环流系统的配置及其变化，所以，天气学方法主要是根据天气图分析，从环流形势入手，结合预报经验和指标，对台风移动路径做出判断。

5.2.1.1 西太平洋台风路径预报

西太平洋的台风移动，主要受太平洋副热带高压和西风带环流的影响。因此，预报西太平洋台风的移动路径，主要是着眼于太平洋副热带高压和西风带槽脊的位置及其强度变化。我国台风路径最佳引导层一般选择在500 hPa等压面，但秋季和春末台风的引导层较低，应多参考700 hPa、850 hPa和地面天气图。

(1)西北移路径预报

西北移台风的预报着眼点。台风在稳定而深厚的东南气流操纵下，向西北方向移动，常在浙、闽沿海一带登陆。其形势特点为，西风带在70°—90°E地区出现长波槽，我国东南沿海为长波脊控制，中心位于黄海、日本海的副高正处于稳定的长波脊南侧，不断有暖平流补充或西部有暖高压东移并入，因而发展得很强，副高轴线呈西北—东南向，其西部脊线在35°N以北，台风所在纬度在20°N以北，这时台风受副高南侧东南气流的操纵向西北向，从正面登陆浙、闽一带，深入内陆填塞(图5.13)。

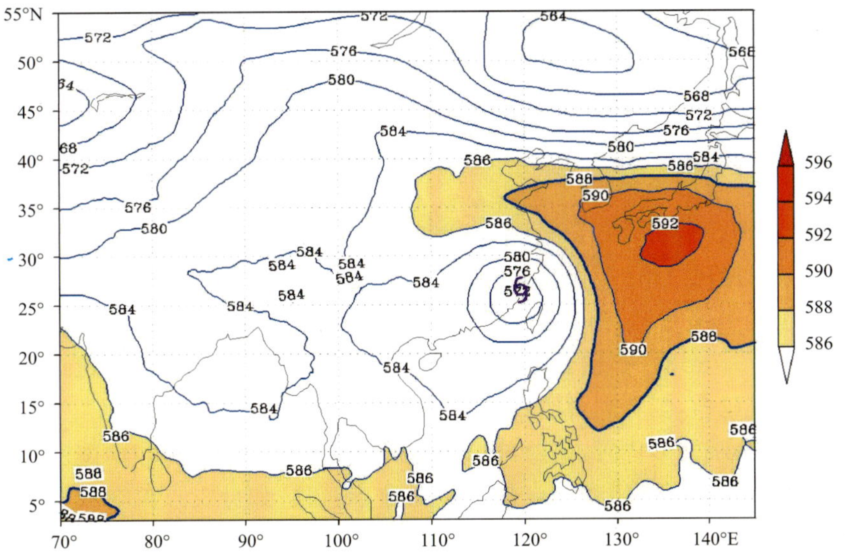

图5.13 2006年7月14日14时西北移路径的环流形势(单位:dagpm)

(2)西移路径预报

西移台风的预报着眼点。所谓西移是指台风一直受东风气流的牵引,进入南海或广东或在越南登陆。因此,台风西移的必要条件就是在 25°N 或 30°N 以南维持很厚的、持续的东风气流。常见的形势是,副热带高压势力强盛,长轴呈东西向脊线稳定在 25°—30°N,在日本南部和我国长江中下游均有副热带高压中心,500 hPa 上的中心强度在 590 dagpm 以上。副热带高压北缘有一支副热带急流和比较平直的锋区,或有一些快速东移的小槽脊。台风处在副热带高压南缘稳定的东风气流中,以较快的速度向偏西向移动。

(3)转向路径预报

转向类台风的预报着眼点。台风从东风带进入西风带时,操纵气流方向由偏东变为偏西,就促进台风的转向。常见的形势为:环流是径向型的,在我国东部沿海一带是一个稳定的长波槽或为一个发展的低槽,槽底伸展并稳定在较低的纬度,有时甚至低于副热带高压脊线所在的纬度,太平洋上副热带高压往往东退减弱,或在台风所在的经度处断裂。这时,台风易从副高的西南缘绕过副高脊线进入西风带,或从副高的断裂处北上进入西风带,然后在西风槽前的西南气流操纵下转向东北移动。

图 5.14 给出几种常见的大气大型环流形势调整对偏西行台风路径和转向类台风路径影响的配置特点。

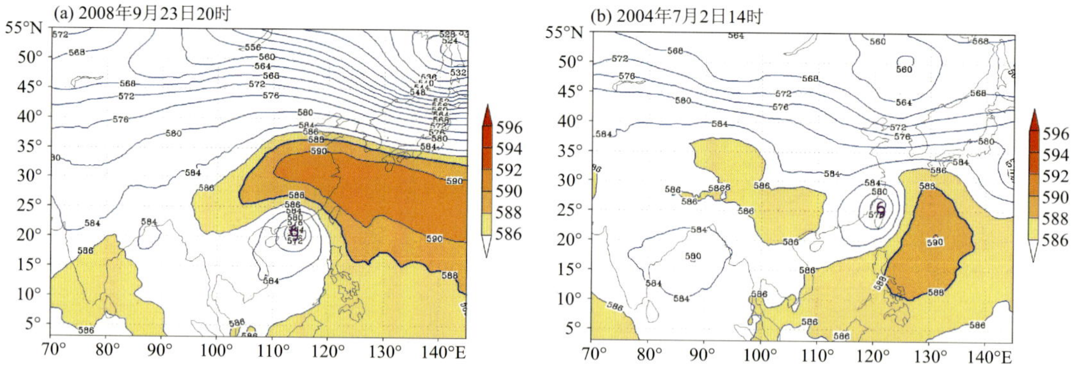

图 5.14 (a)0814 号台风"黑格比"西行环流形势;(b)0407 号台风"蒲公英"北上环流形势(单位:dagpm)

当高纬长波槽在东亚沿海发展,中纬度波动与它反位相时,常见中纬度亚洲西部出现横槽,东亚盛行西南风急流,不利于冷空气南下,有利于台风西移,如 0814 号台风"黑格比"(图 5.14a);位相一致时,南北波动叠加发展,冷空气南下,副热带高压减弱,有利于台风槽前转向,如 0407 号台风"蒲公英"(图 5.14b)。另外,东亚长波槽西退或北收,有利于台风西行;东移或延伸,则有利台风转向。

当亚洲大陆为阻塞形势时,如西部的气流分支点偏西或西退,经向度明显减小,副热带高压加强西伸,有利于台风在稳定的东风引导下西移;如分支点偏东或东移,切断低压中的长波槽经向发展,副热带高压东退,则有利于台风在槽前转向(图 5.15)。

台风转向后与阻塞形势相遇,由于阻塞高压南缘的东风引导作用,折向西移影响我国;东亚阻塞形势的建立和崩溃,大多有利于台风的转向北上。但崩溃的阻塞高压与副热

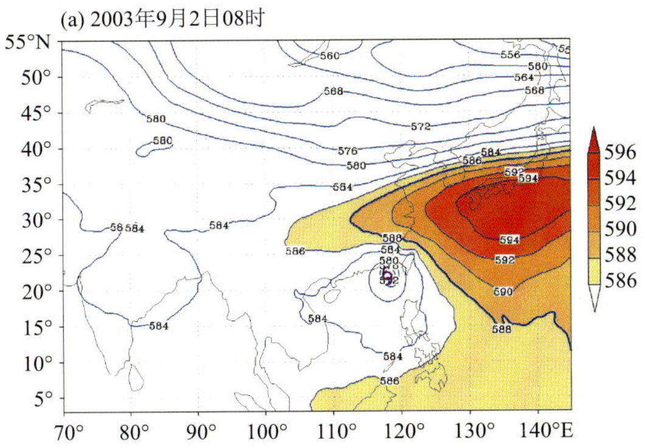

图 5.15 (a)0313 号台风“杜鹃”西行环流形势;(b)0908 号台风“莫拉克”转向环流形势
(单位:dagpm)

带高压合并时,高压南侧的东风加强有利于台风西进。

南支槽前的西风急流伸展到东亚沿海时,不利于长波槽延伸到低纬度,对冷空气南侵起阻挡作用,使副热带高压稳定西伸,台风西行(图 5.16a);当南支槽东移与东移长波槽叠加,诱发冷空气南下,副热带高压减弱,有利于台风转向(图 5.16b)。产生在 ITCZ 的台风,延续的 ITCZ 有利于台风的西行,断裂的 ITCZ 有利台风转向。

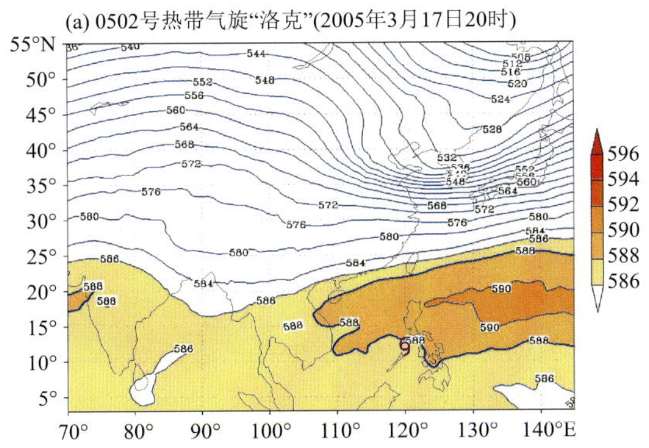

图 5.16 有利于台风西移和北上的南支槽位置配置图(单位:dagpm)

(4)台风路径总趋势的判断方法

王志烈等(1987)提炼了大型环流特征和台风路径总趋势的关系,结果有助于预报员通过天气图直观地判断台风的未来移动趋势。

①台风和副热带高压脊线距离与气旋转向的关系

(a)距离相同时,位于副高单体西南方的台风转向可能性最大,南方的次之,而东南方的可能性最小。

(b)当台风同北侧副高脊线的距离小于 4 个纬距时,位于副高单体南侧和西南侧的台风未来 1~3 d 转向的可能性超过 80%。

(c)离副高脊线 5~8 个纬距时,位于副高南侧和东南侧的台风转向的可能性较小,80%以上以西行路径为主。

(d)离副高脊线 9 个纬距以上的台风,90%以上西行为主;尤其当距离超过 13 个纬距时，未来 3 d 之内几乎不会转向。

②纬向型期间的台风路径

(a)短波槽型：当 45°N 上，0°—180°间低压槽数目在 5 个以上，可判定西风带是纬向高指数环流型，亚欧上空西风带里均为快速东移的短波槽(波长小于 40 个经度)，对西北太平洋副高的走向和强度基本上没有影响，最近一个时期内副高东西向分布的基本特点将不会出现重大变化，台风路径的趋势仍以西行为主。

(b)两支西风型：50°N 以北和 45°N 以南分别存在强度不同的西风急流，南支西风带平直，其上多短波活动，与南支西风相应的副热带环流，也以明显的东西向带状分布为主要特征，长轴呈东北东—西南西走向。南北两支西风带上的波系移速不同，当两个低槽在我国沿海南北重叠时，其振幅会显著增大，形成似乎有利于台风转向的形势。事实上，这仅是南北两支西风槽移至同经度的暂时现象，随着北支西风槽东移和西北太平洋副高的加强，东海上空的槽消失，台风路径的趋势仍以西行为主。

③经向型期间的台风路径

(a)90°E 附近的长波槽：夏季，90°E 附近是西风带长波槽经常活动的地区之一。夏季北半球西风带长波槽的平均波长为 60～65 个经度，当 90°E 附近出现长波槽时，处半个波长处的中国沿海到日本西部正是长波脊的位置，副高表现得分外强盛，台风多在副高南侧的深厚偏东气流引导下西行登陆。

(b)120°E 附近的长波槽：我国东部沿海的长波槽，对台风路径的影响十分复杂。它的发展、维持、摆动和倒退与副高和台风路径的变化息息相关。当有长波槽在 120°E 附近出现时，台风在海上转向的占 80%，西行登陆的占 20%。台风所处纬度越低(20°N 以南)，西行登陆的可能性越大。台风是否登陆，重要的是分析长波槽处于哪个发展阶段。它的发展、更替维持和减退等不同阶段，对台风路径有着截然不同的影响。

中国东部沿海长波槽发展有利于台风转向：当 40°E 附近的槽发展为一个长波系统，下游相隔一个波长的中国东部沿海，相应地也将有一低槽迅速发展，东亚副热带地区将从纬向向经向流型转变，台风转向。

中国东部沿海长波槽更替不利于台风转向：台风进入 130°E 时，若我国东部沿海的长波槽已经存在，并出现长波槽更替，则每次新的低槽和正涡度从大槽后部进入时，槽前均有暖平流和负相对涡度相应地发展，引起副高西部的脊短暂加强西伸和长波槽的西退，台风北侧建立起短时间的偏东气流，有利于台风向西北移动。

中国东部沿海长波槽减弱倒退不利于台风转向：我国沿海的长波槽在大型环流调整时连续西退过程，常会引起槽底附近的台风路径曲折多变。当低槽从 120°E 附近退到 110°E，东部沿海 500 hPa 的高度普遍上升，西北太平洋副高加强西伸，不利于台风转向。

(c)150°E 附近的长波槽：夏季 150°E 到白令海一带是一个强大的冷源，常有长波槽发展，对西北太平洋副高和台风路径有很大影响。当上述地区有长波槽发展时，根据上游华北和东北的气压系统对副高和台风路径的影响，大体上可分为两类过程：一种是这里有低槽东移，其槽前负变高让日本岛附近上空的副高全面减弱，台风转向；另一种是华北和东北一带有暖性高压脊东移并入太平洋副高脊，加上 150°E 附近大槽的发展，使海上副高东移受阻甚至加强西伸，于是台风西进侵袭中国大陆。统计 150°E 长波槽与上游第一个西风槽位置和台风路径的关系为：当上游低槽出现在105°E以东时，转向台风占总数的93%；低槽出现在85°—105°E之间时，90%的台风西行登陆；低槽位85°E以西时，台风登陆的概率达100%。

5.2.1.2 南海台风路径预报

由于南海台风路径的复杂和多变性，目前也仍然是台风业务预报中的难点。日常业务中，还是主要从环流形势入手，着眼于副热带高压、西风槽、西南季风和过赤道气流等的影响，结合数值预报产品和预报经验或指标，对台风路径起主要作用的因素进行分析和综合判断，形成预报结论。这里给出了几种路径的预报思路。

（1）偏北路径预报

南海生成的台风，其路径稳定向偏北方向移动与500 hPa副热带高压的形状特征、强度变化和脊线位置，以及副热带高压南侧的偏南风引导气流有密切的关系。图5.17是南海台风稳定向偏北或西北方向移动的路径及其相应的500 hPa环流形势。副热带高压主体强度大，中心强度达588 dagpm以上，其形状呈块状分布，副热带高压南侧的588 dagpm特征线南落呈准南—北走向，在强盛的偏南风气流引导下，有利于台风稳定向偏北方向移动。

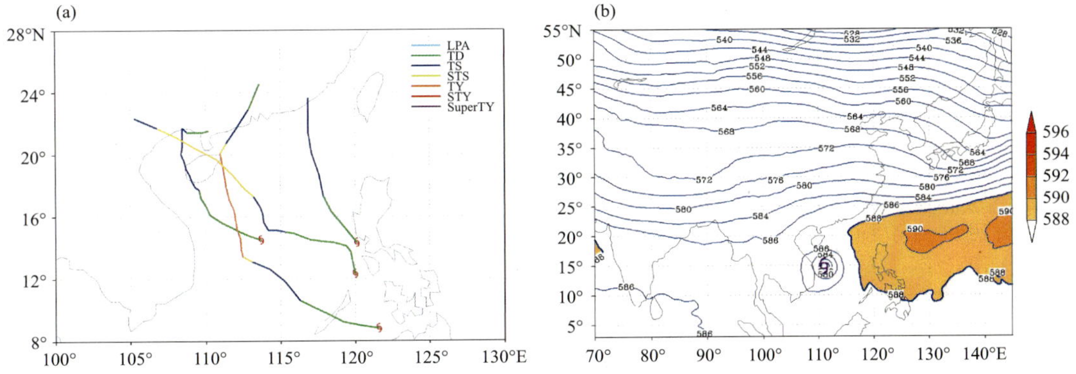

图5.17 南海台风西北偏北路径(a)及有利环流形势(b)(单位：dagpm)

（2）偏西行路径预报

分析南海台风路径稳定向偏西方向移动的过程中，要特别注意副热带高压系统的变化，当副热带高压主体完整强大，形状呈东西向的带状分布，588 dagpm特征线西端点伸到115°E以西，台风便在副热带高压南侧东风气流引导下稳定西行，如台风9612号、9713号、0604号“派比安”、0816号“米克拉”等（图5.18）。

（3）西行北折路径预报

在南海西行突然出现北折的台风，预报难度很大，这种路径往往导致登陆点要比原来预报的更为偏东，对台风中心北侧造成严重威胁。台风7118号、7307号、0801号“浣熊”等就是典型的例子。南海台风出现西行北折路径的原因比较复杂，季风槽、东风波的重位、印缅槽的东移、副热带高压的减弱东退、赤道反气旋北上加强等天气过程都可能引起西行北折路径的发生。综合而言，台风的北侧有强烈的气旋性涡度（负变压和负变高）发生，或台风东南侧有反气旋性涡度（高压脊和正变高）增长，这两种情况均会导致台风周围

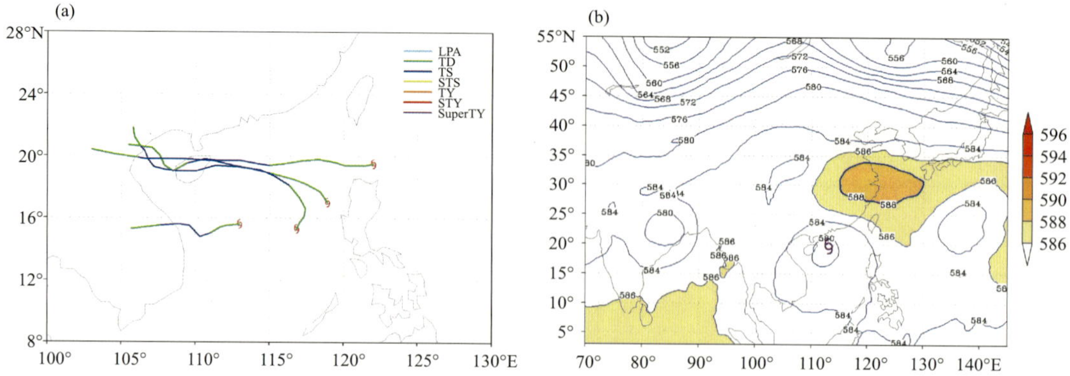

图 5.18　南海台风西行路径(a)及其有利环流形势(b)(单位:dagpm)

原来为东西向的引导气流向南北方向转变。

出现北折的诊断条件为:①由于西风带低槽或印缅槽东移。或者东风波动移近,使台风北侧出现 3 hPa 以上的负变压且北面原来的高压带有断裂的趋势;②台风的东南方出现明显的加压和正变高,在 700 hPa 和 500 hPa 该区域的偏南风增强到 10～12 m/s 以上;③北折前 1～2 d 西移的平均移动速度比较慢,且速度减慢的现象比较明显。

(4)北上西折路径预报

南海台风的第二类疑难路径是北上移动突然西折,6—11 月均有发生,但多发于 9—10 月。这种路径发生时,一方面会引起台风登陆点预报偏东,甚至预报不登陆,给防御工作造成困难;另一方面使原在台风西面疏于防范的沿海造成严重损失。在南海突然西折的台风可分为夏季、过渡季节两类。夏季西折的主要原因是副热带高压加强(西伸)时深厚的东风气流引导所致,7610 号台风是这类的典型个例;过渡季节(秋季及初夏)西折是由于强冷空气南下造成低层东(北)风引导的结果,5631、7422 号台风属这类路径。南海台风北上突然西折的地点相对集中,有近 80%发生在靠近沿海 250 km 范围内的海域,另一个相对集中区(约 20%)是 15°—17.5°N,114°—119°E 的范围,且以 6 月和 10 月过渡季节的台风为多。

夏季西折路径的诊断,关注点在西风槽是否对副热带高压造成影响,副热带高压加强西伸的程度和华南上空东风的明显加强。过渡季节西折路径的诊断,关注点在冷空气的强度和路径,一般冷高压中心强度达 1030 hPa,冷空气的主力从台风的北到东北侧南下。另外,台风西折前,中心强度多数逐渐减弱,出现明显减弱的时间一般在西折前 12 h 左右。

5.2.2　异常路径预报

对于大概率的台风正常路径,各种主观和客观预报方法预报台风未来 24 h 或 48 h 的位置都具有较高的正确性,但对出现小概率的台风异常路径和难以预料的路径,各种预报方法的正确性大大下降,预报比较困难,有时用不同方法预报同一个台风而得出的结果完全相反。下面主要介绍我国台风异常路径的预报着眼点。

5.2.2.1 突然西折的预报

刘爱鸣(1996)指出，台风周围的环流系统与台风之间的相互作用是引起台风路径突然西折的直接原因。东海台风西折的重要条件是西太平洋副热带高压加强西伸，在北上台风北面西风槽附近出现明显的正变高，槽南端出现切断冷涡，台风在副热带高压南侧增强的东风气流引导下转向西移。黄海台风西折与东北部地区的高压、东亚沿海地区的长波槽以及呈南北轴向的副热带高压三个环流系统的配置和变化有密切关系。当台风长波槽前偏南气流移入黄海南部时，若长波槽突然切断而出现冷涡，在涡槽断裂区有高压打通而在我国东北地区南部建立高压，则台风将在高压南缘偏东或东南气流引导下突然转向西折。另外，在双台风形势下，当两个台风中心移近到12个纬距以内时，双台风的互旋作用也能影响其中偏东北侧的台风路径出现西折。多数西折路径的台风有着明显的不对称现象，在台风东北和正北方向，台风与副热带高压之间的气压梯度最大，而且台风略呈椭圆形，长轴为西北—东南向，副热带高压主体在台风的东北方，西风带距台风的距离大于10个纬距。这类环境场特征表明，在没有冷涡或双台风的情况下，北上台风的突然西折主要受其北侧副热带高压脊的突然增强所影响。西折的台风常见的影响因素有以下几种。

(1)引导气流异常

①台风北侧副高脊加强

块状高压形势下，原向偏北方向移动的台风，当副高脊加强西伸时，东风增强，将使台风路径西折。造成副高脊加强的因素有：华北低槽减弱，平浅东移，槽后正变高或高压脊并入西北太平洋副高内；副高脊西侧的低压、台风等低值系统移掉或减弱造成动力加压；副高本身的周期变化，研究表明，120°E处副高短期振荡之一是由急剧加强和缓降组成的一种12 d周期。研究还表明，台风中心东北侧大范围的正变高对台风西折具有较好的预示意义，尤其在流场变化不大的情况下，这种作用更为突出。

②合成气流的作用

研究表明，台风受其半径7个纬距内500 hPa合成流场的引导。当台风处于两环高压之间的鞍形场内或较弱的流场中时，移动路径较为复杂，看起来似乎有利转向的台风，有时却发生西折。分析表明，这常是由于风场分布不对称造成的。当台风西北侧的东北风明显大于其东北侧的东南风时，路径可能发生西折。

(2)热带云团的作用

热带云团，实际上就是一个热带扰动，或热带低压。但由于海上常规资料的限制，无法跟踪其动态。然而从卫星云图上，能够比较明显地反映出来。当南海有热带云团发展加强，并有规律向东—东北方向移动到台风中心的偏南方位时，或是台风中心南侧另有一块云团，逐渐向台风中心靠近，则云团与台风将可能发生互旋，导致台风西折。

(3)低层冷空气的影响

秋季当冷空气南下侵入到长江流域以南地区及其沿海时，将改变台风北侧的环境流场。一方面冷空气南下使江南至华南处在低层高压南侧的东—东北气流控制，导致台风移向西折；另一方面受冷干气流影响，沿海地区气温下降，经验表明，当地面14时气温低于24 ℃时，台风不会在这一带沿海登陆。这样对于南海临近登陆的台风可能会折向西或近海消失。

(4)双涡旋的作用

当洋面上同时存在两个台风时,对彼此的运动将产生牵制和影响。这种影响可分为两类。统计表明:当两个台风距离大于15个纬距时,东台风的存在将阻止副高在两个台风之间向低纬度伸展,使西台风环境流场维持着偏东气流,在这种形势下有时尽管西台风北面副高很弱,但它仍向偏西方向移动。

(5)受地形的影响

如果台风靠岸前强度明显减弱,预示着其靠岸时可能会出现西折型路径异常。或者受高山的阻挡,台风的路径容易发生西折。

典型个例:0907号台风“天鹅”就是西折路径的台风

2009年7月31日08时,位于菲律宾东部洋面的热带云团发展成热带低压,生成后向西北方向移动;8月2日早晨,进入南海东北部海面,先沿偏西方向移动;3日早晨折向西北方向移动;3日晚上发展为热带风暴并命名为“天鹅”,之后一直沿西北方向移动;于5日06时20分在台山海宴镇沿海地区登陆,登陆时中心附近最大风力有9级(23 m/s),登陆后先沿偏西方向移动;于6日02时在阳江境内减弱为热带低压后折向西南方向移动;7日早晨“天鹅”在穿过雷州半岛后进入北部湾海面,并于当日14时在北部湾海面再次加强为热带风暴;8日晚上又折向偏东方向移动;9日凌晨从海南三亚以南海域穿过,早晨减弱为低压后进入南海西北部海面,14时“天鹅”在南海北部海面上继续减弱成低气压(图5.19)。

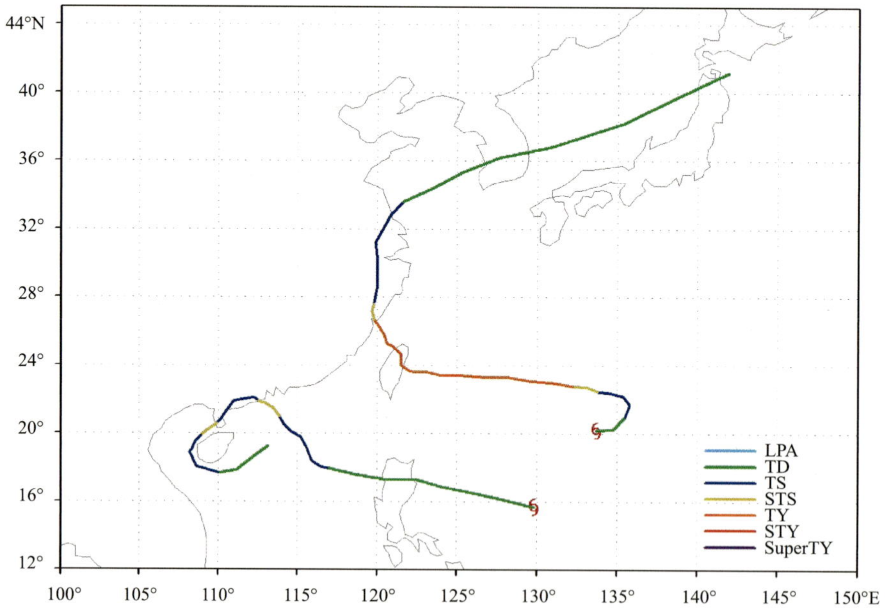

图5.19 0907号台风“天鹅”路径

(1)副高对“天鹅”路径的影响

7月30日08时,中亚中高纬槽脊活动比较活跃,不断有小槽东移南下,副高主体位于西太平洋,西脊点在115°E附近,脊线在25°N附近;随着高空槽不断东移,于8月1日早晨，副高明显减弱，并断裂成东西两环，东环主体位于太平洋，西环位于我国华南大陆上，但强度比较弱，“天鹅”主要受西环大陆副高对其的影响，向偏西方向移动，之后 2 日西环副高进一步减弱，但广东和南海北部仍受其北侧较弱高压环流的东北气流影响；3 日受西风槽东移影响，控制华南北部的大陆高压环流明显减弱，且由于西风槽槽底偏北，所以“天鹅”受外界的引导气流更弱；4 日 0908 号台风“莫拉克”在太平洋上生成，东环副高逐渐加强西伸，但其主要引导“莫拉克”向西北西方向移动；6 日东环副高进一步加强西伸，“天鹅”受西伸到大陆的副高南侧的偏东北风影响。

(2)冷空气对“天鹅”路径的影响

7 月 31 日开始，北方不断有冷空气东移，1005 hPa 线主要位于长江流域一带(30°N 附近)，30°N 以南地区主要受一个宽广的低压带影响；4 日台风“莫拉克”生成，一直向西北西方向移动，二者组成的东北—西南向辐合带，一直受其北部的冷高压控制；5 日“天鹅”登陆后，其北部也是受冷空压南缘的东北风影响，不利于其西北行，“天鹅”折向偏西—西南方向移动。

(3)双台风作用对“天鹅”路径的影响

“天鹅”登陆前后移速较慢的主要原因是：其一直处于弱的环境风场，引导气流不清晰，且可能受到与“莫拉克”组成的整个辐合带的牵制作用；后期(6 日早晨之后)主要是因为“莫拉克”和加强的副高脊共同产生的东北气流使其移速加快，并使其折向西南，副高脊参与双台风互旋。

5.2.2.2 西行突然北折的预报

在西行突然出现北折的台风，预报难度很大，这种路径往往导致登陆点要比原来预报的更为偏东，对台风中心北侧造成严重威胁。综合而言，台风的北侧有强烈的气旋性涡度(负变压和负变高)发生，或台风东南侧有反气旋性涡度(高压脊和正变高)增长，这两种情况均会导致台风周围原来为东西向的引导气流向南北方向转变。对西行突然出现北折台风的预报主要从以下几方面入手。

(1)引导气流异常

大尺度环境场的调整，例如：副高脊线东退南落、弱冷空气的变化、越赤道气流的变化等，使环境场对台风的引导作用减弱，导致台风西行北折。

①西太平洋副热带高压的演变及作用

台风先西行后北折是发生在西太平洋副热带高压出现明显变化和调整期。500 hPa 高度场发生了明显的调整，副高脊线逐渐东退南落，引导台风西移的作用明显减弱造成台风西行北折。

②冷空气的变化

当冷空气明显减弱时，台风可能处于转向北上阶段。

③越赤道气流的作用

越赤道气流的活跃或突然加强，既对台风的加强有明显作用，也对台风的移动产生重大影响。越赤道气流与副高的共同作用，常导致台风路径出现异常。越赤道气流明显加强，使台风西移，其强度也同步加强。越赤道气流又减弱时，对应台风移速的逐渐放缓，正处于西行转向的前期。因此，越赤道气流与台风转向北折有直接的联系。

(2)海温的作用

袁金南等(2002)指出,海温也是影响台风强度和路径变化的重要因素之一。台风移动有趋暖性特点,暖水区的高值中心近似南北向。研究表明,SST 高值中心的南北向分布,与台风转向北上相对应。

(3)热力非对称结构的特征

台风眼附近西北象限的螺旋云雨带开始逐渐减弱,东南象限的螺旋云雨带仍然维持,呈现出西北—东南不对称结构。此时,台风即将转向北上。

典型个例:0601 号强台风"珍珠"是一个非常典型的西行突然北折的台风

李天然等(2006)指出,2006 年 5 月 9 日 20 时,原在西太平洋的热带低压加强为 2006 年第 1 号热带风暴"珍珠"。"珍珠"向西北方向移动并于 5 月 10 日 14 时加强为强热带风暴;5 月 13 日 08 时进入南海并加强为台风,短暂的西北行后从 13 日 14 时开始一直沿着 14°N 偏西行并于 5 月 15 日 02 时加强为强台风;5 月 15 日 11 时,强台风"珍珠"突然 90°转向,径直向北移动;5 月 17 日 04 时"珍珠"再度转向,开始向东北方向移动;5 月 17 日 18 时减弱为台风;18 日凌晨 2 时 15 分"珍珠"在饶平县和汕头澄海区交界地区登陆,登陆时最大风力 12 级(35 m/s),最低气压 960 hPa。登陆后沿着海岸线继续向东北方向移动,并逐渐减弱消失(图 5.20)

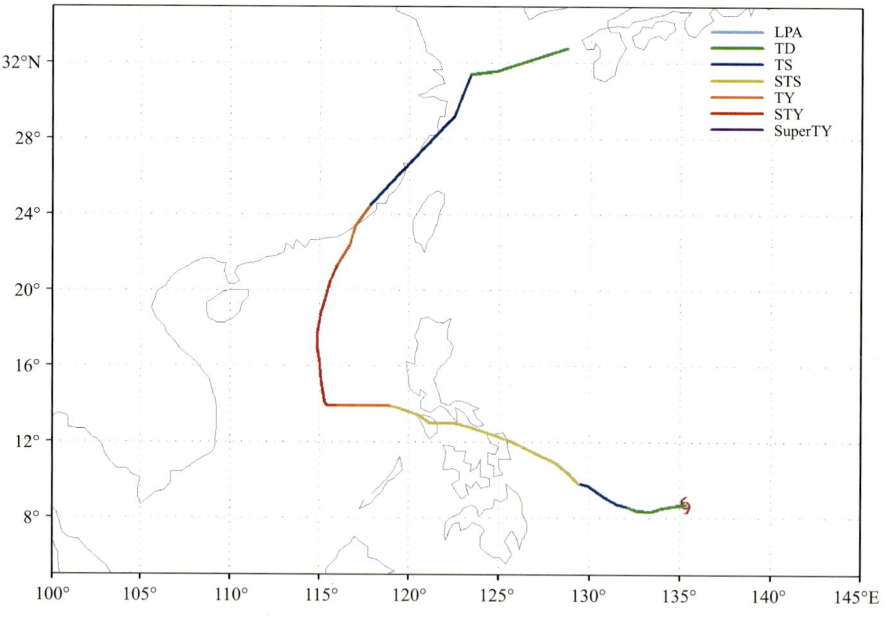

图 5.20 0601 号强台风"珍珠"路径图

姜丽萍等(2008)指出,强台风"珍珠"自生成到消失移动路径经历了四个阶段,分别是:①9 日 14 时—13 日 08 时西北行进入南海;②13 日 20 时—15 日 08 时稳定西行;③15 日 08 时—17 日 02 时顺转 90°折向北行;④17 日 02 时—18 日 17 时转向东北行,随后登陆直至消失。①②阶段主要受副高西南侧的东南气流和南侧的偏东气流的引导,路径稳定。③和④路径发生明显转折,"珍珠"的强度能维持并不断加强以及当台风中心到达南海中部海面时出现 90°向北急转弯是这次预报的难点和关键。

(1)“珍珠”移动过程中，副高的环流形势发生巨大调整

500 hPa：从 5 月 9 日开始副高呈东西带状，西脊点在中南半岛的西部，副高脊线在 20°N 以北的位置上，13 日 20 时开始受中纬度西风槽和台风北上影响，副高迅速减弱，西环副高呈带状，脊线在南海北部；14 日 08 时，东环副高东撤，西环副高也退出了南海，但是 14 日夜间东环副高又迅速向西加强，到 15 日夜间副高占据了整个西太平洋，呈方头形势，副高的西脊线呈南北向约在 120°E 附近，台风西侧为深厚的南风；17 日开始副高又开始减弱东退，“珍珠”东侧逐渐转受副高西北侧的西南气流影响。

(2)冷空气对台风“珍珠”移动路径的影响

5 月 10—18 日“珍珠”有两次冷空气过程，5 月 11 日较北冷空气压到 20°N 附近，之后华南到南海北部一直受变性的弱高压脊控制；5 月 13 日，一股较强冷空气压到了南海，冷空气从西路南下，到达中南半岛的南面，而东部压到了南海北部海面，与“珍珠”相持在南海北部，之后“珍珠”一直偏西行；15 日开始，冷空气变性，开始减弱，虽然大陆高压脊还比较强，但是南海北部的冷空气减弱较快，“珍珠”开始沿 115°E 左右径直北走。

(3)“珍珠”风场结构中不对称强风速区转移推动了台风路径的突变

14 日 20 时稳定西移的台风中心附近 850 hPa 上风速忽然加大到 30 m/s(图 5.21a)，在台风 NW 方向形成强风区，对原有稳定的西移动路径产生影响，随后强风区位置发生逆时针改变，15 日 02 时最大强风区位于台风环流的西南象限(图 5.21b)，到 15 日 08 时台风完成了由西向北 90°大转折(图 5.21c)，最大强风速区移向台风 E—NE 侧，15 日 20 时最大强风区轴线基本上呈南北走向。由此可见，强风速区的位置改变从而导致风场结构不对称起到了很关键的作用。

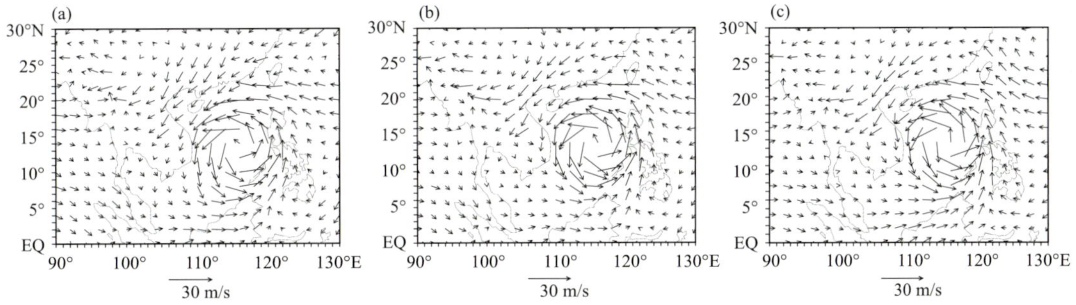

图 5.21 2006 年 5 月 14 日 20 时(a)、15 日 02 时(b)和 15 日 08 时(c)850 hPa 风场(单位：m/s)

(4)西南季风涌、越赤道气流以及副高南落出现的东南风急流引起了台风路径的突变

图 5.22 是 5 月 14 日 20 时 850 hPa 流场图，可见由西南季风、越赤道气流和副高南落而引发的东南风急流在 118°E 附近形成的季风汇合线，汇合线西侧的西南气流阻止台风继续西行，使台风移速减慢，而其南侧偏南气流的汇入则驱使台风向北移动，两者的合力使“珍珠”在 15 日 08 时发生 90°右转。同时中高纬的西风槽此时正东移南压，16 日 20 时，西风槽云系逐渐与台风云系相连，在槽前西南气流的带动下，16 日 23 时，原本北行的台风折向东北。

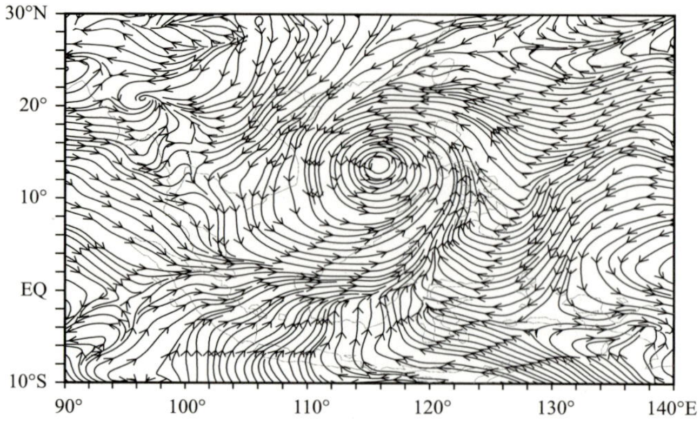

图 5.22 2006 年 5 月 14 日 20 时 850 hPa 流场

5.2.2.3 倒抛物线路径的预报

台风形成后，一般向偏西北方向移动或呈抛物线型转向东北方向移动，但少数台风与此相反，折向西南方向移动，呈倒抛物线路径。

这类台风路径的预报，一般与台风北侧的副热带高压、较强冷空气和双台风有关。

(1)副热带高压的影响

在盛夏，孟加拉湾风暴登陆，将使南亚高压崩溃，高压主体东移并与西太平洋高压合并，导致副热带高压明显加强，从而使台风突然转向，形成倒抛物线路径。

(2)较强冷空气

在过渡季节，北方有较强的冷空气南下，低层在台风的北侧形成明显的高压坝，台风向西北或偏北方向移动受阻，出现折向西到西南方向移动，形成倒抛物线路径。

(3)双台风的相互作用

此外，双台风的相互作用也可能形成倒抛物线的路径。

典型个例：2004 年 0418 台风“艾利”是一个呈倒抛物线的台风

曹楚等(2009)指出，0418 号台风“艾利”形成倒抛物线路径主要是由于其和 0417 台风“暹芭”之间发生藤原效应造成。2004 年台风“艾利”于 8 月 20 日 08 时在菲律宾以东的西太平洋洋面上生成，生成后向西北方向移动，24 日靠近台湾东北部海域时转向偏西方向移动，25 日 17 时当其移动靠近福建沿海时移动方向再次发生转折，转向西南方向沿着福建海岸线移动。“艾利”先向西北移动，当进入台湾东北到福建北部海域时发生西折，而在其登陆前后则再次发生转向，转为西南移动，这样在移动中发生两次转折，形成倒抛物线的路径极为少见，在台风预报中难度极大，即使数值预报也很难对此做出预测。2004 年 8 月 20 日 08 时，0418 号台风“艾利”在菲律宾以东的西太平洋洋面上生成，此时 500 hPa 上副热带高压比较强大，588 dagpm 线西脊点到达 115°E 附近，我国南部大陆基本都处于 584 dagpm 线之内，“艾利”位于副热带高压的西南侧，受东南气流的引导向西北方向移动；另外，此时在河套附近有低涡正在东移，预示着未来将对副热带高压有一定冲击削弱；同时 0417 号台风“暹芭”正在发展形成。22 日 20 时，低涡在东移过程稍有南下，副热带高压在其影响之下断为两环，此时“艾利”仍在副热带高压西南侧的东南气流引导下向西北方向移动。23 日 20 时，低涡减弱后向北收缩，位于朝鲜半岛附近，而副热带高压仍维持两环，此时“艾利”移动到石恒岛附近，从形势场上看处于鞍形场内，同时“暹芭”正在向“艾利”靠近，它们之间相隔有 17 个纬距，“艾利”速度明显减缓，预示未来移向将发生调整。25 日 02 时，从 500 hPa 形势场以及流场看，“艾利”与“暹芭”缠绕在一起，发生逆时针旋转，“艾利”折向偏西移动，而“暹芭”仍向西北行，表明“艾利”与“暹芭”发生了藤原效应(图 5.23)。25 日 17 时，“艾利”在靠近福建北部沿海时移动方向再次发生改变，转向西南运动，此时从流场上看“艾利”与“暹芭”流场仍缠绕在一起，而且位于云贵高原向东北伸出的高压脊明显加强，使得“艾利”在东北气流的引导下向西南方向移动，表明“艾利”向西南方向移动的过程中，“暹芭”仍起着重要的作用，而云贵高原向东北伸出的高压脊的加强也是“艾利”折向西南方向移动的一个原因；与此同时在 850 hPa 还发现“艾利”的西北象限东北气流明显加强(图 5.24)，这也表明“艾利”向西南方向移动与 850 hPa 东北气流的加强有一定的关系。

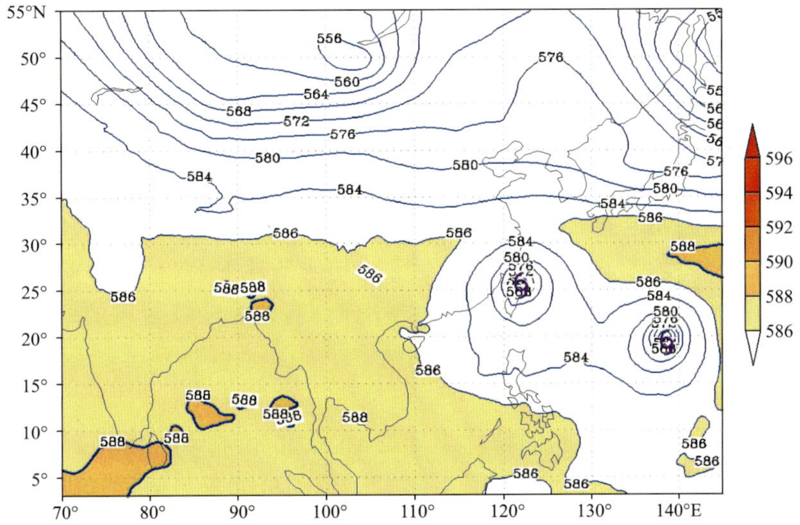

图 5.23　2004 年 8 月 25 日 02 时 500 hPa 位势高度场(单位：dagpm)

从以上分析可以知道，2004 年“艾利”台风形成倒抛物线型的移动路径与“暹芭”之间发生藤原效应有密切关系，而在其折向西南移动的过程中除了台风“暹芭”的影响外，云贵高原向东北伸出的高压脊的加强以及 850 hPa 西北象限东北气流的明显加强也起了重要的作用。

5.2.2.4　双台风互旋路径的预报

夏季在太平洋上常常同时存在两个台风，当它们相距一定距离时，通常会绕二者之间连线的某点作互旋运动。这种双台风互旋常导致台风路径的异常或者难以预报。当两个台风中心间距大于 12 个纬距时，互旋角很小；小于 12 个纬距时，互旋角随间距的缩小而增大；小于 6.5 个纬距时，互旋角显著增大。12 个纬距可近似视为双台风有无直接互旋的临界距离，6.5 个纬距可近似视为强互旋与弱互旋的临界距离。双台风是台风疑难路径最重要的天气形势。目前，许多客观预报方法和各台综合预报方法出现较大预报误差，

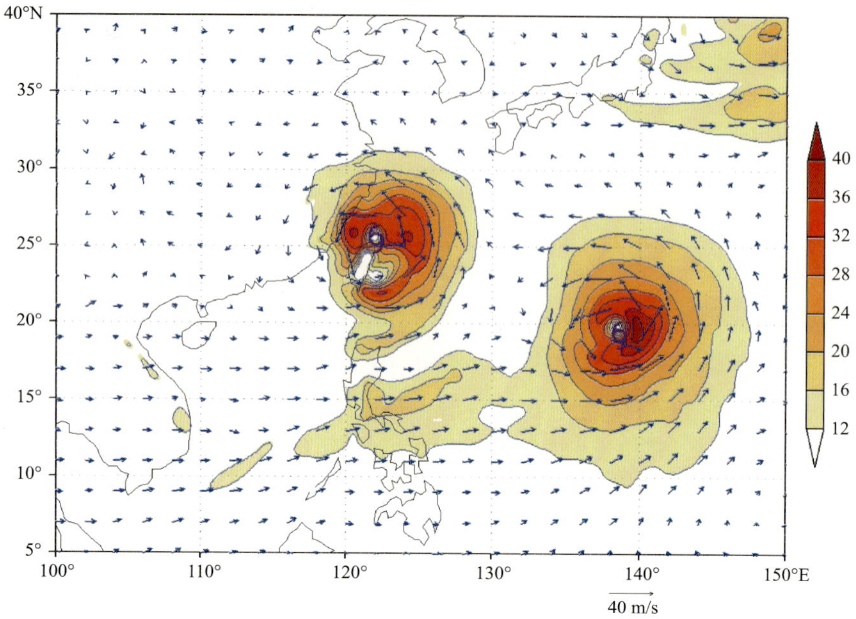

图 5.24　2004 年 8 月 25 日 02 时 850 hPa 风场(单位:m/s)

重要原因之一是由于双台风所引起的。近年来,对于双台风相互作用的研究进行了大量的工作,特别是数值模拟和理论分析,使人们对双台风的运动规律有了进一步的了解。

观测事实和分析发现,在有利的环境流场和其他条件下,双台风可能发生相互旋转、相互吸引和合并、停滞打转等异常运动。对华南而言,在关注双台风的同时,重点关注西台风的运动。下面重点讨论西台风的预报问题。

(1)双台风的互旋运动

回旋运动是双台风运动重要的特征。理论上,在北半球双台风相互作用的结果是使得它们之间出现典型的逆时针互旋。但实际大气是多系统参与的,回旋的情况要复杂得多。根据研究发现:当两个台风之间的距离 $r<10$ 个纬距时,互旋作用明显,逆时针互旋占明显优势;当 r 在 10～20 个纬距范围内,顺时针和逆时针互旋的百分比相近,相互作用不明显;当 $r>20$ 个纬距时,顺时针旋转占优势,双台风的作用很小,环境系统起主导作用。如果以两个台风中心 12 h 相对位置变化>10 个纬距作为明显互旋的标志,有统计分析,双台风互旋持续时间在 12～48 h 的占了 60%,其中以持续 24～36 h 较多,6413 号和 6414 号台风互旋的时间最长,达 120 h 之久,见图 5.25。

(2)双台风的相互吸引和合并

双台风运动的另一个特征是相互吸引作用,当其互作顺时针方向旋转时,即使两者的距离很近,也可能逐渐远离,这主要是环境气压场的作用,不是双台风的相互作用的结果。所以讨论双台风相互作用时,只在逆时针互旋运动才有意义。

当两个台风距离较远($r=20$～22 个纬距)时,互旋过程中 70%双台风的距离很容易缩小;当距离较近($r=6$～17 个纬距)时,有一定数量(30%)的双台风,在作逆时针互旋过程中距离反而扩大。说明两个台风中心的靠近很大程度上是环境流场的影响。所以不应过分夸大双台风间的互吸作用。

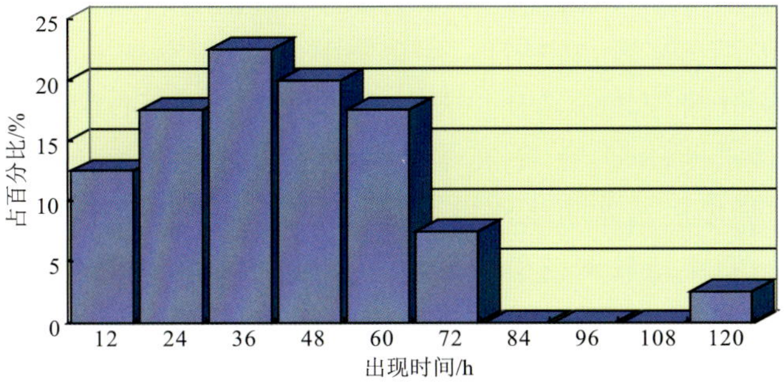

图 5.25 双台风持续时间(占百分比)分布

有统计发现,双台风中约有 15%可能发生合并。双台风在有利的环境流场作用下作逆时针方向回旋,两个中心逐渐接近直到会同在一个环流内,其中一个中心消失即完成合并,如 6413 号和 6414 号台风。双台风的合并具有如下统计特征。

①双台风合并过程中,绝大多数是较弱的一个台风消失(占约 87%),较大的一个消失仅仅是极少数(约占 13%)。

②合并后的中心气压与合并前气压较低的那个台风相比,多数(2/3)不发生变化或反而升高,少数(1/3)气压降低 1~4 hPa。

③双台风合并时的距离,从最近的 1.2 个纬距到最远的 8.8 个纬距不等。合并前势力较弱的台风,其强度越强,则合并的距离越近。

④双台风合并后的移动方向,没有明显的规律性。向东北方向占 40%,西北偏北方向的占 27%,西北偏西的占 33%。

典型个例:1006 号台风“狮子山”和 1008 号热带风暴“南川”存在着明显的双台风互旋运动

2010 年 8 月 27 日 20 时,位于南海中部活动的热带云团发展为热带低压,形成后向偏北方向移动。29 日 02 时加强成热带风暴“狮子山”“狮子山”于 30 日 15 时加强为强热带风暴,31 日 03 时减弱为热带风暴, 14 时再度加强为强热带风暴,22 时再度减弱为热带风暴。30、31 日“狮子山”在原地徘徊或缓慢向偏东北方向移动。9 月 1 日凌晨转向偏北方向,移速加快,14 时再次加强为强热带风暴。“狮子山”2 日凌晨减弱为热带风暴,早晨 06 时 50 分在福建漳浦古雷镇登陆,登陆时中心附近最大风力 9 级,达到 23 m/s 的风速,最低气压 990 hPa。“狮子山”登陆后继续向偏西方向移动,强度逐渐减弱,2 日 11 时以热带风暴强度移入广东省饶平县境内,继续向偏西方向移动,强度进一步减弱。2 日 15 时,“狮子山”移入梅县境内,仍为热带风暴强度(18 m/s)。2 日傍晚前后靠近广东省中部地区。3 日 08 时,“狮子山”在从化境内减弱为低气压(中心风力小于 6 级),并继续西移。

“狮子山”的路径经历了“西北－东北－西北－偏北－打转—偏东－偏北－西北—偏西—西南”的诡异路径变化过程。在南海缓慢移动徘徊打转,共持续了 5 d 多。进入广东省陆地停留超过 81 h,在广州停留达 14 h。

(1)2010 年 8 月 30 日 08 时—31 日 08 时“狮子山”与“南川”发生相互作用时的打转

8 月 30 日 08 时,当“南川”由扰动加强为热带低压时,其中心距离“狮子山”中心在 10 个经距以内,仅为 910 km,从中低层流场图(图略)可以看出,“狮子山”和“南川”环流被范围更广的气旋性环流所包围，从云图（图略）中也可看出二者云系相连，很可能发生相互作用。从二者中心的距离来看，在“南川”生命史中，二者距离越来越近，至9月1日02时距离甚至小于400 km（图5.26a）。从二者中心相对其连线中心的相对运动来看，也可看出二者在发生着互旋运动，8月31日20时之间为逆时针互旋，随后6 h为顺时针。“狮子山”在进入弱环境引导场后速度明显放慢，在与“南川”发生相互作用后出现了打转现象，此时“狮子山”外围一直维持较弱的引导气流。从“狮子山”与“南川”中心距离来看，31日08时以后二者距离继续缩小，其相互作用应该更加明显，互旋运动也应该更为明显。然而此后“狮子山”的运动却突然出现变化，缓慢互旋运动结束而稳定向偏东方向移动，同时移速显著增加。表明此时“狮子山”受到了其他外力的作用，而且此外力要明显强于“狮子山”与“南川”之间的相互作用。台风通常会受到环境引导气流、β效应、周边涡旋、自身非对称结构和下垫面等的作用。当时的情况是，外部环境引导场依然维持较弱，结构较为对称（从云图和模式分析风场来判断），β效应一般导致气旋往偏北运动，而从“狮子山”位于南海东北部海面加速向偏东方向运动以及约1400 km外存在的“圆规”这一事实来看，可知这一外部作用力来自台风“圆规”。

(2)8月31日08时—9月1日14时与“圆规”发生相互作用

“圆规”于29日14时加强为热带低压，距离“狮子山”2000 km以上，随后在强大的副热带高压西南侧的偏东南气流引导下，快速向偏西北方向移动，强度逐渐增加，与“狮子山”的距离逐渐减小（图5.26b）。虽然从二者相对中心连线中心的相对运动来看，似乎也发生了逆时针互旋运动，但由上述分析可知，31日08时之前，“狮子山”主要与“南川”发生相互作用而发生打转，而从31日08时开始，“圆规”与“狮子山”的相互作用开始显著起来，逆时针互旋运动显著。“狮子山”开始稳定向偏东方向移动，速度增加，此时二者距离小于1400 km。由于“圆规”的快速偏西北移动，偏北分量趋于加大，受之影响，31日19时前后“狮子山”转向偏北，移速较快，维持在20 km/h左右。二者距离在9月1日02时达到最小，约为1000 km。随后“圆规”继续快速北上，二者距离开始增加，“狮子山”的速度逐渐减慢，表明二者相互作用逐渐减弱。1日14时“圆规”位于副高西脊点附近（距离“狮子山”约1160 km），随后转向偏东北方向，移速加快。副高从二者之间向西伸展，阻隔了两个台风环流之间的联系，二者相对互旋运动结束，可以断定此时二者相互作用结束。双台风相互作用的距离一般来说，台风越强、范围越大，则影响距离越长，反之距离越短。根据经验，一般在15个纬距以内。从“狮子山”和“圆规”相互作用的开始时间来看，当时距离约1400 km，基本与经验距离相当。另外，业务预报时，当监测到“狮子山”出现稳定偏东运动、移速增加后，也可以依此判断出影响“狮子山”运动的环流形势出现了调整，在当前的形势下，可判定“狮子山”与“圆规”开始出现明显相互作用。业务预报中，判断“狮子山”和“圆规”相互作用何时结束也是一个难点。上述提到，经验距离的15个纬距，是在两个台风之间没有其他系统影响前提下。当有其他强的系统，尤其是高值系统从中阻隔开两个台风后，二者的直接联系被切断，相互作用自然结束。“狮子山”和“圆规”相互作用开始后，二者距离越来越近，至9月1日02时达到最近距离约1000 km。1日14时“圆规”到达副高西脊点附近，此时距离“狮子山”约1160 km，随后便越过脊线转向偏东北方向。副高从二者之间加强西伸，隔断了二者的直接联系。从二者的相对运动来看（图5.27），互旋运动结束，因此可断定相互作用结束。

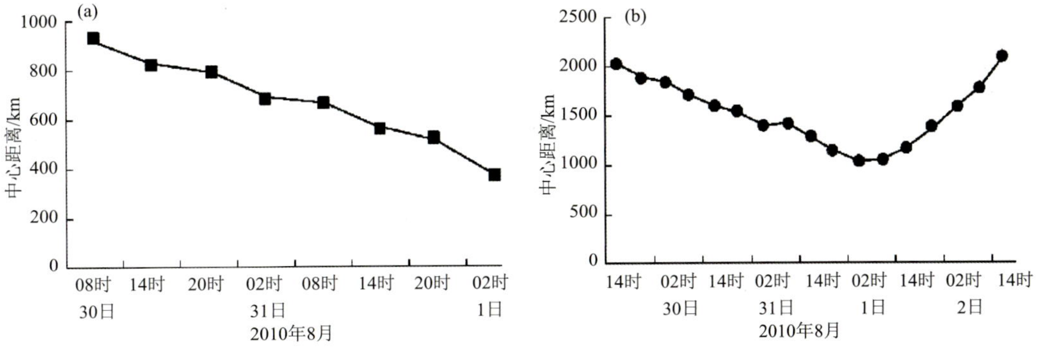

图 5.26　两个台风的中心距离

(a)“狮子山”与“南川”；(b)“狮子山”与“圆规”

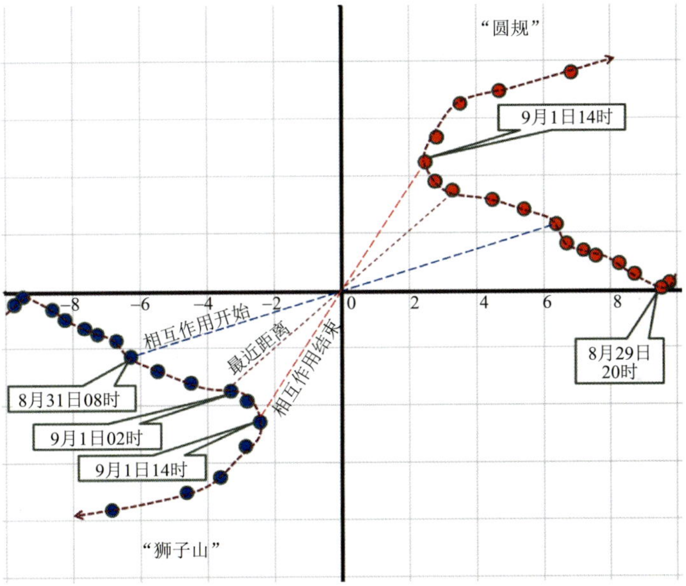

图 5.27　台风“狮子山”与“圆规”中心相对其连线中心的相对运动(坐标轴单位：纬距)

5.2.2.5　打转路径的预报

台风打转分为顺时针打转和逆时针打转。前者多发生在基本气流比较弱的环境场中；后者往往发生在多种引导气流并存和相互作用的环境中。在南海区域两种环境流场均可致使台风打转，而在菲律宾以东洋面，后一种流场多于前一种。台风出现打转以后，常常会选择另外一条新的路径移动，业务预报中要高度注意，避免预报失误。

(1)顺时针打转

当遇到下面三种情况时，台风容易出现顺时针打转。

①台风强度较弱，内力作用不明显，并活动在均压场中。

②在东北气流引导下，引导气流对台风作用的外力与气旋的内力达到平衡时。

③环境流场的强迫作用，当印缅槽东移靠近时，往往会引导西台风向东北方向移动，当该槽作用减弱时，东台风西侧的西北气流可引导西台风向东南方向移动，西台风路径出现顺转。

(2)逆时针打转

台风逆时针打转多与双台风活动和相互作用有关。有时，当台风较弱时，而且又被较强的副热带高压包围时，也容易造成台风路径的逆时针打转。

因此，在考虑台风路径是否会出现打转时，应该着眼于环境流场对台风的综合作用和引导、多台风的同时活动、弱台风移入均压场或高压的薄弱区域中。

(3)西台风的停滞打转

西台风的停滞打转是业务预报的难题之一，预报时遇到停滞打转的台风，多半采取观察、监视的办法，以“不变应万变”。造成西台风停滞打转的原因目前还不完全了解，有研究认为可能是东台风移到西台风的东北方时，使西台风与北侧副热带高压主体隔开，引起台风环境流场明显减弱而出现西台风的停滞打转。

西台风的停滞打转，一般出现在东台风移到西台风中心相同纬度附近($\boldsymbol{\Phi}_e-\boldsymbol{\Phi}_w=-2.5\sim1.0$个纬距)时开始的。当两个台风中心的距离 r 相隔 15 个纬距时，如东台风的移向为偏北到西北西，则东台风移到西台风所在纬度以南 1～2 个纬距时，西台风便可能开始打转；在相同的距离情况下，东台风的移向越偏西，则引起西台风打转的位置越偏北。

西台风停滞打转的持续时间由东台风决定。一般开始打转后一直要持续到东台风转向移入西风带或在海上消失，此时副热带高压脊重新靠近西台风，外力作用加大。

从环流形势判断西台风打转结束，大体可从两方面入手：一是副热带高压减弱或主体分裂，东西向的脊线方向发生变化或副热带高压的主体南落；二是赤道高压加强北移，这是西台风停止打转的一种常见形势。

西台风打转的平均直径约为 1.5 个纬距，最大的打转直径达 7.1 个纬距(打转时间长达 120 h)。

西台风打转后的路径趋势见表 5.3。西台风停止打转后的路径趋势以北北西最为常见。

另外，大多数台风打转的纬度发生在 17°—24°N。

表 5.3　西台风停滞打转后的平均移动方向分布

移向	270°—300°	301°—331°	331°—360°	1°—30°	31°—60°	61°—90°	Σ
百分比/%	0	19	57	10	14	0	100

典型个例：台风路径为逆时针打转

李庆(2009)指出，2007 年 11 月下旬，台风“米娜”(0724)和“海贝思”(0725)几乎同时分别发生在西北太平洋和中国南海(图 5.28)。由于受到双台风效应、陆地、冷空气和高空槽等多重因素影响，“米娜”和“海贝思”在其生命史中出现了逆时针打转路径，各台风警报中心对它们移速和移向的预报均出现了较大的误差。“海贝思”逆时针打转路径的出现，既与高低空环境场对台风不同的引导方向有关，也有双台风效应的体现。由图 5.28 可知，“海贝思”与“米娜”发展趋势几乎同步，开始编号的时间相差 6 h，均在 22 日 00 时发展成台风，23 日 00 时后同时开始减弱，只是“米娜”强度较强的时间维持较长，两台风停滞和逆时针打转路径几乎同时出现，我们也认为“米娜”对“海贝思”的移动还是有牵制作用，双台风效应也至少是“海贝思”停滞和打转路径的成因之一。事实上，22 日 12 时—23 日 06 时，“海贝思”受“米娜”牵制，其向西北的移速就非常缓慢。

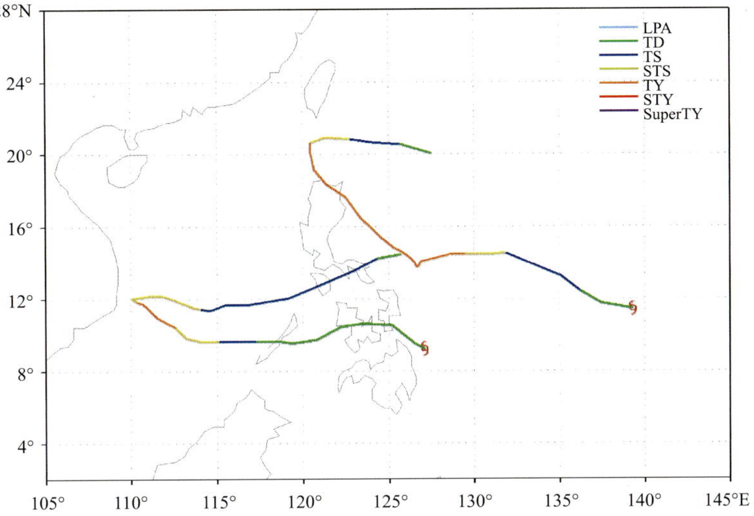

图 5.28　台风“米娜”与“海贝思”的路径

图 5.29 是 11 月 23 日 08 时 850 hPa 流场分析，分析该图可知，台风“米娜”东部的偏东气流比较强，其北侧为入海冷高压单体。“海贝思”北部为控制我国大陆的冷高压，冷高压外围的东北气流较强。受“米娜”阻隔，“海贝思”东侧正常的偏东气流几乎没有。距离较远的台风直接相互作用不明显，但可以通过环境基本气流的改变间接影响另一个台风的移动，东台风的向北移动将使副高的轴向发生偏转，进而使西台风有折向西南运动的趋势。“米娜”较“海贝思”偏北，“米娜”北移必将加强“海贝思”东北侧的东北气流，使其有向西南移动的趋势。23 日 14 时，“米娜”移向北，而“海贝思”折向西南，双台风的间接作用

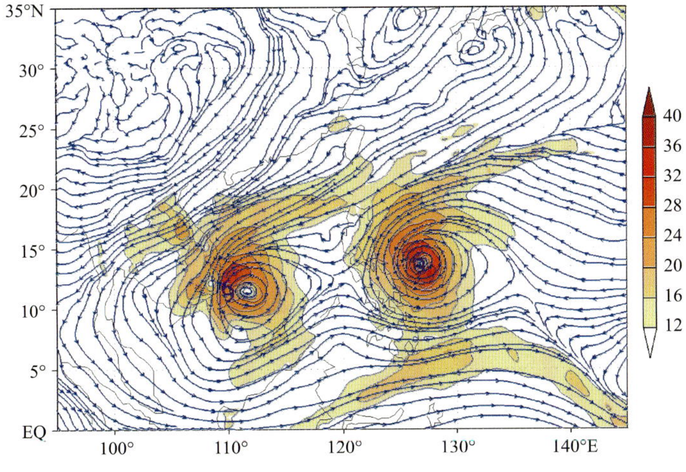

图 5.29　2007 年 11 月 23 日 08 时 850 hPa 流场分析(单位:m/s)

明显。由于南压至我国东南沿海的冷高压是浅薄系统，其向西南的引导作用只存在于中低层，故对台风的引导作用相对较弱。此阶段，“海贝思”在冷高压外围东北气流和双台风的间接作用下缓慢折向西南。

5.2.2.6 停滞摆动

①当大陆高压系统发展加强并向东南伸展，使得台风处于东西高压之间鞍型弱环境流场中，引导气流不明显时，台风登陆后会出现长时间停滞缓行。

②西太平洋副高减弱东退，环境场对台风的引导作用减弱，是台风长时间停滞缓行的重要原因。

③在没有任何系统对台风产生影响时，台风处于流场的变形场中央，维持停滞少动。

④没有任何外界的影响，只有台风本身的内力。但相比之下，内力比起外力来说要小得多，如果台风本身强度较弱，所在纬度较高，那内力就显得更小。

典型个例：1208 号台风“韦森特”的移动过程中存在着停滞摆动

2012 年 1208 号台风“韦森特”生成后不久，从 22 日早上到 23 日凌晨一直在南海中部 115°E，19.3°N 附近海面回旋徘徊将近 24 h（图 5.30）。

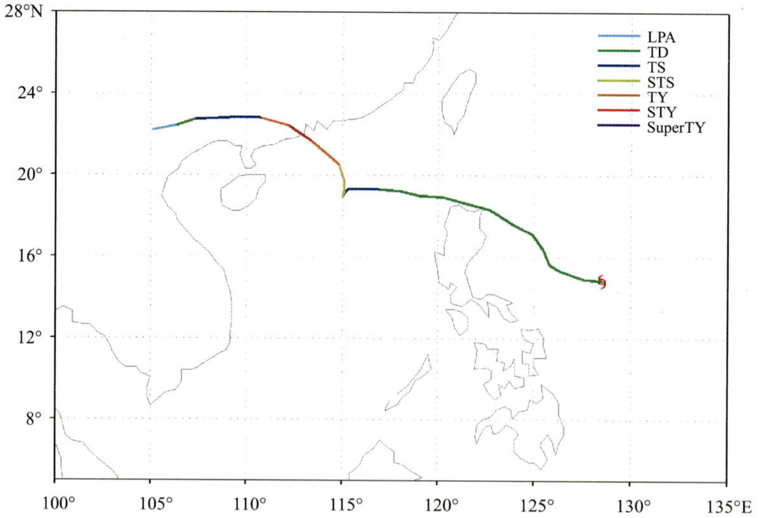

图 5.30　2012 年 1208 号台风“韦森特”路径

台风“韦森特”西北偏西行进入南海中部后环流形势发生了重大调整，东亚中纬度地区环流为两脊一槽型，西太平洋副热带高压与我国西北部高压形成两个高压脊，东北和华北地区为一个西风槽。随着高空槽地不断加深，副高减弱东退。22 日 08 时（图 5.31），台风北侧副高强度明显减弱，主体已退至大洋上，呈东西向带状分布，东侧和南侧也被高压系统环绕，台风处于无主引导气流牵引的弱环境流场中，停滞不前。

台风是大尺度背景场中的一个小涡旋，它的移动受到各种气流的牵制和引导。图 5.32 为 22 日 08 时为 850 hPa 流场图，可见，在台风打转期间的西南季风气流与 100°—120°E 之间越赤道西南偏南气流在台风中心东南偏南侧汇合形成大风区，并且不断被卷入到台风环流中，副高南侧的东南气流则向西北偏北流出。由图 5.32 可以看出，这三支

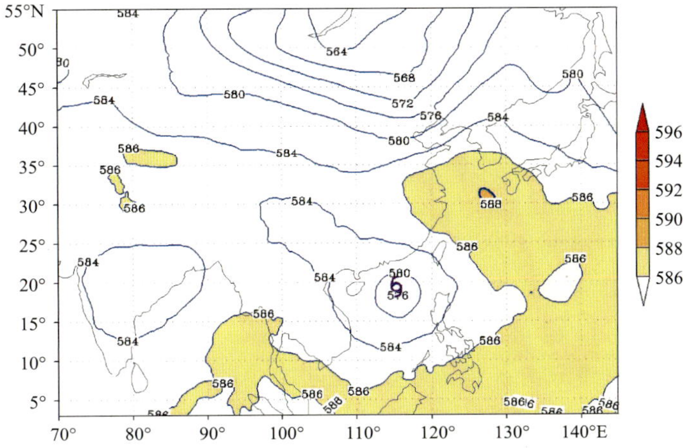

图 5.31 2012 年 7 月 22 日 08 时 500 hPa 位势高度场(单位:dagpm)

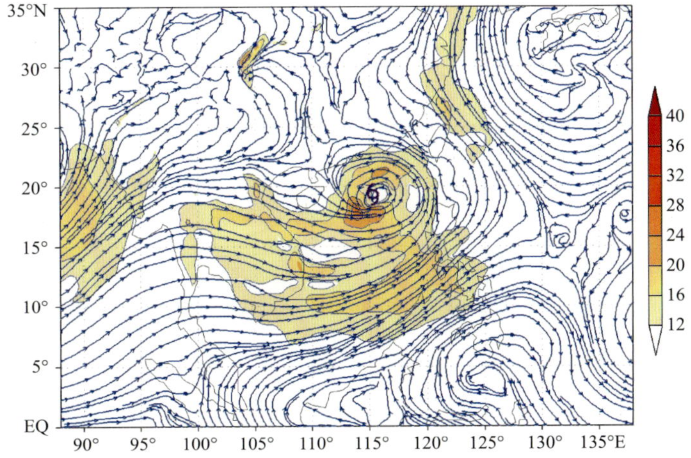

图 5.32 2012 年 7 月 22 日 08 时 850 hPa 流场(阴影区表示全风速≥12 m/s)(单位:m/s)

气流强度都较弱,在它们的牵制作用下,台风表现为停滞摆动。

5.2.2.7 蛇形路径的预报

根据梁必骐(1990)的介绍,蛇形路径的预报着眼点主要有如下几个。

①形成蛇形路径的原因有两种:自由摆动和强迫摆动。台风在气压分布均匀、环境气流很弱的流场里容易出现摆动路径。在台风南北两侧的基本气流相互抵消的流场中也容易摆动,这时的摆动往往是台风内力和作用在台风整体上的惯性力相互作用的结果。东风波从台风北侧掠过或者台风周围基本流场不断交动时,都可能对台风产生强迫摆动。

②当气压分布均匀、气流很弱,或台风在东西两环副热带高压之间移动或基本气流连续多变的流场时,台风北上并容易发生东西摆动;当东风波从台风北侧掠过或台风在带状副热带高压和赤道反气旋之间移动时,台风可能出现西移并南北摆动的现象。

③在蛇形路径中,强迫摆动比自由摆动的周期长,前者 2 d 左右,后者 1 d 左右。强迫摆动的摆幅比自由摆幅大。

④另外，在台风北上过程中，大气环流维持稳定，没有长波槽的调整，中高纬度短波槽相继东移引起西北太平洋副热带高压的短期震荡，是台风在北上过程中走蛇型移动路径的主要原因。

典型个例：1006 号“狮子山”是非常典型的蛇形路径的台风

2010 年 8 月 27 日 20 时，位于南海中部活动的热带云团发展为热带低压，形成后向偏北方向移动。29 日 02 时加强成热带风暴“狮子山”。“狮子山”于 30 日 15 时加强为强热带风暴，31 日凌晨 03 时减弱为热带风暴。14 时再度加强为强热带风暴，22 时再度减弱为热带风暴。30、31 日“狮子山”在原地徘徊或缓慢向偏东北方向移动。9 月 1 日凌晨转向偏北方向，移速加快，14 时再次加强为强热带风暴。“狮子山”2 日凌晨减弱为热带风暴，早晨 6 时 50 分在福建漳浦古雷镇登陆，登陆时中心附近最大风力 9 级，达到 23 m/s 的风速，最低气压 990 hPa。“狮子山”登陆后将继续向偏西方向移动，强度逐渐减弱，2 日 11 时以热带风暴强度移入广东省饶平县境内，继续向偏西方向移动，强度进一步减弱。2 日 15 时，“狮子山”移入梅县境内，仍为热带风暴强度（18 m/s）。2 日傍晚前后靠近广东省中部地区。3 日 08 时，“狮子山”在从化境内减弱为低气压（中心风力小于 6 级），并继续西移（图 5.33）。

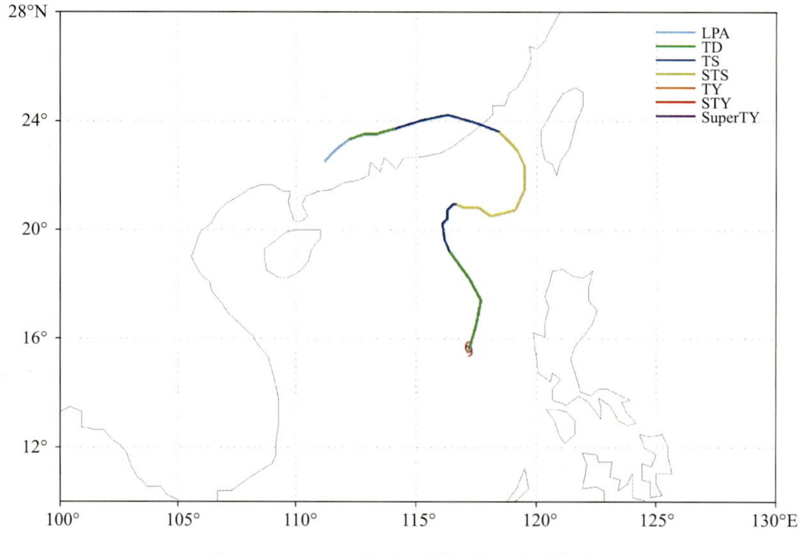

图 5.33　1006 号台风“狮子山”的路径

程正泉等（2011）指出，2010 年 8 月 27 日 200 hPa 上我国大陆上空受一个深厚的低槽控制，槽线位置从华北延伸至华南，把南亚高压分割成东西两环，大陆一环位于青藏高原以西，脊线位置在 30°N 左右，西太一环中心位于日本附近，脊线位置较北。华南受槽底控制，吹偏西到西南风，风速较小。27 日 08 时—29 日 20 时，随着大陆低槽的缓慢东移减弱消失，中高纬西风带北收，大陆南亚高压西伸加强与海上一环高压合并呈带状，这种环流形势在 2010 年 8 月 29 日 20 时之后一直维持。华南沿海和南海北部受反气旋环流控制，气流辐散，广东省处于高压底部东风流场中，风速仍不大。

“狮子山”生成以后，东环副高中心一直处于日本以东洋面，没有明显西伸，前期无明显引导气流或弱的副高西侧偏南气流影响，在南海中北部原地徘徊或缓慢北移，后期副高西伸后向北移速加快，靠近陆地及登陆后迅速向西横跨广东省。

在“狮子山”的整个发展过程中，华南地区 850 hPa 上一直有风向的气旋性弯曲。整个辐合带存在多个扰动中心，东环副高南侧的偏东气流不够活跃。然而，虽然越赤道气流和“狮子山”南侧的一支孟湾水汽输送较弱，但却汇聚到一起且保持稳定，使得“狮子山”的强度时强时弱，却得以长时间维持。

2010 年 8 月 30 日晚，台湾东北部海面的热带风暴“南川”与“狮子山”形成互旋作用，“南川”向西偏南方向移动“狮子山”向东移动，与此同时“圆规”并靠近，三台风作用形成。“狮子山”东移南调，强度加强为强热带风暴，截断了向“南川”输送的西南水汽，31 日白天“南川”开始减弱，夜间登陆福建后消失，多台风作用结束，“圆规”加强为台风并稳定向偏西北方向移动，逐渐远离“狮子山”，此时“狮子山”再度向偏北方向移向台湾海峡。9 月 1 日开始华东沿海到广东东部一带形成低槽。9 月 2 日“狮子山”登陆福建南部沿海后，继续西移进入广东。

5.2.3 陆上路径预报

5.2.3.1 台风的登陆预报

台风的登陆预报除了要考虑高空大型流场的演变趋势外，还可以用地面图上的变压和等压面图上的变高作台风移动路径和登陆点的短期预报。下面给出当台风移到 130°E 以西区域时应用变高、变压预报台风登陆及其移向的一些经验。

①台风一般向 $-\Delta p_3$ 或 $-\Delta p_{24}$ 中心轴线至偏西半个纬距的方向移动。如 2005 年台风“麦莎”两次转向前“海棠”“珊瑚” 和“泰利”及历史许多台风登陆中，$-\Delta p_3$ 中心轴线对台风移向有提前 3～24 h 的较好指示意义。

②在台风的东北方(朝鲜、日本海、日本等地区)连续出现正变高。且副热带高压轴线呈东西向，则台风未来将向西北方向或偏西方向移动；相反，连续出现负变高，这时即使副热带高压很强，也要注意台风未来有转向的可能。

③台风登陆后，如在它的北部产生倒槽，在此槽线附近又是 $-\Delta p_3$，$-\Delta p_{24}$ 等负变压区的轴线，则此轴线指示的方向即为台风短期的移动方向。

④当台风越过琉球群岛后，预计将正面登陆于浙江沿海。若沿海 $-\Delta p_3$ 中心稳定在某地区，则该地区即为台风登陆的地区。

⑤台风进入东海后，如日本、朝鲜一带连续出现正变压，则台风不会北上转向，而是向偏西方向移动。

需要注意的是，当台风转向或打转时，应全面仔细分析，然后作出判断。

5.2.3.2 台风陆上路径预报

(1)第 I 类 台风陆上路径左折

主要包括西移路径折向西南或偏南、西北移路径折向偏西或西南、偏北路径折向西北或偏西。这种左折路径主要与副热带高压、冷空气和正涡度系统的演变有关。

①台风北侧副热带高压加强或断裂

副热带高压与大陆高压的合并加强导致台风陆上路径左折。台风登陆前，500 hPa 副热带高压脊线偏北，可达 32°N 以北。台风在华东登陆减弱的同时，西太平洋副热带高压加强西伸，并与河套地区的大陆高压合并，在台风北侧形成一强大的高压主体，阻挡了台风继续向西北方向移动的势头，受东环副热带高压南侧偏东气流引导下，台风先转向偏西方向移动，后期大陆高压东侧的东北气流明显加强，在其引导下减弱的台风逐渐折向西南方向移动，同时，华东至河套一带出现明显的正变高，而华南西部气压明显下降，有利于减弱的台风向偏西南方向移动。如 1970 年第 10 号台风在福建登陆后折向西南方向移到广东东部就是大陆高压东移与太平洋高压合并加强过程造成的；另外，在台风登陆前后如有青藏高压东移并入太平洋高压也可使登陆台风左折，2006 年第 5 号台风“格美”就是如此(图 5.34a)。

副热带高压断裂，也可导致台风陆上路径的左折。当台风登陆时，副热带高压断裂，其东环东退，这时台风将在西环大陆高压东北气流引导下路径左折，折向西南方向移动。如 0604 号台风“碧利斯”7 月 14 日福建登陆后，副热带高压发生明显调整；15 日我国东北有一低槽活动，此西风槽北缩东移，促使副高断裂为两环，西环副高独立成暖性大陆高压，强度 588 dagpm 呈准南北向分布，使得减弱的台风折向西南，一直移动到云南才消失(图 5.34b)。9215 号台风的陆上路径左折效应也是如此。登陆华东的台风，登陆后路径左折常与这种过程有关。这种左折路径一般发生在盛夏。

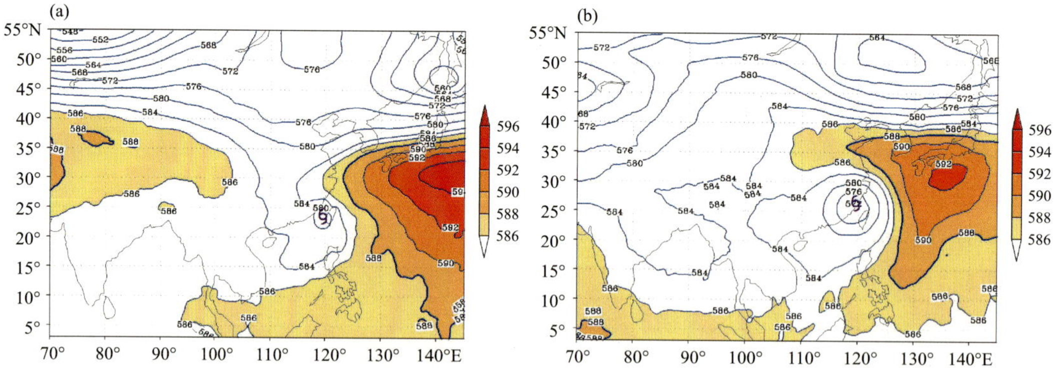

图 5.34　副热带高压两种演变对台风左折的作用(单位：dagpm)
(a)2006 年 0605 号台风“格美”(2006 年 7 月 25 日 08 时)；(b)2006 年 0604 号台风“碧利斯”(2006 年 7 月 14 日 14 时)

②空气和极锋

对流层中层，中纬度的槽已经移到台风环流以东，台风环流落在槽后高压之南；在地面图上，台风登陆时与冷空气爆发后移到台风环流北侧或东北侧的极锋相遇，冷空气和极锋已经移到台风的东北方。这时台风在中低层变压脊和地面冷高压偏东风或东北风引导下左折，沿着东北—西南走向的极锋向偏西或西南方向移动。如 2004 年第 14 号台风“云娜”8 月 12 日在浙江温岭登陆后，先由于西风槽东移使副热带高压脊线南落并在 30°—40°N 形成带状分布，副热带高压南侧偏东气流引导台风折向偏西移动到湖北东南部，后由于中路冷空气不断南下，使得台风低压移动折向西南方向(许爱华 等，2006)(图 5.35a)。

2007 年第 9 号台风“圣帕”也是由于低层冷空气入侵阻挡了陆上台风低压继续北上而折向西南移动(图 5.35b)。

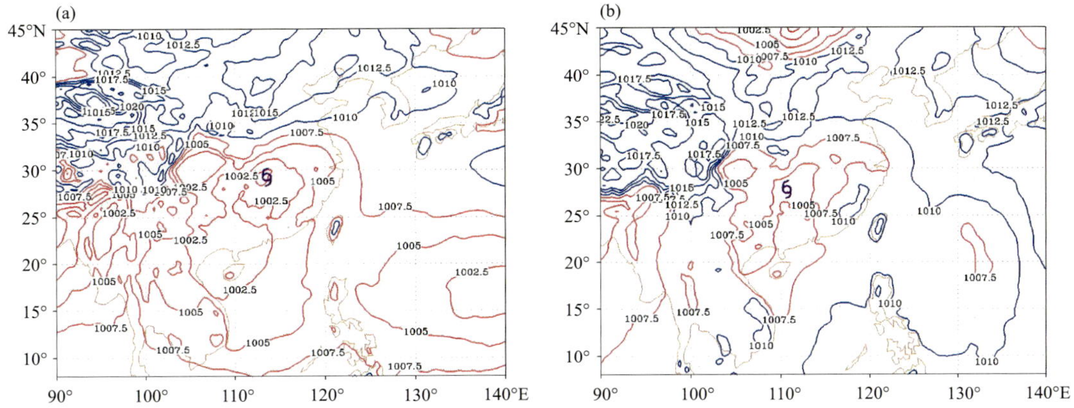

图 5.35 冷空气和极锋对台风陆上路径左折的作用(单位:hPa)
(a)2004 年 0414 号台风“云娜”(2004 年 8 月 14 日 20 时);(b)2007 年 0709 号台风“圣帕”(2007 年 8 月 23 日 08 时)

冷空气和极锋使陆上路径左折的作用对登陆华南和华东的台风都可能发生。这种作用通常发生在秋季或初冬季节。

③正涡度系统

正涡度系统即台风、冷涡或西南涡等。台风登陆前后,如台风以东(东方、东南方或偏北方)有一个正涡度系统靠近它,将使台风路径左折。这可能和两个气旋性环流系统靠近后互作逆时针回旋有关。例如,7209 号台风登陆后路径左折。这个台风于 1972 年 8 月 17 日登陆浙江平阳,登陆后路径逐渐左折,明显左折发生在 18—20 日。也有少数台风在这种互旋作用下,即将登陆时在沿海突然路径左折,沿海岸线折向西南移动。如 2004 年第 18 号台风“艾利”8 月 25 日 07 时左右在距离福州市东南方约 130 km 处,由偏西移动左折转向西南移动,就是受到其东南方约 17 个纬距的第 17 号台风“暹巴”的互旋作用(魏应植 等,2006)(图 5.36)。台风东部正涡度系统对台风路径的左折效应以华东登陆台风常见。

分析还表明,当台风环流东侧的附近地区如果有另一个冷涡靠近它,或者台风靠近位于它西南方的西南涡,也可使台风路径出现左折现象。另外,东风波对台风移动也左折的影响。如果东风波位于台风后部,台风将折向比其原来移向偏西或偏南移动。

台风东部正涡度系统对台风路径的左折效应对华东和华南登陆的台风都是存在的,但以华东登陆台风最为常见,主要出现在盛夏。

④左折效应的一些判断方法(王志烈 等,1987;陈瑞闪,2002)

(a)西风槽移近台风中心所在经度,台风进入槽后区域。

(b)副热带高压从台风北侧明显西伸加强。

(c)在台风前进方向上出现强烈的东北—西南向变高(压)梯度。

(d)在台风西—西南 7 个纬距内,有深厚的高空冷涡。

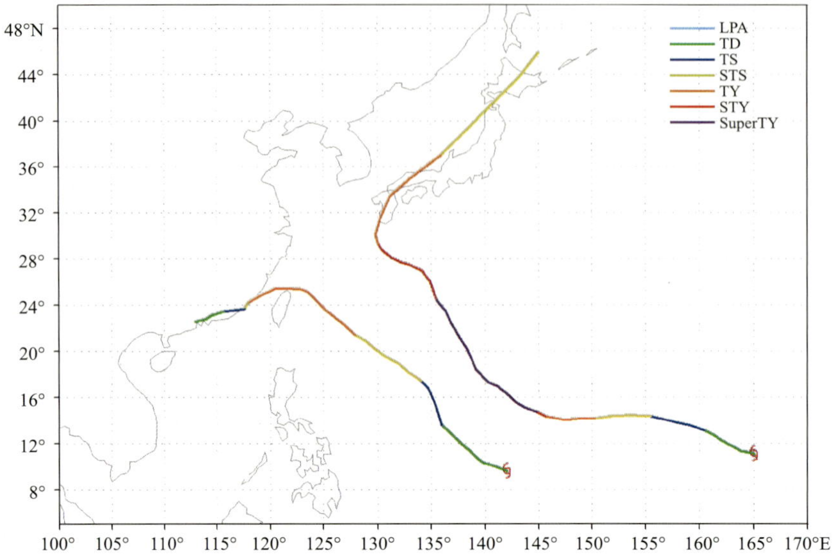

图 5.36 2004 年 18 号台风"艾利"和 17 号台风"暹巴"路径

(e)台风东南象限 20 个纬距范围内，在同一个性质的大型环流系统当中，有另一个正涡度系统发生或移入。

(2)第 II 类 台风陆上路径右折

主要包括西移路径折向西北或偏北、西北移路径折向偏北或东北以及偏北路径折向东北。这种右折路径主要与副热带高压、冷空气和南支急流的演变有关。

①台风北侧副热带高压减弱南落或台风南侧副热带高压合并加强

在台风登陆前后，若台风北侧的副热带高压突然减弱南落，引导气流发生显著变化，则登陆台风的路径将出现右折。台风东部是否存在明显的赤道辐合区是左折路径和右折路径副热带高压周围流场特征的主要区别。左折路径台风东部辐合区是存在的，它阻止副热带高压南落。右折路径无辐合区，副热带高压在东退减弱时经常发生南落。

图 5.37 分别是台风登陆前受北侧副热带高压偏东气流引导向偏西移动，以及登陆时副热带高压突然减弱南落。比较这两张图可见，台风登陆前后引导气流发生显著变化，由偏东引导气流转变为偏南或西南引导气流，使登陆台风路径右折，向偏北甚至东北方向移动。华南和华东登陆的台风一般在盛夏，都有可能出现这种副热带高压南落的右折效应。如 2009 年第 8 号台风"莫拉克"8 月 7 日 23 时西行登陆台湾岛后，路径迅速右折转向偏北方向移入台湾海峡，9 日 16 时在福建霞浦再次登陆。这种路径右折就是因为台风北侧的副热带高压带分裂为大陆高压和海上副高，西太平洋副高东撤南落，脊线走向由原来的西北—东南向顺时针旋转，引导气流中南北向分量加大使得台风出现右折效应(张建海 等，2011)。

台风登陆后，如果其南侧的大陆高压与西太平洋副热带高压合并加强，则容易引起偏北路径的陆上台风右折向东北方向。如 1992 年第 19 号台风和 1994 年第 15 号台风就是如此。

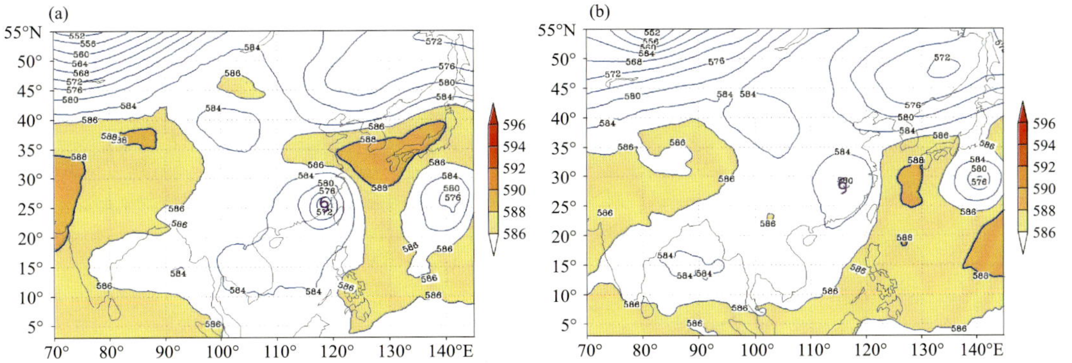

图 5.37 2009 年 0908 号台风"莫拉克"(单位:dagpm)

(a)8 月 7 日 20 时台风登陆台湾前;(b)8 月 9 日 02 时台风进入台湾海峡

②冷空气和极锋

当台风登陆时,从极锋东侧或东南侧靠近极锋,将使台风右折。在对流层中层,台风向中纬度槽槽前或槽底靠近,地面上冷空气和极锋的主力位于台风的西侧或西北侧,云图上出现极锋云带与台风云团的联结,则台风将沿极锋前沿向偏北或东北方向移动而出现路径右折。如 2008 年 0801 号台风"浣熊",4 月 18 日 22 时 30 分在海南省文昌市龙楼镇登陆后,500 hPa 高原东侧小槽东移影响华南,副热带高压迅速减弱,"浣熊"靠近西风槽槽前,引导气流由副热带高压西南侧的东南气流调整为槽前的西南气流,利于其东北移动,导致"浣熊"右折,于 19 日下午 14 时 15 分在广东阳江市阳东县东平镇再次登陆。这种右折效应在华南较少出现,多发生于华东登陆的台风,并出现在极锋活动开始频繁的秋季(图 5.38)。

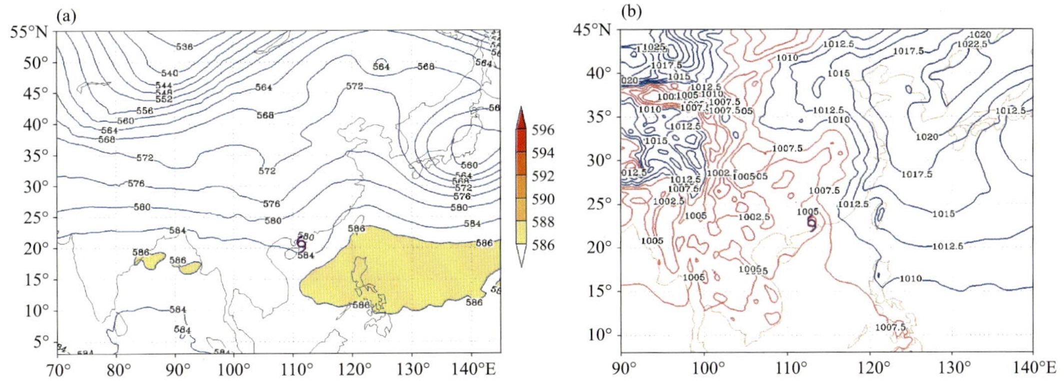

图 5.38 冷空气和极锋致台风路径右折的示意(单位:dagpm)

(a)2008 年 4 月 19 日 08 时 500 hPa 高度场;(b)2008 年 4 月 19 日 20 时海平面气压场

③南支急流

当台风登陆时,正好移到南支急流或副热带急流的东南方,则陆上路径将出现右折现象。这种右折效应在华南登陆的台风或华东登陆的台风都可发生,并多见于南支急流建立以后的秋冬季节。右折以后一般先向偏北然后向东北方向移动(图 5.39)。

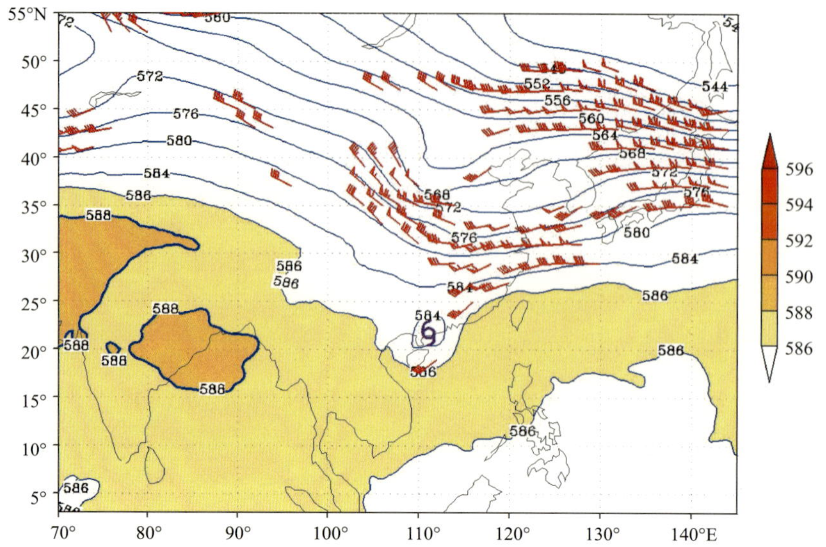

图 5.39　2008 年 10 月 5 日 02 时南支急流致陆上路径右折的示意(单位:dagpm)

(3)第 III 类 台风陆上路径直接北上类

①影响系统和环流特征

台风活动期间,西风带为强的经向环流,波长达 70 个经度左右,属于稳定的阻塞型式。亚欧上空为两槽两脊,低槽分别位于巴尔科什湖和河套地区附近,长波脊位贝加尔湖以东。一方面,由于巴尔科什湖低槽加深,槽前暖平流促使贝加尔湖以东长波脊加强,或东欧长波脊北部有高压分裂东移,在西伯利亚东部建立阻塞高压;另一方面,台风登陆前,受副热带高压西南侧东南气流引导,台风沿西北路径移动;登陆后,副高先南落后西伸北上,在华东沿海稳定加强,588 dagpm 特征线稳定在 120°—130°E 附近,轴线转为准南一北向。由于东亚高纬阻塞高压或高压脊与海上副热带高压叠加,在台风东北侧形成向西北或偏北伸展的块状高压或高压脊,台风就在高压西侧偏南气流牵引下,稳定北上。如果同时在华西地区有大陆高压存在,110°—120°E 之间有西风槽向南加深,对台风登陆北上更为有利。2005 年第 9 号台风"麦莎"、2004 年第 21 号台风"海马"以及 1994 年第 18 号台风都是属于陆上路径直接北上类型(图 5.40)。

另外,强盛的西南季风和过赤道气流往往容易引导台风向偏北方向移动,特别是在其他引导气流较弱的情况下,这两股气流更显其作用;当东风波与台风的位置重叠时,也会引起台风北上;位置错开时,如果东风波移到台风前方,台风将由原来重位时的偏北移动,折向偏西北方向移动。

②预报着眼点

台风陆上路径直接北上的预报着眼点(金荣花 等,2006)。

(a)台风东侧的副高西边界 588 dagpm 特征线稳定在 120°E 附近,台风登陆后,副高先南落以及随后强度加强和缓慢北抬是判断台风登陆后北折和稳定北上的关键因素。

(b)在满足上述条件情况下,500 hPa 在 110°—120°E 之间有西风槽向南加深,对台风登陆北上有利。如果在华北北部和东北地区以及我国东部海域为向西北伸展的副高或高

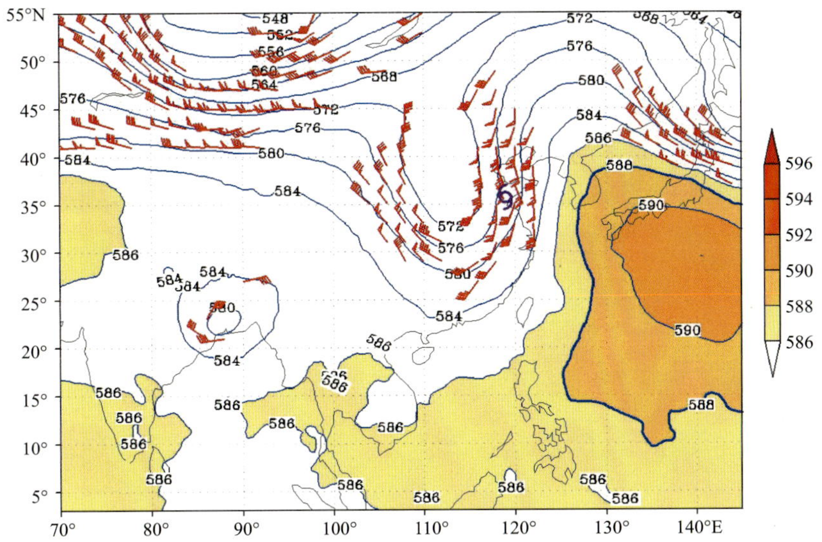

图 5.40 0412 号台风"海马"登陆北上形势(2004 年 9 月 14 日 20 时)(单位:dagpm)

压脊,台风东侧紧邻副高,台风西侧环境场气流较弱,可进一步确定台风登陆北上的可能性。

(c)南亚高压在我国东部地区分裂出小高压单体或东部高压向东伸展,有助于台风低压环流在陆上维持或强度减弱缓慢,南亚高压单体内强辐散场脊轴与台风的移动方向基本吻合。

(4)第 IV 类 陆上台风入海类

①华东登陆台风在东部海面入海

台风登陆时,亚洲中高纬度环流为二对移动性槽脊,经向环流明显。位于 115°E 附近的低槽槽底在 35°N 以南,有时可伸到长江流域。副热带高压伸至长江口附近,一般不超过 115°E,脊线在 30°—32°N 呈东西走向。台风先受副高南侧的东南气流引导向西北方向移动。以后,由于 115°E 附近的西风槽加深东移,副热带高压东退,台风受槽前西南气流引导转向入海,如 2017 年 0713 号台风"韦帕"(图 5.41)和 2005 年 0515 号台风"卡奴"。

在中纬槽发展南伸时,伴有冷空气和极锋从登陆台风西北方朝台风靠近,这将促使台风沿着东北—西南走向的极锋向东北方向移入海面。

少数台风的入海过程与极锋和中纬度槽的活动无关,它们的入海主要是台风登陆后太平洋高压的一次南落并从台风后部伸向南海北部所造成的,如 1962 年 6208 号台风。有一部分入海台风登陆后,同时发生了中纬度长波槽的加强西伸、极锋向台风西北侧靠近和副热带高压的南落西伸,这对入海路径十分有利。

②华东登陆台风在南部海面入海

这种个例非常罕见,仅有的 2 个华东登陆后移入南部海面的台风是 1960 年 6008 号和 1980 年 8018 号台风。陈联寿等(1979)分析 6008 号台风指出,台风登陆后正遇太平洋副热带高压加强西伸,在高压南侧偏东或东北气流引导下移入北部湾(图 5.42)。极锋的活动是从对流层中部大陆副热带高压之下切入并靠近台风的北侧和东北侧。从而加强了

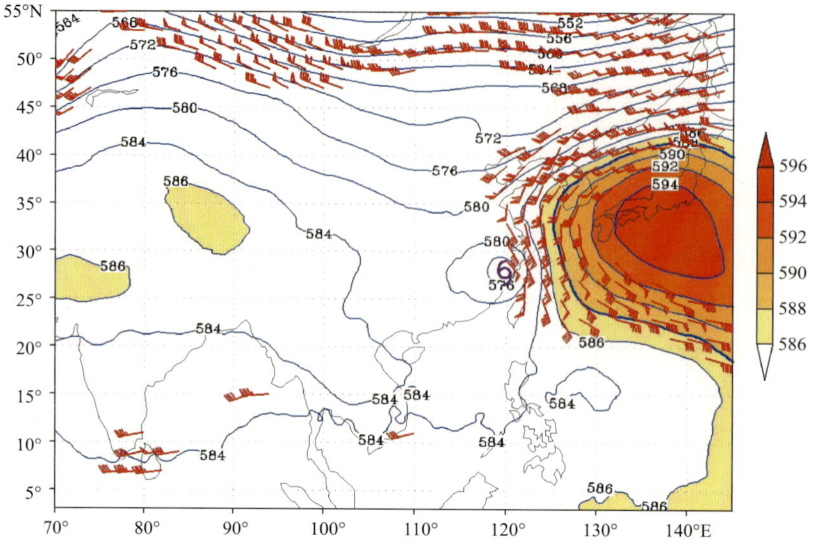

图 5.41 入海台风"韦帕"环流形势(2007 年 9 月 19 日 14 时)(单位:dagpm)

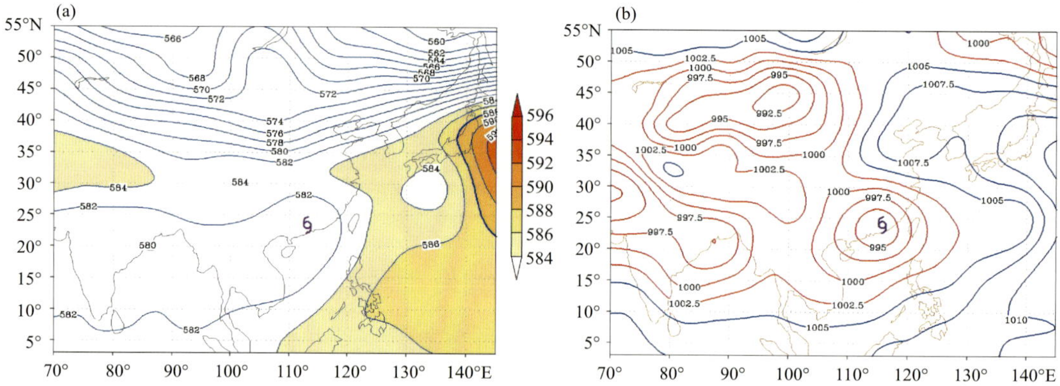

图 5.42 加强的副热带高压对台风折入南海的引导形势

(a)1960 年 8 月 10 日 20 时 500 hPa 高度场(单位:dagpm),(b)8 月 9 日 20 时海平面气压场(单位:hPa)

对流层低层偏东风或东北风对台风折向西南方向移入南部海面的引导。

③华南登陆台风在东部海面入海

在夏秋季节,这类台风都和台风登陆后副热带急流或西风急流的一次加强有关,登陆台风在这种西南气流引导下转向东北方向移动到东海入海,几乎没有在黄海入海的。比较有代表性的如 5906 号、7523 号、8009 号、8507 号、9917 号和 0903 号台风"莲花"等。

④华南登陆台风在南部海面入海

台风在华南登陆后又折入南海或北部湾都与倒抛路径有关。如 0907 号"天鹅"和 1104 号"海马"等台风。盛夏倒抛路径都由台风登陆时台风北方副热带高压的加强引起的。这种加强一般是太平洋高压与大陆高压或青藏高压合并的结果。环流特征与华东登陆台风在南部海面入海类似。

(5)第 V 类 台风陆上打转或停滞

陈联寿等(1979)指出，台风在陆上的停滞将可能带来一系列问题，如中尺度系统在某地的连续产生、持续性的成灾暴雨以及台风环流的分裂或诱生出新的低压中心等。登陆台风的停滞经常发生在下面 6 种形势下。

①台风在鞍形场中心附近。当登陆台风移到青藏高压、太平洋高压、西风槽和热带辐合区之间时，即处于鞍形场的中心区，这时引导气流很弱，或者引导气流互相抵消，台风在这种环境中移速将减慢或发生停滞。另外，鞍形场中的台风会向涡度和辐合最强的地方靠近。

②台风四周为高压区所包围，这在对流层中下层对台风环流的维持是一个良好环境，但由于台风四周气流对台风移动的作用互相抵消，故高压包围的环境对台风移动起到停滞作用。

③台风与另一个低压环流系统接近，这个低压系统可以是另一个台风、冷涡、西南涡或热带云团。这将使台风的移动出现回旋或原地停滞。

④环流调整导致台风移向急变而发生的停滞或原地打转。如：台风在陆地上向偏北移动时与向东移出的青藏高压或西风带中纬度高压相遇。登陆西移台风与一个中纬度西风槽相遇，这个槽使太平洋高压在陆地上减弱东退，引导气流减弱导致停滞。

⑤台风上空不同层次出现了相反的引导气流。当对流层低层台风北侧为偏东风，中层有一个冷涡移到台风北侧，使台风北部的上空出现偏西风，台风北侧或周围上空的两层引导气流方向相反，引导作用抵消，使得台风停滞。

(6)第 VI 类 台风陆上填塞消亡

统计(李英 等，2004a，2004b)表明，1970—2001 年登陆台风中 87%是不入海的，最后在陆上填塞消失。当一个台风登陆后，从其移动趋势、与水汽通道的连结、与斜压锋区的关系和高空流出气流等特征，可以判断其是长久维持还是迅速填塞消亡。下面给出两类台风陆上填塞消亡的情形。

①速填塞消亡类

此类台风陆上维持时间很短，登陆后消亡迅速。以 0313 号台风“杜鹃”为例(林良勋等，2005)，该台风从初次登陆到消亡持续时间约 18 h。副热带高压的加强及西脊点的西伸与台风向偏西方向移动完全同步，一直持续到台风消失。“杜鹃”登陆后，环流形势发生了明显变化，200 hPa 风速明显加大，使得风的垂直切变加大，高空出现了不利于台风强度维持的条件；另外，由于大陆性气团从“杜鹃”西侧经南海中北部卷入，而西南季风向吕宋岛以东洋面输送，导致“杜鹃”迅速减弱和消亡。应该指出，陆面摩擦作用也是台风登陆减弱消亡的重要原因，但在上述环流配合下，加快了台风的减弱和消亡。

另外，当台风登陆福建、广东后，若蒙古东部低槽已移到华东沿海，使台风处于该低槽后部和自新疆东移的高脊前部，此时若引发了较强冷空气的侵入，就会加速这个台风的填塞和消亡，如 1006 号台风“狮子山”。

②慢填塞消亡类

此类台风登陆后先西北移，然后在 115°E 以东转向，北上趋于填塞。由于陆地生命史长，填塞消亡的较为缓慢。梁慧平等(1987)指出，台风登陆时，东亚沿海西风槽经向度大，高压脊稳定，副高和西风带高压在 130°E 附近合并，构成一个阻塞环流型。位于我国大陆东部的高空槽东移受阻，稳定下来，向西北移的台风在此低槽前偏南气流引导之下，转向北上，逐渐填塞；或者台风在北上过程中，遇到中纬度高压脊与副热带高压打通时，台风北上受阻，逐渐填塞(图 5.43)。

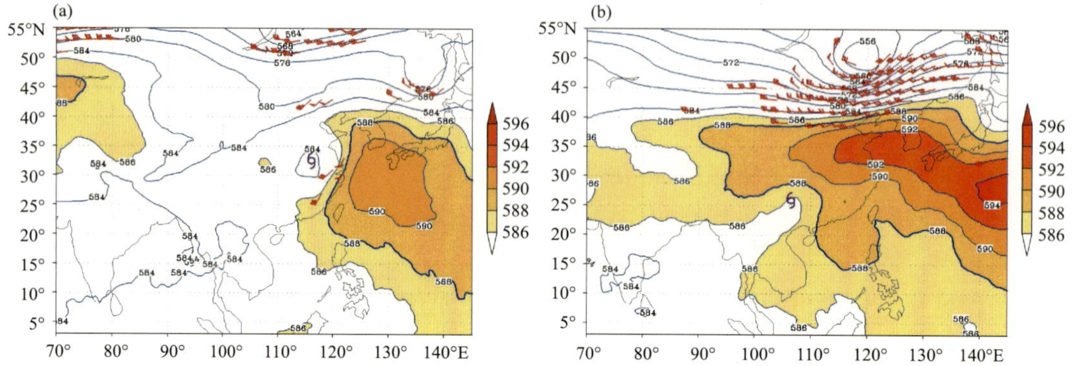

图 5.43　台风陆上路径快速填塞消亡类(a)和缓慢填塞消亡类(b)示意(单位：dagpm)

5.3　台风路径预报的客观方法

台风路径预报是台风风雨预报的基础，历来受到人们的关注和研究，特别是 20 世纪 70 年代以来，取得了丰硕的成果。国内外许多气象学者进行了很多台风路径主、客观预报方法的研究，其中台风路径客观预报方法主要有以下三种：第一，统计学方法，即统计预报；第二，动力学方法，即数值模式预报；第三，统计—动力学方法，即基于数值模式预报的模式释用技术(陈联寿 等，1979)。

在监测手段不多、对台风基础理论认知水平不高、数值模式准确性较差的年代，台风路径预报往往依赖于外推预报、相似预报或气候持续预报方法等统计学方法。总的来看，利用纯统计方法来预报台风路径仍有相当大的误差。当前，随着台风探测手段日趋丰富、台风理论认知水平逐步提高、计算机性能和数值预报模式的快速发展，台风路径预报已由半经验半理论的定性预报方法，发展到以数值预报为基础，以人机交互处理系统为平台，综合应用多种资料和方法的预报技术路线。这些预报方法包括动力统计预报、神经网络方法、多模式集成预报、(单一模式)集合预报、(多模式)超级集合预报等。正是由于方方面面的改进，近 30 a 来，我国台风路径业务预报取得了持续而稳定的进步。本章主要对各种客观预报方法的原理、性能和预报能力作一个综合介绍。

5.3.1　动力统计预报方法

统计动力结合一般采用下面几种方式：在统计预报方程中选用动力因子，加强统计因子的物理意义；将动力预报结果作为因子输入统计预报方程，如常用的 MOS 方法；将动力预报结果进行统计检验，并将统计偏差订正到动力方法中去；建立一套动力和统计相结合的数值模型，使这种模型既保留了动力方程描述大气过程的物理机制，又用统计手段处理了动力过程难以描述的物理量。本小节综合日常应用效果，对我国部分业务台站的常用统计动力方法进行介绍。

5.3.1.1 概率圆法台风路径决策预报(JSPC)

江苏省气象台自1995年开始应用一个概率圆客观综合决策台风路径预报的决策模型(朱定真 等，1996)，该模型是以各机构路径预报的实时误差及历史误差概率圆为依据的客观最佳路径集成智能决策方案。具体如下。

基于各官方机构和数值模式的台风路径预报，综合各机构路径预报的实时及历史误差，动态调整权重系数，形成加权概率圆(以可能出现频率最大的误差距离为半径)。在此基础上，求得各概率圆叠加层次最多区域的几何中心，作为该时次的决策修正参考点，它的可能误差应为最小，最终反演输出该点的经纬度值。

在方法建模中，基于对各个官方机构、数值模式的实时路径预报误差，得到权重基数。同时，结合误差统计和神经网络算法，对不同官方机构、数值模式路径预报的历史表现，尤其是在华东地区的预报效果、偏差特性进行智能评估，形成基于历史表现的权重调整因子。最终，得到基于各机构实时误差和历史表现的动态概率权重，形成加权概率圆。

该方法的预报区域为20°—35°N、115°—127°E，当中央气象台开始台风编号，且台风进入预报区域后，并有起报时间前24 h的台风位置报文时，每天00时和12时分别制作台风24 h、48 h、72 h路径预报。表5.4给出了该方法过去3 a台风路径预报误差。

表5.4 JSPC方法过去3 a台风路径预报误差

年份	24 h预报误差/km	48 h预报误差/km	72 h预报误差/km
2020	49.5	—	—
2021	91.5	—	—
2022	70.6	99.1	180.9

5.3.1.2 台风路径遗传神经网络预报方法(ANNGA)

人工神经网络是20世纪80年代以来迅速兴起的非线性科学，它涉及生物、计算机、数学和物理等学科，有着十分广阔的应用前景。人工神经网络能处理相当复杂的非线性问题，它是通过模拟生物神经网络而获得与生物大脑类似的联想能力和模糊推理能力，具有自学习、自组织、自适应和容错性等优点，无需人为确定具体非线性函数解析式。人工神经网络技术已在台风路径预报中得到广泛的应用。

采用进化计算的遗传算法和人工神经网络相结合的原理和方法，提出用遗传算法的全局优化搜索能力，同时优化神经网络的连接权和网络结构的新方法，作为台风客观预报工具建模的数学方法，并进一步创新设计了在遗传进化算法中，采用当进化到一定代数后，在每一代中保留适应度最大的遗传个体的遗传操作策略，以提高获得全局最优解的概率。同时，针对目前国内外普遍使用的台风移动路径气候持续法预报技术在建立预报模型时，均采用逐步回归分析方法来组建预报模型，而没有有效考虑入选预报方程的各预报因子之间可能存在的复共线性关系对预报方程的稳定性和预报效果的影响问题，提出了采用条件数计算分析方法，对众多气候持续预报因子进行计算分析，选择复共线性关系小的预报因子组合来建立西太平洋台风移动路径和强度的预报模型，以提高台风强度和路径的预报精度。

该方法的预报区域为180°以西、10°—23.5°N。当中央气象台开始台风编号，且台风进入预报区域后，每日8次(00、03、06、09、12、15、18、21时)分别制作发布06、12、18、24、30、36、42、48、54、60、66、72、78、84、90、96、102、108、114、120 h预报。表5.5给出了该方法过去3 a台风路径预报误差。

表5.5　过去3 a ANNGA路径和强度预报误差

预报时效/h		24	48	72	96	120
2020年	样本数/个	403	284	198	130	77
	路径/km	69.0	114.4	149.1	200.2	246.0
	强度/(m/s)	4.1	5.1	5.9	5.6	6.3
2021年	样本数/个	517	399	300	216	147
	路径/km	68.2	120.3	184.3	246.5	288.9
	强度/(m/s)	3.9	4.5	5.5	4.9	5.6
2022年	样本数/个	405	291	185	114	71
	路径/km	60.5	105.3	143.3	198.9	295.9
	强度/(m/s)	4.7	6.4	7.8	6.5	5.4

5.3.2　数值预报方法

5.3.2.1　前言

目前，国内外台风路径业务预报所使用的主要工具为数值预报模式。如美国国家海洋大气局(NOAA)地球流体动力实验室有限区域数值预报模式(GFDL)、美国海军全球大气预报模式(NOGAPS)、英国气象局全球谱模式(UKMET)、日本气象厅(JMA)全球谱模式(GSM)和有限区域谱模式(TYM)等都已投入业务使用。国内自1990年起，国家气象中心(王诗文，1999)、广州区域气象中心(陈联寿 等，2001；王康玲 等，1996)、上海区域气象中心(雷小途 等，1996；黄伟 等，2007)等也建立了台风数值预报业务系统。本节从数值预报的角度概要介绍台风路径预报的方法，主要内容包括台风的初始化技术、数值预报模式和集合预报方法。

5.3.2.2　台风数值预报的初始化方法

台风的初始位置、强度和大小范围以及环境风场、温度场和水汽分布都直接影响台风路径和强度的预报。为了能使数值天气预报模式对台风产生一个客观的、合理的路径预报产品，需要深入了解观测资料中所包含的气象信息从而通过资料同化有效地提取这些信息。

虽然随着观测技术的发展，气象观测资料越来越丰富，但是洋面上对台风依然缺少大量的观测资料。例如，海洋上没有探空资料；卫星遥感观测资料在有降水和云等天气条件下资料的观测误差会增加；大多数情况下，大尺度分析场中涡旋系统的结构特征与实际观测的台风信息不匹配，主要表现在强度偏弱和中心位置有偏差。在绝大多数情况下，有偏差的初始涡旋会导致输出的预报结果也是不正确的。如何合理用已知台风关键参数和新卫星资料，改进台风预报的初始场精度，从而提高台风预报准确性是数值预报中的一个关键问题。本小节着重介绍台风数值预报的初始化技术。

（1）台风 Bogus 模型构造

如前所述，由于洋面上常规观测资料严重不足，使得客观分析的结果难以准确地描述初始台风的热力结构和环流特征。目前国内外台风数值预报业务工作中普遍采用台风模型初始化方案，即依据目前对台风结构特征的认识和台风实况观测资料，人为地构造出一个具有较为完善的台风环流和台风结构的理想台风模型（即 Bogus），并叠加于初始分析场中，形成台风初始场。人造 Bogus 模型方案一般有两种：一种是用 Christoper 等（2001）提出的指定一个切向风的径向廓线，即所谓的 Rankine 涡旋风场，通过泊松方程求解位势高度，然后由平衡方程得到温度场，而湿度场是单独构造；另一种是人为指定一个海平面气压的径向廓线，主要有 Fujita 和 Holland 两种廓线。通过引入简单动力约束，例如平衡风条件等，可以近似得到其他变量的假涡旋（Bogus vortex）结构。这类例子可见 Mukut（1991），Kurihara 等（1993）和 Bender 等（1993）。

Bogus 模型人造台风需满足三个条件（王举 等，2009）。第一，台风的结构满足动力、热力学的一致性。除了风压场之间的协调外，水汽场同其他变量场之间的协调也很重要。因为非绝热加热量（影响到温度倾向进而影响台风强度变化）对水汽含量及风场的辐合非常敏感。第二，Bogus 台风模型应当具备实际台风的一些主要特征（尺度和强度特征等）。例如，人造台风的半径应当根据已有的关于实际台风结构的资料来确定。第三，构造的台风模型必须同预报模式的物理特征和分辨率相协调，这一条件可以避免构造台风可能引起的虚假震荡。

（2）台风 Bogus 模型向背景场的嵌入

人造台风 Bogus 模型构造好之后，如何将其嵌入到背景场中，目前常用的方法有四种：一是传统方案；二是 Nuding 方案；三是四维变分同化（BDA）方案；四是涡旋重定位和涡旋调整。下面分别简要介绍这四种方案。

①传统方案

通过距离权重，将人造台风平滑地加入到背景场中，从而得到台风初始场。

②Nudging 方案

Nudging 方案（Hoke et al.，1976）通过在预报方程中增加一个附加项（松弛项）使方程的解逼近观测值（被内插到模式格点上）。

③BDA 方案

BDA 方案由 Zou 等（2000）提出：将人造的理想涡旋的地面气压作为观测资料，通过四维变分资料同化方法逐步调整背景场，从而获得更为真实的，动力、热力和物理协调一致的涡旋初始场。

近来，各国家及区域气象中心的研究人员对 BDA 方案进行了很多研究工作，均发展出一套适用本地的 BDA 技术方案（万齐林 等，2003；丁伟钰 等，2004；王栋梁 等，2004）。

广州区域气象中心的 BDA 方案是在 GRAPES 全球三维变分回纪系统(GRAPES-3DVar)基础上,将台风 Bogus 模型的切向风场、高度场、水汽场结构同化到背景场形成初始涡旋场。所采用的台风 Bogus 模型,是利用观测到的台风强度(中心气压)、台风中心位置、台风八级风半径和台风初始移动 4 个条件构造的满足静力平衡、梯度风平衡、准热力平衡和环境场及模式对流参数化方案一致的非对称型台风(丁伟钰 等,2004)。黄燕燕等(2010)验证了 BDA 方案可以更好地预报台风海棠的路径和中心强度变化。上海台风研究所利用 MM5 四维变分同化系统,利用 Bogus 涡旋资料对背景场进行调整,其 Bogus 构造方法及 BDA 方法详见顾建峰等(1995)和王栋梁等(2004)。

④涡旋重定位和涡旋调整方案

最近,基于国家气象中心全球资料分析同化一预报循环系统,设计和发展了一套新的台风初始化业务方案,它主要由初始涡旋形成、涡旋重定位和涡旋调整三部分过程组成。过去采用的方案是,应用平滑滤波消除背景场中病态的弱涡旋,然后再嵌入人造的台风 Bogus 涡旋环流系统(Ma et al.,2007)。然而,被剔除掉的背景场涡旋也是从上一个分析同化阶段演变而来,包含了上一时刻台风附近的观测信息以及模式对台风的模拟演变特征。所以在滤掉背景场涡旋系统的同时,很多有价值的涡旋结构信息也被剔除掉了。针对目前中国国家气象中心台风数值业务发展的这些现状,瞿安祥等(2009a)提出了一套完整可行的台风初始化数值方案。该方案比原有方案在很大程度上减少了主观因素对台风三维结构的影响,而更多的是依靠模式动力与物理过程在业务的循环滚动预报中产生涡旋环流,这样产生的涡旋结构不但与周围环流形式比较协调,而且涡旋自身的各种物理量在动力属性上也比较平衡,在很大程度上降低了模式积分过程中对周围形势场的负面影响。批量试验的结果也表明(瞿安祥 等,2009b),这套新方案在 120 h 时效内的平均路径预报误差有了很大幅的进步,尤其是对登录中国和影响中国近海的台风取得了令人振奋的预报效果。图 5.44 给出了国家气象中心新台风数值预报业务系统流程。具体的技术方案及批量试验内容详见瞿安祥等(2009a,2009b)。黄燕燕等(2018)利用初始涡旋和预报涡旋加权平均的方法代替 Bogus 模型,发现对台风“莲花”和“灿鸿”的预报效果有改进,使用预报涡旋的目的是使得涡旋结构和模式动力一物理过程更加协调。徐道生等(2020)提出了一种基于分析增量更新(IAU)技术的台风初始化方案,在涡旋扰动重定位和风速调整技术基础上,利用 IAU 技术将调整后的涡旋当作一个强迫项逐渐加入到模式预报中,从而改善模式对台风预报的性能。许晓林等(2019)结合 GRAPES-TCM 台风模式框架和美国 NCEP/EMC 的 HWRF 涡旋初始化技术(Liu et al.,2006),发展了一个新的涡旋初始化方案,该方案对台风涡旋进行极小化订正,减少了人为因素对台风涡旋结构,能更精细地体现初始台风的强度与结构。

(3)非 Bogus 初值的初始化方案

目前台风数值预报中初始涡旋场的形成方案除了前面介绍的“Bogus”方案,还有一种非“Bogus”方案。如德国、英国等就不采用 Bogus 方案。已有的研究(Flatau et al.,1994;周霞琼,2003)表明,Bogus 技术既不能充分刻画真实的涡旋及其环境结构,也不能提高业务需要的强度、风雨分布的精细预报;对于小范围的区域高分辨模式 Bogus 方案难以实施;高分辨率和精细化的物理过程,对理想 Bogus 引起的虚假效应更敏感,容易造成预报

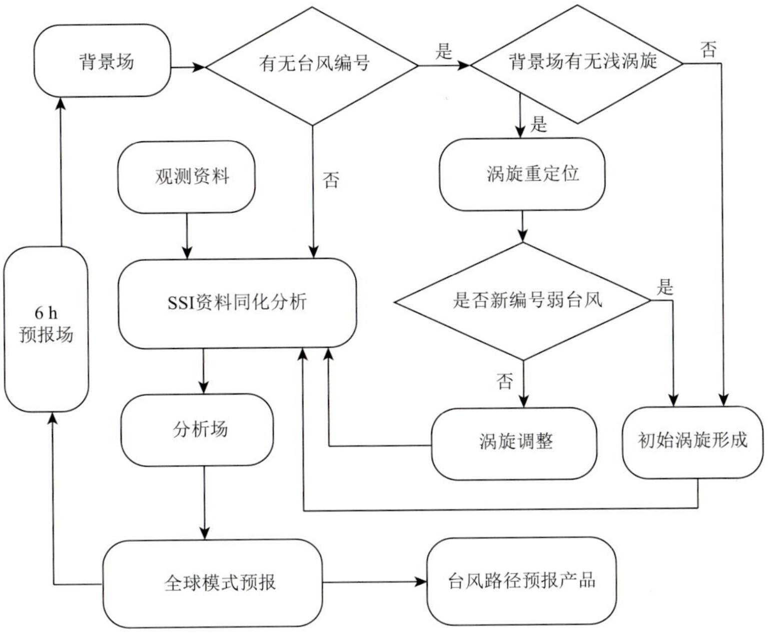

图 5.44　国家气象中心新台风数值预报业务系统流程(瞿安祥 等,2009b)

偏差。

阎敬华等(2004)的“非 Bogus 初值”试验采用德国天气局全球业务模式 GME 的四维同化场和 Davies(1976)型松弛方案,有效地刻画了台风环流在边界区域的出入。预报结果显示,该方案对于较长时效的预报具有优越性,预报功能更丰富,包括路径、强度、风雨结构等内容。Ma 等(2007)提出利用多种卫星反演降水资料调整模式非绝热加热廓线,通过物理约束进行台风初始化的新方法,其思路与传统的基于积云参数化方案伴随卫星降水资料进行台风初始化的方法相比,能够提高模式初始化过程中的物理一动力协调性,对改善模式 Spin-up(达到平衡状态)问题和台风降水预报订正有正效果。Liu 等(2013)提出了一种基于卫星资料调整台风模式初始热力场的方法,应用风云 2 号卫星的云顶亮温判定深对流区,通过张弛逼近技术改善台风深对流区域湿度结构。

5.3.2.3　台风数值预报模式

(1)全球台风数值预报模式

全球台风模式用来描述对流层和平流层相对较长时间的运动。一般用于每天的天气尺度的预报。目前国际常用的欧洲中心数值预报、NCEP、GFS 的预报等都属于此类。我国的全球模式台风路径数值预报系统经历了从第一代 T213 台风数值预报系统到一体化运行的 T639 中期/台风数值预报系统再到 GRAPES-GFS 中期/台风数值预报系统的发展过程。2004 年,国家气象中心在全球模式 T213L31 全球中期模式的基础上研发了全球模式台风路径数值预报系统并实现准业务运行,该模式采用人造涡旋方法并使用最优插值同化常规资料,每日运行 4 次(00 时、06 时、12 时、18 时),提供 96 h 台风路径预报。2005 年,该系统预报时效进一步延长到 120 h,并于 2006 年正式投入业务运行。为了实现全球模式集约化发展,2014 年,基于全球模式 T639L60 建立了一体化运行的中期数值预报和台风数值预报业务系统(翟安祥 等,2016)。2016 年,我国自主研发的全球同化预报系统(CMA-GFS)通过业务化运行,CMA-GFS 采用非静力全可压缩浅大气动力学方程组,垂直方向采用混合的高度地形追随坐标、预报要素采用 Charney-Phillips 分布,水平方向采用等经纬度坐标、Arakawa-C 网格,采用两个时间层的预估一修正半隐式半拉格朗日时间积分方案,水平分辨率为 12.5 km,垂直方向 87 层,物理过程包括双参数微物理过程、NSAS 对流参数化、NMRF 边界层过程、CoLM 陆面过程、RRTMG 长、短波辐射过程以及重力波拖曳和非地形重力波方案。模式初值中的涡旋初始化采用 1 h 间隔台风定位定强信息连续同化技术,并于 2021 年实现了全球台风预报。

CMA-GFS 预报区域覆盖全球海域,每日 4 次(00、06、12、18 UTC)分别制作发布 120 h 全球海域台风路径及强度预报。表 5.6 给出了 CMA-GFS 过去 3 a 台风路径预报误差。

表 5.6 过去 3 a CMA-GFS 路径预报误差

年份	24 h 预报误差/km	48 h 预报误差/km	72 h 预报误差/km	96 h 预报误差/km	120 h 预报误差/km
2019 年	103.2	177.9	266.5	395.3	556.2
2020 年	92.9	151.4	212.5	251.0	286.3
2021 年	101.9	176.5	248.7	309.1	388.8

(2)区域台风数值预报模式

随着近年来计算机技术的迅速发展,中尺度数值模式已日趋成熟,成为中尺度气象的一个重要的研究和应用手段。中尺度数值气象预报模式有许多,其中 WRF(Weather Research Forecast)模式是目前国内外应用最为广泛的模式,被应用于国内外各气象部门和相关机构。WRF 模式是在 MM5 模式上发展起来的新一代中尺度预报模式和同化系统,其控制方程组都写为通量形式,采用 Arakawa C 格点,有利于在高分辨率模拟中提高准确性。模式采用时间分裂显示方案来解动力方程组,即模式中垂直高频波的求解采用隐式方案,其他的波动则采用显示方案。WRF 模式系统重点考虑 1~10 km 的水平网格,已成为改进从云尺度到天气尺度等不同尺度重要天气特征预报精度的工具。另一个中尺度模式是美国俄克拉何马大学研制的 ARPS 模式与分析系统,它最大特点是具有适合于中尺度过程的复杂云分析系统,并有多种同化方法可供选择。GRAPES 模式是中国气象局自主开发的新一代数值预报系统,其英文全称为“Global /Regional Assimilation and Prediction Enhanced System”。GRAPES 系统是集常规与非常规变分同化、静力平衡与非静力平衡、全球与区域模式、科研与业务应用、串行与并行计算、标准化与模块化程序、理想实验与实际预报等为一体,中小尺度与大尺度通用的先进数值预报系统。GRAPES 系统包括全球中期天气数值预报系统(全球中期 GRAPES)、有限区域中尺度数值预报系统(中尺度 GRAPES)等。其预报时效、垂直层次和水平网格距可以根据计算条件和业务需要合理设置和调整。目前国内很多气象部门已经在对 GRAPES 进行研究和应用,包括广州区域气象中心和上海台风研究所。

①中国气象局区域台风数值预报系统(CMA-TYM)

CMA-TYM(原 GRAPES-TYM)和 CMA-MESO(原 GRAPRS-MESO)中尺度模式具有相同的动力框架:垂直方向采用高度地形追随坐标、预报要素采用 Charney-Phillips 分布,水平方向采用等经纬度坐标、Arakawa-C 网格。相比于 CMA-MESO 区域模式,该系统的主要改进包括:通过引入 PRM 水汽平流方案解决了模式预报的台风不发展问题,针对台风路径及强度预报对模式边界层过参数化、对流参数化进行了优化改进,发展了模式初始场平均的一维参考大气廓线和边界层加密的模式分层,开发了适合台风强度预报的涡旋初始化方案。模式初值中的涡旋初始化采用涡旋强度调整技术:保留全球模式分析场中的分析涡旋,采用理想涡旋对全球模式分析场中的涡旋进行强度调整。模式水平分辨率为 0.09°、垂直方向 68 层,物理过程包括 WSM6 微物理过程、Scale-SAS 对流参数化、YSU 边界层过程、NOAH 陆面过程、MO 相似理论表面层参数化以及 Goddard 短波辐射和 RRTM 长波辐射。CMA-TYM 于 2012 年投入准业务运行。

CMA-TYM 预报区域覆盖西北太平洋、南中国海和北印度洋,具体范围为 40°E—180°、−15°—60°N,每日 4 次(00、06、12、18UTC)制作发布 3 a 台风路径及强度预报。表 5.7 给出了 CMA-TYM 过去 3 a 台风路径预报误差。

表 5.7 过去 3 a CMA-TYM 路径预报误差

年份	24 h 预报误差/km	48 h 预报误差/km	72 h 预报误差/km	96 h 预报误差/km	120 h 预报误差/km
2019 年	73.5	135.5	231.6	398.9	506.6
2020 年	74.9	133.2	204.1	302.8	366.6
2021 年	83.1	144.7	230.2	309.2	361.4

②中国南海台风数值预报模式(CMA-TRAMS)

中国南海台风数值预报模式(CMA-TRAMS)是基于 GRAPES(薛纪善 等,2008)区域模式版本开发而成,其主要用途是为华南沿海地区提供南海区域的台风业务数值预报产品。经过十几年的开发和持续改进,目前已形成了 TRAMS3.0 版本(徐道生 等,2020)。TRAMS 模式是基于 GRAPES 的非静力中尺度模式,采用半隐半拉格朗日时间差分方案,借助 Helmholtz 方程进行隐式求解,并在原模式的基础上,采用三维静力参考大气、非线性项分步计算、物理过程倾向隐式处理及与动力过程耦合等技术,形成新的模式动力过程计算方案。目前 TRAMS 模式水平分辨率为 9 km,垂直方向采用 65 层地形追随坐标,模式层顶高度为 31 km。模式物理过程主要包括长短波辐射、WSM6 微物理过程、SAF 对流参数化、MRF 边界层参数化、SLAB 陆面过程、SFCLAY 近地层方案和 RRTMG 长短波辐射方案。资料同化技术采用陆面分析、云分析等,台风初值技术主要采用台风重定位技术和人造台风模型技术,通过三维变分和初值化方法引入模式。TRAMS3.0 自 2019 年起实现业务运行,预报区域为:70.0°—160.0°E、0.8°—54.8°N,每日两次(00、12 UTC)分别制作发布 24 h、48 h 和 72 h 预报。表 5.8 给出了 CMA-TRAMS 过去 3 a 台风路径预报误差。

表 5.8　过去 3 a CMA-TRAMS 路径预报误差

年份	24 h 预报误差/km	48 h 预报误差/km	72 h 预报误差/km
2020 年	70.6	123.3	197.9
2021 年	63.0	122.9	200.3
2022 年	55.3	104.4	180.9

③上海台风数值预报模式(SHTM)

考虑到未来大量非常规遥感资料的应用，SHTM-V2 的同化系统以 GSI (Gridpoint Statistical Interpolation)为基础建立，采用 3DVAR-EnKF 混合资料同化方案，实现对常规、台风涡旋、卫星等非常规资料的同化。单点试验中，混合同化方案增量呈现明显的流依赖特征，更为合理。模式垂直层在边界层进行了加密，并且将模式顶延伸至 10 hPa，为后期卫星资料同化留出空间。基于 CMA-SH9 的模式物理方案配置中，打开积云对流方案，便于组织热带对流系统的发展，利于台风强度的预报。模式水平分辨率 9 km×9 km，水平格点数取为 953×701，预报区域四个顶点的经纬度分别为西南角(81.3°E，−0.3°N)、东南角(150.7°E，−0.3°N)、西北角(55.8°E，50.7°N)、东北角(176.2°E，50.7°N)，预报范围涵盖东亚及周边区域，可以预报绝大部分活动在西北太平洋的台风。2022 年上海台风模式更换新的技术方案，预报时效延长至 120 h，并重新获批业务准入，每日两次(00、12 UTC)分别制作发布 24 h、48 h、72 h、96 h 和 120 h 预报。表 5.9 给出了 2022 年 SHTM 台风路径预报误差。

表 5.9　2022 年 SHTM 路径预报误差

年份	24 h 预报误差/km	48 h 预报误差/km	72 h 预报误差/km	96 h 预报误差/km	120 h 预报误差/km
2022 年	73.6	137.7	217.2	367.2	605.1

④辽宁台风数值预报模式(LNTCM)

以 WRFV3 数值模式为基础，辽宁省气象局建立的北上台风数值预报业务系统。模式选取可变的模式预报区域，当台风进入预报区域后，以日本台风报(若缺报则选用北京台风报)24 h 预报台风中心位置作为模式预报区域中心，台风离开预报区域后则恢复以辽宁为中心位置的模式预报区域中心。模式以 GFS(若缺报则以 CMA-GFS)预报产品为侧边界和背景场，模式水平分辨率为 30 km，格点数 140×136。初始场同化资料包括地面观测：地面(SYNOP)、船舶、机场、自动站(AMS)；高空观测：测风、探空、飞机、SATOB(卫星探测风、云、表温、湿度和辐射资料)、SATEM(卫星探测高空气压、温度和湿度资料)。当台风在海上时采用了人造台风(Bogus)技术。模式物理过程选项为 WSM6 分类霰方案微物理过程，KF 积云对流参数化方案，YSU 行星边界层方案，RRTM 长波辐射方案和 Dudhia 短波辐射方案，Noah 陆面模式。预报完成后自动从海平面气压场识别台风中心位置，绘制台风路径预报图并自动编发台风报。建立了台风路径预报自动评定系统，实时对距离偏差、角度偏差和速度偏差进行评定。预报范围为可变区域，对 20°N 以北，135°E 以西的台风，以其为中心的 4250 km×4050 km 的区域，每日两次(00、12 UTC)分别制作发布 24 h 和 48 h 预报。表 5.10 给出了过去 3 a LNTCM 台风路径预报误差。

表 5.10 过去 3 a LNTCM 路径预报误差

年份	24 h 预报误差/3 a	48 h 预报误差/km
2020 年	65.5	111.0
2021 年	56.2	105.3
2022 年	45.1	139.5

⑤西北太平洋台风路径客观集成预报(SSTC)

台风路径的多模式集成预报系统选用 ECMWF-IFS、NCEP-GFS、日本数值、广州数值(CMA-TRAMS)、英国数值和上海台风模式(SHTM)共 6 家台风客观路径预报和中央气象台实时发布的台风路径实况，使用近似 SEAV 方法和趋势法进行组合(SHME)。SEAV 方法是将选定的集成预报成员进行短时效误差筛选，这里的短时效误差选用 6 h 的固定误差，旨在剔除异常的多模式集成预报成员；将筛选出的集合成员平移到最新观测位置后，再进行算术平均。

趋势法：由于筛选出的最优数值模式的成员在 78～120 h 预报时，成员数锐减，某一数值模式常起主导作用，为体现多模式集成的优势，这里将某一数值模式的后期预报趋势叠加在 72 h 的集成预报结果上。预报区域为：西北太平洋海域，每日两次(00、06、12 和 18 UTC)分别制作发布 120 h 预报。表 5.11 给出了 SSTC 过去 3 a 台风路径预报误差。

表 5.11 过去 3 a SSTC 路径预报误差

年份	24 h		48 h		72 h	
	预报次数	平均距离误差/km	预报次数	平均距离误差/km	预报次数	平均距离误差/km
2020 年	168	68.3	133	121.8	121	189.6
2021 年	355	67.0	303	128.2	249	217.9
2022	268	57.7	199	110.7	135	158.8

5.3.2.4 台风的集合预报方法

传统的数值天气预报用单一数值模式和初值做预报。Lorenz(1963a,1963b, 1965)的工作表明，天气可预报性的限度大约为两周左右，且可预报性强烈地依赖于大气本身的演变：有些预报可以在一周甚至更长时间保持准确，而另外一些可能只预报 3 d 就失败了。Epstein(1969)提出的预报方法首次明确承认了大气模式预报的不确定性。由于受观测手段和对大气运动过程认识的限制，模式初值也具有不确定性。如模式初值状态细微的差别可能会得到差别较大的预报结果，这将对模式预报精度存在较大影响，集合预报技术可以减小这种不确定性的影响，提高数值预报的精度及可信度。集合预报技术的基本原理是基于初值和模式本身的不确定性，根据观测误差特征或预报误差的增长特征构造多个初始场作为预报成员，并对各成员预报结果加以某种集合处理，减少不确定性因素对数值预报结果的影响。

从本质上讲，集合预报的目的有三个：第一，是通过集合平均提高预报质量，其提高之处在于集合平均有过滤预报中不确定成分而保留下集合成员中一致的部分的倾向(集合成员彼此不同）。滤波只能在扰动的非线性演变中进行，如果从分析中加上或减去扰动场，当扰动保持线性时，集合平均预报就和对照预报相同。第二，是提高预报的可靠性。如果集合预报成员之间差别很大，那么很明显至少其中有些预报是错误的，而如果预报成员之间有很好的一致性，那么就有更多理由相信所作的预报。第三，是为概率预报提高定量的基础。与传统的确定性预报产品相比，集合概率预报可以客观地估计未来出现某种天气的可能程度，预报结果更科学更具有应用价值。

（1）基于初始扰动的集合预报方法

最初的集合预报思想是针对单一的确定性预报的初值存在不确定性提出来的，即初值集合，这也是经典的集合预报概念。集合初始扰动方案的基本目的是产生互不相关的扰动初值，使得集合扰动协方差能够更加准确地表示初始时刻的分析误差协方差。这类集合预报方法的差别主要在于初始扰动误差产生的方式，基本分为两类：第一类是初始扰动是随机的，我们称之为 Monte Carlo 预报（Leith et al.，1974；Mullen et al.，1994），初始扰动的取法是"逼真的"，即扰动的垂直和水平接轨以及预报误差在统计意义上是类似的，而且其振幅和估计的分析不确定性相协调。在 Monte Carlo 集合中，扰动本身的取法是随机的，但其振幅是真实的，未考虑大气当时的动力特征。这类方法除了 Monte Carlo 随机扰动法，还包括时间滞后平均法（Hoffman et al.，1983）和观测扰动技术。这类方法因为要反映所有可能的随机初始误差，必然需要非常庞大的初始扰动数目，占用大量的计算资源，在实际的业务预报中难以实现（Zhang et al.，1999），因此，这些方法目前已经较少使用。第二类方法是初始扰动取决于基本气流的动力特点，不再是随机的（Toth et al.，1993，1997），这类方法中包括了日误差，并且集合样本数大大减少。奇异向量法（SV）和增长模繁殖法（BGM）就是这类方法中最具代表性的两种方法，已于 1992 年分别在欧洲中期天气预报中心（ECMWF）和美国国家环境预报中心（NCEP）实现了业务化（蒲朝霞，2005）。

中国在集合预报方面的研究起步较晚，20 世纪 90 年代中期开始出现一些介绍性文章。之后，也先后开展了基于初值扰动的集合预报方法的研究工作，并取得了一些令人鼓舞的成果（范新岗，1999；龚建东 等，2000；李泽椿 等，2002；杨学胜 等，2002；陈静 等，2003；于永锋 等，2005，2007；黄燕燕 等，2006；穆穆 等，2007；马旭林 等，2008；张涵斌 等，2017；叶璐 等，2020；潘贤 等，2020）。

除了对初值进行扰动生成集合预报之外，还有两类集合预报系统，分别是基于多种资料同化的集合预报和多种系统集合法。

（2）基于多种资料同化的集合预报方法

Houtekamer 等（1996）以及 Houtekamer 等（1998）发展了一个非常有前景的、基于运行一组资料同化系统来生成初始条件的集合预报系统。在他们的不同的资料同化系统中，给观测加上随机误差（除原来的观测误差之外）并且在不同集合预报的模式物理参数化中包含不同的参数。由 Houtekamer 等（1996）引入的新颖方法，是在不同分析循环中对所有的模式物理参数化使用扰动。通过对主要参数化变化的咨询组合，有可能用集合预报来孤立某个特殊参数化的影响。正如 Miller 等（1994）的结果所示，在模式中引入不确定性应该会提高集合的效率。Hamill 等（2000a）指出：在准地转系统中多资料同化集合预报系统的结果比奇异向量或繁殖方法要好。产生初始扰动的计算代价和奇异向量方法差不多，而在繁殖方法中扰动是集合预报的副产品，因此是没有代价的。

(3)多种系统集合预报方法

最近比较流行的另外一种方法是多系统集合。人们越来越认识到来自不同业务全球预报的集合平均要比最好的单个预报的技巧高得多(Kalnay et al.，1989；Fristch et al.，2000 和其中的一些参考文献)。对于区域模式的较短期的集合也是如此(Hou et al.，2001)，这样就可以把使用多系统进行集合预报推广到短期预报中。Krishnamurti 等(2000)发现若用回归方法对多系统集合误差进行订正的话，集合系统的质量会进一步显著提高，并把这种多系统方法称为"超集合"。多系统集合方法因为采用了最好(对照)初始条件和各个预报中心最好(对照)的模式，其可能提高的真正不确定性无论在初始条件还是模式上都要比引入某单个业务系统的任何扰动好得多，所以具有较为明显的优势。

(4)集合预报方法在台风预报中的应用

集合预报技术在中期天气预报和短期气候预测中已得到成功应用和发展，在短期天气预报中也得到了应用。近 20 a 来，对于热带地区的集合预报研究逐步增多，但把集合预报的概念和技术应用在台风路径和强度预报上，仍处于初级阶段。其研究的一个重点是如何设计代表初始条件误差分布的扰动场。台风本身是一个天气或次天气尺度系统，其移动是台风本身与大尺度环境气流相互作用的过程，设计针对不同时空尺度系统的扰动方案，具有很大难度，而且至今对台风的某些物理过程还没有很清晰的认识，这些不利条件影响台风集合预报研究的开展。

Aberson(1995，1998a)最早将中期数值预报增长模培植法(Breeding of growing mode，简称 BGM)应用于美国地球物理流体动力实验室嵌套飓风模式。Cheung 和 Chan(1999a，1999b)选用半拉格朗日正压模式，用随机误差法(Monte Carlo forecast，简称 MCF)、滞后平均法(Lagging Average Forecasting，LAF)和 BGM 方法生成环境场和涡旋的扰动，分别考察两种初始扰动对台风路径的改进作用。Zhang 等(1997，1999)用 EOF(经验正交函数)分析台风预报场在有限时间内的不稳定模态，并以不稳定模态为基础构造初始扰动。

除了基于初始扰动构造集合预报成员的方法，Goerss(2000)将"超级"集合预报方法应用于台风路径集合预报，即将不同预报模式也作为集合成员，集合多个台风模式的预报结果。此外，Mackey 等(2001)还将 EOF 方法应用于台风强度的集合预报。

国内的学者也开展了台风路径集合预报的一系列研究，并取得一定的业务化成果。2006 年，中国气象局在 T213 全球集合预报背景场扰动基础上引进台风涡旋初始化技术，开发了台风集合预报系统，并于 2007 年 7 月进入实时运行阶段，有台风时每天两次启动业务，提供 120 h 预报。此外，上海台风研究所台风集合同化预报系统(TEDAPS)基于 WRF-ARW 模式构建，采用 3DVar-EnKF 混合资料同化方法引入随流型的集合背景误差信息，同化常规、台风涡旋、卫星等非常规资料，以集合同化合并集合预报为特点，通过混合资料同化和模式物理过程扰动在集合预报中同时考虑初值和模式误差，系统以 GS(Gridpoint Statistical Interpolation)为基础建立，模式分辨率为 27 km，21 个集合成员，提供台风路径、强度、大风、降水等确定性预报和集合概率预报产品。预报区域为西北太平洋海域，起报时刻进入模式区域的编号台风，同时有 NCEP-GFS 的 0～72 h 预报场和 GEFS 的集合分析场时，每日两次(00 和 12 UTC)分别制作发布 48 h 路径和强度预报。表 5.12 给出了 TEDAPS 过去 3 a 台风路径和强度预报误差。

表 5.12　过去 3 a TEDAPS 路径预报误差

		24 h	48 h	72 h
2020 年	样本数/个	132	104	73
	路径误差/km	66.7	112.5	175.1
	强度误差/(m/s)	5.8	5.6	5.9
2021 年	样本数/个	176	139	114
	路径误差/km	80.5	146.7	269.3
	强度误差/(m/s)	7.4	7.5	7.3
2022 年	样本数/个	129	93	61
	路径误差/km	78.7	164.4	244.3
	强度误差/(m/s)	8.4	8.0	7.5

(5)台风路径集合预报订正技术

①TYTEC 技术

2010 年以来，越来越多的集合模式预报被应用到了台风预报业务中，中央气象台逐步开发了包括 ECMWF、美国国家环境预报中心(NCEP)、英国气象局(UKMO)等国外全球模式的业务产品，还包括 T639、GRAPES 全球集合模式和区域集合模式(沈越婷 等，2015；钟有亮 等，2017；彭飞 等，2019)等一系列我国模式预报产品。然而，众多的集合预报再加上这些模式相应的确定性预报，既给预报提供了更丰富的参考，同时也对预报员提出了“挑战”：要在有限的预报时间内，通过包括集合预报在内的诸多信息，发现当前台风的“预报问题”，并试图从气象的角度对其研判分析，最终给出预报结论(杜钧 等，2010)。在这个过程中，一方面预报员要通过不断的预报实践提高对各类模式的认识，另一方面也需要将预报经验“固化”，形成统计后处理技术，使不同预报员在一个较好的基础上开展主观订正。

随着对集合预报的不断积累应用，预报员发现集合预报各个成员对台风路径的预报偏差具有连续变化的特征，且分析表明，在集合预报众多成员中，短时效预报较好的成员往往更长时效预报也较好。Qi 等(2014)利用 ECMWF、JMA、NCEP 和 CMA 的台风集合预报资料，提出了两种台风路径预报方法，即选择性简单平均和选择性加权平均 2010—2012 年西北太平洋 35 个台风个例进行了预报试验和效果评估。结果表明，选择性简单平均的预报效果要好于加权平均，而相对于单一模式的集合平均预报效果而言，选择性简单集成方法在 72 h 台风路径预报误差方面有 5%～30%的改进率。选择性简单/加权平均方法的关键在于“有效成员”的选取，其选取标准则是在已知当前 TC 实况位置的前提下，评估全体集合成员在过去短时效内(如从模式起报时刻 12 时至次日 00 时)的预报误差，凡是预报误差小于集合平均误差的成员皆被选为有效成员。

张长安等(2013)、钱奇峰等(2014)基于 ECMWF 的台风集合预报产品，发展了另外一种适用于台风路径业务预报的台风路径集合预报订正方法(TYTEC)。该方法与 Qi 等(2014)选择性简单/加权平均方法相同之处在于根据集合成员过去短时效内(如 6～12 h)表现优劣的基础上,优选出误差较小的成员进行平均,而不同之处在于成员数量的选取。钱奇峰等(2013)在统计分析 ECMWF 集合预报系统 2010—2012 年台风路径预报效果后,提出了不同预报时效(24～96 h)应选择不同的最佳成员数进行简单平均,从而达到更好的预报效果。该方法在 2012—2013 年中央气象台的试用结果显示基于优选成员的集合平均比 ECMWF 所有成员的集合平均要好,目前该方法已在中央气象台的台风路径预报中得到应用,并已成为台风路径预报最有效的指导产品。图 5.45 为 TYTEC 方法的基本原理。

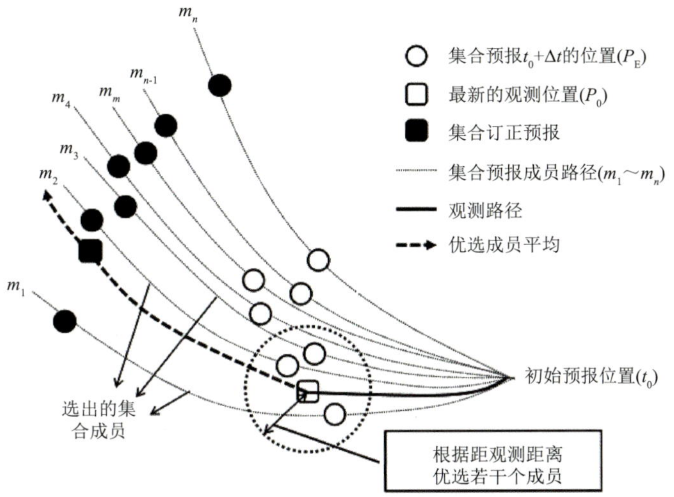

图 5.45 TYTEC 方法基本原理

TYTEC 方法基于 ECMWF 集合预报,根据业务台风定位(P_0),选择最新集合成员预报的台风路径中偏差最小的 N 个预报路径,然后进行算术平均(AVE)后得到订正路径。

$$\begin{cases} F_{\text{mean}} = \text{AVE}[\text{Min}\mid \text{Dis}(\text{PE} - P_0)\mid_1^N] \\ F_{\text{mean\_lag}}(t) = F_{\text{mean}}(t + \triangle t) \end{cases} \tag{5.1}$$

式中,函数 $\text{Min}()_1^N$ 表示取集合成员是距离最小的 N 个成员(N=8);函数 AVE 表示对这些成员的预报路径进行平均;Δt 表示最新集合预报距当前起报时刻的时差(即模式滞后时间,一般为 12 h 左右);函数 F_{mean} 表示根据选取的 N 个成员的平均路径;$F_{\text{mean\_lag}}$ 表示考虑资料延时后预报路径。

检验表明,2012 年 TYTEC(V1)方法各预报时效(24 h、48 h、72 h、96 h)的平均误差分别为 91 km、163 km、235 km、323 km,均好于 ECMWF 确定性和集合平均预报,在该方法的支撑下,2012 年我国台风 24 h 预报准确率首次突破了 100 km,达到了 95 km。

②TYTEC 改进

TYTEC 方法研发并投入业务使用后,预报员持续开展改进,其中 2013 年针对选取成员数目 N 进行了研究,发现 TYTEC 各预报时效的年平均误差随选取成员数目变化呈现 U 型分布,并且各预报时效误差极小值出现的区域随年份变化基本稳定(图 5.46)。因此，虽然下一年预报样本存在未知性，但由于这一分布特征，我们可以事先对各预报时效确定一个合适的 N 值，从而使预期误差接近最小，其中 24 h、48 h、72 h、96 h 预报时效的 N 分别调整为了 15、20、20、20。

经检验，改进后的 TYTEC(V2)对 2013 年台风各预报时效(24 h、48 h、72 h、96 h)的年平均误差为 82 km、136 km、195 km、288 km，比改进前方法(84 km、142 km、204 km、308 km)有较大的提高，相比于 ECMWF 确定性模式(98 km、155 km、216 km、318 km)优势更为明显。当年，我国台风预报 24 h 预报准确率又再次突破了 90 km，达到了 82 km。同时，也有学者建议对选取集合成员后的子集，利用反距离权重的加权平均(WAVE)作为子集平均进行预报，即增大短时效预报较好的成员的权重，使得当时时刻距实况越近的成员具有越大的权重。对此研发人员也进行了分析，但结果表明使用反距离权重后，年平均误差的极小值反而增大了，即对子集进行算术平均比反距离加权平均效果更好。

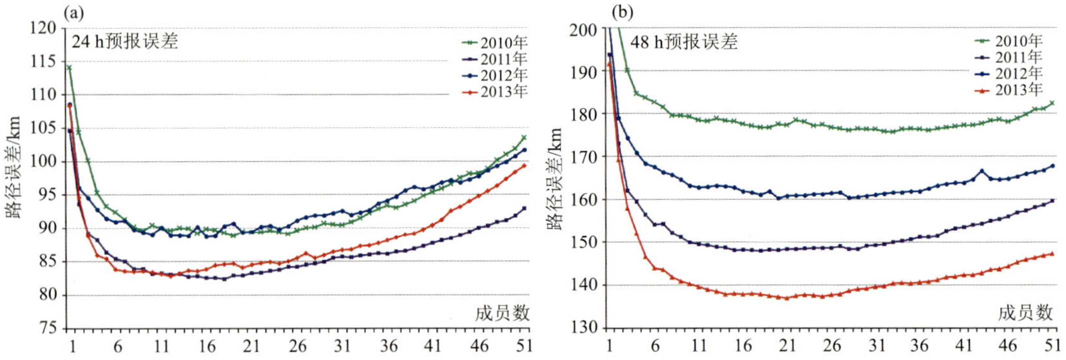

图 5.46　2010—2013 年 24 h 预报时效(a)、48 h 预报时效 TYTEC 预报年平均误差与选取成员数 N 的变化关系(b)

③TYTEC 多模式集合订正方案

在台风预报业务中，虽然整体而言 ECMWF 模式性能相对较好，但预报员也发现在有些台风中其他模式有时也表现出一定的优势，比如在对 1317 号台风“桃芝”的预报中，ECMWF 集合模式预报其将在东北向移动过程中将突然西北折，靠近我国华东近海后再转向；而 NCEP 则始终预测其稳定向东北方向远离我国，而实际上台风“桃芝”自生后就稳定向东北方向移动，最后在日本鹿儿岛登陆，对于这个台风 ECMWF 确定性和集合平均的 48 h 平均路径误差分别为 527 km 和 493 km，而 NCEP 相应的误差分别仅有 186 km 和 139 km。其他模式如国家气象中心集合预报(GRAPES_GEPS)和英国集合预报(UKMO)在一些个例中也同样有较好的表现(许映龙，2011；许映龙 等，2011)。因此，如何充分利用多模式集合预报成为进一步提高客观方法对业务预报支撑能力的研究方向。

在国家气象中心台风团队和集合预报团队的共同努力下，发展了基于 ECMWF 和 NCEP 集合预报的多模式订正方案(式(5.2))，该方案的基本原理是对 ECMWF 和 NCEP 集合预报先计算单模式的 TYTEC 预报，然后给两者一定的权重 α 进行加权平均。有意思的是，随着 α 从 0～1 变化，TYTEC 年平均误差再次呈现了 U 型分布，并且对过去几年的回算表明，极小值对应的权重区间也基本不随年际变化。

$$TYTEC = \alpha \cdot ECMWF_{tytec} + (1-\alpha) \cdot NCEP_{tytec} \quad (5.2)$$

根据历史资料分析，对于 24 h 预报使 ECMWF 的单模式 TYTEC 预报权重 $\alpha=0.6$ 时，最终的多模式订正效果最好(图 5.47)，48～120 h 预报中 α 取值在 0.7～0.8 间能取得最好的预报效果，因此再次优化了业务 TYTEC(V3)方法，并在 2016 年进行了全年的业务应用。

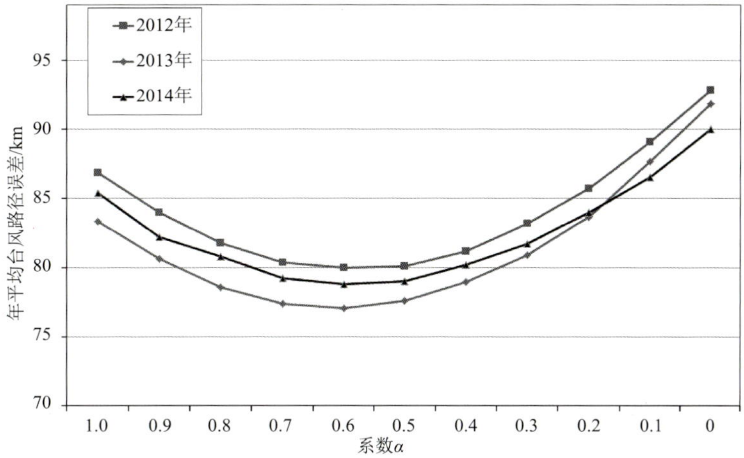

图 5.47 基于 ECMWF 和 NCEP 的多模式订正方案中 TYTEC 年平均误差(单位:km)与权重 α 的变化关系

图 5.48 给出了改进前后的客观方法对 2016 年全年 26 个台风的路径预报误差对比，结果表明，TYTEC-V3.0 较 TYTEC-V2.0 各预报时效的预报准确率都有所提升，其中 3 d 以上(72 h、96 h、120 h)预报误差减小最明显，分别达 17 km、19 km 和 17 km(提高率约 7.5%、6.2%和 4.6%)。值得一提的是，这一年我国台风预报准确率相比于西北太平洋另外两家主要的官方预报(日本和美国)优势明显，各预报时效年平均路径误差都小于这两家主观预报。

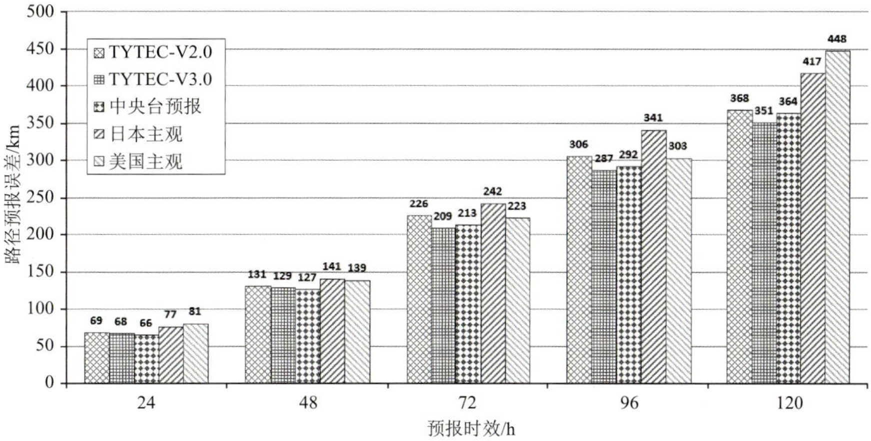

图 5.48 2016 年 TYTEC-V2.0、TYTEC-V3.0、中央台预报、日本主观预报和美国主观预报年平均路径误差对比(单位:km)

进一步，将2012—2019年改进后的TYTEC-V3.0预报性能进行了回算，并与ECMWF和NCEP两家模式的确定性和集合平均进行比较。图5.49给出了上述预报的逐年平均的24 h路径预报误差，可见，TYTEC-V3.0方案较被集成的两家集合平均预报准确率都有所提高。其中，ECMWF和NCEP两家模式的24 h预报误差2016年之前呈减小的趋势，2016年之后则有所增长，不同的模式同时呈现这种变化，这说明这些年的台风可预报性有所变化，而TYTEC-V3.0的预报，自2015年以来就稳定在70 km左右，相比于ECMWF和NCEP两家模式的24 h预报技巧近三年来逐年提高，表现出了较大的预报优势。

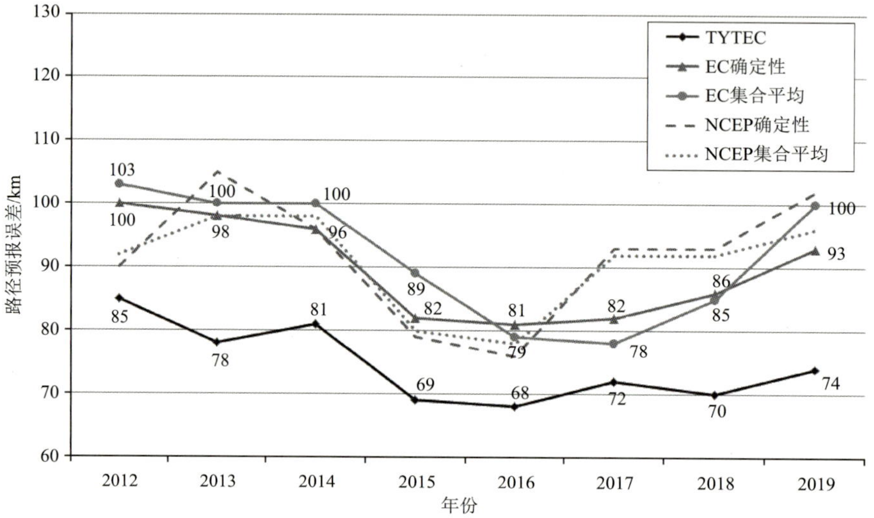

图5.49　2012—2019年TYTEC与ECMWF和NCEP两家模式的确定性和集合平均路径的24 h预报误差比较（单位：km）

值得一提的是，TYTEC方法研发之后，也经过国内外技术交流进行推广应用（Dong et al.，2016），特别是一些省份在此基础上进一步发展和拓宽了本地化的应用策略，并取得了良好的效果（陈博宇 等，2016；吴联要 等，2017；危国飞，2021）。

④优选概率权重法台风路径预报（FJOP）

福建省气象台根据ECMWF集合预报所有成员的路径预报误差优选部分成员进行加权集合平均发展的台风路径预报订正方法。优选成员使用的路径预报误差为实时预报的过去12 h预报误差，成员权重与过去12 h预报误差的降序值成正比。出于数据代表性的考虑，当优选成员少于4个时不进行预报。由于实时预报误差的计算以中央气象台实时定位为参考，故预报性能受到定位误差影响。预报区域为：110°—140°E、10°—32°N，每日两次（00、12 UTC）分别制作发布72 h路径预报。表5.13给出了FJOP过去3 a台风路径预报误差。

表 5.13　过去 3 a FJOP 路径预报误差

年份	24 h 误差/km	48 h 误差/km	72 h 误差/km
2020 年	74.8	132.2	200.5
2021 年	83.5	142.0	250.6
2022 年	74.3	136.1	156.0

5.3.2.5　结束语

本小节较为系统地介绍了目前业务中常用的台风路径客观预报技术。近 20 a 来，台风路径的业务预报能力取得长足进步，与上述客观预报方法尤其是基于数值模式产品解释应用方法的持续发展以及预报能力的提高是密不可分的。未来随着业务数值模式的进一步发展，在此基础上作出正技巧订正的客观方法可以得到进一步提高。此外，我们注意到，目前仍有一部分台风，几乎所有的数值模式和客观预报方法在业务中均出现预报失败或持续调整的问题。这类台风的预报误差往往在全年台风预报误差中占一定比例。提高这类台风路径的预报误差，是进一步降低全年预报误差的有效途径之一。未来需发展路径预报误差较大类型台风的客观预报技术，这需要科研和业务人员进一步加强对此类台风的路径影响机理研究，在实际业务应用中不断地探索、发展和改进客观预报方法。

第 6 章

台风强度预报

6.1 台风发展的主要理论假说

早在 20 世纪 50 年代，研究者开始利用简单热力模型探讨气旋发展过程。Riehl (1950)发现，通过海洋上传潜热并释放、形成深对流和暖心结构，能使气旋中心气压下降 20～40 hPa，与实测有显著差异。随着气旋动力模型逐渐建立，研究者们陆续提出台风发展加强的多种可能机制或理论，主要有：第二类条件不稳定(CISK)机制、环境条件可支持台风发展的最大潜在强度(MPI)理论、卡诺热机概念、风致混合(WISHE)理论、涡旋热塔(VHT)作用的边界层动力学理论。

6.1.1 CISK 机制

CISK 机制(Charney et al.，1964；Ooyama，1964)是最早提出、具有代表性的台风发展理论，描述了积云次环流边界层摩擦辐合内流释放潜热与台风主环流之间相互反馈的线性过程。CISK 机制认为，由于边界层摩擦减速，产生低空水汽向内的水平辐合流入和向上输送的埃克曼(Ekman)抽吸，形成积雨云并释放凝结潜热，凝结潜热在对流层垂直切变较小的区域集中，使对流层中上部增暖、高层质量流出辐散，造成台风中心地面气压下降、低空气旋性环流增强，向着台风中心的风分量增加，促使低空辐合增强，对流发展，释放更多潜热，台风中心地面气压得以持续下降，形成正反馈过程。

CISK 机制建立在海气边界层大气条件不稳定能量的基础上，核心是积云对流与大尺度环流之间的正反馈作用，仅考虑气旋系统自身摩擦辐合上传潜热加强对流的过程，忽视了上层海洋提供的能量。

6.1.2 WISHE 理论

针对 CISK 机制的缺陷，Emanuel(1986)考虑海气相互作用，基于卡诺热机概念提出由海表面湿熵异常导致局部海洋在风应力作用下进行热量、水汽交换而增强气旋的 WISHE 理论。

图 6.1 描述了台风理想化发展的卡诺热机能量循环过程：气旋内核区的空气从高压 A 移至低压 B，在几乎恒定的温度下从海洋获得焓；然后在眼墙中从 B 绝热上升，释放潜热形成暖心结构；到达 C 高度后流出辐散，与环境交换，下沉至 D 再回到海面 A。循环的四个阶段分别为等温膨胀、绝热膨胀、等温压缩和绝热压缩，在不断循环中将热能转化为机械能，直至使气旋强度达到接近 MPI 的平衡状态。

WISHE 理论认为海气边界的温湿差异，以及在摩擦辐合过程中热力状态的变化将形成海表面焓通量和风场正反馈过程。如图 6.2 所示，气旋发展中海表风速 V_{sfc} 增加，加速海面蒸发，改变海浪状态，海气潜热通量 q_v 加大；然后空气辐合上升，热焓上传，水汽凝结释放潜热，使径向水汽及相当位温梯度 $\frac{\partial}{\partial r}\theta_e$ 增加，暖心结构加强；为维持热成风平衡，径

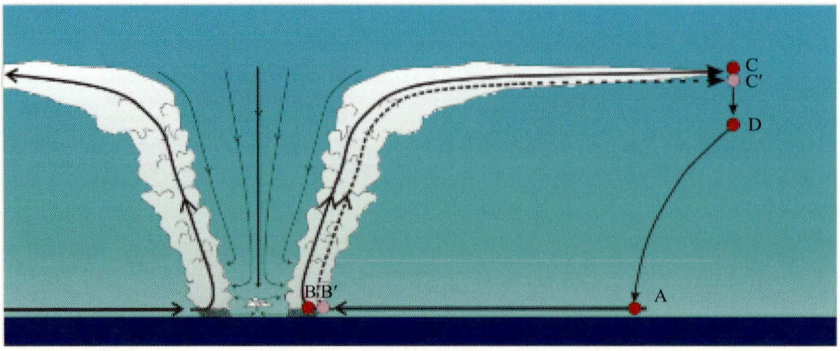

图 6.1　台风理想化发展的卡诺热机过程(Emanuel,2018)

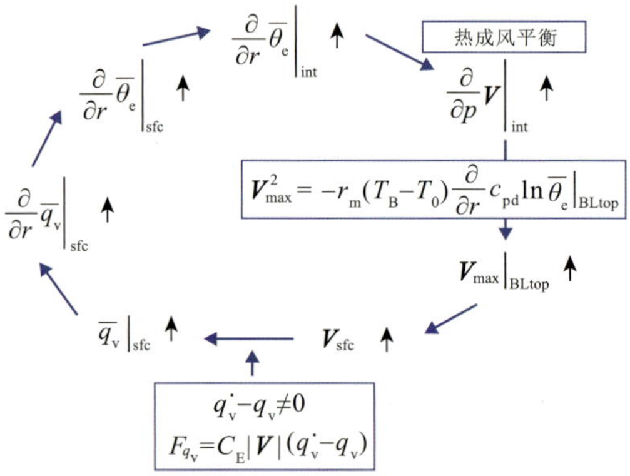

图 6.2　WISHE 理论反馈流程(Montgomery et al.,2009)

向气压梯度力 $\frac{\partial}{\partial p}V\,|_{int}$ 和气旋底部边界层内流风速 V_{max} 加强,携带更多海气潜热通量进入气旋内核,形成正反馈过程。

WISHE 理论和 CISK 机制都描述了水汽上升时潜热释放加强气旋的过程,两者的差异在于 CISK 机制认为气旋上升运动为大尺度环流和对流驱动,释放的有效位能形成暖心;而 WISHE 理论强调了海洋作用,认为气旋的暖中心受海气边界的焓通过表面通量上传影响。两者的不足可能在于:CISK 机制假定大气始终处于条件不稳定,忽略了大气辐射-对流的平衡态也将受到自身水汽辐合内流的限制效应;WISHE 理论则将海洋作用简化为海温影响,忽略了海洋整层热力结构的影响,并且通量传输的判定过于简单,无法分辨气旋的发展趋势。

6.1.3　边界层动力学理论

除通过潜热释放发展气旋的上述理论外,Wu 等(1997)提出倾斜位涡理论,认为在位涡和湿位涡守恒、大气处于饱和状态下,垂直涡度的发展受静力稳定度降低、垂直切变增加和湿斜压增加影响。Montgomery 等(1998,2006,2014)则从涡旋动力学角度提出了气旋能够通过位涡再分配而增强的涡旋 Rossby 波(VRW)理论,指出湿位涡强迫 Rossby 波向外传播，在内核区最大风速半径切向风较弱处位涡混合，并与螺旋雨带同位相的扰动共同作用，使气旋结构轴对称化和增强。

倾斜位涡和涡旋 Rossby 波理论的核心都是涡度再分配。还有一种边界层动力学理论是涡旋热塔（VHT）机制。Montgomery 等（2006）将气旋内核区边界层中具有正涡度、大量潜热和上升运动较大的区域定义为 VHT。在垂直风切变较弱的环境下，VHT 的潜热释放加热暖心，强上升和正涡度使水平涡管拉伸为垂直涡管，加深涡度，促进辐合（图 6.3）。

当前气象学界对台风发展理论莫衷一是，但趋势是发展新兴的、具有完整的气旋内部动力过程、海洋动力热力结构和海气相互作用的理论，并用多种物理机制共同解释台风发展过程。

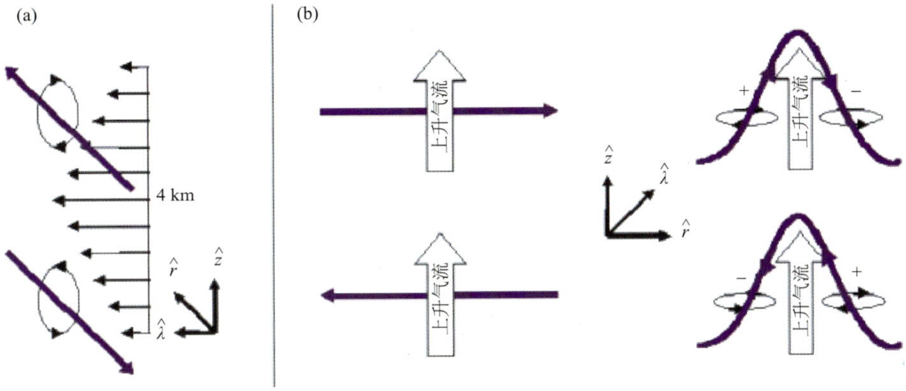

图 6.3 VHT 内涡管拉伸过程（Montgomery et al.，2006）
（a）垂直风切下形成水平涡管；（b）涡管强上升拉伸

6.2 影响台风强度变化的因子

台风强度变化是多尺度系统非线性相互作用的结果，物理过程非常复杂（图 6.4）。影响台风强度变化的因子包括外部和内部两种，其中，外部因子分为大气环境条件、下垫面条件（海洋、地形）两大类，而内部因子主要是台风本身结构特征（眼墙特征、对流非对称分布等）。这些因子在影响台风强度变化的过程中，其相对重要性并不确定，可因台风位置、强度等而异，台风强度变化往往是多个因子共同作用的结果。

①大气环境条件：从热力和动力上对台风强度造成显著影响。动力上，高层东风急流与西风急流及热带对流层上部槽（TUTT）将影响高层流出和辐散以及低层入流和辐合，环境风垂直切变（VWS）能够通过通风等效应影响气旋强度。热力上，西南季风加强埃克曼抽吸，越赤道气流促进水汽输送；干冷空气有利于斜压能释放，可能导致台风温带变性（ET）。

②海气相互作用：海洋是台风发展最主要的能量来源，其影响因子诸如海气边界层通量、海洋混合、海表温度、海表流场、波浪状态和强风及其造成的飞沫效应等。台风经过高

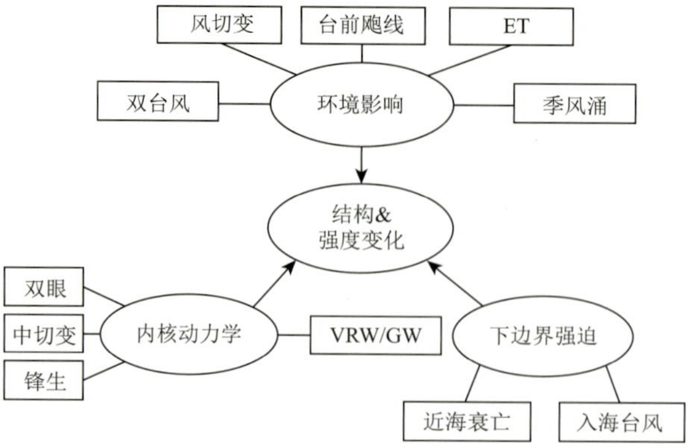

图 6.4　台风强度发展的主要物理过程

温水体时会在其抵达暖水中心位置前发生强度变化；飞沫和波浪状态将使台风显著增强；台风强度变化与海洋的反馈耦合（即位相锁定），台风造成的海表冷却等海洋变化可再反馈于气旋强度。

③中小尺度系统：云团、涡旋等中小尺度系统可通过影响中高层暖核、内核区的风场、位涡与对流的对称分布、输送潜热的强对流及低层高位温等综合影响台风强度变化。而海洋中尺度涡旋则是台风和黑潮之间能量传递的媒介，黑潮输运量和台风影响下的位涡通量成正比。

④热带低值系统：双台风相互作用过程中发生的吸引、牵制、合并等将通过双台风之间的能量和水汽通道造成双方在结构和强度变化上的异常与关联。

此外，下垫面地形（例如岛屿、浅海区大陆架等）使台风经历的主要物理过程由海一气耦合变为海一陆一气耦合，其下垫面及环境场的变化也将影响台风强度。

6.2.1　环境大气与台风的相互作用

6.2.1.1　低空入流辐合与水汽输送

凝结潜热是台风发展的重要能量来源，无论是 CISK 机制、WISHE 理论，还是边界层动力学理论，都强调凝结潜热对台风加强具有核心作用。我们知道，地面到 3 km 高度（相当于 700 hPa）的低空是台风流入层，由于摩擦作用，空气向台风水平辐合流入。当低空入流携带的水汽辐合并向上输送时，会形成积雨云，释放凝结潜热。水汽越丰富，释放的凝结潜热越多，越有利于台风加强，反之亦然。因而，低空水汽输送和水汽辐合是影响台风强度变化的重要因子。

水汽的主要源地在海洋，低空大气环流将水汽从源地水平输送到台风内部，就形成水汽通道。低空水汽通道与台风强度变化的关系比较明确。当水汽通道与台风紧密联结时，充沛的水汽输送有利于台风暖心结构的维持和螺旋雨带中的强对流活动，台风得以维持或增强，或者减缓登陆后的强度衰减；一旦两者分离，水汽供应不足，台风将因获得的潜热难以抵消自身能量消耗而衰亡（李英 等，2004）。西南季风、越赤道气流、台风与副热带高压之间的低空急流，以及双台风相互作用形成的水汽通道都可以向台风输送大量的潮湿空气，当输送通道与台风的联结不断时，就能使之增强甚至是快速加强，并且在登陆后仍然长久维持不消。例如，2006 年深入我国内陆的台风“碧利斯”(Bilis)就与西南季风的长时间水汽输送密切相关，而 2013 年的台风“菲特”(Fitow)之所以能在近海维持强台风级别，位于其东部的台风“丹娜丝”(Danas)作用很大，其中之一就是随着“丹娜丝”的靠近，它与副高南部之间的低空东风急流加强，源源不断地向“菲特”提供水汽补及(许映龙 等，2015)。

大气边界层是台风水汽输送的主要集中区，台风最强的径向辐合流入也主要出现在地面到 1 km 高度，这是由于台风边界层通常存在因气压梯度力、科氏力和离心力之间不平衡所引起的急流，即超梯度风。基于大量观测的研究表明，台风眼墙区的边界层急流高度一般在 500 m 左右，但在外围区域并不相同，不同海域的入流层厚度也有差别。如图 6.5 和图 6.6 所示，西太平洋台风最大切向风速所在高度为 400～800 m，最强径向入流 14 m/s 在海面上 150 m 高度，入流层厚度随相对风暴中心半径减小而降低，在最大风速半径(RMW)和 4 倍 RMW 处分别约为 1000 m 和 1600 m，与大西洋飓风相比，最大切向风速和最强径向入流的高度均相当，外围涡旋区的入流层更为深厚但入流强度更小(Ming et al.，2015)。

台风在海上时，边界层水汽输送是联接海洋水汽蒸发和台风发展所需潜热的重要纽带，海面的水汽输送也有一定贡献。而在台风登陆过程和登陆之后，海洋下垫面的水汽输送作用减弱乃至消失，边界层的水汽输送成为维持台风强度的主要水汽来源。登陆台风由于海陆差异，陆地粗糙度增加，会导致边界层急流抬高，入流增强。赵坤等(2015)利用多普勒雷达观测反演的风廓线资料，对 2004—2013 年 17 个台风登陆我国东南沿海前后时段进行合成研究，发现台风在陆上时，入流明显强于同等强度台风的海上观测，最强径向入流位于 300 m 高度，边界层急流高度超过 1 km，入流层和急流高度都显著高于大西洋观测到的登陆飓风，后者急流高度约为 500～600 m，且不存在最大径向入流。

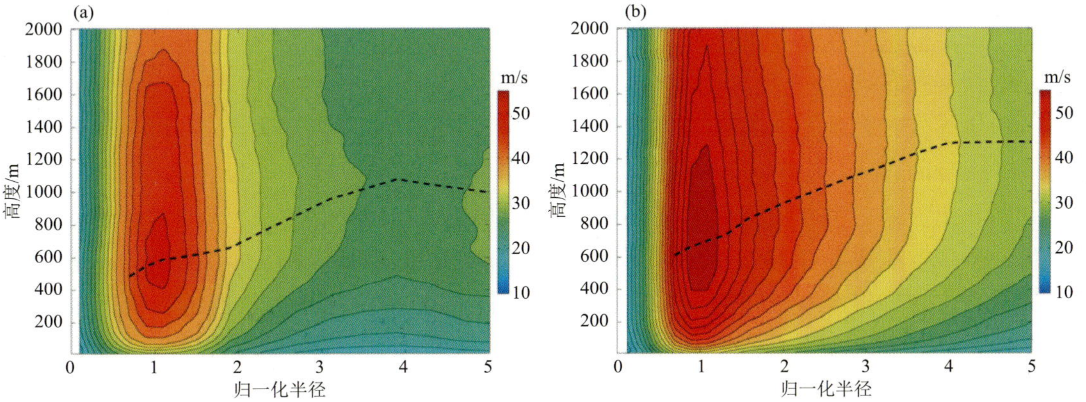

图 6.5 GPS 探空观测平均的西太平洋台风(a)、大西洋飓风(b)切向风速随归一化半径(即相对风暴中心半径与最大风速半径的比值)和高度的变化(黑色虚线为最大切向风速高度随归一化半径的变化)

台风入流具有非对称分布特征，相对台风运动的径向流入区域主要位于台风的右前象限，这个区域在西北太平洋和南海大多是偏南或偏东入流。对于登陆我国的台风，观测

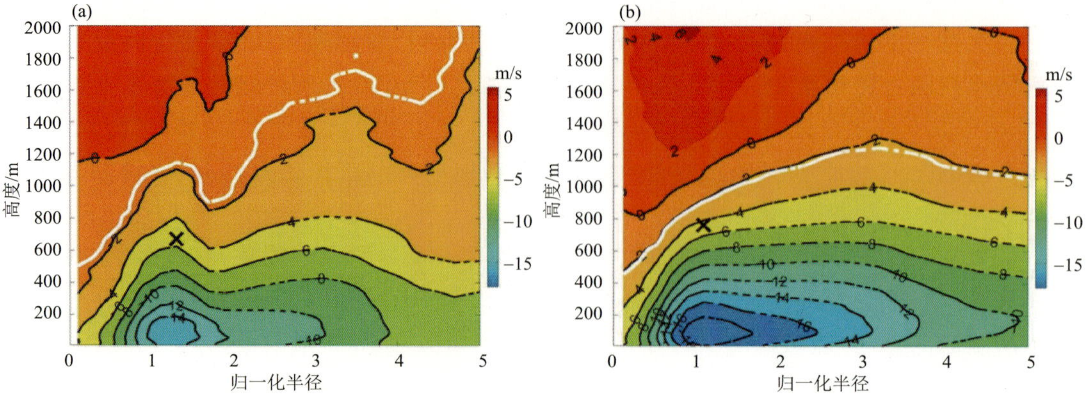

图 6.6　同图 6.5，但为径向风速

白色线显示入流层高度（即径向风速为入流峰值 10%的高度）

（黑色虚线代表入流，×表示最大切向风速位置）

统计分析、理论研究和数值试验研究均表明不同边界的水汽输送对强度变化影响的重要性不同，台风南边界的偏南风水汽输送对台风维持或发展最重要，东边界的偏东风水汽输送次之，来自北边界和西边界的水汽影响微弱（李英 等，2005b）。对于登陆我国东南沿海的台风，其移动前侧入流层明显高于移动后侧，最大切向风位于移动左后侧，而台风右后侧没有显著的急流特征，与理想模拟的海陆差异导致的台风非对称分布特征一致（赵坤 等，2015）。

6.2.1.2　高层出流与辐散

台风流出层（或称外流层）一般位于 300～100 hPa，从对流层上部伸展到平流层下部。台风外流能与周围环境气流发生相互作用，由于流出层是角动量输出的主要区域，角动量输出又与台风强度变化密切相关，因而台风外流是环境流场影响台风强度变化的重要联结者。卫星遥感等观测分析发现，加强台风的外流与对流层上部大尺度环境气流特征具有一定联系，而不发展台风无此联系。

台风外流与对流层上部环境气流的相互作用一般具有高度的方位不对称性，使外流集中于少数的、呈反气旋弯曲的流出通道，通常表现为狭长的外流急流云带。Chen 等（1985）利用卫星云图和欧洲中期天气预报中心模式 200 hPa 流场分析资料，将这种相互作用的特征按通道数分为 3 种基本类型，即单通道、双通道和无通道高层流出。单通道和双通道流出型分别有一条和两条集中的外流带（如图 6.7 黄色箭头线所示），而无通道流出型在台风高层无明显或集中的出流通道。一般情况下，单通道和双通道流出型有利于台风增强，双通道流出型台风加强速度最快，而无通道流出型台风强度通常无明显变化或减弱。

总的来说，台风外流与对流层上部环境流场的相互作用伴随着相当复杂的动力和热力学过程，影响台风强度变化的理论解释尚未统一，例如，角动量输送理论认为，对流层上部中纬度槽对绝对角动量的涡动通量辐合作用可以影响台风外流层结构及强度变化，台风流出理论则强调高层流出建立的次级环流通过梯度风平衡作用于台风环流和强度。尽

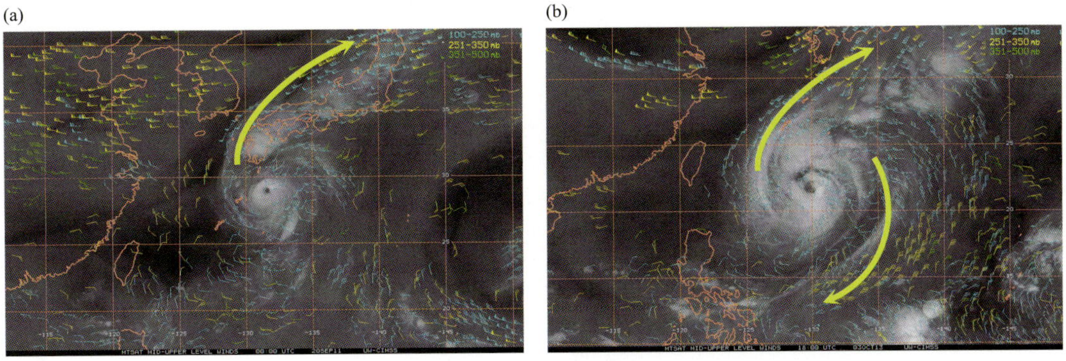

图 6.7 高层单通道(a)、双通道(b)流出型
黄色箭头示意流出通道(底图来源:https://tropic. ssec. wisc. edu)

管机制不明,但普遍认为台风外流与对流层上部环境气流的相互作用之所以能影响台风强度变化,与台风外流层的低惯性稳定特性不无关系。Holland 等(1984)根据观测和 Eliassen 平衡涡度方程的线性诊断得出以下结论:台风外流与对流层上层环境气流之间的相互作用可以直接引起台风强度变化;台风与对流层下部环境的相互作用将直接产生尺度变化,通过随后的非线性相互作用,可能间接影响台风强度或壮度(图 6.8)。他们将之归因于台风核心的强惯性稳定性抑制了台风在对流层中下层的水平运动,而流出层具有相当低的惯性稳定度,就有可能出现径向流出的长轨迹,因此容易受流出层附近环境场影响,使得对流层上部或平流层下部环境场在台风外部区域施加的外力强迫能够直接作用于台风内核对流。美国太空总署实施的 HS3 外场试验首次获得较高空间分辨率的台风外流区三维现场观测,证实台风加强时具有比不发展或减弱时更强烈的高层辐散及径向出流,并且这种出流源自于 250 hPa 与 150 hPa 等压层之间、距台风中心 50~200 km 的低惯性稳定区(图 6.9)。

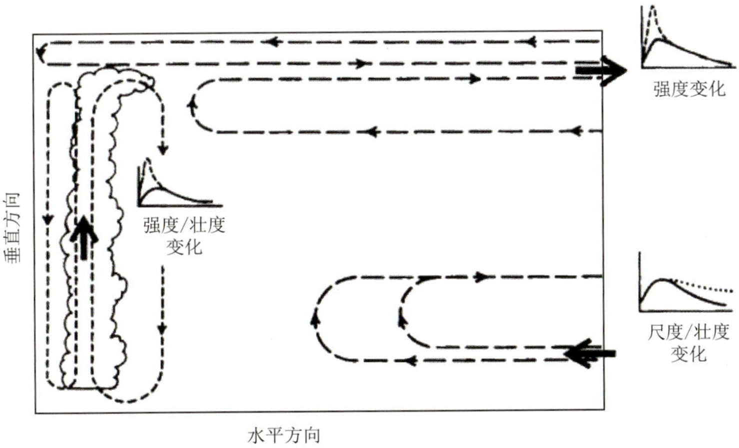

图 6.8 内核对流加热和外部区域动量强迫产生的二次环流及其对台风结构及强度影响示意
(Holland et al. ,1984)

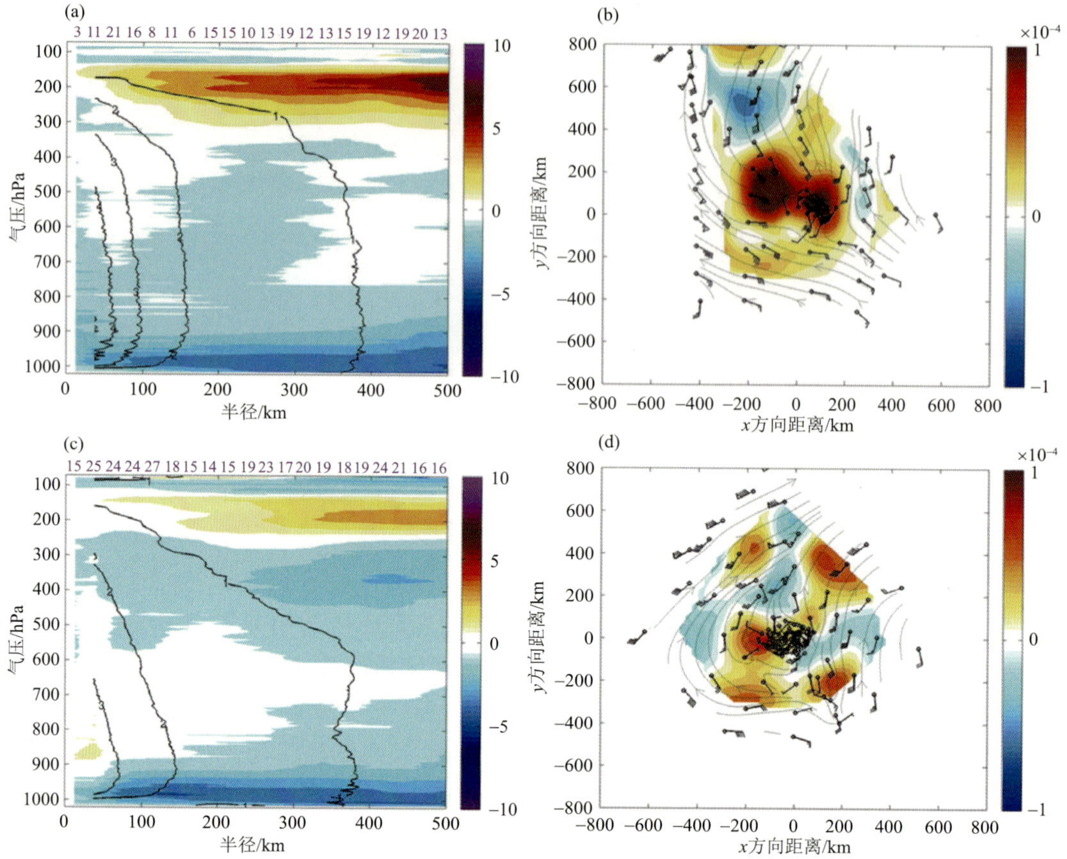

图 6.9　下投式探空观测的环平均径向风(填色,单位:m/s)和惯性稳定度(等值线,单位:1/s)(a,c);180 hPa 风场(风杆,单位:海里/h)、流线和散度(填色,单位:10^{-4}/s)(b,d)
(a)增强台风和(c)不发展或减弱台风的合成分析,紫红色数字标注间隔 25 km 半径区间的下投探空仪数;(b)加强和(d)减弱中的飓风 Edouard(Komaromi et al.,2017)

天气尺度强迫能进一步减小对流层上部的惯性稳定度,从而影响台风在低惯性稳定区的外流层结构及强度变化。台风高层外流与对流层上部环境气流的相互作用主要通过高空槽、高空冷涡、高空急流、大型反气旋等大尺度环流系统。

(1)高空槽

台风与高空槽相互作用可引起台风强度发生明显变化。台风—槽相互作用有利台风加强的一面是通过涡动角动量辐合加强次级环流、位涡异常减弱使环境风垂直切变减小,不利的一面是过于逼近的急流和高位涡会使环境风垂直切变增大、台风对流和云雨分布更趋非对称,从而抑制眼区增暖。因而对台风强度是否正面影响与台风一槽的相对位置有关。陈联寿等(1979)从天气动力学角度进行如下总结:当台风处于高空槽前时,槽前正涡度平流产生或加强高空辐散,增强台风向极地方向的高层流出,强烈的辐散抽吸作用使得台风低层的质量辐合加强,地面气压下降,台风获得发展。这种增强作用与西风槽对槽前温带气旋的促进作用相同。当台风处于高空槽后时,槽后负涡度平流产生高空辐合,抑制台风外流,使地面气压上升,台风减弱。

对于西北太平洋和南海活动的台风，春末夏初以中高纬西风槽与台风相互作用最常见，过渡季节，尤其是秋季和初冬，以南支槽更多见，而夏季中高纬西风槽和南支槽极少影响到西太平洋地区，这个季节热带对流层上部槽（TUTT）对台风有重要影响。TUTT 是夏季存在于西北太平洋和北大西洋中部热带地区对流层上部（250～200 hPa）行星尺度的低压槽，又称大洋中部槽。中高纬西风槽、南支槽和 TUTT 都会引起槽前台风北侧的高层气流加速，形成向极地的出流通道。

（2）高空急流

在西太平洋存在副热带西风急流和热带东风急流，这两支高空急流都能影响台风强度变化。

副热带西风急流是对流层上部到平流层下部西风带大槽槽前风速超过 30 m/s 的强西风中心，对台风强度变化的影响具有两面性，既有促进作用，又有抑制作用。当台风靠近副热带高空急流但尚有一定距离时，急流将加剧台风高层的质量流出，同时急流轴右侧形成高层水平风的反气旋切变环境和相应的大尺度负涡度区，对台风高空辐散场有激发作用，促使台风急剧发展。如果台风中心恰好位于急流入口区右侧，那么与急流相伴的次级环流也有利于上升运动的发展，促使台风加强。一旦台风非常靠近或移至急流下方，就常常因遭遇强的水平风垂直切变或急流造成的高层气旋性切变环境而迅速减弱或消失。

东风急流是西太平洋稳定且最强大的急流，在 150～100 hPa 表现最清楚。当东风急流加强东进时，其东端在西北太平洋和南海形成高空辐散场，有利于台风的发生发展。东风急流明显且位于离台风较远的南方或西南方时，也有利于台风的发展；若东风急流不明显，并且距离台风较近或位于台风上空，则不利台风发展。

（3）大型反气旋

高层反气旋流场能为台风发展提供高空辐散条件，在亚洲和太平洋地区 200～100 hPa 高空，主要的大型反气旋有南亚高压、赤道反气旋和副热带高压。

南亚高压是夏季平均中心位于青藏高原上空、对流层上部到平流层下部的行星尺度反气旋环流系统，它经常出现东西进退、强弱变化及分裂合并等演变过程。当南亚高压东进、加强或者在东海和日本附近出现一个分裂中心时，高层反气旋就伸展到西太平洋热带地区，为这一带台风的发生发展提供有利的高层辐散条件。南亚高压的南侧是热带东风急流，北侧是西风槽前的高空副热带西风急流，当台风移至这两支急流一定距离时，台风外流往往受急流影响，形成明显的外流通道加强高层辐散，促使台风发展。

在赤道辐合带向赤道一侧，往往是赤道高压脊所在，它是南半球大规模气流越过赤道向北推进形成的反气旋弯曲，在适当条件下可发展为闭合的反气旋环流，称为赤道反气旋或赤道高压。赤道反气旋一般位于赤道附近，因而主要影响太平洋近赤道和南海南部地区的台风，但有时赤道反气旋能发展并北进至中纬度，甚至与副热带高压合并使之加强，引起中纬度高层辐散分布变化，进而影响在这一带地区活动的台风的强度变化。

6.2.1.3 环境风垂直切变

环境风垂直切变（VWS）是大尺度环境平均气流随高度的变化，通常定义为垂直两层之间台风周围区域平均水平风的矢量差。通常情况下，VWS 是抑制台风增强的最重要因素之一。

(1)VWS 对台风强度的影响

VWS 能通过热力效应抑制台风发展。基于观测研究提出的“通风流”概念(Gray,1968)认为强 VWS 环境中,台风积云对流释放的凝结潜热在高层被迅速平流到周围环境大气,暖心结构遭到破坏,而弱垂直切变则有助于潜热在对流层上层聚集,持续加热同一气柱形成暖核并维持。此机制又被称为高层通风效应。数值模拟研究表明 VWS 引起的不对称涡旋向外输送涡动热量同样起着高层暖心通风作用(Frank et al.,2001)。还有两种内核通风效应也能够削弱眼墙对流,导致台风强度减弱。其一是中层通风,VWS 引起的不对称涡旋直接将对流层中层的干燥或低熵空气向内平流,稀释眼墙上升气流的高熵空气(Tang et al.,2010);其二是低层通风,中层入侵的干空气随 VWS 增强的下沉气流穿透边界层,再由低层入流带进眼墙(Riemer et al.,2010)。近年,Gu 等(2015)提出另一种通风方式,即 VWS 诱发的眼墙外对流将边界层高熵空气向上输送至其上方的对流层下部,导致眼墙湿熵径向梯度减小,从而削弱台风。

VWS 还通过动力学过程使台风结构产生不对称变化,进而阻止台风发展或削弱强度。观测表明 VWS 最显著的动力作用是水平方向上强迫台风内核对流的 1 波非对称结构(图 6.10)形成,强对流和最大降水位于下风切左象限(DL),同时,垂直方向上迫使涡旋中心随高度向 DL 象限倾斜。图 6.11 是 DeHart 等(2014)应用大西洋飓风机载多普勒雷达观测合成分析得到的 VWS 作用下台风内核对流非对称结构的演变模式:对流主要在下风切右象限(DR)初生,成熟于 DL 象限,然后在上风切左象限(UL)减弱,最后几乎完全消失于上风切右象限(UR);相反地,下沉气流在上风切一侧占主导,以 UL 象限最多;位于眼墙的强上升气流与叠加于环境气流上的低层入流和高层出流搭配,而强下沉气流在 UL 象限与低层出流和高层入流相伴。VWS 环境下这种台风内核非对称结构的形成与热成风平衡适应背景气流在垂直方向上的差分平流(Jones,1995)或不同象限高低层相对风暴气流差异引起的次级环流调节(Bender,1997)等机制有关。而台风强度响应非对称结构的机制可能是:① 涡旋倾斜引起中层变暖,增加内核静力稳定度和减弱对流

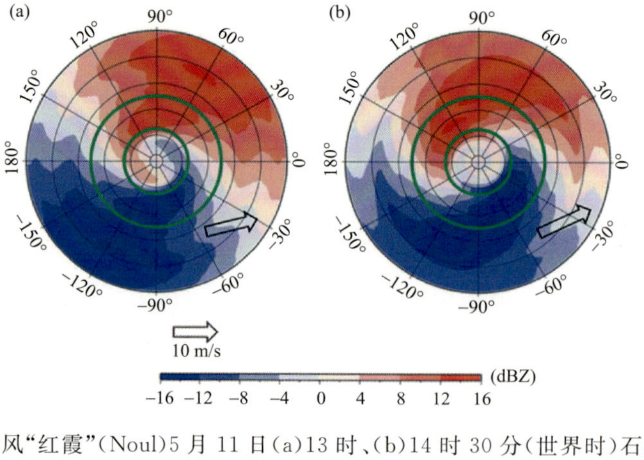

图 6.10 2015 年台风“红霞”(Noul)5 月 11 日(a)13 时、(b)14 时 30 分(世界时)石垣岛雷达 1～2 km 高度平均反射率 1 波分布

(黑色大箭头为 850～200 hPa 垂直风切,黑色圆圈半径为 5 km、20 km、40 km、60 km 和 80 km,绿色粗圆圈半径为 25 km 和 50 km(Shimada et al.,2018))

(DeMaria,1996);②非对称结构通过动量涡动通量从平均涡旋获得动能,减弱台风平均切向风和平均径向风(Wu et al.,2004)。

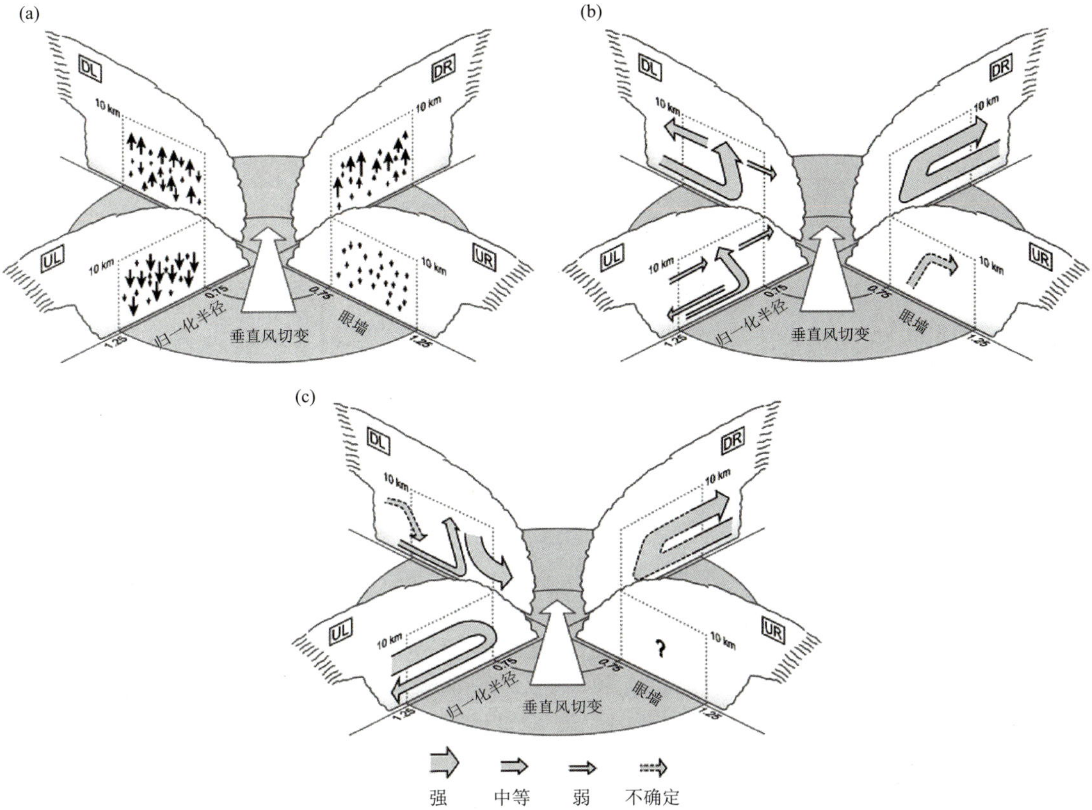

图 6.11 (a)环境风垂直切变下台风内核各象限垂直运动分布的三维示意(白色箭头表示环境风切矢量,相对矢量方向分为下风切右、下风切左、上风切左、上风切右 4 个象限,分别以 DR、DL、UL、UR 标记;云层下方的同心圆指示眼墙位置(归一化半径值在 0.75 和 1.25 之间),与之相连的灰色虚线框包含高达 10 km 的眼墙;黑色垂直箭头表示垂直运动,长度与垂直速度大小成正比);(b)同(a),但为强烈上升气流存在时的平均环流(灰色箭头宽度对应合成速度大小(如底部图例所示),虚线箭头表示合成分析中存在但不显著的特征);(c)同(b),但为强烈下沉气流存在时的平均环流(问号表示 UR 象限的结构弱而无序且不稳健)

然而,VWS 并非一味地抑制台风发展,台风也有可能克服中等或强 VWS 的负面影响,甚至是快速加强。涡旋向上风切进动、涡旋 Rossby 波阻尼、下风切涡旋重塑和涡旋合并等动力学过程可使台风减少涡旋倾斜,重新直立并强化。而热力学方面,对流层中层加湿、SST 上升等都有助于中等切变环境下对流爆发,促进台风增强(Rios-Berrios et al.,2017)。

在 5~11 m/s 的中等强度 VWS 环境下,当倾斜涡旋存在章动并与进动叠加时,倾斜诱导的不稳定性可调节对流,对流流出增强台风上风切的高层流出,阻挡台风高层周围的环境气流,使之减速和改变方向,从而建立出流通道并减小台风中心附近的垂直风切,使得台风涡旋能够重新垂向对齐。此阻塞机制(图 6.12)可使台风发生“非典型”快速加强(Ryglicki et al.,2019,2020),例如 2019 年的超强台风“利奇马”(Lekima)。

还有一种情况是变性台风。李英等(2004)通过合成分析发现,深入内陆长久维持的

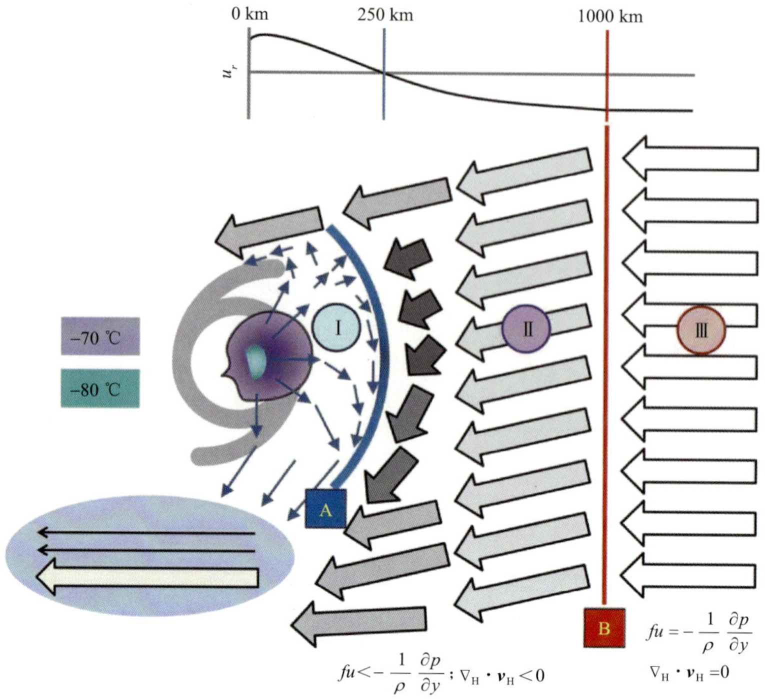

图 6.12　台风高层流出阻塞环境风的物理过程示意

粗箭头表示高层环境风，细箭头表示台风高层流出，淡紫色和蓝绿色区域表示卫星图像冷云顶区，蓝色阴影椭圆为高层出流急流。字母(A 和 B)和罗马数字(Ⅰ、Ⅱ和Ⅲ)分别指示各种边界和区域。Ⅰ区内是严格的台风流出，在给定层次上密度低于周围大气。A 指示台风流出前沿(蓝色圆弧表示)，即台风流出和环境气流碰撞处。流出前沿之外是Ⅱ区，环境风受台风流出阻挡变为次地转、减速、辐合、缓慢下沉及向左转。B 指示弓波(红线表示)，即台风流出影响环境风的最远边界。Ⅲ区是未受影响的环境风，处于地转热成风平衡。A 和 B 位于上风切一侧，与台风核心的径向距离分别为 200～250 km 和 1000 km。顶部曲线为不同半径的径向风。VWS 矢量与环境风(东风)方向一致

台风往往进入中纬度西风带获得斜压能，一定程度上发生了变性，因而尽管 VWS 通常较大，台风环流仍可维持。

(2)VWS 影响的滞后性

台风强度变化对 VWS 的响应具有滞后性。统计上响应时间滞后 6～60 h 不等，存在海域、个例等差异，例如，南海近海海域突然减弱台风的响应时间为 18～30 h，而突然增强台风的响应时间为 18～36 h(于玉斌 等，2007)。滞后时间还随 VWS 大小而不同，VWS 越强滞后时间越短(白莉娜 等，2013)。

(3)影响 VWS 作用的因素

VWS 对台风强度变化的影响非常复杂，不仅与 VWS 大小有关，还与 VWS 方向和垂直分布，以及台风本身特性与所处地理位置等有关。

①VWS 幅度

气候学统计研究表明，VWS 的大小与台风加强率呈负相关，VWS 越强，对台风发展的抑制作用越强，台风增强的可能性越低，反之，弱 VWS 有利于促进台风迅速发展，切变

越弱，台风增强就越迅速。然而负相关不高，一般仅−0.4～−0.2。

目前对抑制和有利台风发展的VWS分界值并未统一，不同海域也不尽相同。王喜等(2011)利用1982—2007年NCEP/NCAR再分析资料开展的统计研究表明，在西北太平洋这个临界值约为10 m/s，北大西洋和北印度洋分别约为9～10 m/s和12～13 m/s。而Gallina等(2002)基于1996—1998年卫星反演大气运动矢量资料估计出西北太平洋和北大西洋的临界值分别为9～10 m/s和7～8 m/s。VWS临界值的不统一，除有VWS计算方法、使用的资料和样本长度等各异之故，主要还是与VWS影响机制的复杂性及与其他因素的依赖性有关。

在中等强度(5～10 m/s)VWS环境下，台风增强的可能性和时间变得高度不确定，因为中等VWS既不至于太弱而对台风强度变化毫无影响，也不至于太强而完全阻止台风强化(Zhang et al.，2013)。

②VWS垂直分布

尽管200 hPa和850 hPa之间的深层VWS在研究和业务中被广泛使用，但无论是西北太平洋还是北大西洋，都有相当一部分台风的强度变化与深层VWS大小的负相关性不高。近年的统计研究发现，中高层(500～200 hPa)、中低层(850～500 hPa)、低层以及边界层VWS都可能影响台风强度变化，具体层次随台风自身的强度、移速、发生季节和所处地理位置而异。在北大西洋，低纬度移速慢、强度强的台风主要受深层VWS影响，而在高纬度快速移动、相对较弱的台风受对流层中低层VWS的影响较大(Zeng et al.，2010)。在西北太平洋(不含南海)，台风活跃季节(6—10月)1000～850 hPa低层VWS与台风强度变化的负相关性高于深层VWS，而在非活跃季节相反(Wang et al.，2015)。

大量理想化数值模拟结果也表明，台风结构和强度的变化对VWS层高度和厚度敏感，而敏感性又依赖于台风本身强度。Finocchio等(2016)的云分辨率模式VWS敏感试验(图6.13)结果显示，对于初始强度30 m/s的台风，在10 m/s深层VWS条件下，仅仅

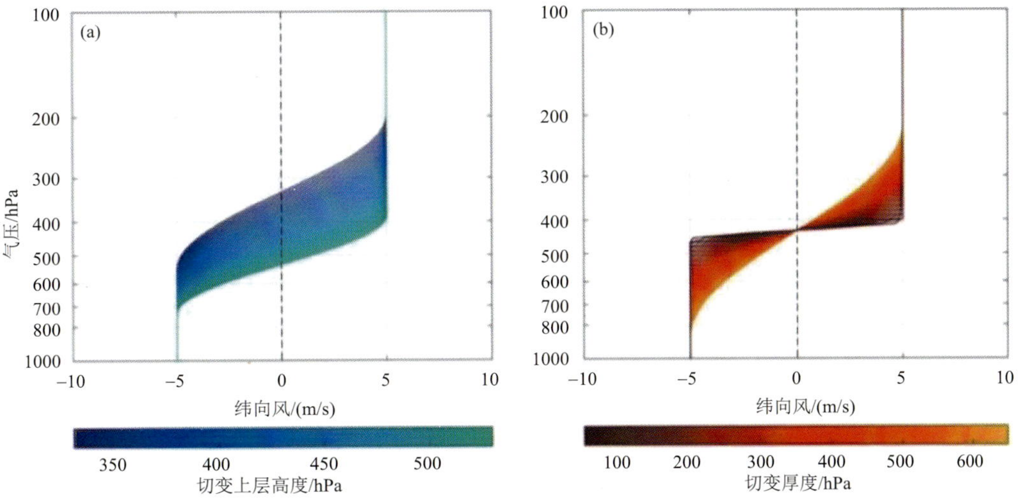

图6.13 用于VWS上层高度(a)(在530～330 hPa之间以5 hPa的增量变化，厚度固定为350 hPa)、厚度(b)(在650～50 hPa之间以15 hPa的增量变化，上层高度固定为430 hPa)敏感性试验的风廓线(所有风廓线均具有相同的深层850～200 hPa垂直切变，即10 m/s)

改变水平风的垂直分布就会引起显著的台风强度和结构响应(图 6.14),对流层低层(低于 500 hPa)VWS 和浅层(小于 200 hPa)VWS 对较弱台风的结构更具破坏性,会迫使台风涡旋向下风切左象限倾斜过大,涡旋无法进动到上风切一侧重新垂直对齐,导致台风无法发展。Fu 等(2019)的模拟研究则发现,初始强度达 60 m/s 的成熟台风情况相反,高层 VWS 比低层 VWS 危害更大,中高层更强的相对风暴不对称气流导致更大的暖核通风和垂直涡旋倾斜,使台风在相对较长的时间内减弱更快,而低层 VWS 仅使台风在初始时减弱。

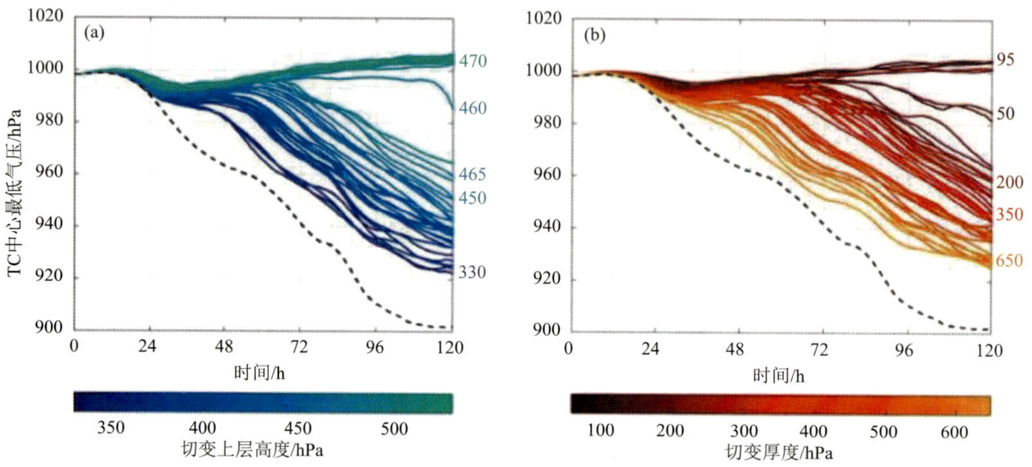

图 6.14 VWS 高度(a)、厚度(b)敏感性试验的台风中心最低气压演变(黑虚线为无 VWS 模拟)

③VWS 方向

不同方向的 VWS 对台风强度变化的影响存在差异。大西洋海盆接近 30 a 的统计结果表明,西风切变比东风切变更不利于台风增强,东风切变,特别是对流层中低层的东风切变对台风强度的负面影响总体弱于西风切变(Zeng et al.,2010),这主要是由于台风内核 β 效应诱导的西北风垂直切变部分抵消了东风切变(Ritchie et al.,2007)。西北太平洋区域(但不含近岸 100 km 内)台风与深层垂直切变关系的气候学统计研究(Wei et al.,2018)也得出一致的结果,如图 6.15 所示,台风在包括南海和菲律宾东部海域的低纬地区和夏季更常受东风切变影响,而在西北太平洋较高纬度地区和秋季西风切变更常见,西风切变略大于东风切变,与台风强度变化的负相关性也更显著,其中,西南风切变的相关性最高(−0.43),东北东风切变最小(−0.13)。此外,西风切变越强,台风减弱速度越快,但在东风切变下台风增强和减弱的变化率都与切变大小没有明显的关系。

④台风本身特性

VWS 对台风的影响还依赖于台风自身强度、尺度或所处发展阶段。弱 VWS 是台风生成的必要条件,有利于胚胎或扰动时期的台风形成暖心,而强 VWS 会使萌芽的暖核减弱消散而无法形成台风。对于接近成熟或成熟的台风,强 VWS 也会破坏其暖核,致使强度减弱,弱 VWS 则有助于台风的维持或加强,但并非越小越好,VWS 适中反而有利于台风高层流出、低层流入的次级环流维持,使台风发展。强大的台风比弱小的台风更能抵抗 VWS 的破坏性影响,这可能与前者能更快地恢复直立涡旋,也更不容易受到干空气入侵

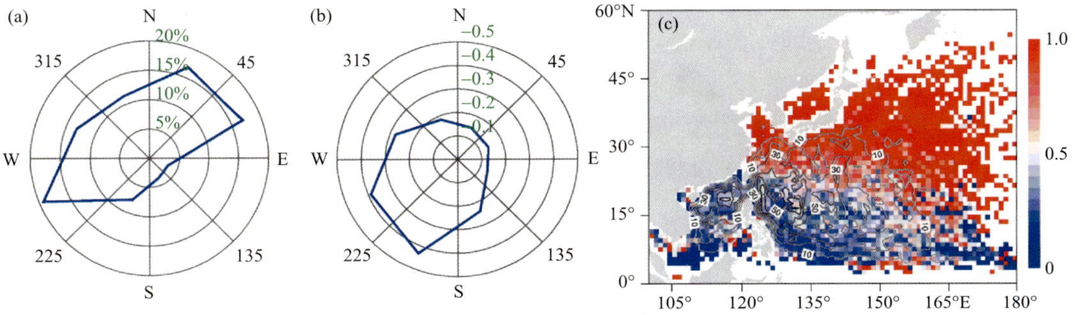

图 6.15 1982—2015 年西北太平洋地区(a)不同方向深层 VWS 的百分比和(b)台风强度 24 h 变化的相关系数(方位角按 45°间隔计算,以黑色数字标注,百分比和相关系数以绿色数字标注);(c)1°×1°网格台风总样本频数(等值线,间隔 20)及具有西风切变(W-VWS)的台风样本频数比率(蓝色阴影为小于 0.5,表示东风切变 E-VWS 居多;红色阴影为大于 0.5,表示西风切变 W-VWS 为主)的空间分布

影响有关。相同 VWS 条件下,强台风的减弱速度较慢,尺度小的台风比尺度大的台风更可能在较小 VWS 环境中减弱(Wong et al.,2004)。

6.2.1.4 冷空气的作用

冷空气改变环境流场和热力场,对台风强度的变化具有显著影响。这种影响因冷空气的强度及入侵台风的层次、方式和程度不同而有差异。

(1)低层冷空气的作用

低层冷空气对台风强度变化的影响取决于冷空气的强度、入侵区域和程度:侵入台风外围的较弱冷空气对台风有增强作用,卷入台风内部的强冷空气则有减弱作用。

①加强作用

侵入台风外围的低层弱冷空气从动力和热力两个方面影响台风强度。动力方面,弱冷空气使台风气压梯度加大,外围气旋性涡度增加,环流加强,动能向内输送。热力方面,冷空气改变低层温度结构,增加台风的位势不稳定,激发对流强烈发展,潜热释放加强(陈联寿 等,1979;徐亚梅 等,2003)。这两方面的影响都使台风增强,或者使衰亡中的台风再生。

在西北太平洋台风发展过程中,北半球和南半球的冷空气均可起辐合加强作用。这是因为北方来的冷高压将会增强台风北面的风速,而南半球澳大利亚冷高压的增强,将使越赤道气流增强,台风南面的风速也会增强(韩瑛 等,2008)。

两种天气形势利于侵入台风外围的弱冷空气激发台风增强。一种是台风进入斜压不稳定区,当中低层高空具有一定的水平涡度梯度或具有一定的正涡度,台风进入时,强对流能得到进一步发展,致使台风进一步加强,这在春末夏初较为常见。另一种形势通常发生在秋冬季节,冷锋接近台风外围,在卫星云图上,冷锋云系并不明显,但在地面图上可以分析出冷锋的存在,随着冷锋南下靠近,台风不断加强。

②减弱作用

台风是暖性系统,不同强度的冷空气侵入台风中心后会引起暖中心不同程度的变化,从而使台风出现不同的强度变化,即有所发展、减弱为空心和趋于消亡(姚增权 等,1985)。如果冷空气过强并侵袭到台风内部,那么台风眼墙、强对流和暖心结构将遭破坏,台风迅速填塞消亡。

(2)中高层冷空气的作用

冷空气活动过程经常伴有高空槽发展，与高空槽相伴的冷空气对台风强度的影响有两种常见情形：①当暖台风高层外流和冷槽靠近，温度梯度的增大使高空急流增强，如果台风中心恰好位于急流入口区右侧，在高空外流增强的同时，与急流相伴的次级环流还将有利于上升运动的发展，促使台风增强。②高空西风槽槽后有弱冷平流从中层侵入台风外围使其加强，槽后强干冷空气南侵使其减弱。

(3)变性发展

台风向极移动过程中，若遇大量冷空气涌入台风环流，或者锋面强冷平流输入，台风会发生温带变性(ET)，甚至发展成为温带气旋。

西北太平洋台风的 ET 过程可分为两个阶段：第一阶段称为变性阶段或变形阶段，台风与斜压环境相互作用，由正压系统演变为斜压系统；第二阶段为再发展阶段，斜压系统加深为温带气旋，或者消散。这两个阶段包括环境冷暖空气流入、气旋与斜压环境的相互作用、垂直风切变引起的气旋减弱和暖心倾斜、不对称结构的发展等物理过程。图 6.16 的三维概念模型描述了 ET 过程的变性阶段：第一步是台风的外环流与中纬度斜压带初遇，向极移动中 SST 不断降低；第二步是台风恰好位于中纬度斜压带的南侧，垂向上开始发生明显倾斜，并发展出输送带等温带气旋特征；第三步是台风完全嵌入中纬度斜压带并失去其热带特征，完成从第二步开始的结构演变。卫星红外云图上相应的演变过程为：更为干冷的环境向赤道气流入侵台风西部，减弱此处的深对流，形成干缝，然后向南部扩展，而向极地的环境暖湿气流被吸入台风环流，维持其东部深对流，使台风的云和降水分布不对称。受垂直风切变影响，台风北部和东北部可观测到薄的卷云盾，若高层出流与极地急流汇合，卷云盾会有清晰的云边界。在此演变过程中，向极的环境暖湿气流沿倾斜等熵面上升，其中一支在对流层中层转向东北，造成台风北部向西南延伸包围台风中心的窄带对流。在第二步中，台风内核仍存在深对流，但到第三步，台风内核深对流减弱，西部和南部的眼墙对流被侵蚀。台风变性阶段结束时具有温带气旋云系特征，东南方有一个类似冷锋的较弱云带，北方则有大片类似暖锋的多层云(Klein et al.，2000)。

一方面，强冷空气的侵入会造成台风结构的倾斜，加剧台风在变形阶段的垂直切变，促进斜压环境场的扰动发展；另一方面，从中层通过干夹卷进入台风的冷空气会在眼区外围冷暖空气的交界处诱发深对流，在变形阶段和再加强阶段均使云底以下的对流层发生垂直混合，达到湿绝热饱和状态，强迫出次级环流来维持静力和梯度风的平衡，从而使得台风强度产生变化。另外，随着冷空气的入侵，台风与中纬度斜压场相互作用时往往产生锋生，若锋生大值区的负散度和正涡度与台风残涡叠加，就会显著加强上升运动，使残涡重新发展，成为温带锋面气旋(陈艳秋 等，2007)。

6.2.1.5 高空冷涡的作用

高空冷涡(UTCL)是从高空槽底部切断出来的冷心闭合气旋性环流，一种是西风槽切断低压，还有一种是 TUTT 活跃期因槽底向西延伸而切断的闭合涡旋。TUTT 切断的高空冷涡，其气旋性环流最强可向下伸展至 700 hPa，在红外云图和可见光云图上为松散云系，在水汽云图上表现为涡旋状云系(图 6.17)。在西北太平洋区域，绝大多数

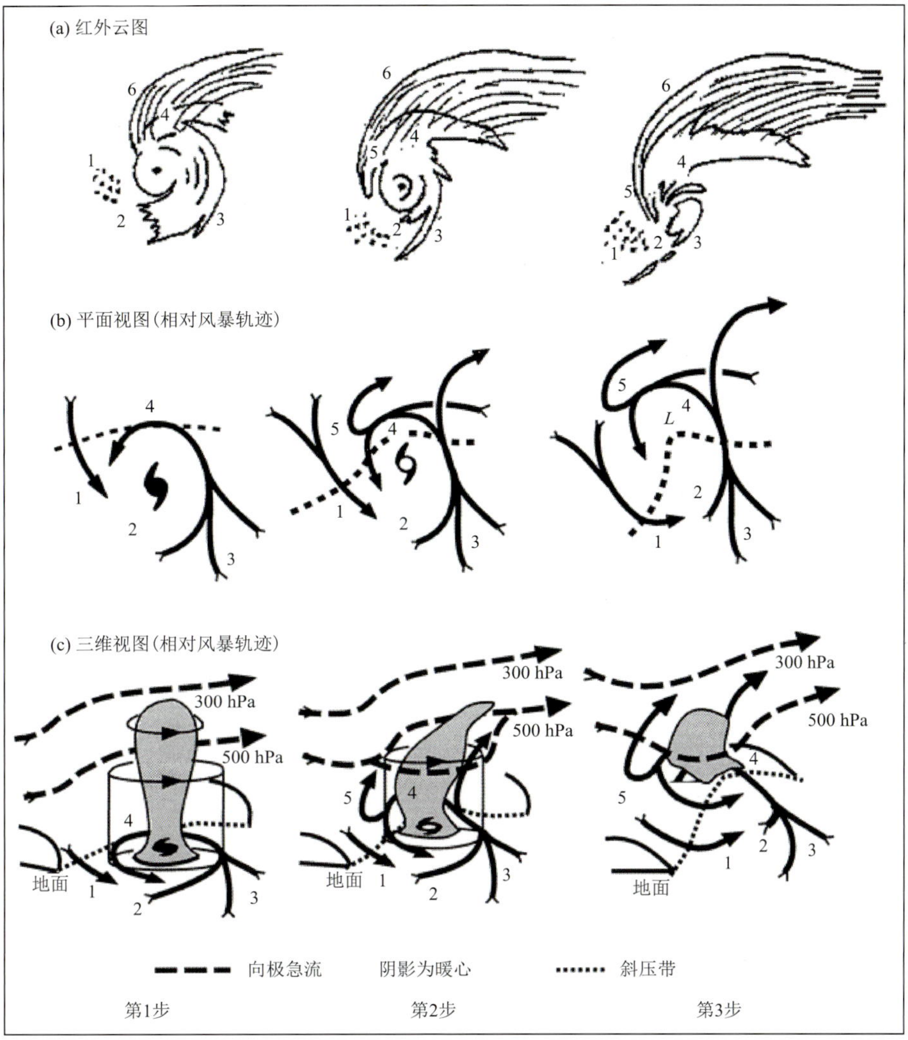

图 6.16 西北太平洋台风变性阶段的概念模型

1:更为干冷的环境向赤道气流(具有相应的开口细胞状积云);2:台风相应象限对流减少(带有相应的干缝);3:环境向极地的暖湿气流;4:斜压带;5:环境向极地的暖湿气流上升并转向东北,产生向西、向南包围台风中心的窄云带;6:卷云盾

TUTT 冷涡生成于 150°E 以东,生成后大多西移,最西可至 107°E,到达南海、我国内陆等地(Wen et al.,2018);而中纬度西风槽切断低压仅在 160°E 以西活动,其中一些可从西北地区移到南海南部。在西北太平洋,UTCL 与台风共存现象很常见,且多数会相互作用。

UTCL 对台风的发展不仅有高空涡旋性系统的动力作用,也有热力方面的影响。动力上高空冷涡主要通过三个方面对台风发展产生正作用:①增加涡动角动量通量辐合,加强次级环流的外流支(Molinari et al.,1989);②显著的位涡正异常向台风核心平流,加强次级环流(Montgomery et al.,1993);③外围往往伴随急流,对高层流出通道的建立有利(Chen et al.,1994)。但当台风过于靠近高空涡旋时,过大的 VWS 将不利于台风暖心维

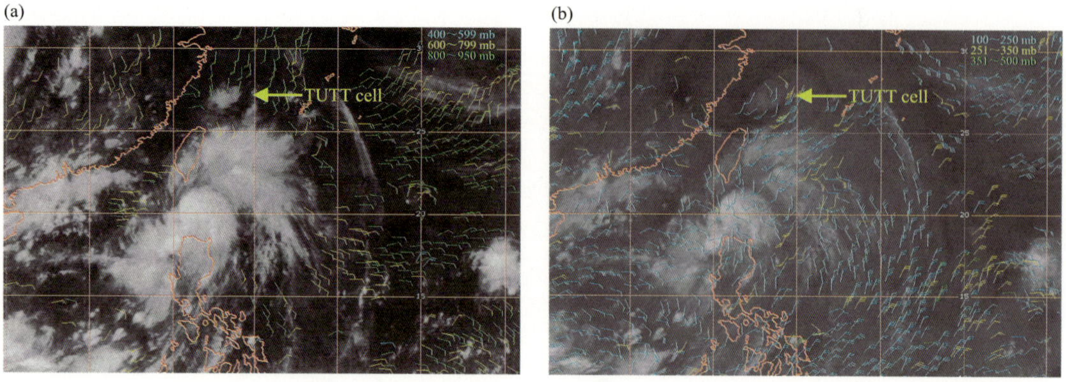

图 6.17　2013 年 7 月 17 日 14 时红外云图和中低层风场(a),水汽云图和中高层风场(b)
(黄色箭头指向 TUTT 切断冷涡的位置)

持,会对台风强度产生负面影响。UTCL 的热力作用则源于高空冷涡带来的冷空气。例如,TUTT cell 给 2010 年台风“莫兰蒂”(Meranti)外围带来弱冷空气,增强外围的层结不稳定,有利于对流活动和水汽凝结,这是“莫兰蒂”迅速加强的热力原因(Li et al. ,2012)。

东北冷涡对台风变性加强有动力和热力双重作用。例如,东北冷涡冷空气的不断侵入及台风移动形成的相对冷平流使 2014 年台风“蒲公英”(Mindulle)变性为温带气旋。气旋之后并入冷涡,在冷涡外围急流和入侵至气旋低层的冷涡冷空气的共同作用下,垂直涡度增强,气旋向冷涡倾斜发展。并入冷涡之后,冷涡底部急流维持的正涡度平流促进了中层涡度直接向高层发展(梁钊明 等,2015)。

6.2.2　海洋与热带气旋的相互作用

海表温度(SST)、海温层结、海洋热含量(OHC)、混合层(OML)结构、波浪、海洋飞沫等对台风强度变化具有重要影响。对于即将登陆或在近海向北移动的西北太平洋台风,海气作用的影响更为重要(端义宏 等,2005)。依据海洋与台风相互作用发生的位置,可分为海气界面、海洋表层、海洋混合层和温跃层。此外,海气作用过程还受到海气环境中海洋涡和大尺度天气系统的影响。

(1)海气界面的海洋飞沫过程

海洋飞沫对台风强度发展具有正面影响。热力上,飞沫覆盖海面将使海面发生降温,海气差异加大,造成更多水汽通量上传。随后,飞沫携带潜热进入台风内核并在眼墙释放。台风从海洋获得的海气通量中 20% 为海洋飞沫提供。动力上,在飞沫层(海气过渡带)飞沫动能和风速成正比,当风速大于 60 m/s 时,飞沫通量成为首要能量来源(Andreas,2004)。海洋飞沫有利于抑制湍流向下生成,使台风下方的海气拖曳系数随风速增大而减小,起到润滑作用,有助于海气交换和台风增强。台风强风作用时间越长,风场由外围向内核加速,波浪亦随之成熟,飞沫获得的动量通量也越大,拖曳系数衰减越快,风速进一步加强(段自强 等,2016)。

(2)上层海洋物理过程

在上层海洋部分,海洋对台风的影响是双向耦合的,主要借由SST、OHC、OML等要素通过表层传输、上层混合等物理过程(图6.18a)。海洋向台风输送能量改变台风强度,而台风使海温下降、产生冷尾流,改变上层海洋垂直结构。反过来,变化的海洋又影响台风强度,形成再反馈。

①海洋表层:主要表现在SST和表层流场。热力上,海表热通量(Q_0)上传(图6.18),将5%~15%的能量直接传入台风使之发展,而海洋失去能量造成SST下降。动力上,海洋表层流场受地转偏向力影响发生偏转,台风过境时路径右侧风场与表层流场始终同向叠加、相互增强,产生海水上下层流切$\left(\frac{\partial v}{\partial z}\right)$和混合并加深OML($\Delta h$),而路径左侧表层流场与台风风场反向,相互抑制,最终造成路径右侧SST降低(图6.19)。低SST抑制海表热通量上传和台风内核不稳定性,阻止潜热释放及内流携带湿熵通量进入内核区(Lee et al.,2015),产生负反馈效应,不利台风发展。

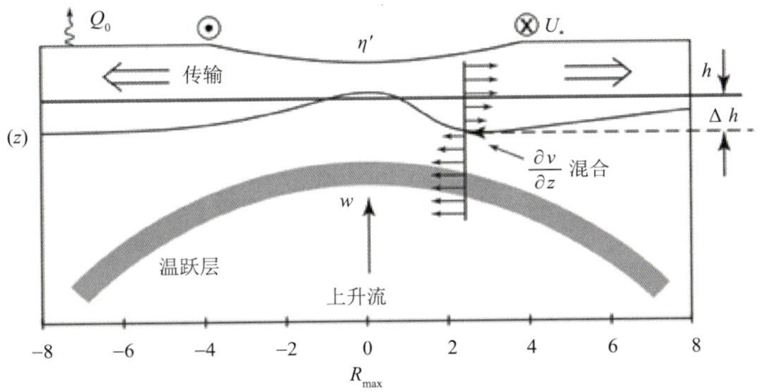

图6.18 台风过境时上层海洋变化(Shay,2010)

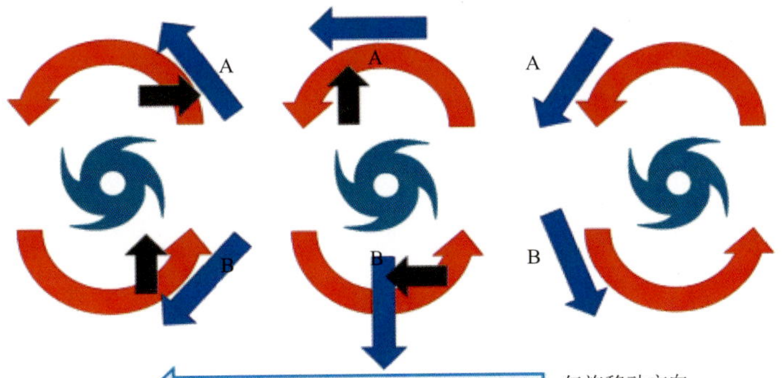

图6.19 流切作用示意

(A、B为固定参考点,蓝色为海表流场方向,红色为气旋式风场,黑色为流切方向)

海表热通量与SST大小非线性相关,多数研究认为27 ℃是台风增强的SST阈值,SST在27~30 ℃时台风增强最快,大于30 ℃时增强率降低。西北太平洋(含南海)台风发生快速加强(RI)和快速减弱(RW)的位置与气候态SST关系密切,快速加强大多发生于10°—20°N海温较高区域,而快速减弱大多出现在30°N附近20~25 ℃海温梯度较大处。

②混合层至温跃层：台风强风夹卷造成大范围 SST 下降，发生埃克曼抽吸等过程，主要作用于海洋表层和混合层。台风中心右侧 60%～85%的能量通过流切逸入作用（切变夹卷热通量）使混合层均匀化；边界层内摩擦力向上递减，气旋式涡度向上增加，产生向上的埃克曼抽吸作用，形成上升流使温跃层上涌，混合层被压缩。混合层内的垂直输运使 SST 冷却得到一定程度的恢复。反过来，海洋混合层垂直结构的变化又通过上层海洋热容量影响台风强度，当台风移速不变时，初始 OML 深度越深、海洋层结温差越大，对强度影响越大。

上部海洋与台风相互作用形成负反馈的物理过程中，海气交换相对次要，流切夹卷和上升流起主要作用，它们与台风强度和移速相关。Price（1981）指出，快速（16 m/s）和慢速（4 m/s）移动的飓风所产生的上升流和 OML 的加深程度有所不同，移动缓慢的台风导致 SST 下降的过程以上升流作用为主，路径两侧 SST 下降显著，而快速移动台风以流切逸入作用为主，SST 下降幅度小且集中在路径右侧。如图 6.20 所示，2020 年台风“美莎克”（Maysak）在东海较快穿越黑潮高温海区时加强为超强台风，增强后“美莎克”两侧 SST 减小，右侧更明显，达－2℃；而 2021 年台风“灿都”（Chanthu）长时间滞留长江口以东海域，造成 SST 显著下降达－6℃，反过来导致“灿都”持续减弱，因而对海流的减速作用小于“美莎克”。

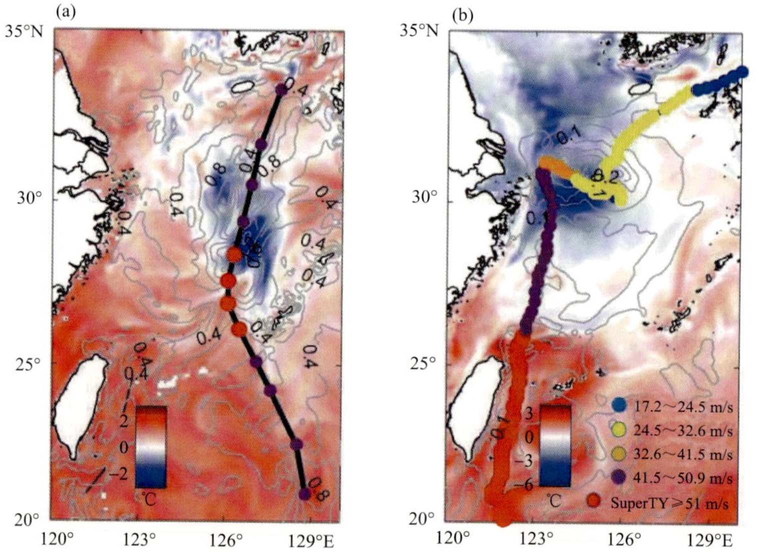

图 6.20　超强台风“美莎克”（2020）（a）和“灿都”（2021）（b）过境前后强度及海面要素变化（填色为 SST 变化），等值线为海表流速变化，折线为台风路径，路径上圆点表示台风强度等级

（3）海洋涡旋的影响

海洋涡旋可分为暖涡和冷涡，暖涡（冷涡）对应 OML 较厚（薄），拥有较高（低）台风热潜势（TCHP）。北大西洋湾流、西北太平洋黑潮及其延伸体（30°—40°N，140°E—180°）、副热带逆流（18°—25°N，122°—160°E）等区域皆为海洋涡旋集中区。现有研究已发现，海区长期存在的海洋涡旋是台风与海洋能量跨尺度传输的重要媒介，会影响上述理想海洋或开阔洋面的上层海洋物理过程。例如，Lin 等（2005a）分析 2003 年台风“鸣蝉”（Maemi）经

过海洋暖涡时发现，暖涡效应抑制了海温冷却并提供大量热潜势使其迅速发展至 Cat5 级（强度≥70 m/s）。

海洋涡旋对台风的影响是通过其引起的湍流混合及自身垂向运动两种动力机制共同完成的（图 6.21）。台风经过海洋涡旋时，驱动其表面发生偏转的风生流动与下层流场存在切变，在上层海洋产生湍流混合。该过程仅发生于台风路径右侧，规模小、时间短且多为不规则，降温速度远慢于无海洋涡时的上升流作用，导致 OML 加厚。在流场动力上，台风经过时暖涡处于不同方位所造成的上层海洋冷却程度不同，路径右侧＞无暖涡＞路径左侧＞穿越暖涡中心。这是由于台风在路径右侧引发的风生流与路径右侧的海洋暖涡流场同向加速，产生出更强的流切作用和冷水混合。这一负反馈机制颠覆了“暖水层越厚，气旋越强”的观念。同时，随着时间推移，表层流在科氏力作用下依次形成顺时针、逆时针、顺时针的次生环流，加剧混合作用，加深了 OML。此外，台风经过引起 OML 流场惯性振荡，使海洋能量下传耗散，改变局地 OHC，影响后续海气环境和台风变化。

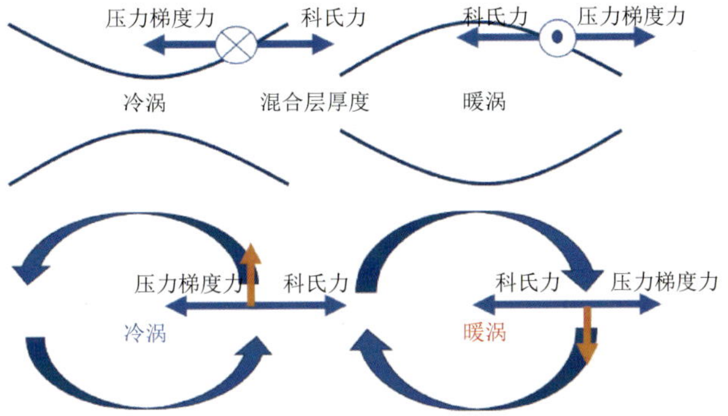

图 6.21　冷暖涡旋流场和涡力平衡状态

（4）大尺度天气系统的影响

季风槽、东风波、高空冷涡、ITCZ 等大尺度天气系统可通过改变上层海洋层结、引起 OHC 变化而影响台风发展。例如，ITCZ 的持续对流产生大范围降水，淡化上层海洋盐度，加大密度差形成层化效应，抑制海洋垂直运动和湍流发生。台风经过这种层化海区时，其右侧流切混合作用受阻，SST 不易下降，使海区能够维持较稳定的暖水层和较高的 TCHP 与 OHC，有利台风进一步增强。

6.2.3　地形的作用

除了海洋，引起台风强度变化的下垫面因素还有陆地、山脉和岛屿等地形。据观测气候学统计（余晖 等，2002；于润玲 等，2011；李英 等，2004），西北太平洋台风强度平均减弱速率的高值区在岛屿和大陆沿岸；登陆我国的台风大约在登陆前 12 h 开始减弱，12 h 平均减弱 6.2 m/s，其中 TY 级台风登陆前衰减最明显，TD 减弱幅度最小；登陆我国大陆的台风通常在登陆后 12 h 内明显衰减，登陆强度越强，衰减越厉害，登陆后 24 h 内消亡的台风比例自南向北减少，分别为广西 78％、广东 52％、福建 37％、浙江 13％。可见，地形与台风迅速衰减关系密切。但也有观测到一些台风在岛屿和大陆沿海岸区域迅速增强，其中，登陆我国且登陆前增强的台风中，登陆华南地区沿海最多，登陆华东及以北地区沿海最少，登陆台湾岛居中，这些台风登陆前大多处于初生不久的发展阶段。还有一些台风登陆我国大陆后增强，比例约为15%，主要表现为登陆时加强、分离的副中心加强、变性加强和入海前加强等。

一方面，地形主要通过两种作用使台风强度迅速减弱。一种是陆表的摩擦耗散作用。陆表摩擦力大于海表，台风从海上趋近陆地时，地表摩擦力增大，引起能量损耗增加，径向速度加大，大量空气涌入台风中心，导致台风填塞。另一种是陆地切断了台风海气交换通道，破坏了海洋对台风的能量和水汽输送，从而减弱台风的对流活动。地形对台风的减弱作用与地表状况有密切关系，一般来说，地形越复杂、山脉越高，对台风的减弱作用越大。

另一方面，地形和陆地摩擦引起的辐合对流又对台风起增强作用。当台风趋近海岸、陆地和岛屿时，向岸风或沿海山脉迎风坡增强的辐合作用将加剧台风的对流活动。因而陆地摩擦影响总的趋势虽使台风衰亡，但增强的摩擦辐合也会令台风维持强度，甚至得到短时间的加强。地形对台风的辐合加强作用是在一定条件下通过改变台风局部结构而产生的，比如，地形辐合往往在台风的右前方生成一系列龙卷，或者在前部生成飑线或雷暴等中小尺度强对流系统，并往往对台风的能量平衡产生影响，从而加强台风强度（陈联寿等，2004）。

6.2.3.1 岛屿和山脉的影响

岛屿对台风的影响主要决定于岛屿的面积、陆地面积、地表特征和地理环境特征。一般小型岛屿对台风，尤其是对成熟的台风几乎没有什么影响，而大型岛屿无论对台风的路径或者强度都有一定影响。当中心在大型岛屿以外200～400 km时，台风（尤其是发展较成熟的台风）就可能受地形影响而减弱，在100 km以内到登陆之后，其减弱速率较大（陈瑞闪，2002）。在西北太平洋和南海地区，对台风影响最显著的大型岛屿是菲律宾群岛，我国台湾岛和海南岛次之。菲律宾群岛处在广阔的海洋中，面积较大，地形对台风强度的影响来自于岛屿。而台湾岛和海南岛邻近我国大陆，面积也比菲律宾群岛小，当台风靠近这两个岛屿时，地形对台风强度的影响不仅来自于海岛，还有部分来自于大陆。

大型岛屿对过境台风强度的影响还与过岛前的强度和岛屿地形高度有关，但不完全成正比。台风较强时，过岛衰减程度与强度呈正相关关系，过岛前强度愈强过岛衰减愈大。而对于较弱的台风，一般过岛前、后衰减较小，有些甚至加强。这种加强现象对于台湾岛和海南岛很少见，且与过岛路径有关，但对于菲律宾吕宋岛有一定的比例。过岛前强度相同的台风，过岛时强度减弱程度以地形相对最高的台湾岛最大，地形相对最低的海南岛次之（董克勤 等，1980b）。

（1）菲律宾群岛的影响

菲律宾群岛整体呈南北向带状分布，是低纬度台风西行进入南海的常经之地，一般使登陆和经过的台风强度减弱，强度越强，减弱越明显，较强台风的过岛强度平均衰减45%以上，而弱台风过岛强度平均减弱25%以下（Brand et al.，1973；张守峰 等，2016）。

台风从不同部位穿越菲律宾群岛，受影响的程度不同。群岛北部的吕宋岛为菲律宾第一大岛，地势北高南低，山地和丘陵约占2/3，山系南北纵列，最高峰海拔接近3000 m。中部为小岛与海洋混合区域。从北部过岛的台风强度受影响最大，而从中部及吕宋岛北端穿行的台风强度变化很小。南部是第二大岛棉兰老岛，但台风很少从此经过(张守峰 等，2016)。

观测统计发现热带风暴(TS级)和热带低压(TD级)等弱台风在经过吕宋岛后强度会不减反增，其关键机制可能与吕宋岛地形诱生的背风低压有关，即台风接近吕宋岛时，岛上山区地形的阻挡使得在背风处有低压生成，且随着背风处气旋式曲率的增大加上地形的阻挡形成闭合的气旋式风场，使得背风低压逐渐增强甚至超过台风过岛前的强度(王国松 等，2011)。

(2)台湾岛的影响

台湾岛地处我国东南，为我国第一大岛，是台风西行或西北移影响或登陆我国大陆的重要通道。台湾岛山地、丘陵约占全岛面积的2/3，山系呈东北—西南走向纵贯全岛，主脊中央山脉在岛上位置偏东，西侧为南北遥相联接的雪山山脉和玉山山脉，三大山脉的许多山峰高度在3000 m以上。台湾岛的高山地形特点使之对台风强度的减弱作用比菲律宾群岛更突出，台风过岛强度平均损失率达40%，而后者为33%(Brand et al.，1973，1974)。

台风靠近台湾岛时强度一般会明显衰减，越过台湾岛或者近距离绕过台湾岛的台风受到岛上高山的破坏，强度也会大为削弱，中心逐渐填塞，很少有台风进入台湾海峡还能维持40 m/s以上风速。但也有部分台风在靠近台湾岛时近海增强。

平均情况下台风在登陆台湾岛前48 h到登陆前12 h强度一直加强，但越临近登陆加强越缓慢，登陆前6 h强度迅速减弱(胡姝 等，2012)。也有些台风在登岛前18 h就受地形影响开始减弱，有的甚至在登岛前48 h就缓慢减弱。台风登陆台湾岛越过山脉前后的减弱速度则与登陆地段有关，中部登陆减弱最快，中心气压升高率可达8～10 hPa/h，南部最慢，为1～3 hPa/h(陈瑞闪，2002)。

登陆台湾岛台风的强度变化与登陆路径、登陆角度及自身强度也有关系。1949—2006年统计表明，如以中央山脉长轴将台湾岛分为东西两侧，再以23.5°N将东侧分为东北和东南，西侧分为西北和西南(图6.22)，则台风过台湾岛的强度变化特征如下：东侧登岛台风的过岛强度衰减率为西侧登陆的2倍以上，台风从东北侧登陆耗时最长，强度损失最大；而从西南侧登陆耗时最短，损失最小(表6.1)；登陆时的移向与中央山脉长轴的交

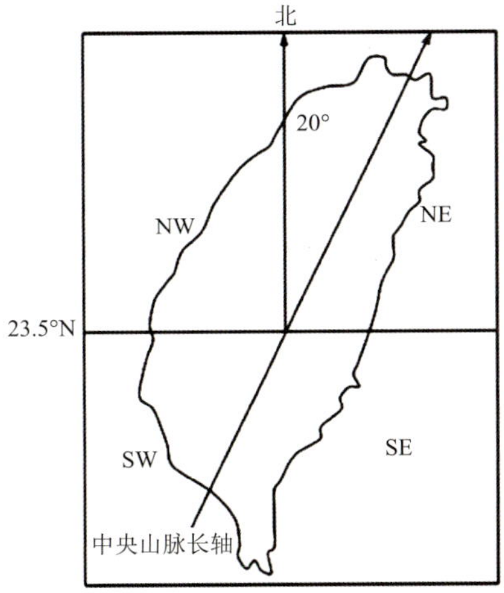

图6.22 台风经过台湾岛的路径划分

角越接近垂直，其过岛损失的强度越小，且过岛时间越短；台风登陆台湾岛东侧时强度损耗与其登陆前自身的强度呈正相关，而登陆台湾岛西侧则没有明显的统计规律；小部分台风登陆后强度不变或者小幅度增强，其中西侧登陆台风个数和增强幅度大于东侧登陆台风（董林 等，2008）。

表 6.1　1949—2006 年不同路径台风经过台湾岛的强度变化特征

（根据董林等(2008)重制）

登台地段	E 东侧	W 西侧	NE 东北	NW 西北	SE 东南	SW 西南
样本数	82	23	54	4	28	19
平均通过时间/h	7	5	7	7	7	5
平均风速减少值/(m/s)	4.6	2.2	5.0	4.3	3.9	1.8
平均气压增加值/hPa	7.1	3.1	7.7	3.3	5.9	3.1

除了增加陆表摩擦耗散和截断海洋热量输送，台湾岛的高山地形还具有阻挡作用，在一定条件下它能改变台风结构，引起其强度变化。高山阻挡作用表现在三个方面：其一，对台风外围流场的动力阻挡作用阻碍台风增强。其二，阻止台风低层环流中心越过高山，使低层环流中心消失。其三，在山脉背风侧产生低压中心或诱生涡旋，并可能发展为台风的副中心。

普遍认为，诱生低压的形成与过山气流下坡引起的绝热增温降压关系密切，但也有研究将之归因为涡度拉伸（辐合）或位涡平流等作用。与其他路径和登陆点相比，西北移登陆或靠近台湾中南部的台风易在山脉西侧的台湾西部和台湾海峡产生副中心。在适当的条件下，高层中心越过山脉后与诱生低压耦合，副中心取代主中心，台风强度发生变化，同时也造成路径不连续。这主要取决于台风最大切向风速和山脉高度的比值，并且受最大切向风速半径、基本气流强度，以及山脊长度、宽度和陡度等因素影响。相对而言，西行台风遇到中央山脉时，最大切向风速在 25～50 m/s，海拔越高、基本气流越弱、最大切向风速半径越小、山脊越窄越陡越有利于发生副中心替换（Meng et al.，1996；王时鼎，1980；Lin et al.，2005b）。

台风穿越台湾岛过程中，台湾岛和闽浙沿海地形的共同作用会改变台风中心和外围强对流的分布，从而显著影响台风结构与强度。这时，岛屿地形的摩擦耗散作用使台风中心的强对流减弱，山脉迎风坡和沿海向岸的辐合作用则在台风东侧和北侧产生或加强对流。这种强对流的重新分布有可能导致台风中心迅速减弱填塞以及外围云系相对完整对称的“空心”结构（陈瑞闪，1987；张长安 等，2008；李英 等，2009）。

此外，台湾岛离我国大陆很近，经过台湾岛的台风常常会在我国大陆再度登陆。1949—2020 年登陆台湾岛的台风中，约 67％在我国大陆二次登陆。由于分隔台湾岛与我国大陆的台湾海峡狭长，最狭处仅 200 km 左右，过台湾岛经海峡再登临我国大陆（主要是海峡西岸的福建省）的台风，在海峡移动的时间较短，平均不足 15 h，而且还受到台湾岛与大陆地形的双重影响。因此，过岛台风在海峡内很难重组加强，强度仍以衰减为主，只不过衰减速度较过岛时减慢。

(3)海南岛的影响

海南岛位于中国南海西北部，是我国第二大岛，北隔琼州海峡与广东省雷州半岛相望。山地和丘陵约占全岛 4 成面积，山地主要分布在岛中部偏南地区，中间高耸，以五指山、鹦哥岭为隆起核心，向外围滨海平原逐级下降。

早期的统计研究表明，1949—1976 年穿过海南岛的台风多数在登岛前 9 h 到登陆后 3 h 的时段内开始减弱，极少数过岛未减弱。台风过海南岛强度平均减弱 24%左右(李曾中，1981)，在 24 h 时段内，强度强(≥32.6 m/s)的台风平均衰减约 30%，但强度弱(<32.6 m/s)的台风仅衰减 9%。穿过五指山区的台风比从山区南北边经过的台风衰减明显(董克勤 等，1980a)。

更长年限的统计分析则表明(许向春，2009)，1949—2008 年登陆海南岛的台风，登陆点基本上位于岛屿东部和南部海岸，过岛大多维持强度或减弱，少部分会增强。台风经过海南岛风速平均减小 5.2 m/s；台风过岛强度平均衰减率与登陆时强度呈正相关，登岛时强度越强，过岛衰减越明显，岛上停留时间也越短；台风过岛强度的衰减程度还与登岛路径有关，西行登岛台风强度衰减最多(表 6.2)。

表 6.2 不同路径、不同强度登陆海南岛台风的强度变化统计特征量

参数	ALL	TD	TS	STS	TY*	西行	北行	西北行
平均气压增加值/hPa	7.2	1.9	3.0	8.2	13.0	10.5	7.5	5.1
平均风速减少值/(m/s)	5.2	0.7	2.5	6.2	9.5	7.7	3.9	4.1
岛上平均滞留时间/h	10	11.4	12.2	9.1	8.6	10.1	9.3	10.2

*：此处特指台风近中心最大风速≥32.6 m/s。

6.2.3.2 陆上水体和湿地的影响

研究认为，地形对登陆台风的两种主要衰减作用中，海洋表层向台风输送的水汽和能量被切断的影响比陆表摩擦更重要，地表蒸发减少是台风衰减的主要原因。而内陆江河、湖泊和水库等大型水体的存在能增加表层蒸发量，明显延缓登陆台风的衰亡。据观测统计，1949—2001 年登陆我国大陆的过湖泊台风在陆上维持时间长，台风经过内陆湖泊时大多表现为中心气压维持不变或降低及风速增大(王晓芳 等，2008)。分析和数值研究表明，大型水体通过冷却地面和近地层大气、蒸发加热加湿低层大气、促使对流发展等作用来减缓登陆台风的衰减，并且水体的这种蒸发作用具有夜间强白天弱的日变化。此外，宽广的水体表面摩擦较陆地小，对减小台风能量损耗也有一定作用(Shen et al.，2002；Wei et al.，2013)。

湿土效应同样能延缓台风的衰亡。台风暴雨造成土壤增湿，当台风环流在饱和湿地之上停滞时，湿地边界层的潜热和感热通量输送均有利于台风维持气旋性风场和正压结构，从而有利台风的维持加强，其中潜热通量的作用显著，感热通量的作用较小(李英 等，2005a)。

6.2.4 热带气旋与中小尺度系统的相互作用

台风周围环境大气及下垫面往往是通过改变台风内部结构来影响台风强度，因此，台风内部结构变化是台风强度变化的直接原因。

成熟台风内部结构包括眼区、眼墙、螺旋雨带，减弱时结构趋于不对称。台风环流内存在着中尺度涡旋、中尺度对流系统、对流热塔、边界层滚涡、龙卷涡旋等中小尺度系统，它们之间或与台风涡旋之间的相互作用和内部结构演变的物理过程极其复杂，目前认为主要有以下几类内部动力强迫过程：眼墙替换过程、眼墙和螺旋雨带相互作用、眼墙涡旋Rossby波波流相互作用、对流爆发活动，以及中尺度涡旋混合等作用。

(1)中尺度涡旋

台风发展过程中常伴随内核区中尺度涡旋的生成，中尺度涡旋有时出现在螺旋雨带。MacDanald(1968)基于定性和定量分析，证明台风螺旋雨带的涡旋具有与行星Rossby波相似的特征，之后的一系列研究将这种类似Rossby波的涡旋称为涡旋Rossby波(VRW)。机载双多普勒雷达等观测发现，台风眼墙生成的中尺度涡旋也具有VRW特征(图6.23)。

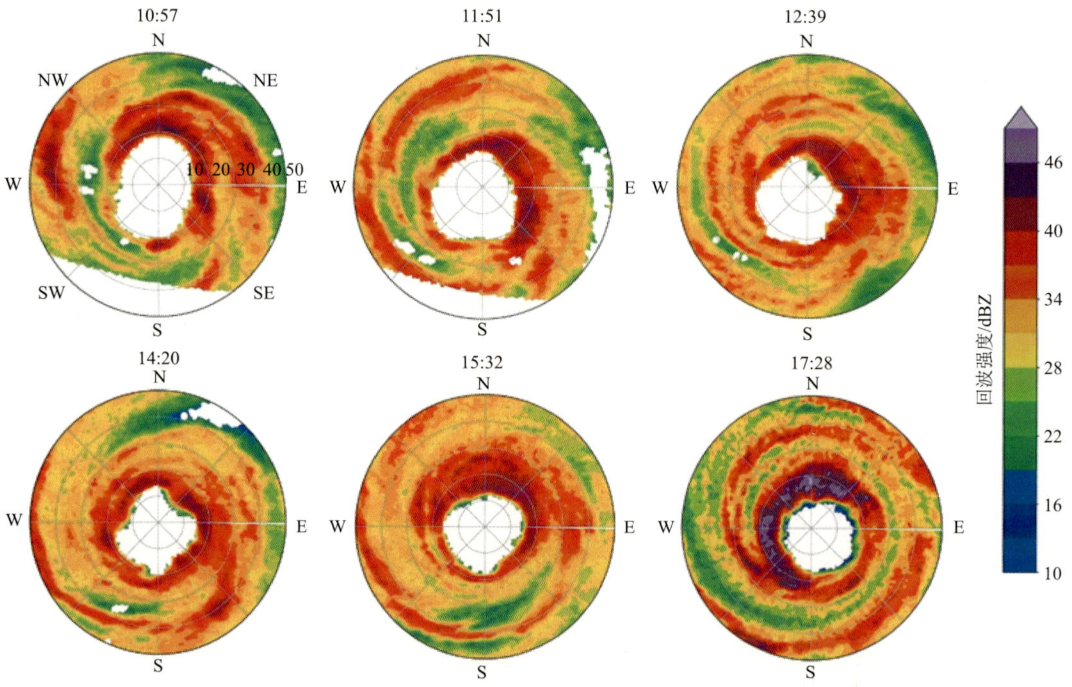

图6.23　2018年10月3日飓风Michael接近美国佛罗里达州发生RI时地面多普勒雷达观测到的中尺度涡旋

反射率同心圆间隔为10 km(Cha et al.,2020)

内核区VRW的产生与台风位势涡度分布有关。理论和数值研究认为，VRW向内、向外和垂直传播可以改变台风的非对称结构和强度。VRW向内核输送涡量，或者湿对流强迫的VRW向外传播使台风涡旋轴对称化，形成内螺旋雨带，这两种传播都会引起台风加强(Montgomery et al.,1997,1998)。VRW沿眼墙传播可形成多边形眼墙(图6.23)等非对称结构，多边形眼墙结构常与台风快速加强相联系，例如2010年台风“鲇鱼”(Megi)在登陆菲律宾吕宋岛之前的RI期间就观测到三角形眼墙的形成。VRW沿眼墙气旋性传播时，若眼墙受外螺旋雨带影响产生的扰动恰好与VRW同位相，眼墙将经历一次破碎和重建，伴随着台风强度减弱和再增强(Wang，2002a，2002b)。

观测事实显示，相邻中尺度涡旋与台风涡旋的相互作用可以使台风加强。而数值研究表明能否加强取决于两类因子：一类是台风最大风速的大小及圆形基流切变的强弱，强基流或强切变似乎更有利于台风发展；另一类是切变基流中的中尺度涡旋自身条件，包括分布、尺度、强度和结构，非对称分布、中等初始尺度、中等强度的中尺度涡旋有利于显著增强或迅速增强(陈联寿 等，2001；罗哲贤，2003)。研究还表明，台风与沿海地区发展起来的中尺度云团或中尺度涡旋合并是台风近海加强的重要原因，具有高涡量带的台风合并后的加强程度比低涡量带台风更为猛烈；登陆台风与中尺度涡旋合并能使台风获得涡度和动量，从而延长在陆上的维持时间(Chen et al.，2004；陈联寿 等，2004)。此外，台风受沿海地形和山脉作用，可在台风环流中激发中小尺度涡旋，当这些涡旋与台风环流同向时会增强局部环流，从而使台风增强，反向时则令局部环流减弱，台风衰减。2004 年台风“云娜”(Rananim)是一个同向加强的例子(冀春晓 等，2007)，浙闽沿海地形敏感性数值试验结果表明，“云娜”登陆浙江温岭和乐清沿海期间，眼墙西北侧因地形强迫作用产生低层中尺度涡旋，在眼墙靠近陆地一侧与“云娜”环流同向叠加，使垂直上升速度增大和位涡明显增强，导致“云娜”涡旋增强。

(2)中尺度对流系统

中尺度对流系统(MCS)泛指水平尺度为 10～2000 km、时间尺度为数小时至数十小时、具有旺盛对流运动的天气系统。

MCS 云结构包括对流区域和层状云区域(图 6.24)，对流区域由强烈的垂直伸展的对流核心组成，而层状云区域纹理相对更均匀，一部分由旧对流单体消散而成，一部分由较宽且倾斜的中尺度气层抬升所致。

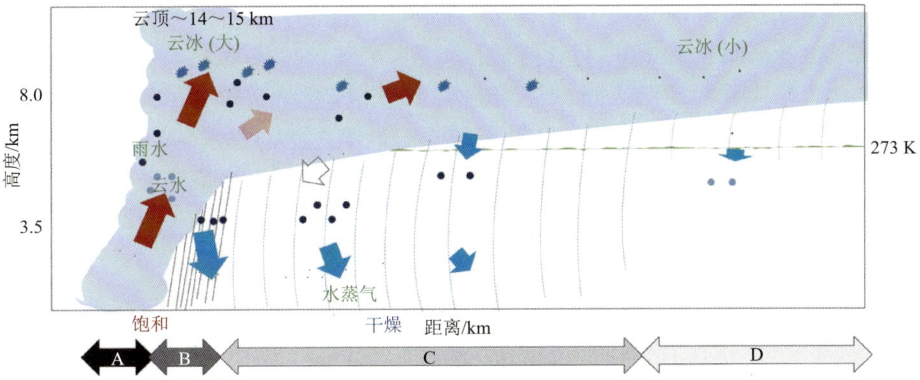

图 6.24 组织良好的热带 MCS 的云结构和有利于台风加强的最大加热与最大冷却区域(A、B、C、D 分别对应对流上升区、对流下沉区、层状云区、云砧，红色和蓝色箭头分别表示主要的最大加热和最大冷却)(Park et al.，2013)

根据热带海洋与全球大气—海气耦合响应试验(TOGA COARE)实施期间(1992—1993 年)的机载多普勒雷达观测，热带西太平洋成熟 MCS 的动力垂直结构(图 6.25)具有以下统计特征：对流区域的上升气流倾斜，对流核低层上升气流和中层下沉气流的方向通常相差 180°，流入层为湿绝对不稳定，厚度从 0.5 km 到 4.5 km 不等，流入不被限制在行星边界层；层状云区域中，中层气流始终从上方进入并下降到 0 ℃以下。

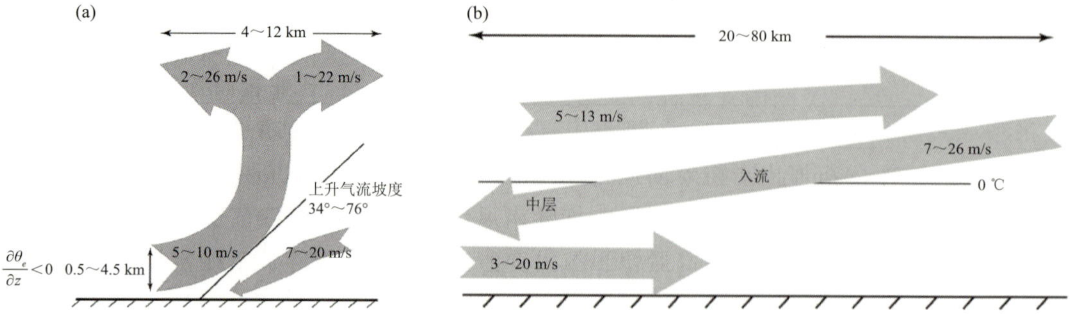

图 6.25　TOGA COARE 试验机载多普勒雷达观测到的热带西太平洋 MCS 对流区域(a)和层状云区域(b)的气流示意图

图中数字表示观测到的值域，(a)从下往上分别为流入层厚度、水平相对流入和流出气流速度、上升气流的斜率(相对于海平面)、水平相对出流速度和高空辐散区宽度，(b)为水平相对风速和中层入流(方向由中层大尺度气流方向决定)的水平尺度(Houze,2018)

由于 MCS 对流下沉引起的冷却不足以抵消对流上升的凝结加热，因此对流区域各层表现为净加热，而层状云区域则具有高空净加热(空气上升和凝结占主导)、对流层下部冷却(降水粒子融化和蒸发占主导)的加热垂直分布特征(图 6.24)。

正是因为 MCS 自身的动力和加热特征，才使之联结了对流和大尺度环流，在台风发展过程中扮演重要角色。在“自上而下”(Bister et al.，1997)和“自下而上”(Montgomery et al.，2006)这两种台风生成理论中，热带扰动形成台风的过程伴随 MCS 的生成、组织化和合并，如图 6.26 给出的形成过程对流理想分布所示，MCS 层状云区域包含中层中尺度对流涡旋(MCV)，早期阶段包含对流尺度的涡旋热塔(VHT)，它们都具有正涡度，前者向下与后者向上发展被认为有助于台风形成。MCS 对台风生成后的增强也起着关键作用。根据物理模型实验模拟与大量观测资料合成分析，魏鼎文等(1988)认为台风形成暖心之后，深厚的中尺度云系受低层向内辐合气流的推动向中心靠拢，造成最大风速增加和最大风速半径向中心收缩，使 CISK 过程更加强烈，台风迅猛发展成熟。

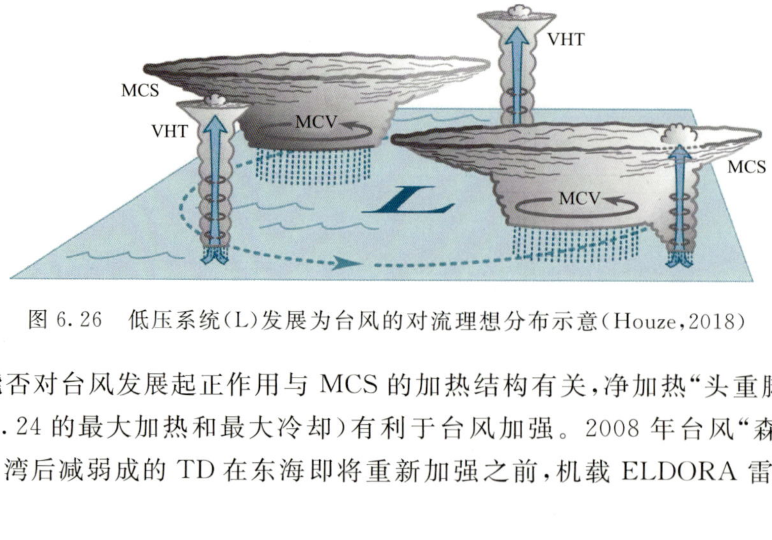

图 6.26　低压系统(L)发展为台风的对流理想分布示意(Houze,2018)

MCS 能否对台风发展起正作用与 MCS 的加热结构有关，净加热“头重脚轻”的垂直分布(见图 6.24 的最大加热和最大冷却)有利于台风加强。2008 年台风“森拉克”(Sinlaku)登陆台湾后减弱成的 TD 在东海即将重新加强之前，机载 ELDORA 雷达观测到最大净加热和最大蒸发冷却率分别位于 8 km 和 4 km 高度(图 6.27a),而不发展台风在 2～8 km 之间加热率和冷却率都更均匀(图 6.27b)。

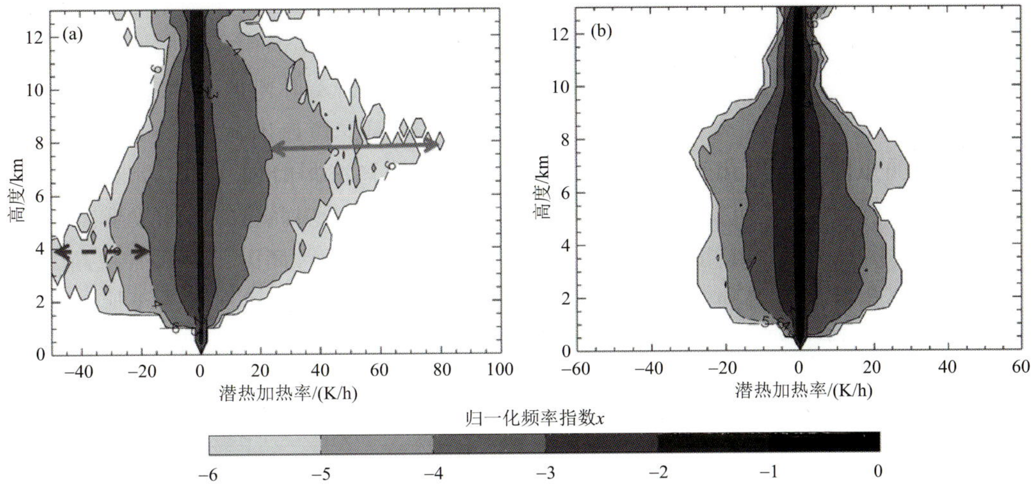

图 6.27 机载 ELDORA 多普勒雷达探测反演的潜热加热率的等频率高度图(以归一化频率为指数 x 的 $10x$ 表示)(a)2008 年热带气旋“森拉克”;(b)不发展台风(Park et al.,2013)

活跃的 MCS 是台风加强的特征或快速增强的预兆。如前文地形一节所述,当台风移近大陆或岛屿时,陆地摩擦作用会使台风倾向于减弱衰亡,但向岸风和沿海山脉迎风坡的辐合作用将加剧对流运动,这时不断产生的 MCS 可使台风强度维持,甚至短时间增强。例如 2006 年破坏力巨大的超强台风“桑美”(Saomai)登陆前后强度维持就与此有关(赵放等,2012)。但在西北太平洋广大海域,特别是在南海和菲律宾海盆,台风外环流与季风的相互作用会在台风外雨带产生一种线状 MCS(图 6.28),距离台风中心 200～700 km,持续时间平均约 10 h,具有厚而大的层状云区域,低于 208 K 的冷云面积超过 72000 km^2,这种 MCS 主要向外传播,往往导致台风强化率下降(Lee et al.,2012;Chen et al.,2014)。

MCS 在中纬度环流系统对台风强度的影响过程中也起重要作用。在中纬度高空槽、风切变等的影响下,台风内部的对流结构可发生改变,呈非对称,常有 MCS 生成并影响台风强度变化。例如,强台风与西风带高空槽相互作用期间,眼墙常有涡旋频繁生成,伴随着台风强度的突变(雷小途 等,2001)。当中纬度低空西风槽与台风南北同位相时,往往还会加剧台风外围的切变,激发台风螺旋云带中尺度系统活动,从而使台风加强。

(3)眼墙对流爆发和热塔

对流对台风发展所起的积极作用与对流在台风环流内的径向和方位位置,以及对流发展的高度密切相关。

Rogers 等(2013)利用外场试验的机载多普勒雷达观测进行合成分析,对比强度增强(24 h 内风速增加 10 m/s 以上)和少变(24 h 内风速变化小于 5 m/s)两类热带气旋的涡旋和对流结构,发现增强型热带气旋的最大风速半径(RMW)内存在环状轴对称涡旋结构,具有外核涡度更弱、入流层更强更深厚、轴对称眼墙的上升运动更强、眼墙及外核降水的方位覆盖面更大等特点,并且在对流尺度区别于强度少变型热带气旋的显著特征是眼墙的对流爆发数量更多,且最活跃的对流爆发位于 RMW 以内(图 6.29)。

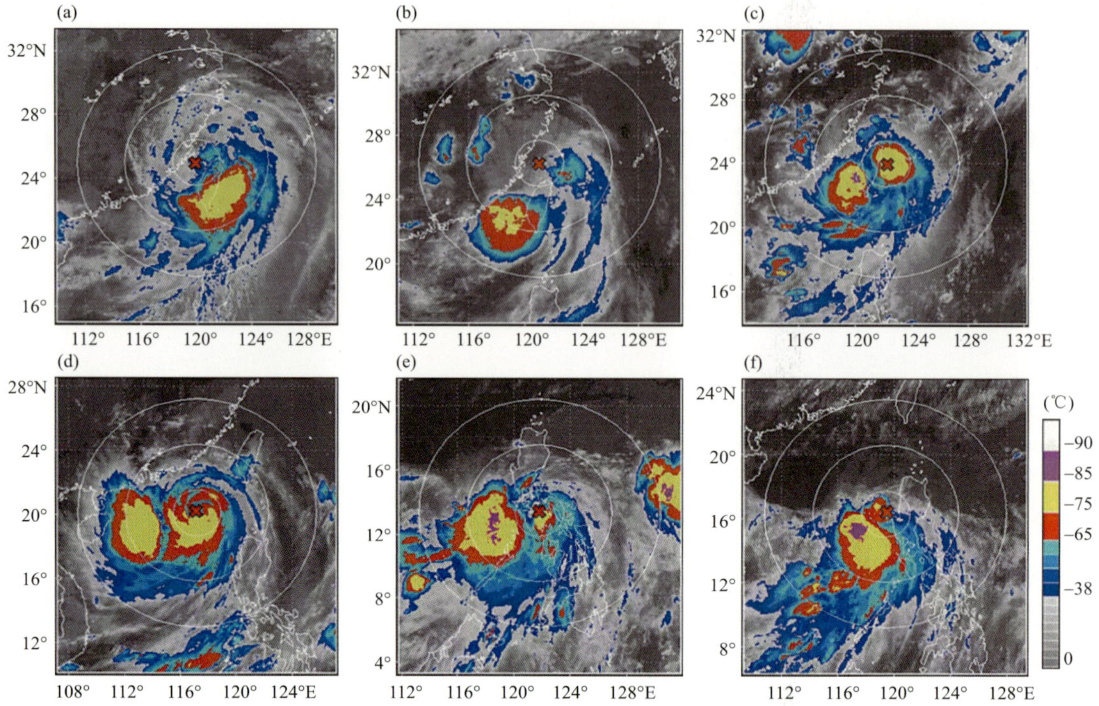

图 6.28　嵌于 2009 年台风“莫拉克”(Morakot)(a)、2004 年台风“蒲公英”(Mindulle)(b)、2008 年台风“海鸥”(Kalmaegi)(c)、2008 年台风“黑格比”(Hagupit)(d)、2008 年台风“风神”(Fengshen)(e,f)外雨带的 MCS 的卫星红外云图

红色×表示台风中心，三个白色圆圈表示距离台风中心半径为 150 km、450 km 和 750 km (Chen et al. ,2014)

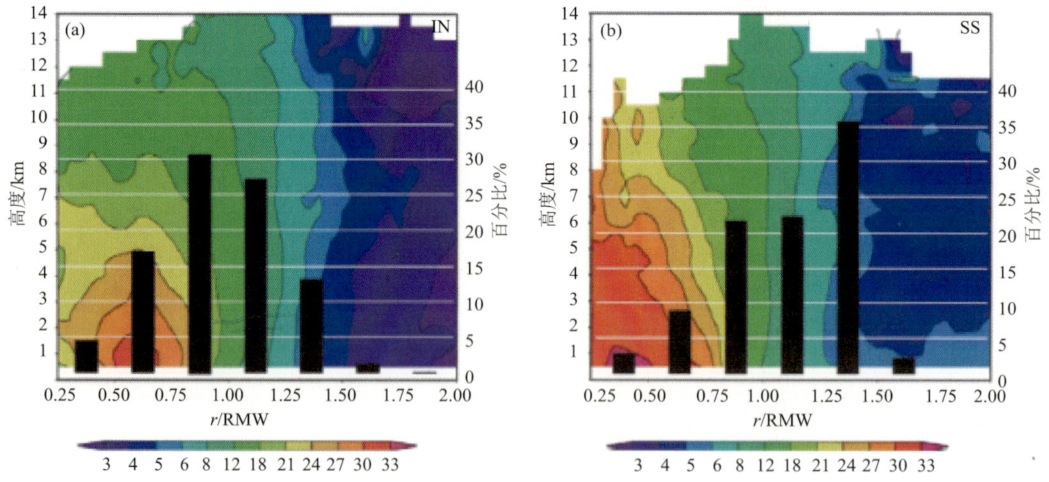

图 6.29　快速加强(IN)(a)和强度少变(SS)(b)台风轴对称垂直涡度合成平均(彩色阴影/10^{-4} s^{-1})的归一化半径-高度图及对流爆发频率随归一化半径(r/RMW)的变化(黑色条形/%)

对流爆发(CB)是具有较强或强烈上升气流、可伸展至对流层上层的深对流,表现为眼墙中一串的强烈对流单体,其中,云顶达到或穿透对流层顶的孤立上升气流核被称为热塔,卫星云图上表现为上冲云顶。CB 持续至少 9 h 但罕有超过 24 h,有时以 MCS 形式存在。热塔水平尺度很小,生命史也更短,最多持续 1 h。当热塔内部形成一个与上升中心基本重合的深厚涡度柱时,就称之为涡旋热塔(VHT)。Marks 等(1984)在机载多普勒雷达观测中发现的 VHT 空间尺度为 5～10 km,最强的正涡度位于 3 km 高度附近。

Gray(1998)指出,如果没有 CB 和热塔的出现,即使其他所有环境因子都很适宜,热带扰动也不会发展成为台风。而对于 CB 是台风生成后强度变化的原因还是结果虽然仍存争议,但较多观测事实和数值模拟结果倾向于 CB 伴随的潜热释放和非绝热加热作用使台风加强的机会增大。Kelley 等(2011)根据观测和模型进行估算得出,一次典型的对流爆发过程所释放的潜热可使台风在 12 h 内增强 9～16 m/s。活跃的 VHT 在眼区形成的中尺度下沉气流可使眼区增温 3 ℃(Heymsfield et al.,2001)。位于 RMW 附近或之内的热塔所造成的台风增强效率最高,且最大风速半径越小,效率越高。统计表明,西北太平洋台风伴生热塔的概率为 36.29%,其中,较弱台风(TS 级)伴生热塔的可能性高于较强台风;在西北太平洋,内核具有热塔的台风发生 RI 的概率为 18.52%,比气候概率高 7.9%,也高于其他大洋海盆;西北太平洋内核无热塔台风较少发生 RI,概率(4.86%)仅高于南印度洋(Zhuge et al.,2015)。

眼墙内侧 CB 对台风快速加强的主要作用(Heymsfield et al.,2001;Nolan,2007;Montgomery et al.,2006;Chen et al.,2013)包括以下几方面。①加速眼墙动量和热量的向上输送,增加台风眼区的潜热释放,非绝热加热上升造成涡管的垂直拉伸及随后的水平涡度轴对称化过程,有利于台风主环流加速和快速加强。台风快速增强与 CB 非绝热加热的振幅、持续时间、水平和垂直分布及相对最大风速半径的位置关系密切。②热塔顶部出流造成对流层上层沿着眼墙的补偿性下沉运动,下沉绝热增温有助于高层暖心形成或加强。通过静力调整,高层增暖又促使台风中心地面气压快速降低,低层气压梯度变大,入流增强,角动量向台风中心辐合,使得主环流加速和台风快速加强。③使对流层中层湿度增加,在对称的眼墙结构中发生深厚对流,导致台风结构的快速收缩。此外,不对称 VHT 激发的位涡扰动经由 VRW 传播至台风的主环流内使涡量增加、VHT 相互合并使垂直涡度显著增强等动力过程通常加大台风增强率。

(4)双眼墙结构

台风强度与眼墙结构密切相关。一般情况下,成熟台风的眼墙呈准轴对称,有闭合或近似闭合的深对流环,而弱台风的眼墙较为松散,非对称结构特征明显。台风的快速增强常与双眼墙(或称同心眼墙,CE)形成和随后的眼墙替换有关。

据统计,西北太平洋 80%以上的超强台风(中心最大风速超过 62 m/s)伴有双眼墙结构,并且双眼墙形成后通常会经历一次眼墙替换过程(Hawkins et al.,2004)。从双眼墙形成到完成替换的眼墙替换周期(ERC)内,螺旋雨带内的对流迅速发展,逐渐组织成围绕主眼墙的环状深对流,形成外眼墙和切向风次极大值,主眼墙成为内眼墙,与外眼墙之间出现晴空少云的 moat 区。称外眼墙形成后的台风结构为双眼墙结构(图 6.30)。接下来外眼墙向内收缩并逐渐加强,抑制内眼墙发展并最终取代内眼墙。眼墙替换过程中,台风强度在短时间内发生先减弱后增强的剧烈变化(Molinari et al. ,2019)。

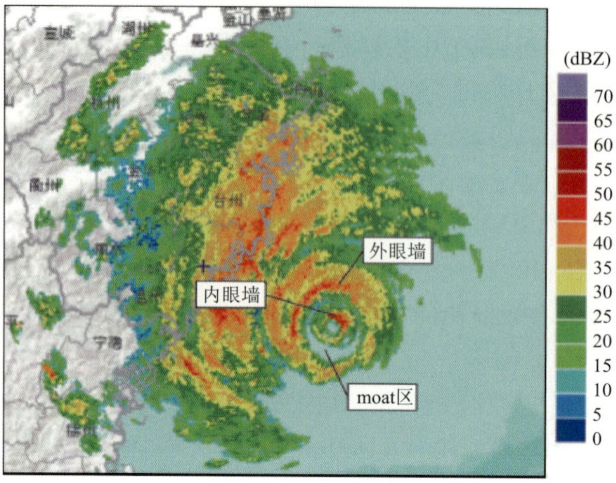

图 6.30　2019 年 8 月 9 日 15 时 29 分温州雷达观测到超强台风“利奇马”(Lekima)的双眼墙(程小平 等,2021)

Yang 等(2013)利用卫星微波图像识别 1997—2011 年西北太平洋台风的双眼墙结构,并分为 ERC、CEM 和 NRC 三种类型,占比分别为 53%、23%和 24%。NRC 型台风通常快速北上,更多地受较高纬度强垂直风切、低海温和低湿等大尺度外部条件影响,外眼墙形成后不到 20 h 消散,无眼墙替换。ERC 型具有眼墙替换,但双眼墙共存时间短于 20 h,因而眼墙替换过程环境条件变化较小,双眼墙形成和替换主要由 VRW、外雨带非绝热加热的平衡动力响应、边界层非平衡动力学等台风内部涡旋动力过程决定。CEM 型双眼墙平均维持 31 h,具有高湿度、宽 moat 和大外眼墙等特点,绝大多数发生在 140°E 以西,向北移动速度较慢,最小时速约为 10 km,往往处于弱垂直风切、高海温和低层高湿环境中,可能是台风内部涡旋动力过程和外部环境强迫共同作用的结果。

(5)小尺度环流系统

观测研究表明,台风近地面风场分布不均匀,存在尺度仅为百米到几千米的小尺度系统,包括边界层滚涡和龙卷尺度涡旋(吴立广 等,2020)。

边界层滚涡在台风中十分普遍,可出现在台风的各个方位。滚涡波长在数百米到数千米之间,云图上为条带状云系,在多普勒雷达速度场上表现为准线性的风速条带(图 6.31 为 2004 年飓风 Frances 的滚涡),方向与台风切向风方向基本平行。数值试验和理论研究表明滚涡的形成发展与台风边界层径向入流的拐点不稳定、垂直切变、惯性不稳定等有关。

龙卷尺度涡旋一般位于眼墙内侧,多出现在右前象限,是具有极强上升运动和很强水平风速切变的眼墙涡度大值系统,垂直环流比滚涡大一个量级。1989 年飓风 Hugo 的飞机穿眼观测录得眼墙上升运动最大达 21 m/s,水平 1 km 范围内的水平风速切变达 60 m/s,垂直涡度约为 0.125 s^{-1},垂直涡度峰值和水平尺度与弱龙卷风相当。

理想数值试验和理论研究表明,台风环流内存在的边界层滚涡和龙卷尺度涡旋对台风边界层中通量的垂直传输具有重要作用,能增强边界层辐合和眼墙深对流,对台风结构演变产生影响,进一步加强台风强度。

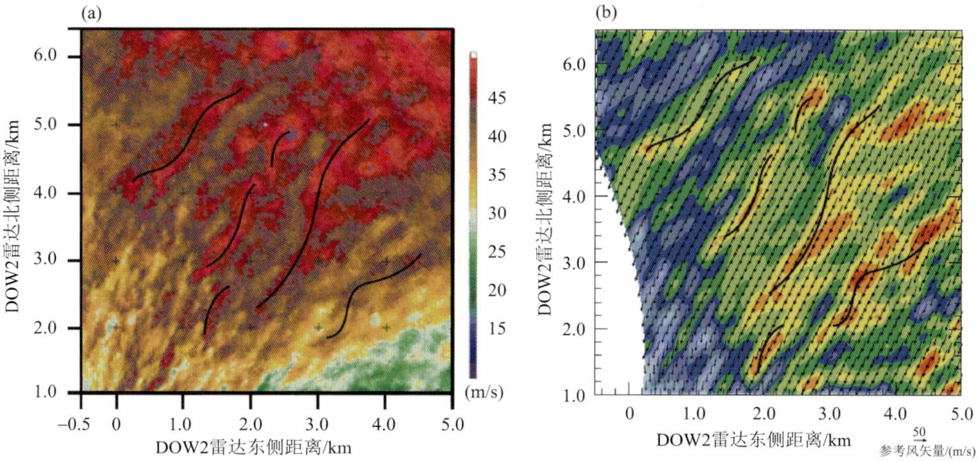

图 6.31 (a)DOW2 多普勒雷达速度;(b)小区域的双多普勒雷达协同反演风场（黑线表示风速轴）

(Kosiba et al.,2014)

6.2.5 热带低值系统之间的相互作用

(1)双台风相互作用

双台风共存是普遍现象,其中,西北太平洋相对于其他大洋更为常见。据观测统计(统计标准:2 个台风的中心距离小于等于 1800 km,且共存时间大于等于 12 h),1951—2014 年西北太平洋一共出现 699 对双台风活动,主要出现在 110°—150°E、10°—30°N 的洋面上,频发区集中在菲律宾以东洋面和南海北部(包括台湾岛),双台风活动盛季一般出现在 8—9 月(尹碧文 等,2017)。

双台风涡旋距离较近时可发生逆时针互旋且彼此逐渐接近的现象,称为双台风相互作用或藤原效应。Dritschel 等(1992)总结出五种常见的双涡相互作用(图 6.32),从弱到强依次为弹性相互作用(EI)、部分拉伸(PSO)、完全拉伸(CSO)、部分合并(PM)和完全合并(CM)。弹性相互作用仅改变风暴的移动方向,最为常见。完全合并通常发生在双涡相当的情况下。双涡不相当时可发生部分合并、部分拉伸或完全拉伸,较小涡旋会部分并入较大涡旋、部分消失或完全消失。

多项研究表明,是否发生藤原效应依赖于双台风的中心间距、尺度、结构、相对强度、地理位置及周围环境场(Brand,1970;Dong et al.,1983;包澄澜 等,1985;王玉清 等,1989)。由于双台风判别标准、资料来源或年限不同,因此双台风发生互旋所需中心间距的临界值未能统一,但大多认为不超过 13 个纬距(约 1450 km)。近期的统计研究显示,1951—2014 年西北太平洋活动的双台风有 63.8%发生藤原效应,其中约 95%最短间距小于 500 km,可见双台风间距小于 500 km 时发生互旋的概率非常之高(尹碧文 等,2017)。

双台风相互作用能够影响台风强度变化,甚至导致快速加强。一系列物理机制分析和数值模拟研究发现,涡度平流和 β 效应是双台风相互作用最基本的物理过程。双涡间

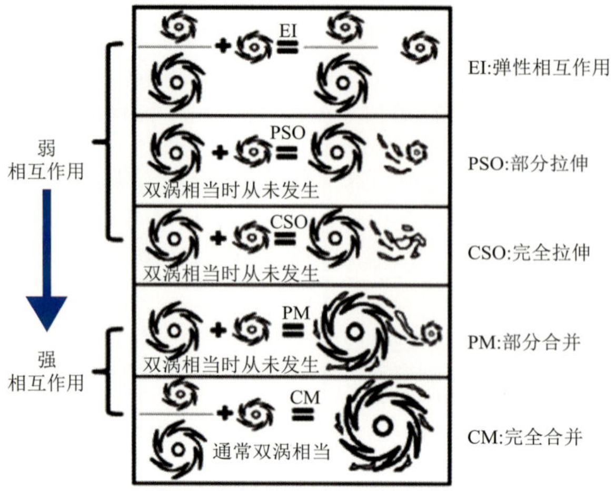

图 6.32　五种双台风相互作用示意(Liou et al.,2020)

的非线性涡度平流可导致两个系统的气旋性互旋,同时,可造成两个系统的相互吸引和合并或相互排斥,吸引或排斥的临界距离取决于双涡的结构及相对强度,合并的快慢取决于双涡的联合强度,联合强度越强越难于合并,但在中心间距越小时互旋会越快。β效应可以使相互吸引的双涡变成相互排斥。

双台风相互作用对台风强度的影响可根据双台风中心间距分为直接和间接相互作用两种方式。

①直接相互作用

Lander 等(1993)基于 1945—1988 年西北太平洋台风的观测分析提出概念模型(图 6.33a),将双台风直接相互作用的过程顺序分为接近、捕获、互旋、合并或斥离等关键阶段。在该模型中,只有小部分双台风能够在互旋中合并,很大一部分双台风相互排斥并从互旋路径逃离。

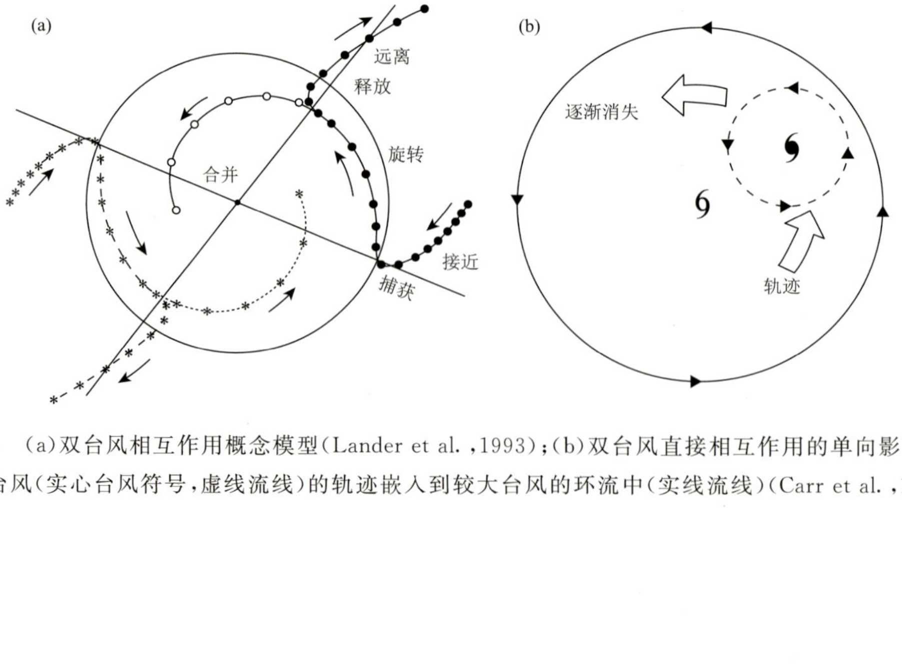

图 6.33　(a)双台风相互作用概念模型(Lander et al.,1993);(b)双台风直接相互作用的单向影响模式较小台风(实心台风符号,虚线流线)的轨迹嵌入到较大台风的环流中(实线流线)(Carr et al.,1997)

根据 Ritchie 等(1993)推导的临界距离简化公式,大小相等的双台风只有在中心间距小于 150～300 km 时,核心才能合并。实际上,尺度相当的双台风互旋且核心合并的个例很少见,更典型的情况是单向直接影响(图 6.33b),即双台风的大小或强度存在实质性差异时,较小/较弱的台风会被卷入较大/较强台风涡旋的外环流中,较大/较强台风环流因较小/较弱台风的并入而维持强度或加强,而较小/较弱的台风环流减弱消失。2009 年的双台风“莫拉克”(Morakot)与“天鹅”(Goni)在互旋、吸引过程中发生合并现象,其实就是“莫拉克”加强而“天鹅”消亡的过程(徐洪雄 等,2013)。

单向直接影响不会发生核心合并,还有两种情况也不会发生核心合并。一种是双台风发生部分合并,经典的例子是 1974 年东太平洋双飓风 Ione 和 Kirsten,在可见光云图中,云带似乎“连接”了两个飓风的核心,但最终相互分开并远离(图 6.34)。Prieto 等(2003)的数值试验结果表明,部分合并时涡量的交换仅限于双涡的外围,不易影响内核区域。另一种是双台风的拉伸作用,图 6.35 展示了尺度较小的台风 Alex 被拉伸为螺旋云带,然后沿着较大尺度台风 Zeb 的外围逆时针旋转并入 Zeb 的过程,在此过程中 Zeb 发生快速加强,中心气压从 960 hPa 迅速降至 920 hPa。

图 6.34　1974 年 8 月 24 日 17 时 49 分(世界时)的 NOAA-3 可见光云图显示飓风 Ione 和 Kirsten (Larson,1975)

②间接影响

当双台风距离较远时,两者可通过周围环境场的“媒介”作用而相互影响,其中一个台风的运动和强度变化改变另一个台风周围环境状况,进而影响另一个台风的结构和强度。这种间接作用最常见的情况是通过改变环境场的水汽输送条件而影响台风强度。

2013 年台风“菲特”(Fitow)在 10 月 7 日凌晨登陆福建沿海之前维持强台风强度达 54 h,在此期间,其东南方尾随的台风“丹娜丝”(Danas)从热带风暴发展成强台风,“菲特”与“丹娜丝”通过周边系统发生相互作用是“菲特”在 10 月 4—6 日加强为强台风并长时间维持的重要原因(李启华 等,2018)。随着“丹娜丝”的增强和靠近,“丹娜丝”改变了周围环流形势,使影响“菲特”的水汽输送通道发生调整:一方面,“丹娜丝”拦截了“菲特”南侧

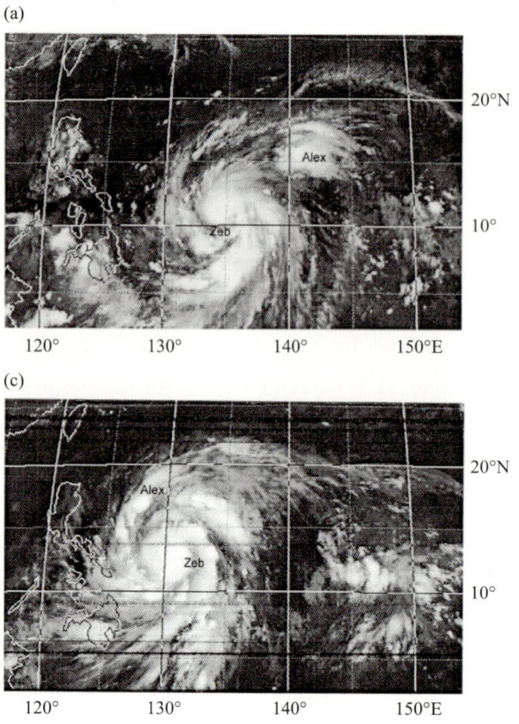

图 6.35 1998 年 10 月 11 日 12 时(a)、12 日 00 时(b)、12 日 12 时(c)和 13 日 00 时(d)(世界时)红外云图

输送带的部分水汽;另一方面,"丹娜丝"与副高之间的东风气流加强为急流,这支急流明显增强了"菲特"东侧的水汽输送(图 6.36)。

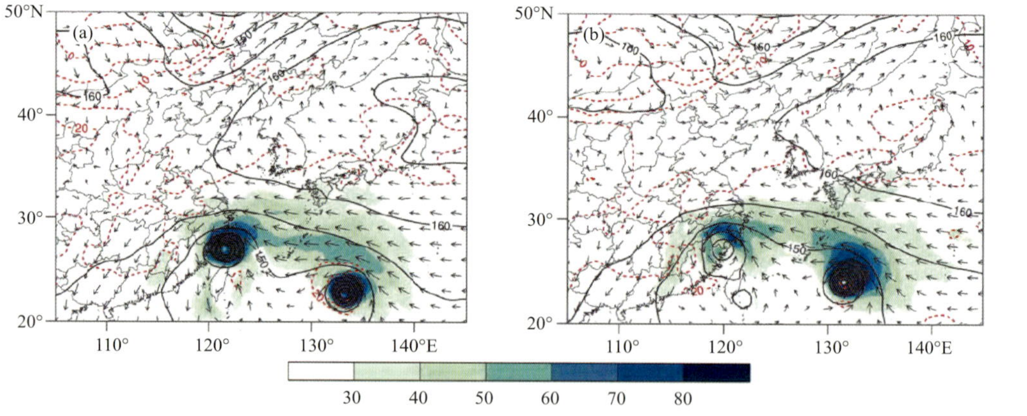

图 6.36 2013 年 10 月 6 日 20 时(a)和 7 日 02 时(b)850 hPa 位势高度(黑色实线,单位:dagpm)、温度(红色虚线,单位:℃)、水汽通量(填色,单位:g/(cm · hPa · s))和流场(黑色箭头)分布(薛煜 等,2021)

实际上,在不同的环境流场配置下,双台风涡旋相互作用表现不同。环境流场可以加剧双涡的气旋性互旋和促使其相互趋近,也可以抵消双涡间的互旋作用,并且还可使相距较近的两个涡旋重新分开。因此,双台风相互作用是非常复杂的。

(2)东风波与台风

东风波是出现在副热带高压南侧热带地区低空信风和高空东风气流中由东向西移动的波状扰动,卫星云图上常为倒逗点状涡旋云系。影响西北太平洋和南海的东风波大多发源于西太平洋东部,平均波长2000 km,向上可扩展至300 hPa,之上为反气旋,850 hPa经向风最强,波轴一般随高度向东倾斜。东风波以每天约7个经度的速度西移至西太平洋西部时,基本气流垂直分布发生变化,由西风切变转为东风切变,导致波轴随高度向西倾斜。

东风波西移至ITCZ北侧时,常促使ITCZ内台风生成,而东风波对西北太平洋台风的加强有两种方式:一种是在东风波内由TD发展为TS,再由TS加强为TY。这种方式需要东风波南侧有一个稳定而活跃的ITCZ系统配合,正是ITCZ北侧东风产生的正涡度输入,才激发东风波内的TD或TS发展。另一种方式是东风波西移、叠加在TS的北侧,使TS发展为TY、STY。

6.3 台风强度变化的诊断预报

6.3.1 台风发展条件的诊断预报

6.3.1.1 低层入流和辐合条件

(1)水汽输送和辐合的基本诊断量

①水汽通量

水汽输送一般指水汽水平输送,可用水平水汽通量表征。通量大小表示水汽输送强度,通量方向为水平风方向,亦即水平水汽输送的方向,用来诊断水汽来源。通常诊断低层850 hPa和边界层925 hPa的水汽输送,有时也使用700 hPa或1000 hPa,或者计算某个区域各边界的整层(例如,1000～100 hPa)水汽通量垂直分布或垂直积分。

水汽来源可以利用HYSPLIT等拉格朗日轨迹模式或方法进行后向轨迹追踪。

②水汽通量散度

水汽辐合辐散程度用水汽通量散度诊断,正值表示水汽辐散,负值为水汽辐合。一般诊断700 hPa以下气压层水平方向的水汽通量散度。西南风、偏南风、东南风和偏东风之间的水汽辐合有利于水汽的聚集。

(2)低空水汽通道

当台风具有水汽输送带,即低层水汽通道与台风环流紧密联结时,有利于台风强度维持或加强,否则不利于台风发展;孤立于反气旋环流的台风往往迅速衰亡。因此,低层入流辐合条件的诊断预报最为重要的就是判断台风是否具有低层水汽输送带。

台风的低层水汽输送带在卫星云图上表现为卷入台风环流的云带,大尺度环流特征为低空南风或东风气流带,其中,海上活动的台风为西南、偏南、东南或偏东气流,我国登陆台风为偏南或东南气流,经台风东侧卷入台风环流。

从气候平均态上看，夏季（6—8 月）孟加拉湾附近存在一个低压，沿马斯克林高压边缘的低层越赤道气流经由孟加拉湾及印度洋进入南海，成为夏季最主要的水汽输送带。澳大利亚高压、赤道高压西缘的两支越赤道气流也起到水汽输送作用。另一支重要的水汽输送带是西北太平洋副高边缘的气流，由副高南侧的偏东到东南气流、西侧的偏南气流和北侧的西南气流构成，输送西太平洋、南海和东海上空的水汽。秋季（9—11 月），副高东移南退，与夏季相比，来自孟加拉湾和印度洋的西南水汽输送带明显减弱，而我国东部大陆反气旋环流底部的东北气流和西太平洋副高南侧的偏东气流构成另一支水汽输送带，输送来自西太平洋和南海的水汽。

在天气尺度，强于气候态的水汽通道和输送有利于台风加强，反之则不利。另外，数支水汽通道汇合至台风内部最有利于台风加强。

①西南季风

西南季风是台风加强的重要因素，不仅为台风发展加强提供重要的能量来源，也为台风暖中心的加强提供重要的热动力条件。若在台风的西南—南侧有西南季风加强并卷入台风低层，则会使台风强度明显加强。

西南季风的加强，通常有两种表现形式：一种是从中印半岛—孟加拉湾或是菲律宾南部到马来西亚等地 850～700 hPa 西南风风速明显加大，有时可能出现 16～20 m/s 以上的强风速带；另一种形式表现在卫星云图上有西南季风云系，从台风的南侧—西南侧外围卷入中心，促使其发展加强，常以“尾巴云”形式呈现，有时有很强的深对流发展。

在南海季风和西南季风活动处于活跃时期，台风西移与季风云系相遇，强度会得到进一步加强。典型个例如 2003 年台风“科罗旺”（Krovanh），其迅速加强与季风云系的两次相遇分不开。“科罗旺”进入南海前强度为 TS 级（图 6.37a），进入南海与南海季风云系相遇后增强为 STS 级（图 6.37b），在将要进入北部湾时与中南半岛西南季风云系相遇，强度再度加强，发展成为 TY 级并持续至进入北部湾后（图 6.38）。在此过程中，季风云系的云

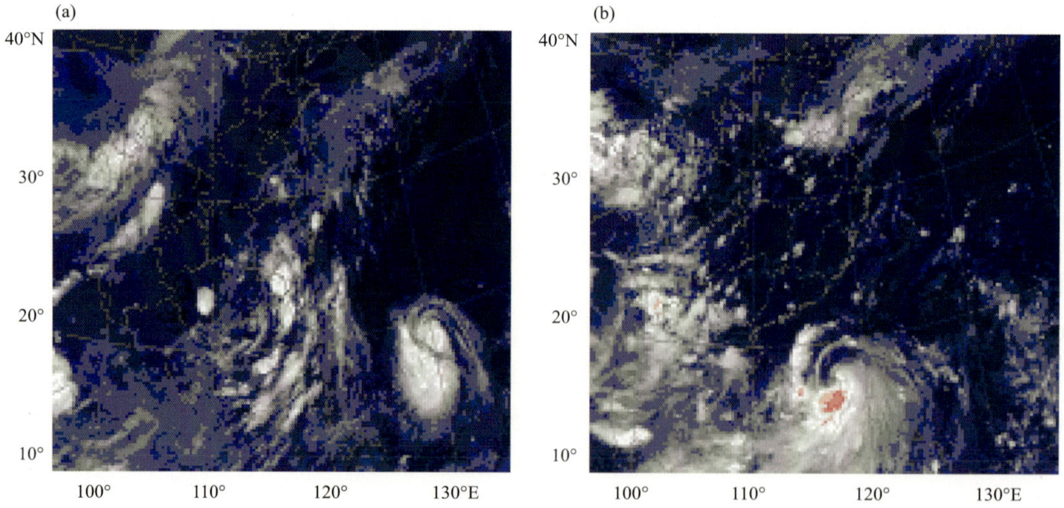

图 6.37　2003 年台风“科罗旺”（Krovanh）与南海、中南半岛季风云系相遇
（a）8 月 21 日遇南海季风云系前；（b）8 月 23 日遇中南半岛季风云系

顶亮温在$-50 \sim -30$ ℃，“科罗旺”核心云团云顶亮温在进入南海前为$-50 \sim -40$ ℃，与季风云系相遇后，均有不同程度的下降，进入北部湾后，核心云团云顶亮温降至$-70 \sim -65$ ℃。

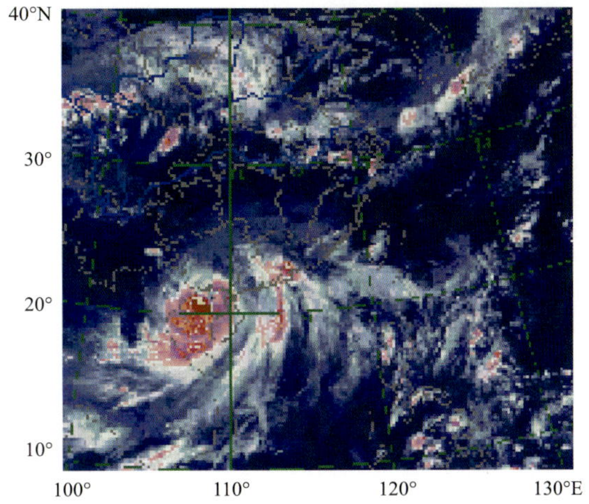

图 6.38　台风“科罗旺”(Krovanh)8 月 25 日进入北部湾

②越赤道气流

西南季风强度变化与越赤道气流强弱变化有直接的联系，越赤道气流明显加强时，西南季风随之加强，有时达到急流强度，从而增强向台风的水汽和能量输送，有利于台风迅速增强。越赤道气流的短期强弱变化与南半球冷空气活动有关，南半球澳大利亚冷空气爆发是 100°—130°E 越赤道气流加强的重要原因，因而可由此来诊断预报越赤道气流的强度变化。诱发南海台风加强的越赤道气流最为显著的高度为 850 hPa，位置在 105°E 附近。

典型个例如 2014 年台风“威马逊”。“威马逊”于 7 月 17—18 日在南海北部经历快速加强，18 日 14 时达生命期巅峰强度 72 m/s。在 RI 期间，南半球冷空气活动频繁且势力较强，导致南半球越赤道气流较气候平均明显偏强。18 日 08 时，强劲的索马里低空急流在越过赤道后经由印度半岛和中南半岛，转换为西风气流直接进入我国南海海域，来自赤道西风的水汽输送通道被完全打通，同时，澳大利亚高压开始建立并明显加强，110°—120°E 附近出现明显的越赤道气流，并向北爆发涌进，这两支强劲的越赤道气流与异常偏强且偏西的副热带高压南侧的偏东气流交汇于南海北部海域，一起汇入“威马逊”环流中(图 6.39a)。低层大尺度环流的调整，导致“威马逊”环流区域(以台风中心为中心的 11°×11°网格)南边界水汽通量明显增大，对台风净水汽输送明显增强的正贡献最大(图 6.39b)，最终促使“威马逊”在南海北部海域迅速加强(吕心艳 等，2021；程正泉 等，2017)。

③台风与副热带高压之间的低空急流

副高边缘的气流也是重要的水汽输送带，尤其是副高南侧西行的台风与副高之间的东风或东南气流经常形成台风的另外一支低层入流通道。当台风与副高非常靠近或两者之一加强时，两者之间梯度加大，东风或东南气流加速形成急流，使得向台风低层的水汽输送增强，有利台风强烈发展。例如，2020 年台风“海高斯”(Higos)，它自 8 月 18 日生成

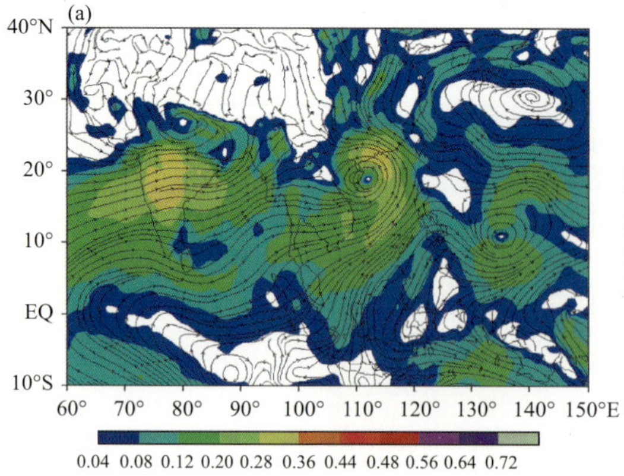

图 6.39　2014 年 7 月 18 日 08 时 850 hPa 水汽通量(单位:g/(s·m^2))(a)和 13—19 日台风“威马逊”(Rammasun)区域 850 hPa 边界水汽通量积分(单位:kg/(s·g))(b)(吕心艳 等,2021;程正泉 等,2017)

到停止编号只有 39 h,但生成后仅历时 12 h 就增强到 35 m/s,在此 RI 阶段,越赤道气流较弱,越赤道气流和西南季风对“海高斯”的低层流入贡献不大,水汽输送主要来自副热带高压南侧的东到东南气流(图 6.40),这支水汽通道及“海高斯”中心东侧水汽辐合的显著增强是“海高斯”快速加强的主要原因之一(周冠博 等,2021)。

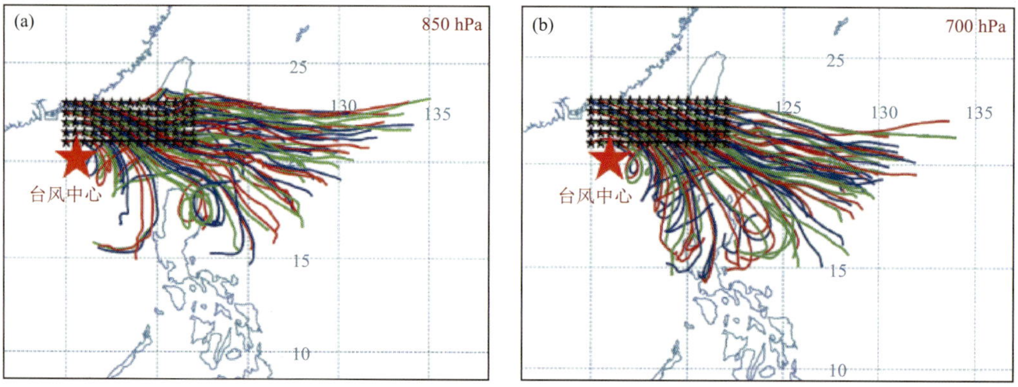

图 6.40　2020 年 8 月 18 日 14 时 850 hPa(a)和 700 hPa(b)水汽 48 h 后向追踪轨迹(彩色线)

④双台风对水汽通道的影响

双台风或多台风共存时水汽通道的变化主要诊断分析以下三种情况。

第一种情形是双台风直接相互作用时,一个台风向另一个台风输送水汽。例如 2009 年 8 月 6—9 日,双台风“天鹅”(Goni)与“莫拉克”(Morakot)的涡旋相互靠拢,且呈现出逆时针互旋现象(图 6.41a)。互旋过程中,在环境场水汽的作用下,“天鹅”与“莫拉克”涡旋间出现能量、水汽输送的“连体”通道,“天鹅”通过此“连体”通道向“莫拉克”输送水汽和能量,而“莫拉克”向“天鹅”反馈的水汽流相对较弱,最终“天鹅”减弱消亡,而“莫拉克”涡旋增强,且维持显著准轴对称结构(图 6.41b)。

第二种情况是双台风距离较远时,通过周边环境系统发生间接相互作用,改变台风的

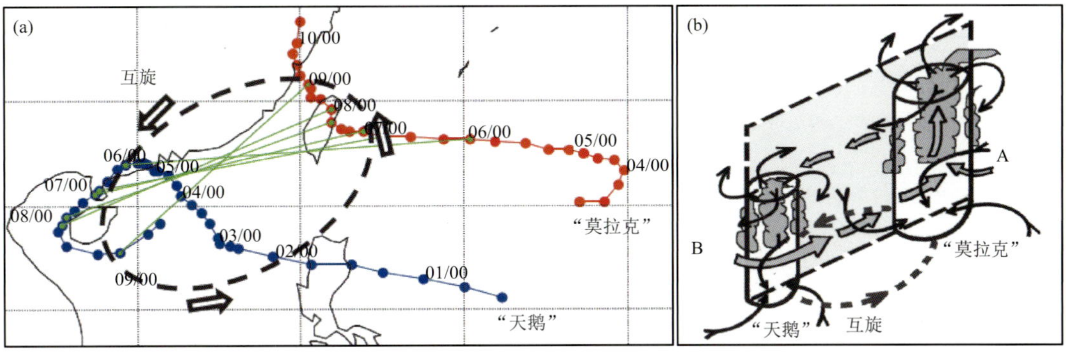

图 6.41　2009 年双台风"莫拉克"(Morakot)和"天鹅"(Goni)最佳路径及互旋现象(a)(细实线为同时刻双涡间的连线)、互旋与相互作用的物理图像(b)(黑色实线箭头表示高低层流线,灰色箭头为水汽输送,虚线箭头表示两者互旋方向)(徐洪雄 等,2013)

水汽通道,例如 2013 年双台风"丹娜丝"(Danas)和"菲特"(Fitow),"丹娜丝"通过副高南侧加强的东风急流向"菲特"输送充沛的水汽(6.2.5 节)。

第三种情况是水汽的分流,被分流的台风可能减弱,这种情况最为常见。例如 2012 年的双台风"天秤"(Tembin)和"布拉万"(Bolaven),由于"天秤"的存在,西南季风的水汽输送有部分分流到"天秤",使得到达"布拉万"的水汽相对减少,对"布拉万"维持超强台风不利。

(3)低层气旋性环流

低层气旋性环流是有利低层水汽辐合的形势,一般来说当台风移到低层为气旋性环流的区域时强度有可能加强。

夏季最常见的低层大型气旋性环流系统是季风槽。在西北太平洋,西南季风的存在使菲律宾以东海域和南海海域经常维持一个季风槽,它提供的低层大尺度气旋性环境有利台风发展。一方面,季风槽附近台风生成的概率较大,生成后的台风在季风槽中能得到源源不断的水汽供应。另一方面,季风槽所提供的环境涡度会对槽中台风强度起调制作用,当 850 hPa 季风槽线上平均涡度较大时,季风槽生成的台风在槽内移动过程中可以逐渐累积能量,使得台风增强(王磊 等,2009)。

西北太平洋有利于台风生成发展的季风槽流型中,有一类是反向季风槽,其环流特征为:副热带高压的西脊点异常偏东,平均在 140°E 附近,我国大陆上空存在另一高压,季风槽位于两高之间,呈西南—东北走向,平均气旋性环流中心位于我国南海北部,之后涡度逐渐在台湾南部海域发展加强(图 6.42)。尽管与其他类季风槽相比,反向季风槽生成台风再发展的概率最低,但其生成位置离我国大陆最近,一旦台风在季风槽内迅速发展,例如 2010 年台风"莫兰蒂"(Meranti),反应防御时间会很短,因此最需密切关注(魏娜,2016)。

6.3.1.2　高空出流和辐散条件

(1)高空辐散的诊断预报

台风上空对流层上部到平流层下部有无明显的辐散气流是台风能否继续发展的重要标志。高空辐散一般用 200 hPa 正水平散度定量诊断,有时采用 300 hPa、250 hPa 或

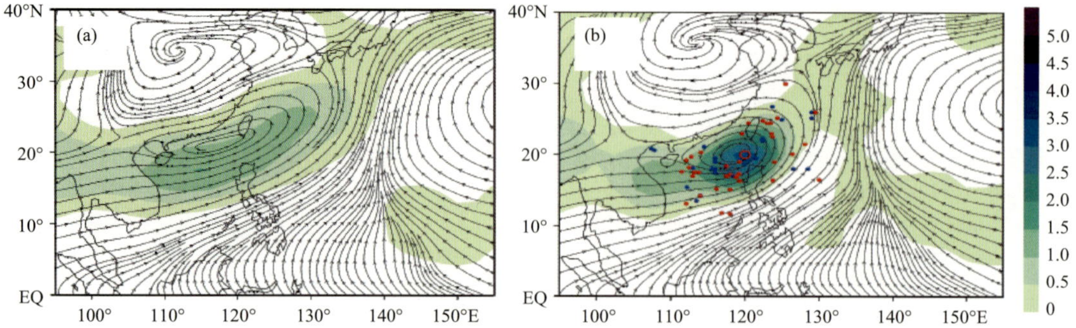

图 6.42 反向季风槽型生成台风前 48 h(a)和生成台风时(b)的 850 hPa 合成流场

阴影为相对涡度(单位:$10^{-5}\,s^{-1}$),红色圆圈为台风生成的平均位置,红点为发展台风地理位置,蓝点为不发展台风地理位置

100 hPa等层次,或者取多层平均。最大正散度中心位于台风中心或其附近的高空。在气象卫星云图上,辐散场通常表现为台风中心的上空有向外流出的卷云羽。如果在台风上空卷云羽从中心向东北、东、南和西南几个方向流出,表明气旋上空存在强辐散场,预示台风将会加强。

(2)高空流出通道配置分型

台风与周围环境流场的不同配置决定了台风高空出流和辐散的大小,Chen 等(1985)将配置分为单通道、双通道和无通道高层流出三种基本外流型,并根据 200 hPa 高层大型反气旋与台风中心的相对位置和流出通道的方向,将北半球台风外流型细分为若干亚型配置(表 6.3)。

表 6.3 台风高层外流型

台风中心与 200 hPa 反气旋的相对位置	单通道流出型		双通道流出型	无通道流出型
	向极地	向赤道		
反气旋中心的下方	SPc	SEc	Dc	Nc
反气旋中心西边的下方	SPw		Dw	Nw
反气旋中心东边的下方		SEe	De	Ne
反气旋中心南边的下方				Ns

①单通道流型配置

高层单通道流出型分为单通道向极地流出(图 6.43a1,a2)和单通道向赤道流出(图 6.43b1,b2)两种。通常在高层单通道流出情况下台风增强速率一般,大概为 6 h 增强 12～14 m/s,向赤道流出对台风的平均加强率高于向极地流出(Chen et al.,1985)。台风中心位于高层反气旋东边的单通道向赤道流出型 SEe(图 6.43b2)是盛夏台风在西北太平洋上加强的一种典型流出型,在卫星云图上,云系尾端的多条卷云线指示该型向赤道的高空外流非常强烈。

当 200 hPa 上台风的东边存在准静止 TUTT 或东北—西南向的切变线时,台风常在高空向东北方向流出然后折向东南走向的云带中。这种外流型看上去像是双通道流出,

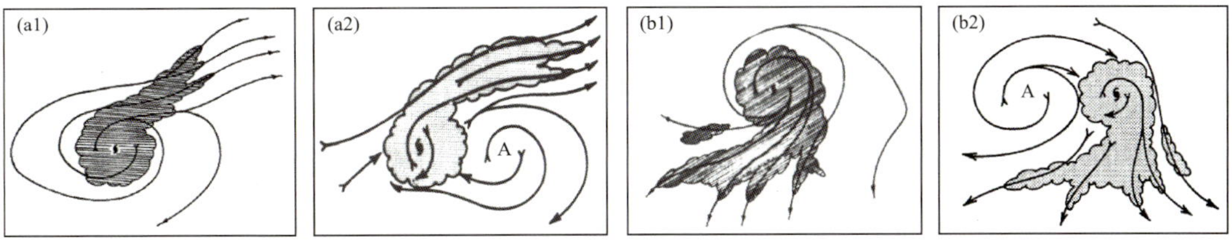

图 6.43 台风中心位于高层反气旋中心之下的 SPc(a1),西边的 SPw 单通道向极地流出型(a2);之下的 SEc(b1),东边的 SEe 单通道向赤道流出型(b2)

但由于流出最终指向赤道,因而仍归为单通道向赤道流出型。

②双通道流出配置

通常情况下,出现高层双通道流出(图 6.44)时台风会快速增强,加强速率约为 6 h 增强 17 m/s(Chen et al.,1985),其中,台风中心位于 200 hPa 反气旋中心东边的 De 型(图 6.44b)常导致台风爆发性发展。

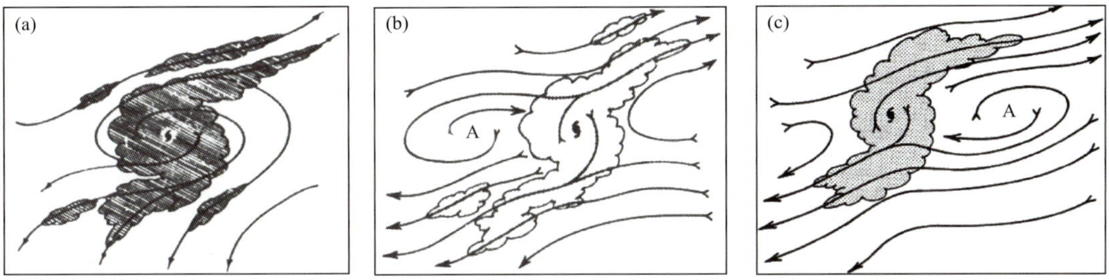

图 6.44 双通道流出型台风中心位于高层反气旋中心之下的 Dc 型(a);东边的 De 型(b);西边的 Dw 型(c)

③无流出通道

当台风周围的高空环流较弱,或者高空强辐散气流未与台风相连,又或者高空流出不集中时,台风高层将无明显流出通道(图 6.45),卫星云图上表现为台风云团之上的密蔽云系,外围常伴有短卷云线,呈羽毛状散开。

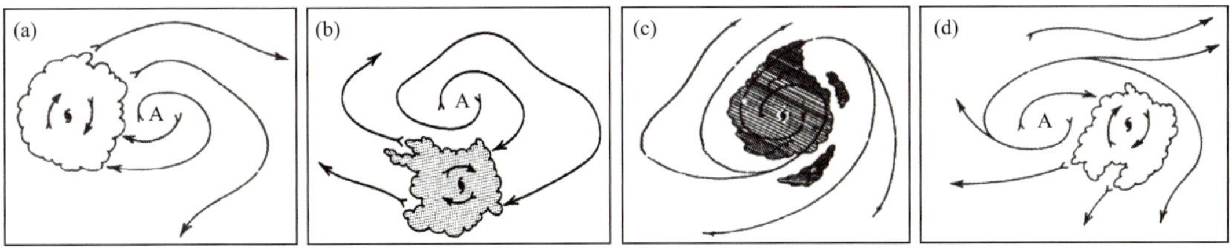

图 6.45 台风中心位于高层反气旋中心西边的 Nw(a);南边的 Ns(b);之下的 Nc(c);东边的 Ne(d)无通道流出型

(3)高空环流条件对流出通道的影响

高空流出通道型并非一成不变,当台风与周围环境相互作用发生变化时,高空流出通道型将随之变为有利或不利。高层出流通道的变化是预报台风快速增强或减弱非常重要的依据，密切关注台风外流型的影响及其变化有助于提高台风强度变化的预报技巧。

对于西北太平洋（含南海）台风，周围高层环流条件对流出通道的影响有三种：南半球系统对台风向赤道一侧出流的影响；中纬度高空槽、TUTT、西风气流对台风向极地一侧出流的影响；或者两者兼有。

①南半球系统的影响

南半球强大的赤道反气旋极其有利于北半球台风向赤道流出通道的增强。当位于南半球低纬的赤道反气旋增强或东伸至台风南侧时，常常可见台风向赤道流出通道加强，并往往引起台风增强。南半球反气旋的上述变化还可增强高空无通道流出。南半球高层赤道反气旋减弱或远离台风的情况则不利于台风的发展加强。

②中纬度高空槽或 TUTT 的影响

高层中纬度长波槽或 TUTT 对台风高层流出通道的影响发生在以下两种情形：一种是中纬度长波槽东移并离台风足够近时，槽前流场条件有利于台风向极地流出通道的建立或加强；另一种是台风位于或者稍落后于高空长波槽或 TUTT 的槽底，这时西边伴有高层反气旋的台风上空盛行偏北气流，增强台风向赤道的流出通道。这两种情形都对台风加强具有正贡献。

③不同系统的共同影响

当北半球中纬度长波槽和南半球高层反气旋分别从不同的方向靠近台风的北侧和南侧时，环流形势将使双通道流出增强。南半球赤道反气旋和北半球 TUTT 槽底（或槽后部）气流的共同作用则使向赤道的高层流出猛烈发展。这两种南北半球高层系统的联合作用对台风具有强大的影响，屡屡导致台风非常迅猛的发展。此外，两个中纬度槽也能构成有利的双通道流出型，即西槽和东槽分别加强向极地和向赤道流出通道。

（4）有利高层流出加强的环流型

图 6.46 概括了台风与周围环境流场相互作用加强高层流出的 6 种流型。

I_1 型、I_3 型、I_5 型分别为另一半球的赤道反气旋、台风位于横向的长波槽（或 TUTT）槽底或后部、另一半球赤道反气旋与 TUTT 横槽的双重作用，加强向赤道单通道流出（SE

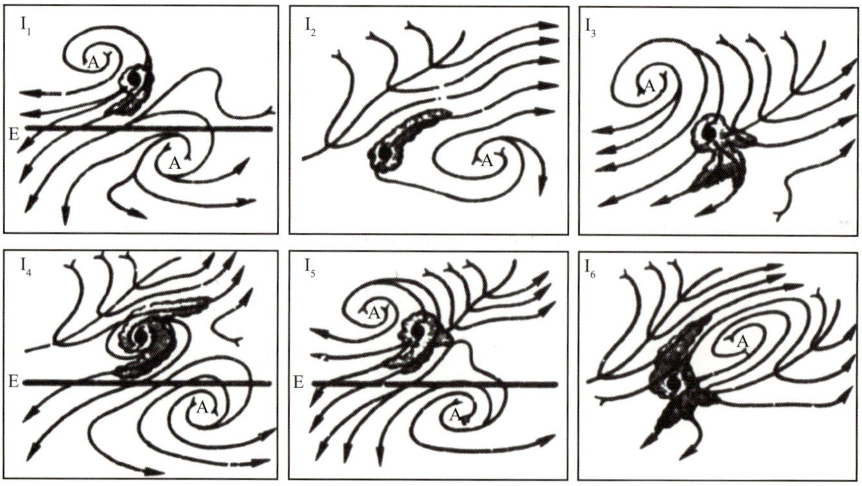

图 6.46　台风与周围环境流场相互作用加强高层流出的 6 种流型（粗直线为赤道，A 表示反气旋）

型)。在所有 SE 型中,I_1 型最常见,I_3 型最少见。

I_2 型是中纬度长波槽东移至台风西边向极一侧,加强向极地单通道流出(SP 型)。西北太平洋夏季不易出现,但冬季、晚秋和初春几乎都是此型。

I_4 型、I_6 型分别为中纬度长波槽(或 TUTT)和另一半球的赤道反气旋从不同方向靠近台风、台风两侧有西槽和东槽,建立双通道流出(D 型)的向极地支和向赤道支。

(5)台风减弱的流出通道变化

位于热带洋面上的台风在减弱之前或减弱之时,高空流出和外流通道的云系特征常常经历显著变化,归纳为以下三种变化形势。

①高空外流通道切断云系

当有利于外流通道的大尺度环流系统减弱或远离台风,或者台风移出有利外流通道维持的大尺度环境时,高空外流通道会被切断,云图上表现为台风云系与外流云系分离。向赤道流出云系被切断的天气过程多发于夏半年。

②向极地流出云系与西风带云带合并

当中纬长波斜压槽移近台风时,台风将加强。但是,如果槽很强且更接近台风时,由于垂直风切增加,台风将迅速填塞甚至消亡。斜压槽使台风减弱的关键距离取决于台风的强度与尺度及云带和斜压西风的强度,情况非常复杂。可参考云图特征进行判断:当西风带云带与向极地流出通道的云系或台风的中心对流相连,台风一般将经历快速减弱。这种令台风减弱的天气过程冬半年多发。

③遭遇高层槽

当台风遇到无云带的斜压槽时也会减弱。

(6)RI 的高空外流型

李艳等(2017)根据 1979—2012 年西北太平洋台风在 RI 阶段高空外流的红外云图特征、100～350 hPa 风场的急流通道和 150～300 hPa 强辐散特征,将 RI 的高空外流型分为单通道向赤道 SE 型、单通道向极地 SP 型、双通道 D 型和无通道 N 型 4 种基本类型(图 6.47),以及同一 RI 过程基本外流型互相转换的通道转变型 T。单通道型均有朝向赤道或极地的明显急流通道和强辐散,双通道型有两条急流通道分别指向赤道和极地,无通道型没有显著的急流通道,只有围绕台风内核的反气旋环流(主要是南亚高压)和高辐散区。单通道向赤道型 SE 最多,占 RI 总数的 47.8%,主要集中在 7—9 月;T 型次之,有 SE-D、SE-SP、D-SP、N-SP 几种转换;单通道向极地型 SP 最少,占 5.4%。

8 种基础流型有利于 RI 过程台风高空外流与周围环境场相互作用,其中 6 种和图 6.46 概括的加强高层流出的流型相同,I_1 型出现频率最高,占 38.7%,I_3 型最低,仅占 6.5%。还有 2 种是 I_1 型的变异和 I_5 型的特例,前者台风位于南亚高压左侧,后者台风东北部的高空槽加强为高空冷涡。8 类基本流型中,南亚高压、南半球反气旋、中纬度高空槽为最重要的影响系统,其强度变化和移动是高空外流变化和 RI 预报的关注点。

6.3.1.3 环境风垂直切变条件

(1)环境风垂直切变的计算

环境风垂直切变 VWS 定义为上、下两个气压层区域平均水平风速矢量之差:

$$\mathrm{VWS}\,\Big|_{p2}^{p1} = \boldsymbol{V}_{p1} - \boldsymbol{V}_{p2} \tag{6.1}$$

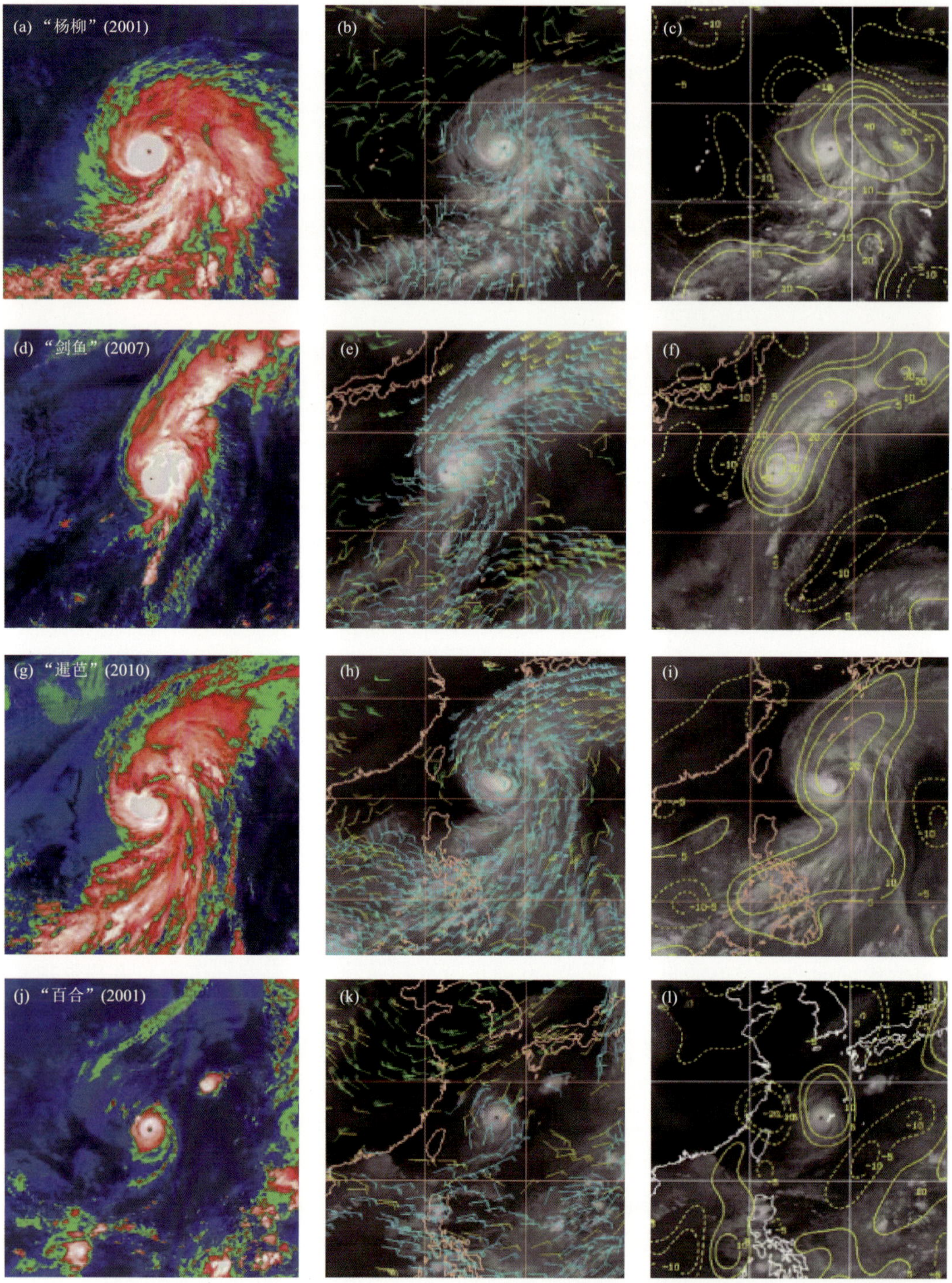

图 6.47　RI 高空外流急流通道识别

(a,b,c)为 2001 年台风"杨柳"(Podul),代表 SE 型;(d,e,f)为 2007 年台风"剑鱼"(Kajiki),代表 SP 型;(g,h,i)为 2010 年台风"暹芭"(Chaba),代表 D 型;(j,k,l)为 2001 年台风"百合"(Nari),代表 N 型。左:增强红外云图;中:云导风(单位:m/s),绿色是 500～351 hPa,黄色是 350～251 hPa,蓝色是 250～100 hPa;右:300～150 hPa 平均散度场(单位:$10^{-6}\ s^{-1}$)(李艳 等,2017)

式中,$\boldsymbol{V}$ 为区域平均的水平风矢量;$p1$、$p2$ 为上、下气压层。

记区域平均水平风矢量的纬向分量和经向分量为 $\boldsymbol{u}$ 和 $\boldsymbol{v}$,则环境风垂直切变的大小为 $\sqrt{(u_{p1}-u_{p2})^2+(v_{p1}-v_{p2})^2}$。

在台风强度变化分析研究和业务预报中,最常用的环境风垂直切变是深层 VWS(或称整层 VWS),其高、低两层大多取 200 hPa 和 850 hPa,少数取 300 hPa(或 250 hPa)和 1000 hPa。

观测统计和理论数值模拟研究均表明,与台风衰减相关性最高的 VWS 并不一定是深层 VWS,最有代表性的层厚和层高具有地域和季节依赖性。因此,增加其他层厚和层高的 VWS 的诊断分析是更为全面的做法。对于中高层、中层和低层 VWS,上下两层一般分别取 200 hPa 与 500 hPa、500 hPa 与 850 hPa 和 700 hPa 与 1000 hPa。

大小相同但垂直风廓线形状不同的 VWS 对台风强度变化的影响可能不同,因此,广泛使用的 CIMSS 深层 VWS 诊断产品采用质量加权层平均风场,即高层风场取 150 hPa、200 hPa、250 hPa 和 300 hPa 的平均,低层取 700 hPa、775 hPa、850 hPa 和 925 hPa 的平均。许多情况下这种层平均差分 VWS 比简单的两层差分 VWS 更能反映环境风垂直结构对台风强度的影响(Velden et al.,2014),但使用时需注意,该产品基于卫星反演大气运动矢量(AMV),强 VWS 情况下高层薄卷云的追踪易出现较大的 AMV 高度分配误差,从而造成深层 VWS 估计误差。CIMSS 的中层 VWS 产品是对流层中层 400 hPa、500 hPa 和 600 hPa 风场层平均与低层 700 hPa、775 hPa、850 hPa 和 925 hPa 风场层平均之差。鉴于台风强度变化对切变层各层水平风的敏感性,Chan 等(2019)提出可采用反映 VWS 垂直分布的三个指标,即切变层底部(地面)和顶部(如 300 hPa)环境水平风携带的动能及切变层平均环境水平风来替代两层差分 VWS。

为了去除台风环流的影响,通常还使用滤波方法对风场进行涡流分离,再用过滤台风涡旋环流后的环境风场计算 VWS。比如 CIMSS 的 VWS 产品应用网格点滤波器将台风中心规定半径(上层 600 km、下层 800 km)内的所有格点先赋为零值,然后通过与周围环境风梯度混合而重新分配格点值(Velden et al.,2014)。一般而言,过滤风场计算的 VWS 与台风强度变化的统计关系更稳定(Wang et al.,2015),然而滤波无法滤去台风高层气流的辐散分量,这也许是业务上 VWS 可能误导台风强度预报的一个原因(Ryglicki et al.,2020)。

至于环境风垂直切变的计算区域,可谓取法多样,但以下三种最为常见。①圆形区域:以台风中心为圆心,5 个纬度为半径。也有研究取半径为 3 或 6 个纬度,或者 800 km。②圆环区域:距台风中心 200~800 km 的圆环。③正方形区域:以台风中心为中心,范围为 10°×10°。也有研究取范围 3°×3°。

(2)VWS 影响强度的基本判断

VWS 对台风的强度变化有重要影响,以下几点可作为判断影响的基础。

①随着 VWS 增加,台风增强的可能性降低。弱切变环境有利于台风发展,强切变(>12.0 m/s)环境不利于未成熟台风的进一步发展或使已成熟台风强度减弱,中等强度切变(4.5~11.0 m/s)的情况最复杂,对台风强度影响的可预报性最差,但卫星云图上的一些特征对台风快速加强有预示作用(详见后文)。

②在西北太平洋海域(不含南海)活动的台风,当深层 VWS 小于 7.0～9.0 m/s 和低层 VWS 小于 2.5 m/s 时,增强机会比衰减大;台风增强和快速加强的概率随着 VWS 的降低和 SST 的增加而增加;弱 VWS 环境下,移速越快的台风更易趋于减弱,移速大于 30.0 km/h时,快速减弱的概率高于快速加强(Wang et al.,2015)。

③西风切变比东风切变对台风强度的破坏性更强,台风在东风切变下比在西风切变下更有可能增强。

④在台风低层环境气流强或中层有夹卷的情况下,应用中低层 VWS 预测强度变化可能比深层 VWS 更合适(Rhome et al.,2006;Velden et al.,2014)。

⑤尽管统计表明 VWS 影响台风强度有 6～60 h 的滞后性,但由于 VWS 随时间变化很大,影响台风强度的预报时效不宜过长,以不超过 24 h 为佳。

⑥基于卫星反演 AMV 的 VWS 分析产品具有高时间分辨率,能连续监测 VWS 的演变,与 VWS 倾向(即过去一段时间 VWS 变化趋势)卫星产品及台风路径预报一起使用,可以帮助判断台风强度的短时间变化。如图 6.48 所示,当台风移向风切变减小的区域(图中虚线)有利于强度增强,向风切变增大区(图中实线)移动时台风强度有可能减弱。

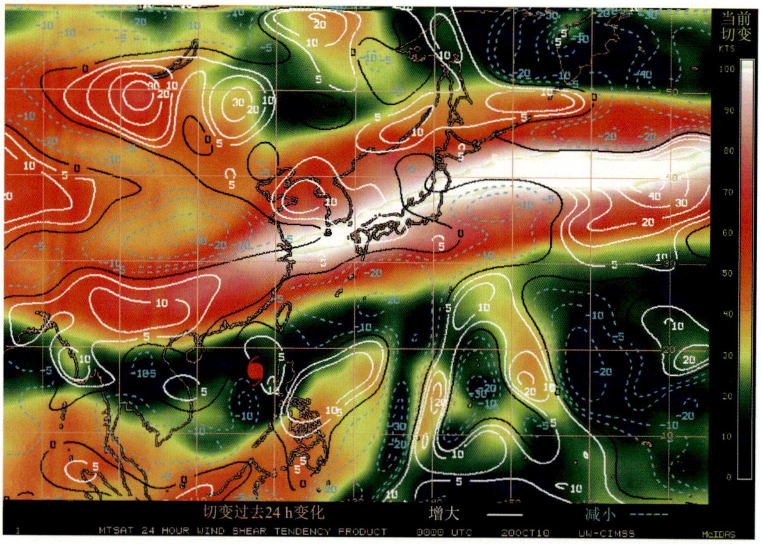

图 6.48 CIMSS 深层 VWS(填色)及其 24 h 变化产品(等值线,虚线和实线分别表示减小和增大)

(3)中等 VWS 下台风强化的诊断预报

I. 中等风切台风的强化条件

中等强度的深层 VWS 环境下,与稳态台风(即强度变化在±5 m/s 之间)相比,增强台风(即强度变化大于 5 m/s)具有以下气候学统计特征:本身初始特性方面,强度明显更强、尺度更大;运动学方面,更接近赤道、更多为西行路径;动力结构方面,中层相对风暴气流下风切一侧入流更强、上风切一侧出流更强;环境热力学方面,SST 更高、对流层中下层含水量更大、上风切一侧对流层中层相对湿度更大;环境 VWS 更多是东风 VWS(Rios-Berrios et al.,2017)。

基于这些特征,有利中等 VWS 环境下台风强化的条件如下。

①上风切一侧环境 SST 升高、对流层中层加湿、对流层中下层可降水量增大，有正的热带气旋相对环境螺旋度。

②相对风暴气流非对称性与相对湿度的 1 波非对称耦合。

在中等 VWS 下，台风加强的标志是台风垂直和水平结构对称化，包括涡旋倾斜减小和降水对称化（即降水从下风切向上风切扩展），而降水对称化之前上风切左象限通常会出现深对流。可根据这些结构变化特征判断台风是否将要或正在增强。

II. 中等风切台风的 RI 诊断预报

处于弱垂直风切、高层强辐散和低层高湿环境的台风具有快速加强的潜力。气候学研究表明，这类台风经历 RI 的深层 VWS 平均为 4～5 m/s。另有一类“非典型”RI 发生在中等强度（5～11 m/s）深层 VWS 环境下，VWS 值平均为 7.5 m/s，比有利 RI 的气候值高 1～2 个标准差。“非典型”RI 的台风的环境风垂直结构是最强气流被高层反气旋限制在对流层顶附近，并且在卫星红外图像和水汽图像（图 6.49）上具有以下独特而显著的特征（Ryglicki et al.，2018）。

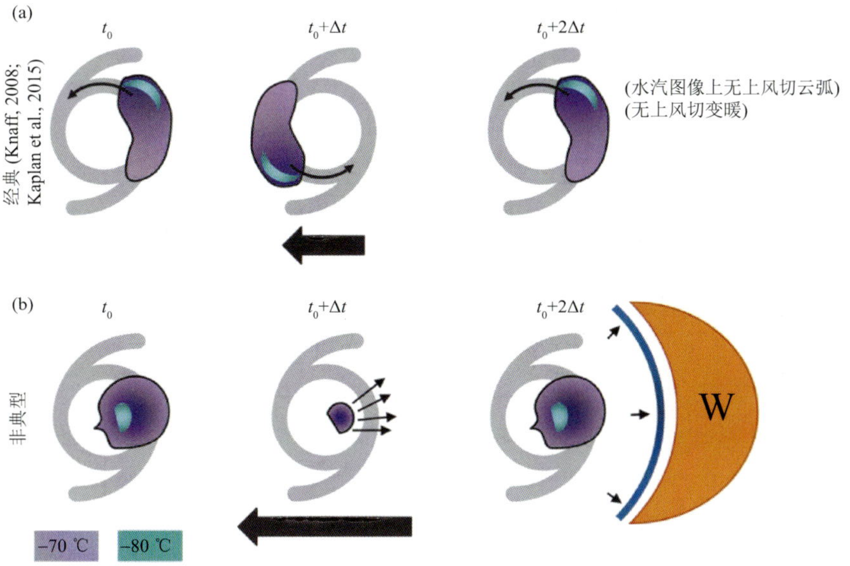

图 6.49　卫星红外图像中“经典”RI(a)，“非典型”RI(b)的云结构变化对比示意

时间尺度（Δt）约为 2～4 h，填充区的颜色与亮温相关，粗黑箭头为垂直风切矢量，细黑箭头在(a)中表示旋转，在(b)中表示向上风切扩展。“非典型”RI 云结构变化示意图包括卫星水汽图像的两个附加特征：位于上风切的云弧（蓝色）及其外侧的升温/变干（由橙色新月和“W”表示）

①倾斜调制对流不对称（TCA）

TCA 出现于台风眼区形成和 RI 之前，是卫星红外图像上嵌于中心密蔽云区（云盾）、重复出现的冷云顶特征，最冷云顶亮温低于 −80 ℃。TCA 定义为台风内核区云顶红外亮温低于 −70 ℃、重复周期为 4～8 h 的对流云结构，覆盖面积通常为 5000～20000 km^2 或占总云盾时间平均的 5%。云盾在 1～2 d 的时间内完成向上风切转移；TCA 以 15～25 m/s 的速率向上风切径向膨胀，不围绕台风中心旋转，这是“非典型”RI 与“经典”RI 的根本区别。

涡旋倾斜进动之上叠加着高阶振荡(即章动),云盾向上风切的缓慢转移与进动有关,而 TCA 在章动与进动幅度大致相等时出现,并且几乎总是出现在垂直风切的左侧,是风切左侧浮力对流塔的集合。与典型的数十分钟的对流爆发相比,TCA 空间尺度明显更大、发生频率明显更低。

②上风切云弧及其外侧变暖/变干

在水汽云图上有两个重要特征。一个是上风切一侧云盾前沿的月牙形弧状云,亮温在−40～−60 ℃,径向约 30 km 宽,通过温暖的窄间隙与云盾隔开,传播速度约为 7 m/s。云弧与台风中心的距离依赖于台风尺度和结构,尺度较大的离得远,可在 300 km 以上。另一个特征是更远处明显的冷暖不对称。

由于台风非典型 RI 的云图特征先于 RI,因此可基于上述云图特征和 VWS 特征,对台风是否发生非典型 RI 进行诊断预报,参考步骤(Ryglicki et al.,2018)如下:a. 确认台风当前为热带风暴强度;b. 根据 CIMSS 或基于模式分析的垂直风切产品,确认深层 VWS 为中等强度;c. 分析台风中心半径 20 个经纬度区域内的 200 hPa 风场,确认高层气流由高层反气旋控制;d. 根据 VWS 方向,监测红外云图上 TCA 的脉动、形状和向上风切扩展,监测水汽图像上亮温在−60～−40 ℃的上风切云弧及其远离台风一侧的升温。

这里要注意 TCA 的关键影响之一是其对流流出会与台风流出一起阻塞台风周围环境气流(图 6.12),但阻塞效应仅对对流层顶下 100 hPa 厚的高层起作用。此外,RI 发生之前的其他特征还有云盾向上风切的转移和下风切左象限的出流急流,其中,转移的启动明显早于 TCA 的出现,对预报 RI 有更多的提前量。

最后需要指出,中等强度 VWS 切变环境下,低层气流指向上风切左象限、上风切一侧海表热通量及下风切一侧对流层低层条件不稳定显著增大有利于台风快速加强,这些条件也是诊断预报 RI 的基础。

6.3.1.4 变性条件

(1)冷空气的诊断预报

台风温带变性(ET)与较强的干冷空气卷入台风涡旋、斜压性增强有明确的关系。因此,要先诊断预报冷空气的活动,包括冷空气的强度、入侵路径和入侵程度。物理量一般采用 850 hPa 的 24 h 负变温或海平面 24 h 正变压,以及冷中心或高压中心。

中国气象局《台风年鉴》判定台风变性的天气图指标是冷空气侵入台风中心区域,这同样适用于预报。至于是变性加强或者直接减弱消亡,则与入侵冷空气强度有直接关系,强度适中的冷空气有利变性加强,过于强烈的冷空气易使台风减弱消散。例如,冷空气(冷平流最大为-35×10^{-5}℃/s)从 2007 年台风“罗莎”(Krosa)西侧入侵至内部,与暖空气相互作用形成锋面,释放斜压能,使“罗莎”变性再加强,而范围小、速度快、强度强(冷平流最大为-50×10^{-5}℃/s)的冷空气以冷舌形式迅速入侵至 2010 年台风“鲇鱼”(Megi)内部,导致“鲇鱼”暖心很快被破坏而消散(陆佳麟 等,2012)。

(2)变性的外部环境变化

台风变性是台风向极移动过程对所处外部环境发生变化的响应,在变形阶段,这些变化包括大气斜压性、水平风垂直切变、经向湿度梯度、SST 梯度和科氏参数的增加,以及 SST 的降低,同时还受到地形影响,登陆后地面摩擦增大而潜热和感热通量减小

(图 6.50)。利用模式分析和预报场诊断上述外部环境因子的演变是预报台风变性的一种途径。

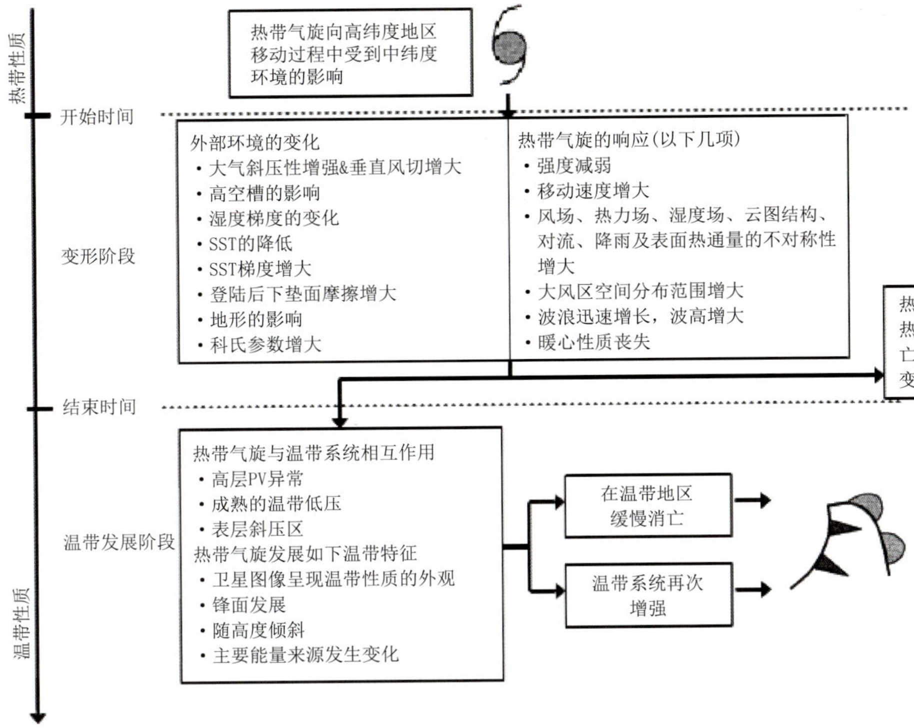

图 6.50 Klein 等(2000)划分变性过程的两个阶段

开始时间和结束时间与 Evans 等(2003)的定义相符合,其中"热带"和"温带"指示了业务预报中心确定系统性质(王晴(2012)译自 Jones 等(2003))

(3)变性的预报概念模型

西北太平洋台风在变形阶段有三种典型形式:第一种是复合型,台风在中纬度锋面或槽的作用下消失,新的温带气旋在锋面上或槽区产生并取代台风(Sekioka,1956);第二种是混合型,台风移入锋区并与温带气旋合并(Matano et al.,1971a);第三种是消散型,台风未完成变性前就减弱消亡,比如移至冷海面(Matano et al.,1971b)。

这三种形式大致对应日本气象厅(1990)按地面锋生对台风变形阶段的三种分型(图 6.51),其中,A 型是较强台风发生于弱斜压环境的复合型变性;B 型是较弱台风在强斜压环境中发生混合型变性;C 型则发生于冷海面上弱斜压环境。

在日本气象厅(1990)台风变性概念模型的基础上,Kitabatake(2008)进一步依据对流层低层相当位温的分布将台风与其周围环境场相互作用的特征总结为暖心锢囚型(SO)、波动型(OW)和冷平流型(CA)三类(图 6.52),其中暖心锢囚型常见,此类台风经历 ET 时低层变冷后上层依然维持暖心结构。

(4)变性加强和减弱的环流特征

台风是否变性发展为温带气旋,不仅与台风自身结构变化、登陆与否、低层水汽供应和对流活动有关,通常还和台风环流与西风带槽脊、副热带高压等系统的相互作用关系密

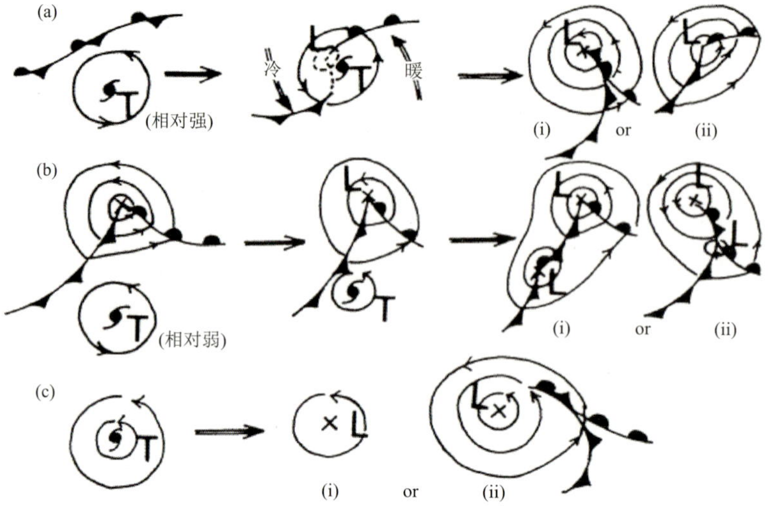

图 6.51 台风变性的概念模型

(a)弱斜压环境中；(b)强斜压环境中；(c)相对寒冷海面上的弱斜压条件下(Kitabatake,2008)

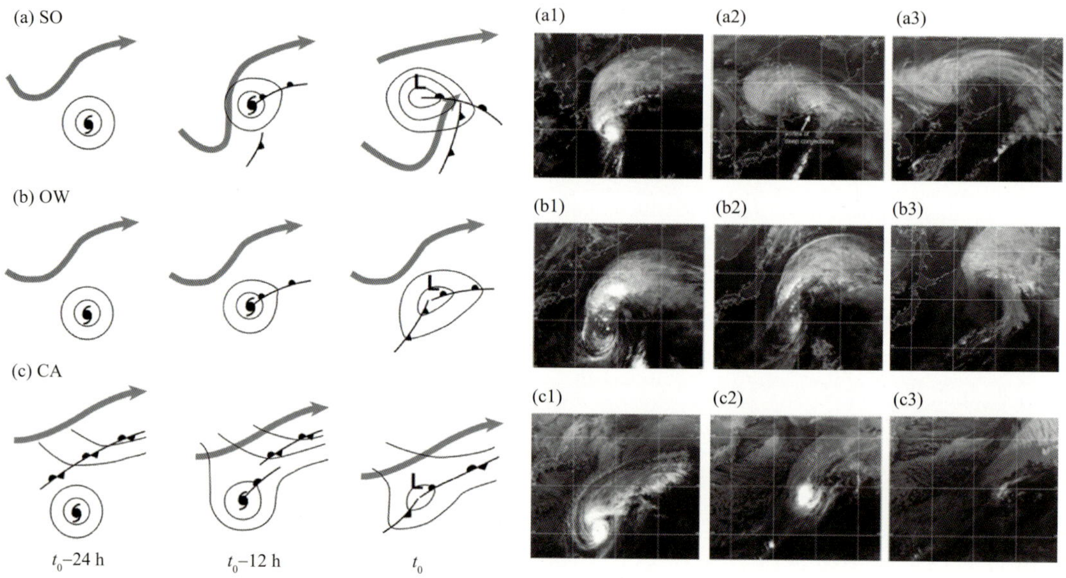

图 6.52 经历 ET 的 SO(a),OW(b)和 CA(c)型台风锋面演变示意

等值线和锋面符号分别表示地面(或对流层下部)的等压线(或等高线)和锋面,灰色箭头表示对流层上部急流。2002 年相应典型个例(a1～a3)台风“海高斯”(Higos),(b1～b3)台风“巴威”(Baui),(c1～c3)台风“凤仙”(Pongsona)ET 过程的红外云图云系演变。“海高斯”(a1)ET 前眼区清晰,北部为斜压叶状云系,(a2)ET 完成前仍有深对流涡旋,(a3)ET 完成后深对流涡旋消散。“巴威”(b1)ET 前有组织松散的涡旋云系,(b2)ET 完成时中心深对流消散,(b3)ET 后再发展。“凤仙”(c1)ET 前眼墙明显的深对流云,(c2)ET 时深对流迅速减弱,(c3)ET 完成后深对流消散

切。没有中纬度系统存在的情况下,台风变性后一般趋于消亡。而中高层辐散、低层辐合加强的环流形势有利于台风变性后的再发展。

①高层西风槽

台风变性后的强度变化与高空槽的强弱有很好的对应关系。较深的高空槽槽后冷平流与槽前正涡度平流及高空辐散较强，有利台风变性发展。高空槽越强，台风变性发展为温带气旋会越明显也越快。反之，较浅的高空槽与变性减弱台风相对应（李英 等，2006；李侃 等，2012）。

西北太平洋发生变性的台风在再发展阶段主要受两种天气尺度的中纬度环流形势影响，分别是位于气旋东北部（东北型）或西北部（西北型）的长波槽（Harr et al.，2000）。西北环流型（图6.53a，b）中，ET发生于中纬度槽下游，变性台风会在36 h内发展为强烈的温带气旋，而东北环流型（图6.53c，d）变性台风以西的中纬度槽较弱，变性台风会迅速东移，36 h内强度无明显加强。

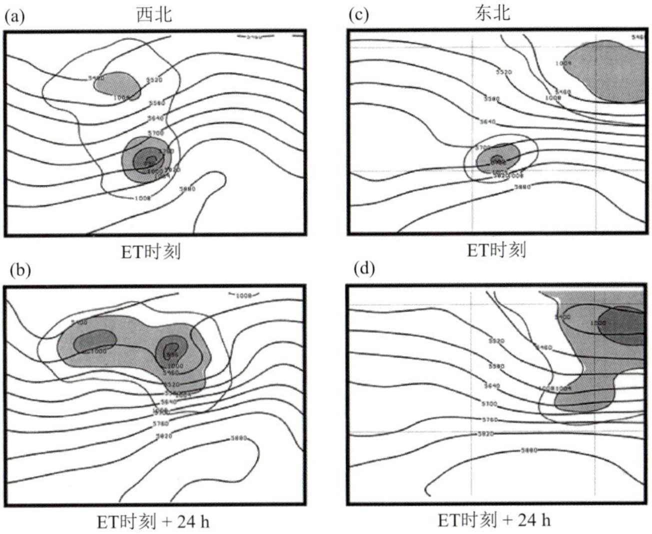

图6.53 合成的500 hPa高度（单位：m）和海平面气压（单位：hPa，等值线小于1008 hPa，间隔4 hPa，阴影区小于1004 hPa）

②副热带西风急流

副热带西风急流与台风环流的耦合有利台风变性发展为温带气旋，延长变性台风的维持时间。耦合作用取决于副热带西风急流的强度及位置。变性台风中心位于副热带西风急流出口左侧或急流入口右侧强辐散区时，低层辐合以及上升运动明显增强，台风会变性再加强（李侃 等，2012）。

③副热带高压

副高对台风与西风槽的相互作用有较大影响。西北太平洋副高西伸加强呈带状时，中纬度环流也相对平直，台风以西行为主要路径，不会北上变性发展。而当副高减弱东撤且呈明显块状时，台风易转向北上，与活跃的中纬度槽相互作用而变性加强（Song et al.，2013）。

（5）ET的卫星云图识别

卫星云图上识别ET的常用指标包括深对流减弱、台风被高云遮盖、出现锋面结构或者逗点状云系，ET 在卫星水汽图像上还具有以下特征：①暗区侵入至台风中心西南象限；②产生的对流云线从台风中心附近向南延伸。中国气象局《台风年鉴》和日本气象厅(JMA)台风最佳路径数据分别将锋面云系融入台风环流中心区域和台风中心密蔽云区消散作为台风变性结束的卫星云图判据。

Klein 等(2000)提出的西北太平洋台风变性阶段概念模型里，变性开始的卫星图像特征是台风云系变得不对称，特别是西象限的深对流大范围减弱，结束的云图特征是云系类似温带气旋(参见 6.2.1.4 节和图 6.16a)。暖心锢囚型、波动型和冷平流型三类变性台风典型个例的卫星云图演变特征则如图 6.52 所示。

(6)ET 的客观判别方法

台风变性过程极为复杂，迄今没有广泛接受的客观判识标准，常见的客观判识方法包括气旋相空间(CPS)、等熵位涡(IPV)、Open-Wave(OW)和锋生函数(SFP)。此外，台风变性伴随着热成风涡度平流正负偶极子结构的变化，台风中心半径 500 km 范围内 1000～200 hPa 层偶极子最大值也可以作为判断台风会否发生变性的标准(Darr，2002)，但不常用。

①气旋相空间方法(CPS)

Hart(2003)根据大西洋台风变性过程中台风热力结构非对称性和暖心向冷心转变等特征，提出台风变性的 CPS 客观判识方法。CPS 法使用以下 3 个参数(式(6.2)～式(6.4))：

对流层低层热力对称性参数：
$$B = h\left(\overline{Z_{P_2} - Z_{P_1}}\,\big|_R - \overline{Z_{P_2} - Z_{P_1}}\,\big|_L\right) \tag{6.2}$$

低层热成风参数：
$$-V_T^L = \left.\frac{\partial(\Delta Z)}{\partial p}\right|_{P_1}^{P_2} \tag{6.3}$$

高层热成风参数：
$$-V_T^U = \left.\frac{\partial(\Delta Z)}{\partial p}\right|_{P_2}^{P_3} \tag{6.4}$$

式中，h 在北半球取 1，南半球取 -1；Z 为等压面位势高度；L 和 R 分别表示台风当前移动方向的左侧和右侧，上划线表示距涡旋中心 500 km 半径范围内的左(右)半圆空间平均；ΔZ 为距涡旋中心 500 km 半径范围内 Z 的最大值与最小值之差；p 为气压；P_1、P_2、P_3 分别为等压层 900 hPa、600 hPa、300 hPa。

$|B|$ 大于阈值表示气旋热力结构不对称，反之表示热力对称，在多数研究和业务中，阈值取 10。$-V_T^L$ ($-V_T^U$) <0 表示低层(高层)具有冷心结构，反之表示暖心结构。同时满足 $|B|$ 小于或等于阈值和 $-V_T^L \geqslant 0$ 为台风；同时满足 $|B|$ 大于阈值和 $-V_T^L<0$ 为变性台风；同时满足 $|B|$ 大于阈值、$-V_T^L<0$ 及 $-V_T^U<0$ 表示台风完全变性为温带气旋，具有热力不对称和深厚冷心结构。为了尽量减少 CPS 参数的短时间异常变化，因此满足判据应有一定的持续时间，比如 12 h，或者采用 24 h 内的时间平均值。

当台风受地面摩擦或者海面冷却影响时，$-V_T^L$ 比 $-V_T^U$ 减小快；当台风受垂直风切变和高空槽影响时，$-V_T^U$ 比 $-V_T^L$ 减小快。由于台风受到后者影响发生变性的频率大于前者，因此台风变性过程所具有的冷心结构，高层出现频率大于低层。

CPS 方法的可视化如图 6.54 所示。左图是 B 与 $-V_T^L$ 组成的二维平面图，典型的台风始于右下象限(对称暖心)，当台风移到右上(失去对称性，$|B|$ 大于阈值)或左下(失去暖心，$-V_T^L<0$)象限时 ET 开始，当移入左上(非对称冷心)象限时 ET 完成。右图是

$-V_T^U$ 与 $-V_T^L$ 组成的二维平面图，典型的强台风具有深厚暖心结构，位于右上象限，随着暖心降低然后逐渐过渡到深厚冷心，经右下象限移入左下象限。实际应用时，可视化图常以 CPS 轨迹图的形式出现，例如图 6.55。

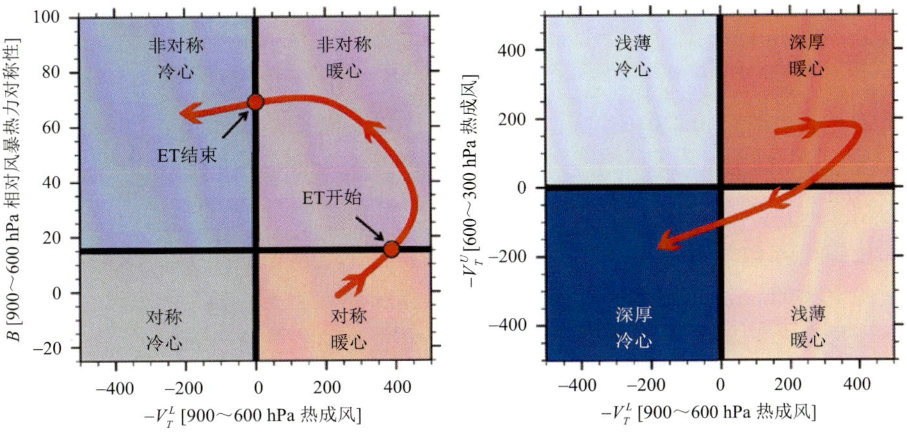

图 6.54　气旋相空间方法示意

ET 始于 $B>15$，终于 $-V_T^L<0$（引自 Zarzycki et al.，2017）

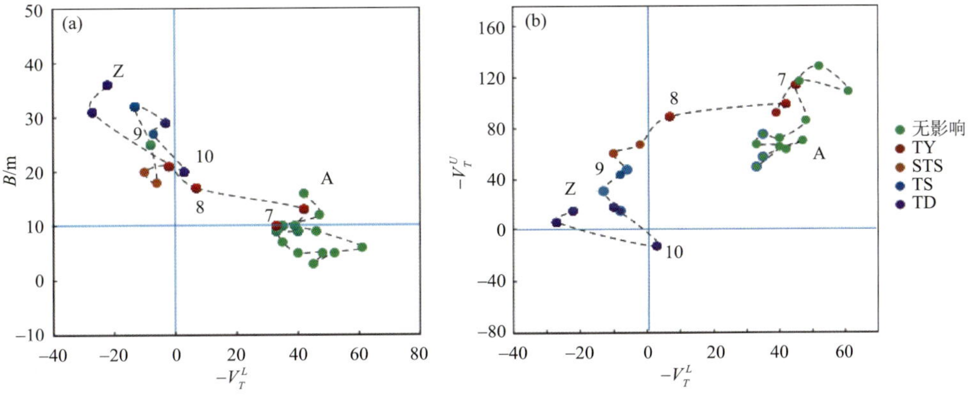

图 6.55　2012 年台风海葵的 CPS 轨迹（喜度 等，2020）

图中数字表示日期（7～10 分别表示 2012 年 8 月 7—10 日），轨迹上圆点的位置由间隔 6 h 的相空间参数决定，圆点颜色表示台风“海葵”未开始影响江苏或以 TY、STS、TS、TD 强度等级影响江苏，轨迹两端的圆点 A 和 Z 分别为轨迹的开始点和结束点

②等熵位涡法（IPV）

等熵位涡定义如式(6.5)：

$$IPV=-g(\zeta_\theta+f)\frac{\partial\theta}{\partial p} \tag{6.5}$$

式中，g 为重力加速度；$\zeta_\theta+f$ 为等熵面的绝对涡度；θ 为位温；p 为气压。

Kofron 等(2010a)研究证明，对流层中层的位涡(PV)值会随台风变性发生变化：当台风变性阶段减弱时，PV 减小；若与中纬度槽相互作用完成 ET，PV 会迅速增加。由于 ET 之前 330 K 等熵面上的 PV(即 330 K 的 IPV)通常位于对流层中层，ET 之后位于对流层上层，IPV 指标可用于区别发生 ET 的台风与未发生 ET 的转向台风，因此 Kofron 等

(2010b)提出等熵位涡法，将 330 K 等熵面上台风中心 500 km 半径范围内 IPV 出现极小值的时刻视为变性开始，并以 IPV 首次超过阈值 1.6 PVU 指示变性过程结束。等熵位涡法还用台风变性开始后 315 K 等熵面 IPV 的演变指示气旋是否发展，IPV 增大表示气旋变性增强，反之气旋消散。

③Open Wave 法(OW)

OW 法将 500 hPa 位势高度场上台风由闭合等值线(间隔取 2 dagpm)变为不闭合的时刻作为 ET 结束时间(Demirci et al.，2007)。不闭合特征的出现意味着台风已基本融入斜压大气环境，具备了温带气旋性质，其出现时刻与 Klein 等(2000)提出的 ET 过程变性阶段的结束时间较一致。

④标量锋生函数法(SFP)

多项研究表明，ET 过程可以简化为台风涡旋和斜压区域的相互作用，在相互作用中伴随着中纬度锋面特征的发展。标量锋生函数法依此特点对台风中心半径 500 km 范围内东北、西南象限三维标量锋生参数(SFP)进行平均，用平均值持续增大并出现最大增长率的时刻来判定 ET 过程结束。该方法不适用于平均 SFP 呈锋消特征和低纬地区锋生特征不明显的变性台风(Harr et al.，2000)。

以上四种 ET 客观判别方法中，CPS 有明确的物理意义，能判定 ET 起止时间，定量描述台风变性过程，其可视化图能直观地区分台风和温带气旋，因而在 ET 研究中使用较多，并被证实适用于西北太平洋，已在我国实现了业务应用。

6.3.1.5 海洋及海气界面参量和概念

(1)热带气旋最大潜在强度(MPI)

考虑海气间热力不平衡、海面与对流层顶温差、海面摩擦等过程的影响，MPI 公式如式(6.6)。

$$V_{\max} = \sqrt{\frac{C_K}{C_D}\left(\frac{\mathrm{SST}-T_O}{T_O}\right)E} \tag{6.6}$$

式中，C_K 为海气热交换系数(表示热通量上传速率)；C_D 为拖曳系数(表示海气摩擦程度)，二者比值越大越有利于风速增强；SST 为海表温度，T_O 为对流层顶流出层温度，二者差异越大越有利于对流发展；E 表征海面蒸发量，为海气温差和近海面大气相对湿度的函数。

(2)海洋蒸发量

海水由液态转变成气态逸入大气的质量可由式(6.7)计算。

$$F_m = \rho C_E |\overline{V}_a| (q_{sea} - q) \tag{6.7}$$

式中，C_E 为水汽交换系数，取 2×10^{-3}；ρ 为海水密度 1.124 kg/m^3；$\overline{V}_a$ 为 10 m 风速；q_{sea} 为海表饱和比湿；q 为比湿。由此公式可知，当海表温度为 27 ℃，气旋过境海表气压达 960 hPa，风速达 40 m/s 时，水汽蒸发量可达 1.87 cm/d。

(3)海气感热和动量通量

感热通量可用经验公式(6.8)计算，

$$H_s = \rho C_E c_p |\overline{V}_a| (\mathrm{SST} - T_a) \tag{6.8}$$

式中，SST − T_a 为海气温差；c_p 为定压比热容，取 1.004 kJ/(kg·K)。

动量通量为气旋风场在边界层产生很强的风切变从而产生涡旋摩擦力输入海洋，可用海气界面风应力公式（式(6.9)）计算。

$$\tau_S = C_D \rho |\overline{V}_a| \overline{V}_a \tag{6.9}$$

(4)海洋热含量(OHC)和热带气旋热潜势(TCHP)

$$\mathrm{TCHP} = c_p \int_0^{D_{26}} \rho [T(z) - 26] \mathrm{d}z \tag{6.10}$$

式中，D_{26} 为 26 ℃海水等温线厚度；T 为海洋水温，随厚度 z 变化。TCHP 是 26 ℃以上的海洋热含量 OHC，26 ℃以上海洋暖水层越厚，TCHP 越大，当海表温度 SST 低于 26 ℃时，TCHP 为零。

(5)海洋垂直结构与层结

海水垂直结构通常可分为三层：海面向下 100 m 深度左右的海洋表层称为混合层；100～1500 m 深度称为温跃层；更深的称为海洋底层。因此，形成了海水的密度、温度、盐度等热力学状态参数随深度分布的层次结构，称之为海洋层结。

在混合层中，由于海气相互作用，水体性质充分混合而均一，接近同温状态。而在海水层结相对稳定的海洋中，混合层之下，海水温度、盐度、密度、声速等状态参数出现不连续急剧变化，呈现阶跃状变化，将该层称之为海水跃层。跃层包含了温度跃层、盐度跃层、密度跃层和声速跃层。其中，温度跃层对气旋发展作用显著，密度跃层对潜艇等海洋航行影响巨大，而通常海水密度取决于温度的变化，因此二者基本相重合。

6.3.1.6 台风内核结构变化

对流尺度过程对台风强度发展非常重要，内核对流爆发(CB)、最大风速半径(RMW)等台风内核结构的变化对台风强度变化预报，尤其是 RI 预报具有指示作用。

(1)中小尺度对流系统的识别

①对流爆发和热塔的识别

对流爆发(CB)是极端深厚的小尺度对流系统，指异常强劲的上升气流能够达到一定高度的现象，具体定义和识别因所用资料和描述角度不同而异。

(a)基于垂直上升速度

用雷达等遥感观测反演、数值预报或再分析产品的垂直上升速度直接定义 CB 通常基于垂直速度的统计分布。常见以下三种定义。

第一种用深层或整层定义，CB 指对流层低层至高层之间层平均（或最大）垂直速度超过一定阈值的上升气流，例如深层范围取 700～300 hPa、高度 2～12 km，相应阈值取 5 m/s、7.5 m/s。第二种是高层定义，CB 指对流层上层强烈垂直上升运动的核心（不低于 7.5 m/s），例如 Chen 等(2013)定义 11 km 高度以上超过 15 m/s 的上升气流为 CB。第三种定义用中高层，将眼墙内高度 6～12 km 层平均上升速度降序分布的前 1%位数作为 CB 的判别阈值。

基于数值模式垂直速度预报定义 CB 应考虑模式的水平分辨率，Wang 等(2014)认为在 2 km 水平分辨率的网格上定义 CB 最能代表极端强对流。

(b)基于云结构特征

CB 为强烈的上升气流，高层包含冰晶粒子，云顶冷且面积大，其中，孤立的热塔穿透对流层顶。云顶相当黑体温度(TBB)能够定量表征台风中的强对流活动,TBB越低说明云顶越高,对流越旺盛,因此通常以云顶TBB达到−60 ℃以下来识别台风中的CB,将其中−72 ℃以下的对流核定义为热塔。还有很多研究通过识别热塔的上冲云顶(OT)特征来判定CB。

OT在可见光云图上呈一个非常明显的凸起结构,类似"花椰菜",在红外图像上对应着一个局地的最冷(最低亮温)中心。有两种最常用的基于静止卫星的CB自动识别算法:一种是亮温差值(BTD)算法(Schmetz et al.,1997),利用水汽通道与红外窗区(IRW)通道的BTD正值判定OT,此法简单易行,但识别范围比实际大得多;另一种是IRW纹理算法(Bedka et al.,2010),用IRW亮温(BT)局地最小值与周围云砧平均BT的差值(即BT梯度)超过一定阈值来识别OT,此法识别范围与实际一致。

OT在雷达反射率剖面图上表现为高耸的强回波柱,地基雷达可用回波顶高是否高于对流层顶判别热塔,而星载雷达KuPR/GPM或PR/TRMM常用20 dBZ回波顶高度是否超过参考高度(14~14.5 km或对流层顶之下2.5 km)来识别CB(Kelley et al.,2004),这两种星载雷达不具有连续监测能力,因此其识别的CB一般只用于检验其他识别算法。

(c)垂直速度与云结构特征结合

例如Reasor等(2009)综合垂直速度和云结构特征,提出CB的判别标准如下:2~6 km高度的层平均上升气流>5 m/s,且2 km高度的雷达反射率>30 dBZ。

②中尺度对流系统

中尺度对流系统(MCS)没有统一的定义和识别标准,可以用对流层中层涡度,也可以用云顶温度、降水等要素阈值来识别,有时结合面积、尺度或持续时间等判据。Lee等(2008)在对西北太平洋台风生成阶段的MCS进行分析时,将卫星红外亮温−32 ℃和−60 ℃分别作为对流云和MCS中深对流的阈值。应用雷达反射率判别MCS则常以35 dBZ或40 dBZ为阈值。

图6.56为MCS识别过程的示意图,分两步进行识别:第一步,利用3 h卫星BT数据,从连续场提取出低于BT阈值的像素,其中相邻像素构成相干关注区(ROI);第二步,将大于最小覆盖面积阈值的ROI视为MCS(Huang et al.,2018)。

识别MCS的BT阈值和最小覆盖面积阈值因研究和应用目的不同而异,前者可能从−18 ℃到−65 ℃不一,后者从100 km^2到100000 km^2不等,甚至取多重阈值。研究表明,对于热带大气对流,BT阈值取为−40 ℃较合理,将5000 km^2作为最小覆盖面积阈值不失通用性。

(2)内核对流爆发预报RI

台风的增强过程与其内核区域间歇出现的CB有关,监测台风内核区的CB发展及其上冲云顶,有助于台风快速加强的早期预警(Monette et al.,2012)。

①数量变化。许多观测发现,在RI之前或者RI初期,台风内核一般有大量的CB发生;当台风达到强度准稳定状态或者开始减弱时,虽然仍有CB产生,但只有少量。因而通常可以将台风内核区域CB大量增加作为RI发生的前兆信号(Chen et al.,2013)。当台风眼墙VHT个数越多时发生RI的概率就越大。

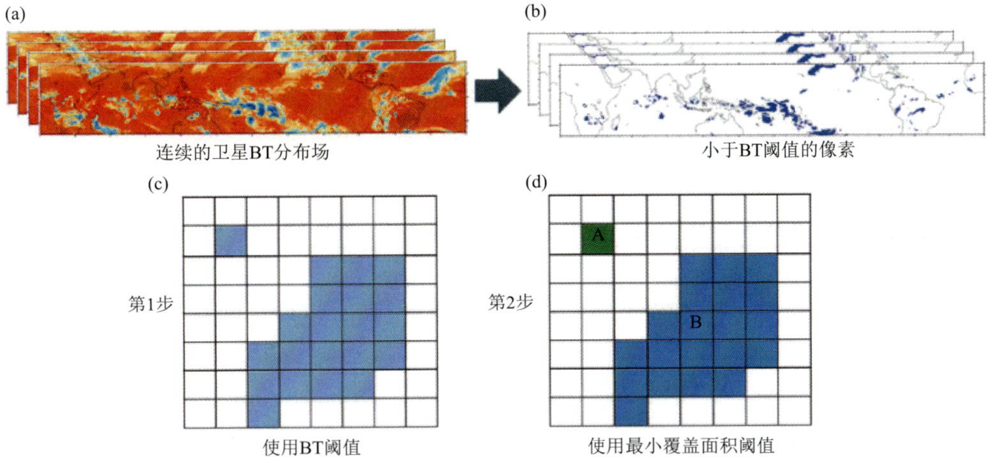

图 6.56 MCS 识别过程示意

从每个时间步的卫星 BT 分布图(a)提取出小于 BT 阈值的像素(b);(c)满足 BT 阈值条件的像素以浅蓝色显示,其中的相邻像素构成 ROI;(d)超过最小覆盖面积阈值的 ROI(区域 B)为 MCS,以深蓝色显示,否则以绿色显示(区域 A)

②强度变化。台风强度与其内核的 TBB 平均值密切相关,值越低台风强度越强,但这种关系相对台风登陆时间和位置有一定的敏感性(曹钰 等,2013)。一般情况下台风强度的变化落后于 TBB 强度变化(陈佩燕 等,2006;王瑾 等,2005)。CB 的突然增长是 RI 即将开始的特征信号。

③径向分布变化。CB 伴随的潜热释放和非绝热加热作用对台风的增强十分有利。由于 RMW 内的惯性稳定度显著大于台风外围区域,并且非绝热加热转换成动能的效率更高,更有利于切向风速增大,因此,当 CB 位于 RMW 内侧或 RMW 附近时更有利于 RI 发生。

④方位分布变化。台风内核降水结构由非对称逐渐轴对称化是发生 RI 的主要特征之一(Tao et al.,2017),具体表现为内核增强的 CB 在相对环境风垂直切变方向的象限变化,即由下风切一侧气旋式旋转至上风切一侧,上层的上升运动与雷达反射率围绕台风眼区变成一个轴对称的台风眼壁。然而在强风切(11 m/s 以上)环境中发生 RI 的台风,在 RI 过程中可能一直维持明显的非对称结构。例如 2014 年台风"威马逊"(Rammasun)在整个 RI 期间其内核 CB 始终出现在下风切左象限。

⑤预报提前量。台风内核 CB 的变化较台风强度变化大约提前 9～24 h,有时提前 36～48 h。

单独利用热塔预报 RI 在西北太平洋命中率最高,接近 80%,Peirce 技巧评分(即命中率与误判率之差)约 0.3,而北大西洋和太平洋中东部的预报效果最差,命中率仅 50%或以下。在增加 PX10(50～200 km 范围内卫星红外亮温低于 −10 ℃的像素面积占比)、POT(MPI 与当前强度之差)、PER(过去 12 h 强度变化)、SHDC(850 hPa 与 200 hPa 之间 VWS 大小)4 个判别指标后(表 6.4),各海域 RI 预报技巧评分都得到提高,其中西北太平洋 Peirce 技巧评分提高到 0.42。这些增加的变量中,POT、SHDC 和 PER 决定了热塔造成 RI 的效率(Zhuge et al.,2015)。

表 6.4 各大洋海盆 RI 的判别指标

(SHD 用小于阈值判别,其余用大于等于阈值判别)

(Zhuge et al.,2015)

	北大西洋	太平洋中东部	南印度洋	南太平洋	西北太平洋
POT/(m/s)	25	25	25	25	25
PER/(m/s)	0	0	0	0	0
PX10/%	62.32	78.94	85.10	91.23	82.75
SHDC/(m/s)	9.09	6.73	8.46	8.59	9.86

(3)RMW 变化预报台风强度变化

观测和统计研究发现,大多数台风在 RI 期间都会经历眼墙收缩,最大风速半径(RMW)在 RI 发生前出现短时间的快速减小现象,而在 RI 后期会维持稳定,利用这些特征可预判 RI 的启动与结束。

杨诗琪等(2017)统计 2000—2013 年在西北太平洋 100°—180°E,0°—60°N 区域内活动的台风发现,加强台风的 RMW 的 24 h 变化倾向于减小,减弱台风则倾向于增大,占比分别约为 76%和 68%,其中,经历 RI 和 RW 的台风这种倾向更加明显,但仍有约 15%的快速加强台风最大风速半径增大(SuperTY 比例最大,占 65%以上),约 22%的快速减弱台风最大风速半径减小。因此利用 RMW 变化特征预测 RI 时可能需适当考虑以下 2 个因素:

①RMW 的初始尺度。当 RMW>120 km,即内核区域较大时,内核区的扩大(缩小)对应台风强度的减弱(增强);RMW<120 km 时,这种关系恰好相反(吴联要 等,2012)。

②螺旋雨带的活跃程度。活跃螺旋雨带的非绝热加热能增强低层入流,加大眼墙外的切向风速,导致内核向外扩张。如图 6.57 冷云顶区域扩大所示,2010 年台风"鲇鱼"(Megi)在登陆吕宋岛之前经历 RI 期间就发生了 RMW 显著增加的现象(Wang et al.,2013)。

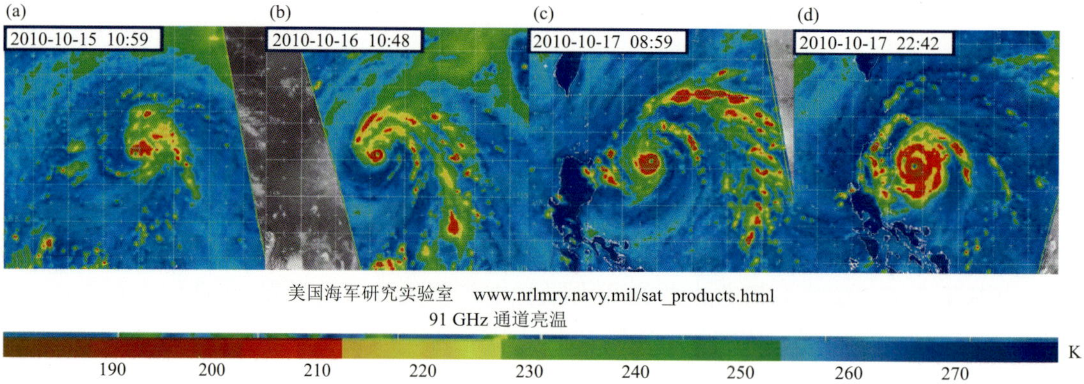

图 6.57 卫星图像显示 2010 年超强台风"鲇鱼"登陆吕宋岛之前内核尺度增大

(4)内核闪电活动预报台风强度变化

闪电与台风深对流的分布及状态具有较高的相关性,能够反映台风强度变化。张文娟等(2021)总结了台风生命史中闪电活动的时序演变,一般分为三个阶段。①台风增强阶段,闪电活动开始增多。特别是在 RI 初期,眼墙闪电频次急剧增加,随后有所减弱,在 RI 后期可能再次增多。②台风达到最大强度阶段,一般出现台风闪电频次的峰值或次峰值。③台风减弱阶段,眼墙和外雨带闪电频次均逐渐减小。登陆台风由于与陆地的相互作用,外雨带闪电活动会再次增强,对应着眼墙闪电频次的低值时段。闪电频次的增加相对台风强度变化有一定的提前时间,较飓风最大风速的出现提前约 24 h,西北太平洋最大闪电频数超前台风最大风速 25～49 h。眼墙闪电爆发是闪电频次突然增多、闪电活动异常活跃的现象,其径向距离、相对 VWS 方向的方位分布等特征能为预判台风强度变化提供重要信息:在台风增强阶段,闪电频次相对较高,大值区位于下风切一侧的 RMW 内,并逐渐向台风中心靠近;在台风减弱阶段,闪电频次逐渐降低,大值区位于上风切的 RMW 之外,并逐渐远离台风中心。

以上台风强度变化与内核闪电特征的关系及两者之间的时滞性,可作为预报台风强度变化的参考。

6.3.2 环状飓风和环状台风的综合诊断

环状飓风(AH)是平均强度大于 51 m/s 的强烈热带气旋,在卫星云图上有独特的外观,其结构轴对称显著,大而圆的眼区为一个几乎均匀的深对流环所包围,并且环外无深对流特征。观测表明,AH 的形成与眼区中尺度涡旋的重新排列和位涡水平混合等物理过程有关。1989—1999 年期间,东太平洋和大西洋海盆 AH 的发生率分别为 3% 和 0.8%。西北太平洋的环状台风也具有 AH 的特征,平均强度大于 55 m/s,1990—2009 年共有 12 个环状台风(图 6.58),占 TY 级及以上强度台风的 4%(Chu et al.,2014)。

相比于平均热带气旋,环状飓风和环状台风保持峰值强度的时间更长,减弱更慢,强度预报偏差也更大,特别地,有些环状台风以巅峰强度袭击沿海地区,如 2006 年超强台风“桑美”(Saomai)登陆我国大陆时的强度打破当时的历史记录,酿成重大人员伤亡灾难,因此识别环状飓风和环状台风对实时业务中改进强度估计和更好地预报这类台风的强度变化有着重要意义。

(1)AH 的卫星红外云图识别

红外云图上,由方位角平均亮温的冷值表示的 AH 卷云层径向范围要小得多,并且在环状阶段具有暖眼特征。根据这些亮温特征,Knaff 等(2003a)通过比较热带气旋与平均 AH 的方位角平均亮温径向廓线的差异识别 AH。

为了适用于不同的云顶亮温范围和不同大小的 AH,对方位角平均红外亮温和热带气旋半径进行归一化处理(式(6.11)):

$$b_t = \langle B_t(r) \rangle - \overline{\langle B_t \rangle}, R = \left(\frac{r - r_{Bt\min}}{r_{Bt\min}} \right) \tag{6.11}$$

式中,$\langle B_t(r) \rangle$ 是距离热带气旋中心半径 r 处亮温的方位平均;$\overline{\langle B_t \rangle}$ 是半径 r 从 0 km 到 444 km的 $\langle B_t(r) \rangle$ 径向平均;$r_{Bt\min}$ 是半径 r=600 km 内最冷 $\langle B_t(r) \rangle$ 的距离半径。

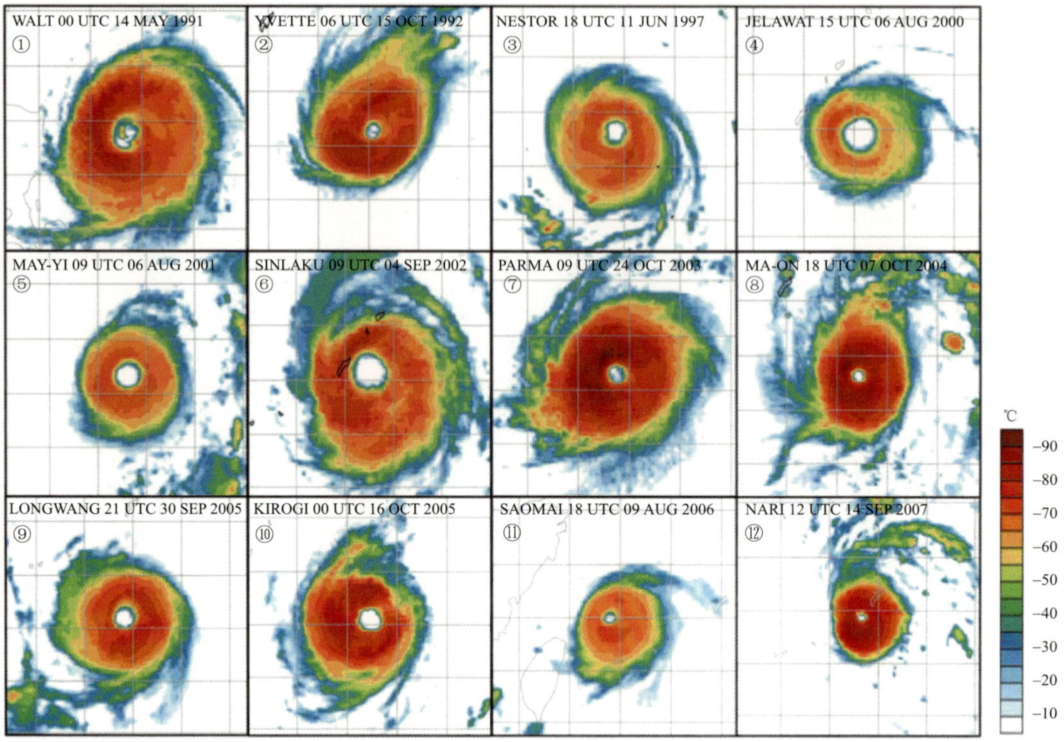

图 6.58　1990—2009 年西北太平洋的环状台风

①台风 Walt；②台风 Yvette；③台风 Nestor；④台风“杰拉华”；⑤台风“万宜”；⑥台风“森拉克”；⑦台风“芭玛”；⑧台风“马鞍”；⑨台风“龙王”；⑩台风“鸿雁”；⑪台风“桑美”；⑫台风“百合”

若最冷方位平均亮温半径 $r_{Bt\min}$ >54 km，半径 $r_{Bt\min}$ 内的最暖亮温高于 0 ℃，且维持 3 h，则判定为 AH，否则为非 AH。

(2)基于环境条件的 AH 客观识别方法

统计分析表明，典型的环状飓风与环状台风形成和存在于特定环境条件下。

AH 的环境条件特征为：①弱的东风或东南风垂直风切变；②200 hPa 为东风气流，温度低于常值；③狭窄区间(25.4～28.5 ℃)的 SST 变化很小；④与环境相互作用较弱，200 hPa 相对涡动通量辐合(REFC)近乎为 0。垂直风切变的方向和大小发生变化是 AH 减弱、失去环状特征的主要原因，SST 也是引起减弱的因素之一。Knaff 等(2003a)使用环境条件来确定大西洋和东北太平洋的台风是否处于 AH 阶段。识别 AH 的环境大气参数为：深层(850～200 hPa)和浅层(850～500 hPa)垂直风切变、200 hPa 的纬向风、温度与 REFC，其他参数还包括 SST 和台风本身的强度。表 6.5 列出的所有判据同时满足时判定为 AH。

ATY 则倾向于在 26.0～29.1 ℃的 SST、对流层上层相对寒冷，以及弱西风切变的情况下形成。ATY 形成也与台风内部动力过程相关，双眼墙替换是 ATY 形成的有效途径之一。

表 6.5　由 1989—1999 年 NCEP 分析得出的环形飓风识别判据

参数	条件
弱垂直风切	深层切变＜6.5 m/s，浅层切变＜5.2 m/s
200 hPa 东风	－7.4 m/s＜U＜2.5 m/s
200 hPa 温度	－56.7 ℃＜T＜－54.7 ℃
200 hPa REFC	|REFC|＜2 m/(s·d)
东风深层切变	－7.2 m/s＜切变 U 分量＜2.0 m/s
东南风浅层切变	－5.0 m/s＜切变 U 分量＜－0.2 m/s；－1.2 m/s＜切变 V 分量＜3.2 m/s
SST	25.2 ℃＜SST＜28.6 ℃
强度	VMAX＞85 kt

（3）环状飓风指数（AHI）

基于上述 AH 发生所需的环境条件和红外亮温特征，Knaff 等（2008）进一步开发了环状飓风指数（AHI）来客观识别 AH。2004—2006 年独立检验结果表明，AHI 能够将 AH 与强度大于 84 kt（约 43.2 m/s）的台风区分开来，AH 识别率达 100%，误判率约为 4%。AHI 算法已经在 NHC 业务运行和应用。

该指数算法分两个步骤。第一步应用表 6.6 的参数判据进行预筛选，剔除环境条件不利或者红外亮温特征、强度不符的热带气旋，所有判据都不符合的热带气旋通过预筛选，进入第二步。第二步为线性判别分析，用表 6.6 中的 SST、U200、ΔT_{eye} 和 R_c 处红外亮温（T_B）的方位标准差等 4 个参数，以及热带气旋中心半径 600 km 的 T_B 方差进行线性组合，建立判别函数。线性组合所用的归一化权重由多年 AH 样本统计确定。应用判别函数估计通过预筛选热带气旋的环状程度，将得到的线性判别值－0.3～2.3 缩放为 1～100 的指数值表示 AH 的可能性，值越大置信度越高。线性判别值＜－0.3 时指数值赋 0（表示非 AH），＞2.3 时赋 100。图 6.59 为卫星微波图像叠加 AHI 算法之线性判别值的示例。

表 6.6　预筛选所用的参数判据

参数	预筛选判据
方位平均红外亮温 T_B 达最冷时的半径（R_c）	＜50 km
R_c 处 T_B 与小于 R_c 任一半径 T_B 的最大差异（ΔT_{eye}）	＜15 ℃
850～200 hPa 垂直切变（SHRD）	＞11.3 m/s
200 hPa 纬向风（U200）	＜－11.8 m/s 或＞1.5 m/s
200 hPa 相对涡动通量（REFC）	＜－9 m/(s·d)或＞11 m/(s·d)
海温（SST）	＜24.3 ℃或＞29.1 ℃
强度（V_{max}）	＜85 kt

6.3.3　台风强度预报综合指数

当某种天气的物理过程错综复杂时，抓住主要因果关系，基于关键因子建立综合指数，然后应用综合指数进行诊断预报是常用的预报方法。台风强度或强度变化预报也不例外，这里介绍两种简单而实用的综合指数。

(1)通风指数(VI)

通风指数是关键环境因子的非线性组合(Tang et al.，2012)，如式(6.12)。

$$\mathrm{VI}=\frac{u_{\mathrm{shear}}\,\chi_m}{u_{\mathrm{PI}}} \tag{6.12}$$

式中，u_{shear}为环境风垂直切变 VWS；χ_m 是熵损失，下标 m 表示方位平均；u_{PI}为最大潜在强度 MPI。VWS 采用 850～200 hPa 深层 VWS，但 Fischer 等(2019)认为，1000～250 hPa 层的 VWS 与未来 24 h 台风强度变化的相关性更强。

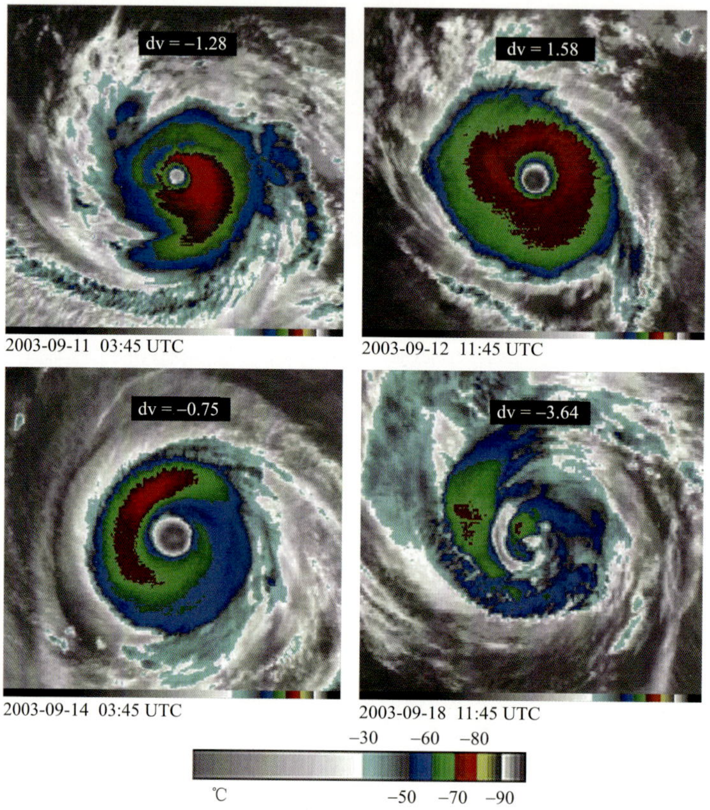

图 6.59 2003 年飓风 Isabel 的 GOES 卫星红外图像及相应的 AHI 判别函数值(dv)

熵损失定义为台风内核与环境之间相对海气垂直熵差的对流层中层湿熵差(式(6.13))：

$$\chi_m=\frac{S_m^*-S_m}{S_{\mathrm{SST}}^*-S_{\mathrm{b}}} \tag{6.13}$$

式中，S_m^* 是 600 hPa 上台风内核(≤100 km)平均饱和熵；S_m 是 600 hPa 上离台风中心半径 100～300 km 圆环的环境熵平均；S_{SST}^* 为海表温度的饱和熵；S_{b} 是边界层熵，均在最大风速半径处取值。

当 VWS 和熵损失较小、MPI 较大时，通风指数 VI 较低，有利于台风加强，甚至快速加强。将台风按未来 24 h 强度变化分为增强和减弱两组，变化前通风指数分布如图 6.60a。可以看出，增强台风组的通风指数往往低于减弱台风组，除少数个例外，增强台风的通风指数上限近似为 0.1。由通风指数和归一化强度构成的相空间图(图 6.60b)显示，区分增强台风和减弱台风的界线清晰，在分界线的左侧和下方，即通风指数<0.03 和归一化强度<0.9 的台风趋于增强，最大的加强发生在通风指数<0.01 和归一化强度在 0.2～0.7 之间。在分界线的右侧和上方，台风趋于减弱，最大减弱发生于通风指数>0.04 和归一化强度>0.5。

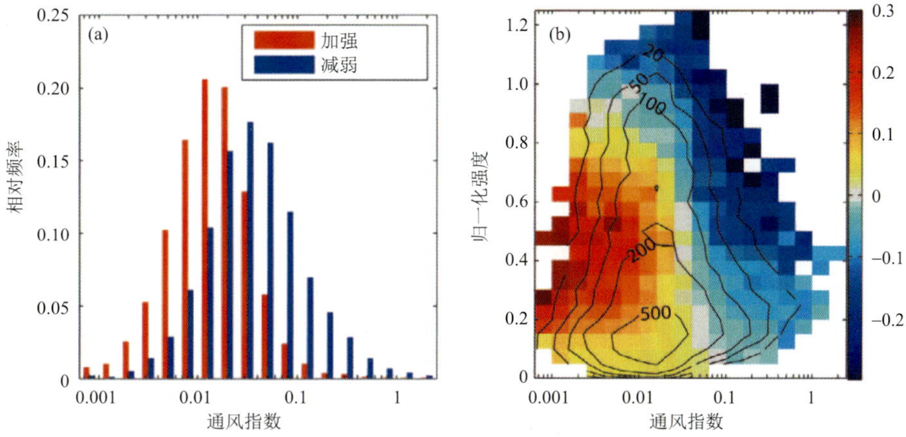

图 6.60 (a)加强(红色)和减弱(蓝色)组台风的归一化通风指数频数分布；(b)每个通风指数—归一化强度格子里观测到的归一化 24 h 强度变化平均(填色)与样本数(等值线，忽略 5 个以下样本)(Tang et al.,2012)

利用通风指数可以对台风强度变化进行诊断预报和检验评估。图 6.61 是用 ECMWF 模式预报制作的 2009 年东北太平洋飓风 Felicia 通风指数与归一化强度相空间轨迹图。如图所示，模式预报 Felicia 将于 8 月 5—7 日在低 VI 环境中稳定发展，6 日之后，VI

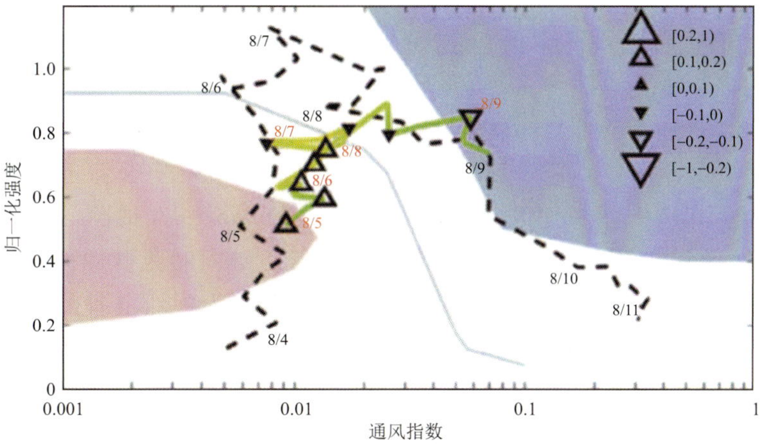

图 6.61 2009 年 8 月 5 日 00 时起报的 ECMWF 模式预报的飓风 Felicia 通风指数和归一化强度相空间轨迹(渐变颜色实线)、实况轨迹(黑色虚线)

灰色实线、浅红色和浅蓝色阴影区分别对应图 6.60b 中的分界线、有利快速增强和快速减弱区域，预报轨迹上的三角形反映未来 24 h 归一化强度变化，上(下)三角代表增强(减弱)，大小为变化幅度，最大三角形代表快速变化。归一化强度及其变化的单位为 m/s

呈增加趋势，9 日进入快速减弱区，减弱率将达最大。这种 VI 与归一化强度相空间的预报轨迹，提供了 VI 相关环境条件引起的强度变化的简便参考。当在相空间预报轨迹图上叠加观测轨迹（图中黑色虚线）时，结合强度观测与模式预报，还可直观地检验评估模式的 VI、归一化强度及其变化率预报，并容易从 VI 的角度来诊断造成预报偏差的原因，例如模式预报 5—7 日强度明显偏弱、VI 偏大，这与其错误预报较高 VWS、较低 MPI 和较高熵损失等有关。

（2）丰满度（TCF）

研究表明，台风最大强度与涡旋结构存在一定的正相关关系，台风强度、尺度配置和涡度结构之间存在内在的物理联系（Xu et al.，2015，2018）。基于此联系，Guo 等（2017）将丰满度定义为外围风场宽度与外围尺度之比：

$$\mathrm{TCF}=\frac{R_{17}-\mathrm{RMW}}{R_{17}}=1-\frac{\mathrm{RMW}}{R_{17}} \tag{6.14}$$

式中，RMW 为最大风速半径；R_{17} 为 17 m/s 风速半径。

丰满度反映了台风涡旋结构的综合特征，可有效衡量台风的尺度配置，与台风强度的关系明显优于其他单一尺度指数与强度的相关性。强台风一般具有较大的丰满度，丰满风场结构为强台风产生的必要条件，在台风发展早期，快速增加的丰满度对台风加强有利。

经过变换，丰满度可分解为临界丰满度（TCF_0）和丰满比（R_f），公式如下：

$$\mathrm{TCF}_0=1-\frac{V_{17}}{V_{\max}}=\mathrm{TCF}\,|_{\gamma_{\zeta=0}},\sigma=\frac{1}{1-\dfrac{1}{2}\gamma_{\zeta}\left(1+\dfrac{1}{\gamma_s}\right)},R_f\approx\sigma=\frac{\mathrm{TCF}}{\mathrm{TCF}_0} \tag{6.15}$$

式中，V_{17} 等于 17 m/s；$V_{\max}$ 为最大风速；$\gamma_s=\dfrac{\mathrm{RMW}}{R_{17}}$；$\gamma_{\zeta}$ 是外核平均相对涡度与 RMW 处相对涡度的比值。

临界丰满度和丰满比分别反映台风结构的共同特征与个体特征。强度相同，临界丰满度相同，但丰满比差异可能很大。临界丰满度随台风强度增强而增长，是给定强度的丰满度下限。统计表明，最有利台风增强的风场结构配置是临界丰满度适中（约为 0.55，即强度约 35～40 m/s）、丰满比中等大小（约为 1.4）及丰满度相对较大（约为 0.8）。在台风发展初期，中等大小的丰满比有利于随后的强度加强。临界丰满度和丰满度比还可作为评估模式台风风场结构预报的关键指标（Guo et al.，2022）。

6.3.4 台风与高空槽相互作用的诊断预报

对流层上部的高空槽与台风之间的相互作用（台风—槽相互作用）伴随复杂的动力和热力学过程，能使台风发生从快速加强到快速减弱之间的各种强度变化。尽管这些过程如何影响台风内核物理过程从而影响台风强度变化的机制尚未完全厘清，但大多认同高空槽对台风强化的正面影响包括：增加台风高层辐散和向极地的流出；输送高层气旋性涡动角动量；小尺度的正位涡异常向台风核心平流；与槽相伴的急流在有利区域激发对流、加强台风次级环流。而负面影响则主要包括使 VWS 增大、引导中层干空气侵入。

(1)台风—槽相互作用的基本诊断量

①涡动角动量通量辐合(REFC)

相对角动量的涡动通量辐合表达式为：

$$\mathrm{REFC} = -r^{-2}\frac{\partial}{\partial x}(r^2\,\overline{U'_{\mathrm{L}}V'_{\mathrm{L}}}) \tag{6.16}$$

式中，r 为距台风中心的半径；U_{L} 和V_{L} 分别为 200 hPa 相对台风的径向风和切向风，上划线表示取方位平均，上标′表示相对方位平均的扰动。

REFC 是台风流出层旋转的度量，也是台风—槽相互作用的良好指标，常用 200 hPa 围绕台风中心的外围环带(例如 r 取 300～600 km)平均 REFC>10 m/(s·d)表示台风和高空槽发生相互作用(Hanley et al.，2001)。由于 REFC 与台风强度变化的统计关系不稳健或者不一致，因此单独应用 REFC 来诊断预报台风—槽相互作用对台风强度变化的影响并非最佳方案，较为合适的是综合应用 REFC、200 hPa 辐散、惯性稳定度或 350 K 等熵面 PV 等物理量。

②位涡异常

位涡(PV)是综合表征热力与动力作用的物理量。相比于涡度，位涡具有守衡性和可反演性，因此被广泛用于台风的发生发展及结构演变的诊断分析。当台风处于发展阶段时，等熵面上气旋中心会出现正的位涡异常(或称距平、扰动)，这种 PV 正异常在不断加强的同时，一方面会向高空发展，另一方面其水平范围会随着台风的发展而逐渐收缩。

(2)叠加相互作用和远距离相互作用

气候学统计研究发现，在台风—槽相互作用前提下，高层 PV 最大值或 PV 异常的尺度和强度及与热带气旋中心的相对位置能够判断高空槽是否有利热带气旋发展，强度较弱、尺度较小的 PV 大值区能限制 VWS 的强度和负作用时间，更有利于热带气旋对流的加深发展，相反，强度过强或尺度过大的 PV 异常会产生很强的 VWS，阻碍热带气旋发展。

在不靠近陆地的大西洋暖海域(SST≥26 ℃)，根据小尺度的高空 PV 最大值(1.5 PVU)与台风中心的距离，将台风—槽相互作用分为叠加相互作用(距台风中心小于 400 km)和远距离相互作用(台风中心以西 400～1000 km)，它们使台风加深的比例分别为 78%和 61%(Hanley et al.，2001)。不限制海温后这两种相互作用引起台风加强的比例分别降为 54%和 51%(Peirano et al.，2016)。总体而言，叠加相互作用能较好地指示台风的加强倾向，当高空出现 PV 正异常且尺度逐渐减小或叠加在台风上空时，台风将突然增强(Molinari et al.，1995)；而有利和不利台风加强的远距离相互作用之间 PV 结构只有细微差异，仅凭 PV 结构特征无法恰当地预报台风强度变化。西北太平洋台风一槽相互作用情况与大西洋相似，在台风增强之前，小尺度的 PV 异常与台风相互接近，形成叠加配置，然后 PV 在台风中心附近减弱(Ventham et al.，2007)。

(3)有利于 RI 的台风—高空槽配置

与台风相互作用的高空槽形态及其演变特征有助于进一步诊断预报哪些台风—槽配置更有利于 RI 发生。Fischer 等(2019)利用 t 分布随机邻域嵌入(t-SNE)和 K 均值聚类分析技术，将与台风相互作用的高空槽分为切断、西北槽和东北槽三类，发现不同类台风合成的 350 K 等熵面 PV 异常各具特征(图 6.62)。其中，切断类(图 6.62a)的 PV 正异常紧邻台风西南部，负异常位于台风以北，这种配置的台风增强率明显高于其他两类，而西北槽类(图 6.62b)台风发生 RI 的可能性最小。发生与不发生 RI 的高空槽形态差异主要在于高空槽(尤其是槽底)的纬向波长和上游槽相对台风的距离，发生 RI 的槽大多波长较短和距离较大，切断类的合成波长约为 1000 km，切断低涡位于台风西南方 500～1000 km 左右时最易发生 RI。

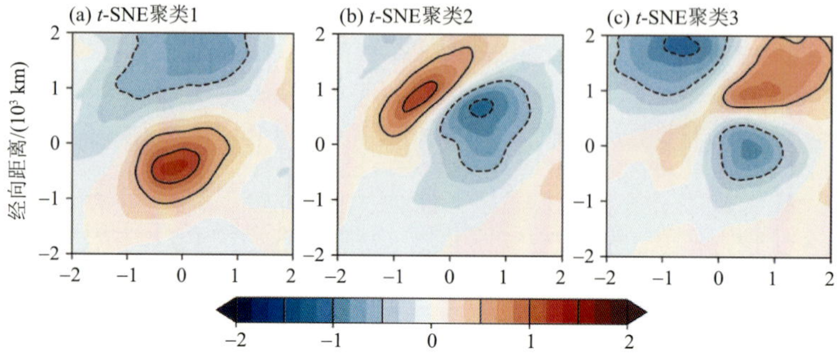

图 6.62　北大西洋海盆按台风中心合成的切断(a)、西北槽(b)和东北槽(c)三种聚类的 350 K 等熵面 PV 异常(单位 PVU，等值线和填色间隔为 0.5 PVU)
横、纵坐标分别为距台风中心的纬向、经向距离(单位：10^3 km)

(4)影响台风—槽相互作用的因素

台风—槽相互作用的性质对槽的强度、深度和位置高度敏感，用台风—槽相互作用诊断预报台风强度变化时可参考以下几点。

①理想化的敏感性数值试验显示，只有当台风与高空槽之间的距离在纬向为槽波长的 0.2～0.3 倍，在经向为槽振幅的 0.8～1.2 倍时，才会发生有利的相互作用和台风的强化(Komaromi et al.，2018)。

②当台风位于高空槽的正南方或槽加深时，台风上增加的 VWS 占主导地位，台风—槽相互作用不利于台风的强化(Komaromi et al.，2018)。如果高空槽较弱不宽，台风可能发生 RI(Ventham et al.，2007)。

③中等 REFC(10～25 m/(s·d))更有利于非变性台风的加强，而极端 REFC(＞25 m/(s·d))大多出现在高纬地区，极值达 120 m/(s·d)，一般只有变性台风才能维持或强化(Qian et al.，2016)。

④对于从高空槽切断出来的高空冷涡(UTCL)，气候学统计表明：绝大部分的台风—UTCL 相互作用可持续 24 h 以上；与台风中心间距在 15 个经纬度之内时，UTCL 的南部(北部)更有可能发生台风增强(减弱)，其中，RI 往往发生于 UTCL 的西南偏南和东南东象限，而 RW 出现在 UTCL 的西部半圆；间距在 9～13 个经纬度的相对作用会阻止减弱阶段的台风进一步减弱(Wei et al.，2016)。

高空槽及其与台风的相对位置不是一成不变，若高空槽本身强度变化迅速又急剧，或者台风相对高空槽移动很快(如从槽前迅速移到槽后)，则可使台风—槽相互作用对台风强度变化的影响发生明显变化，因而准确预报对流层上部高空槽的运动和演变对于预报这类台风的强度变化也至关重要。

6.3.5 台风强度近海快速变化的诊断预报

中国近海包括中国大陆濒临的渤海、黄海、东海、南海及台湾省东侧的西北太平洋部分海域。尽管近海台风仅约 12.6%会经历快速加强，年均不足 2 个(朱晓金 等，2011)，但因其离陆地较近，一旦发生 RI，特别是登陆前突然加强，就往往会对我国造成严重灾害，因而近海台风的 RI 预报尤为重要。鉴于可预报和防御时间较短，我国近海台风的 RI 研究一般以台风中心强度 12 h 时内变化不低于 10 m/s 为判别标准。

(1)我国近海 RI 的时空分布特征

近海 RI 地域性明显(图 6.63)，1949—2006 年大多数(占 67%)发生在南海北部或华南近海，其次在华东近海，但频数不到华南近海强度突增台风的 1/4，除了登陆后再入海台风，在黄海更是罕见；登陆后入海重新加强台风占 18%(朱晓金 等，2011)。近海台风在 4—10 月都可能发生 RI，其中 9 月发生频率最高，达 40%。夜间发生 RI 高于白天。

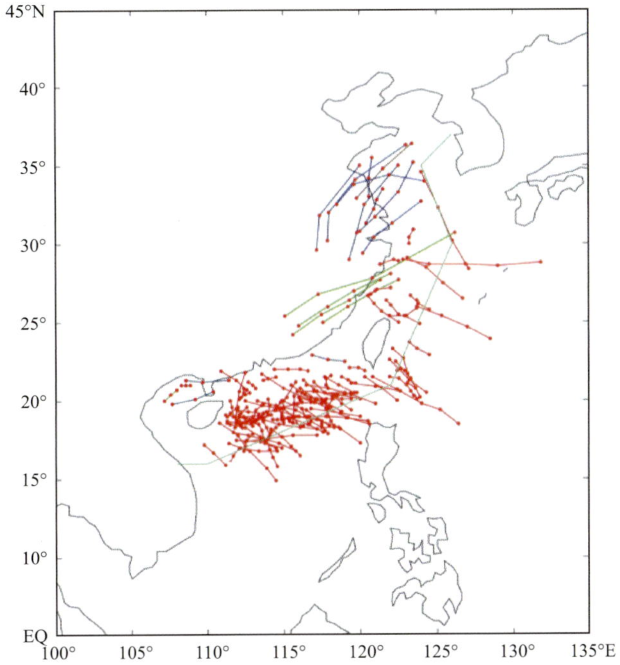

图 6.63 1949—2006 年我国近海台风迅速加强时段路径(朱晓金 等，2011)

(2)近海 RI 的天气形势和影响系统

①近海

500 hPa 高度场上，台风北侧因副高西伸或东风波诱发作用而使环境东风增强有利于南海或东海台风近海快速加强，鞍形场和两副高夹击也是南海近海台风快速加强的有利天气形势(冯锦全 等，1995)。华南近海台风的突然增强主要受低纬度天气系统影响，而华东近海主要受中纬度系统影响(刘春霞 等，1995)。

②华南近岸

华南近岸(离海岸 150 km 内海域)台风突然增强主要发生在 500 hPa 东高西低、北高南低和弱环流三种天气形势(图 6.64)下，西南季风、越赤道气流、东风波、弱冷空气、西风槽是主要的影响天气系统，其中东高西低形势下西南季风诱发 RI 最多(林良勋 等，2006)。

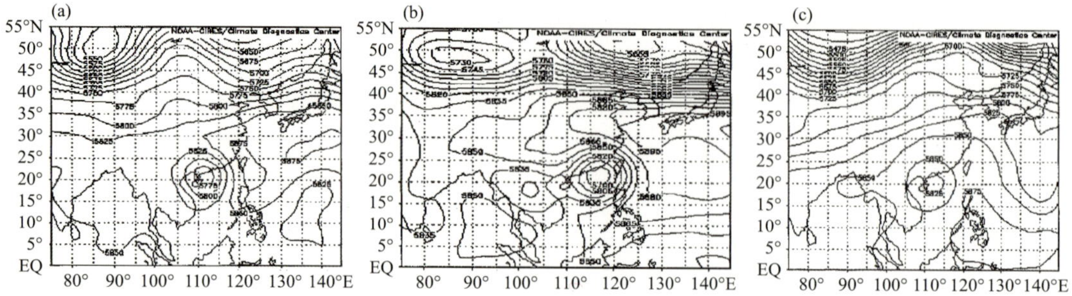

图 6.64　东高西低型(a)、北高南低型(b)和弱环流型(c)500 hPa 高度

③南海

有利南海台风发生 RI 的高层形势是单通道流出和双通道流出，高空辐散较强，而低层形势分为 6 种天气型，其中 3 种为秋季型，其他分别是春季型、夏季型和混合型(发生在春季或夏季)。春季型和秋季型天气形势(图 6.65a～d)的特点是具有异常强烈的低层季风涌和向南伸展的中纬度西风槽，前者向台风输送水汽和动量，后者与台风的相互作用触发台风外核对流。具体而言，A1 秋季型中纬度槽南伸至 25 °N，东北季风和中纬度冷空气侵入台风环流北部；A2 秋季型吕宋岛以东季风槽较宽；A3 秋季型西风槽距离较远，季风槽异常强盛，有多个台风共存；春季型东亚大槽槽后偏北气流引导干冷空气经东海变性后侵入台风北部。混合型(图 6.65e)天气形势的特点是季风强劲，季风槽向东延伸至140°E。夏季型(图 6.65f)形势与该季节平均状态差异不大。此外，春季型和秋季型的 VWS 较小，有利于 RI 发生，大多数 RI 发生在秋季型天气形势下，而夏季型 VWS 通常很大，较少

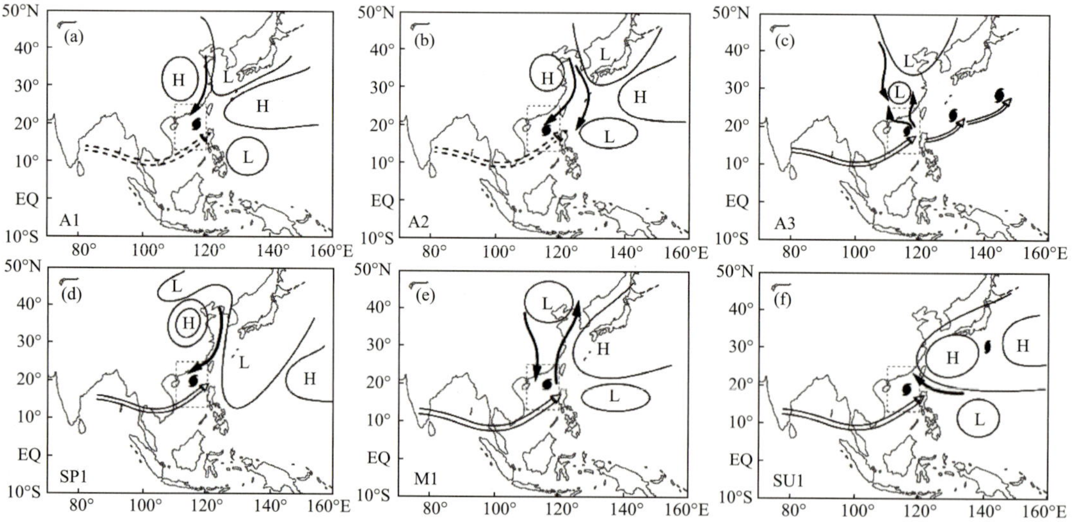

图 6.65　有利 RI 发生的 6 种低层天气形势

A、SP、SU、M 分别表示秋季、春季、夏季和混合(春季或夏季)，带箭头的双线表示季风急流，虚线表示季风急流不总是存在，带箭头的黑粗线表示气流方向

发生 RI(Chen et al.,2015)。

(3)近海 RI 的影响因素

近海台风快速加强往往是多种有利因素共同作用的结果。台风移至近海趋向登陆时,下垫面改变带来的影响也很重要。

①有利于近海台风发生 RI 的条件

(a)水汽输送:与台风连接的低层水汽输送通道是近海台风突然增强的主要原因之一。强烈的西南季风水汽输送是台风登陆华南沿海前 24 h 快速加强的先兆条件(胡春梅 等,2005;于润玲 等,2013)。

(b)高空流出:高空流出气流是近海台风突然增强的另一个主要原因。西风急流、高空冷涡,以及 TUTT 等高空环流系统与台风外流之间的相互作用有利于近海台风高层辐散增加。

(c)较弱的环境风垂直切变。

(d)南侵的环境冷空气:低层弱冷空气入侵近海台风外围,斜压能量激发对流发展,使台风近海迅速增强,如 2005 年台风"黄蜂"(Vongfong)(闫敬华 等,2005)。

(e)双台风相互作用。

(f)海洋条件:较高 SST 有利近海台风加强,28~30 ℃最为有利。海面之下温度层结梯度较小时可减少冷海水上翻对台风加强的负反馈。近海风暴潮和海浪增大海洋飞沫作用,或者存在海洋暖涡也对台风近海 RI 有正作用。

(g)地形:地形抬升作用或诱生作用使沿海或海峡存在中尺度系统,它们相互合并或与台风合并使台风对流云团加强。

(h)物理量诊断:台风中心附近对流层高层辐散和低层辐合增强、正相对涡度增大和正相对涡度柱向对流层中上层伸展、200 hPa 附近高度上高位涡中心叠加在中低层台风位涡柱之上、对流层高层或平流层的大值位涡下传。

②不利近海台风发生 RI 的因素

不利 RI 甚至导致衰亡的因素包括低层水汽输送通道与台风的联结断开、VWS 超过 20 m/s、过低或过高的海温、近海大陆架海洋混合层变浅、台风移速加快或海表拖曳系数变大使台风对流非对称性增强、台风移速太慢受深海冷水上涌负面影响大。

(4)近海 RI 的前兆性

近海台风突然增强响应以下因子变化的时间分别是:VWS 约为 18~24 h、850 hPa 动能 18 h、旋转风动能和低层涡动动能 24 h、水汽通量散度约为 24 h。这些前兆性特征对于提前预报近海台风的突然增强具有重要的指示意义(于玉斌 等,2007)。

(5)近海 RI 的预报判据和时效

箱线图差异指数(BDI)常用来量化分析因子的重要性,表 6.7 给出的是 BDI 方法筛选的近海 RI 影响因子、判据、预报 RI 的概率及提前量。其中,区分近海台风发生 RI 与否的最重要因素是台风自身特性 V_{max}、POT 和内核 PRE,其他依次为 SPDy、VWS、TCF、SST、DIV200、VOR850 和 RH600。如表所示,单一因子预报 RI 的概率都不高,并且只有内核 PRE、SST、RH600 和 VWS 能提供预报信号,这些表明近海 RI 的复杂性和预报的高难度。

表 6.7 近海 RI 预报因子阈值、RI 概率及预报提前量(Li et al. ,2021)

环境变量	变量缩写/(单位)	判据	RI 概率/%	提前时间/h
台风中心最大风速	V_{max}/(m/s)	≥33.45	16.23	0
台风相对强度(V_{max}:MPI)	POT	≥0.35	16.20	0
台风内核降水率	PRE/(mm/h)	≥1.87	14.39	24
台风丰满度	TCF	≥0.58	13.61	0
环境风垂直切变	VWS/(m/s)	≤5.02	12.47	6
垂直于海岸线的移速分量	SPDy/(km/h)	≤14.84	11.84	0
高层辐散	DIV200/(1/s)	≥7.35	11.74	0
中层相对湿度	RH600/%	≥69.05	11.68	12
海表温度	SST/℃	≥28.57	11.39	24
低层相对涡度	VOR850/(1/s)	≥14.00	11.25	0

6.4 台风强度的客观预报方法

台风强度的客观预报方法大致分为三大类:统计预报、动力预报和统计一动力预报方法。机器学习(ML)本质上是统计方法,可归到统计预报或统计一动力预报方法类别。

6.4.1 统计预报方法

早期在业务中应用的台风强度统计预报方法是气候持续性方法(CLIPER),它综合气候学和持续性两种预报因子,前者基于气候平均,后者将台风强度的未来变化与当前及前期状态相联系。CLIPER 方法简单易行,其预报不仅可作为实时预报在业务中应用,而且常被当作“基准预报”,用于评估其他预报的相对预报技巧。后来发展的台风强度统计预报方法比 CLIPER 方法复杂,除了考虑气候持续性因子,还引入当前和前期大气、海洋等因子。

下面介绍西北太平洋台风强度预报业务使用的统计预报方法,分别是美国研发的台风强度统计预报方法(ST5D)、中国气象局上海台风研究所(STI)建立的西北太平洋台风强度气候持续性预报(TCSP)和西北太平洋台风强度统计预报(WIPS),以及广西壮族自治区气象局开发的南海区域台风路径(强度)遗传神经网络预报(ANNGA),其中,ST5D、TCSP 为 CLIPER 方法。

(1)ST5D

ST5D(Knaff et al. ,2003b)的前身是美国国家飓风中心(NHC)和联合台风预警中心(JTWC)早期业务应用的台风强度气候持续性预报,即大西洋与东北太平洋飓风强度预报模型 SHIPOR 和西北太平洋台风强度预报回归模型 STIFOR,最长预报时效均为 3 d,2000 年重新研发的 ST5D 统计模型将预报时效延长至 5 d。

ST5D 是多元线性回归模型，模型预报量为预报时刻相对起报时刻的强度变化，共有 35 个气候学和持续性变量作为模型的候选预报因子。其中，基本变量 7 个，分别为日期（即起报年日减去海盆台风季节活动峰值对应的年日）、起报时刻台风纬度、经度、移速的纬向和经向分量、强度及过去 12 h 变化，而 28 个衍生变量是基本变量的平方或叉乘。对不同时效预报分别建立 ST5D 模型，各时效模型的预报因子使用逐步回归方法从候选预报因子中选出。

（2）TCSP

TCSP（蒋乐贻，2004）也是采用逐步回归方法建立的多元线性回归预报模型（式 6.17）：

$$y = a + a_1 x_1 + a_2 x_2 + \cdots + a_9 x_9 \tag{6.17}$$

式中，y 是预报对象，为某预报时刻相对于起报时刻的台风强度变化；$x_1, x_2, \cdots, x_9$ 是根据气候持续性原理选取的 9 个预报因子，分别为起报时刻台风的纬度、经度和强度及其过去 12 h 和 24 h 变化；a_1，a_2，…，a_9 为回归系数。

TCSP 考虑了气候影响，使用共 30 a 的 5—10 月台风样本逐月建立预报模型。模型采用的台风强度是近中心最大风速（V_{max}），通过 Koba 等（1990）提出的统计风压关系转换为中心最低气压（P_{min}）预报。

TCSP 模型于 2004 年投入业务应用，当 5—10 月编号台风进入西北太平洋区域（含陆地）时，每隔 6 h 预报未来 3 d 逐 12 h 强度预报，预报因子使用中央气象台台风实时定位定强资料。TCSP 预报在我国西北太平洋（含南海）台风主客观预报质量评价业务中用作基准预报。

（3）WIPS

Chen 等（2011b）将西北太平洋分为远海、华东近海、华南近海 3 个海区，在 TCSP 的基础上增加大气和海洋因子，用逐步回归分析方法分海区建立了 WIPS 台风强度统计预报模型。WIPS 建模时考虑了当前（即起报时刻）的台风位置、强度及前期的位置与强度变化、当前大气因子、当前及台风可能影响区域的海温条件，但未考虑登陆的影响。

WIPS 方法实时业务预报使用的台风路径预报参考中央气象台官方预报，大气因子应用数值模式的分析场，对进入西北太平洋区域的编号台风进行每日 2 次预报，预报时效 12～72 h（间隔 12 h）。

（4）ANNGA

台风强度变化是多尺度系统非线性相互作用的结果，其预报是非线性问题，尤其是对于台风强度突变的预报，采用线性回归方法建立的统计预报模型预报存在很大的局限。广西壮族自治区气象局利用人工智能（AI）方法在解决非线性问题方面的优势，将遗传算法和人工神经网络两种机器学习算法相结合，研制出台风强度预报 ANNGA 方法（姚才 等，2007；Jin et al.，2008；金龙 等，2020），即遗传—神经网络算法。

ANNGA 采用一个三层 BP 神经网络建模，根据学习矩阵样本进行有监督学习训练，调整输入层到隐层和隐层到输出层的连接权系数。模型预报量为台风强度变化，预报因子除了起报时刻台风的位置、强度及其前期（过去 12 h 和过去 24 h）变化等气候持续性因子之外，还包括 900～200 hPa 不同等压层的散度、涡度、水汽通量和地面 10 m 高度风速等大气因子。大气因子由台风强度与 24 h 前再分析场的相关分析确定。为了建立合理的模型输入学习矩阵，提高模型的稳定性和预报效果，ANNGA 采用条件数计算分析方法，选择复共线性关系小的预报因子组合。ANNGA 还引入遗传算法，利用该算法的群体搜索策略求解台风强度变化问题的全局最优解，同时客观地确定神经网络的连接权和最优网络结构。

ANNGA 的台风强度预报，特别是南海台风强度预报一直表现出较高的预报精度。在 STI 进行业务质量评定的客观方法中，ANNGA 强度预报已连续数年表现最优（非同样本比较）。

6.4.2 数值预报方法

数值天气预报模式以动力模式为核心，因而又称为动力模式。随着模式和计算能力的不断进步，如今数值模式预报已成为气象预报业务的重要支撑，在台风强度预报方面也不例外。我国气象部门业务应用的台风强度数值预报产品来自国内外主要的业务模式系统，包括通用模式、台风模式和集合预报系统。表 6.8 给出了国内外部分主流的业务模式系统。

表 6.8 台风强度业务预报应用和 STI 业务检验的通用模式、台风模式及集合预报系统

通用模式 版本/升级年份	类型	国家/机构	分辨率 预报时长（起报时次）	同化方案	涡旋初始化 海气耦合
CMA-GFS V4.0/2023	全球 非静力	中国	0.125°（～12.5 km），87 层 240 h(00/12 UTC) 120 h(06/18 UTC)	4DVar	同化台风定位定强 未耦合
ECMWF-HRES CY48r1/2023	全球 谱	ECMWF	O1280（～9 km），137 层 240 h(00/12 UTC)	4DVar	无涡旋初始化 耦合海洋、海浪模式
JMA-GSM /2022	全球 谱	日本	TL959（～20 km），128 层 264 h(00/12 UTC) 132 h(06/18 UTC)	Hybrid 4DVar LETKF	非对称 Bogus 涡旋 未耦合
NCEP-GFS V16/2021	全球 有限体积 立方球体	美国	FV3（～13 km），127 层 384 h(00/12 UTC) 240 h(06/18 UTC)	GSI/4DVar hybrid LETKF	涡旋重定位 耦合海浪模式
UKMO-UM GA7.0/2022	全球 格点	英国	N1280（～10 km），70 层 144 h(00/06/12/18 UTC)	4DVar Ensemble Hybrid	Bogus 涡旋 耦合海洋模式
台风模式 版本/升级年份	**基础模式**	**国家/机构**	**最高分辨率 预报时长**	**涡旋初始化**	**海气耦合**
CMA-TYM V3.1/2021	GRAPES	中国	9 km，68 层 120 h(00/06/12/18 UTC)	涡旋强度调整	无
HWRF FY/2020	WRF NMM	美国	最高 1.5 km，75 层 126 h(00/06/12/18 UTC) （应 NHC/JTWC 之需）	涡旋重定位、 尺度和强度订正	海洋 POM 或 HYCOM 海浪 WWIII

续表

台风模式 版本/升级年份	基础模式	国家/机构	最高分辨率 预报时长	涡旋初始化	海气耦合
SHTM V2	WRF ARW	上海 台风所	9 km 120 h(00/12 UTC)	同化台风涡旋	无
CMA-TRAMS (南海台风模式) V3.0/2019	GRAPES	广州 热带所	9 km,65 层 168 h (00/12 UTC) 72 h(06/18 UTC)	无	无
集合预报系统 版本/升级年份	**类型**	**国家/机构**	**分辨率 预报时长**	**同化方案 涡旋初始化**	**成员数 扰动方案**
CMA-GEPS V1.3/2022	全球	中国	0.5°(~50 km),87 层 360 h(00/12 UTC)	4DVar BDA	31 SV,SPPT+SKEB
ECMWF-ENS CY48r1/2023	全球	ECMWF	O1280(~9 km),137 层 360 h (00/12 UTC)	4DVAR	51 SV+EDA,SPPT +SKEB
UKMO-MOGREPSG /2022	全球	英国	N640 (~20 km),70 层 168 h (00/12 UTC)	4DVar EnKF hybrid	36 * 4D-enVar,SPPT +SKEB2
NCEP-GEFS V12/2020	全球	美国	C384(~25 km), 64 层 384 h (00/06/12/18 UTC)	GSI/3DVar EnKF hybrid	31 EnKF,SPPT+SKEB
JMS-GEPS /2022	全球	日本	TQ479(~27 km),128 层 264 h (00/12 UTC) 台风增 132 h(06/18 UTC)	4DVar	51 SV+ LETKF,SPPT
CMA-REPS V3.2/2022	区域	中国	0.1°(~10 km),50 层 84 h(00/12 UTC)	3DVar+云分析, 涡旋重定位	15 ETKF_R,SPPT
STI-TEDAPS /2019	区域	上海台风所	27 km,35 层 72 h(00/12 UTC)	3DVar-EnKF	21

*:由时间滞后 12 h 的两次预报的成员组成,每次预报的成员包括 1 个控制预报和 17 个扰动成员。

备注:STI 研发的 GRAPES-TCM 申请 2023 年停止参加台风客观预报方法全国气象广播,故未列入本表。

6.4.3 统计-动力预报方法

近年来动力模式的台风路径预报水平明显提高,相比之下,模式的台风强度预报改进并不显著,对强度快速变化的预报能力尤其有限。模式在初值分析、动力框架、物理过程描述等环节都可能不尽完美,模式强度预报总是存在误差。因此,利用统计方法对动力模式的预报进行解释应用,成为提高台风强度预报水平的主要方式。本节主要介绍业务运行的统计动力模型。

6.4.3.1 基于单值预报的统计动力模型

台风强度预报的单一模式统计动力模型大多是应用统计技术建立台风强度变化率与当前状态、沿台风预报路径的数值模式大尺度环境参数预报之间的关系。

(1)线性统计-动力模型

最具代表性的台风强度预报线性统计动力模型是大西洋飓风强度预报模型SHIPS。该模型的建立基于多元线性回归技术，包括气候学、持续性、大气和海洋等预报因子。SHIPS问世之初只是纯粹的统计预报模型，模型沿台风预报路径的大尺度环境因子的信息均来自模式分析，而非模式预报。1997年，SHIPS开始使用模式预报，从此转变为统计动力模型。由于建立模型仍然使用台风最佳路径，大气环境参量也使用分析，因此SHIPS是一种完美预报(PP)方法，即假定台风路径预报和模式预报的大气环境参量准确。SHIPS还假定台风路径预报所经海域的海洋状况不随时间变化。

SHIPS模型并未考虑陆地对台风强度的衰减效应，因而业务上在其后处理阶段增加订正步骤：当官方预报台风路径将经过陆地时，启用经验模型对SHIPS的陆上强度预报进行衰减订正，订正后的SHIPS预报又称为D-SHIPS(DeMaria et al.，2005)。最初采用的经验模型基于台风陆上强度随登陆后时间指数衰减的假设(Kaplan et al.，1995)，后来引入台风环流覆盖陆地比例系数以更好地处理台风在狭窄陆地移动的强度订正问题(DeMaria et al.，2006)。

全球共有6个主要的台风发展海域，即西北太平洋、东北太平洋、西南太平洋、北大西洋、北印度洋和南印度洋，研究人员在北大西洋海盆SHIPS模型的基础上，也分别发展了适合其他海盆的台风强度统计动力预报模型并投入业务运行，其中，西北太平洋台风强度统计动力预报模型STIPS(Knaff et al.，2005)于2003年起在JTWC业务应用，提供5 d逐12 h强度预报。STIPS也是采用PP方法建立的多元线性回归模型，每个预报时效独立建模，候选的预报因子有两类，分别为与气候学、持续性和过去强度变化相关的静态因子、与当前和未来环境大气及SST条件相关的时变因子(表6.9)，通过逐步回归方法筛选出各时效模型所用的预报因子。表6.9中，粗黑字体为11个筛选因子及其重要性最显著的时效，可见持续性因子对12 h强度预报最重要，除了移速，台风当前状况与未来台风强度的相关性最大，而环境因子对较长时效强度变化很重要。

表6.9 STIPS模型的候选预报因子、筛选预报因子(粗黑体)及其最重要时效

序号	预报因子	代码	最重要的时效
1	**t=0(即起报时刻)强度(最大风速)**	**VMAX**	**12**
2	**t=0(即起报时刻)强度(最大风速)的平方**	**$VMAX^2$**	**12**
3	**过去12 h强度(最大风速)变化**	**DVMX**	**12**
4	当年日期(天数)减去248后的绝对值	JDAY	
5	**台风移速**	**SPD**	**60**
6	**最大潜在强度**	**MPI**	**24**
7	**最大潜在强度乘以起报时刻强度(最大风速)**	**MPI * VMAX**	**12**
8	850～700 hPa相对湿度平均(半径200～800 km区域)	RHLO	
9	**500～300 hPa相对湿度平均(半径200～800 km区域)**	**RHHI**	**24**

续表

序号	预报因子	代码	最重要的时效
10	200 hPa 纬向风平均(半径 200～800 km 区域)	U200	
11	**200 hPa 温度平均(半径 200～800 km 区域)**	**T200**	**36**
12	200 hPa 散度平均(半径 0～1000 km 区域)	DIV200	
13	600 km 内相对涡动通量辐合	REFC	
14	850～200 hPa 归一化环境风垂直切变(半径 0～500 km 区域)	SHRG	
15	850～500 hPa 环境风垂直切变平均(半径 200～800 km 区域)	SHRS	
16	**850～200 hPa 环境风垂直切变平均(半径 200～800 km 区域)**	**SHRD**	**12**
17	850～500 hPa 环境纬向风垂直切变平均(半径 200～800 km 区域)	USHRS	
18	**850～200 hPa 环境纬向风垂直切变平均(半径 200～800 km 区域)**	**USHRD**	**60**
19	850～200 hPa 环境风垂直切变乘以 sin(纬度)	SHRD * SIN(LAT)	
20	850～200 hPa 归一化环境风垂直切变乘以 sin(纬度)	SHRG * SIN(LAT)	
21	850 hPa 相对涡度平均(半径 0～1000 km 区域)	VOR850	
22	**最大潜在强度的平方**	**MPI^2**	**24**

由于 SHIPS 模型在不断升级中引入了海洋热含量(OHC)和卫星辐射参数等新的预报因子，且预报时效间隔缩短，因此 SHIPS 升级版(DeMaria et al.，2005)也移植到 JTWC，用于预报西北太平洋台风强度(Schumacher et al.，2013)。

(2)非线性统计一动力模型

SHIPS 模型是一组预报因子的线性组合，为克服其对台风强度非线性变化预报的局限性，DeMaria(2009)应用非线性微分方程，建立了台风强度(最大风速)变化的逻辑增长方程模型(LGEM)，并于 2006 年在 NHC 投入业务应用。

LGEM 可以认为是逻辑回归的微分或局部形式，由海上和陆上两个方程组成。

台风在海上时使用的 LGEM 方程如下：

$$\frac{dV}{dt} = \kappa V - \beta V \left(\frac{V}{V_{mpi}}\right)^n \tag{6.18}$$

式中，V_{mpi} 是以最大风速表示的最大潜在强度 MPI；β 和 n 为正常数；κ 是随时间变化的增长率，假设 κ 为深层环境风垂直切变 S 和对流不稳定性参数 C 及其相互作用的线性函数，则有 $\kappa = a_1 S + a_2 C + a_3 SC + b$。六个系数 β、n、a_1、a_2、a_3 和 b 采用伴随方法估计。

LGEM 陆上模型则采用台风强度陆地衰减经验模型(见 D-SHIPS 部分)，陆上台风强度(最大风速)变化由陆地衰减系数、环境风和衰减时间等参数决定。

LGEM 对预报模型的时间变化更为敏感，参数数量远远少于 SHIPS 模型，但预报更优，且时效越长优势越明显。此外，LGEM 的预报还可以使用环境风垂直切变和对流不稳定度的二维相空间(S-C)来解释。如图 6.66 所示，在 S-C 相空间的左上象限，垂直风切变(对流不稳定度)低于(高于)平均水平，发生 RI、SEF 的概率较高，2005 年飓风 katrina 从 8 月 23 日生成到 29 日临登陆墨西哥湾沿岸几乎都位于此象限，在此期间飓风 katrina 经历了至少一次双眼墙替换和 RI；在左下限可能出现 AH；而在右上象限，当有利的对流不稳定性为不利的垂直风切变所平衡时，飓风缓慢增强，随着垂直风切变进一步增大打破平衡，飓风可能减弱消亡；处于右下象限右下端的飓风可能变性。

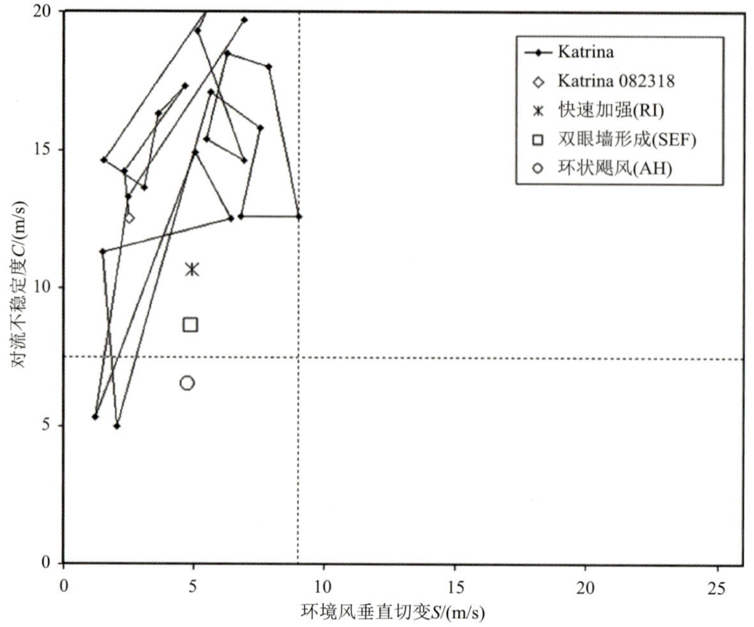

图 6.66　2005 年飓风 Katrina 从生成至临登陆墨西哥湾沿岸的 S-C 相空间时间演变

虚线为 2001—2006 年大西洋飓风样本的 C 和 S 平均值，图中还显示了样本中所有快速增强（RI）、双眼墙形成（SEF）和环形飓风（AH）的平均 S-C 值（改编自 DeMaria，2009）

6.4.3.2　集成预报

研究和业务实践纷纷表明，两种或以上单值预报的集成能提高预报准确率。这类集成预报常被称为共识或一致性（Consensus）预报，而用于集成的单值预报则被称为集合成员，所有集合成员合称多值预报。集合成员来源广泛，可以是主观预报，也可以是确定性模式（或集合预报系统的成员）预报及其解释应用、气候持续性预报等客观预报。按照所用的集成技术，一致性集成预报可分为等权集成预报和不等权集成预报。等权集成预报是成员相同时效预报的算术平均；不等权集成各成员预报的权重常取决于自身的预报误差，一般误差越大权重越小。

台风预报方面，一致性集成方法首先在路径预报得到应用并取得成功（Leslie et al.，1990；Goerss，2000），2000 年以来，国内外业务中心广泛采用该方法进行台风路径预报，其良好的预报效果促使了台风强度一致性集成预报的研究和应用，事实证明这种方法同样能提高台风强度预报技巧，是业务上实时预报效果最好的方法之一（Cangialosi，2023）。以下是两种较有代表性的强度预报集成方法。

（1）基于 STIPS 的等权集成预报

西北太平洋台风强度统计动力预报模型 STIPS（参见 6.4.3.1 节）的路径使用 JTWC 官方预报，大气类预报因子的预报值为大气模式预报沿路径的 6 h 平均。在早期，STIPS 使用的大气模式是美国海军全球天气预报业务系统（NOGAPS），JTWC 与 NOGAPS 路径预报不一致和 JTWC 陆上路径预报错误等路径偏差问题是导致 STIPS 只发挥了 15% 潜在预报技巧的主要原因。为解决路径预报带来的问题，Sampson 等（2006，2008）构建了基于STIPS的西北太平洋台风强度一致性集成预报(称为ST10),其基本原理是将10家大气模式预报分别代入STIPS模型,形成10种STIPS强度预报,然后进行等权平均。ST10优于JTWC的业务STIPS预报,且较长时效预报优势尤其明显。

(2)多模式超级集合预报

Krishnamurti等(1999,2000)提出多模式超级集合预报方法,并给出在台风路径和强度预报、气候模拟等方面的示范应用。该方法本质上属于一致性集成预报,集合成员由不同模式构成,技术特点包括不等权集成、消除成员预报的系统性误差。

图6.67概括了用多元线性回归方法构建多模式超级集合预报的主要过程,分为训练和预报两个阶段,步骤简述如下。

在训练阶段,应用台风强度的观测(一般利用最佳台风路径数据)和多个模式预报的历史样本,对每个预报时效,建立台风强度超级集合预报S的多元线性回归模型:

$$S=\overline{O}+\sum_{i=1}^{N}a_i(F_i-\overline{F_i}) \tag{6.19}$$

式中,N为参与集成的模式总数;$\overline{O}$为观测的气候平均;F_i和$\overline{F_i}$分别为第i个模式预报值及其在训练阶段的平均;a_i为第i个模式的权重,通过误差项G的最小化求得。

误差项G定义为训练阶段超级集合预报S(记为S_t)误差的平方和:

$$G=\sum_{t=1}^{N_{\mathrm{train}}}(S_t-O_t)^2 \tag{6.20}$$

式中,N_{train}为训练阶段样本数;O_t为观测。

在预报阶段,将各模式的台风强度预报值代入训练阶段建立的回归模型(即式(6.19)),输出未来台风强度预报。

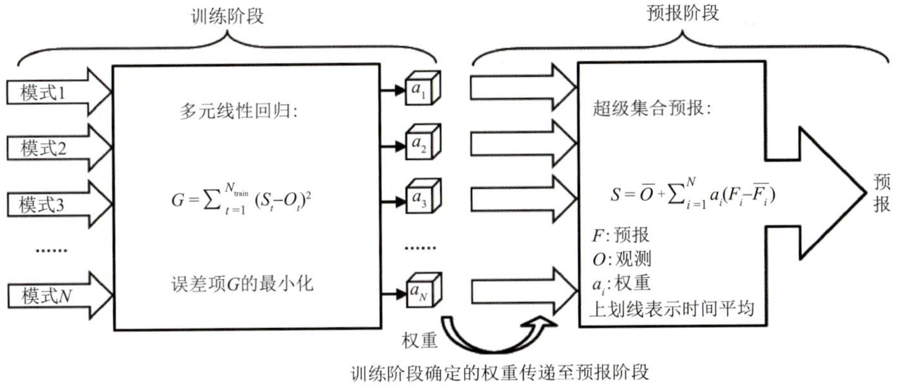

图6.67 多模式超级集合预报构建过程概要(根据Krishnamurti et al.,2016重绘)

归功于多模式超级集合方法的成员偏差订正和加权集成等技术优势,NHC业务运行的多模式超级集合预报HCCA比等权集成预报IVCN更有可能预报出台风的快速加强(Simon et al.,,2018)。然而,在成员模式升级初期,重新训练的样本往往不够充足,超级集合预报可能不如最佳模式的集合平均。

(3)结构特征集合平均(FM)

等权的集合平均(AM)和消除偏差加权平均的多模式超级集合预报都能提高台风强

度的预报技巧，但它们都存在一个问题，即强度与台风结构的集合平均场不匹配。我们知道，台风强度与结构变化密切相关，结构也会影响台风路径。若三者预报能相互匹配，且路径与强度预报仍具有相当的技巧，则可谓一举三得。Zhang 等(2021)将结构特征集合平均算法(FM)应用于台风预报的研究就是这方面的有益开端。

与平移台风中心的重定位方法不同，FM 算法(Feng et al.，2020)将不同集合成员的台风结构预报场，包括内核和大尺度环境场等预报中相似的天气特征调整至它们的平均位置，再对移动后的集合成员的天气特征预报进行振幅平均。这种做法不仅能保证集成后的台风结构具有真实的平滑和空间连续性，还可根据调整后的台风结构场导出台风位置和强度。应用 FM 算法，Zhang 等(2021)将 NCEP-GEFS 集合预报 20 个成员的海平面气压场预报调整至平均位置，然后进行等权集成。图 6.68a 和图 6.69 给出了 2017 年台风“奥鹿”(Noru)的 FM 与 AM 结构集合平均预报效果对比，可以看出，AM 集合平均的台风结构与中心不一致，而 FM 集合平均不存在此问题。图 6.68b 进一步给出了 FM、AM 和一致性集成三种方法的台风中心最低气压预报 MSLP 的统计检验结果，统计样本是 2017 年 25 个台风的 219 次预报，其中，FM、AM 方法的 MSLP 由其结构集合平均导出，一致性预报是集合成员 MSLP 的等权平均。如图所示，FM 方法的强度预报与一致性集成预报技巧相当，2.5 d 以上时效的预报误差明显低于 AM 方法。

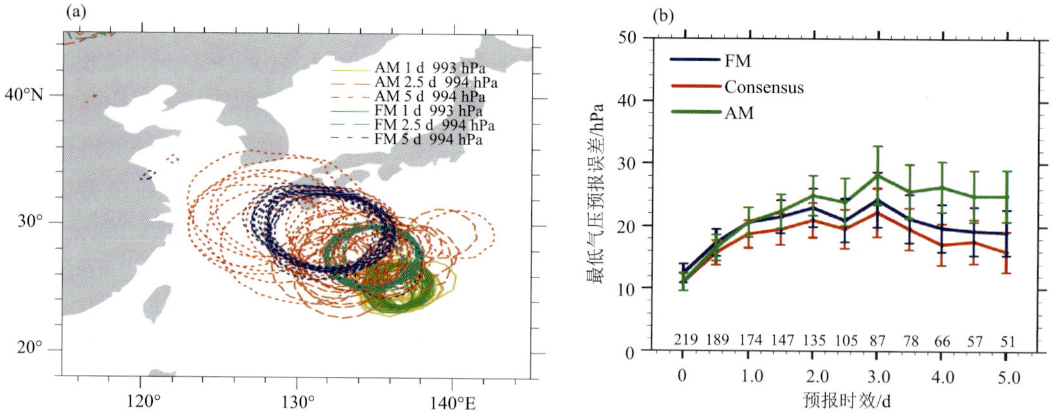

图 6.68 (a)2017 年台风“奥鹿”(Noru)海平面气压的 AM 与 FM 集合平均效果对比；(b)AM(绿线)、FM(蓝线)、Consensus(红线)三种方法台风中心最低气压预报的误差统计检验结果对比

6.4.3.3 概率预报

本小节简要介绍普适的台风强度概率预报方法，关于台风快速加强和双眼墙形成的统计动力概率预报方法在 6.4.4 介绍。

台风强度概率预报的关键在于如何量化强度预报的不确定性，通常采用集合方法、统计方法或两者相结合。

(1)集合方法

集合方法使用多值预报构建概率密度函数(PDF)或累积密度函数(CDF)，多值预报为一组确定性预报的集合，确定性预报可来自集合预报系统(EPS)的成员预报、确定性模

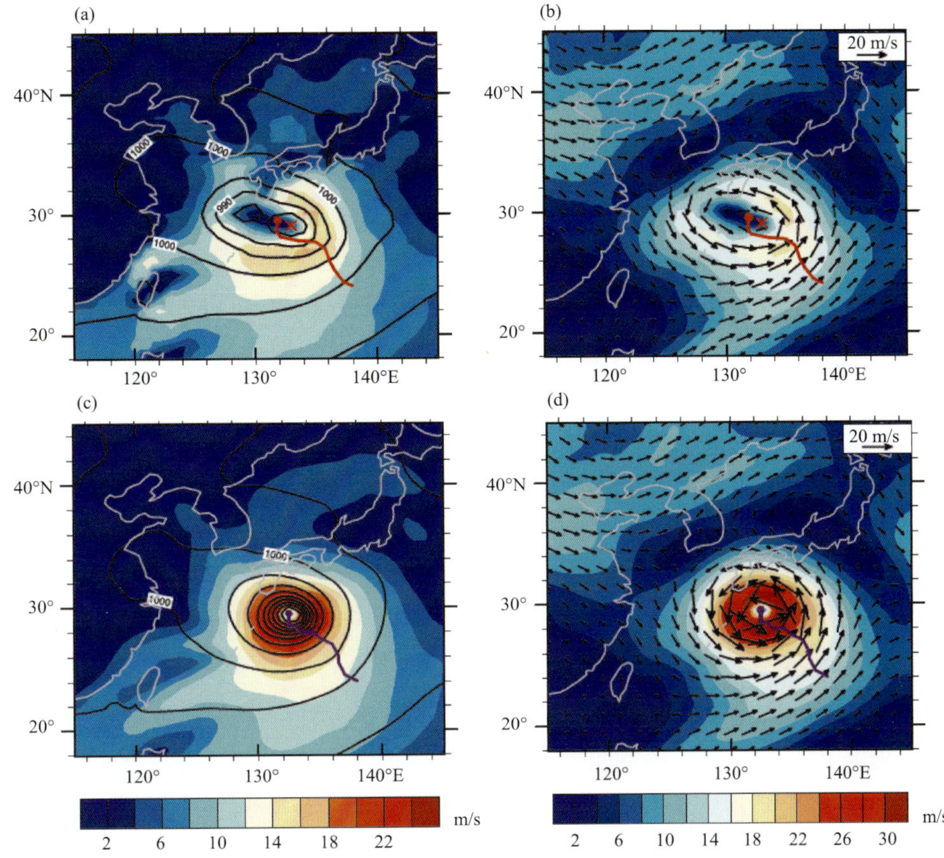

图 6.69 2017 年台风“奥鹿”(Noru)海平面气压(a,c),500 hPa 风矢(b,d)的 AM((a,b)与 FM(c,d)集合平均效果对比(红线为台风路径一致性预报(Consen),紫线为由 FM 集合平均导出的台风路径预报)

式预报、统计模型或统计动力模型预报。如果这组多值预报包含了不同且独立的预报,就可能成为超级集合预报。

有两种基本构建方法。一种基于集合成员的实时预报,表征的是与当前状态相关的预报不确定性,EPS 后处理环节生成的概率预报产品正是采用这种方法。另一种应用集合成员的历史预报,例如 Alessandrini 等(2018)发展的相似集合(AnEn)概率预报使用一组与台风强度相关的环境和内核动热力学特征的模式预报变量作为相似判据,搜寻与 HWRF 模式实时预报相似的 HWRF 历史预报以组成相似集合,然后用相似集合成员的强度预报估计 CDF。

由于集合成员个数有限,因此集合离散度通常不够充分。为解决充分性问题,受 DeMaria 等(2009,2013)工作启发,Lin 等(2020)基于全球 EPS 的成员预报,研发 FHLO 模型框架并输出大型集合,进而充分量化流依赖的台风路径、动力和热力环境、初始强度等预报不确定性。FHLO 模型框架由三部分组成:①从 EPS 路径预报离散度采样生成人造路径的模型,产生的路径量级可达 O(1000),且统计上与集合预报相似;②沿每条人造路径的强度预报模型,模型输入包括了用 EPS 预报计算的垂直风切变、饱和熵损失和潜在强度等参量;③估计台风二维表面风场时间演变的物理模型。

(2)统计方法

统计方法基于确定性预报的过去误差分布，构建误差 PDF 或误差 CDF，代表气候不确定性。例如，Lee 等(2015)研制了概率多元线性回归模型，其中，多元线性回归模型与 SHIPS 模型类似，用于在环境和风暴条件下预报台风强度，而误差 CDF 根据模型训练期预报误差的经验分布构建。

(3)集合和统计方法

和集合方法一样，这种方法也是基于一组预报的集合，但利用集合成员的过去预报误差来估计预报不确定性，例如 Weber(2005)研发的 PEST 概率预报使用一组由业务统计模型预报、模式预报和共识模型预报构成的集合，利用集合成员在训练期的历史预报构建误差 CDF，其误差 CDF 取决于各成员强度预报相对实际强度的预报误差以及预报误差的最小值与平均值之差。

6.4.4 RI 概率预报方法

一直以来，台风的 RI 都是台风预报的最大挑战之一。迄今较成熟且已经业务运行的台风快速加强概率预报方法有快速加强指数(RII)、逻辑回归(LR)模型、朴素贝叶斯分类方法、以上方法的共识预报模型，以及 DTOPS 方法。

6.4.4.1 快速加强指数(RII)

NHC 业务运行的快速加强指数(RII)提供大西洋和东太平洋飓风快速加强的概率预报，因指数研制和实时预报都使用 SHIPS 模型的预报因子数据而被冠以 SHIPS，称为 SHIPS-RII。

SHIPS-RII 的第一个版本采用阈值法，由 Kaplan 等(2003)建立，构成指数的 5 个因子是 SHIPS 模型中与快速加强相关性最高的大尺度环境和海洋预报因子，即过去 12 h 强度变化、SST、低层相对湿度、环境风垂直切变、当前强度与 MPI 之差。该版本将 RI 历史样本的各因子平均值作为因子阈值，通过判断因子是否满足阈值条件预报未来 24 h RI (即 24 h 内最大风速至少增加 15.4 m/s 或 30 kt，1 kt＝0.514 m/s)的发生概率。

第一版 RII 的修订升级工作由 Kaplan 等(2010)完成，他们改用线性判别分析(LDA)方法，引入与 RI 内核过程有关的因子，并增加了 24 h 内最大风速增强 25 kt、35 kt 的概率预报。后来 Kaplan 等(2015)又推出 RII 的增强版，对因子进行变更和增补(具体因子说明及代码详见表 6.10)，增加最大风速 12 h 内增强 20 kt、24 h 内增强 40 kt 、36 h 内增强 45 kt 和 48 h 内增强 55 kt 的 RI 概率预报。图 6.70 显示了增强版 RII 的预报因子的重要程度，在较长的预报时效(即 48 h)，过去 12 h 强度变化(PER)的重要性下降，垂直风切变(SHRD)在大西洋权重最大，潜在强度(POT)在东北太平洋权重最大，表明持续性因子对短时间内 RI 很重要，动力学因子可能对大西洋飓风 RI 起主导作用，而热力因子是东北太平洋飓风 RI 的控制因素。

表 6.10 SHIPS-RII 增强版的预报因子

预报因子	代码
过去 12 h 强度(最大风速)变化	PER
滤去台风涡旋后半径 500 km 内区域的 200～850 hPa 环境风垂直切变	SHRD
半径 1000 km 内区域的 200 hPa 散度	D200
半径 500 km 和上风切方向±45°以内区域整层可降水量<45 mm 的面积百分比	TPW
半径 440 km 内区域 GOES 卫星红外亮温主成分分析第二分量	PC2
50～200 km 环域 GOES 卫星红外亮温标准差	SDBT
潜在强度(即最大潜在强度 MPI－当前强度)	POT
海洋热含量	OHC
内核干空气预报因子	ICDA
当前强度(最大风速)	VMX0

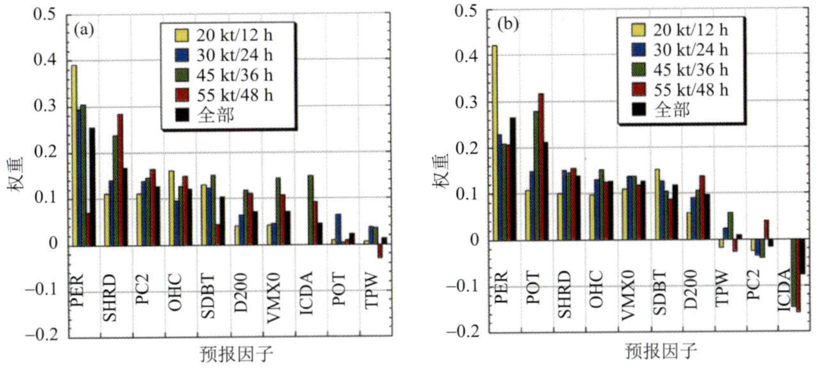

图 6.70 大西洋(a)和东北太平洋(b)海盆 SHIPS-RII 增强版预报因子的平均相对权重

6.4.4.2 逻辑回归模型和朴素贝叶斯分类法

Rozoff 等(2011)在 SHIPS 模型预报因子数据框架下开发逻辑回归(LR)模型和基于朴素贝叶斯分类算法的经验贝叶斯概率模型,用于预报大西洋和东北太平洋飓风 24 h 内最大风速增强 25 kt、30 kt 和 35 kt 的概率。LR 模型的最优预报因子通过逐步算法顺序从候选预报因子子集选出,满足逻辑拟合偏差最小。贝叶斯模型则是采用留一法交叉验证技术,基于模型概率预报 Brier 技巧评分(BSS)最大化筛选最优预报因子。尽管两种模型使用的因子不完全相同,在大西洋和东北太平洋也有所差别,但都包含了与 RI 密切相关的大尺度大气环境条件、海洋和内核对流活动三类因子。

Tam 等(2021)采用类似于 Rozoff 等(2011)的方法,开发了西北太平洋海盆(不含南海)台风快速加强客观指导预报(TINT-RI),于 2016 年在香港天文台投入业务运行,提供未来 48 h 的 RI 预报。TINT-RI 算法描述物理和环境条件的预报变量取自 ECMWF-HRES 模式输出和美国国家海洋和大气管理局的台风热潜势,同时包括持续性(过去 12 h 强度变化)等台风特征的观测。为了进一步降低误报率,TINT-RI 还使用统计动力模型的台风强度预报和模式 VWS 预报的变化。检验表明,TINT-RI 比主要的全球数值模式和气候学方法具有更高的 RI 预报技巧。

6.4.4.3 西北太平洋 RIPA 模型

在前人工作的基础上，Knaff 等(2018)发展了适用于西北太平洋台风的 RI 概率预报模型 RIPA 并在 JTWC 投入业务应用。RIPA 由 LDA 和 LRE 两类模型组成，分别基于 Fisher 线性判别分析和逻辑回归方法构建。这两类模型均对 7 种 RI 等级分别建模，包括 24 h 内增强 25 kt、30 kt、35 kt 和 40 kt，36 h 内增强 45 kt 和 55 kt，48 h 内增强 70 kt，记为 RI25、RI30、RI35、RI40、RI45、RI55、RI70。LDA 和 LRE 不同 RI 等级模型使用不同因子，可包括当前强度(VMAX)、过去强度变化(DV)、强度潜势(POT)、深层 VWS(GSHR)、OHC、中层相对湿度(RHMD)、高层辐散(DIVC)、低层温度平流(TADV)、冷云面积(PC50 和 PC60)、环域亮温标准差(SDO)、内核尺度(RMNT)及其距平(FR5)。因子的权重分别通过 Brier 评分最优化求得。RIPA 业务指导产品是 LDA 和 LRE 模型 RI 概率预报的平均。

2016—2017 年 2 a 台风独立样本的 Brier 评分技巧检验结果表明，LRE 模型在所有 RI 等级概率预报均有正技巧，RIPA 除 RI55 等级外也都有正技巧，而 LDA 仅 RI25 阈值有正技巧。

为消除预报因子 SDO 在相邻两个预报时效之间产生的噪声，降低 POT 和 VMAX 的共线性，Knaff 等(2020)对组成 RIPA 的 LDA 和 LRE 模型进行修订。修订后因子的重要性如图 6.71 所示。

6.4.4.4 DTOPS

确定性到概率性统计快速加强指数(DTOPS)利用多个确定性统计模型的显式强度变化预报估计 RI 的可能性(Onderlinde et al., 2018)。DTOPS 采用如下的逻辑回归模型：

$$P(x)=\frac{1}{1+e^{-(b_0+b_1\cdot x_1+\cdots+b_n\cdot x_n)}} \tag{6.21}$$

式中，b_0表示截距项；$b_1,\cdots,b_n$为各预报因子的权重；$x_1,\cdots,x_n$为各预报因子的标准差。

DTOPS 使用的预报因子共计 13 个，分为基本信息、确定性统计模型强度变化预报及其标准差三类。基本信息类因子包括台风当前强度和所在纬度。确定性统计模型预报分别来自 ECMWF-IFS 全球预报订正模型(EMX)、NCEP-GFS 全球预报订正模型(AVNI)、HWRF 预报订正模型(HWFI)、LGEM 模型和 D-SHIPS 模型(DSH)，除了 EMX 预报为最低气压的变化，其他确定性统计模型预报为最大风速的变化。当确定性统计模型强度变化预报超过 1.25 倍标准差时，相应的标准差因子赋值 1，否则赋值 0。DTOPS 的预报因子还用到 HWFI 和 DSH 预报的乘积组合。

DTOPS 对 8 个 RI 等级(即台风增强率 12 h 20 kt，24 h 25kt、30 kt、35 kt、40 kt，36 h 45 kt，48 h 55 kt 和 72 h 65 kt)的概率预报分别建模。预报因子经标准化处理后，应用多年样本求算各预报因子的权重系数，其中，台风当前强度和所在纬度因子权重最大，其次是 HWFI 和 LEGM 模型预报。

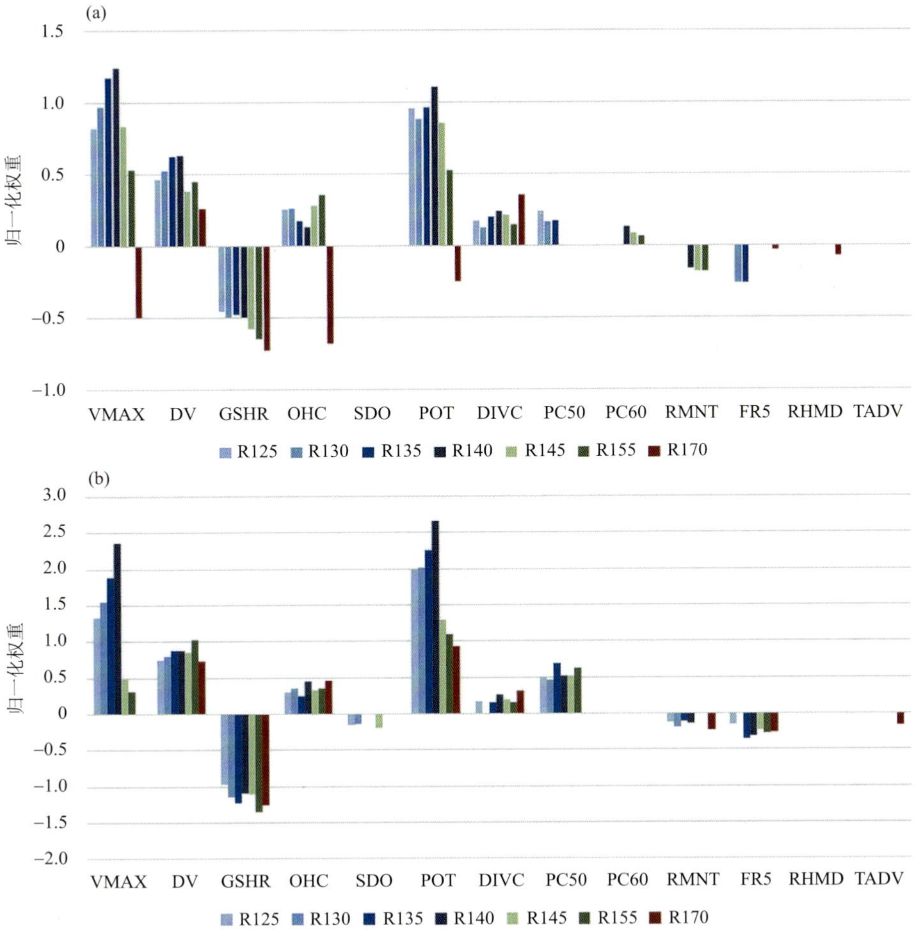

图 6.71 LDA(a)和 LRE(b)模型的归一化权重系数

每个系数的大小指示相应变量预报各种 RI 等级的相对重要性，24 h、36 h 和 48 h 的 RI 等级分别以蓝色、绿色和红色色调显示

6.4.5 双眼墙预报方法

台风双眼墙形成和替换在北半球各大洋海盆都很常见，该过程与台风内核强度和结构的显著变化关系密切，可造成台风中心最大风速的快速波动和外围大风影响范围迅速扩大，使台风的破坏性增大，因而是台风强度预报的重要环节。

6.4.5.1 双眼墙形成概率预报模型

Kossin 等(2009)利用 1997—2006 年北半球所有台风海上活动时的卫星微波图像，并辅以机载和陆基雷达数据、飞机侦察数据等额外信息，识别并构建了 SEF 数据集，基于该数据集统计得到区分台风双眼墙形成(SEF)与否的特征，然后应用朴素贝叶斯分类概率算法建立了海上飓风未来 12 h 内 SEF 概率预报模型。

假设区分 SEF 与非 SEF 类的 N 维特征集合 $\boldsymbol{F}$ 中的各个特征 F_i 独立，则 SEF 概率预报模型可写成如下：

$$\begin{cases} P(C_{yes}|\boldsymbol{F}) = \dfrac{P(C_{yes})\prod_{i=1}^{N}P(\boldsymbol{F}|C_{yes})}{P(\boldsymbol{F})} \\ P(\boldsymbol{F}) = P(C_{yes})\prod_{i=1}^{N}P(F_i|C_{yes}) + P(C_{no})\prod_{i=1}^{N}P(F_i|C_{no}) \\ P(C_{yes}|\boldsymbol{F}) + P(C_{no}|\boldsymbol{F}) = 1 \end{cases} \tag{6.22}$$

式中，先验概率 $P(C_{yes})$和 $P(C_{no})$分别为发生 SEF 和未发生 SEF 的概率，取台风样本统计值；$P(F_i|C_{yes})$和 $P(F_i|C_{no})$分别为每个特征的 SEF 类和非 SEF 类条件概率，通过样本训练或模型拟合求得；以上均为模型的输入量，而后验概率 $P(C_{yes}|\boldsymbol{F})$为模型的输出量。

除了采用主成分分析从飓风卫星(HURSAT)数据集台风中心方位角平均红外亮温廓线提取的卫星特征，模型使用的其他特征(表 6.11)从 SHIPS 数据集的变量选出。

基于多种检验参数的评估结果(表 6.12)表明，北大西洋 SEF 概率预报模型相对气候学有正技巧，且正技巧、命中率和 ROC 面积均随模型所使用特征的增多而增加，同时空报率不变。

表 6.11 应用于北大西洋贝叶斯概率模型 的 SHIPS 特征

SHIPS 特征	说明	SEF 倾向
VMX	当前强度(最大风速)	较强
LAT	当前纬度	偏南
D26C	26 ℃海温厚度气候值	较厚
U200	200 hPa 纬向风(距中心 200～800 km)	较弱(接近于 0)，范围很窄
RHHI	300～500 hPa 相对湿度	较湿
TWAC	0～600 km 平均 850 hPa 对称切向风(NCEP 分析)	较强
PENC	涡旋外缘表面气压方位平均	较低
SHRD	200～850 hPa 切变值	较弱，范围窄
VMPI	最大潜在强度	较高，范围很窄
IR00-05	100～300 km 红外亮温标准差(GOES 云图)	较小(较轴对称)
IR00-16	20～120 km 红外亮温平均(GOES 云图)	较低，范围窄

表 6.12 北大西洋模型的性能检验结果

	BSS	Peirce 技巧评分	Briggs-Ruppert 技巧评分	命中率	空报率	ROC 面积
气候学	0	0	0	0	0	0.50
模型输入表 6.11 的当前强度	12%	12%	2%	13%	2%	0.77
模型输入表 6.11 的当前强度和 SHIPS 环境变量	18%	20%	7%	22%	2%	0.86
模型输入表 6.11 的全部变量	21%	28%	14%	30%	2%	0.86

6.4.5.2 双眼墙替换预报模型

Sitkowski 等(2011)利用飞机低空侦察观测进行统计分析，定义了大西洋飓风双眼墙替换周期(ERC)的初次加强、减弱和再度加强三个阶段,并总结出三阶段强度和结构变化的平均特征(详见图 6.72 和表 6.13)。

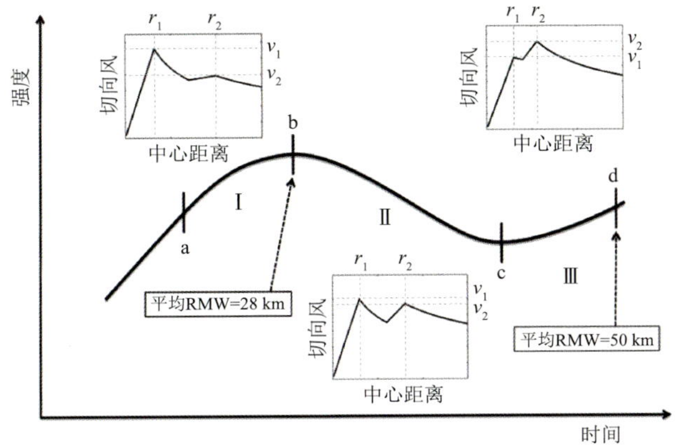

图 6.72 飓风强度在 ERC 三个阶段的平均演变

ERC 起始(a 点)由飞行高度观察到的持久相干的切向风次极大值识别,标志着 ERC 加强阶段(阶段 I)的开始,在此阶段,切向风极大值(内侧)和次极大值(外侧)都在增加和收缩。在减弱阶段(阶段 II),切向风极大值减小,而次极大值随着向内收缩而增加,当两个极大值相等时,识别为阶段 II 结束(点 c)。点 c 之后为再增强阶段(阶段 III),外侧风的极大值已超过内侧,且在增强的同时继续向内收缩,当观测不到内侧风(局部)极大值时,ERC 结束(d 点)。三个小图为三个阶段观测到的飞行高度切向风典型径向廓线示意图,内侧极大值 v_1 和外侧极大值 v_2 分别位于半径 r_1 和 r_2 处(改编自 Kossin et al. ,2012)

在该研究结果的基础上,Kossin 等(2012)应用具有前向选择的标准逐步线性回归方法,建立了一组 ERC 预报模型,其中,三个模型用于预报强度变化,包括减弱阶段(阶段 II)的 Δv_1 和 Δt 及再增强阶段(阶段 III)的 v_2 变化率,第四个模型则用于预报风场结构变化,包括阶段 II 和阶段 III 最大风速半径(RMW)的总变化。

模型的预报因子包括环境特征和台风云结构的卫星特征,是采用留一法交叉验证技术从 SHIPS 预报变量中筛选所得。环境特征为 VMX、LAT、SHRD、VMPI 和 TWAC(表 6.13),卫星特征为台风周围 200 km 内区域 GOES 卫星通道 4 亮温平均值、20~120 km 区域亮温最低值。

表 6.13 ERC 各阶段的强度和径向结构参数 v_1、v_2、r_1 和 r_2(图 6.72)的平均变化(Mean)和标准差(SD),以及每个阶段的平均持续时间 Δt 和标准差

v_b 为最佳路径的强度(改编自 Kossin et al. ,2012)

	加强阶段(阶段 I)		减弱阶段(阶段 II)		再度加强阶段(阶段 III)	
	Mean	SD	Mean	SD	Mean	SD
Δv_1/kt	+14	18	−20	11	−15	14
Δv_2/kt	+9	11	+18	14	+8	8
Δv_b/kt	+7	11	−9	12	−2	5
Δr_1/km	−7.0	11.5	−1.4	6.9	−2.2	8.0
Δr_2/km	−14.8	18.8	−28.8	15.9	−12.7	12.0
Δt/h	9.4	9.1	16.6	8.6	10.7	12.6

当台风处于ERC的增强阶段（阶段Ⅰ）并假设即将进入Ⅱ阶段（图6.72中的b点）时启动ERC预报模型进行预报，模型输出量为台风在700 hPa飞行高度或接近地面的强度波动幅度和持续时间，以及切向风结构的径向波动。

ERC预报模型可为预报员提供ERC期间台风地面最大风速大小和范围变化的实时业务客观指导，也可能有助于波高和风暴潮预报。

6.4.5.3 ERC减弱阶段的气候学预报模型

在Sitkowski等（2011）定义的ERC三个阶段中，减弱阶段伊始台风强度骤减，之后可持续12 h或更长时间的减弱。由于减弱阶段主要由台风内部动力过程驱动，而非环境因素主导，因此以响应周围环境为主的SHIPS模型对减弱阶段瞬间强度变化的预报误差很大。为解决此问题，Kossin等（2016）建立了基于ERC强度减弱气候学的简单模型E-SHIPS。研究发现，将该模型作为SHIPS模型的补充，应用于ERC减弱初始或之后不久，可以显著减小SHIPS模型的强度预报误差（图6.73）。

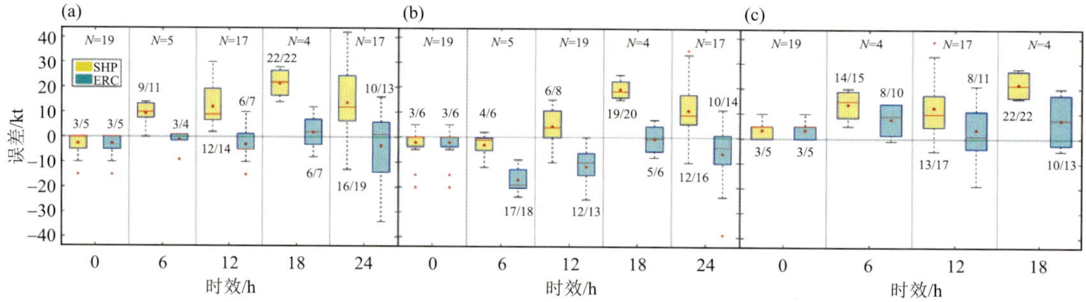

图6.73 ERC开始减弱到24 h后（a）、减弱前6 h（b）和减弱开始后6 h（c）应用ERC气候学模型（ERC）与SHIPS模型（SHP）的预报误差分布对比（单位：kt）

正（负）值表示模型预报的强度高于（低于）最佳路径数据，图中还显示每个预报时效的样本数N、平均绝对误差/均方根误差

6.5 台风强度预报技术的评估及展望

尽管与台风路径预报相比，台风强度预报技巧的进步滞后且缓慢，但在最近十多年，无论是西北太平洋、大西洋，还是东北太平洋海盆活动的热带气旋，官方强度预报技巧确实都有稳步提升的趋势，这得益于业务上参考的各类强度客观预报性能的改进，最准确的强度客观预报已从最早的统计模型转为统计-动力模型，近年正在向动力模型（即数值模式）过渡（Cangialosi et al.，2020）。

在台风强度快速变化预报方面，近5 a客观方法性能进步明显。DTOPS方法的RI概率预报占据大西洋和东北太平洋RI预报技巧首位（DeMaria et al.，2021），凸显出非线性机器学习算法的竞争力。集成RI概率预报方法RIPA的西北太平洋RI共识模型进一步提高了RI预报技巧。随着数值模式的发展，包括水平分辨率提高到对流尺度、增加垂直层次、引入尺度感知的对流参数化或边界层湍流参数化方案、改进数据同化技术、同化更多更好的观测、实现内核数据同化和改进海洋模式的耦合，数值模式的台风内核结构预报有了明显改善，RI 预报技巧有所提高。

然而，业务参考的客观方法仍有诸多不足：通常高估弱 VWS 环境中的强度变化；区域模式经常在垂直风切变或干空气环境中预报出过于对称的内核对流，造成很大的强度预报误差；模式在陆地附近的路径预报误差会对强度预报产生负面影响；RI 预报命中率低、空报率高，区域模式难以预报 RI 开始的时间，并且预报不稳定。同时业务上缺乏 RW 预报方法。未来需要优先解决预报员确定的这些问题，并且发展或改进预报时效 2～3 d 的台风强度变化客观预报，特别是满足对强度快速变化（包括 ERC、海上 RW 等）的开始时间、持续时间和幅度等准确预报的迫切业务需求（Wang et al.，2023）。

预计物理约束的数值模式与数据驱动的机器学习模型相结合的强度预报技术将是未来一个研究重点，而高效、低成本，且强度与路径、结构协同建模的纯数据驱动预报系统可能成为终极目标。在强度预报技术的未来发展中，更多现场观测（包括外场科学试验的观测）的应用仍然是关键，提高对有利环境中台风内核过程与机制的理解至关重要，加快强度变化物理过程研究及其向业务的转化将有助于更早地达到目标。

第 7 章

台风暴雨预报

台风是我国东南沿海地区夏秋季节的主要降水系统，但台风降水又会酿成巨大的灾害。我国多个特大致灾暴雨都是台风造成的。在陆地上，台风带来的暴雨及因此引起的洪水和地质灾害造成的损失甚至比大风更为严重。例如，“75·8”河南特大水灾的“元凶”是7503号热带风暴“Nina”；2005年“龙王”、2016年“尼伯特”和2021年“烟花”的主要灾害都是由暴雨引起的。提高台风暴雨预报的水平，减轻台风暴雨造成的损失，具有非常重要的意义。本章所指的台风包含热带低压及以上级别的所有热带气旋。

7.1 台风暴雨特征

7.1.1 台风暴雨气候特征

(1)台风平均降水

从气候平均值看(图7.1)，我国大陆台风降水影响范围广，华南、华东、华北、东北、华中、西南以及小部分西北地区均受台风降水影响，降水具有从东南沿海省份向西北内陆，从南至北逐渐递减的特征。台风降水大值区主要集中在海南、广东、福建、广西、浙江五省(区)沿海地区，降水超200 mm/a，其中，海南省及闽粤沿海部分地区降水超过400 mm/a；海南省局部地区达700 mm/a以上；长江以南的大部分地区台风降水在50 mm/a以上；长江以北中高纬度沿海地区台风降水达25～50 mm/a；内陆省份如内蒙古、陕西、四川西北部等地台风年平均降水仅0.1～5 mm/a。

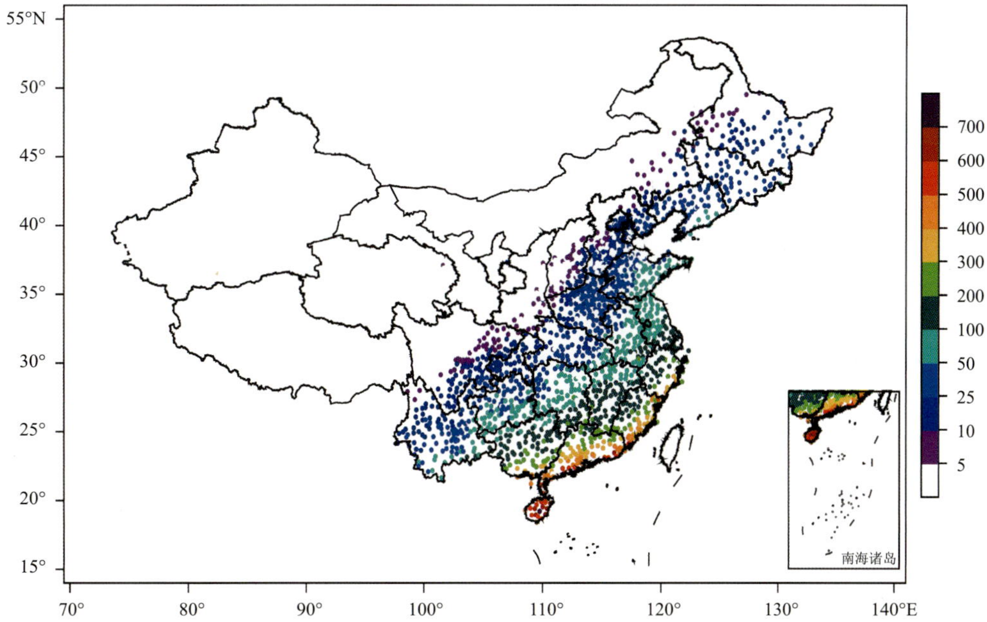

图7.1 1960—2020年我国大陆多年台风平均降水分布(单位：mm)

(2)台风日降水极值

通过多年我国大陆台风日降水极值分布可以看出(图 7.2),华南、华东和华北沿海部分地区及河南、安徽、江西、湖南等内陆省份局部地区台风日降水极值较大,达 200 mm/d 以上,其中,江苏、山东、河南、湖北、广东、广西、海南个别站点台风日降水极值达 500 mm/d 以上。多年台风日降水极值逐渐向内陆递减,内陆省份台风日降水极值大部分地区达 50 mm/d 以上,四川西北部、甘肃东南部、内蒙古中部、宁夏西北部等地日降水极值较小,仅 0.1~25 mm/d。

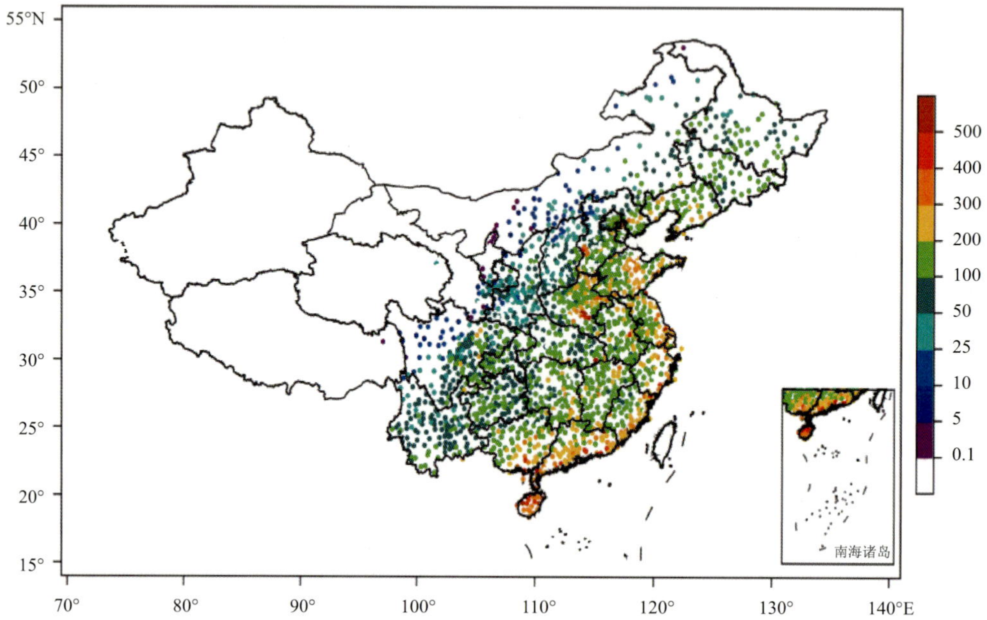

图 7.2　1960—2020 年我国大陆台风日降水极值分布(单位:mm)

(3)台风过程降水极值

从我国大陆台风过程降水极值分布可知(图 7.3a),其具有从东南沿海省份向内陆地区,由南向北逐渐递减的特征,过程降水极值大值区主要集中在海南、广东、福建、浙江沿海地区,过程降水极值达 400 mm 以上,其中海南、广西东南部沿海、广东沿海,以及河南的个别站点台风过程降水极值达 700 mm 以上。结合台风过程降水极值发生的月份分布图(图 7.3b)可以看出,我国大陆大多数站点台风最大过程降水出现在 7—8 月,其次是 9 月和 6 月。沿海地区站点台风最大过程降水常出现在 7—9 月,内陆则主要集中在 7—8 月。

(4)台风暴雨频次

从 1960—2020 年我国大陆台风日降水≥50 mm 频次图、≥100 mm 频次图(图 7.4a、b)和过程降水≥100 mm、≥200 mm 频次图(图 7.4 c、d)可见,台风暴雨频次大值区集中在海南、广东、广西、福建沿海地区,其日降水≥50 mm 以上频次达到 150 次以上,局部地区达到 200 次以上,海南、广东个别站点达 250 次以上;其日降水≥100 mm 频次达 20 次以上,海南、广东局部地区达 60 次以上,海南个别站点达 100 次以上;其台风过程降水≥100 mm 和≥200 mm 频次分别达 50 次和 20 次以上。东北、华北、华中、西南等内陆地区日降水≥50 mm 以上频次在 1～30 次之间，过程降水≥100 mm 频次在 1～20 次之间，受台风暴雨影响较小。台风暴雨影响频次具有从东南沿海向西北内陆，从南至北逐渐递减的特征，与多年台风过程平均降水分布特征一致，具有较好的对应关系，海南全省及广东和福建沿海地区是受台风暴雨影响的主要地区。

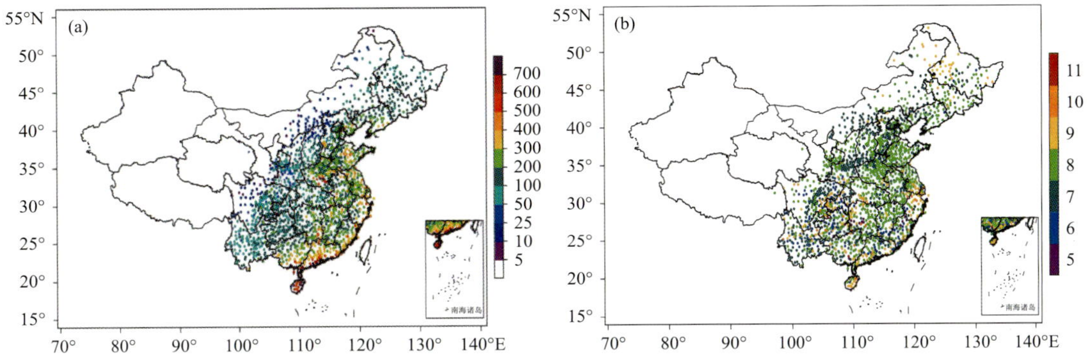

图 7.3　1960—2020 年我国大陆过程降水极值分布(单位:mm)(a)和各站点过程降水极值发生月份分布(b)

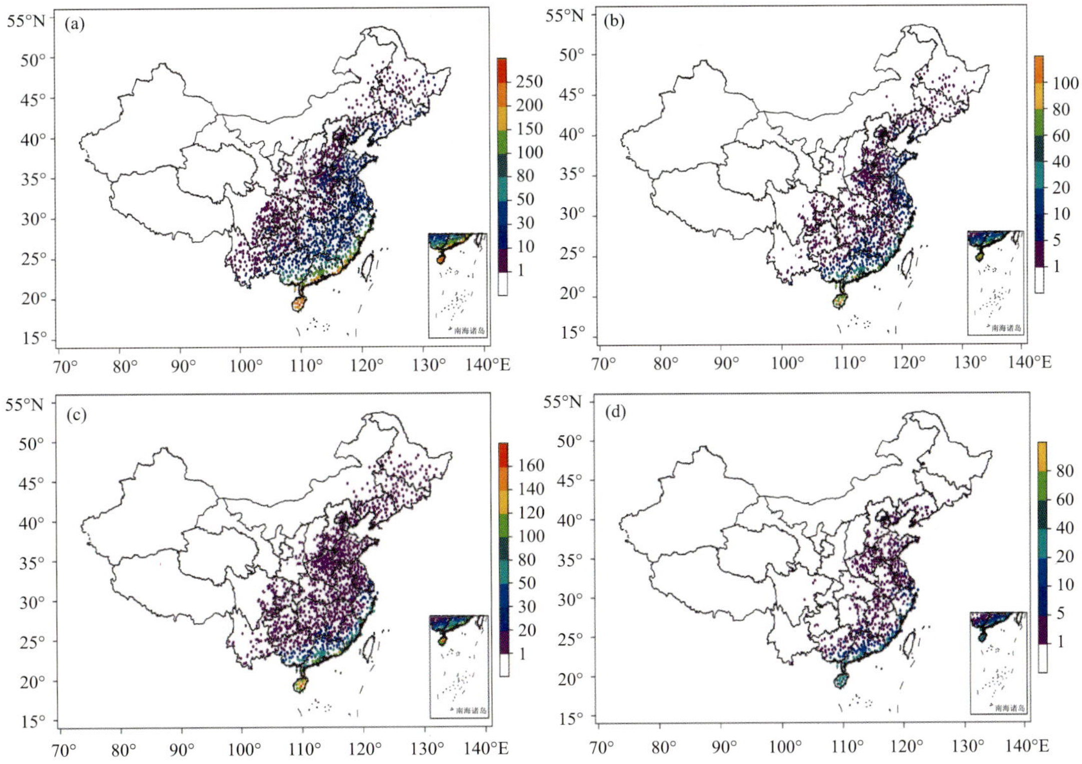

图 7.4　1960—2020 年我国大陆台风日降水≥50 mm 频次(a)、≥100 mm 频次(b)和过程降水≥100 mm 频次(c)、≥200 mm 频次分布(d)(单位:次)

7.1.2 台风暴雨类型

台风暴雨可分六类(Chen et al.,2010),分别为台风核心区暴雨、螺旋雨带、台风内部中小尺度系统降水、不稳定降水、台前飑线暴雨和台风远距离暴雨。

(1)台风核心区域暴雨(图 7.5 中 A)

根据陈瑞闪(2002)统计,如果登陆时强度达台风以上,出现大暴雨(总雨量>300 mm)所占概率较大,达 0.452,其中>600 mm 的特大暴雨概率达 0.129。强热带风暴的总雨量以 101～300 mm 占多数,概率达 0.571;热带风暴的总雨量也以 101～300 mm 占多,概率达 0.429。可见,台风核心云团引起的暴雨强度与其强度有关。一般情况,台风登陆点附近都有 100 mm 以上降水,但移速很快的台风例外。例如,8304 台风登陆时风速 40 m/s,9615 台风登陆时风速 50 m/s,二者强度都很强,但移速都很快,登陆点附近雨量仅 50～60 mm。

图 7.5 台风中降雨系统(Chen et al.,2010)

(2)台风螺旋雨带或外围暴雨(图 7.5 中 B)

暴雨出现在台风倒槽(B_1)或较强的风切变线附近(B_2),可出现在台风东北侧、西—西北侧、东南侧和西南侧,暴雨落区与台风结构和环境场影响有密切关系。如台风东北侧暴雨,螺旋雨带主要是集中在台风的前半部,后半部螺旋雨带较弱。其降水特点是台风登陆后雨势迅速减小。如 2008 年“凤凰”台风 7 月 28 日 22 时在福建福清登陆,而台风中心东北侧的浙江沿海出现暴雨,最大降水量达 541.5 mm。2013 年强台风“菲特”于 10 月 7 日 01 时 15 分登陆福鼎沙埕镇沿海后转为西到西南方向移动,并快速减弱。我国江苏南部、上海、浙江北部、福建北部等部分地区出现大雨或暴雨甚至特大暴雨,降雨量一般达到 200～350 mm,其登陆后最强降雨出现在浙江北部、上海和江苏东南地区(图 7.6),浙江东北部地区降雨量高达 400 mm 以上,最大达 507.3 mm。浙江北部地区和沿海地区有 13

个县(市、区)日雨量破当地日雨量历史记录。强降水主要受台风“菲特”外围螺旋云带所致(薛熤 等,2021)。

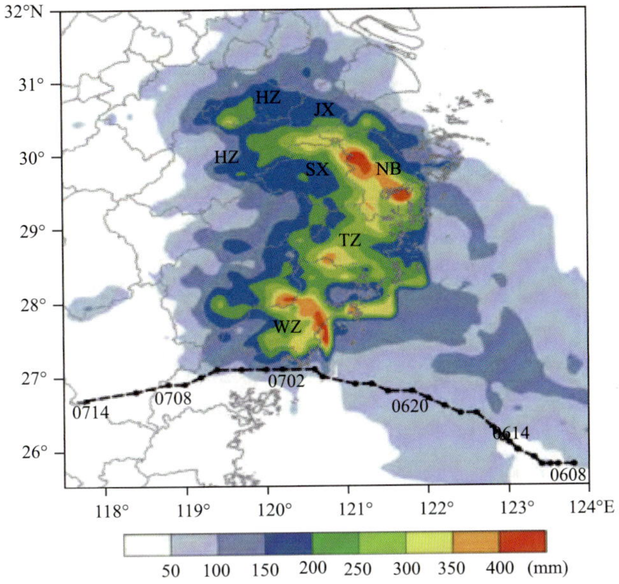

图 7.6 2013 年强台风“菲特”登陆前后移动路径和 10 月 6 日 08 时—7 日 14 时过程降水量分布(HZ(上):湖州,HZ(下):杭州,JX:嘉兴,SX:绍兴,NB:宁波,TZ:台州,WZ:温州)

台风西南侧暴雨表现为在台风后部有强西南气流伴随,台风的前半圆则螺旋雨带较弱。西南风急流携带着大量暖而湿的水汽,为台风后部暴雨提供了充沛的水汽来源和不稳定能量。

(3)台风的中小尺度系统或不稳定降水(图 7.5 中 C、D)

如 2005 年 10 月 2 日,龙王台风登陆福建厦门时,在其北面的福州地区出现了罕见的局地特大暴雨,引发了严重的山洪灾害和城市渍涝,福州成了一片“水乡泽国”,造成严重的人员伤亡和财产损失。台风“龙王”大暴雨分布在不到一万平方千米的区域内,24 h 累积降水量最大达到 331 mm(图 7.7),主要发生在 10 月 2 日 19—22 时的 3 h 内,1 h 降水量极值大于 100 mm 的有 4 个站(图中标▲站)。这种暴雨预报难度很大,一般与冷空气侵入和地形作用有关。干冷空气入侵台风“海棠”残余低压引发的华北地区大暴雨例子也表明冷空气与台风结合后往往通过产生不稳定层结进而导致暴雨(陈宏 等,2020)。2017 年热带风暴“海棠”登陆福建福清后继续北上并减弱为热带低压,给华北东部带去了明显的大暴雨过程(图 7.8)。此次降雨过程共持续了 36 h(8 月 1 日 23 时—8 月 3 日 11 时),有 710 个站点累积雨量达到 50 mm 以上,263 个站点累积雨量达到 100 mm 以上,大暴雨主要集中在华北东部平原以及北部燕山的东南迎风坡一侧。

(4)台前飑线暴雨

台风影响前,其前方 100～200 km 处有辐合线存在,该辐合线往往首先在地面形成,台前飑线的形成是台风与周围环境复杂相互作用的结果。低空强辐合和抬升、充沛水汽、强的不稳定层结是台前飑线生成的有利条件(Meng et al.,2012;陈联寿 等,2017a,

2017b)。随着台风靠近，台风东南潮湿气流加强输送充沛水汽，形成高湿环境，辐合和不稳定能量加强，增强了辐合区的对流有效位能(CAPE)，形成不稳定层结，激发了飑线发展和暴雨的产生(图 7.5 中 E)。2014 年台风“威马逊”登陆华南前，华南沿海地区以及湘赣地区先后出现了台前飑线，灾害性天气以雷暴大风为主，同时伴有短时暴雨。2019 年超强台风“利奇马”在离大陆约 700 km 处洋面上，在其左侧就形成一条台前飑线横扫福建沿海地区，给上述地区带来了 9～11 级短时大风，并伴有短时暴雨出现。

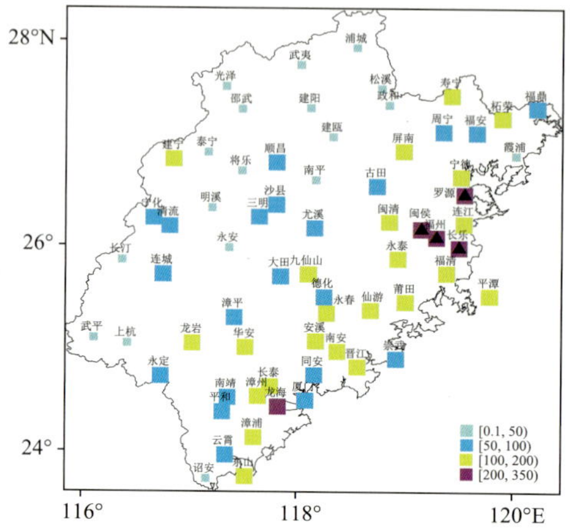

图 7.7　2005 年 10 月 2 日 24 h 累积降水量（单位：mm）

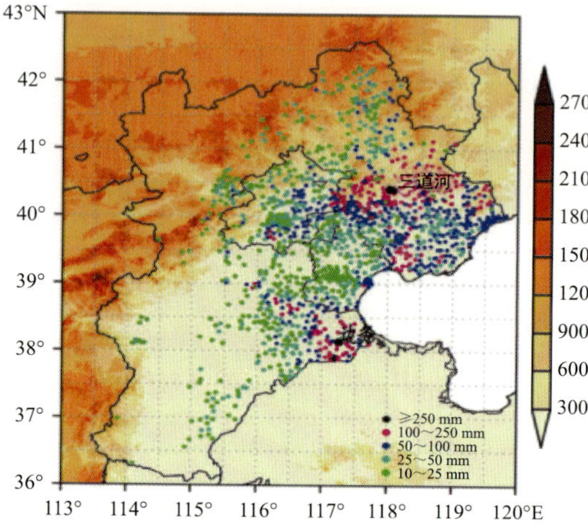

图 7.8　2017 年 8 月 1 日 23 时—3 日 11 时华北地区累积雨量（单位：mm）

(5)台风远距离暴雨

2007 年的第十四届全国热带气旋科学讨论会上，陈联寿给出台风远距离降水的概念：降雨发生在台风的范围之外，这块降雨与台风存在着内在的物理联系。台风外围的水汽通道在有利的大气环流背景下与中纬度系统(包括西风槽、低涡、弱冷空气等)发生相互作用可使得中纬度地区的暴雨突然增幅，影响范围、持续时间、日降水量和过程降水量往往不小于台风环流主体所经地区的雨量，暴雨区距台风 300 km 以上(图 7.5 中 F)。根据丛春华等(2011,2012)的统计，台风远距离暴雨是一个小概率事件，只有 14.7%的台风会产生。我国中东部地区的鲁、川、豫、辽、皖、鄂、冀、陕、苏、晋、渝、湘、吉、贵、津、赣、浙、甘、京、蒙、闽、桂、宁、云、粤、沪、黑 27 个省(区、市)均有台风远距离暴雨事件发生，有三个频次相对高的区域，分别为鲁豫、冀辽和川陕交界处，出现时间为 6—9 月，其中 7 月、8 月为高频月，约占总数的 69%；其次是 6 月和 9 月；4 月、5 月及 10 月也有远距离暴雨发生，但相对较少，仅占总数的 5.9%。

引发远距离暴雨的台风大多数发源于菲律宾以东洋面，西北行或进入南海或登陆北上填塞或北上近海转向，有一小部分台风发源于南海，或西行或直接北上登陆华南。登陆台风约占总数的 74.6%，登陆地点分布在华南和华东沿海，主要集中在广东、海南、台湾、福建、浙江。存在三条优势路径，其一是发源于菲律宾以东洋面的台风西北偏西行进入南海或登陆华南，以及发源于南海西北行的台风，该路径的台风最多，约占总数的 60%；其二是发源于菲律宾以东洋面的台风在北上过程中转向东北行的台风，其路径为典型的抛物线型，约占总数的21%；其三是发源于菲律宾以东洋面西北偏北行和发源于南海北行登陆后继续北上或填塞的台风，约占总数的13%(图7.9)。台风远距离雨量一般能达暴雨或大暴雨，维持时间一般为2 d左右。台风远距离暴雨的产生与台风向槽前的水汽输送密切相关。产生远距离暴雨的台风能将水汽输送到远处，而不产生远距离暴雨的台风水汽仅限制在台风范围内，未能输送到远处(中纬度)。Wen等(2015)研究发现热带风暴"韦森特"(Vicente)的远距离水汽输送对北京"7·21"特大暴雨有重要贡献。Vicente从菲律宾以东洋面向西北偏西方向移动，于2012年7月21日移入南海东北部。从低层850 hPa流场(图7.10)可以看出"韦森特"外围一支东南气流输送水汽直达北京地区。2021年7月20日下午郑州发生的破历史纪录的201.9 mm小时极端强降水也是位于我国东海"烟花"台风和南海"查帕卡"热带风暴远距离提供了丰富的水汽导致(Yin et al., 2022)。

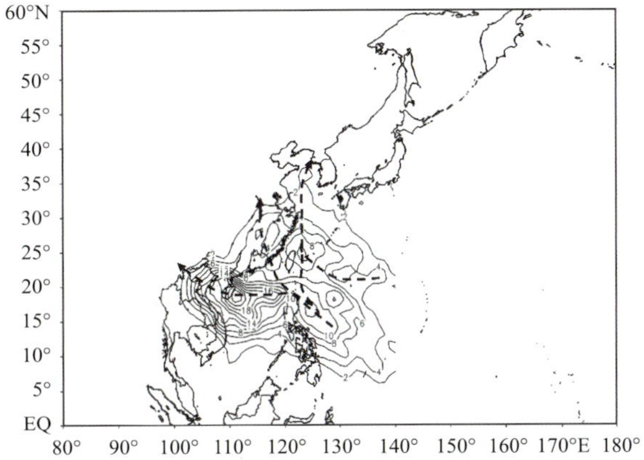

图7.9 产生远距离暴雨台风路径格点插值

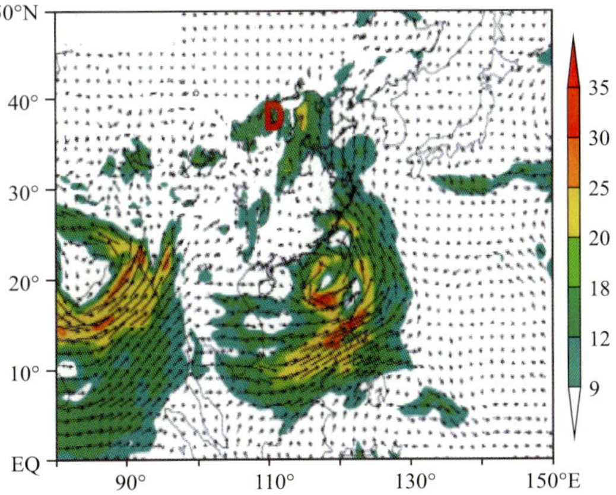

图7.10 2012年7月21日14时850 hPa的水汽通量
(箭头；填色表示水汽通量值≥9×10^{-3} g/(cm·hPa·s))

台风远距离暴雨的位置和强度与台风的强度有关。从TD到超强台风均有远距离暴雨发生，其中强度为TD的次数最多，其次为TY，超强台风最少。说明在有利的大气背景下，任何强度阶段的台风均可引发远距离暴雨。值得关注的是源于近海或登陆台风减弱而低于 TD 的气旋性环流，有时也可产生远距离暴雨，这种情况下往往因台风强度的减弱而对其对降水的影响估计不足，容易造成暴雨漏报现象。Wen 等(2015)对台风“韦森特”(Vicente)的数值试验结果也表明，减弱台风强度会使水汽输送偏弱偏南，暴雨落区南移，低层涡度减弱，暴雨变弱，增强台风的试验显示，水汽输送增强，落区移到偏北位置，低层涡度加强，雨量加强。

7.2 台风暴雨的成因

台风暴雨产生的基本条件与冷空气造成的暴雨一样，必须有充沛的水汽输送、较强的上升运动和持续较长的降水时间。任何其他环流、系统或因子如西风槽、冷空气、急流、环境垂直风切变、地形等作用如果能导致水汽输送和较强的上升运动发生，就能导致台风强降水的出现。冷空气的侵入、夏季风的爆发与加强，以及地形的作用，使台风降水的空间分布变得十分复杂。

7.2.1 环境场作用

观测事实和研究均发现，除台风本身因子外，台风与环境场的相互作用对暴雨影响相当重要。一个弱的残涡，在有利环境条件下，可产生远超过强台风的特大暴雨。

(1)中纬度槽

台风与中纬度环流系统的相互作用对台风降雨强度和分布起重要作用。一方面，中纬度西风槽后的冷平流与台风倒槽的相互作用将在倒槽区形成强烈对流不稳定层结，显著加剧槽区的暴雨。登陆华东的台风常伴有这种相互作用而引起台风倒槽区的暴雨。另一方面，台风右侧来自海洋的低空潮湿东南气流也向中纬度槽前输送大量水汽。这种过程将显著增长中纬度槽前的暴雨。同时，西风槽往往带来冷空气和高层的辐散流场，影响台风的热力和动力环境。低层适度冷空气的入侵和高层散度场的适当配置能提供热带气旋强降水的有利环境。

西风槽对台风降水的影响可以分为两个方面：一方面是形成相距甚远的远距离暴雨；另一方面是当西风槽和台风彼此靠近时发生强烈相互作用，导致台风降水增幅及暴雨区向北伸展，形成台风中心暴雨南北不对称分布，或台风本身发生变性而造成降水落区和强度的显著变化。

2004 年 8 月 26 日和 27 日，受台风“艾利”外围和西风槽的共同影响，山东出现了 2004 年汛期最强的降水过程(图 7.11)。8 月 25 日下午，台风“艾利”在福建登陆后，沿海岸线向东南方向移动进入广东境内，26 日下午减弱为低气压。26 日 20 时 500 hPa 上(图 7.12a)，贝加尔湖地区上空为一个深厚的高空冷涡，冷涡南伸槽抵达 40°N 附近，河套地区有小槽东移，山东盛行西南气流；850 hPa 环流形势(图 7.12b)表明，台风倒槽伸向山东西南部，台风东侧外围东南急流，将海上水汽沿副高外围不断输送到山东地区，并持续到 27 日 20 时。台风“艾利”外围的急流带在华东沿海到山东南部地区产生深厚的湿层和强水汽辐合，从而导致不稳定能量的积聚；高空低槽东移，干冷空气入侵使降水区对流不稳定增强，对降水具有增幅作用(李春虎 等，2007)。

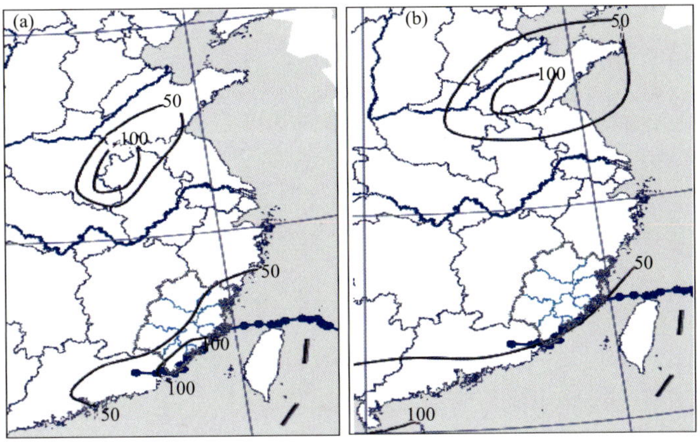

图 7.11　2004 年 8 月 26 日(a)、27 日(b)台风“艾利”路径和日降水量

(等值线为 24 h 降水量线，单位：mm)

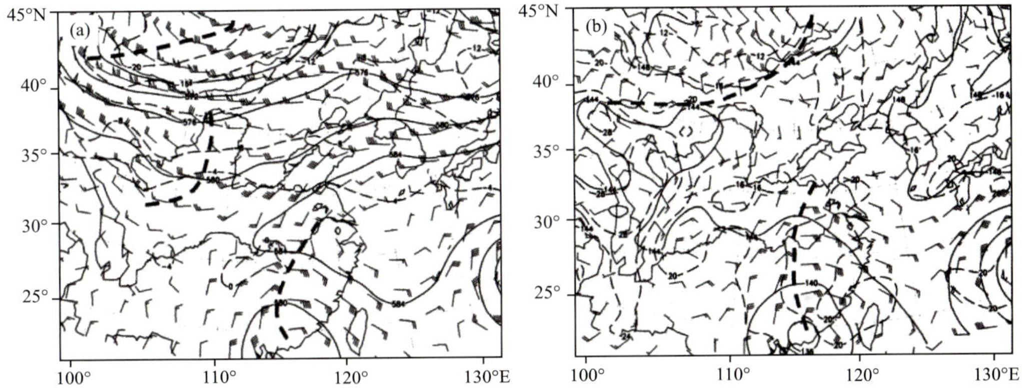

图 7.12　2004 年 8 月 26 日 20 时 500 hPa(a)和 850 hPa(b)环流形势

(实线为等高线，单位：dagpm；虚线为等温线，单位：℃；风向杆长刻度：4 m/s)

2018 年台风“山竹”登陆广东台山市前后，距离台风中心约 1300 km 处的长江三角洲地区(江苏、安徽南部到浙江北部)出现远距离暴雨，累积雨量为 100～250 mm，个别站点超过 300 mm。由 2018 年 9 月 17 日 08 时 500 hPa 高度场上可见，在江苏沿海到杭州湾形成了一个较深的短波槽(图 7.13)，经向尺度约 4 个纬度，槽前的正涡度平流加强垂直上升运动，上升运动的拉伸作用又使得中下层气旋性涡度增加。该个例不同之处在于：典型台风远距离暴雨的初始扰动一般由西风槽提供，而这次过程主要由低空台风倒槽和偏南急流提供，涡度上传形成高空短波槽，是不同于典型台风远距离暴雨事件的一个物理过程(陈淑琴 等，2021)。

还要注意，长波槽通过和阻塞高压的相互作用来调整西风带环流背景，影响台风降水。仇永炎(1997)分析了热带气旋与中纬度系统的相互作用对北方盛夏特大暴雨的影响，认为日本海、渤海高压起着阻塞、阻挡作用，使东移的西风槽减速并向南延伸，当与热带气旋相遇，三方面的共同作用可导致特大暴雨的发生。河南“75・8”特大暴雨就是发生

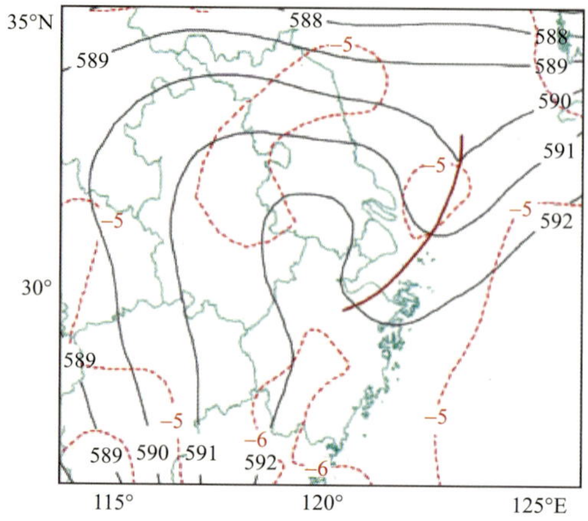

图 7.13　2018 年 9 月 17 日 08 时 500 hPa 位势高度(棕色粗实线为槽线)
(实等值线单位:dagpm,虚等值线单位:℃)

在我国东部大陆,形成一个副高单体,使得台风不能转向东行,而是在河南省境内停滞少动,造成了中国大陆 1 h 降雨量 189.5 mm、6 h 降雨量 680 mm 和过程雨量 1631 mm 降雨量极值,因灾致死 8 万余人。

(2)高、低空急流

低空急流一方面为强降水的出现带来充分的水汽,另一方面也使得未来暴雨区的低层大气增温增湿,为暴雨的发生累积了大量的不稳定能量,有利于产生对流不稳定。对"75·8"特大暴雨的三次过程分析发现均有低层东风急流的重要作用。高空急流一旦和低空急流发生耦合,上升运动加剧,降水迅速增幅。研究表明,当台风移入 200 hPa 急流入口区右侧的强辐散区,高空、低空急流与台风环流的耦合形成正反馈过程,有利于台风对流系统的生成发展,为台风暴雨迅速增幅提供可能。孙建华等(2000)对台风"Tim"(9406)登陆引发北方的特大暴雨过程分析得出,特大暴雨期间,低空东南风急流强度大而且伸展高度高,中低空的东南急流对台风引发的华北、东北特大暴雨起了极其重要的作用,这支偏东急流一方面向北输送了水汽、涡度、动能;另一方面和高空急流发生耦合,导致垂直环流在入口区右侧显著加强和降水的加剧。张兴强等(2001)总结了高空急流对台风暴雨的影响,发现台风和中纬度系统相互作用引起的远距离大暴雨多发生在 200 hPa 西南急流右后方。暴雨增幅时,200 hPa 高空急流有增强转竖的趋势。

中、低层西南急流处台风不同位置所起作用不同。台风登陆后,如果在其南侧,对流层中、低层有西南急流随之而来,有利于暴雨加强,范围扩大。如 2016 年台风"莫兰蒂"在厦门翔安沿海登陆后转为向北到东北方向移动,导致长三角地区降雨强度远大于其登陆前后阶段的降雨强度(图 7.14a、b)。此次暴雨过程发生在台风倒槽的顶端,并发生在高低空急流耦合的条件下(图 7.14c、d),即对流层中低层台风"莫兰蒂"低压残余北上与副高之间形成中尺度急流,低压倒槽东北侧顶端形成低层辐合区,而在对流层高层存在槽前西南风高空急流和辐散区(刘晓波 等,2019)。

但如果台风登陆后移到对流层中、低层一支西南急流的南方,这时台风暴雨区常局限于台风环流范围内,不致有大范围发展。雨区内雨量也偏小,一般 40～100 mm/d,并且

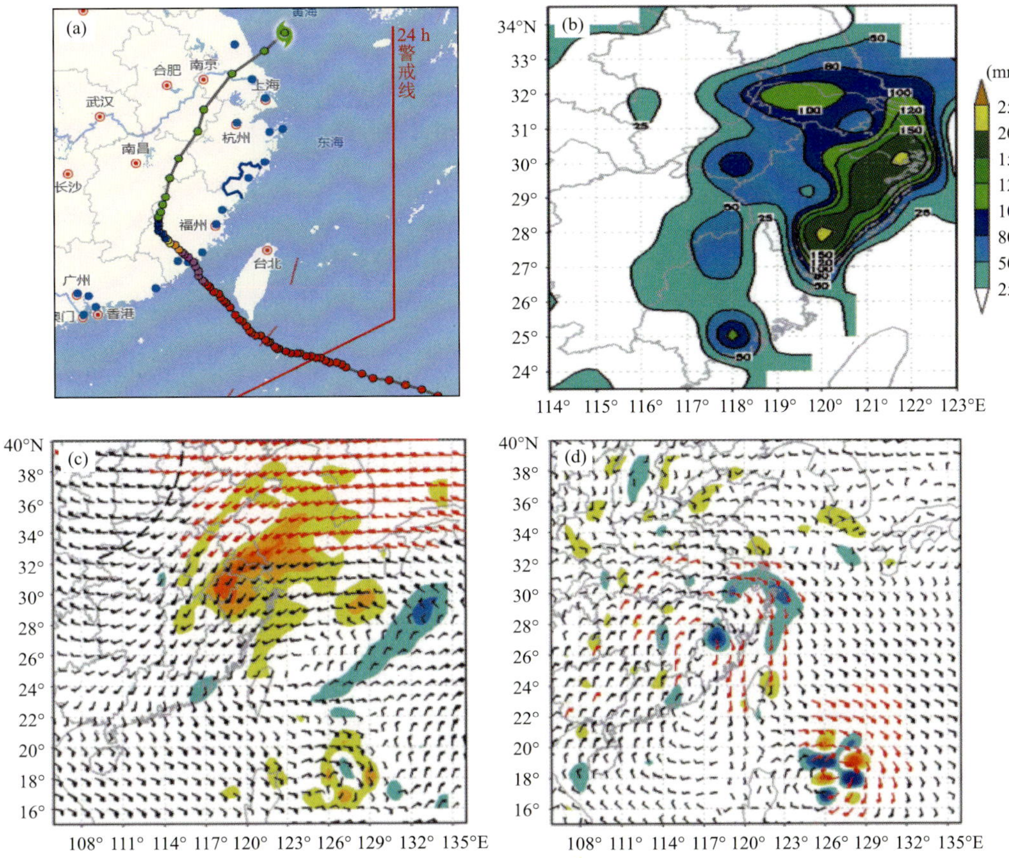

图 7.14 (a)1614 号台风"莫兰蒂"移动路径；(b)15 日 08 时—16 日 08 时华东地区 24 h 累积降雨量分布；2016 年 9 月 15 日 20 时(c)200 hPa 和(d)850 hPa 风场与散度场(填色区；单位：10^{-5}/s)((c)中黑色粗虚线为槽线，红色风向杆为≥30 m/s 大风；(d)中红色风向杆为≥12 m/s 大风)

衰减较快。因为中低空急流的南侧，风的水平切变使这一带是反气旋涡度(负涡度)区，台风环流移到这个地区将受到环境涡度场的抑制，台风降雨区不致向四周发展。随着台风衰减，降雨逐渐减弱。这类台风降雨常出现在华南登陆台风中，并以初夏和秋冬季节多见。

(3)副热带高压

当台风与北边或东北边的副热带高压(简称副高)接近时，台风北部或东北部的气压梯度迅速增加，形成一支强的东风或东南风气流(图 7.15)，有时表现为低空急流，这支急流南侧是正涡度与台风低空环流正涡度的叠加区；同时，这支急流使水汽源源不断输向大陆，使台风暴雨加强。这类台风暴雨多见于盛夏副热带高压强盛偏北时期，在华南或华东登陆的西行台风中。台风与副高之间的距离会影响到两系统之间的东风急流强弱，进而影响降水强弱。林小红等(2015)研究发现，当 1307 号"苏力"台风中心与副高距离等于 5 个纬距时，台风北侧并无东风急流，台风与副高距离较近导致台风北侧对流发展受到抑制，降水并不强。而与台风"苏力"路径相似的"潭美"，其中心与副高距离为 7 个纬距左右，副高适中位置使得台风北侧东风急流加强，将东海暖湿气流输送至台风北侧上空，促使台风北侧环流得以发展维持，强降水剧烈发展，在 6 h 内有 15 个县市出现暴雨。

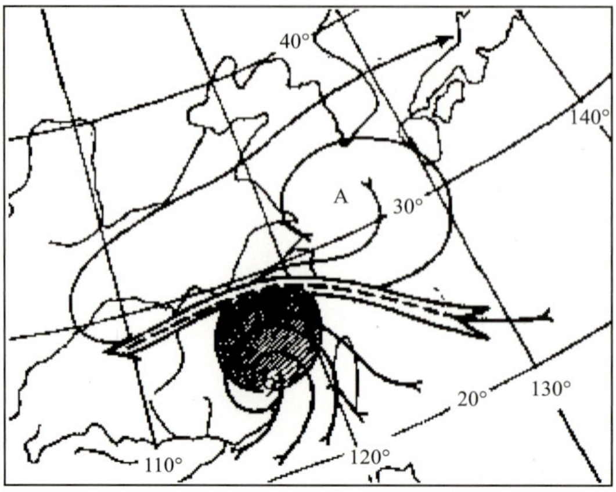

图 7.15　副热带高压南侧东风急流对台风暴雨的激发作用(虚线表示急流轴，A 表示反气旋)

当台风在南北向块状副热带高压西部时，在副热带高压与台风环流之间存在一支强南风带。这支强南风带将使台风环流的东部正涡度增加，形成台风中心东部范围大、西部范围小的不对称雨区分布。另外，这支强南风一般来自低纬海洋，是台风获得水汽的主要通道，从而加强了台风中心东部的雨量(图 7.16)。

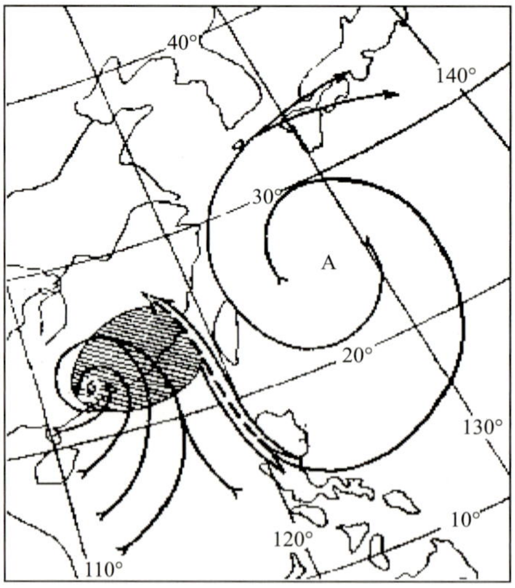

图 7.16　副热带高压西侧南风急流对台风暴雨的激发作用(虚线表示急流轴，A 表示反气旋)

另外，陈久康等(2000)数值研究表明，当台风位于两环副高之间的断裂区时，可出现暴雨增幅，这种形势有利于台风移速缓慢、台风倒槽形成和北方弱冷空气侵入台风外围。

(4)低值系统

台风周围常见的低压系统有四类：中纬度切断冷涡、台风或低压、云团(正涡度区)和台风的诱生低压。

陈联寿等(1979)指出，冷涡对台风降雨的影响常见有两种情况，当冷涡位于台风东北方位时，台风雨区呈东北—西南向分布(图 7.17a)，降雨中心有三个，一个在台风环流内部，第二个在冷涡偏北气流与台风偏南气流的辐合区上，第三个在冷涡中心附近。当冷涡在台风西北方位时，整个雨区呈西北—东南向分布，三个降雨中心也对应于上述三个环流辐合区（图 7.17b）。东北冷涡是影响我国东北地区夏季暴雨的主要天气系统之一，当台风与东北冷涡相互作用时则可以造成大范围的暴雨。台风远距离间接输送水汽至东北冷涡和台风北上变性并入东北冷涡是造成大范围暴雨的两种主要形式。丁一汇（1980）指出，高空冷涡与台风相互作用是华北强烈的暴雨主要形式之一。孙建华等（2005）发现，造成此类暴雨的台风一般在南海或西太平洋台湾附近地区，也有在广东、广西登陆后西行的，东北低涡位于华北或东北的对流层中低层，台风的作用主要是使其东侧东南低空急流提供水汽输送。丛春华等（2011）对近几十年台风远距离暴雨的研究进展总结时指出，台风与东北冷涡远距离相互作用是台风远距离暴雨发生的主要形式之一。

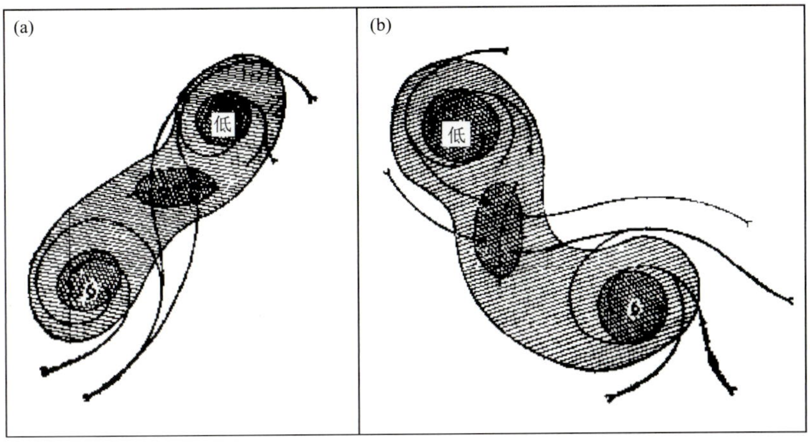

图 7.17　冷涡对台风暴雨影响

(a)冷涡位于台风东北方位；(b)冷涡位于台风西北方位

2002 年 7 月 4—5 日，黄土高原东部的陕北连续两天出现突发性暴雨。暴雨中心子长县 4 日降水量为 195.3 mm，5 日降水量为 116 mm。其中 4 日 2 h 降水量达 128.9 mm，1 h 最大降水量为 81.3 mm。大暴雨引起山洪暴发，形成百年不遇的特大洪涝。暴雨前期，500 hPa 河套低涡位于黄土高原东侧的陕蒙交界处，高原东北侧处在低涡底部的弱槽区。随着台风“威马逊”逐渐逼近我国东部沿海，台风北侧低空的偏东风一直伸展到内陆的黄土高原东侧。河套低涡底部的干冷空气与台风北侧暖湿偏东风气流在黄土高原东侧交汇，激发该区域内中小尺度对流系统的发展，造成了陕北的大暴雨天气（张弘 等，2006）。

孙寿全等（1995）在研究台风与河北特大暴雨的关系中发现，原因之一是由对流层中低层来自柴达木—青海湖一带的低涡即西北涡（95°—105°E，35°—40 °N）与远在华南和华东沿海的台风发生相互作用引起。对 1972 年 7 月 19—20 日河北地区的特大暴雨过程进行了详细的分析，结果表明此次大暴雨过程就是台风与河套附近的西北涡发生远距离相互作用的结果，而台风外围的偏东气流是两者发生相互作用的纽带。2004 年 7 月 5—10 日台风“蒲公英”减弱后转变为温带气旋并入东北冷涡的过程中造成大庆、齐齐哈尔东部、绥化地区及哈尔滨东部普降大雨。梁钊明等（2015）通过对台风“蒲公英”变性并入东北冷涡过程的动力诊断分析发现，在台风变性为温带气旋并入东北冷涡后，高空冷涡槽底的正垂直涡度平流促进气旋直接往高空发展，而高空冷涡槽底向东移的急流有利于高空平流的正垂直涡度的不断形成。

低压系统有时不明显，表现为一块云团。云团和台风相互作用，9406 号台风“Tim”就是一个非常典型的例子。这次台风于 7 月 10 日 19—20 时在台湾成功登陆，7 月 11 日 6 时再次在福建晋江登陆，当时降水云团很快减弱，并快速移动，在福建持续的时间较短，台风本体云团带来的降水并不大，也未形成灾害。但是由于原在南海的热带低压云团快速随着西南季风北上发展加强，并于 11 日夜间（当时“Tim”已减弱的热带低压中心已移入江西境内）到 12 日早晨侵袭闽南地区，自此起才形成大的降水。

（5）低纬或近赤道系统

赤道辐合带和西南季风：当台风与赤道辐合带联结时，赤道辐合带的水汽输送是台风出现暴雨增幅、造成特大暴雨的重要条件。类似地，当西南季风与台风相互作用时，西南季风的充沛水汽供应也是台风在陆上出现强降水的一个基础因子，其中一个实例就是 2006 年 4 号强热带风暴“Bilis”（0604）登陆后与西南季风相互作用形成长时间强降雨，相继诱发了湖南、福建、广东、广西、江西、云南省（区）部分地区的严重暴雨洪涝、山洪等灾害。

台风登陆后，如果没有与西南季风联结，强度将很快减弱，暴雨也不强。2003 年 13 号台风“杜鹃”在广东登陆，雨量小、降水时间短，广东省过程总雨量仅有 10 个站大于 100 mm；日雨量 100 mm 以上仅有 3 站。“杜鹃”登陆后 12 h，较大降水基本结束。与路径较相似的 7908 号台风相比，后者的降水比“杜鹃”多出一倍以上。“杜鹃”登陆后，环流形势发生了明显的变化，西南季风向吕宋岛以东洋面输送（图 7.18），副高同步西伸并较快控制“杜鹃”经过的附近区域，间隔 12 h，“杜鹃”云系迅速减弱，同时降水的水汽来源也被切断了。

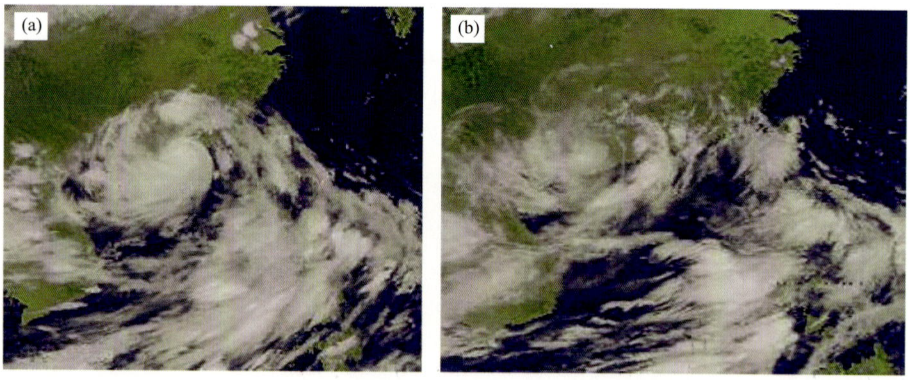

图 7.18　2003 年 9 月 2 日 20 时（a）和 3 日 08 时（b）台风“杜鹃”云图特征

2017 年双台风“纳沙”和“海棠”先后在 24 h 内登陆福建福清，1709 号“纳沙”登陆后，其南侧西南季风输送的暖湿气流被“海棠”截断，导致“纳沙”强度快速减弱，而随着越赤道气流的再次增强（图 7.19），西南季风向“海棠”源源不断输送暖湿气流，导致“海棠”陆上强度长久维持，并给福建东南沿海带来持续时间长达 30 h 的暴雨过程，尤其是福建长乐江田镇 24 h 降水达 550.7 mm，历史少见（林小红 等，2021）。

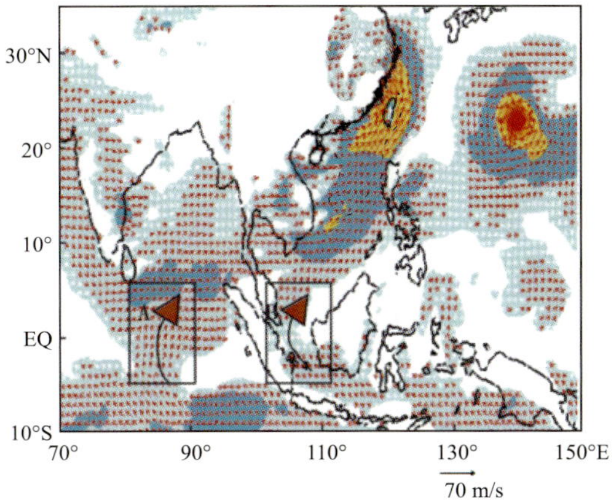

图 7.19　2017 年 7 月 31 日 08 时 925 hPa 水汽通量和风场
（阴影为水汽通量，单位：g/(cm·hPa·s)；风向杆为大于 8 m/s；短红色指示箭头为越赤道气流）

（6）台风的中尺度系统

台风环流中常存在着中尺度切变线或辐合线、中尺度涡旋等中尺度系统。螺旋雨带也属于中尺度系统，有时候甚至出现龙卷等尺度更小的系统。2006 年台风“派比安”边缘的云带中就出现了三个龙卷，并出现了日雨量＞300 mm 的特大暴雨。这些中尺度系统的形成与环境场的特征有关。

①螺旋云带和螺旋雨带：台风东侧往往伴随一支东南风或东风急流，对应于台风东侧一条强大的螺旋云带，中小尺度的对流云团镶嵌其中，每个发展旺盛的对流云团的出现都对应地面降水的突然增幅。寿绍文等(1996)提出，从卫星云图分析，有三类云系合并可以引起暴雨增幅：一是具有不同云顶温度的几个中尺度云带旋转和合并流向中心；二是螺旋云带与台风前飑线合并；三是有很低的云顶温度(－74～－57 ℃)的几个中尺度对流云团合并入一个较大的中尺度强对流云区中，降水显著增加。

2005 年 05 号台风“海棠”登陆福建向西北移动过程中(19 日 20 时—21 日 20 时)，温州的北部降水达到了 200 mm 以上，主要是台风外围云系里 1 个明显发展的中尺度对流云团所致。分析这次中尺度对流系统的环流形势表明：台风东南风急流在温州附近受地形影响发生强烈辐合引起强的水汽辐合和垂直上升运动(图 7.20a)，温度场分析表明，低层水汽辐合最强区正好是大陆低温区边缘(图 7.20b)，冷暖空气相汇产生的对流不稳定是台风环流内中尺度对流系统形成的主要机制，对流系统在暖湿空气和冷空气交汇处发展。

②中尺度对流系统：寿绍文等(1996)通过数值模拟试验和中尺度分析发现出现暴雨增幅地区低空有非常清楚的中尺度气旋性涡旋，高空有非常清楚的反气旋性涡旋或辐散；高层有明显中尺度辐散结构，这种中尺度环境的产生与台风和大尺度环境场的非线性相互作用有关。这些中尺度系统的发展、合并等活动往往会导致降水突然增幅。孙建华等(2006)分析台风“Herb”(9608)造成北方特大暴雨过程时发现强暴雨主要由两个中尺度对流云团(MCS)形成。进一步对中尺度对流系统的分析得出伴随对流系统的主要入流和出流气流分别有两支，而高层的中尺度急流中心主要由强出流气流形成。孟智勇等

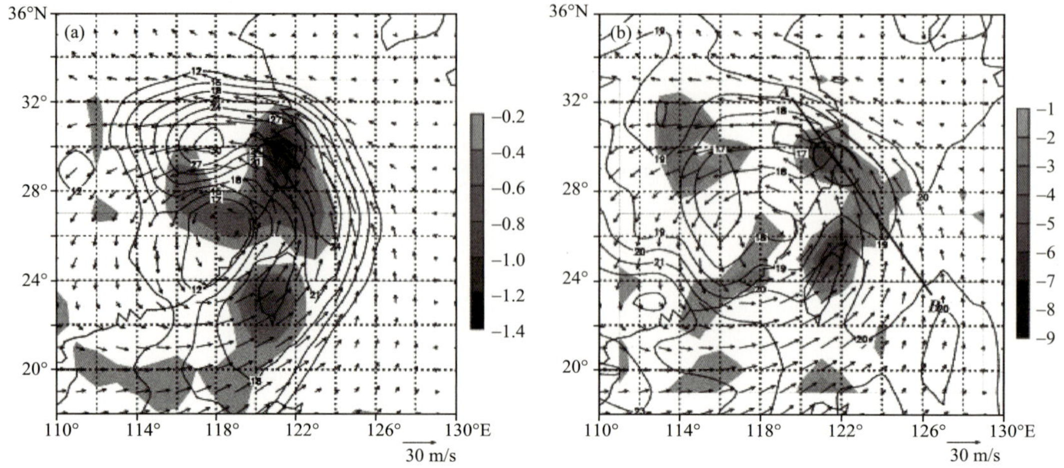

图 7.20　2005 年 7 月 20 日 02 时 850 hPa 风场和物理量分布(虚椭圆为暴雨区)(a)等风速场(单位:m/s)和垂直速度场(阴影为 $\omega \leqslant -0.2$ Pa/s);(b)温度场(单位:℃)和水汽通量散度场(阴影:10^{-7} g/(s·hPa·cm^2))((a)中附每 12 h 的台风位置,(b)中附≥8 m/s 的偏东风风速区(阴影区))

(2002)对台风"Tim"(9406)与中纬度系统的相互作用的中尺度分析表明:相互作用显著表现在中尺度系统的活动上;高低空中尺度散度场的分布对中低纬系统相互作用所产生的降水具有一定的指示意义;热带气旋及西风槽强度的改变将直接导致中尺度系统强度的变化,从而造成降水强度的不同。

③中尺度辐合线、中尺度切变线和中尺度急流:登陆台风下垫面山脉地形辐合作用和台风环流内部的切变会在这些地区生成强烈对流运动和中小尺度涡旋系统,这种结构的生成将在相应地区产生强暴雨。中尺度急流或地形等条件会触发中尺度强对流发生。寿绍文等(1996)对台风"Yancy"(9012)研究发现:β 中尺度暴雨区与地面中尺度辐合区、中尺度气旋、中尺度锋区和中尺度锋生区密切相关,雨团出现在地面假相当位温密集带,中尺度锋区附近。2016 年第 1 号台风"尼伯特"正面袭击福建,其登陆福建之前,福建中北部地区在 7 月 9 日凌晨到中午出现大暴雨,部分乡镇特大暴雨,闽清县 24 h 累积雨量破该站 1956 年建站以来历史极值,引发百年一遇大洪水。强降水发生在台风进入台湾海峡后至临登陆福建前,降水中尺度对流特征明显。林毅等(2017)研究指出造成特大暴雨的中尺度系统是在台风"尼伯特"外围强风速带触及福建沿海时形成的地面中尺度辐合线上发展的(图 7.21)。卫星云图上可见闽清上空对流云团密实,云顶亮温低于-80 ℃,呈现出典型的 α 中尺度对流系统特征。

(7)台风倒槽

倒槽两侧由东南风和东北风两支急流构成,形成强的气旋性曲率,台风倒槽对气流有辐合作用,而东南风急流是一支暖湿空气输送带,为暴雨的产生提供充足的水汽和能量。在合适的条件下倒槽可以诱生对流系统的发展或者形成暖锋锋生,造成大范围强降水。当台风倒槽与西风槽或冷空气相遇时往往能引起暖锋锋生,诱发强烈降水。例如,在福建登陆的台风,往往在北侧形成台风倒槽,结果北侧浙江省的降水突然增幅,造成浙江省热带气旋影响区的降水反倒比登陆地福建要大得多。形成台风倒槽的东南急流不是台风本

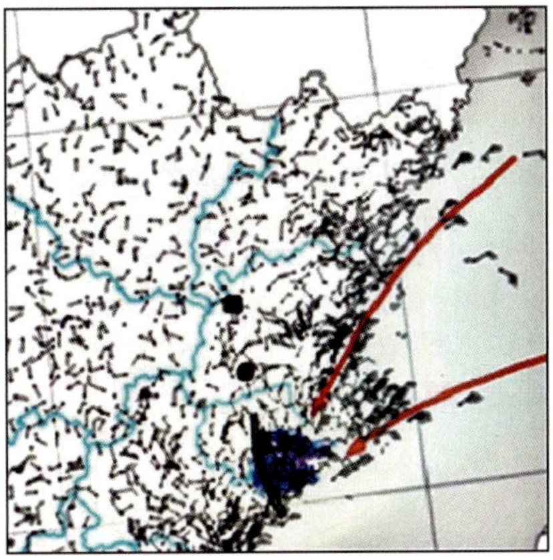

图 7.21 2016 年 7 月 9 日 04 时地面风场和其后≥30 mm/h 的 1 h 降水量分布
（图中黑色三角、圆点和方框分别表示莆田、永泰和闽清站位置。双黑线表示地面辐合线，红色箭头线表示地面较强风带位置，并附每 12 h 的台风位置）

身的环流引起，而是由台风环流和副热带高压之间高度梯度共同引起，出现在远离台风中心的东北侧；倒槽前的东北风除了与台风环流有关，还与冷空气活动有关。台风倒槽暴雨常与冷空气活动耦合在一起。

2005 年 05 号台风“海棠”造成浙江省台风影响区的降水反倒比登陆地福建要大得多就是一个台风倒槽暴雨的实例。寿绍文等(1996)对台风“Polly”(9216)倒槽暴雨增幅的机理分析得到，东南低空急流对暖湿气流的输送引起倒槽锋生，锋面附近产生大规模上升运动，造成倒槽前部暴雨增幅。梁军等(2019)也对台风“Polly”(9216)研究指出，台风与西北侧较强冷空气相互作用，其西北侧的冷平流加强，东南低空急流对暖湿气流的输送引起倒槽锋生。孙建华等(2006)对台风“Herb”(9608)引发的北方特大暴雨研究的过程分析得到台风倒槽为对流系统的发生发展和维持提供了有利的环流背景条件。孟智勇等(2002)分析表明，台风“Tim”(9406)造成华北和东北的强降水是由台风倒槽与西风槽相互作用造成的。王丽芳等(2021)对 2018 年 9 月 16—17 日长三角地区一次典型的秋季台风倒槽大暴雨进行了分析。结果表明：此次台风倒槽大暴雨是在远距离台风倒槽、低空急流和高空槽共同影响下，冷暖空气在倒槽顶端持续交汇激发暴雨中尺度系统活动产生的。并指出对于秋季台风倒槽暴雨，数值模式预报难度大，要特别关注北方冷空气活动对倒槽暴雨的触发和增幅作用，加强对实况资料的监测应用，及时进行模式主观订正。

(8)中小尺度系统的作用

一次台风暴雨一般有几种尺度的降雨系统组成，最大的是天气尺度雨区，它由大尺度辐合产生的上升气流形成，雨量强度小，一般为小到中雨。在天气尺度雨区内有几条中尺度雨带，而每条中尺度雨带又由一些中小尺度的雨团组成。台风中的强暴雨主要由中尺度雨带和雨团造成。中尺度雨带和雨团中潮湿空气的上升速度和降雨率要比天气尺度雨区大 1～2 个量级，台风中的大暴雨和特大暴雨一般都是由几个雨带或雨团连续通过造成或由一些长期停滞的雨团造成。因此，台风中不同尺度降雨系统的相互作用和中小尺度系统的降雨机制在台风暴雨中占重要地位。

有两种作用可以触发中尺度对流发生：一是环流触发，包括极锋、冷空气堆的抬升作用和低空辐合流场，尤其是存在于台风流场中的中尺度切变线。对流层高层的辐散也有重要作用，台风流入层和流出层的强辐合和辐散流场，是产生和发展中小尺度降雨系统的环流背景，它为发展强对流提供了非常有利的触发条件。另一个是地形抬升，台风环流迎风坡形成的一条固定的辐合抬升区，这里经常是强对流和强降雨的发展区。张树民等(2018)对1601号台风“尼伯特”残留低压造成江苏南通大暴雨到特大暴雨过程进行了分析，发现低空辐合触发南通地区的对流风暴后，降水的凝结潜热释放增强了对流风暴内的上升运动，促使低空中尺度偏东急流和其左前侧β中尺度低涡D3的形成和发展，降水回波初步增强；此后，中层干冷空气入侵加强了对流不稳定和垂直风切变，使D3侧多个低质心的γ中尺度单体风暴强烈发展且受低空风影响移动缓慢，强降水得以持续和跃增。此外，中尺度地形对此次强降水的影响，如长江口地区东南—西北向的分布与地面风向一致以及暴雨中心恰好位于南通狼山(海拔109 m)的背风方向。

7.2.2 台风暴雨的影响因子

(1)水汽条件

台风暴雨最基本的因子是台风环流系统内水汽含量要充沛，湿层要深厚；并就要求台风外围区域有大尺度环流把水汽源源不断输送到台风系统和暴雨区的条件。分析表明(陈联寿 等，2017；刘晓波 等，2019；林小红 等，2015；Wen et al.，2015)，下较大暴雨的登陆台风一般都存在东南气流或西南气流。我国登陆台风水汽来源于三种气团：一是来自西北太平洋的热带海洋气团。这类气团低层很潮湿，层结是对流不稳定的，它由太平洋高压西南方的东南气流向大陆输送；二是来自南海的热带海洋气团或季风气团，它由偏南气流或西南气流输入大陆。三是来自印度洋(或孟加拉湾)的赤道气团，这种气团更为潮湿，且对流不稳定层次更厚，它由西南气流输向我国华南、长江流域甚至黄河流域。登陆我国的台风暴雨，三条水汽输送通道可以叠加或交替出现。

(2)上升气流

水汽供应和上升运动是台风降雨两个最基本的必要条件。水汽源源输入，上升运动持续不断，才能把大量湿空气向上输送，产生台风强降雨。台风中的上升运动可分成四类，即台风尺度大范围散度场的动力作用所引起的上升运动、中尺度系统所引起的上升运动(如螺旋云带)、小尺度系统引起的上升运动和地形抬升作用引起的上升运动。一般上升气流速度与大气运动的尺度有关，运动尺度愈小，上升速度愈强。一次台风暴雨，经常是上述几种尺度上升运动的叠加，叠加处上升运动最强，台风中的一些大暴雨中心经常出现在此区域。

台风范围内的上升运动主要由台风低层大范围水平辐合产生。尤其在台风登陆以后，摩擦产生的非地转风更加强了辐合。另外，台风环流中的风速辐合、风向辐合、不同部位的切变线、气旋性弯曲流线以及强的负变压中心都将产生和加强辐合条件，台风暴雨中的一些雨量中心，经常和上述低空流场特征相对应。

登陆台风如遇到山脉地形，与山脉成正交的气流受地形抬升将产生上升运动，地形抬升与台风动力上升运动的叠加，使总的上升运动加强。因此，在山脉迎风坡上出现了比其他地区更强的台风降雨，形成台风暴雨中心。

(3)位势不稳定

台风暴雨具有对流性质。位势不稳定是台风暴雨的重要条件之一。位势不稳定能量在释放以后，要能够重建，这样才能使对流运动维持，并得到旺盛发展。位势不稳定的加强、重建和破坏，与两个因素有关：一是低层水汽的输入和补充；二是中纬度冷空气流入到暖湿气层之上，将使位势不稳定加强，但当大量冷空气注入台风内部，将使台风暖心结构破坏，位势不稳定能量释放以后将不会重建。

(4)高层辐散流场

对流层上部的水平辐散可以使对流层中下层的上升运动持续不断，这对产生较大暴雨是一个重要条件。登陆台风如果移到大陆对流层上部反气旋之下，或移到对流层上部急流南侧的负涡度区附近，都将增强台风径向垂直的质量环流，这也是台风连下暴雨的有利背景。如果出现相反的情况，即当台风移到对流层上部辐合环流系统或正涡度中心之下，将抑制台风气柱的上升气流。

(5)地形

地形对台风特大暴雨的强度和落区有重要的作用，尤其是一些特大暴雨往往是在特定的地形下产生的，中国台湾"67·10""63·9"暴雨和河南"75·8""21·7"特大暴雨都出现在喇叭口和峡谷特殊地形条件下。地形对台风暴雨增幅的作用主要有三个方面：一是辐合抬升作用，一些特殊地形如喇叭口、峡谷等地形会使得辐合作用突然加强，抬升作用加大，导致对流系统的发生发展，并对对流系统有组织和增强作用，如诱生低压等，造成强降水的出现；二是阻挡作用，地形的阻挡作用还能使降水系统停滞少动，致使某地降水的不断加大而酿成重灾；三是地形通过抬升形成各种云型进而影响云中微物理过程促成降水的增幅。段丽等(2005)研究发现，"菲特"(0114)环流形成的特定水汽输送通道和海南岛的特殊地形共同作用导致了特大暴雨发生在海南西部五指山北坡。何立富等(2006)发现"泰利"(0513)造成的异常强暴雨主要分布在大别山东麓和庐山九岭山脉迎风坡上。齐道日娜等(2022)研究也指出2021年7月20日河南极端暴雨产生与河南西部伏牛山和南太行山东侧的迎风坡地形条件的阻挡及动力抬升有关，也有利于低层切变线系统持续长时间维持和加强，有利于异常强盛水汽的辐合。

海岸线的分布既能影响台风降水增幅的落区，也影响降水增幅的强度。在华南登陆的台风大范围雨区多在台风东侧，而在华东登陆的台风雨区常在北侧。但也不尽然，数值试验的结果表明，由于潜热通量的差异和来自大陆干空气和来自海洋湿空气垂直分布形成的不稳定结构，也会在台风路径左侧引起强降水。当这种不稳定层结作用超过地形作用时，路径左侧雨强将会超过右侧雨强。预报时应予以综合考虑。

不同的干湿下垫面对台风的水汽输送、能量通量反馈不同，边界层动量交换对于台风降水有局部增幅作用。陆地上的湖泊、大型水库、江河水面都可向登陆台风输送水汽和能量，不仅有利于其上台风的残涡的维持，也有利于其降雨增强。Chen(1998)和Zhang等(2012)指出，如果登陆后的台风环流停滞在一块大的水面(湖泊、水库)上或一块被台风暴雨浇出的饱和湿土上，则能维持较长时间，同时台风暴雨下饱和土壤层和积水对台风产生水汽反馈，反过来加剧该地的暴雨。

7.2.3 登陆台风暴雨的突然增幅

在我国“八五”国家科技攻关计划期间，“热带气旋、暴雨灾害性天气监测、预报技术研究”项目第七课题组(85-906-07)通过对登陆台风的统计研究，确立了台风暴雨突然增幅的概念，并研究其气候特征。台风暴雨突然增幅包含两个部分，一是雨量增幅，二是暴雨面积扩大。发生暴雨突然增幅的台风年频数为 1.9 个，占登陆总数 21%。年际和月际变化显著，主要出现在 6—10 月，7—8 月最多；高频区位于东南沿海。

对有无台风暴雨增幅的登陆台风进行了环境场的诊断对比。分析表明，增幅类台风北侧有明显的假相当位温(θ_{se})锋区、有特别长的水汽通道与台风联结、有西风槽云系与台风或其倒槽云系的合并过程；特别是有 200 hPa 西风急流入口区右侧强辐散区的存在。

(1)冷空气的作用

适量冷空气侵入台风倒槽和外围，可加剧动力和热力不稳定，使降水量明显增加。这是造成台风降水异常的重要机制。如 9907 号台风残余低压与弱冷空气结合造成山东大范围暴雨到大暴雨，山东诸城雨量达 714.9 mm；又如 2000 年 14 号台风在浙江中北部沿海慢行后转向东北，冷空气侵入其外围，造成浙北东部地区出现暴雨到大暴雨，余姚市夏家岭(水文站)降雨 742 mm，创 1949 年以来浙江近海北上转向台风降水之最；7503 号台风残余低压深入内陆造成河南特大暴雨也有冷空气的作用。值得引起注意的是，24 h 降温大于 5 ℃的较强冷空气入侵台风中心将破坏台风的结构，造成台风强度减弱，因此不能起到增强台风中心附近降水的作用，而对台风倒槽降水仍可起到很大增幅作用。华南登陆的台风一般不会给浙江带来强降水，其降水大多在 50 mm 以下。但冷空气侵入到华南登陆的台风倒槽或台风低压经闽北到浙江一带再入海或受强台风倒槽影响，浙江地区会出现暴雨到大暴雨。其中，强台风倒槽影响下只有浙南会出现暴雨到大暴雨；而冷空气侵入到华南登陆的台风倒槽或外围可引起浙江全省范围内的暴雨到特大暴雨(钮学新 等，2010)。冷空气对台风暴雨增幅的作用是通过各种方式形成的，大约有以下一些方式。

①锋面强迫抬升作用：当台风遇到冷空气时，台风东侧的东南暖湿气流将沿着锋面强迫抬升，使锋面上空水汽增加。锋后有偏北气流南下，加大了锋面附近的垂直运动，促使不稳定能量释放，降水得到加强。另外，随着暖湿空气沿着锋面向北输送，使雨区向北伸展，在锋后出现大范围降雨。

②位势不稳定作用：台风登陆前后，如遇北方有冷空气南下，中上层干冷空气进入台风低层暖湿气流上空，不稳定度加大。

③动力作用：当台风移近我国大陆沿海时，如果大陆上有冷空气南下，台风北侧低层往往有一支强的偏东气流，有利于台风加强，同时台风北部和东北部的偏东气流与台风东侧的东南气流的辐合也得到加强。在高空，与冷锋相联系有明显的西风急流，恰好叠加在台风的北侧，提供了有利的高空辐散场。因此，在冷锋云系与台风云系相结合的 24 h 内，在台风北部和东北部将出现强烈降水。

④湿斜压能作用：当台风登陆时，如果有干冷空气侵入台风环流西部，而其东部为暖湿空气，形成湿斜压锋区。如有暖区空气上升，冷区空气下沉，斜压位能就可能释放，降水相应加强。

判断冷空气活动有很多方法，冷锋系统南移是最直观的，但有时因移近台风外围，受台风流场影响，锋面不太清楚，可用 24 h 变压（ΔP_{24}）进行分析。一般来说 ΔP_{24} 零线可近似代表冷锋活动的位置，暴雨通常就形成在 ΔP_{24} 零线附近。低层（常用 850 hPa，有时也用 700 hPa）$-\Delta T_{24}$ 中心移动轨迹也是一个判断的办法，台风北侧 850 hPa $-\Delta T_{24}$ 在 -4～-1 ℃，最有利于台风外围暴雨。固定某范围内的高空高度平均廓线；高空西风槽活动位置；某一范围内 θ_{se} 高空垂直剖面图；分析是否有高空锋区存在等都是判断冷空气活动可用的方法。

（2）西南季风的作用

台风登陆前后海上水汽来源影响其减弱速度和降水量。台风登陆后若海上水汽输送不能维持，则其减弱消亡快，造成降水也少。若其登陆前后海上水汽来源充足，则减弱速度慢，造成降水强。

台风影响期间，正逢西南季风加强或西南季风跟随其北上，则将大大增强台风过程雨量及其降水持续时间。由于西南季风具有高温、高湿、位势不稳定特点，因而即使是热带风暴或是热带低压登陆，当有西南季风配合时都会造成比较大的暴雨。卫星云图上，台风南部有明显的对流云系卷入，850 hPa 或 700 hPa 从孟加拉湾到南海存在西南急流，在分析预报中还是比较容易判断的。

如果台风登陆后，没有得到西南季风云系的补充，降水一般不会太强。

（3）高空辐散的作用

台风登陆前后，若沿海高空强辐散，将导致低层辐合和上升运动增强，既有利于台风环流的维持，又有利于中尺度对流云团的发生发展，是台风登陆后强降水的重要原因。高空强辐散表现在 200 hPa，一种是南亚高压在加强东移，高压中心位于河套西侧，台风环流处在南亚高压中心东南侧东北流出气流下，台风和暴雨区上空均为强辐散区。还有一种是沿海处在高空西风槽前，强的正涡度平流将增加台风上空（对流层上层）的辐散；槽前强的西南风气流增强台风上空流出，维持其垂直环流；在卫星云图上可以看到有流向副热带急流的卷云羽，表明对流层上层有明显的向北气流；槽前强西南风急流右侧的反气旋水平切变，对台风高空辐散场具有加强作用，均有利于台风环流和暴雨的加强。

7.2.4 特大暴雨成因

“热带气旋、暴雨灾害性天气监测、预报技术研究”项目第七课题组（85-906-07）确立了台风特大暴雨的标准为：不少于两个气象站的日最大雨量≥250 mm 或一个站的日雨量≥250 mm 且一个站的过程总雨量极值≥500 mm，在 23.5°N 以北地区为 400 mm。统计结果表明：发生特大暴雨的台风年频数为 1.8 个，占登陆总数的 20%，年际、月际变化明显，主要出现在 6—10 月，5 月和 11 月很少，7—8 月最多，占 60.5%。高频区位于台湾、海南、广东、福建、浙江和广西。台湾是我国发生特大暴雨最多的省份。

台风登陆后维持不消和停滞少动、源源不断的水汽输送、中低纬环流的相互作用、中尺度系统影响以及地形作用等是造成台风特大暴雨的基本成因。

（1）台风登陆后维持的时间长

显而易见，如果台风本身较弱，登陆后很快消失，造成暴雨的强度和范围都不会很大。

如果台风登陆后维持的时间长，就可能与其周围的天气系统发生相互作用，则降水的时间会更长。如"75·8"河南驻马店特大暴雨是7503号台风造成的，台风从登陆到消失维持了4 d之久。由于其本身的环流强度以及先后与低空急流、锋面、东风扰动、西风槽和冷空气等天气系统的相互作用造成历史罕见的特大暴雨。2005年的台风"麦莎"和"泰利"，均是长时间维持并深入内陆与其他系统相互作用，造成致灾暴雨。

判断台风登陆后维持时间的长短，主要看其未来所经区域是否位于高层辐散区与负涡度区下方、低层是否处于扰动辐合区中、是否维持顺畅的水汽输送通道和台风上空是否风的垂直切变小。此外，Chen(1998)指出，如果登陆后的台风环流停滞在一块大的水面(湖泊、水库)上或一块被台风暴雨浇出的饱和湿土上，则能维持较长时间，同时台风暴雨下饱和土壤层和积水对台风产生水汽反馈，反过来加剧该地的暴雨。数值试验表明，陆地水面对减低登陆台风的衰减率有利，衰减率与陆地水体的深度有直接的关系，是加强和维持登陆台风的重要条件。斜压能量也是使登陆台风其残余低压在陆上维持不消的另一种能量。斜压能量是在台风与中纬度环流系统相互作用过程中获得的，这种相互作用常引起台风的变性过程，其特点是台风或其残余低压呈现出西冷东暖这种半冷半暖的温度结构，并与台风等压线交割，形成力管场。变性过程中由于冷空气侵入并下沉，从而使斜压位能释放转化为动能，这两种作用均使气旋的环流加剧。大气适应过程使气旋中心最低气压下降从而使这个残余低压再度加强发展。变性过程不仅使气旋加强，并将相应地产生大暴雨或雷雨大风等灾害性天气。

2006年04号台风"碧利斯"登陆后维持5 d(约103 h)，比1949—1997年间在汕头至福鼎间的登陆台风在陆上的平均维持时间31.4 h多3 d。受台风"碧利斯"及其减弱的低压影响，7月13日08时—19日08时，浙南、福建大部、赣南、湘南、粤、桂、黔东南和滇东先后出现了暴雨，部分地区大暴雨和特大暴雨。累计降水量一般达100～290 mm，湘东南、桂东北、粤西北和东南沿海、闽东沿海达300～500 mm。降雨强度之大，持续时间之长，影响范围之广在历史上极为少见。上述6省(区)的部分地区出现严重暴雨洪涝和重大人员伤亡，死亡612人，失踪208人，直接经济损失达266亿元。分析表明，西南季风异常活跃、高空强辐散流场和弱垂直切变造成"碧利斯"陆上持续不消。"碧利斯"登陆后，越赤道气流导致西南季风强盛，印度季风低压南侧和孟加拉湾南部的水汽分别从孟加拉湾北部经中南半岛进入南海向北涌进其环流中，登陆后的"碧利斯"环流仍与低空西南急流水汽输送通道保持连接，保证了水汽供给，所以维持较长时间。另外，"碧利斯"在陆上期间，南亚高压中心位于青海东部，脊线在36°—37°N间呈准东西向分布，强度明显偏强。在高压东北部有一支气流向东北方向流出，其余大部气流从高压脊前往东南再折向西南方流出。"碧利斯"登陆后的低压环流一直处于南亚高压覆盖区东南部的东北风强辐散气流中，对应大片正散度区，在低压西南方有一强辐散中心与低压相伴随，低压维持主要时段辐散极值达$6 \sim 10 \times 10^{-5}$/s(图7.22)。高空辐散也是"碧利斯"在陆上维持的一个重要原因。黄滢等(2019)对1409号台风"威马逊"登陆后长时间维持分析发现：500 hPa副高和台风环流之间维持较强的气压梯度和水汽输送；850 hPa西南季风急流和越赤道气流合并卷入台风低压环流中；高空存在强流出气流，存在高层辐散抽吸作用；台风移向高海温、环境风垂直切变小、强盛水汽输送；台风登陆后涡度和垂直速度结构完整，减弱缓慢；

台风移入热力不稳定状态等因素均是导致台风强度维持的成因。

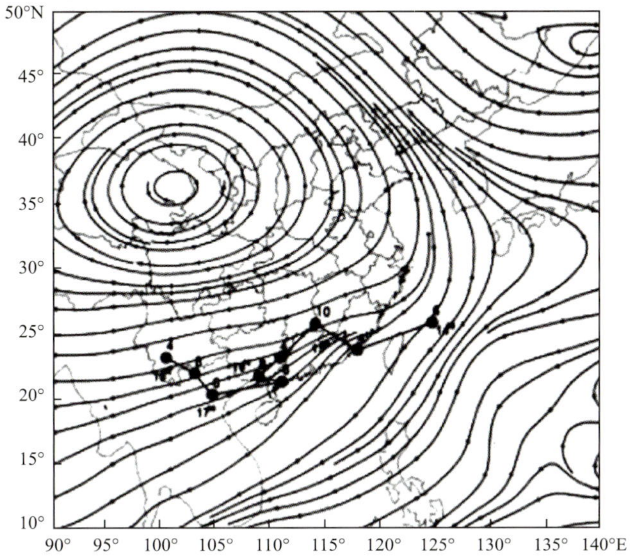

图7.22 2006年7月13日08时—19日08时200 hPa平均流场和散度中心位置及中心值12 h动态(单位：$10^{-5}/s$)，黑点代表散度中心，轨迹中心值为12 h间隔

(2)台风的移速缓慢

台风移速缓慢甚至停滞少动，有利于台风暴雨的持续。停滞少动的台风其地形辐合线(区)也呈准静止状态。这一辐合区往往是对流性小涡生成的源。小涡不断地生成、移出，随之产生的暴雨将积涝成灾。台风移速越慢，它在一地上空逗留的时间越长，因而造成累积雨量也越大。往往一个登陆后快速移动的台风，其造成的降水量相对较小。颜玲等(2019)对相似路径1513号台风"苏迪罗"(Soudelor)与1410号台风"麦德姆"(Matmo)登陆前后的降水分析发现，"苏迪罗"登陆时，大兴安岭上空大槽前的偏西风急流与南部高压西北侧的西南急流一起使得它登陆后减弱速度变缓，有利于台风暴雨的维持。1909号台风"利奇马"登陆后移速慢也是造成浙江沿海极端强降水的主要原因之一(郑铮 等，2021)。

(3)地形作用

复杂的下垫面的摩擦作用使台风减弱，但地形对台风暴雨又有增幅作用。海岸、山脉、海峡、港湾、河流等，对台风降雨有显著影响。

海岸对降雨的影响，出现在台风登陆前后。当台风移近海岸时，在沿海岸形成一条辐合线。海岸辐合线由两部分组成，一是与海岸正交的气流受海岸地形的阻挡在沿岸产生的辐合；二是台风在陆地上的风速受摩擦影响显著减小，台风中心东侧出现风速辐合。这两部分辐合对台风降雨的作用是一致的，叠加结果将加强台风中心东侧的降雨。我国的海岸线在华南主要呈东西走向，华东呈南北走向。台风在华东登陆时，台风北侧的雨区加强，南侧减弱，形成台风中心南北雨区和雨量的不对称分布。当台风具有倒V型倒槽结构时，将会显著增长这种南北不对称的暴雨分布。地形辐合作用同样会使登陆于华南的台风中心以东地区暴雨范围大、强度强，以西范围小、强度弱的不对称分布。但也不尽然，由于潜热通量的差异和来自大陆干空气和来自海洋湿空气垂直分布形成的不稳定结构，也会在台风路径左侧引起强降水。当这种不稳定层结作用超过地形作用时，路径左侧雨强将会超过右侧雨强。预报时应予以综合考虑。

山脉对降雨的影响：如南岭、福建的武夷山及其前沿的鹫峰山、博平岭、戴云山、江西的井岗山、浙西丘陵、桂西北丘陵以及北方的太行山、燕山、长白山、兴安岭等，当台风靠近或经过这些山脉时，迎风坡强迫抬升，加强湿空气的上升运动，经常在台风环流沿山脉的向风侧山麓造成暴雨中心。如夏季台风登陆福建时，在没有外界降水系统参与下，有相当一部分的暴雨或大暴雨并不是出现在台风中心附近，而是在太姥山东侧的柘荣、戴云山东侧的仙游、永春、安溪山区以及博平岭东侧的南靖、平和形成暴雨中心。山脉的另一种作用可导致台风环流分裂，形成新的低压中心和新的暴雨区。或是气流碰到高山产生分支和汇合现象，在汇合地区派生出地形性准定常的中小尺度天气系统，如中尺度渐近线、中尺度辐合线、中尺度地形性涡旋等。图 7.23 给出的是 9012 号台风登陆前在闽江口形成的中尺度渐近线例子。8 月 19 日 16 时，9012 号台风还在台湾新竹以南时，闽东北地区地面流场就发生了明显变化，一方面是闽江中下游风向由东北风转为西北风，另一方面是鹫峰山及其东侧风速明显减弱，形成一个小风速区。而山的西侧及东部沿海维持强风区，说明东北风气流受太姥山和鹫峰山的阻挡，产生分支，一支绕山的西侧在闽江中游左拐弯后直达闽江口，另一支沿沿海到达闽江口与第一支气流汇合，从罗源、连江到长乐形成一条西北—东南走向的渐近线。此外，这条渐近线两侧气流方向与等压线几乎呈垂直，气流穿越等压线指向低压产生加速度辐合。计算表明，地面水平辐合区与渐近线以及降水最大区基本是吻合的，水平辐合量级比天气尺度大一个量级。在这种准定常的辐合作用支持下，台风螺旋雨带经过时，雨强强烈发展。

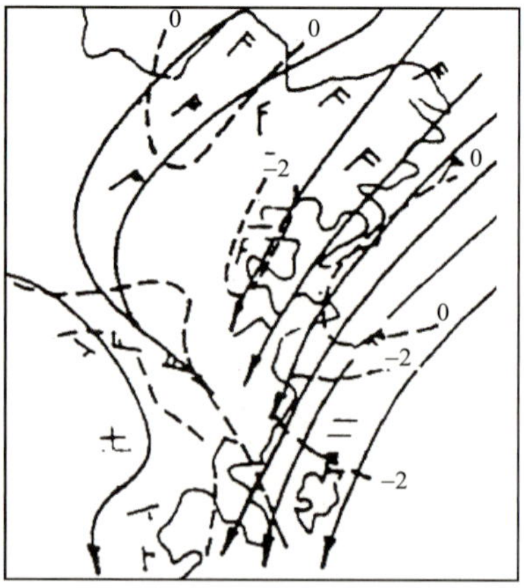

图 7.23　1990 年 8 月 19 日 18 时地面流线和水平散度(单位：10^{-4}/s)

图 7.24 给出 9012 号台风在 8 月 21 日 22 时在其西南方出现一中尺度地形性涡旋的例子。该中尺度地形性涡旋是由于台风西南部粤东闽南一线西南风加强并绕博平岭作气旋式弯曲，在九龙江南部平原地带形成的。23—24 时中尺度涡旋云系发展最强，对应这个时间雨强也最大。22 日 02 时中尺度涡旋减弱并南移入海后，这一地区的强降水也随之消失。

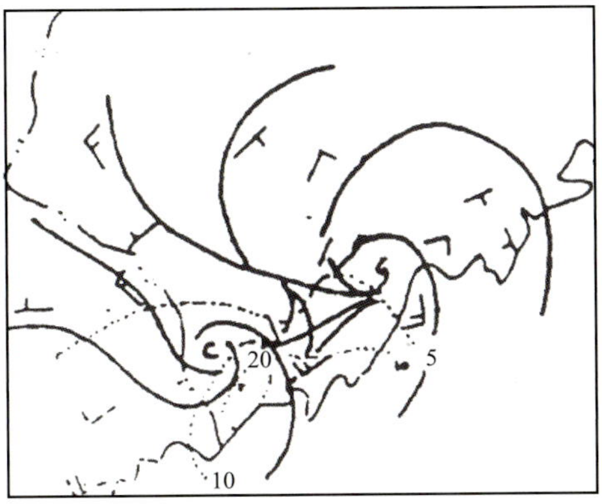

图7.24 1990年8月21日23时地面流线(实等值线)及23—24时雨强分布(虚等值线,单位:mm)

特殊地形降雨的影响:半环形地形和峡谷地带对边界层气流有明显的辐合抬升作用,当入口区气流与半环形地形呈正交,气流进入这一区域容易在半环形地形深处产生准定常的边界层辐合,也可能气流绕山边作气旋性弯曲,形成地形切变线,辐合和强迫抬升导致对流云团发展、停滞,降水加强。当气流穿过峡谷地带,辐合和强迫抬升导致对流云团加强。雨团大多沿山谷、河道等低洼地带移动,从而使雨团频繁经过和移速减慢的地区雨量增大。

7.3 登陆台风暴雨的诊断和预报

目前台风暴雨预报以天气学模式与数值模式相结合,并配合用卫星云图、雷达和闪电资料作诊断方法。

7.3.1 台风暴雨落区天气模式

天气学模式可以用来判断台风暴雨的落区预报。对于大尺度台风暴雨的落区来说,水汽、上升运动和位势不稳定三个因子最重要,可以结合具体环流系统作出估计。台风登陆或深入内陆地区,可能接触到的天气系统主要有:①中低空台风周围存在偏东风急流或西南急流;②对流层中层有发展的长波槽与台风倒槽相接;③台风移到200 hPa急流南侧或分流区的负涡度区;④地面有冷空气(极锋)扩散到台风外围或倒槽附近。台风暴雨区在200 hPa急流轴与低空急流轴之间。暴雨中心可能有三个:台风中心附近、台风外围或倒槽与冷空气接触区附近以及台风外围低空急流左前侧,这三个区域都是强辐合上升运动和水汽、位势不稳定有利的地区。

(1)台风环流北到东北侧暴雨

副高呈带状或块状位于台风北—东北侧,副高和台风之间有一支强的偏东风或东南风急流,台风东南侧有一支西南风急流,和台风北—东北侧的偏东风或东南风急流形成强的辐合和气旋性曲率。强辐合激发对流发展，形成暴雨。暴雨位于台风北—东北侧的偏东风或东南风急流的左侧。

（2）台风环流东部暴雨

副高呈块状，位于台风的东部，台风登陆前后和登陆过程中，副热带高压尾随台风从东侧西伸，台风和副高之间为一支很强的偏南气流，有时还与台风东北部的东南风急流构成强的气旋式曲率，而台风的西半部流场始终很弱，这样，台风整个低层水平流场不对称，随着台风登陆，强风区内对流异常活跃，导致暴雨的产生。暴雨位于台风东侧的偏南风急流的左侧。

（3）台风西南侧暴雨

有关研究认为（刘爱鸣 等，2015；林小红 等，2015；蔡菁 等，2017；宁子杰 等，2021），此类台风暴雨发生在大陆高空为东北风，台风登陆后受环境流场影响，台风涡旋中心垂直轴线向南倾斜加大，台风西南侧高空为偏北风、冷平流；低空为西南风、暖平流，上下层垂直风切变和不稳定能量增大，在切变辐合上升运动的激发下，对流和中小尺度扰动得到发展，导致暴雨形成。这类暴雨的形成可能还与湿斜压锋区的作用有关。

（4）台风后部暴雨

此型是指台风登陆并入侵到内陆，远在台风后部的季风扰动下发展起来的强对流云团带来的暴雨。判断有无暴雨的一个重要标志首先是台风后部有无西南风急流（850 hPa 风速≥16 m/s），其次是台风西部是否有一支“干凉”空气并与西南风急流形成露点锋区及风场的切变，台风后部的尾流云团是在风切变或西南风急流中不断生成、发展，形成暴雨或特大暴雨。

（5）台风倒槽暴雨

500 hPa 在我国大陆和西太平洋上分别为两环对应的副热带高压，我国东北到华北是西风槽，这种形势下，低层的台风倒槽能较长时间停留。

倒槽和西太平洋副高之间有一支很强的东南风急流，配有 14 g/kg 的湿中心，它为特大暴雨区输送暖湿不稳定空气。倒槽和大陆副高之间有一支东北风急流，这是一支干冷空气，输送到倒槽西北侧，和倒槽东部暖湿空气形成明显的露点锋区。湿斜压锋区激发锋前暖湿不稳定能量释放，形成暴雨或特大暴雨。

（6）台风远距离暴雨

台风远距离暴雨的基础是：低层台风东侧的偏南急流向暴雨区输送水汽，造成中纬度暴雨区的水汽强辐合和不稳定能量的累积，使得大气层结不稳定增强；而中纬度系统则提供有利于台风远距离暴雨发展的大尺度背景，以利于低层辐合的加强和垂直运动的发展和维持，进而触发和加强暴雨的发生和发展。

台风与东北低涡（低槽）远距离暴雨：台风一般在南海或西太平洋台湾附近地区，也有在广东、广西登陆后西行的，台风的作用主要是提供东南低空急流水汽输送；东北低涡存在于对流层中低层，位于华北或东北，槽线一般在 110°—120°E，副热带高压一般西伸偏北，暴雨区位于低涡与副高之间。

台风与西南涡远距离暴雨：陈忠明等（2002）分析发现活跃于南海的热带气旋，通过其北侧东南低空急流的向北伸展，与活动于四川盆地的西南涡东侧的偏南风贯通。这种相互作用向西南涡输送大量的水汽和热量，并改变低涡内的风压场和能量分布及东侧的大气层结状况，激发低层气流辐合和正涡度的持续增长，促使西南涡的发展和暴雨的发生。台风与西南涡相互作用产生的远距离暴雨一般落在四川东部及重庆一带。

台风远距离暴雨过程的中尺度系统明显，中尺度特征突出。在卫星云图上的突出特征是中尺度对流云团，有的甚至可以发展成为中尺度对流复合体（MCC）或中尺度对流系统（MCS）。地面多出现中尺度锋区、中尺度辐合线、中尺度气旋和中尺度低压。在垂直方向上则表现为中尺度的垂直环流。

台风远距离暴雨的预报有很大的难度。首先，并非所有台风均能产生远距离暴雨；其次，台风可以与各种形式的中纬度系统相互作用产生远距离暴雨，相互作用的机理还有待于进一步的研究和突破。

7.3.2 卫星云图诊断分析

（1）根据云图上天气系统特征分析，判断降雨强度和落区

卫星云图可以分析台风、副热带高压、热带辐合带、热带云团、西南季风、西风槽、锋面、高空冷涡等主要天气系统的云系分布，确定其位置、强度和结构，以及与台风之间的关系和相互作用。

①台风降雨落区与台风密蔽云区的对应关系很好。对称性密蔽云区中，暴雨落区也呈对称；不对称密蔽云区，则落区也表现出相应的不对称性。

②台风北侧带状晴空区明显，副热带高压或东风急流较强，雨区不至于向急流轴以北发展。

③台风南侧有卷入云带或云团，暴雨中心出现在路径的左侧。

④台风北侧副热带高压和东风急流消失，台风密蔽云区与槽前云系连通，呈非常显著的南北不对称分布，则台风降雨落区也呈相应的不对称分布，即北大（或东大）南小（或西小）的不对称分布。

⑤台风云团东侧如与一条从低纬度伸来的积雨云带相连通，则可能出现持续而又较大的暴雨。

⑥台风云团北侧与一条中纬度极锋云带连通，则可能出现大范围降雨，降雨强度将比连通前显著加大。

⑦当西北太平洋的台风西行移至台湾岛附近，而青藏高原东北侧有冷锋过境东移时，冷锋暴雨降水可能发生明显增幅。云图上有一定的特征（侯建忠 等，2006）：中尺度对流云团位于冷锋云系的前部，常在地面冷锋的南部或南端，与冷锋相伴而行，随着冷锋向东移动而发展和加强。

（2）根据云顶亮温特征判断降水强度和落区

①台风中尺度暴雨的强度与中尺度对流云团的最冷云区温度和面积密切相关，<−62 ℃的冷云区面积达到 1 万 km^2 以上的对流云团尤易出现中尺度暴雨。当最冷云中心温度在−77～−63 ℃时，3 h 雨量通常小于 70 mm，以 40～60 mm 居多。当最冷云中心温度低于−77 ℃时，3 h 雨量常大于 70 mm，特别是最冷云中心温度低于−83 ℃时，3 h 雨量多超过 100 mm。同时降水强度还与−62 ℃冷云区与−54 ℃冷云区的面积之比有

关，面积比值愈大，降水愈强。这表明对流云团越密实，降水强度越大。中尺度暴雨还与对流云团云顶温度的变温幅度有关，前后两个时次云顶温度变化的降温区越大，或降温幅度越大，中尺度暴雨的强度也越大。

②台风中尺度暴雨常出现在中尺度对流云团中具有云顶温度梯度密集的地方。云图分析发现，绝大多数对流云团的云顶温度等值线分布并非对称。常常在某一侧显得较为密集，这一侧的云顶温度梯度最大（该侧多为云团的移动方向）。中尺度暴雨常出现在云顶温度梯度最大的区域一侧。如 9610 台风造成福建龙岩地区的强降水就属这种类型。当时龙岩地区处于强对流云团中心的东侧，正位于云顶温度梯度最大区下方，该侧云顶温度梯度约达 10 ℃/km，强降水就在该区域附近出现（图 7.25）。覃丹宇等(2012)、梁军等(2015)研究指出云顶亮温（TBB）与降水有很好的对应关系，TBB 值越低降水越强，并且对流最旺盛的区域往往和陡变的 TBB 梯度区相对应。

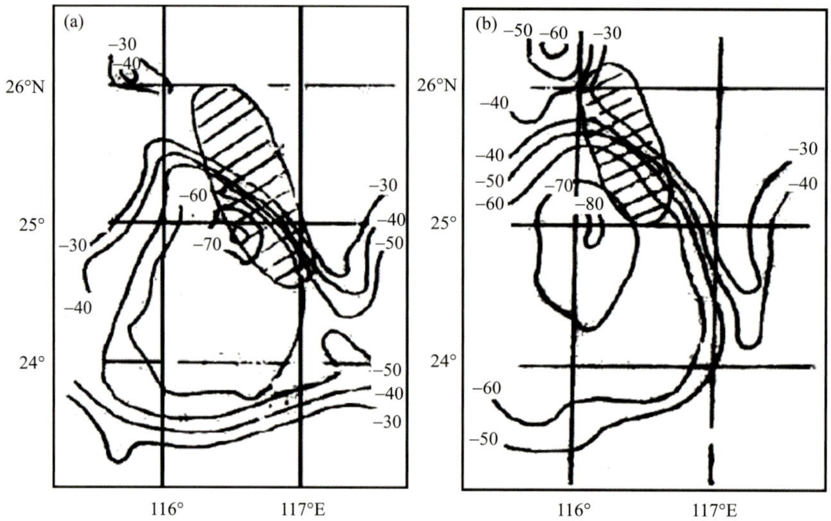

图 7.25　1996 年 8 月 8 日 04 时 30 分(a)和 07 时 30 分(b)卫星云图云顶温度等值线(9610 台风)（单位：℃，阴影区为 3 h 雨量≥30 mm 雨区）

③台风中尺度暴雨常出现在云顶温度等值线曲率较大区域。卫星云图分析中常发现，在云顶温度等值线的某一侧常出现曲率的增大。这有两种类型，一种是两块云团在发展中出现相互合并，这时云顶温度等值线在两云团之间出现明显曲率变化，中尺度暴雨就出现在处于发展云团的偏向云顶温度等值线出现曲率增大的一侧；另一种为云团发展到成熟期后，云团中心出现零星升温，云团中心的某一侧被升温区所蚕食，云顶温度等值线出现曲率变化（呈锯齿形），如 9608 号台风 8 月 2 日凌晨在闽南地区的强降水就出现在云顶温度廓线呈锯齿形一侧（图 7.26）。

④台风中尺度暴雨常出现在云团处在发展阶段这些云图特征的区域。云团的发展与否，可通过云区内各点本时次云顶温度与上一时次云顶温度的差值图分析来判断。若某处云顶温度下降，表明该处云团处于发展阶段；若云顶温度上升，则该处云团处于减弱阶段。中尺度暴雨多出现在中尺度对流云团中云团处在发展阶段的区域一侧。如 9714 号台风，8 月 30 日 5—10 时强云团的东北侧云顶温度不断降低，该侧云团处于发展阶段，中

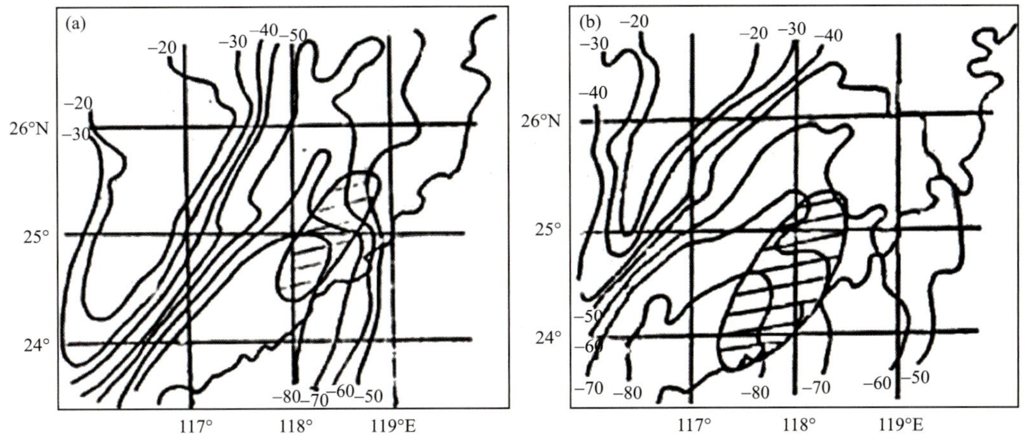

图 7.26　1996 年 8 月 2 日 03 时 30 分(a)和 06 时 30 分(b)卫星云图云顶温度等值线(9608 台风)(单位:℃,阴影区为 3 h 雨量≥30 mm 雨区)

尺度暴雨就出现在中尺度对流云团中云团处在发展阶段的区域一侧。在最冷云区面积范围和云团中心最低温度基本相同的情况下,若云团处在不同的发展阶段,降水的强度也是不同的。若云团中出现大片的云顶温度下降区,未来降水加强;若云团中出现大片的云顶温度上升区,即使<－54 ℃的最冷云区面积并未缩小,未来中尺度暴雨常迅速减弱。

⑤云的色调能区别雨强,暴雨中心与白亮云块的位置相符。中尺度对流系统(MCSs)经历发展、成熟、消亡 3 个阶段,通常先由若干个中小尺度对流单体合并而成,呈椭圆状,水平尺度在几十千米到 100 km 左右,其生命史约在 3～8 h 左右。云顶亮温低于－50 ℃。最强的降水出现在 MCSs 成熟期,随着云团的减弱消散,降水随之减弱消失。

(3)卫星定量估测降水

应用卫星资料估计降水的分布和强度是卫星资料应用的一个重要的方面,特别是静止气象卫星资料具有较高的时间、空间分辨率,而且覆盖面广,对于估测台风降水分布具有广阔的应用前景。目前,国内外利用卫星图象资料估计降水的方法大致有两类:一是根据大量的样本资料统计不同类型的云系在可见光和红外云团上的亮度或温度与降水的关系,这种方法称为“云指数法”,又称为“云分类法”;第二种方法为“云生命史法”,它主要是以地球静止卫星气象云图为依据,研究对流云的发展和演变,寻求对流云在不同发展阶段的云系特征、云区范围的变化与降水强度的统计关系。杨露华等(1995)通过统计分析一定样本的台风 6 h 雨量和与之对应的 6 h 平均亮温的相关性,在此基础上利用卫星数字云图的 6 h 平均亮温及卫星图象上提取的台风云系的形状、类型、环境流场等特征因子,根据不同的发展阶段,结合常规天气资料,建立实时估计台风 6 h 降水分布的方法。岳彩军等(2006)根据 GMS-5 卫星提供的 TBB 资料和逐小时观测雨量强度及水平分布特点,采用对流云一层云分类技术,建立了一种可用于登陆台风定量降水估计(QPF)的方法,能够分离出对流降水和层云降水。燕亚菲等(2019)基于上述 QPF 方法,通过参数修改和调整,得到可适用于葵花 8 号(Hima wari-8)卫星资料的登陆台风降水的估计方法。然而,卫星可见光和红外波对云和降水的穿透性较差,所获得的可见光和红外云图信息主要来自降水云顶部,降低了遥感信息与地面观测资料的可比性(闵爱荣 等,2008a,2008b),不能有效地监测台风及估计台风区域的降水。相比而言，微波探测技术能深入一定的云层，甚至能够观测到地表的辐射信息，可直接反映降水云的微物理特性（傅云飞 等，2007；赵姝惠 等，2010），与降水的关系更直接（闵爱荣 等，2008a，2008b），所以微波探测技术成为监测台风和估算台风区降水的一种有效且重要的手段。

近年来，星载微波辐射计把原始的地面气象测量成功过渡为星地结合观测，为气象探测领域带来了新的发展。由于其独有的优势，星载微波辐射计在降水反演及极端天气的观测中发挥了重要的作用。崔林丽等（2012）利用极轨卫星风云 3 号卫星搭载的微波湿度计（FY-3A/MWHS）资料，采用 5 个通道的微波亮温图和 2 个极化通道的不同运算式共 8 个算子作为研究的特征集，利用 GIS（地理信息系统）空间分析技术获得与气象站经纬度相对应位置上的图像数据，采用逐步回归方法进行多元线性回归分析，建立了台风降水估计模型。FY-3A/MWHS 对不同等级雨量均有一定的估测能力，特别针对中等—较大强度的降水无论是在降水落区，还是在准确率上均具有较高的精度。李娜等（2019）利用 FY-3C 上搭载的微波温湿探测仪（MWHTS）的 L1 级在轨观测亮度温度数据与多卫星降水分析 TMPA 降水产品数据，通过多元线性回归和 BP 神经网络两种算法对台风区的降水情况进行了反演研究。结果表明，由这两种算法反演的降水分布图可以清晰地看到台风中心、云墙，以及螺旋雨带等台风的位置、分布及结构信息，这与 TMPA 3B42 降水产品数据估测到的台风降水分布图相一致。表明 FY-3C MWHTS 微波在轨观测资料在台风区监测及降水研究中能发挥出较高的应用价值。

7.3.3 雷达资料应用

（1）台风回波特征

不同的台风由于经历着不同的发生、发展过程，因此各个台风回波的分布之间有很大差异。即使是同一台风，在不同的发展阶段降水回波也不一样。但总的说来，对于一定的发展阶段，台风回波分布有许多共同点：台风中心是一个圆形的无回波区域，它与台风眼基本一致；“眼”外围是一个环状强回波区（眼壁），由垂直发展旺盛的积雨云构成，宽度一般约 20～30 km，是台风风雨最激烈的地方；眼壁外是螺旋云带，是由较强对流云构成的中尺度螺旋状回波带；台风风雨区的外围有时有类似中纬度飑线的对流回波带，即台前飑线。

（2）雷达回波特征分析台风暴雨

天气雷达的作用，主要在于监视台风以外降水回波系统与台风降水系统合并且得到加强，重新形成新的降水回波系统。这种过程在天气雷达上看起来既直观又比天气图及时而准确。

①台风螺旋雨带和眼壁暴雨：台风降水主要由台风的螺旋雨带和台风中心附近的眼壁引起的，据雷达回波观测到的螺旋雨带特点，大体可分为东北侧暴雨、西南侧暴雨和西—西北侧暴雨。

台风东北侧暴雨这类台风螺旋雨带主要是集中在台风的前半部，后半部螺旋雨带较弱。其降水特点是登陆后雨势迅速减少。

台风西南侧暴雨这类螺旋雨带，主要出现在台风前进方向后半圆的西南气流中，在台风的前半圆螺旋雨带较弱。暴雨主要集中在台风中心的西南侧，而东北侧较弱。

台风西—西北侧暴雨这类螺旋雨带范围大，生消快，主要是由于风场分布不连续且存在脉动。

2018 年台风"玛莉亚"降水主要集中在台风内核及外围螺旋雨带上（郑林晔 等，2020），台风内核降水集中在福建福州和建宁地区，外围螺旋雨带的强降水主要位于浙江温州地区。从 7 月 11 日下午雷达组合反射率演变可见（图 7.27），建宁地区存在广泛的层状回波（＜40 dBZ），14 时 01 分（图略），层状回波中出现零散强回波（40～50 dBZ），主要集中在建宁地区北部和南部，北部的零散强回波随着台风环流西北风逐渐向建宁地区靠近，不断扩大发展，组织成块；17 时，强回波逐渐向南移动，不断经过建宁地区，与南部零散强回波中心结合，贯通形成南北走向的强回波区，强回波区存在时间短暂，17 时 30 分再次瓦解成零散回波，并逐渐向南移动，强度保持在 40 dBZ 以上。强回波中心与强降水区保持有良好的对应关系。

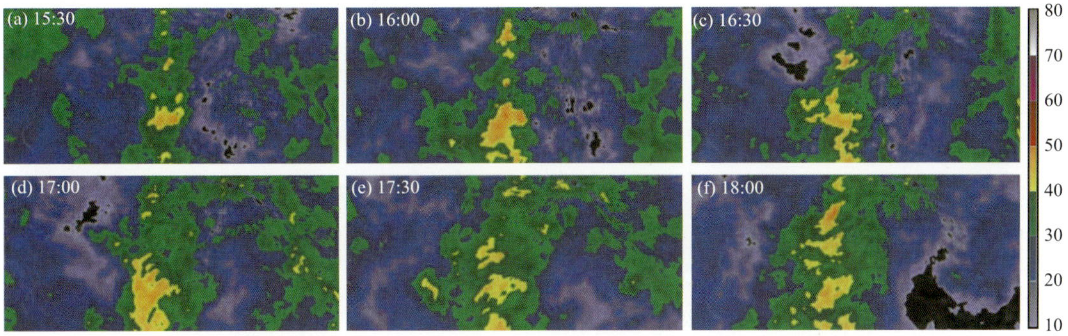

图 7.27　2018 年 7 月 11 日建宁 1.5°仰角多普勒天气雷达回波（单位：dBZ）

从温州站的多普勒雷达 1.5°反射率因子（图 7.28）分析可知，11 日 08 时开始，浙江东南沿海存在着广泛的层状回波，海上不断有 β 中尺度线状对流向温州地区移动，并在东南部不断有新对流单体被触发，沿台风切线方向移动，零散强回波单体不断发展成新的 β 中尺度线状对流，在 9—10 时不断经过温州地区，有明显的"列车效应"。

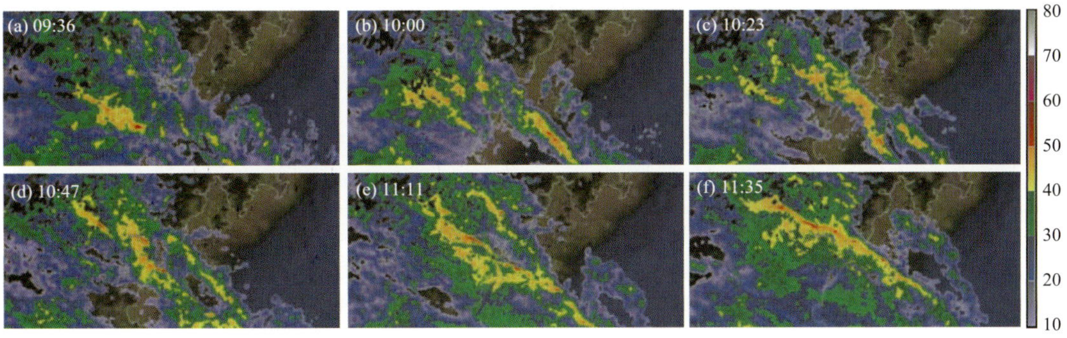

图 7.28　2018 年 7 月 11 日温州 1.5°仰角多普勒天气雷达回波（单位：dBZ）

②台风尾流暴雨：台风南侧一条偏南风急流带携带着来自西太平洋和南海大量的暖而湿的水汽，为台风后部暴雨提供了充沛的水汽来源和不稳定能量。

2006年强热带风暴“碧利斯”在7月14日中午登陆福建霞浦的当天，福建南部的降水并不明显，从15日夜里降水明显加强，15日21时—16日5时9 h累计最大降水达326 mm，平均每小时降水32.6 mm，其中30 mm以上强降水持续6 h，16日0时降水强度最强，1 h降水量达62 mm。

7月15日11时41分絮状降水回波主要分布在台湾海峡南部，而台风中心已经移到江西境内；随着台风中心的西行，台风后部降水开始影响福建南部县市(图7.29a～d)。从速度场看，在福建南部沿海明显有两个速度极值中心，最大速度达30 m/s，说明在福建南部存在偏南风急流，携带大量的暖湿水汽使得回波一直影响到16日07时30分左右(图7.29e～f)。

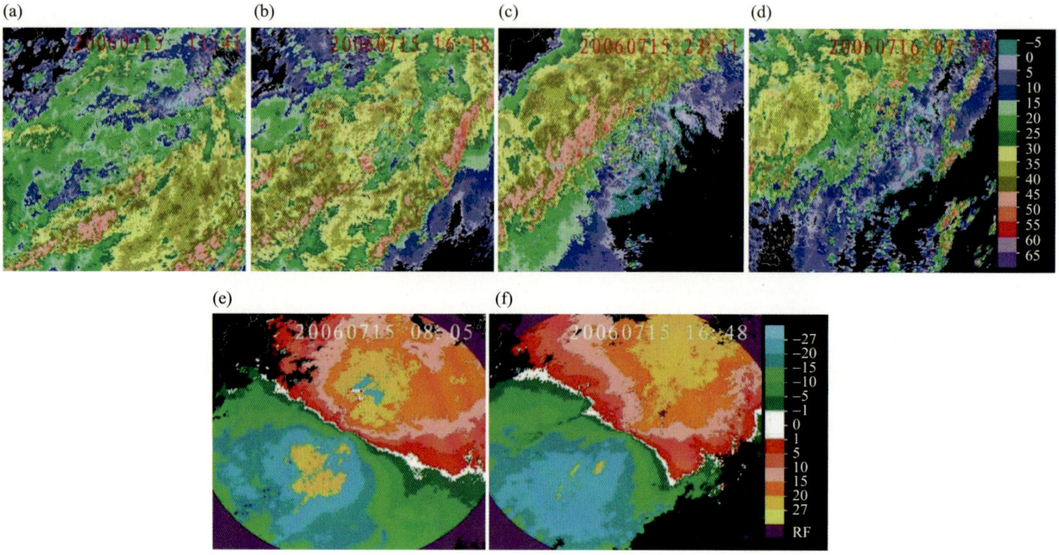

图7.29　2006年7月15日雷达反射率因子(a～d)(单位：dBZ)；
2006年7月15日雷达径向速度(e～f)(单位：m/s)(福建长乐)

(3)雷达资料特征分析台风强对流天气

台风中经常出现局地强对流天气，如飑线、雷暴、龙卷等。对于这类中小尺度天气系统，目前还主要依靠天气雷达来监测。

在台风前600～800 km左右的台前飑线，是由较强的积雨云发展组成的，尤其在海上，这种飑线比较强，它所经之处，也出现类似中纬度飑线的天气，如强雷暴、龙卷等。

2018年8月18日16时40分左右，第18号台风“温比亚”向偏北方向移动时，其东北象限约285 km处的安徽省宿州市灵璧县出现龙卷。安徽蚌埠多普勒天气雷达和阜阳S波段双偏振雷达同时观测到了这次龙卷(邱阳阳 等，2021)。蚌埠多普勒天气雷达(距龙卷约78 km)探测到了龙卷母体即带钩状回波的超级单体的典型结构、中气旋产品、龙卷涡旋特征(TVS)产品，同时阜阳S波段双偏振雷达(距龙卷约165 km)还探测到了龙卷碎片特征(TDS)。图7.30是2018年8月18日16时38分阜阳S波段双偏振雷达0.5°仰角在灵璧附近的基本反射率、径向速度、差分反射率和零滞后相关系数。由图7.30a可见，阜阳双偏振雷达能探测到165 km处的灵璧龙卷母体超级单体的钩状回波，且

图 7.30b 中的速度场上对应有明显的正负速度对(黑色虚线椭圆处)。双偏振雷达还探测到了 TDS,对应图 7.30a 中超级单体的钩状回波末端处(黑色圆圈所示),图 7.30c 中 ZDR 有 0 dB 左右的低值区,图 7.30d 中 CC 也有 0.85 左右的低值区。雷达 0.5°仰角在 165 km 的探测高度约 4.2 km,也能在 16 时 44 分探测到 TDS(图略),说明龙卷可以将杂物卷到 4 km 左右的高空中。

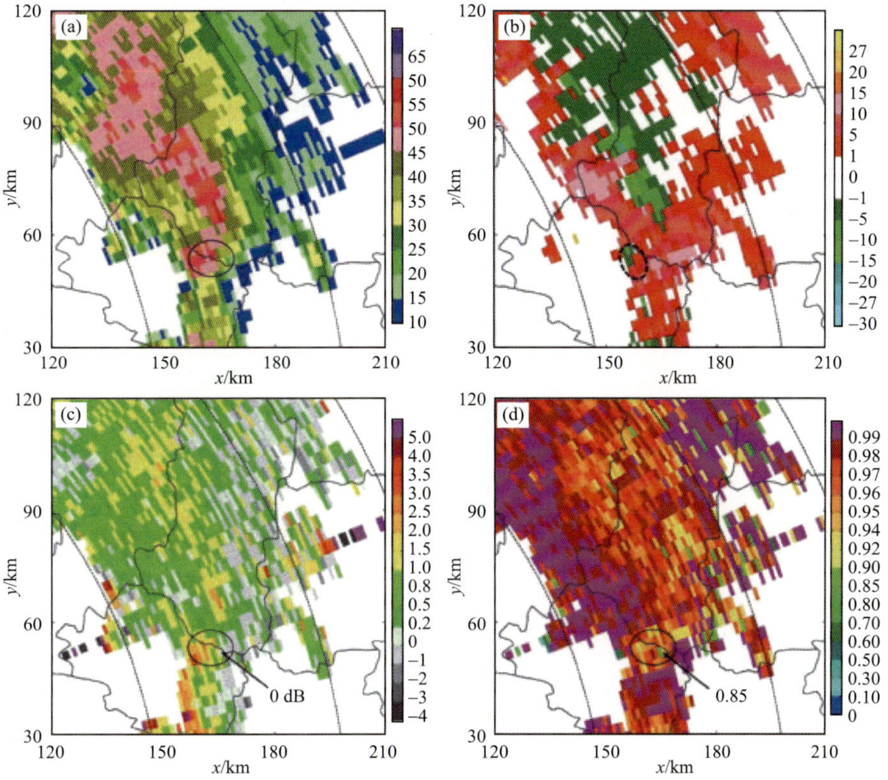

图 7.30　2018 年 8 月 18 日 16 时 38 分阜阳 S 波段双偏振雷达 0.5°仰角在灵璧附近基本反射率(a)(单位: dBZ)、径向速度(b)(单位: m/s)、差分反射率 ZDR (c)(单位: dB)和零滞后相关系数 CC (d)(图 a、c、d 中,黑色圆圈表示 TDS 所在处;图 b 中虚线椭圆为正负速度对)

台风中经常出现雷暴活动。台风内部的雷暴主要集中在两个部位:一是台风外圈孤立的积雨云团或台前飑线中;二是台风眼壁的强对流云环境中。台风外围的雷暴主要发生在台风倒槽和台风切变线中。

2005 年 10 月 2 日,台风"龙王"登陆福建时,在福州地区出现了罕见的特大暴雨。24 h 累积降水最大达到 331 mm,其中主要暴雨发生在 10 月 2 日 19 时—22 时的 3 h 内,1 h 降水极值大于 100 mm 的有 4 个站。特大暴雨具有明显 β 中尺度的特征。

从长乐雷达所探测的组合反射率回波演变分析(图 7.31)(因台风"龙王"大暴雨使长乐雷达遭受雷击发生故障,19 时 40 分—21 时部分资料缺失),17 时 12 分回波强度达 64 dBZ 的对流云团形成于台风北侧的螺旋云带上,呈接近西北—东南向分布,强回波宽约 30 km,长约 120 km,具有明显 β 中尺度的特征。以后回波加强,并逐渐向偏北方向移动。分析多普勒雷达的平均径向速度场,存在中尺度的辐合线,强对流回波发生在中尺度辐合线上。

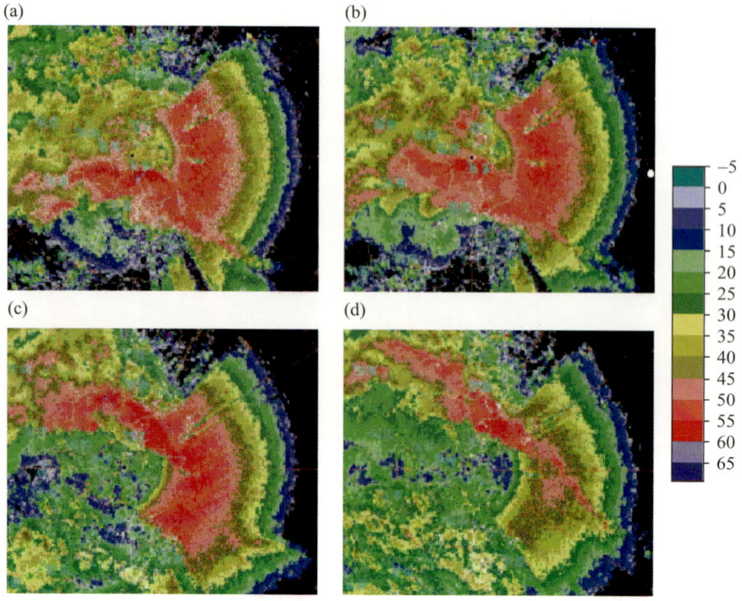

图 7.31　2005 年 10 月 2 日雷达组合反射率因子演变（福建长乐）(单位:dBZ)
(a)18 时 24 分;(b)19 时 09 分;(c)22 时 08 分;(d)22 时 55 分

(4)多普勒速度场特征与强降水的对应关系

多普勒雷达具有比常规雷达更强的探测能力,它不仅能提供降水区的降水质点的反射率分布图,还能同时提供降水区的降水质点的多普勒径向速度图。通过对多普勒径向速度图的解释,可以获得降水区的风场结构,有助于进一步了解造成暴雨的中尺度系统的流场结构特征,从而提高暴雨的监测和预报能力。

台风暴雨的加强与台风气旋性涡旋本身的动力辐合上升强度一致,反映在速度图上,从低层到中层存在深厚的暖平流及强烈的风向辐合,高层存在气流辐散。中低层弱冷平流的侵入有利于台风的增强和维持。分析“云娜”登陆前后的径向速度产品,2004 年 8 月 12 日 05 时—10 时零速度线随距离增加顺转加强,低层有暖平流与辐合的叠加,在高层有暖平流与辐散的叠加,螺旋雨带的降水强度在这一时段出现第一个峰值;10 时—11 时:低层有暖平流与辐合的叠加,中高层零速度线近似直线为纯的暖平流,螺旋雨带的降水强度相对有所减弱;11 时—12 时 15 分:从低层到中高层发展为一致的暖平流和辐合叠加,出现第二个峰值;14 时 15 分随着高度的增加,零速度线在高度 2～3 km 处开始逆转呈反 S 形,表明在这一层有冷平流,15 时—16 时:零速度线弯向正区的逆转开始大于弯向负区的逆转,下暖上冷的形势使低层辐合进一步加强,顶层表现为气流辐散,出现了小时降水量最大值。

(5)垂直累积液态水含量

垂直累积液态水含量产品(VIL)对降水主体趋势、降水量估测和降水落区可以进行极好地监测。温州地区统计表明,VIL 产品有以下几个特点：一是最大值“覆盖”区域的持续时间与该区域的降水量相关,持续时间越长,降水量越大;二是不同来向的降水系统,垂直累积液态水含量具有的“降水效率”差异很大。例如，当VIL相同时，对西北向、西南向、南向、东向(包括台风)的天气系统降水效率大约为1：2：2.15：4的关系，这与系统的水汽输送来源相吻合。三是受地形作用明显，相同的垂直累积液态水含量，受地形等因素影响“降水效率”差异极大。

(6)小时降水量产品

小时降水量产品对降水主体趋势、降水量估测和降水落区也可以进行极好地监测。小时降水量产品使用，$Z-I$关系(Z为雷达反射率因子，I为降水强度)参数的选取十分重要，不同季节不同的降水系统$Z-I$关系有很大差异。必须利用多普勒天气雷达台风数据资料和自动雨量站网资料，拟合适合于本地区台风降水的$Z-R$关系(R为降雨量)。

7.3.4 闪电资料应用

闪电是一种大气放电现象，是对流性天气系统发展到一定阶段的产物(Williams，2009)。闪电活动一般产生于对流发展旺盛的积雨云中，往往伴随着暴雨、雷暴大风、冰雹等灾害性天气发生。闪电探测具有距离远、实时性强、连续性高的优势，目前已在陆地雷暴和灾害性天气的监测和预警中得到广泛应用。目前，闪电活动的探测有覆盖全球范围的地基闪电定位网和卫星的空间全闪探测(郄秀书 等，2014)。近年，我国大力发展的地基双偏振雷达探测技术为登陆台风精细结构提供了良好的观测手段。闪电探测与雷达、卫星探测手段相结合的综合观测，已为揭示台风对流活动规律提供了重要观测资料。我国登陆台风的闪电活动呈现出“眼壁较强—内雨带弱—外雨带最强”的三圈分布特性。台风登陆过程中，闪电多发生在外雨带面积较大的回波后侧或外侧(图7.32)(Zhang et al.，2020)。我国登陆台风的研究表明(Zhang et al.，2013)，外雨带较强的上升气流、较弱的垂直风切变、较大的降水粒子浓度、混合相态区较高的冰相粒子浓度以及对流云体较高的垂直和较广的水平分布，是外雨带产生较强闪电活动的主要原因。

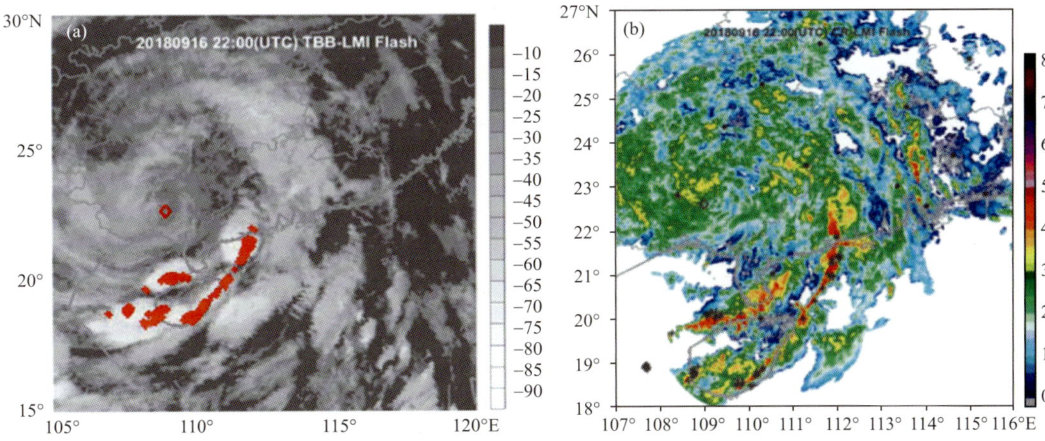

图7.32 2018年台风“山竹”登陆期间，FY-4A闪电探测仪器(LMI)观测的外雨带闪电活动
(a)闪电和日本葵花8 TBB叠加图(单位：℃)；(b)闪电和华南区域组网雷达组合反射率叠加图(单位：dBZ)

7.3.5 台风暴雨的客观预报

台风暴雨预报技术涉及台风内多尺度系统相互作用对其风雨分布影响、地形对登陆台风暴雨分布影响、登陆台风与其他天气系统相互作用对降水影响以及登陆台风中飑线、龙卷等剧烈的中小尺度系统发生发展的机制等许多方面的研究。

目前研究登陆台风暴雨预报的方法很多，主要有统计方法、动力模式、动力与统计相结合三种方法（丑纪范 等，2006；任宏利，2006；丑纪范，2007；Smith et al.，2009；任福民等，2019）。另外，基于集合数值模式的定量降水预报技术快速发展（Ebert et al.，2011；Clark，2017；Sofiati et al.，2019），集合预报方法常常以与上述三种方法结合的方式在台风暴雨预报中得到应用（Cheung et al.，1999；张庆红 等，2007；陈博宇 等，2016）。

（1）统计方法

统计方法可以利用大量的历史数据，通过统计模型利用积分、外推、主成分分析（Wei，2012）和逐步回归（Huang et al.，2018）等方法，提供更长周期的降雨趋势预测或累积降水量预报。这种方法还有一个优点，就是考虑了登陆台风降水的气候背景，对提高登陆台风降水预报准确性具有重要意义（Chen et al.，2010）。

统计方法关键在于选好预报因子。台风暴雨的预报因子通常选取：水汽含量和水汽输送量，如比湿、水汽通量散度；上升速度；位势不稳定；低空东南急流或西南急流的强度；低层涡度；对流层上层 200 hPa 散度；台风强度和移速；地形雨指数（可根据台风与某特定地形不同相对位置时该地形区雨量的气候统计确定）；中尺度扰动指数。然后分型建立预报方程，型可由路径和登陆地段两个因素确定，这两个因素可以把台风降雨分布的总趋势区分开，并且也可以有效地区分开台风登陆前后的大形势。例如，登陆在福建中南部到广东东部这个地段的台风，可分成登陆前后西行和北上两型建立两套预报方程。因为这两个型的大形势和这两个型的台风降雨分布截然不同。

冯利华（2000）尝试应用一种研究确定不确定问题的集对分析（Set Pair Analysis，SPA）统计预报理论来进行登陆台风暴雨预报研究。岳彩军等（2006）针对登陆台风降水的 GMS-5 号卫星提供的云顶亮温（TBB）特征及逐时观测雨量强度及水平分布特点，利用 QPE 结果，采用外推法初步实现了对登陆台风未来 0～3 h 的短时定量降水预报。Wei（2012a，2012b）发展了一种基于主成分分析（PCA）和半径基函数（Radial Basis Function，RBF）技术改进的神经网络方法，该方法能提供台风影响期间可信赖的降水临近（1～6 h）预报。

针对业务需求，Li 等（2015）基于登陆地点距离深圳 700 km 范围内历史登陆台风的登陆方向、强度及距离，提出了一种非参数方法用于预报深圳市台风短时降水的客观方法。余晖等（2018）建立基于历史相似检索的台风极端降水概率预报系统，即针对某个即将登陆目标台风，在历史库中进行季节相似、初始位置相近以及路径相似的检索，筛选出符合条件的历史个例之后，从而较快地获得气候相似的台风降水的概率，概率越大则目标台风造成强降水的可能性越高。

（2）动力模式

动力模式方法是提高数值天气预报准确性的主流方法，其有三个研究重点（贾莉，

2021)：一是侧重于对模式初始场进行改进，由于降水预报对模式的初值很敏感，很多研究者利用三维变分同化(3DVar)、集合卡尔曼滤波(EnKF)和混合集合变分同化(Hybrid EnVar)等方法对模式初始场进行改进，这使得对于预报时效内的台风结构和强度的预报取得了一定程度的改进(Xiao et al.,2007；任福民 等,2017)；二是进行不同物理过程参数化的改进，有研究表明，不同的积云对流参数化方案影响降水的分布型，而不同的微物理参数化方案则通过改变降水粒子的分布来影响降水量(Ma et al.,2009；常婉婷 等,2019)；三是进行集合预报方案的研究，相比传统数值预报方法，集合预报是近年来发展起来的对台风降水预报的重要手段。

台风暴雨的落区和强度与台风涡旋结构(如台风眼壁或内核区、螺旋雨带)和台风下垫面的强迫作用有密切的联系。相比全球模式，区域模式对局地区域对流系统以及复杂地形引起的强降水有较好的表现能力，可提供更加接近真实的强降水分布特征。经过几十年发展，目前我国业务上主要有三个区域模式开展台风暴雨预报，即国家气象中心区域台风数值预报系统(GRAPES-TYM)、上海台风研究所高分辨率区域台风模式(GRAPES-TCM)和广州热带气象研究所南海台风模式 TRAMS(任福民 等,2019)。

国家气象中心基于 GRAPES 区域模式发展了区域台风数值预报系统 GRAPES-TYM，于 2012 年 7 月投入准业务运行，之后不断改进模式分辨率、物理过程以及涡旋初始化技术，使预报能力稳步提升，预报区域为 90°—171°E、0°—51°N，预报时效最长为 120 h(张进 等,2017；麻素红 等,2018)。

上海市气象局于 20 世纪 60 年代开始发展台风模式并不断对其进行改进，自 2004 年从 GRAPES 区域模式起步，通过引入涡旋重定位技术、提高分辨率、采用模式约束三维变分同化技术(MC-3DVar)同化方法、改进对流参数化方案和边界层物理方案等建立了 GRAPES-TCM，预报区域为 90°—170°E、0°—50°N，水平分辨率为 0.25°×0.25°，格点数 321×201，垂直 31 层，顶高 35 km，预报时效最长为 72 h(马雷鸣,2014)。

南海台风模式最早是在 20 世纪 90 年代基于热带区域模式发展起来的，2006 年起改用 GRAPES 非静力模式框架(任福民 等,2019)，将雷达资料空间均匀稀疏化算法(ES-TM)和集合卡尔曼滤波的雷达循环同化技术进行集成，发展了台风快速更新短临预报系统(TRAMS-v1.0)。研发团队持续开展技术方案改进研究，目前为 TRAMS-v2.0，预报区域为 81°—161°E、0°—51°N，预报时效最长为 72 h(陈子通 等,2016)。该系统首次将中国的岸基多普勒径向风观测在台风模式中实时同化应用，从台风进入雷达观测网开始逐小时更新循环起报，每次预报 12 h，模式网格分辨率为 4.5 km，在实际业务预报中重点提升了对登陆台风极端降水预报能力(冯佳宁,2021)。

此外，上海台风所还研发了台风降水地形订正业务系统(余晖 等,2018)，系统在 EC 细网格预报的 12～36 h 降水的基础上，利用模式输出的各层风场、高度场、湿度场、温度场等资料，结合精细地形资料，根据改进的地形降水方程计算台风环境下的地形降水，作为对模式降水预报的订正。该系统自 2018 年 6 月起投入业务试验，通过对 2018 年影响浙江台风进行的业务检验结果表明，系统对于地形显著区域的台风极端降水具有很好的改进效果，对台风降水预报和决策服务都具有很好的指示意义和参考价值。

需要指出，目前的动力模式分辨率仍然有限，并不能描述所有尺度的相关物理过程，再加上缺少海洋的观测资料，因此动力模式预测 LTC 降水的能力有限，其预测技巧很难取得突破(贾作 等，2020)。

(3)动力与统计相结合

由数值模式输出得到因子取值的统计预报简称“MOS”方法。在形势稳定少变时，可取初始场因子。当一个台风登陆，无论对台风本身和它的环境都将造成改变，理想的办法是取预报时刻的因子，即因子本身也是一个预报量，将其输入统计预报方程获得预报。国家气象中心采用 MOS 方法来制作全国范围和台风降雨预报，预报时效长达 36 h 和 60 h。

随着科技的进步，进入 21 世纪以来，动力与统计结合的登陆台风降水预报方法有了新的发展，可分为以下三类(任福民 等，2017)。

第一类，利用数值模式的台风预报路径和历史观测降水，一些研究从气候平均角度做出台风降水预报。Marks 等(2002)利用地面观测资料和 TRMM 卫星资料发展了沿台风路径 500 km 范围内的台风降水预报的气候持续性模型(R-CLIPER)。Lee 等(2006)基于 371 站历史小时降水，建立了考虑地形抬升和与台风半径相联的降水率两个因子的台湾台风降水预报气候模型，该模型能够根据台风中心位置给出任意台站或流域的逐时降水预报。

第二类，采用数值模式的台风预报路径和起报时刻台风降水强度分布，一些学者开展台风降水预报研究。Kidder 等(2005)发展了热带降水潜势(TRaP)技术，将起报时刻卫星估测的台风雨强分布与预报的台风路径相结合，在预报时段内积分进而得到未来的台风降水；Liu(2009)将 TRaP 技术应用于不同路径台风对台湾降水影响的研究时发现，地形对台风降水有重要影响。当同时使用多种卫星遥测资料时，Ebert 等(2011)进一步发展了集合热带降水潜势(eTRaP)技术；目前 TRaP 和 eTRaP 技术在美国国家海洋和大气管理局得到业务应用。

第三类，采用数值模式的预报要素场，通过动力相似判别进行台风降水预报研究。钟元等(2009)提出一个台风定量降水预报的动力相似方案，通过构造预报时段内预报区域环境要素场与历史热带气旋样本相应变量之间的 28 个客观相似判据，寻找相似样本并对相似样本的历史降水量进行相似指数的权重综合，从而实现台风降水的定量预报；个例预报试验表明该方案具有一定预报技巧。李博等(2009)采用综合三级相似预报技术，利用数值模拟结果对样本间的相似程度进行描述，同时将描述样本相似程度的物理量由单因子拓展为因子组合，并通过对 13 a 间历史资料的试验，建立台风强降水预报模型(SMAT-Typhoon)，该模型具有较好的平均预报能力。

从上面的分析中可以看出，对于动力与统计结合的登陆台风降水预报方法，大家所统计的对象有所不同，但从台风预报路径的角度进行动力相似预报研究是一个充满希望的领域和方向(任福民 等，2017)。首先是由于路径相似的登陆台风在固定地形作用下容易产生相似的台风降水分布(陈联寿 等，2004；Marchok et al.，2007；Xie et al.，2012；Wu，2013)；另外，由于模式的发展、数据同化改进、卫星平台的观测量急剧增加以及集合预报技术的使用，台风路径预报误差短短 25 a 内的减少了三分之二(Landsea et al.，2018)。利用这种思路，Ren 等(2020)提出了动力—统计相似集合预报理论并将其应用于登陆台风过程降水预报，建立了基于路径相似的台风降水动力统计集合预报模型 DSAEF_LTP

(Dynamical-Statistical-Analog Ensemble Forecast for Landfalling Tropical Cyclones Precipitation)模型。

DSAEF_LTP 模型将目标台风路径预报与丰富的历史台风资料库相结合，开展登陆台风降水预报（丁晨晨 等，2019），预报思路主要有以下五个步骤（图 7.33）：①台风路径实时预报信息；②台风相似路径识别，通过目标台风的完整路径、相似区域、路径相似面积指数以及相似台风历史排序等步骤完成；③登陆季节、强度、移速等相似特征对步骤②获得的排序进行进一步筛选，并选择 n 个最佳相似台风；④n 个最佳相似台风过程降水的平均值或最大值的集合预报；⑤根据各参数组合方案的 TS 评分结果获得最佳预报方案。涉及两个关键技术：台风降水分离的客观天气图分析法（OSAT）和台风路径相似面积指数（TSAI）（Ren et al.，2018）。

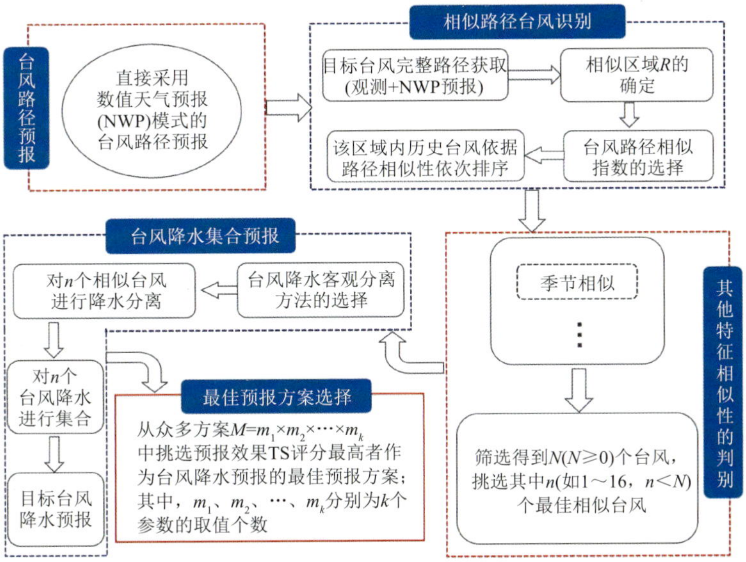

图 7.33 基于路径相似的台风降水动力统计集合预报模型 DSAEF_LTP 建模思路

(4)集合预报

美国国家环境预报中心（NCEP）和欧洲中期天气预报中心（ECMWF）于 1992 年 12 月率先建立了各自的全球集合数值预报业务系统。2004 年 ECMWF 依托其集合预报系统（一个控制预报和 50 个扰动预报）开始发布全球台风集合预报产品，包括台风中心位置、海平面最低气压、中心附近最大风速和台风袭击概率等。我国台风日常业务预报中常涉及的 ECMWF、NCEP、日本气象厅和中国气象局（CMA）等全球数值预报中心的台风集合预报系统。李侃（2018）针对 2008—2017 年夏季西北太平洋登陆的台风，检验了 ECMWF、NCEP、CMA 三个预报中心对台风降水集合预报的能力，结果表明，集合平均预报优于相应的控制预报。

集合预报方法在台风暴雨业务研究和预报中的应用主要包括两个方面：在预报后处理与订正中的应用以及集合预报系统的建立。

①集合预报后处理与订正中的应用

基于集合预报的直接概率、贝叶斯模型平均（Bayesian Model Averaging，BMA）和逻辑回归等方法，可以定量地描述台风降水的概率密度函数，从而提供台风不同量级降水（如小雨、中雨、大雨和暴雨等）的发生概率，进而提高台风不同量级降水的预报准确率。另外，针对确定性模式对台风降水极值总是偏弱的特点，集合预报成员中降水最大值、降水 90%分位数等信息可以为台风最大降水量预报提供有效参考，从而弥补确定性预报对台风降水预报偏弱的缺陷（沈越婷 等，2015）。余晖等（2018）建立了基于全球集合预报系统的台风极端降水概率预报系统。针对日常业务中应用较多的集合数值预报，选取欧洲中期天气预报中心集合数值预报模式、美国国家环境预报中心集合数值预报模式，提供实时的降水集合概率预报产品。同时，基于集合预报的极端天气预报指数（Extreme Forecast Index，EFI）可以提供极端降水风险提示。罗玲等（2019）通过对 2013—2017 年影响华东的 13 个台风个例的研究，发现 ECMWF 集合预报降水极端天气预报指数 EFI 对台风暴雨的预报具有一定指导意义。研究分别确定了 24 h、48 h、72 h、96 h 时效对应的 EFI 参考阈值，作为暴雨落区预报的参考依据。官晓军等（2021）建立了基于欧洲中期天气预报中心（ECMWF）集合预报系统降水极端预报指数 EFI 阈值的台风极端降水预报方法。该方法表明降水 EFI 预报对台风极端降水预报具有较好的指示意义，基于降水 EFI 阈值的台风极端降水预报产品可在业务中作为台风极端降水预报的参考。

近年来中央气象台在台风强降水预报方法方面也取得了较明显的进展。陈博宇等（2016）利用 ECMWF 预报降水和台风路径集合预报以及中央气象台实时业务台风中心定位资料，开发了面向台风暴雨的集合预报成员优选订正方法，提出一种业务上可用的针对单模式集合预报的台风降水实时订正技术（Observation-Based Ensemble Sub-setting Technique，OBEST，简称集合成员优选技术）。针对 ECMWF 模式的 51 个成员，集合成员优选技术主要依据预报过程中短时效内每个成员对降水预报的评分效果，及时筛选更新集合成员，从而改进较长时效的台风降水预报效果。该方法已经在中央气象台的台风强降水预报中得以应用，检验结果表明，在登陆台风暴雨过程预报中，集合成员优选技术对改进集合统计量降水产品有明显的效果，并较 ECMWF 确定性预报产品有一定优势；该方法对改进短期时效预报产品的效果优于中期时效预报，对大暴雨评分的改进高于对暴雨和大雨的评分（李泽椿 等，2020）。在此基础上，陈博宇等（2020）根据当前国家级业务预报平台的数据环境，进一步改进计算方案，提出一种新的基于多个不同分辨率模式的台风暴雨预报后处理技术，以期从海量预报数据中获得最优的客观预报，为预报员业务预报提供参考。

曾沁等（2019）根据不同季节集合预报百分位产品检验结果，研发了广东省本地化的基于集合预报的最优百分位融合法。检验评估表明，该方法在登陆或严重影响广东的台风造成的降水中具有更优的表现。张华龙等（2022）引入降水阈值预报概率指标，设计最优百分位法融合产品的改进方法，研究表明该方法在远距离台风降水预报具有更优的应用效果。

②集合预报系统的建立

中国气象局广州热带海洋气象研究所利用 GRAPES-TRAMS 数值模式建立了台风中尺度集合预报系统（TREPS）（张旭斌，2018）。TREPS 由 30 个集合成员组成，模式水平分辨率为 0.09°，格点数为 385×305，采用移动网格，垂直分层为 55 层。模式网格中心根据台风位置来选择。TREPS 使用初值、侧边界与模式扰动来生成集合成员。初值扰动由 ECMWF 0.5°全球集合预报每个成员的初值扰动场降尺度得到,并在此基础上加随机平衡扰动。TREPS 在每天的 00 时和 12 时启动,在 ECMWF 0.125°确定性预报场上加初值扰动生成每个成员的初始场,并在 ECMWF 0.125°确定性预报场上加 ECMWF 集合预报场降尺度的扰动生成每个成员的侧边界。随后,每个成员采用业务运行的物理过程参数化方案设置进行 60 h 预报。利用 TREPS 对 2014—2016 年登陆我国的台风个例进行批量试验及评估(共 19 个台风个例,进行 48 次预报)。在确定性预报方面,TREPS 相比 ECMWF 确定性预报明显提高了台风强度、降水与风场预报效果,也相比自己的控制成员明显提高台风路径、强度、(极端)强降水与风场预报效果;在概率预报方面,TREPS 相比 ECMWF 集合预报能更准确地预报极端强降水与(极端)强风,因为 TREPS 具有更好的分辨能力;TREPS 在中等风速与轻量降水方面则预报效果较差。

2013 年,深圳市气象局与美国俄克拉何马大学风暴分析和预报中心(CAPS)合作建立水平分辨率为 4 km 的深圳对流尺度集合预报系统,并于 2014 年开始在国家超算深圳中心高性能计算平台上实现业务化运行(孔凡铀,2018;江崟 等,2019),成为国内首个业务化运行的对流尺度集合预报系统。该系统采用 WRF ARWv3.5.1 预报模式,双重网格嵌套,其中外层 d01 和内层 d02 网格水平分辨率分别为 12 km、4 km,水平网格数分别为 209×177、421×361,垂直层数 51,模式层顶气压设置为 50 hPa。每天 08 时和 20 时(北京时,下同)4～12 km 区域双向双重嵌套,利用欧洲中期天气预报中心(ECMWF)实时预报产品(0.125 °×0.125 °)资料和美国全球集合预报系统(GEFS)p01～p10 集合成员的实时预报产品(1 °×1 °)作为初始场和边界条件进行 72 h 预报。该预报产品为内层逐 3 h 同化预报提供背景场和边界条件。采用 ARPS 5.3.2 同化模块和云分析模块同化广东 11 部多普勒雷达的径向风和反射率资料进行 24 h 预报。该系统共有 11 个集合成员,不同成员除了采用不同的初始场和边界条件外,还采用了不同的物理参数化方案组合,最终形成了多初值条件、多物理方案组合的对流尺度集合预报系统。2017 年该系统预报时间由 24 h 延长到 36 h;2018 年由于计算资源限制,集合成员数由 11 个变为 10 个。王德立等(2020)检验了该系统的集合预报方法(含集合平均方法和概率匹配平均方法)和控制预报方法的 24 h 降水预报,发现:系统对台风 24 h 降水预报具有较好参考价值,三种方法的暴雨等级预报 TS 评分均达到 0.39 以上;集合预报方法(含集合平均方法和概率匹配平均方法)总体上优于控制预报方法,可改善珠江口两侧暴雨中心降水预报;系统对较强台风的降水预报能力优于弱台风。在较强台风情形下,系统对粤东暴雨中心降水预报明显偏小且控制预报方法偏差最大,其他地方降水预报偏大为主;在弱台风情形下,系统对降水预报存在明显系统性偏大,但对粤西暴雨中心降水预报明显偏小且控制预报偏差最大,其可能原因是弱台风多为南海台风,且路径相对复杂,对应引导气流相对较弱,台风路径预报难度大,因此相关降水预报难度也加大。

7.3.6 台风暴雨的主观诊断预报

(1)台风路径预报是预报台风暴雨的先决条件

台风暴雨与台风路径有密切关系,台风影响的地区都有总结不同路径下的台风暴雨强度和分布。首先可以根据台风路径、登陆点预报，作出大致的台风暴雨预报。在数值模式对台风的预报位置与业务预报差距不大的情况下，可根据一些天气学知识、诊断结果和经验对数值预报产品的降水预报结果进行一些订正。

(2)台风内核雨带

台风内核由眼区和眼壁组成，眼区为下沉运动，晴空少云。眼壁为对流环形区，台风中最强的暴雨往往出现在这一环形区内。根据预报的台风登陆点、登陆时间、登陆后的移向移速和强度的变化大致预报台风的内核雨带所产生的降水。但是，有时即使是中心经过的地方，降水也不一定大，台风降水会偏离中心，出现严重不对称。0812号台风“鹦鹉”、0906号台风“莫拉菲”降水都位于中心的西侧或西南侧，中心经过的地方雨量不大。其中，“莫拉菲”降水严重不对称的主要原因是低层辐合和不稳定区位于台风的西到西北部(图7.34)。有的台风靠近陆地时会变成空心台风，主要是大陆干冷空气入侵破环内核结构所致，这样的台风登陆时，内核暴雨强度弱、落区范围小。如0709号台风“圣帕”，受干冷空气下沉影响，眼壁附近对流发展受到抑制，使其中心呈现空心化结构(林小红 等，2019a)。

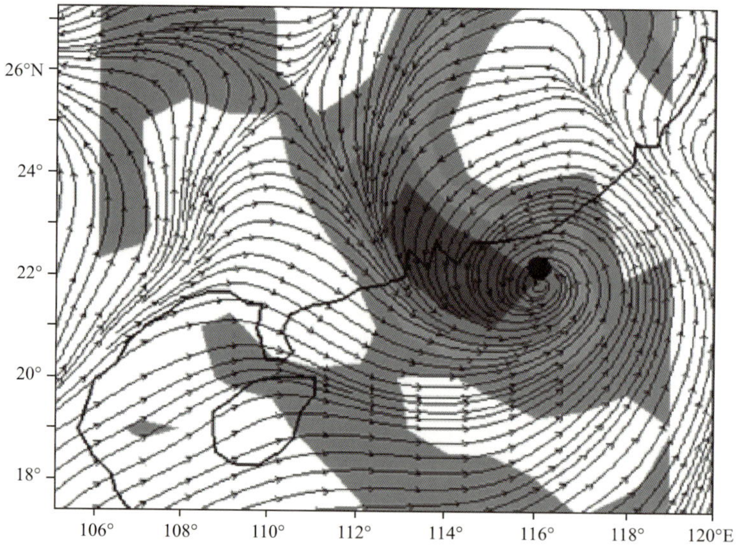

图7.34　2009年7月18日20时850 hPa流场
(阴影区为高风速区(据NCEP 1°×1°资料))

台风眼壁暴雨强度和落区并不完全由台风的强度和尺度决定，环境系统与台风的相互作用和地形的影响也会造成眼壁暴雨强度的变化以及落区的不对称性。当台风与季风涌相遇，西南气流将潮湿季风云团在台风南侧卷入，眼壁南环会出现很强的暴雨，通常位于台风路径的左侧。当台风与西北太平洋东北信风相遇时，干冷的东北风和台风潮湿的东南风形成强辐合，会显著加强台风的内核暴雨(陈联寿 等，2017)。垂直切变强也会使对流云偏于高空强风的下风方向。所以，还必须根据卫星云图、雷达回波、大气稳定度、风的垂直切变以及低层辐合等因素做出调整。

(3)螺旋雨带(外雨带)

除了台风的内核雨带之外，很多暴雨往往是螺旋雨带(外雨带)造成的。它出现在台风外包和外围区，主要出现在外包区。通常台风涡旋环流包含3～4条螺旋雨带，每条雨带由强对流系统组成。不同雨带的物理参数(如水汽含量、垂直运动、涡度、云顶霰和冰粒子浓度等)、结构(如有的雨带中含有中尺度小涡或中尺度切变线等)以及与环境环流系统的相互作用有所不同，导致各雨带不同的降水强度和分布特征(陈联寿 等，2017)。外雨带往往与急流或强的水汽输送带相联系，而且容易造成“列车效应”。2006号台风“派比安”的云带给珠三角西部带来了特大暴雨和龙卷。9608号台风后部的螺旋云带也给闽南沿海造成大暴雨到特大暴雨。实际预报中，要注意分析雷达回波的回波带或卫星云图上强对流云带及急流的位置。

(4)大尺度环境分析

首先，必须考虑西南季风，如果台风在某地登陆之后，ITCZ或西南季风跟随在台风后部，则将为台风暴雨的形成和发展提供大量的水汽来源及能量的补充。在强夏季风气流随台风登陆而明显向北涌的情况下，不但要注意提高雨量级别的预报，还要注意沿海地区因强季风北涌而出现大暴雨或特大暴雨。如8707号台风登陆浙江并北上，导致南海季风北涌，广东出现连续暴雨。又如0604号强热带风暴“碧利斯”虽然在闽北登陆，却在粤东和闽南地区造成比登陆点附近大得多的特大暴雨。虽然数值预报产品预报降水中心在南海东北部，粤东的降水并不大，但却给了一个强季风降水的信号，预报员可以根据这个信号进行暴雨预报的订正。

其次，必须考虑副热带高压的影响。包括增强或减弱，西进或东退，同时还必须注意其形状特征，带状、块状、两高等各种不同的状态对台风暴雨的形成、持续作用和落区都是不一样的。如果副热带高压在加强西伸中，则台风在登陆之后一般不会在某一地区发生停滞，因而难于形成持续的台风暴雨。当副热带高压东撤减弱，或呈“两高”、块状，台风登陆后处在“死水区”发生停滞，则可能发生持续性的台风暴雨。

台风登陆后，如果副高主体偏东，副高西伸较慢，降水也结束较慢；如果副高快速西伸，暴雨将很快结束。

最后，必须考虑西风带的环流特征。如果西风带处在低指数期间，常有比较明显的西风槽发展，台风多转向北上，不易在大陆上滞留；如果西风带处于高指数期间，西风带多为小槽小脊活动，登陆后深入内陆的台风容易发生滞留，弱冷空气也容易入侵到热带低压中而造成大暴雨或特大暴雨。

(5)天气系统分析

对大型环流背景进行分析之后，还要对可能出现和影响台风暴雨的天气系统进行具体分析，包括风场、气压场、温度场中的各自产生的系统及其相互配置下形成的系统。

①风场分析

首先是需要分析对台风暴雨具有重要作用的西南风急流、东南风急流、南风急流以及风的脉动现象。

其次是要分析是否有风场形成的各种扰动，如倒槽、暖式切变、气旋性环流中心、低涡、小槽等存在。尤其是台风倒槽和由台风中心向外伸展的暖式切变，这两种系统是产生台风暴雨的重要天气系统。如1999年9月4日凌晨，9909号台风位于粤东沿海时，东南沿海出现明显倒槽，导致温州出现特大暴雨。2005年“麦莎”等台风登陆华东转向北上时，其倒槽也多造成华北、山东等地暴雨到大暴雨。在粤东登陆台风，福建东部地区雨量都比较大，就是与低空暖式切变的作用有关。所以，预报台风暴雨时必须关注这些部位。

②气压场分析

气压场(高度场)的分析中，主要分析台风附近地区是否有低值系统、较大的负变压(变高)中心、冷锋。冷空气扩散和登陆台风残涡的相互作用是残涡内生长中小尺度系统和台风大暴雨的背景。中尺度低值系统或云团与残涡的合并同样是产生大暴雨的有利条件。

③温度场分析

要注意分析 24 h 变温(ΔT_{24})。如果地面 ΔT_{24} 数值达到－8 ℃或以下、850 hPa 的 ΔT_{24} 达到－5 ℃或以下，台风强度将明显减弱，甚至可能在近海减弱为热带低压或消失。仅在台风北侧约 100～300 km 范围可能产生暴雨。而适量冷空气的侵入，850 hPa 的 ΔT_{24} 在－4～－1 ℃，常会使暴雨加大。0801 号热带风暴“浣熊”在粤西登陆，但粤东的降水比登陆点附近大得多，主要是从东南沿海南下的弱冷空气与台风东半圆的东南气流相遇的结果。台风到达中纬度以后，更容易与西风带的高空槽、切变线或低涡相遇，暴雨将加大。也有研究指出，冷空气侵入，会使倒槽和周围地区雨量加大，而使台风减弱导致台风中心雨量减小。所以，在预报时要特别分析中纬度的天气系统和冷空气活动。

④各种物理量分析

目前，我国和 ECMWF、日本、美国等许多数值预报产品可供台风业务预报应用。对实况和预报的物理量的诊断分析，就有可能对台风暴雨预报作出比较准确的判断。

⑤云图、雷达、闪电资料分析

云图、雷达和闪电资料比较直观地提供了台风的结构持征和台风周边的影响系统。如台风外围阵雨区、螺旋云带及对流区、台风眼壁、台风外围的云团、台风南侧的 ITCZ 云系、西南季风云系、锋面、西风槽等的活动趋势及他们间的相互作用。此外，要注意分析冷云的气温、回波的强度。大量实践表明，如果冷云气温达－60 ℃以下，就有可能出现暴雨；如果冷云气温达－70 ℃以下，就可能出现大暴雨或特大暴雨。

⑥地形影响分析

福建沿海、浙东、粤东和粤西沿海多山地丘陵，台风登陆时，迎风面雨量预报宜考虑地形的增幅作用。

最后根据台风路径、强度，将环流背景、天气系统、物理量诊断分析、卫星云图、雷达回波、闪电资料及地形影响分析等结合数值预报进行综合判断，得出所要做的台风暴雨预报结论，包括暴雨时空分布及其量级大小。

7.4 台风暴雨预报技术的评估及展望

围绕台风暴雨预报问题，国内外学者主要从数值模式、统计方法和动力—统计结合三个方面开展工作。但台风暴雨预报领域存在以下主要问题：一是以数值模式为代表的预报技术对台风暴雨预报能力目前仍非常有限；二是数值模式的发展是一个长期的渐变过程，短时间内很难快速提高数值模式的预报技巧；三是统计模型由于缺乏物理基础，自身无法克服预报效果的不稳定性，始终不能成为预报技术的主流发展方向。受上述问题影响，研究学者们相继研发了以下台风暴雨预报技术及业务应用。

(1)集合成员优选技术评估

研究表明，相较单一确定性模式，集合预报能提供更多预报信息(Cheung，2001)，可通过偏差订正技术、成员优选技术、多统计量集成等技术，从海量数据中提取最有可能的预报结论(代刊 等，2018a)，从而支持目前以确定性为主的预报业务；能够提供未来多个可能的预报场景，从而增加了对于低概率极端天气的捕捉能力。此外，集合预报的最重要功能在于反映天气演变的不确定性及其程度，预报员和用户可以通过概率订正技术、集合敏感性分析(代刊 等，2018b)等多种技术和产品来帮助其理解和传递可预报性信息(Cheung，2001；Titley et al.，2020)。集合数值预报方法是一种专门用来定量估计预报误差，即预报不确定性的动力学方法，其在暴雨这类预报误差较大的预报制作过程中大有作为。集合预报方法在台风暴雨研究和预报中的应用，包括四个方面：①台风暴雨集合预报系统的建立，如初值和物理扰动的生成等；②预报方法，如再预报相似集合法等；③在预报后处理与订正中的应用，如概率匹配平均法(PM)和集合动力因子法等；④对暴雨天气系统的机理分析与模式初值改进，如集合敏感性法和目标观测等。陈博宇等(2016，2020)开发的一种业务上可用的集合成员优选技术，其对改进集合统计量降水产品有明显的效果。

展望：在成员优选产品业务应用方案中，相比计算集合平均场的优选成员数，PM 产品的 TS 评分对计算匹配场的优选成员数并不敏感，确定成员优选方案的 PM 产品的预报表现可能存在一定的波动性。因此，考察匹配场最优成员数的影响因子，如台风强度等级，确定出不同强度的登陆台风暴雨过程所对应的成员优选方案，对进一步提高成员优选产品的稳定性有一定的帮助。此外，借鉴其他客观产品(如最优百分位和频率匹配产品)的设计原理来完善成员优选产品的计算方案也是今后研究的重要方面。

(2)动力—统计集合预报模型(LTP_DSEF)评估

动力模式与统计方法结合是预报技术发展的一条重要途径。近年，中国气象科学研究院任福民研究员团队(丁晨晨 等，2019；贾作 等，2020)研发的登陆台风降水动力—统计集合预报模型(LTP_DSEF)在中央台、广西区台进行了本地化业务应用。应用结果表明该模型的预报能力总体优于常用的三家数值天气预报模式(ECMWF、GFS、T639)。本地化 LTP_DSEF 模型对强降水的漏报小于欧洲中期天气预报中心，对近 20 a 在广西造成 100 mm 以上降水的热带气旋降水平均 TS 评分约为 0.18(肖志祥 等，2021)。DSAEF_LTP 模型之所以优于动力模式，可能主要是由于对于关键物理过程表达上的差别所致。目前在动力模式对譬如地形作用、积云对流等物理过程通过参数化还不能精准表达真实过程的情况下，DSAEF_LTP 模型尽管本身不包含这些物理过程的具体表达，但最佳相似台风降水的引入，可能较之动力模式更好地重现了这些关键物理过程的作用(丁晨晨 等，2019)。

展望：目前就 DSAEF_LTP 模型自身而言尚存在一些不足之处，如台风路径的主、客观预报误差可能会对预报结果产生一定影响；对于其他特征相似性方面，主要只引入了季节相似，许多台风特征(如强度、移速、结构等)和环境场特征(如季风、副热带高压、急流等)都并未被考虑。对于较强过程降水(≥50 mm)而言,取最大值集合方案漏报率(0.2193)相对取平均值方案(0.6219)较低,但空报率相对较高(最大值方案 0.6113,平均值方案 0.4262),易造成空报。相信通过新的深入研究,DSAEF_LTP 模型能有更好的发展前景,并能在业务中发挥应有的作用(丁晨晨 等,2019)。

第 8 章

台风大风预报

大风灾害是中国最严重的自然灾害之一，台风带来的大风会造成船只翻沉、建筑物损坏以及狂浪、风暴潮等灾害。如 2006 年超强台风“桑美”在浙江省苍南县登陆时中心附近最大风速 60 m/s(17 级)，浙江苍南霞关附近自动站观测到 68 m/s 的大风，超强的风力给福建、浙江两省造成重大的人员伤亡和财产损失；2016 年 14 号超强台风“莫兰蒂”登陆厦门翔安时强度达到 15 级，是新中国成立以来登陆闽南的最强台风。台风登陆时在登陆点附近沿岸 60 km 左右范围出现平均风力 12～15 级、阵风达 16～17 级大风，最大阵风出现在厦门五缘弯大桥，自动站观测到 66.1 m/s 大风。此次台风登陆在厦门，造成的危害主要集中在福建省人口最集中的闽南地区，闽南地区(厦门、泉州、漳州)经济损失极为严重，因灾死亡人数达 15 人，失踪 9 人。因此，开展台风大风研究及预报具有很重要的现实意义。

8.1 台风大风特征

8.1.1 大风频数

台风引起我国大陆境内的大风主要出现在山东半岛以南的沿海地区，浙江、福建、广东沿海局部地区出现 6 级及以上台风大风频次达 200 次以上，浙江沿海、福建中部地区出现 8 级及以上台风大风频次达 120 次以上。台风大风出现频次从沿海向内陆急剧减小，福建、广东、浙江、海南沿海是我国受台风大风影响最严重的区域，该结论与杨玉华等(2004)统计结果基本一致。

8.1.2 大风风速

台风引起的大风风速与大风频数有类似的分布，均呈现出沿海大、内陆小的特征。8 级以上大风极值主要出现在沿海地区，其中，浙江及其以南大部分沿海地区台风大风风力极值达 10 级(≥24.5 m/s)以上，局部地区达 12 级(≥32.7 m/s)以上；浙江以北的沿海地区、江苏山东交界处沿海地区、山东半岛沿海地区、辽宁沿海地区的个别站点达 11 级以上。内陆大多地区风力极值在 6～7 级之间，其中山东、安徽局部地区风速极值达 10 级以上。多年平均风力大值区主要集中在华东、华南沿海地区，大部分地区达 8 级(≥17.2 m/s)以上；内陆及华北、东北地区多年平均风力在 6 级以下，台风大风风速具有从沿海向内陆、从南向北急剧递减的显著特征。

8.1.3 不同登陆地段大风差异

不同地段登陆的台风，所引起的大风过程也有明显的不同。在华南(汕头及以南，海岸线呈准东西向)登陆的台风，能引起山东半岛以南(及渤海湾部分地区)广大区域的大风过程；在华东(汕头至上海，海岸线呈准南北向)登陆的台风，其大风天气主要出现在华东地区，可以伸展到华北沿海，但华南地区则很少；在华北(上海以北，除渤海湾外海岸线呈西北—东南向)登陆的台风,其大风过程主要在华北地区。而且在华南登陆的台风所引起的大风频数明显高于华东和华北,华东又明显高于华北。

8.1.4 台风中的中尺度强烈天气

(1)台前飑线

台前飑线在台风中心前方 600～800 km 处,为一条对流性阵雨回波带,主要由一些强烈发展的积云回波单体组成,有时呈弧状,有时呈细而平直的雷暴线。平均长度 200～300 km,个别可长达 600 km。它们生消变化快,老的对流单体逐渐消亡,新生的单体逐渐发展,回波单体的顶部一般达 7～8 km,个别可达十几千米。由于台前飑线有强烈的对流活动,它们经常是强雷暴和龙卷的孕育地和集中地。台前飑线主要分布在台风行进方向的右前方,因台风出现地区、季节和台风本身强度等不同,在强度和特征上有一些差别,例如南海台前飑线一般范围较小,并多见于台风前进方向之左侧,常由松散的雷阵雨带组成。

0509 号台风"麦莎"从 2005 年 8 月 5 日 05—20 时台风登陆过程中,先后有 5 条台前飑线从台风外围螺旋雨带北部边缘分离出来,并在浙江、上海、江苏等地登陆。台前飑线最初生成于台风"麦莎"前进方向、外围螺旋雨带的前沿部位,移动方向与台风移动方向基本保持一致, 5 日 08 时之后,台前飑线生成源地转成台风移动方向的右侧,平均移动时速 56 km/h,是同时刻台风移速的 3 倍(图 8.1)。台前飑线的回波宽度一般在 5 km 左右,回波梯度大,长度从几十千米到几百千米不等。分析天气形势表明(图 8.2),台风登陆前,其西北侧 500 hPa、700 hPa 和 850 hPa 有低槽东移带来冷空气与台风带来的暖湿气流交汇,台风北侧假相当位温锋区明显,湿斜压效应相当显著,在其作用下,台风前方螺旋云带北侧边缘不断激发出台前飑线(陈永林 等,2009)。

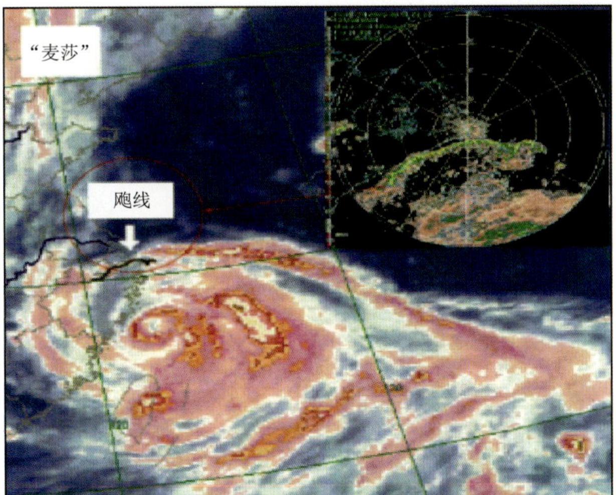

图 8.1 2005 年 8 月 5 日 20 时 0509 台风"麦莎"红外云图及同时刻上海 WSR-88D 雷达反射率因子

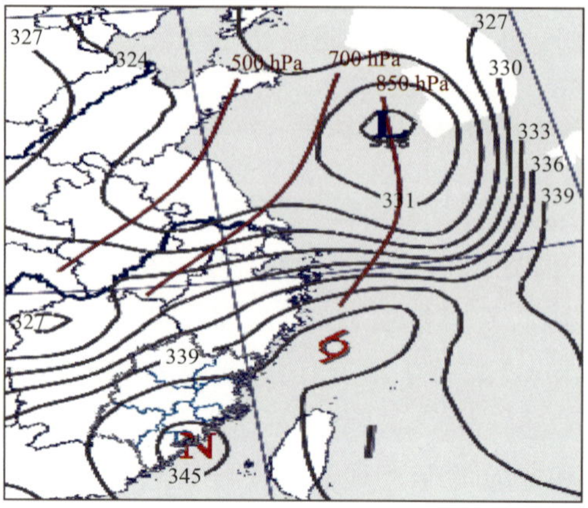

图 8.2　2005 年 8 月 5 日 08 时 500 hPa、700 hPa 和 850 hPa 三层 θ_{se} 平均(等值线单位:K)

与 0509 号台风“麦莎”路径相似的台风“利奇马”(1909 号),在其外围的左侧也产生一条长弧形的台前飑线(图 8.3),但该台前飑线发生的位置与以往研究(张云济,2010;Meng et al.,2012;刘佳 等,2013;唐明晖 等,2017)位于台风右前侧位置不同,且移动方向与台风移动近乎垂直。

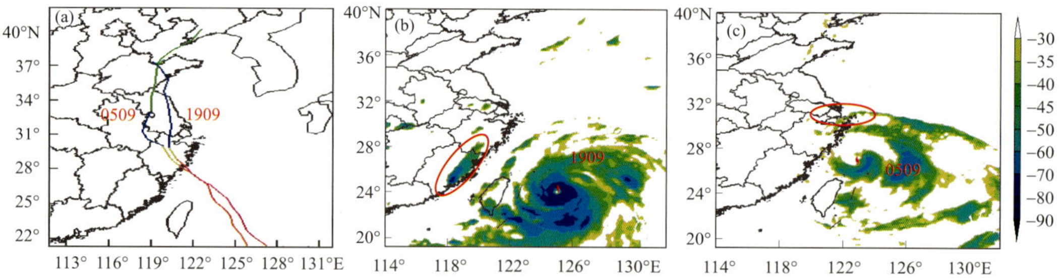

图 8.3　(a)1909 号和 0509 号路径相似台风;(b)1909 号的台前飑线位置;(c)0509 号的台前飑线位置(b～c 中 FY-2 卫星云顶亮温 TBB(阴影,单位:℃),椭圆圈表示台前飑线位置)

Lin 等(2021)以这两个路径相似台风相伴随的台前飑线位置差异为研究对象,分析了两次台前飑线产生的环流背景和触发机制。结果表明:两次台前飑线产生的高空系统和地面触发机制有显著差异,高空系统上,“利奇马”台前飑线产生于大陆高压与台风之间的过渡带及台风左侧东北风急流下;“麦莎”台前飑线发生于台风和海上副高之间以及在台风倒槽附近并伴随强劲的东风急流下生成;两次飑线过程低空垂直风切值都在 16 m/s 以上。地面触发机制上,“利奇马”台前飑线在东北与西北气流交汇下的辐合线上生成;“麦莎”台前飑线生成于向西移且经向度加大的地面倒槽中。干空气侵入方式在垂直方向上由对流层中高层向低层侵入,水平方向上为沿纬向由东向西侵入。应用湿位涡、垂直涡度与倾斜涡度发展理论分析表明,对流层高层高位涡带的下传、干侵入的层次及高低空相当位温的空气混合对台前飑线的生成及发展起着重要的促进作用。

(2)台风雷暴

台风中经常出现频繁而连续的雷暴活动(打雷和闪电、雷暴大风、暴雨等)。在台风发展阶段时雷暴常常很强,当台风成熟时,雷暴减弱,在台风衰减时期又增强。台风中的雷暴主要集中区,一个在台风边缘的孤立积雨云团或台前飑线中,另一个在台风眼壁的强对流云环中。台风外围的雷暴主要发生在台风倒槽和切变线附近。

台风倒槽雷暴:倒槽中有东北风和东南风的强切变。台风带来大量水汽,当遇北方小股冷空气从中层侵入时,层结很不稳定,容易发生雷暴,以槽顶和槽线附近为最多。

切变线雷暴:多发生在台风西南方,西北风与西南风构成的切变线处,台风西部的偏北气流能引导冷空气东南下,使台风切变线有冷锋锋生现象,激发雷暴发生发展。

(3)台风龙卷

Bai 等(2020)调查了 2006—2018 年中国台风龙卷的发生情况,共获得 64 次台风龙卷记录,平均每年约为 5 次;中国约三分之一的登陆台风有龙卷生成;台风龙卷主要发生在距台风中心 500 km 范围内,江苏和广东是中国台风龙卷发生频次最多的两个省份。中国大多数台风龙卷生成于强度相对较弱的热带气旋(如热带低压、热带风暴)(郑媛媛 等,2015; Bai et al.,2020)。

台风龙卷产生在台风的一定部位。如以地理坐标表示,则台风龙卷位于 350°～120°方位角,37～460 km 半径内。如果以台风运动方向为坐标系,则台风龙卷位于右前象限(20°～120°)。但有一部分龙卷出现在台风的右后方。通常台风龙卷发生在登陆台风的外雨带中。离台风中心愈近的龙卷,强度愈强,越远越弱。一般在台风右后方的龙卷强度较弱。

陈联寿等(1979,2017)指出:龙卷一般发生在台风前进方向的右侧,产生龙卷的时间是在台风的减弱阶段。龙卷的诱生与低层风的强切变有密切关系,动力因子作用大于热力因子作用。有龙卷的台风低层风的垂直切变大(地面～850 hPa),850 hPa 风速没多大差别,主要是地面风速要弱得多。

2007 年 8 月 18 日 05 时 40 分,台风“圣帕”在台湾省花莲南部登陆,后穿过台湾海峡,于 19 日 02 时在福建省泉州市登陆。18 日夜间在“圣帕”外围温州市苍南县龙港镇发生龙卷,造成严重灾害。龙卷天气发生在台风中心移动方向右前侧约 300 km 的地方。环流形势分析表明,属于易发台风外围龙卷的形势。8 月 18 日 20 时副热带高压呈东西带状伸入大陆,脊线位于 32°N 附近,台风中心已经紧靠福建沿海,温州市在副热带高压和台风两个天气系统之间,受台风外围的东南气流控制,台风北侧,沿海有西风槽带下弱冷空气(图 8.4);850 hPa θ_{se} 分析表明,有干冷空气从长江口伸到浙闽交界处,龙卷发生在低空急流右前侧冷暖气流交汇处(图 8.5);龙卷发生地垂直风切变分析表明,8 月 18 日 14 时—20 时,1000～925 hPa 超低空风垂直风切变从 6.5×10^{-2} m/(s·hPa)迅速增强到 8×10^{-2} m/(s·hPa),达到强切变风暴的量值,而 850～500 hPa 的垂直风切变一直维持在 2×10^{-2} m/(s·hPa)。

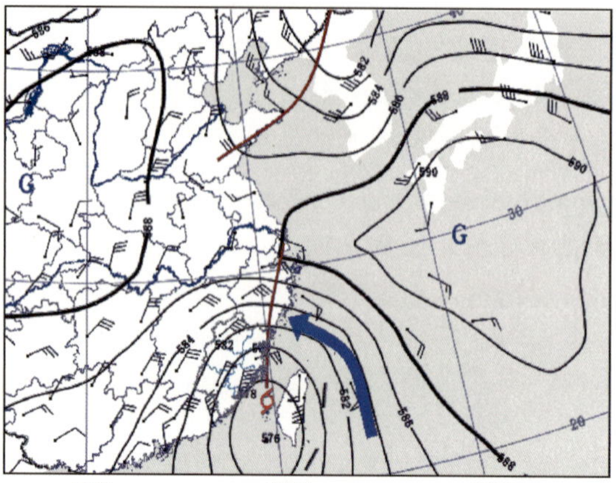

图 8.4　2007 年 8 月 18 日 20 时 500 hPa 形势图

（等值线单位：dagpm，箭头指东南气流）

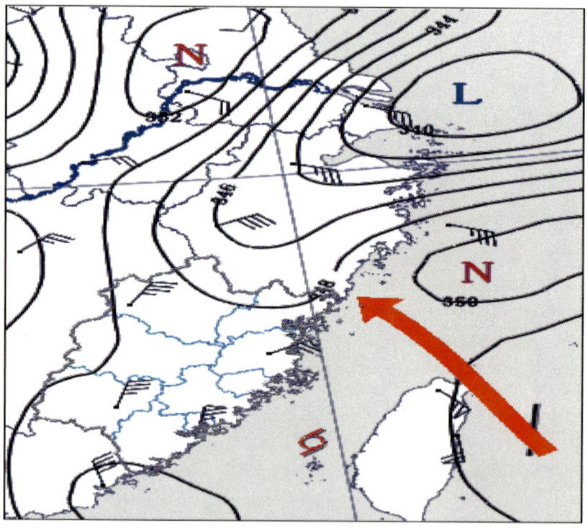

图 8.5　2007 年 8 月 18 日 20 时 850 hPa θ_{se}（等值线单位：K）

8.2　台风大风成因

(1)副热带高压和大陆高压影响

台风环流与副热带高压(简称副高)接触一侧气压梯度通常比较大，因而风力也比较大。西或西北行登陆我国的台风，多是在其北侧高压南侧偏东气流的引导下，所以气压梯度的大值区多分布在台风的北—东北象限，这一区域的风常大于其他象限的风。实际中在广东东部登陆的台风，福建南部沿海的强风，要比登陆点的风大得多；而在福建北部登陆的台风，浙江沿海的强风比福建北部的强风要大。如果台风登陆后，副高尾随其北上，要考虑南大风会比较大。2009 年 8 月 6 日 08 时东移南下的东北高压与日本海高压合并，使得高压中心加强，高压底部向浙南突出部分(图 8.6a)，0908 号台风“莫拉克”中心与浙南沿海之间的气压梯度明显加大，气压梯度差为 4.6 Pa/km，较 5 日 20 时增大了 1.8 Pa/km；6 日 20 时气压梯度进一步加大(图 8.6b)，台风中心与浙南沿海之间的气压梯度差达到了 6.2 Pa/km。温州沿海在 6 日 12 时开始出现 8 级以上大风，此时温州距离台风中心约 780 km，距离台风 7 级风圈外围还有 280 km，台风大风提早(曹楚 等，2013)。

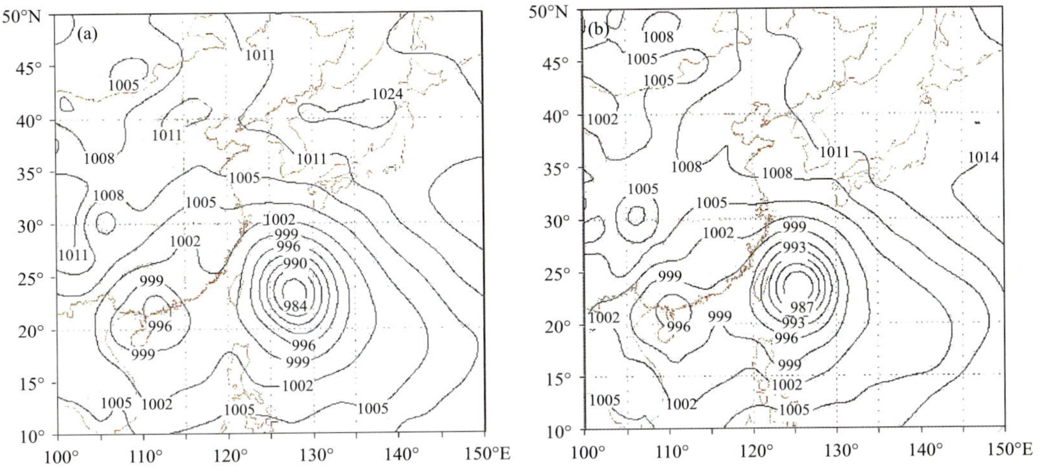

图 8.6　2009 年 8 月 6 日 08 时(a)和 20 时(b)地面气压场(单位：hPa)

此外，大陆高压也是台风大风的成因之一。俞燎霓等(2013)总结天气系统对热带气旋风速有增幅作用概念模型指出：盛夏季节，从青藏高原到西太平洋受高压带控制，有时高压带断裂，在长江流域到华南一带形成闭合高压(图 8.7)，当高压位于热带气旋的西侧时，从东面来的热带气旋与大陆高压之间形成很强的北风梯度，风速随之增强，此时整个浙江盛行偏北风；大陆高压对近海转向类的热带气旋大风影响较为明显。

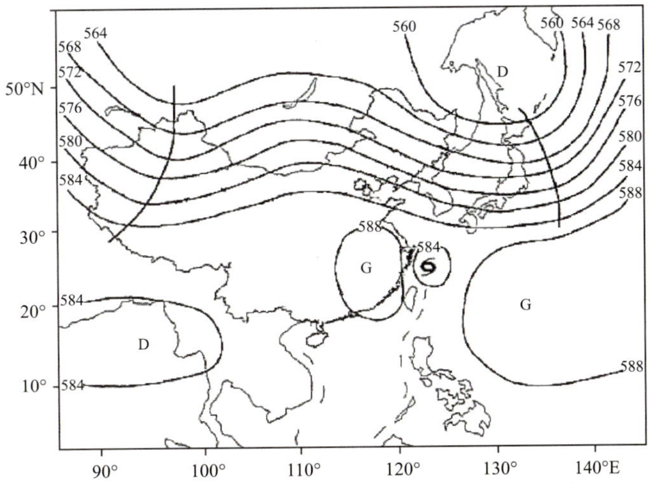

图 8.7　热带气旋位于大陆高压东侧 500 hPa 形势图(单位：dagpm)

(2)大陆热低压影响

如果台风与另一个低值系统相邻，二者之间气压梯度必然比与副高相邻一侧小，因而这一侧的风力和大风范围相对较小。夏季，我国大陆上常为一个大范围热低压，台风登陆前越靠近陆地，就越靠近这个大低压，等压线打通，在台风与低压区之间气压梯度减弱。因此，台风登陆前，登陆地区沿海不易起风，大风主要在台风中心附近强气压梯度区。如盛夏季节，广西、云南一带经常出现热低压，台风移到南海西北部时，其西侧和西北侧风力远比靠近副高的东(北)半圆小。0713 号台风“韦帕”于 9 月 16 日 08 时生成，在其生成之前第 12 号台风“百合”刚从东海海域北上，我国东部沿海地区处于气压的低值区内。“韦帕”生成后向西北移动，17 日“韦帕”外围环流到达台湾附近海域，此前沿东部沿海北上的“百合”减弱移动到了黄海及日本海海域一带，从流场看这两者有逐渐合并的趋势，整个华东沿海地区处于均压场内，地面气压梯度不大，温州沿海无大风出现；直到台风靠近，本体环流影响时，温州沿海风力开始逐渐增大(王忠东，2015)。

台风登陆以后，并入大陆的热低压区，中心前部没有大范围强风出现，但在中心后部，气压梯度不减，登陆地区沿海及以南立即出现持续性的强南风。如 7115 号台风，在海上最大风速曾达 75 m/s，最低气压 903 hPa，是 1971 年最强的一个台风，但在登陆前与大陆上暖性低压区相遇，登陆后风力迅速减弱至 6 级，登陆时仅在短时间内刮了大风；值得注意的是，台风登陆后，台风中心的南部和东部沿海出现了大范围强偏南风，风力有 12 级。台风在福建晋江登陆深入内陆，台风强南风范围从南海东北部一直扩展到长江口以北。这一类大风型常常在盛夏出现，其特点是台风靠近大陆时，前沿大风逐渐减弱，持续性强风出现在台风登陆之后，常出现“回南现象”。

(3)冷空气作用

由于 7 月、8 月冷空气较弱，活动位置较北，对台风大风影响不大，冷空气主要对 9 月、10 月、11 月的台风大风有影响。冷空气对台风大风增强作用可以从两个方面分析：一方面弱冷空气有利于热带气旋发展，在秋冬季节冷空气加强台风外围强度，使台风北侧风速加大，气旋性涡度相应增大，对台风发展加强起作用，使台风产生的风力增大(陈联寿等，1979)；另一方面地面冷高压与台风气压梯度加强(图 8.8)，从而导致风力加大，以偏北风和东北风为主，大风持续时间长、影响范围广，而且会提早出现，甚至台风与陆地相距在 500 km 之外时，沿海大风就开始出现。

在台风登陆之前，沿海将出现持续性偏北大风，并且越来越强，有时台风北侧强梯度区造成的外围大风的风速甚至超过台风中心风速。大风范围可以向北方沿着海岸扩展上千千米。但如台风登陆以后，受到大陆冷气团的填塞作用，台风将较快衰减，这时台风中心后部的偏南大风不明显。冷空气变性东移出海时，变性高压脊和台风之间也会构成较大的气压梯度，使靠变性高压脊一侧大风的范围扩大。1978 年 10 月 28 日，7822 号台风“Rita”位于南海中部，最大风速 35 m/s，但由于与强冷空气相遇，远在 500 多千米之外的广东上川岛平均风速达 29 m/s，阵风 37 m/s。再如 1617 号台风“鲇鱼”(邵颖斌 等，2017)，在其向大陆靠近的同时，中高纬度有冷性高压维持，从地面形势上也可以分析出一条明显的冷锋逐渐南压东移至江淮一带，并引导北方冷空气补充南下，使得我国东部沿海形成正变压区并长时间维持(图 8.9)；同时，在中偏东路冷空气南下渗透与北上的台风环

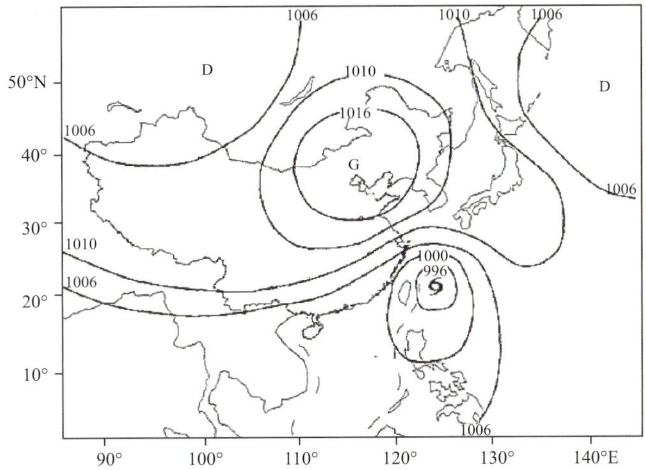

图 8.8 台风位于地面冷高压东南侧地面形势图(俞燎霓 等,2013)(单位:hPa)

流共同作用下,福建中北部沿海的地面等压线加密、气压梯度增大,而福建南部沿海的等压线分布相对稀疏、气压梯度相对较小。台风"鲇鱼"自靠近台湾岛至在福建再次登陆后继续移动期间,福建沿海和陆地上 8 级以上强风维持时间长达 46 h,10 级以上强风维持时间达到 18 h;宁德—泉州沿海(福建中北部沿海)平均风力都出现 10～12 级,局地出现 13 级(平潭牛山岛风速 37.2 m/s 为最大记录,之后尽管强风维持,但测站停止记录),沿海和内陆县市陆上阵风大范围出现 11～12 级。

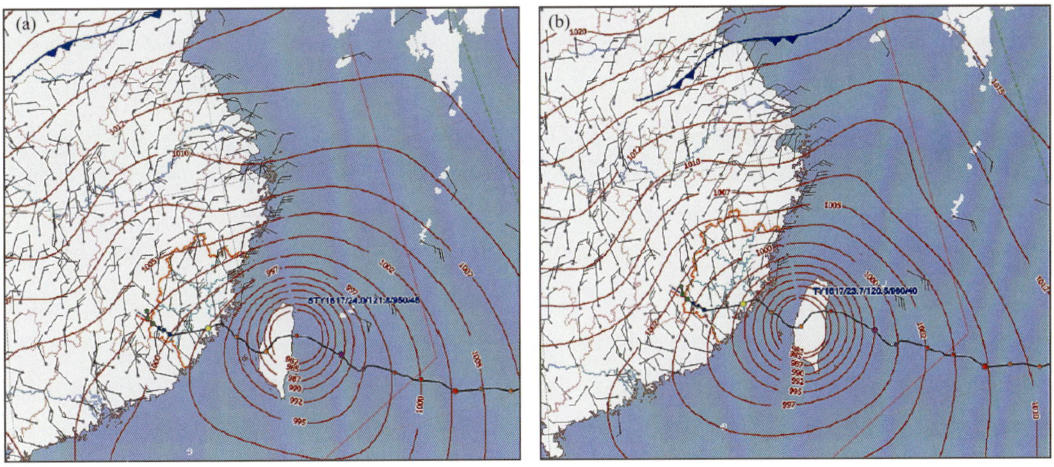

图 8.9 1617 号台风"鲇鱼"靠近时地面形势分析(单位:hPa)

(a)27 日 14 时;(b)27 日 20 时

总体上,此类台风大风特点是台风在靠近大陆过程中,前沿风力逐渐增强,大风范围成倍扩大,登陆以后风力迅速减弱。业务中对此类台风判断冷空气活动的方法,若有地面冷锋系统南移,分析就比较容易。若锋面不清楚,24 h 变压 0 线值可近似代表冷锋活动的位置。同时还可通过 850 hPa 24 h 内气温下降来判断冷空气活动。

由于北方有冷空气南下时,气压随时间上升,而受台风的影响,沿海气压随时间下降,于是福建沿海变压梯度加大，变压风作用也是加大强风的一个原因。陈瑞闪(1984)指出：在低纬地区，由于地转参数小，变压风特别明显，如按下式计算：

$$u' = -\frac{1}{f^2 \rho}\frac{\partial p}{\partial s} \tag{8.1}$$

式中，u' 为变压风；$\frac{\partial p}{\partial s}$ 为变压梯度；f 为地转参数；ρ 为空气密度。在 30°N 以南地区，当 $\frac{\partial p}{\partial s}=1$ hPa/纬度时，如不考虑摩擦作用、地形影响等因素，可产生 25.5 m/s 的变压风，因此，应当重视变压梯度的作用。如 8209 号台风"Andy"登陆过程中，福建沿海强风出现在台风登陆台湾到进入海峡这段时间内，厦门以北沿海风力达 9～11 级，阵风达 12 级或以上；当中心靠近福建沿海一直到登陆时，中心附近风力很小，而外围的风力仍然较大，形成"空心"现象，这是由于气压梯度变化引起的，3 h 变压的变化也有影响。

(4)地形的影响

地形对台风大风的影响很大，致使台风大风分布更加复杂。一般山地风力比平原小，平原地区又比海面小。在内陆地区，只有当气压梯度造成的风向与河谷的走向一致时，外围风力加大。大风持续的时间以沿海和山顶最长，河谷和湖泊地区次之，丘陵山区最短。台风深入内陆以后，经常会有中心附近风力已很小，但华东沿海和华南沿海风力仍有 7～8 级的情况。

对西太平洋和南海台风而言，台湾岛、海南岛、台湾海峡和琼州海峡等地的地形对台风大风影响明显。其中台湾和海南地形对大风的影响主要是台湾的中央山脉和海南的五指山，对台风构成一道天然的屏障；台湾海峡和琼州海峡对大风的影响主要是它们的狭管作用。

大量的研究表明中央山脉对台风气流主要为两种作用：阻挡和绕流。阻挡作用产生地形诱生低压或海峡地形倒槽，使中尺度气压场产生调整，台风在不同的位置时，其外围环流为地形所改变，造成福建中北部沿海大风常在台风外围的 6 级风圈尚未影响之前提前出现。当台风外围的偏东气流影响到台湾东部海岸时，由于气流遇山受阻，沿山脉东侧山坡爬升，气柱收缩，相对负涡度增大，气压上升；当气流在西侧下滑时，气柱膨胀，相对正涡度加大，气压下降，于是在中央山脉的西侧形成地形倒槽(或地形低压)，从而使福建中北部沿海气压梯度加大。1010 号台风"莫兰蒂"10 m 流场分布给出了相应验证(高珊 等，2012)，台风生成后逐渐北上到登陆期间，中央山脉的背风坡都有气旋式环流中心出现(图 8.10)。在这样的形势下，常在台风外围的 6 级风圈尚未影响之前，福建中部(有时北延到北部)沿海就提前出现大风，提前时间一般可达 18～24 h，最多可提前 36～42 h，视台风外围范围大小而不同。随着台风的靠近，沿海风场又出现两头大中间小等特别的风场分布(图 8.11)。

绕流作用也使得台风外围影响福建时，海峡的狭管效应加大了风的强度。其次，由于特殊地形的影响，台风如果先在台湾岛登陆后再次在福建登陆，常在过岛中消耗大量的能量，台风减弱降级，使得福建沿海风力最大的时间，是出现在台风中心在台湾岛登陆前后，而不是出现在台风中心再次登陆福建时。

地形条件配合台风移动路径，会影响登陆后台风衰减速度，进而影响大风持续时间。

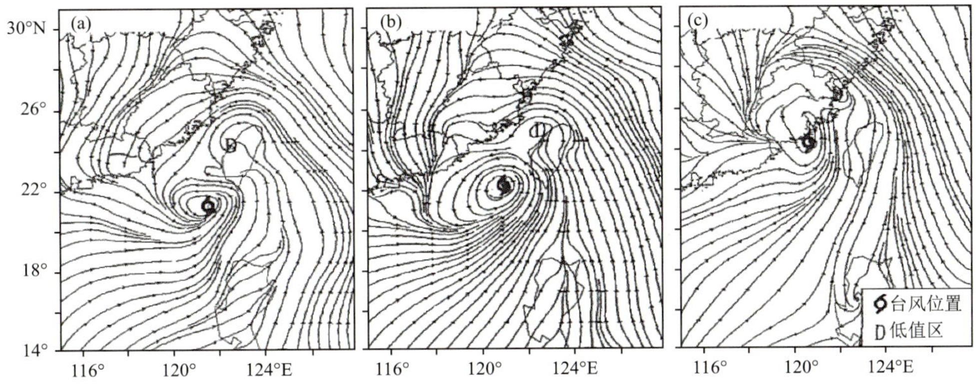

图 8.10　NCEP 资料分析的 1010 号台风“莫兰蒂”的 10 m 流场分布

(a)8 日 14 时；(b)9 日 14 时；(c)10 日 02 时

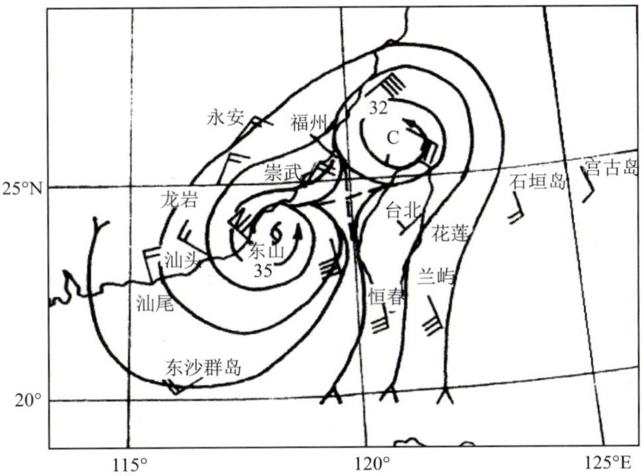

图 8.11　两头大中间小风场分布

以浙江为例，浙江地形自西南到东北呈阶梯状倾斜，西南以山地为主，中部以丘陵为主，东北部是低平的冲积平原，浙东北地区海拔多在 100 m 以下。王丽娟等(2020)对 1909 号台风“利奇马”浙江大风过程进行分析，发现登陆后台风在浙江台州境内经过了一小段较高海拔区域，所以强度减弱较快；离开台州后基本只经过海拔小于 400 m 的地区，后继续向偏北方向移动，进入海拔小于 100 m 的杭绍湖平原地带。台风“利奇马”路径只经浙江相对低海拔地区及浙东北的平原一带，这使得台风经过的时候摩擦作用较小，台风强度减弱缓慢，10 日 09 时减弱为近中心风力为 11 级的强热带风暴，之后强度维持直到 20 时才减弱为热带风暴，强热带风暴持续了 11 h 之久，同时极端大风在浙江的持续时间仍较长。

需要指出，狭管效应并非海峡独有，在湾口也需要注意。1909 号台风“利奇马”登陆时近中心最大风速 52 m/s(王丽娟 等，2020)，但在登陆点附近出现 10 个左右的站点超过了该值，其中以温岭的三蒜为最大，达到 1 h 极大风速 59.6 m/s。正是由于三蒜处于漩门湾的喇叭口地形内，容易形成狭管效应，造成局地强风的出现。

(5)台风中的中尺度对流系统的作用

登陆台风在地形和环流作用下生成的飑线、雷暴、龙卷和中尺度小涡、地形次生中心等都将在相应的局部地区产生强烈大风。通常有这样一种现象，在与中心距离大致相同的条件下，被强对流云覆盖的地方比对流云区外风力大，这就归功于中尺度对流系统。如0608号台风“桑美”和1614号台风“莫兰蒂”带来的极端大风，林小红等(2019b)研究发现台风上空中层冷平流侵入，激发低层中尺度对流进一步加强发展，从TBB云顶亮温可见(图8.12)，台风“桑美”过程福鼎站、台风“莫兰蒂”过程厦门站上空云顶温度均达－80～－70 ℃，正处于云墙内核大风区中，对流发展强盛，导致地面大风增强，风力达12～14级。李法然(2005)通过对0407号台风“蒲公英”的分析得出：大尺度的上升运动和下沉运动一旦强梯度带通过某一地区，那么力管环流加速度就可能在该地区触发大风，而且风力有可能达到或超过台风近中心的风力。该结论在1909号台风“利奇马”过程中再次得到证实，台风登陆前(图8.13a)和登陆时(图8.13b)的中尺度特征解释了浙江局部(三蒜站，所在纬度28.2°N)出现的强风比台风风圈半径明显偏大甚至超过台风近中心最大风速的原因，弱的上升运动可以增加高层风速大值，在高空维持较大风速，下沉运动可导致高空动量下传和强降水粒子的拖曳作用，使低层或者地面大风猛增(王丽娟 等，2020)。

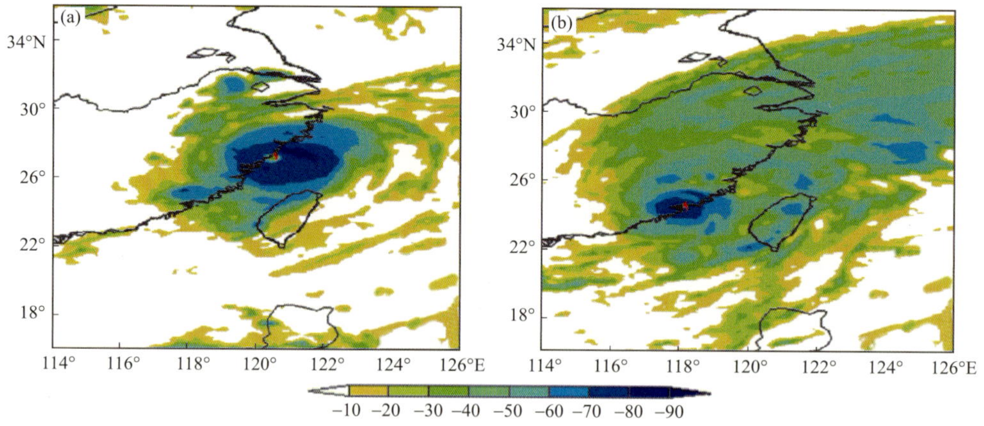

图8.12 0608号台风“桑美”8月10日17时(a)和1614号台风“莫兰蒂”9月15日03时(b)TBB分布(单位：℃)

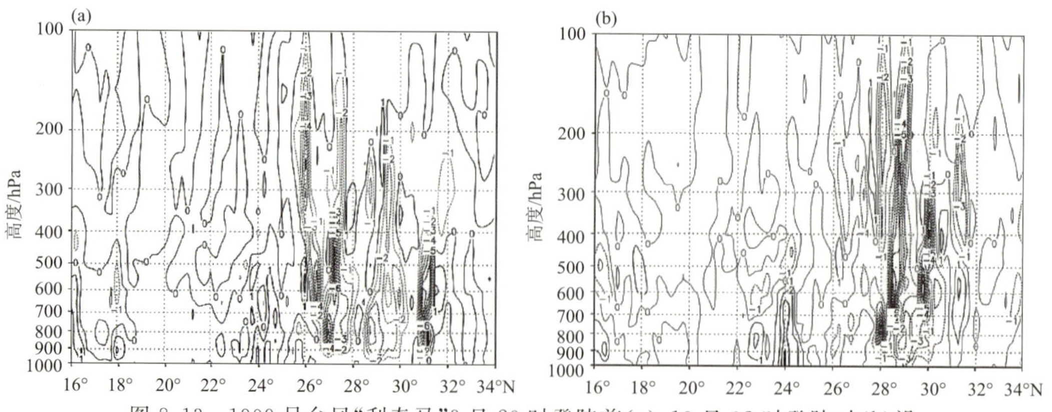

图8.13 1909号台风“利奇马”9日20时登陆前(a)、10日02时登陆时(b)沿121.5°E的垂直速度剖面(单位：Pa/s)

8.3 台风大风的诊断预报

台风所带来的大风分布由台风自身的强度、结构和周围环流场、地形等因素所决定。

(1)非特殊结构台风大风预报

一般台风强度越强，中心气压越低，台风近中心最大风力就越大。理想状态下发展成熟、结构对称的台风一般将其产生的大风分为三个区域。

①眼区，风力 5～6 级或更小，直径范围在 10～60 km。

②眼壁区，风力最大的区域，台风中心附近最大风力可达 11～12 级或以上，直径可达 20～80 km。

③螺旋云带区，风力由 5～6 级逐渐向内增强到 10～11 级，直径可达 400～600 km。

根据陈联寿等(1979)统计发现，眼区的大小和台风中心附近的最大风速有一定关系。眼直径越小，则中心风速就越大。一般通过雷达回波中台风眼壁回波来判断眼的大小，眼直径在 10 km 的台风，平均中心最大风速为 71.1 m/s，20 km 为 67.8 m/s，30 km 为 59.7 m/s，而在 40 km 以上的对应关系不明显。特别是当眼壁回波和螺旋雨带贴近眼壁附近的部分呈同心圆分布时，常预示着强风的出现。

通过一些个例分析，发现台风外围圆弧形云区一般都和 6 级风圈大致对应，而靠内圈的台风密蔽云区与 8 级大风圈相对应。台风外围影响时，风力可达 6 级；螺旋云带影响时，风力可达 8～10 级；台风眼壁影响时，风力可达 10～12 级或 12 级以上。

在预报台风大风时，分析地面气压梯度和变压场的变化是一个直接有效的预报方法，在台风“鲇鱼”(1617)北上影响福建前期，中高纬有冷性高压维持，地面存在一条明显的冷锋南压东移，地面冷空气自中偏东路向南补充，使得福建中北部沿海为正变压区控制、气压梯度明显增大，造成该地区大风具有起风时间早、大风强度强、大风维持时间长的特征(邵颖斌 等，2017)。从图 8.14 可以看出，台风“菲特”(1323)影响期间，浙江局部海岛和山区观测站瞬间极大风力达 14～17 级，研究发现在“菲特”北侧始终维持东西向高压区，浙江处于高压底部，始终维持大的气压梯度(王忠东 等，2015)，气压梯度增强是造成大风出现早、维持时间长的重要原因之一。在低纬海洋地区，台风闭合等压线近似圆形，故风力的分布也近似圆对称。随着台风向较高纬度地区移动，在周围气压系统的影响下，台风等压线逐渐变形，因而风力的分布也不对称。

(2)微型台风大风预报

从台风尺度上来分析，有一种比较小的台风，为微型台风。Brand(1973)对巨型台风和微型台风作过统计研究。他定义外围地面闭合等压线的平均半径≥10 个纬距为巨型台风，≤2 个纬距为微型台风。要特别注意 6 级风圈半径不到 100 km，10 级风圈半径不到 50 km 的小台风，可能在台风中心登陆前 12 h，甚至 6 h，测站风力还很小，容易造成大风强度预报偏小。5903 号、7301 号、9914 号、2001 号、1010 号等台风都是小而密实强微型台风之较典型的例子。

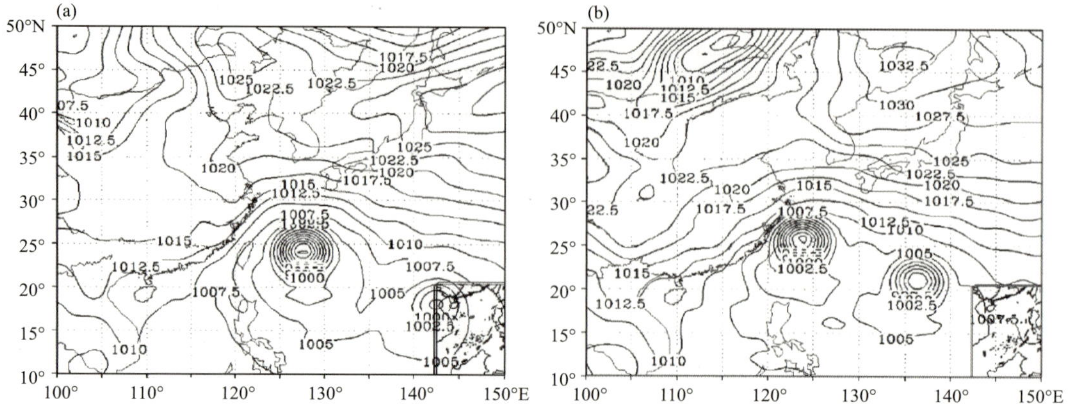

图 8.14　2013 年 23 号台风“菲特”影响下 10 月 5 日 08 时(a)和 6 日 08 时(b)地面气压场(单位:hPa)

7 月和 8 月是出现微型台风比较多的月份,可通过云图和雷达回波判断微型台风。对微型台风大风预报,可根据其在上游行进途中,周边测站的资料反应的风场分布情况,再利用外推法进行相应的判断。对风的预报要注意其突发性。

以 0102 号台风“飞燕”为例,“飞燕”环流小、移速快,10 级风圈半径只有 50 km 左右,移速达 25～30 km/h,分析卫星云图台风强盛时期,即 2001 年 6 月 23 日 08 时台风的密闭云团半径仅 100 km,属于微型小台风。分析“飞燕”经过台南等周边测站资料,获得台风风场的实际分布情况,7 级风圈半径在台风东部为 100～120 km,在西部只有 35～60 km;10 级风圈半径只有 30～50 km。由台风的移速计算,风加大的突变时间可判断就在 1～2 h 内。“飞燕”影响时,莆田、福清、平潭三站的风速跳跃突变特征突出。台风中心临近登陆前的几个小时,福建沿海还是风平浪静,登陆时两分钟平均风速由 1～4 m/s,瞬时增强到 14～20 m/s,并在 1 h 内瞬时极大风力突然增强到 12 级。台风中心经过的福清城区,在 21 时仅 4 m/s,而至 22 时风速突增到 14 m/s,21 时 50 分瞬时极大风速突增到 24 m/s(9 级),半小时后即 22 时 29 分,瞬时极大风速高达 36 m/s(12 级)。再例如 1010 号台风“莫兰蒂”,其进入台湾海峡后,台风靠近大陆时其行进的西北侧即福建南部沿海一带均无大风,直到其登陆前 2～3 h 大风突起陡增,登陆点附近风力达到 12 级以上,7 级风圈半径不到 100 km,临近登陆前 10 级风圈半径不到 40 km,是典型的微型台风。由于 1010 号台风“莫兰蒂”尺度小,当它距离福建南部沿海比较近时,南部沿岸和海上并无大风出现,台风本体环流对福建沿海的影响,直到临近才明显,尤其其北上后,本体环流覆盖的区域,形成由南到北测站大风陡增现象(图 8.15)(高珊 等,2012)。

(3)空心台风大风预报

空心台风是台风结构中非常特殊的现象。空心台风的风场结构,是指台风近中心风小,甚至是风平浪静,可见晴天,而在台风外围相距 100～200 km 以外风大。“空心台风”中心气压变化曲线的漏斗状不明显,多呈面盆状,中心气压梯度较小,8411 号、8615 号、9216 号等台风是较典型的例子。“空心台风”多出现在我国近海的台湾岛附近海域、东海南部、南海北部等海域及其海岸。

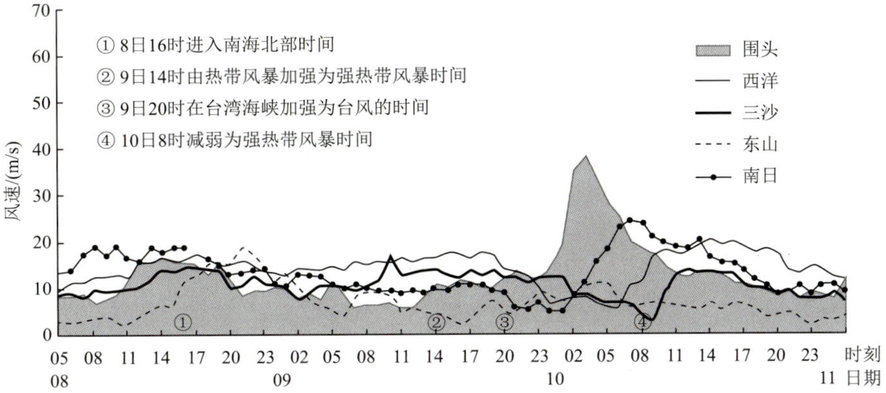

图 8.15 福建沿海区域气象自动站 2010 年 9 月 8 日 05 时—11 日 02 时逐时极大风风速的变化

空心台风大风形成原因如下：第一个原因是台风登陆台湾岛之后，受到台湾中央山脉的地形影响，中心强度急剧减弱，风力甚微，而在其外围风雨仍然很大。最典型的是 9216 号台风，中心附近风力甚微，只有 4 级风，而在其西北侧的福建省台山岛 12 级以上的强风持续 48 h；0709 号台风“圣帕”也具有这样特征，“圣帕”穿越台湾，“圣帕”流入层结构遭到破坏，导致台风强度下降，同时眼壁也受到破坏，台风眼被堵塞。从崇武气象站的逐时极大风速图(图 8.16)上可以看出，2007 年 8 月 18 日上午“圣帕”仍位于台湾岛时，崇武极大风速达 22.8 m/s，19 时崇武极大风速达 20.7 m/s，此时距离“圣帕”中心达 110 km，随着中心靠近，崇武风速逐渐减小，登陆惠安时，崇武风速仅 6.7 m/s，而较远的霞浦达 19.8 m/s，空心现象明显。受台湾地形影响，还可能会形成副中心，当副中心形成后，主中心强度往往由于地形摩擦影响逐渐减弱，最后由副中心替代(张长安 等，2008)。

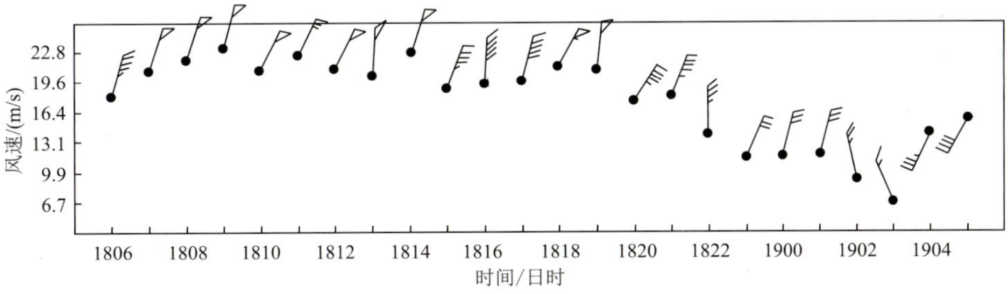

图 8.16 2007 年 8 月 18 日 05 时—19 日 05 时崇武逐时极大风速风向变化

8209 号台风 Andy 也是典型的空心台风，但其存在两个中心，主中心位于台湾省社尾西南侧，副中心位于台中市的东北方，过台湾海峡后，副中心取代主中心继续行进，图 8.17 为福建沿海大风实况时间剖面图，台风中心在台湾省登陆到进入台湾海峡这段时间内，沿海风力最强。厦门以北沿海风力达 9～11 级，阵风达 12 级以上，当台风中心接近登陆福建的前几小时，除台风北侧仍有较强风以外，台风中心附近风力迅速减小，在莆田登陆时，中心附近风力只有 5～6 级，出现“空心”现象(陈瑞闪，1984)。

第二个原因是台风自身结构比较松散，由多云团组成，台风中心形成于三个云团之间的晴空区海域(约相当于三角形的重心)，于是形成中心风雨小，外围风雨大的空心台风。

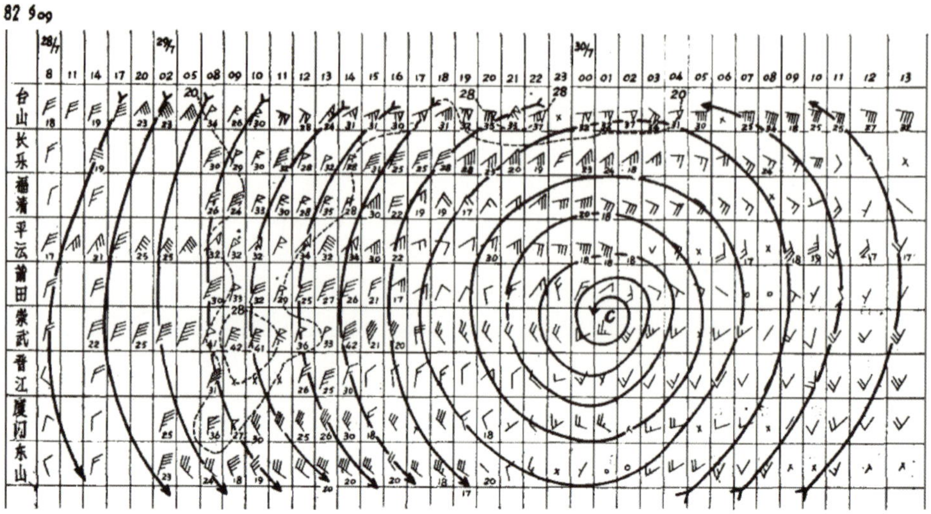

图 8.17　1982 年 7 月 28 日 08 时—30 日 13 时 8209 台风影响下福建沿海大风实况时间剖面

第三个原因是由于干舌卷入到台风中心，使台风中心强度锐减，而其外围的风雨仍然很大，因而形成空心现象。如 0812 号台风“鹦鹉”，在登陆前南部有明显的对流云泡，北侧是狭窄清晰的螺旋云带，表明在近海干舌就已经开始侵入台风环流圈，干舌作用于台风环流时间在 12 h 以上，使之形成一个比较大的弱风圈。随着台风的靠近登陆，中高冷空气不断卷入台风中心，使台风中心填塞，下沉区扩大，对应近地层风速小于外围风速形成空心台风结构（胡恒 等，2010）。

第二、三原因形成的空心现象的过程可通过分析卫星云图加以诊断。对空心台风风场预报，要特别注意与周边环境场之间的关系，以及四周风大而中间风小的特点。

8.4　台风大风的预报思路

目前，我国实际业务中多根据台风大风数值预报技术并结合预报员主观经验或概念模型，然后再基于台风登陆时的（预报）强度及局地地形等来判断受影响区域的大风级别（钱传海 等，2012）。我国台风大风客观预报的核心支撑来自于数值预报。近十几年来，随着数值预报技术的发展，尤其是资料同化技术的发展应用以及计算机性能的快速提高，数值模式的准确性越来越高，预报时效越来越长，预报指导产品也越来越丰富。目前，国家气象中心已建立了覆盖各种业务需求的台风数值预报系统（中尺度区域台风模式、中期全球模式台风预报系统和台风路径集合预报系统），可以为预报员提供较全面的技术支持。上海台风研究所和广州热带海洋气象研究所也相继开发了各具特色的区域台风模式，为实时业务提供了较好支撑。上海和广东区域中心基于我国多尺度的同化与数值预报系统 GRAPES 开发了 GRAPES-TCM 模式，并在过去几年不断予以改进和优化，目前 GRAPES-TCM 模式每天 8/24 次实时发布空间分辨率 3 km、时间分辨率 1 h 的区域模式产品。另外,欧洲中期天气预报中心(ECMWF)全球模式和集合预报、美国国家环境预报中心 NCEP 全球预报模式等,也实时接收并作为网格预报的原始资料。中国区域台风数值预报模式有了很大的进步。但是,模式的侧边界和初始场还依赖于其他国家的全球模式提供,区域模式的初始场技术、云微物理过程、边界层参数化等还仍然需要进一步改进,需要进一步发展台风精细化预报技术以及集合预报产品应用技术,开发更多合理表征预报不确定性的产品。

此外,与台风暴雨预报一样,台风大风预报也要建立在正确的台风路径和强度预报的基础上。所以,如果业务预报的台风路径和强度变化与数值模式的预报相似,且有时间尺度足够密的产品可用,那么数值预报的地面风预报比数值预报的降水量预报更具参考性。

预报员首先要根据业务预报的台风路径、强度与大风范围半径的变化,推算出在台风及其周围天气系统(如冷高压、变性高压、副高等)共同作用下,本责任区出现大风的时间和强度,还要参考卫星云图、雷达回波,因为强对流云区和强回波区中风力往往比同等气压梯度下的少云或弱回波区风力大。另外,当台风近岸临近登陆时如突然增强或减弱,其风圈大小可能会发生突然变化(收缩或扩大),此时要留意做好台风大风的短临订正预报。同时,也要考虑地面、船舶观测资料和本责任区的地形特点,对数值预报的大风预报进行订正。

在日常的业务预报中,气压梯度的大小是考虑风力大小的重要因素,预报员往往习惯使用固定测站之间的气压差来估计风速的大小,如东西向或南北向的气压差等。

沿海台站可利用台风的风圈产品,结合台风路径的概率预报,从而实现对台风大风影响的精细化预报(李泳泽 等,2020)。通常情况下,台风未来 2 d 内的实际位置,不会超出路径概率预报的 70%概率圆,故可将台风大风半径叠加于概率圆上,来估计潜在的台风大风影响范围。只要台风没有发生强度和路径的突变,沿海台站就可以做出定点、定时、定级的精细化大风预报。此外,沿海台站可通过阵风系数(阵风与平均风的比值)来简单估算平均风和阵风的对应关系,利用大风半径产品评估瞬时大风的半径范围,预判阵风大风的影响。

8.5 台风大风的预报技术及评估

当前,台风大风半径分析和预报、数值模式订正释用技术、人工智能技术等已经在中央气象台、省(区、市)等业务单位应用,对台风大风业务工作起到了一定的技术支撑作用。

(1)台风大风半径业务产品的应用及评估

目前在国内外台风预报业务中,台风大风半径业务产品为常规产品。各机构、中央气象台发布 7 级(≥30 kt,对热带风暴(TS)以上台风分析)、10 级(≥50 kt,对强热带风暴(STS)以上台风分析)和 12 级(≥64 kt,对台风(TY)以上台风分析)大风半径。日本气象厅(JMA)发布 7 级(Gale Area,又称为烈风圈)和 10 级(Storm Area,又称为暴风圈)大风半径。美国联合台风警报中心(JTWC)发布 8 级(≥34 kt,对 TS 以上台风分析)、10 级和

12 级大风半径，并发布 5 d 预报时次风圈半径。广东省气象台（GDMO）则发布 6 级、7 级、8 级、10 级大风实况半径以及预报时次的大风风圈半径。另外，在各机构中，风圈半径的切分存在差异，中央气象台分为 4 个象限，分别分析其相应大风半径值；美国联合台风警报中心与此类似；而日本气象厅分为半圆半径值；广东省气象台则为等圆半径值。各机构均以图形化方式在台风路径图上显示大风半径产品。李永泽等（2020）指出，利用台风大风半径产品（或称风圈产品），可确定台风大风分布特征，但此类产品仅适用于海面和沿海，不适用于内陆。台风大风半径产品中所指的风力为平均风，而非阵风。使用阵风系数可简单推算台风的阵风大风分布情况，通常可近似推定台风阵风比平均风大 3 级左右。如台风风圈产品的 6 级、8 级、10 级和 12 级大风半径，近似可推定为台风阵风 8 级、10 级、11 级、13 级和 16 级的半径，也就是阵风的估算等级，比平均风大 3 级左右，风力等级越高，极大阵风越强，这符合沿海台站在台风过程服务中的预报和实际观测结果。

（2）数值模式订正释用技术及评估

数值模式的订正释用技术主要有完全预报法、模式输出统计法（MOS）和神经网络方法等，以上方法各有优势，都是对过去一段时间内模式预报资料与实况资料之间的关系的最优拟合。广西壮族自治区气象局利用模糊神经网络（FNN）方法，该方法主要以模糊控制理论为基础，融合了模糊系统的非线性处理能力以及人工神经网络的自学能力等优点。肖志祥等（2021）针对台风影响广西期间的地面风速进行预报建模，并开展业务试用。相较于多元线性回归（MR）、支持向量机（SVM）两种机器学习方法建立的模型预报结果，模糊神经网络预报模型对桂林站、梧州站、龙州站、玉林站共 4 个站点预报的平均绝对误差最小，总体预报精度最好。於敏佳等（2021）研究认为，上述订正技术得出的关系对于台风和低压等小概率系统适用性并不太好；另外，海岛地形复杂且局地性强，须对大量站点进行局地性研究。海陆差异的存在，进一步增加了精细化订正释用的研究需求。於敏佳等（2021）设计了一种智能网格订正释用技术，该释用新方法在这两方面都有较好的改进效果。该技术对 EC 细网格风力资料进行线性加密，对比其结果和站点平均风实况，采用逐时加权滚动更新的方法，利用站点平均风和极大风关系，进行订正释用。检验浙江省气象局指定的 12 个考核关键点 0～6 h、0～12 h、0～24 h 和 0～48 h 的平均极大风绝对误差分别为 1.14 m/s、1.23 m/s、1.48 m/s 和 1.72 m/s。开发的舟山风力智能网格精细化订正释用平台对 2020 年台风“美莎克”的风力预报较为精准，4 个县（区）局预报过程极大风力绝对误差平均仅为 1.25 m/s，对 9 月 11 日小尺度低压风力预报的修正效果显著，嵊泗站点极大风力由 9～10 级修正到 7 级以下。

福建省气象台台风研究团队对比分析 2016 年登闽台风“尼伯特”“莫兰蒂”和“鲇鱼”大风特点，与数值模式预报相比较，发现对于强度较强的台风，数值模式在起报时刻及以后的一定预报时效内，预报的台风强度较实况严重偏弱，从而导致台风大风的预报偏小，研究建立了台风位置和强度的订正方程，实现 ECMWF 台风路径和强度确定性预报的实时偏差订正；在此基础上，根据 ECMWF 确定性预报起报时刻台风中心位置及最低气压与实况的差值下不同预报时效 ECMWF 台风中心最大风速预报的平均偏差，研制 ECMWF 平均风最大值预报订正释用方法，建立台风大风预报订正模型。ECMWF 平均风最大值预报订正释用方法成果在实际业务中加强了预报员对 ECMWF 大风预报的客观订正能力，为海洋气象智能化网格预报业务提供有效参考(刘锦绣 等，2020)。

朱智慧等(2013)利用建立的极大风速回归方程和订正后的天气预报模式(WRF)预报风速进行极大风速预报，结果较理想，可见，结合模式订正进行台风影响期间极大风速预报是一种比较有效的方法。随着未来数值模式预报准确度的提高，利用这种客观方法计算的极大风速也将更加准确。

(3)人工智能技术及评估

近年来卷积神经元网络、机器深度学习和蒙特卡罗决策树等人工智能技术的发展，驱动以大数据为主的预报技术，也为智慧气象预报提供了新的技术思路(金荣花 等，2019)。吴玉霜等(2021)采用多元线性回归(MR)、支持向量机(SVM)、模糊神经网络(FNN)等三种较为常用的线性和非线性机器学习方法分别进行预报建模研究，结果表明，FNN 预报模型的预报性能优于 MR 预报模型和 SVM 预报模型，对广西台风期间地面日极大风速有较好的预报能力。但在试验中的某些指标上，发现模糊神经网络方法并非最优，其他机器学习方法也有很好的表现，可据此深入分析，考虑将预报性能较好的机器学习算法进行有效集合，应该可以更好地提高风速的预报精度。董彦等(2014)建立了遗传—神经网络集合预报模型，对大风预报(≥10 m/s)有一定的优越性。预报结果能够反映在 24 h 后台风中心周围风速场的变化情况，使得预报员对于大风的预报节奏，对大风所在区域和影响有整体的把握。在台风即将登陆期间，对华南沿海台站大风预报有较好的参考作用。用集合预报的理论和遗传算法建立和优化神经网络建立模型，并在进化过程中采取保留最佳个体，这种新方法避免了一般神经网络依靠经验确定网络结构的困难，解决了由于神经网络初始权值的随机性和网络结构确定过程中所带来的网络振荡，以及容易陷入局部解的问题，较逐步回归方法能显示出“学习”能力。在应用方面，由于 NCEP 资料的网格较粗，风速插值到具体的站点会有较大的误差，降低了预报能力，这些问题都有待后续的探讨。孙军波等(2010)和钱燕珍等(2012)分别用人工神经网络和支持向量机方法建立了登陆热带气旋站点大风预报方法，为登陆热带气旋影响时做风的预报提供了一些新的工具。

(4)预报系统

上海市气象局在 2009 年基于 WRF 模式和中尺度模式 ARPS 及其资料分析系统 ADAS，建立了第一代上海快速更新同化数值预报系统(SMS-WARR v1.0)，经过不断升级，SMS-WARR v2.1 于 2018 年 12 月正式业务化。SMS-WARR v2.1 模式每小时启动一次，每次进行 24 h 的逐小时预报。在 02 时(北京时，下同)，系统进行冷启动：背景场由华东区域中尺度模式 SMS-WARR v2.0 前一日 20 时起报的 6 h 预报场提供，水平分辨率为 9 km。其他预报时刻均为热启动，背景场由循环系统上一时次的 1 h 预报场提供。在背景场的基础上同化各种观测资料之后得到 WRF 模式的预报初始场。该系统对观测资料采用逐小时循环同化，同化的观测资料主要包括地面自动气象站观测、探空观测、雷达资料和 FY-2G 卫星资料等。SMS-WARR v2.1 系统的水平分辨率为 3 km，垂直方向为 51 层，模式层高约为30 km，未采用积云对流参数化方案，预报的区域范围主要是我国华东区域(王晓峰 等，2015；李佳 等，2017)。薛文博等(2020)针对 2018 年对华东区域影响较大的 4 个台风个例的 10 m 预报风速进行分级检验评估：在台风影响期间，SMS-WARR 预报的强风区域与实际位置基本符合，但范围明显偏大，预报偏差大值区主要集中在预报强风区域，这与模式冷、热启动方案的设置、模式对台风快速增强的预报能力较弱等有关。

中国气象局广州热带海洋气象研究所利用 GRAPES-TRAMS 数值模式建立了台风中尺度集合预报系统(TREPS)。张旭斌(2018)利用 TREPS 对 2014—2016 年登陆我国的台风个例进行批量试验，并评估相应的路径、强度与风雨预报效果(共 19 个台风个例，进行 48 次预报)。对于风的预报，在确定性预报方面，TREPS 相比 ECMWF 确定性预报明显提高了风场预报效果，也比自己的控制成员有明显提高；在概率预报方面，TREPS 相比 ECMWF 集合预报能更准确地预报极端强风，因为 TREPS 具有更好的分辨能力；TREPS 在中等风速方面则预报效果较差。

参考文献

白莉娜，王元，2013. 环境风速垂直切变对西北太平洋热带气旋强度变化的影响[J]. 热带气象学报，29(6)：955-962.

包澄澜，阮均石，朱跃建，1985. 藤原效应与环境流场对双台风互旋的影响[J]. 科学通报(10)：766-768.

鲍旭炜，雷小途，唐碧，等，2013. 热带气旋过台湾岛引起的副中心特征分析[J]. 热带气象学报，29(5)：717-726

蔡菁，吴立广，赖巧珍，等，2017. 台风"苏拉"登陆福建后降水的非对称成因分析[J]. 大气科学学报，40(6)：814-822.

曹楚，王忠东，郑峰，等，2013. 台风"莫拉克"影响期间浙江大风成因分析[J]. 气象科技，41(6)：1109-1114.

曹钰，岳彩军，寿绍文，2013. 热带气旋(TC)环流内对流核数、TBB特征与TC强度关系统的计合成分析[J]. 热带气象学报，29(3)：381-392.

常婉婷，高文华，端义宏，等，2019. 云微物理过程对台风数值模拟的影响[J]. 应用气象学报，30(4)：443-455.

陈博宇，郭云谦，代刊，等，2016. 面向台风暴雨的集合预报成员优选订正技术研究及应用试验[J]. 气象，42(12)：1465-1475.

陈博宇，代刊，唐健，等，2020. 基于多模式QPF融合的台风暴雨预报后处理技术研究及应用试验[J]. 气象，46(10)：1261-1271.

陈宏，杨晓君，尉英华，等，2020. 干冷空气入侵台风"海棠"残余低压引发的华北地区大暴雨分析[J]. 暴雨灾害，39(3)：241-249.

陈静，薛纪善，颜宏，2003. 华南中尺度暴雨数值预报的不确定性与集合预报试验[J]. 气象学报，61(4)：432-446.

陈久康，丁治英，2000. 高低空急流与台风环流耦合下的中尺度暴雨系统[J]. 应用气象学报，11(3)：271-281.

陈俊，平凡，王秀春，等，2017. 台湾岛地形对"麦德姆"台风的影响[J]. 大气科学，41(5)：1037-1058.

陈联寿，丁一汇，1979. 西太平洋台风概论[M]. 北京：科学出版社.

陈联寿，徐祥德，1997. 台风异常运动及其外区热力不稳定非对称结构的影响效应[J]. 大气科学，21(1)：83-90.

陈联寿，孟智勇，2001. 我国热带气旋研究十年进展[J]. 大气科学，25(3)：420-432.

陈联寿，徐祥德，罗哲贤，等，2002. 热带气旋动力学引论[M]. 北京：气象出版社：1-317.

陈联寿，罗哲贤，李英，2004. 登陆热带气旋研究的进展[J]. 气象学报，62(5)：541-549.

陈联寿，端义宏，宋丽莉，等，2012. 台风灾害及其预报[M]. 北京：气象出版社.

陈联寿，许映龙，2017. 中国台风特大暴雨综述[J]. 气象与环境科学，40(1)：3-10.

陈佩燕，端义宏，余晖，等，2006. 红外云顶亮温在西北太平洋热带气旋强度预报中的应用[J]. 气象学报，64(4)：474-484.

陈瑞闪，1984. 8209(Andy)台风登陆台湾后的路径、强度变化以及对福建省影响的特点分析[J]. 海洋通报，3(1)：17-26.

陈瑞闪,1987.试论台风的“空心”现象[J].海洋预报,4(1):68-72.

陈瑞闪,2002a.热带气旋[M].福州:福建科学出版社:1-272.

陈瑞闪,2002b.台风[M].福州:福建科学技术出版社:335-358.

陈淑琴,李英,范悦敏,等,2021.台风“山竹”(2018)远距离暴雨的成因分析[J].大气科学,45(3):573-587.

陈艳秋,潘益农,2007.热带气旋变性问题的研究进展[J].南京大学学报(自然科学),43(6):670-680.

陈永林,王智,曹晓岗,等,2009.0509号台风(Matsa)登陆螺旋云带的增幅及其台前飑线的特征研究[J].气象学报,67(5):828-839.

陈忠明,黄福均,何光碧,2002.热带气旋与西南低涡相互作用的个例研究[J].大气科学,26(3):352-360.

陈子通,戴光丰,钟水新,等,2016.中国南海台风模式(TRAMS-v2.0)技术特点及其预报性能[J].热带气象学报,32(6):831-840.

程小平,费建芳,李湘,等,2021.台风双眼墙形成及眼墙替换过程的研究进展[J].地球物理学报,64(6):1857-1868.

程正泉,张东,2011.“狮子山”奇异路径及业务预报着眼点的初步分析[J].广东气象,33(4):1-6.

程正泉,林良勋,杨国杰,等,2017.超强台风威马逊快速增强及大尺度环流特征[J].应用气象学报,28(3):318-326.

丑纪范,2007.数值天气预报的创新之路—从初值问题到反问题[J].气象学报,65(5):673-682.

丑纪范,任宏利,2006.数值天气预报—另类途径的必要性和可行性[J].应用气象学报,17(2):240-244.

丛春华,陈联寿,雷小途,等,2011.台风远距离暴雨的研究进展[J].热带气象学报,27(2):264-270.

丛春华,陈联寿,雷小途,等,2012.热带气旋远距离暴雨的研究[J].气象学报,70(4):717-727.

崔林丽,杨引明,游然,等,2012.FY-3A/MWHS数据在定量降水估计中的应用研究[J].高原气象,31(5):1439-1445.

代刊,毕宝贵,朱跃建,2018a.2016年7月华北极端降水的中期预报误差分析[J].科学通报,63(3):340-355.

代刊,朱跃建,毕宝贵,2018b.集合模式定量降水预报的统计后处理技术研究综述[J].气象学报,76(4):493-510.

丁晨晨,任福民,邱文玉,等,2019.基于路径相似的登陆热带气旋降水之动力—统计集合预报模型[J].气象,45(1):29-37.

丁伟钰,万齐林,2004.BDA方案及其对伊布都(0307)台风预报的影响[C]//中国气象学会.推进气象科技创新,加快气象事业发展——中国气象学会2004年年会论文集(上册).北京:气象出版社:240-248.

丁一汇,李洁顺,孙淑清,等,1980.影响华北夏季暴雨的几类天气尺度系统分析[C]//中国科学院大气物理研究所集刊(第9号),暴雨及强对流天气的研究.北京:科学出版社:1-13.

董克勤,等,1974.一种改进的引导气流预报台风路径的方法,数值预报和数理统计预报会议论文集[M].北京:科学出版社.

董克勤,李曾中,张婉,等,1976.两层订正引导台风路径预报方案初步应用[J].气象科技资料(8):19-21.

董克勤,李曾中,1980a.海南岛地形对过岛台风影响的初步研究[J].大气科学,4(3):288-292.

董克勤,杨庆苹,1980b.大型岛屿对过境台风强度的影响[J].南京气象学院学报(1):55-61.

董林,端义宏,2008.热带气旋经过台湾岛强度变化特征[J].气象,34(7):10-14.

董彦,林开平,黄小燕,2014.南海热带气旋大风的遗传-神经网络集合预报[J].气象研究与应用,35(1):40-45.

杜钧,陈静,2010.天气预报的公众评价与发布形式的变革[J].气象,36(1):1-6.

端义宏,余晖,伍荣生,2005.热带气旋强度变化研究进展[J].气象学报,63(5):636-645.

段丽，陈联寿，2005. 热带风暴“菲特”(0114)特大暴雨的诊断研究[J]. 大气科学，29(3)：343-353.

段自强，李永平，于润玲，等，2016. 海洋飞沫方案改进对台风“威马逊”强度预报的影响[J]. 海洋与湖沼，47(6)：1075-1090.

范新岗，1999. 集合预报方法的全局研究[J]. 气象学报，57(1)：74-83.

方宗义，1982. 台风发生发展过程中的云型特征与高空环境流场的关系[J]. 大气科学，6(3)：274-282.

方宗义，周连翔，1982. 用地球同步气象卫星红外云图估计热带气旋的强度[J]. 气象学报，38(2)：150-159.

冯佳宁，2021. 雷达径向风资料同化对登陆台风数值预报的改进[D]. 北京：中国气象科学研究院.

冯锦全，陈多，1995. 我国近海热带气旋强度突变的气候特征分析[J]. 热带气象学报，11(1)：35-42.

冯利华，2000. 登陆台风降水预报[J]. 海洋通报，19(2)：75-79.

傅云飞，李宏图，自勇，2007. TRMM 卫星探测青藏高原谷地的降水云结构个例分析[J]. 高原气象，26(1)：98-106.

高建芸，张秀芝，江志红，等，2008. 西北太平洋季风槽异常与热带气旋活动[J]. 海洋学报，30(3)：35-47.

高建芸，吕心艳，鲍瑞娟，等，2010. 南海一西北太平洋季风槽中热带气旋群发的研究[J]. 海洋学报，32(4)：1-8.

高珊，吴幸毓，何小宁，2012. 1010 号台风“莫兰蒂”对福建近海风场的影响及其成因分析析[J]. 台湾海峡，31(2)：173-181.

龚建东，李维京，2000. 集合预报最优初值形成的四维变分同化方法[C]//李维京，纪立人. 月动力延伸预报研究. 北京：气象出版社，50-57.

龚月婷，李英，高迎新，等，2018. 台风“莫拉克”(0908)过台湾岛缓慢西行成因分析[J]. 42(6)：1208-1218.

顾建峰，蒋贤安，殷鹤，等，1995. 东海热带气旋路径预报模式的试用结果[J]. 大气科学研究与应用，16(1)：54-61.

官晓军，潘宁，黄待静，等，2021. 基于降水极端预报指数的福建台风极端降水预报研究[J]. 气象学报，79(3)：414-427.

过文娟，1980. 我国近海台风发生发展的云型特征[J]. 气象，6(6)：20-21.

韩瑛，伍荣生，2008. 冷空气入侵对热带气旋发生发展的影响[J]. 地球物理学报，51(5)：1321-1332.

何立富，梁生俊，毛卫星，等，2006. 0513 号台风泰利异常强暴雨过程的综合分析[J]. 气象，32(4)：84-90.

侯建忠，张弘，杜继稳，等，2006. 台风与高原东北侧冷锋暴雨的环境场及云图特征[J]. 气象科技，34(1)：41-46.

胡春梅，端义宏，余晖，等，2005. 华南地区热带气旋登陆前强度突变的大尺度环境诊断分析[J]. 热带气象学报，21(4)：377-382.

胡恒，王远超，陈明璐，2010. 0812 空心台风鹦鹉(NURI)特征分析[J]. 气象研究与应用，31(增刊Ⅱ)：31-32.

胡姝，李英，许映龙，2012. 登陆台湾岛热带气旋强度和结构变化的统计分析[J]. 热带气象学报，28(3)：300-310.

黄伟，端义宏，薛纪善，等，2007. 热带气旋路径数值模式业务试验性能分析[J]. 气象学报，65(4)：578-587.

黄燕燕，万齐林，袁金南，等，2006. 基于 BDA 扰动法的台风路径集合预报试验研究[J]. 热带气象学报，22(2)：50-54.

黄燕燕，闫敬华，蒙伟，等，2010. BDA 方案对台风背景高温天气预报的改进[J]. 气象学报，68(1)：102-113.

黄燕燕，薛纪善，冯业荣，等，2018. 采用预报涡旋的初始化方案对 2015 年台风“莲花”、“灿鸿”的试验研究[J]. 热带气象学报,34(5):598-609.
黄滢,黄春华,林文烨,2019. 台风"威马逊"登陆后长时间维持原因分析[J]. 气象研究与应用,40(4):24-27.
冀春晓,薛根元,赵放,等,2007. 台风 Rananim 登陆期间地形对其降水和结构影响的数值模拟试验[J]. 大气科学,31(2):233-244.
贾莉,2021. DSAEF_LTP 模型引入台风自身因子及已有参数改进研究[D]. 北京:中国气象科学研究院.
贾作,任福民,张大林,等,2020. LTP_DSEF 模型对 2018 年登陆中国热带气旋强降水预报的应用[J]. 中国科学:地球科学,50(5):609-618.
江崟,陈训来,朱江山,等,2019. 深圳对流尺度集合预报系统在华南暴雨中的应用研究[J]. 气象科技进展,9(3):124-131.
姜丽萍,夏冠聪,尤红,等,2008."珍珠"台风强度及路径异常的分析[J]. 台湾海峡,27(1):124-128.
蒋乐贻,2004. 西太平洋台风强度气候持续预报方法[C]//中国气象局上海台风研究所. 第十三届全国热带气旋科学讨论会论文摘要文集. 北京:气象出版社.
金龙,黄颖,姚才,等,2020. 人工智能技术的热带气旋预报综述(之一)[J]. 气象研究与应用,41(2):1-6.
金荣花,代刊,赵瑞霞,等,2019. 我国无缝隙精细化网格天气预报技术进展与挑战[J]. 气象,45(4):445-457.
孔凡铀,2018. 雷暴尺度天气集合数值预报研究[J]. 气象科技进展,8(3):53-60.
雷小途,殷鹤宝,1996. 正规模初始化及其在东海台风模式中的实验[C]//85-906-03 课题组. 台风、暴雨业务数值预报方法和技术研究. 北京:气象出版社:59-66.
雷小途,陈联寿,2001. 热带气旋与中纬度环流系统相互作用的研究进展[J]. 热带气旋学报,17(4):452-461.
李博,赵思雄,2009. 用 SMAT 建立台风暴雨预报模型的试验研究[J]. 气象,35(6):3-12.
李曾中,1981. 对海南岛登陆台风的研究[C]//台风会议文集(1978 年). 上海:上海科学技术出版社:110-116.
李法然,2005. 强热带风暴蒲公英引起太湖强风的成因分析[J]. 气象,31(8):57-61.
李佳,陈葆德,张旭,等,2007. 2016 年 6 月 23 日江苏阜宁龙卷的高分辨快速更新同化预报与分析[J]. 大气科学,41(6):1221-1233.
李侃,2018. 登陆热带气旋降水集合预报的可预报性分析与释用技术研究[D]. 南京:南京大学大气科学学院.
李侃,徐海明,2012. 西风带高空槽对登陆我国变性热带气旋的影响及其机理研究[J]. 大气科学,36(3):607-618.
李娜,张升伟,何杰颖,2019. 基于 FY-3CMWHTS 的台风降水反演算法研究[J]. 遥感技术与应用,34(5):1091-1100.
李启华,陆汉城,钟玮,等,2018. 双台风条件下水汽的中尺度输送特征与收支诊断[J]. 物理学报,67(3):039201.
李庆,2009. 浅析 0724 号台风"海贝思"异常路径成因[J]. 海洋预报,26(2):63-68.
李天然,吴婉萍,林良勋,2006. 强台风"珍珠"异常路径的特点、成因及预报[J]. 广东气象,33(3):18-22.
李艳,周灏,葛旭阳,等,2017. 西北太平洋迅速加强热带气旋的高空外流特征分析[J]. 热带气象学报,33(2):145-154.
李英,陈联寿,张胜军,2004a. 登陆我国热带气旋的统计特征[J]. 热带气象学报,20(1):14-23.
李英,陈联寿,王继志,2004b. 登陆热带气旋长久维持与迅速消亡的大尺度环流特征[J]. 气象学报,62(2):167-179.

李英,陈联寿,2005a.湿地边界层通量影响热带气旋登陆维持和降水的数值试验[J].气象学报,63(5):683-693.

李英,陈联寿,徐祥德,2005b.水汽输送影响登陆热带气旋维持和降水的数值试验[J].大气科学,29(1):91-98.

李英,陈联寿,雷小途,2006.高空槽对9711号台风变性加强影响的数值研究[J].气象学报,64(5):552-563.

李英,钱传海,陈联寿,2009.Sepat台风(0709)登陆过程中眼放大现象研究[J].气象学报,67(5):800-810.

李泳泽,程正泉,郭春迓,等,2020.台风大风半径业务产品的应用简析[J].广东气象,42(1):49-52.

李泽椿,陈德辉,2002.国家气象中心集合数值预报业务系统的发展及应用[J].应用气象学报,13(1):1-15.

李泽椿,张玲,钱奇峰,等,2020.中央气象台台风预报业务的发展及思考[J].大气科学学报,43(1):10-19.

梁军,张胜军,黄艇,等,2015.辽东半岛“达维”(1210)台风暴雨的诊断分析[J].气象,41(3):364-371.

梁军,张胜军,冯呈呈,等,2019.台风Polly(9216)和Matmo(1410)对辽东半岛降水影响的对比分析[J].气象,45(6):766-776.

梁钊明,王东海,2015.一次台风变性并入东北冷涡过程的动力诊断分析[J].大气科学,39(2):397-412.

林良勋,程正泉,黄忠,等,2005.热带气旋相似和最大概率集成预报方法及其预报业务试用[J].热带气象学报,21(6):651-657.

林良勋,梁巧倩,黄忠,2006.华南近海急剧加强热带气旋及其环流综合分析[J].气象,32(2):14-18.

林小红,刘爱鸣,刘通易,等,2015.2013年“苏力”与“潭美”相似路径台风大暴雨落区差异分析[J].热带气象学报,31(4):517-525.

林小红,吴建成,刘通易,等,2019a.三个典型登闽空心结构台风强降水分布差异分析[J].气象与环境学报,35(1):10-17.

林小红,吴幸毓,陈淼,等,2019b.台湾海峡西岸台风大风特征及极端大风典型个例分析[J].气象与环境学报,35(6):93-100.

林小红,蔡义勇,韩美,等,2021.双台风“纳沙”和“海棠”登陆后强度变化成因及对比分析[J].气象与环境学报,37(2):1-11.

林新彬,刘爱鸣,2013.福建省天气预报技术手册[M].北京:气象出版社,1-400.

林毅,陈思学,吕思思,2017.1601号“尼伯特”台风特大暴雨的中尺度系统特征与成因分析[J].暴雨灾害,36(5):542-549.

刘爱鸣,林毅,吴幸毓,2010.台湾岛及邻近区域热带气旋异常路径特征分析[J].气象,36(9):29-35.

刘爱鸣,何小宁,2015.1209号台风“苏拉”登陆福建后垂直结构和暴雨落区关系[J].应用海洋学学报,34(4):451-458.

刘春霞,容广埙,1995.台风突然加强与环境场关系的气候分析[J].热带气象学报,11(1):51-56.

刘佳,沈新勇,张大林,等,2013.台风“麦莎”的强度对台风前部飑线发展过程影响的研究[J].大气科学,37(5):1025-1037.

刘晓波,储海,2019.双台风形势下长三角地区一次大暴雨过程的成因分析[J].暴雨灾害,38(2):97-106.

陆佳麟,郭品文,2012.入侵冷空气强度对台风变性过程的影响[J].气象科学,32(4):355-364.

罗玲,娄小芬,傅良,等,2019.ECMWF极端降水预报指数在华东台风暴雨中的应用研究[J].气象,45(10):1382-1391.

罗婷,周宇,何忠桂,等,2021.登陆海南岛的台风水汽输送气候特征分析[J].气象科技进展,11(2):

152-157.
罗哲贤，2003. 守恒系统中台风强度变化及其可能因子的数值研究[J]. 气象学报，61(3)：302-311.
罗哲贤，陈联寿，1995. 台湾岛地形对台风移动路径的作用[J]. 大气科学，19(6)：701-706.
骆荣宗，李棠华，许金镜，1988. 台湾岛和台湾海峡地区台风异常路径的分析[J]. 台湾海峡，7(3)：241-247.
骆荣宗，许金镜，1991. 入侵台湾岛及邻近地区的热带气旋移向突然右折规律的研究[J]. 台湾海峡，10(4)：338-344.
吕心艳，端义宏，2011. 季风槽内热带气旋生成的基本特征分析[J]. 气象学报，69(6)：990-1000.
吕心艳，许映龙，黄焕卿，2021. 台风"威马逊"(1409)在南海北部急剧增强的环境因子分析[J]. 海洋预报，38(3)：1-10.
吕心艳，董林，高拴柱，2023. 台风"米克拉"在台湾海峡南部快速增强的原因分析[J]. 气象学报，81(6)：866-878.
马雷鸣，2014. 国内台风数值预报模式及其关键技术研究进展[J]. 地球物理学进展，29(3)：1013-1022.
马卫民，吴晓彤，陈信雄，2008. 台风生成的卫星云图特征[J]. 海洋预报，17(3)：2-10.
马旭林，薛纪善，陆维松，2008. GRAPES 全球集合预报的集合卡尔曼变换初始扰动方案初步研究[J]. 气象学报，66(4)：526-536.
孟智勇，徐祥德，陈联寿，1998. 台湾岛地形诱生次级环流系统对热带气旋异常运动的影响机制[J]. 大气科学，22(2)：156-168.
孟智勇，徐祥德，陈联寿，2022. 9406 号台风与中纬度系统相互作用的中尺度特征[J]. 气象学报，60(1)：31-39.
闵爱荣，游然，卢乃锰，等，2008a. TRMM 卫星微波成像仪资料的陆面降水反演[J]. 热带气象学报，24(3)：265-267.
闵爱荣，张翠荣，王晓芳，2008b. 基于微波成像仪资料反演陆面降水[J]. 气象科技，36(4)：495-498.
穆穆，姜智娜，2007. 集合预报初始扰动产生的一个新方法：条件非线性最优扰动[J]. 科学通报，52(6)：1457-1460.
宁子杰，包文雯，陈峥蓉，等，2021."浪卡"台风(2016)暴雨特点及卫星云图特征分析[J]. 气象研究与应用，42(3)：88-93.
钮学新，杜惠良，滕代高，等，2010. 影响登陆台风降水量的主要因素分析[J]. 暴雨灾害，29(1)：76-80.
潘贤，王秋萍，张瑜，2020. 分析约束的集合预报初始扰动构造方案的研究[J]. 大气科学，45(6)：1327-1344.
彭飞，李晓莉，陈静，2019. GRAPES 全球集合预报系统模式扰动随机动能补偿方案初步探究[J]. 气象学报，77(2)：180-195.
漆梁波，曹晓岗，2013. 双台风形势下上海地区一次暴雨过程的预报分析和对比[J]. 热带气象学报，29(2)：177-188.
钱传海，端义宏，麻素红，等，2012. 我国台风业务现状及其关键技术[J]. 气象科技进展，2(5)：36-43.
钱奇峰，张长安，高拴柱，等，2014. 台风路径集合预报的实时订正技术研究[J]. 热带气象学报，30(5)：905-910.
钱燕珍，孙军波，余晖，等，2012. 用支持向量机方法做登陆热带气旋站点大风预报[J]. 气象，38(3)：300-306.
郄秀书，刘冬霞，孙竹玲，2014. 闪电气象学研究进展[J]. 气象学报，72(5)：1054-1068.
覃丹宇，李博，2012. FY-2 双星亮温归一化及其在台风个例中的应用[J]. 气象，38(12)：1449-1455.
邱阳阳，程向阳，杨祖祥，等，2021. 登陆台风"温比亚"引发的龙卷过程分析[J]. 暴雨灾害，40(5)：

531-540.

仇永炎,1997.北方盛夏台风暴雨的天气型及其年际变率[J].气象,23(7):3-9.

瞿安祥,麻素红,李娟,等,2009a.全球数值模式中的台风初始化Ⅰ:方案设计[J].气象学报,67(5):716-726.

瞿安祥,麻素红,李娟,等,2009b.全球数值模式中的台风初始化Ⅱ:业务应用[J].气象学报,67(5):727-735.

瞿安祥,麻素红,张进,2016.T639全球模式的台风初始化方案升级试验[J].气象,42(6):664-673.

任福民,向纯怡,2017.登陆热带气旋降水预报研究回顾与展望[J].海洋气象学报,37(4):8-18.

任福民,杨慧,2019.1949年以来我国台风暴雨及其预报研究回顾与展望[J].暴雨灾害,38(5):526-540.

任宏利,2006.动力相似预报的策略和方法[D].甘肃:兰州大学.

邵颖斌,毕潇潇,刘锦绣,等,2017.1617超强台风"鲇鱼"大风成因和预报分析[J].海峡科学(12):8-13.

沈武,2001.台湾海峡诱生低压和9802号热带气旋路径偏折的分析[J].科技通报,17(1):41-46.

沈越婷,钱传海,李泽春,等,2015.热带气旋集合预报技术的应用情况简介[J].气象科技进展,5(5):33-42.

寿绍文,党人庆,朱官忠,等,1996.台风科学、业务试验和天气动力学理论的研究(第四分册)[M].北京:气象出版社.

孙建华,赵思雄,2000.登陆台风引发的暴雨过程之诊断研究[J].大气科学,24(2):223-237.

孙建华,张晓玲,卫捷,2005.20世纪90年代华北大暴雨过程特征的分析研究[J].气候与环境研究,10(3):492-506.

孙建华,齐琳琳,赵思雄,2006."9608"号台风登陆北上引发北方特大暴雨的中尺度对流系统研究[J].气象学报,64(1):57-71.

孙军波,钱燕珍,陈佩燕,等,2010.登陆台风站点大风预报的人工神经网络方法[J].气象,36(9):81-86.

孙寿全,魏文秀,1995.热带气旋与河北特大暴雨[J].气象,21(7):34-37.

唐明晖,姚秀萍,王强,等,2017.不同强度台风相伴随的内陆台前飑线对比分析[J].气象,43(8):912-9235.

万齐林,何溪澄,2003.一个与卫星TBB相匹配的人造台风构造方案[J].热带气象学报,19(1):37-44.

王德立,黄辉军,陈训来,等,2020.深圳对流尺度集合预报系统对台风降水预报的检验评估[J].热带气象学报,36(6):759-771.

王栋梁,梁旭东,2004.台风数值模拟中bogus涡旋四维变分同化的研究[J].南京气象学院学报,27(4):502-510.

王国松,高山红,岳健,等,2011.弱台风过吕宋岛加强机制的数值研究[C].青岛:中国海洋湖沼学会水文气象分会2011年联合会议.

王瑾,江吉喜,2005.热带气旋强度的卫星探测客观估计方法研究[J].应用气象学报,16(3):283-292.

王举,刘宇迪,2009.台风Bogus资料的四维变分同化试验[J].海洋科学进展,27(1):81-91.

王康玲,1996.南海区域台风路径数值预报业务模式研究实验[C]//85-906-03课题组.台风、暴雨业务数值预报方法和技术研究.北京:气象出版社:44-51.

王磊,陈光华,黄荣辉,2009.影响登陆我国不同区域热带气旋活动的大尺度环流定量分析[J].大气科学,33(5):916-922.

王丽芳,张雪蓉,廖一帆,等,2021.一次秋季台风倒槽大暴雨过程诊断及中尺度分析[J].气象科学,41(2):209-220.

王丽娟,邓方俊,史珩瑜,等,2020.1909号台风"利奇马"影响期间浙江大风分布特征及成因分析[J].海洋预报,37(6):83-95.

王诗文,1999.国家气象中心台风数值模式的改进及其应用试验[J].应用气象学报,10(3):91-97.
王蔚,2007.热带气旋形成的大尺度研究[D].江苏:南京气象学院.
王喜,余锦华,2011.不同海域影响热带气旋强度变化的环境动力因素对比[J].热带气象学报,27(3):387-395.
王晓芳,刘泽军,2008.登陆我国过湖泊热带气旋的统计特征[J].热带气象学报,24(5):539-545.
王晓峰,王平,张蕾,等,2015.上海"7.31"局地强对流快速更新同化数值模拟研究[J].高原气象,34(1):124-136.
王玉清,朱永禔,1989.双涡藤原效应的数值模拟研究[J].应用气象学报,4(1):13-20.
王志烈,费亮编,1987.台风预报手册[M].北京:气象出版社.
王忠东,2015.影响温州台风大风分布特征初步研究及典型个例分析[D].甘肃:兰州大学.
王忠东,曹楚,杜友强,等,2015.台风"菲特"影响期间浙江大风成因分析[J].浙江气象,36(4):17-22.
危国飞,刘会军,潘宁,等,2021.台风路径数值预报实时订正技术及其集成应用[J].大气科学,45(1):195-204.
卫星云图联合分析组,1980a.用卫星云图预报台风的方法(上)[J].气象,6(9):24-26.
卫星云图联合分析组,1980b.用卫星云图预报台风的方法(下)[J].气象,6(10):25-27.
魏鼎文,GRAYWM,1988.热带气旋形成的多尺度组合理论——流体动力学实验模拟与合成分析的结合[J].大气科学,12(2):200-207.
魏娜,2016.东亚季风环流背景下热带气旋生成发展研究[D].北京:中国气象科学研究院.
魏应植,张长安,林秀斌,等,2006."艾利"热带气旋异常路径与登陆地点分析[J].自然灾害学报,15(5):54-60.
吴立广,刘青元,周星阳,2020.热带气旋边界层精细结构研究综述[J].气象科学,40(1):1-10.
吴联要,雷小途,2012.内核及外围尺度与热带气旋强度关系的初步研究[J].热带气象学报,28(5):719-725.
吴联要,钱浩,赵军平,等,2017.台风路径最优集合预报技术研究与开发应用[J].浙江气象,38(4):14-17.
吴玉霜,黄小燕,陈家正,等,2021.机器学习在广西台风极大风速预报中的应用[J].气象研究与应用,42(4):26-31.
喜度,韩桂荣,殷笑茹,等,2020.CPS法对影响江苏台风的适用性研究[J].气象,46(6):765-775.
肖志祥,姚才,郑凤琴,等,2021.广西台风与海洋预报服务创新团队研究进展[J].气象研究与应用,42(4):01-06.
徐道生,陈子通,张艳霞,等,2020.南海台风模式TRAMS3.0的技术更新和评估结果[J].气象,46(11):1474-1484.
徐洪雄,徐祥德,陈斌,等,2013.双台风生消过程涡旋能量、水汽输送相互影响的三维物理图像[J].气象学报,71(5):825-838.
徐亚梅,伍荣生,2003.南半球冷空气入侵与热带气旋的形成[J].气象学报,61(5):540-547.
许爱华,叶成志,欧阳里程,等,2006."云娜"热带气旋登陆后的路径和降水的诊断分析[J].热带气象学报,22(3):229-236.
许向春,2009.强台风"达维"经过海南岛过程结构演变研究[D].甘肃:兰州大学.
许晓林,LIUQF,陈葆德,等,2019.GRAPES-TCM台风模式的新涡旋初始化方案——原理和实施[J].大气科学,43(5):975-989.
许映龙,2011.超强台风鲇鱼路径北翘预报分析[J].气象,37(7):821-826.
许映龙,韩桂荣,麻素红,等,2011.1109号超强台风"梅花"预报误差分析及思考[J].气象,37(10):

1196-1205.

薛文博，余晖，汤胜茗，等，2020. 上海快速更新同化数值预报系统（SMS-WARR）的近地面风速预报检验评估[J]. 气象，46(12)：1529-1542.

薛煜，李靓靓，朱业，等，2021. 1323 号台风“菲特”螺旋云带中“列车效应”特征及形成分析[J]. 大气科学，45(2)：379-392.

阎敬华，丁伟钰，徐建平，2004. “非 bogus 初值”热带气旋数值预报及其性能[J]. 应用气象学报，15(5)，513-522.

颜玲，周玉淑，王咏青，2019. 相似路径台风 Soudelor(1513)与 Matmo(1410)登陆前后的降水分布特征及成因的对比分析[J]. 大气科学，43(2)：297-310.

燕亚菲，谈建国，崔林丽，等，2019. 利用葵花 8 号（Himawari-8）高时空分辨率的红外亮温资料估计台风莫兰蒂的短时强降水及其演变[J]. 气象，45(3)：318-329.

杨露华，赵明，1995. 应用气象卫星资料估计降水方法的研究[J]. 大气科学研究与应用，1：102-106.

杨诗琪，李英，陈联寿，2017. 西北太平洋热带气旋强度变化的若干特征[J]. 热带气象学报，33(5)：666-674.

杨学胜，陈德辉，冷亭波，等，2002. 时间滞后与奇异向量初值生成方法的比较试验[J]. 应用气象学报，13(1)：62-66.

杨玉华，雷小途，2004. 我国登陆台风引起的大风分布特征的初步分析[J]. 热带气象学报，20(6)：633-642.

姚才，金龙，黄明策，等，2007. 遗传算法与神经网络相结合的热带气旋强度预报方法试验[J]. 海洋学报，29(4)：11-19.

姚增权，魏鼎文，1985. 冷空气对台风影响的流体动力学模拟实验研究[J]. 气象学报，43(1)：53-62.

叶璐，刘永柱，陈静，等，2020. 集合预报多尺度奇异向量初值扰动方法研究[J]. 气象学报，78(4)：648-664.

尹碧文，任福民，李国平，2017. 1951—2014 年西北太平洋双台风活动气候特征研究[J]. 地球科学进展，32(6)：643-650.

于润玲，余晖，端义宏，2011. 热带气旋登陆前强度变化的统计特征分析[J]. 热带气象学报，27(1)：74-81.

于润玲，余晖，端义宏，2013. 登陆华南热带气旋强度变化与大尺度环流的关系[J]. 大气科学学报，36(5)：619-625.

于永锋，张立凤，2005. 基于增长模繁殖法的集合预报初始扰动饱和分析[J]. 大气科学，29(11)：957-964.

于永锋，张立凤，2007. 基于 BGM 的不同繁殖长度对集合预报的影响[J]. 应用气象学报，18(1)：86-93.

于玉斌，杨昌贤，姚秀萍，2007. 近海热带气旋强度突变的垂直结构特征分析[J]. 大气科学，31(5)：876-886.

余晖，端义宏，2002. 西北太平洋热带气旋强度变化的统计特征[J]. 气象学报，60(6)：680-687.

余贞寿，郝增周，谢海华，等，2007. 台湾岛地形对台风“海棠”(0505)移动路径影响的数值试验研究[J]. 热带气象学报，23(6)：575-580.

於敏佳，刘菡，李晓丽，2021. 舟山风力智能网格精细化订正释用技术[J]. 海洋预报，38(6)：48-55.

俞燎霓，胡波，董加斌，等，2013. 1953—2012 年间影响浙江的热带气旋大风的气候特征及其影响因素分析[J]. 应用海洋学学报，32(2)：171-177.

袁金南，肖伟生，2002. 海温变化对台风路径的影响[J]. 广东气象(3)：1-2.

岳彩军，陈佩燕，雷小途，等，2006. 一种可用于登陆台风定量降水估计（QPF）方法的初步建立[J]. 气象科学，26(1)：17-23.

曾沁，胡胜，2019. 网格数字天气预报之广东实践[M]. 北京：气象出版社.

张长安，郑秀专，潘娅婷，2008. 台风圣帕的空心现象分析[J]. 气象，34(4)：48-53.

张长安，钱奇峰，高拴柱，2013. 集合预报产品在热带气旋路径预报中的释用方法研究[J]. 福建气象，(1)：16-21.

张涵斌，李玉焕，范水勇，等，2017. 基于动力降尺度的区域集合预报初值扰动构建方法研究[J]. 气象，43(12)：1461-1472.

张弘，陈卫东，孙伟，2006. 一次台风与低涡共同影响的陕北暴雨分析[J]. 高原气象，25(1)：52-59.

张华龙，程正泉，肖柳斯，等，2022. 集合百分位融合法在广东台风降水预报中的改进[J]. 气象，48(1)：84-95.

张建海，黄汉中，何勇，2011. 热带气旋"莫拉克"路径诊断分析和模拟[J]. 气象科技，39(2)：182-189.

张进，麻素红，陈德辉，等，2017. GRAPES_TYM 改进及其在 2013 在西北太平洋和南海台风预报中的表现[J]. 热带气象学报，33(1)：64-73.

张灵接，2020. 近年来台风登陆台湾岛后路径偏折的若干统计特征[J]. 浙江气象，41(1)：15-19.

张庆红，张春喜，张中锋，等，2007. 热带气旋集合预报中的不确定性研究[J]. 地球物理学报，50(3)：701-706.

张庆红，郭春蕊，2008. 热带气旋生成机制的研究进展[J]. 海洋学报，30(4)：1-11.

张守峰，钱奇峰，2016. 菲律宾群岛对登陆台风强度的影响[J]. 天气预报，8(5)：70-73.

张树民，王坤，孙刚，等，2018. 台风尼伯特(1601)残留低压局地大暴雨成因分析[J]. 气象科技，46(1)：139-148.

张文娟，张义军，郑栋，等，2021. 热带气旋闪电活动特征研究综述[J]. 海洋气象学报，41(3)：1-10.

张兴强，丁治英，王焱，2001. 高空急流与中纬度系统影响下台风暴雨德研究现状[J]. 气象，27(8)：3-8.

张旭斌，2018. 基于 GRAPES 模式的台风中尺度集合预报系统：构建与效果[C]. 安徽：第 35 届中国气象学会年会 S4 热带与海洋气象分会场——热带极端天气气候事件生成机理和预报技术学术研讨.

张云济，2010. 2007—2009 年我国登陆台风台前飑线的统计特征[D]. 北京：北京大学.

赵放，冀春晓，高守亭，等，2012. 浙江沿海登陆台风结构特性的多普勒雷达资料分析[J]. 气象学报，70(1)：15-29.

赵坤，王明筠，朱科锋，等，2015. 登陆台风边界层风廓线特征的地基雷达观测[J]. 气象学报，73(5)：837-852.

赵姝慧，周毓荃，2010. 利用多种卫星研究台风"艾云尼"宏微观结构特征[J]. 高原气象，29(5)：1254-1260.

郑媛媛，张备，王啸华，等，2015. 台风龙卷的环境背景和雷达回波结构分析[J]. 气象，41(8)：942-952.

中国气象局，2022. 热带气旋年鉴 2020[M]. 北京：气象出版社.

钟有亮，陈静，王静，等，2017. GRAPES 区域集合预报系统对登陆台风预报的检验评估[J]. 热带气象学报，33(6)：953-964.

钟元，余晖，滕卫平，等，2009. 热带气旋定量降水预报的动力相似方案[J]. 应用气象学报，20(1)：17-27.

周冠博，董林，柳龙生，等，2021. 2007 号台风"海高斯"快速加强的成因分析[J]. 海洋气象学报，41(1)：100-108.

周霞琼，等，2003. 热带气旋路径集合预报方法研究 I——正压模式结果的初步分析[J]. 热带气象学报，19(01)：1-8.

周仲岛，邓秀明，张保亮，1996. 多普勒雷达在台风中心定位与最大风速半径的应用[J]. 大气科学(中国台湾)，24(1)：1-24.

朱乾根，林锦瑞，寿绍文，等，2007. 天气学原理和方法(第四版)[M]. 北京：气象出版社.

朱晓金，陈联寿，2011. 我国近海热带气旋迅速加强活动特征及其与 ENSO 的关系[J]. 北京大学学报(自然科学版),47(1):52-58.

朱智慧,黄宁立,王延凤,2013.台风影响期间上海沿海极大风速预报方法研究[C].南京:第 30 届中国气象学会年会交流.

ALESSANDRINI S,MONACHE L D,ROZOFF C M,et al, 2018. Probabilistic prediction of tropical cyclone intensity with an analog ensemble[J]. Mon Wea Rev, 146(6):1723-1744.

ANDREAS E, 2004. Spray stress revisited[J]. Journal of Physical Oceanography, 34(6):1429-1440.

ATKINSON G D, HOLLIDAY C R,1997. Tropical cyclone minimum sea level pressure/maximum sustained wind relationship for the Western North Pacific[J]. Month Weather Review, 105(4): 421-427.

BEDKA K, BRUNNER J, DWORAK R, et al, 2010. Objective satellite-based detection of overshooting tops using infrared window channel brightness temperature gradients[J]. Journal of Applied Meteorology and Climatology, 49(2): 181-202.

BENDER M A, 1997. The effect of relative flow on the asymmetric structure of the interior of hurricanes [J]. Journal of the Atmospheric Sciences, 54(6): 703-724.

BENDER M A, ROSS R J, TULEYA R E, et al, 1993. Improvements in tropic cyclone track and intensity forecasts using the GFDL initialization system[J]. Mon Wea Rev, 121(7): 2046-2061.

BESSHO K,DEMARIA M,KNAFF J A, 2006. Tropical cyclone wind retrievals from the advanced microwave sounding unit: Application to surface wind analysis[J]. J Appl Meteor Climatol, 45(3): 399-415.

BISTER M,EMANUEL K A,1997. The genesis of hurricane guillermo: TEXMEX analyses and a modeling study[J]. Mon Wea Rev, 125(10): 2662-2682.

BRAND S, 1970. Interaction of binary tropical cyclones of the Western North Pacific Ocean[J]. Journal of Applied Meteorology and Climatology, 9(3): 433-441.

BRAND S, BLELLOCH J W, 1973. Changes in the characteristics of typhoons crossing the Philippines [J]. Journal of Applied Meteorology and Climatology, 12(1): 104-109.

BRAND S, BLELLOCH J W, 1974. Changes in the characteristics of typhoons crossing the island of Taiwan[J]. Monthly Weather Review, 102(10): 708-713.

BRIEGEL L M, FRANK W M, 1997. Large-scale influences on tropical cyclogenesis in the Western North Pacific[J]. Mon Wea Rev, 125(7):1397-1413.

BRUESKE K F, VELDEN C S,2003. Satellite-Based tropical cyclone intensity estimation using the NOAA-KLM series advanced microwave sounding unit (AMSU)[J]. Mon Wea Rev, 131(4):687-697.

CANGIALOSI J P,BLAKE E,DEMARIA M, et al, 2020. Recent progress in tropical cyclone intensity forecasting at the national hurricane center[J]. Wea Forecasting, 35(5):1913-1922.

CARR L E, ELSBERRY R L, 1990. Observational evidence for predictions of tropical cyclone propagation relative to environmental steering[J]. Journal of the Atmospheric Sciences, 47(4): 542-546.

CARR L E, BOOTHE M A, ELSBERRY R L, 1997. Observational evidence for alternate modes of track-altering binary tropical cyclone scenarios[J]. Mon Wea Rev, 125(9):2094-2111.

CHA T Y, BELL M M, LEE W C,et al, 2020. Polygonal eyewall asymmetries during the rapid intensification of Hurricane Michael (2018) [J]. Geophysical Research Letters, 47(15): 1-10.

CHAN J C L, 1985. Identification of the steering flow for tropical cyclone motion from objective analyzed wind fields[J]. Monthly Weather Review, 113(1): 106-116.

CHAN J C L, GRAY W M, 1982. Tropical cyclone movement and surrounding flow relationships[J]. Monthly Weather Review, 110(10):1354-1374.

CHAN J C L, WILLIAMS R T, 1987. Analytical and numerical studies of the beta-effect in tropical cyclone motion. Part I: Zero mean flow[J]. Journal of The Atmospheric Sciences, 44(9): 1257-1265.

CHAN J C L, KO F M F, LEI Y M, 2002. Relationship between potential vorticity tendency and tropical cyclone motion[J]. J Atmos Sci, 59(6): 1317-1336.

CHAN K T F, WANG D, ZHANG Y, et al, 2019. Does strong vertical wind shear certainly lead to the weakening of a tropical cyclone? [J]. Environ Res Commun, 1(1): 1-13.

CHARNEY J G, ELIASSEN A, 1964. On the growth of the hurricane depression[J]. J Atmos Sci, 21(1): 68-75.

CHEN L S, 1998. Decay after landfall[D]. WMO/TD, 875:1. 6. 1-1. 6. 5.

CHEN L, GRAY W M, 1985. Global view of the upper level outflow patterns associated with tropical cyclone intensity change during FGGE[M]. Pap. 392. Dept. of Atmospheric Science, Colorado State University, 126 pp.

CHEN G, CHOU L, 1994. An investigation of cold vortices in the upper troposphere over the Western North Pacific during the warm season[J]. Monthly Weather Review, 122(7): 1436-1448.

CHEN L S, LUO Z X, 1998. Numerical study on functions affecting tropical cyclone structure and motion[J]. Acta Meteorological Sinica, 12(4):504-512.

CHEN L, LUO Z, 2004. Interaction of typhoon and mesoscale vortex[J]. Adv Atmos Sci, 21(4): 515-528.

CHEN Y C, CHEUNG K K W, LEE C S, 2011a. Some implications of core regime wind structures in Western North Pacific tropical cyclones[J]. Weather and Forecasting, 26(1): 61-75.

CHEN P, YU H, CHAN J, 2011b. A Western North Pacific tropical cyclone intensity prediction scheme [J]. J Meteor Res, 25(5): 611-624.

CHEN H, ZHANG D L, 2013. On the rapid intensification of Hurricane Wilma (2005). Part II: Convective bursts and the upper-level warm core[J]. J Atmos Sci, 70(1): 146-172.

CHEN B, ELSBERRY R L, LEE C, 2014. Origin and maintenance of the long-lasting, outer mesoscale convective system in Typhoon Fengshen (2008)[J]. Monthly Weather Review, 142(8): 2838-2859.

CHEN X M, WANG Y Q, ZHAO K, 2015. Synoptic flow patterns and large-scale characteristics associated with rapidly intensifying tropical cyclones in the South China Sea[J]. Mon Wea Rev, 143(1): 64-87.

CHEUNG K K W, 2001. A review of ensemble forecasting techniques with a focus on tropical cyclone forecasting[J]. Meteorol Appl, 8(3):315-332.

CHEUNG K K W, 2003. Large-scale environmental parameters associated with tropical cyclone formations in the Western North Pacific[J]. J Climate, 17(3): 466-484.

CHEUNG K K W, CHAN J C L, 1999. Ensemble forecasting of tropical cyclone motion using a barotropic model, Part I[J]. Monthly Weather Review, 127(6): 1229-1243.

CHRISTOPHER A D, SIMON L N, 2001. The NCAR-AFWA tropical cyclone bogussing scheme[R]. A report prepared for the Air Force Weather Agency (AFWA). http://www. mmm. ucar. edu/mm5/mm5v3/tc-bogus. html.

CHU K, TAN Z, 2014. Annular Typhoons in the Western North Pacific[J]. Wea Forecasting, 29(2): 241-251.

CLARK A J, 2017. Generation of ensemble mean precipitation forecasts from convection-allowing ensembles[J]. Weather and Forecasting, 32(4):1569-1583.

DARR J K, 2002. Quantitative measurements of extratropical transition in the Atlantic basin[C]. San Diego: 25th Conference on Hurricanes and Tropical Meteorology.

DAVIS C A, BOSART L F, 2003. Baroclinically induced tropical cyclogenesis[J]. Mon Wea Rev, 131 (11): 2730-2747.

DEHART J C, HOUZE JR R A , ROGERS R F, 2014. Quadrant distribution of tropical cyclone inner-core kinematics in relation to environmental shear[J]. Journal of the Atmospheric Sciences, 71(7): 2713-2732.

DEMARIA M, 1996. The effect of vertical shear on tropical cyclone intensity change[J]. Journal of the Atmospheric Sciences, 53(14): 2076-2087.

DEMARIA M, 2009. A simplified dynamical system for tropical cyclone intensity prediction[J]. Mon Wea Rev, 137(1): 68-82.

DEMARIA M, KNAFF J A, CONNELL B H, 2001. A tropical cyclone genesis parameter for the tropical Atlantic[J]. Wea Forecastng, 16 (2):219-233.

DEMARIA M, MAINELLI M, SHAY L K, et al, 2005. Further improvement to the Statistical Hurricane Intensity Prediction Scheme (SHIPS)[J]. Wea Forecasting, 20(4): 531-543.

DEMARIA M, KNAFF J A, KAPLAN J, 2006. On the decay of tropical cyclone winds crossing narrow landmasses[J]. Journal of Applied Meteorology and Climatology, 45(3): 491-499.

DEMARIA M, KNAFF J A, KNABB R, et al, 2009. A new method for estimating tropical cyclone wind speed probabilities[J]. Weather and Forecasting, 24(6): 1573-1591.

DEMARIA M, et al, 2013. Improvements to the operational tropical cyclone wind speed probability model[J]. Weather and Forecasting, 28(3): 586-602.

DEMIRCI O, TYO J S, RITCHIE E A, et al, 2007. Spatial and spatiotemporal projection pursuit techniques to predict the extratropical transition of tropical cyclones[J]. IEEE Transactions on Geoscience and Remote Sensing, 45(2): 418-425.

DEMUTH J L, DEMARIA M, KNAFF J A, et al, 2004. Evaluation of advanced microwave sounding unit tropical-cyclone intensity and size estimation algorithms[J]. J Appl Meteor, 43(2): 282-296.

DIDLAKE A C J, HOUZE R A J, 2013a. Dynamics of the stratiform sector of a tropical cyclone rainband [J]. Journals of the Atmospheric Sciences, 70(7): 1891-1911.

DIDLAKE A C J, HOUZE R A J, 2013b. Convective-scale variations in the inner-core rainbands of a tropical cyclone[J]. Journals of the Atmospheric Sciences, 70(2): 504-523.

DONG K, NEUMANN C J, 1983. On the relative motion of binary tropical cyclones[J]. Monthly Weather Review, 111(5): 945-953.

DONG K, NEUMANN C J, 1986. The relationship between tropical cyclone motion and environmental geostrophic flows[J]. Monthly Weather Review, 114(1): 115-122.

DONG L, ZHANG F, 2016. OBEST: An observation-based ensemble subsetting technique for tropical cyclone track prediction[J]. Wea Forecasting, 31(1):57-70.

DRITSCHEL D G, WAUGH D W, 1992. Quantification of the inelastic interaction of unequal vortices in two-dimensional vortex dynamics[J]. Phys Fluids, 4(8):1737-1744.

DUNN G E, MILLER B I, 1960. Atlantic Hurricanes[M]. Baton Rouge La: Louisiana State University Press: 1-326.

EBERT E, KUSSELSON S J, TURK M, et al, 2011. Ensemble tropical rainfall potential(eTRaP) forecasts[J]. Wea Forecasting, 26(2):213-224.

EMANUEL K, 1986. An air-sea interaction theory for tropical cyclones. I. steady-state maintenance[J]. Journal of the Atmospheric Sciences, 43(6):585-604.

EMANUEL K, 2018. 100 years of progress in tropical cyclone research[J]. Meteor Monogr, 59:1-68.

EPSTEIN E S, 1969. Stochastic-dynamic prediction[J]. Tellus, 21(6):739-759.

FANG J, ZHANG F, 2010. Initial development and genesis of hurricane Dolly (2008) [J]. J Atmos Sci, 67(3): 655-672.

FENG J, ZHANG Z, TOTH M PEÑA, 2020. A new measure of ensemble central tendency[J]. Wea Forecasting, 35(3): 879-889.

FERREIRA R N, SCHUBERT W H, 1997. Barotropical aspects of ITCZ break down[J]. J Atmos Sci, 54(2): 261-285.

FETT R W, 1966. Life cycle of tropical cyclone judy as revealed by ESSA II and NIMBUS II[J]. Mon Wea Rev, 94(10):605-610.

FINOCCHIO P M, MAJUMDAR S J, NOLAN D S, et al, 2016. Idealized tropical cyclone responses to the height and depth of environmental vertical wind shear[J]. Monthly Weather Review, 144(6):2155-2175.

FIORINO M, ELSBERRY R L, 1989. Some aspects of vortex structure related to tropical cyclone motion [J]. Journals of the Atmospheric Sciences, 46(7): 975-990.

FISCHER M S, TANG B H, CORBOSIERO K L, 2019. A climatological analysis of tropical cyclone rapid intensification in environments of upper-tropospheric troughs[J]. Monthly Weather Review, 147 (10):3693-3719.

FLATAU M, SCHUBERT W H, STEVENS D E, 1994. The role of baroclinic processes in tropical cyclone motion: The influence of vertical tilt[J]. J Atmos Sci, 51(18):2589-2601.

FRANK W M, RITCHIE E A, 2001. Effects of vertical wind shear on the intensity and structure of numerically simulated hurricanes[J]. Monthly Weather Review, 129(9): 2249-2269.

FRITSCH J M, HILLIKER J, ROSS J, et al, 2000. Model consensus[J]. Wea Forecasting, 15(5):571-582.

FRITZ S, HUBERT L F, TIMCHALK A, 1966. Some inferences from satellite pictures of tropical disturbances[J]. Mon Wea Rev, 94(4): 231-236.

FU H, WANG Y, RIEMER M, et al, 2019. Effect of unidirectional vertical wind shear on tropical cyclone intensity change—Lower-layer shear versus upper-layer shear[J]. Journal of Geophysical Research: Atmospheres, 124(12):6265-6282.

GALLINA G M, VELDEN C S, 2002. Environmental Vertical Wind Shear and Tropical Cyclone Intensity Change Utilizing Enhanced Satellite Derived Wind Information[C]. San Diego CA USA: 25th Conference on Hurricanes and Tropical Meteorology.

GOERSS J S, 2000. Tropical cyclone track forecasts using an ensemble of dynamical models[J]. Mon Wea Rev, 128(4):1187-1193.

GRAY W M, 1968. Global view of the origin of tropical disturbances and storms[J]. Monthly Weather Review, 96(10):669-700.

GRAY W M, 1989. Summary of ONR sponsored tropical cyclone motion research and future plans[J]. Appendix D of Tech Rep NPS 63-89-002, Naval Postgraduate School, Monterey, CA 93943, 68-79.

GRAY W M, 1998. The formation of tropical cyclones[J]. Meteorology and Atmospheric Physics, 67: 37-69.

GREG J H,1982. Tropical cyclone motion: Environmental interaction plus a beta effect[J]. Journal of The Atmospheric Sciences, 40(2):328-342.

GU J,TAN Z, QIU X, 2015. Effects of vertical wind shear on inner-core thermodynamics of an idealized simulated tropical cyclone[J]. J Atmos Sci, 72(2):511-530.

GUARD C P,LANDER M A,1996. A wind-pressure relationship for midget TCs in the western North Pacific. 1996 Annual Tropical Cyclone Report of Joint Typhoon Warning Center.

GUO X,TAN Z M, 2017. Tropical cyclone fullness:A new concept for interpreting storm intensity[J]. Geophysical Research Letters, 44(9): 4324-4331.

GUO X,TAN Z M,2022. Tropical cyclone intensification and fullness: The role of storm size configuration[J]. Geophysical Research Letters, 49(16): e2022GL098449.

HAMILL T M, MULLEN S L,SNYDER C, et al, 2000. Ensemble forecasting in the short to medium range: Report from a workshop[J]. Bull Amer Meteor Soc, 81(11):2633-2664.

HAMISH R, 2017. The global climatology of tropical cyclones. oxford research encyclopedia of natural hazard science[EB/OL]. (24 May 2017). https://doi. org/10. 1093/acrefore/9780199389407. 013. 79.

HANLEY D,MOLINARI J, KEYSER D, 2001. A composite study of the interactions between tropical cyclones and upper-tropospheric troughs[J]. Mon Wea Rev, 129(10): 2570-2584.

HARPER B A, KEPERT J D, GINGER J D,2010. Guidelines for converting between various wind averaging periods in tropical cyclone conditions[J]. World Meteorological Organization,TCP Sub-Project Report, WMO/TD-No. 1555, 2010.

HARR P A, ELSBERRY R L, 2000. Extratropical transition of tropical cyclones over the western North Pacific. Part I: Evolution of structural characteristics during the transition process[J]. Mon Wea Rev, 128(8): 2613-2633.

HART R E, 2003. A cyclone phase space derived from thermal wind and thermal asymmetry[J]. Mon Wea Rev, 131(4): 585-616.

HAWKINS J D, HELVESTON M, 2004. Tropical cyclone multiple eyewall characteristics[EB/OL]. 2004. ams. confex. com/ams/pdfpapers/76084. pdf.

HENNON C C, HOBGOOD J S, 2003. Forecasting tropical cyclogenesis over the Atlantic basin using large-scale data[J]. Mon Wea Rev, 131(12): 2927-2940.

HEYMSFIELD G M, HALVERSON J B, SIMPSON J,et al, 2001. ER-2 doppler radar investigations of the eyewall of hurricane bonnie during the convection and moisture experiment-3[J]. J Appl Meteor Climatol, 40(8):1310-1330.

HOFFMAN R N, KALNAY E,1983. Lagged average forecasting, an alternative to Monte Carlo forecasting[J]. Tellus, 35A(2):100-118.

HOKE J E, ANTHES R A, 1976. The initialization of numerical models by a dynamic-initialization technique[J]. Mon Wea Rev, 104(12): 1551-1556.

HOLLAND G J, 1984. Tropical cyclone motion: A comparison of theory and observation[J]. Journal of The Atmospheric Sciences, 41(1):68-75.

HOLLAND G J, MERRILL R T, 1984. On the dynamics of tropical cyclone structural changes. Quart J Roy Meteor Soc, 110: 723-745.

HOLLAND G J, et al, 1995. Contributions by mesoscale systems to the meandering motion of tropical cyclones. papers presented at the technical conference on spectrum[J]. WMO/TD-Mo, 472(IV): 62-82.

HOU D E, KALNAY E,DROEGEMEIER K K, 2001. Objective verification of the SAMEX'98 ensemble forecasts[J]. Mon Wea Rev, 129(1):73-91.

HOUTEKAMER P L, LEFAIVRE L, DEROME J, et al, 1996. A system simulation approach to ensemble prediction[J]. Mon Wea Rev, 124(6):1225-1242.

HOUTEKAMER P L, MITCHELL H L, 1998. Data assimilation using an ensemble Kalman filter technique[J]. Mon Wea Rev, 126(3):796-811.

HOUZE R A, 2018. 100 years of research on mesoscale convective systems[J]. Meteor Monogr, 59(1): 17.1-17.54.

HUANG X, HU C Q,HUANG X,et al, 2018. A long-term tropical mesoscale convective systems dataset based on a novel objective automatic tracking algorithm[J]. Climate Dynamics, 51: 3145-3159.

HUANG Y,JIN L, ZHAO H S,ET AL,2018. Fuzzy neural network and LLE algorithm for forecasting precipitation in tropical cyclones: Comparisons with interpolation method by ECMWF and stepwise regression method[J]. Nat Hazards,91(6): 201-220.

HUBERT L F, TIMCHALK A,1969. Estimating hurricane wind speeds from satellite pictures[J]. Mon Wea Rev, 97(5): 382-383.

IWASAKI T, NAKANO H, SUGI M, 1987. The Performance of a typhoon track prediction model with cumulus parameterization[J]. Journal of the Meteorological Society of Japan Ser II, 65(4): 555-570.

JIN L, YAO C, HUANG X Y, 2008. A nonlinear artificial intelligence ensemble prediction model for typhoon intensity[J]. Monthly Weather Review, 136(12): 4541-4554.

JOHN A K, CHARLES R S, MARK D, et al, 2007. Statistical tropical cyclone wind radii prediction using climatology and persistence[J]. Wea Forecasting, 22(4): 781-791.

JOHN A K, DANIEL P B, JOE C, et al,2010. An evaluation of dvorak technique-based tropical cyclone intensity estimates[J]. Weather and Forecasting, 25(5): 1362-1379.

JOHN A K, MARK D, DEBRA A M,et al, 2011. An automated, objective, multiple-satellite-platform tropical cyclone surface wind analysis[J]. Journal of Applied Meteorology & Climatology, 50(10): 2149-2166.

JONATHAN N, 2000. How high was the storm surge from tropical cyclone mahina? North Queensland, 1899[J]. Australian Journal of Emergency Management, 15:11-13.

JONES S C, 1995. The evolution of vortices in vertical shear. Part I: Initially barotropic vortices[J]. Quart J Roy Meteor Soc, 121(524):821-851.

JONES S C, HARR P A, ABRAHAM J,et al, 2003. The extratropical transition of tropical cyclones: Forecast challenges, current understanding, and future directions[J]. Weather and Forecasting, 18 (6): 1052-1092.

KALNAY E, HAM M, 1989. Forecasting forecast skill in the Southern Hemisphere[C]. Boston, MA: American Meteorological Society.

KAO Y C, JOU J D, CHAN J C L, et al,2019. An observational study of a coastal barrier jet induced by a landfalling typhoon[J]. Monthly Weather Review, 147(12): 4589-4609.

KAPLAN J,DEMARIA M, 1995. A simple empirical model for predicting the decay of tropical cyclone winds after landfall[J]. Journal of Applied Meteorology and Climatology, 34(11): 2499-2512.

KAPLAN J, DEMARIA M, 2003. Large-scale characteristics of rapidly intensifying tropical cyclones in the North Atlantic basin[J]. Wea Forecasting, 18(6):1093-1108.

KAPLAN J, DEMARIA M,KNAFF J A, 2010. A revised tropical cyclone rapid intensification index for the atlantic and eastern north pacific basins[J]. Weather and Forecasting, 25(1): 220-241.

KAPLAN J, COAUTHORS, 2015. Evaluating environmental impacts on tropical cyclone rapid intensification predictability utilizing statistical models[J]. Wea Forecasting, 30:1374-1396.

KELLEY O A, STOUT J, 2004. Tall precipitation cells in tropical cyclone eyewalls are associated with tropical cyclone intensification[J]. Geophysical Research Letters, 31(24): L24112.

KELLEY O A, HALVERSON J B, 2011. How much tropical cyclone intensification can result from the energy released inside of a convective burst? [J]. J Geophys Res, 116(D20):118.

KIDDER S Q, KUSSELSON S J, KNAFF J A, et al, 2005. The tropical rainfall potential (TRaP) technique. Part I: Description and examples[J]. Wea Forecasting, 20(4):456-464.

KITABATAKE N, 2008. Extratropical transition of tropical cyclones in the Western North Pacific: Their frontal evolution[J]. Monthly Weather Review, 136(6): 2066-2090.

KLEIN P M, HARR P A, ELSBERRY R L, 2000. Extratropical transition of Western North Pacific tropical cyclones: An overview and conceptual model of the transformation stage[J]. Wea Forecasting, 15(4):373-395.

KNAFF J A, DEMARIA M, SAMPSON C R, et al, 2003a. Statistical, 5-day tropical cyclone intensity forecasts derived from climatology and persistence[J]. Weather and Forecasting, 18(1): 80-92.

KNAFF J A, KOSSIN A P, DEMARIA M, 2003b. Annular hurricanes[J]. Weather and Forecasting, 18 (2): 204-223.

KNAFF J A, SAMPSON C R, DEMARIA M, 2005. An operational statistical typhoon intensity prediction scheme for the Western North Pacific[J]. Wea Forecasting, 20:688-699.

KNAFF J A, CRAM T A, SCHUMACHER A B, et al, 2008. Objective identification of annular hurricanes[J]. Weather and Forecasting, 23(1): 17-28.

KNAFF J A, DEMARIA M, MOLENAR D A, et al, 2011. An automated, objective, multiple-satellite-platform tropical cyclone surface wind analysis[J]. J Appl Meteor Climatol, 50(10):2149-2166.

KNAFF J A, SAMPSON C R, MUSGRAVE K D, 2018. An operational rapid intensification prediction aid for the Western North Pacific[J]. Weather and Forecasting, 33(3): 799-811.

KNAFF J A, SAMPSON C R, STRAHL B R, 2020. A tropical cyclone rapid intensification prediction aid for the joint typhoon warning center's areas of responsibility[J]. Weather and Forecasting, 35(3): 1173-1185.

KNAPP R K, VELDEN C S, WIMMERS A J, 2018. A global climatology of tropical cyclone eyes[J]. Monthly Weather Review, 146(7): 2089-2101.

KOBA H, OSANO S, HAGIWARA T, et al, 1989. Determination of intensity of typhoons passing through the Philippine islands (in Japanese)[J]. J Meteor Res, 41: 157-162.

KOBA H, HAGIWARA T, OSANO S, et al, 1990. Relationships between CI number from Dvorak's technique and minimum sea level pressure or maximum wind speed of tropical cyclones (in Japanese) [J]. J Meteor Res, 42(2): 59-67.

KOBA H, HAGIWARA T, OSANO S, et al, 1991. Relationships between CI number and minimum sea level pressure/maximum wind speed of tropical cyclones[J]. Geophysical Magazine, 44(1): 15-25.

KOFRON D E, RITCHIE E A, TYO J S, 2010a. Determination of a consistent time for the extratropical transition of tropical cyclones. Part II: Potential vorticity metrics[J]. Mon Wea Rev, 138(12): 4344-4361.

KOFRON D E, RITCHIE E A, TYO J S, 2010b. Determination of a consistent time for the extratropical transition of tropical cyclones. Part I: Examination of existing methods for finding "ET time"[J]. Mon Wea Rev, 138(12): 4328-4343.

KOMAROMI W A, DOYLE J D, 2017. Tropical cyclone outflow and warm core structure as revealed by HS3 dropsonde data[J]. Monthly Weather Review, 145(4): 1339-1359.

KOMAROMI W A, DOYLE J D, 2018. On the dynamics of tropical cyclone and trough interactions[J]. J Atmos Sci, 75(8):2687-2709.

KOSIBA K,WURMAN J, 2014. Finescale dual-doppler analysis of hurricane boundary layer structures in Hurricane Frances (2004) at landfall[J]. Mon Wea Rev, 142(5): 1874-1891.

KOSSIN J P, MCNOLDY B D, SCHUBERT W H,2002. Vortical swirls in hurricane eye clouds[J]. Monthly Weather Review, 130(12): 3144-3149.

KOSSIN J P,SITKOWSKI M, 2009. An objective model for identifying secondary eyewall formation in hurricanes[J]. Monthly Weather Review, 137(3): 876-892.

KOSSIN J P,SITKOWSKI M, 2012. Predicting hurricane intensity and structure changes associated with eyewall replacement cycles[J]. Weather and Forecasting, 27(2):484-488.

KOSSIN J P,DEMARIA M, 2016. Reducing operational hurricane intensity forecast errors during eyewall replacement cycles[J]. Weather and Forecasting, 31(2): 601-608.

KRISHNAMURTI T N, et al, 1999. Improved skills for weather and seasonal climate forecasts from multimodel superensemble[J]. Science, 285(5433): 1548-1550.

KRISHNAMURTI T N, KISHTAWAL C M, ZHANG Z,et al, 2000. Multimodel ensemble forecasts for weather and seasonal climate[J]. J Climate, 13(23):4196-4216.

KRISHNAMURTI T N, KUMAR V, SIMON A, et al, 2016. A review of multimodel superensemble forecasting for weather,seasonal climate, and hurricanes[J]. Rev Geophys, 54(2):336-377.

KURIHARA Y, BENDER M A, ROSS R J, 1993. An initialization scheme of hurricane model by vortex specification[J]. Monthly Weather Review, 121(7): 2030-2045.

KWON H J, Won S H, Ahn M H, et al, 2002. GFDL-Type typhoon initialization in MM5[J]. Monthly Weather Review, 130(12): 2966-2974.

LANDER M A, HOLLAND G J, 1993. On the interaction of tropical-cyclone-scale vortices. Part I: Observations[J]. Quart J Roy Meteor Soc,119(514): 1347-1361.

LANDSEA C W,CANGIALOSI J P,2018. Have we reached the limits of predictability for tropical cyclone track forecasting? [J]. Bulletin of the American Meteorological Society,99(11):2237-2243.

LARSON R N, 1975. Hurricane twins over the Eastern North Pacific Ocean[J]. Monthly Weather Review, 103(3): 262-265.

LEE C S,HUANG L R,SHEN H S,et al,2006. A climatology model for forecasting typhoon rainfall in Taiwan[J]. Nat Hazards,37(1):87-105.

LEE C S, CHEUNG KEVIN K W, HUI JENNY S N, et al, 2008. Mesoscale features associated with tropical cyclone formations in the Western North Pacific[J]. Monthly Weather Review, 136(6): 2006-2022.

LEE C S, CHEUNG K K W, FANG W T, et al,2009. Initial maintenance of tropical cyclone size in the Western North Pacific[J]. Monthly Weather Review, 138(8): 3207-3223.

LEE C S, CHEN B F, ELSBERRY R L, 2012. Long-lasting convective systems in the outer region of tropical cyclones in the Western North Pacific[J]. Geophysical Research Letters, 39(21): L21812.

LEE C, CHEN S, 2015. Stable boundary layer and its impact on tropical cyclone structure in a coupled atmosphere-ocean model[J]. Monthly Weather Review, 142(5):1927-1944.

LEITH C E, 1974. Theoretial skill of monte carlo forecasts[J]. Mon Wea Rev, 102(6): 409-418.

LESLIE L M, FRAEDRICH K, 1990. Reduction of tropical cyclone position errors using an optimal combination of independent forecasts[J]. Weather and Forecasting, 5(1): 158-161.

LI Y, GUO L X, XU Y L, et al, 2012. Impacts of upper-level cold vortex on the rapid change of intensity and motion of Typhoon Meranti (2010)[J]. Journal of Tropical Meteorology, 18 (2): 207-219.

LI X, ZHAN R, WANG Y, et al, 2021. Factors controlling tropical cyclone intensification over the marginal seas of China[J]. Front Earth Sci, 9:795186.

LIN Y, CHEN S, HILL C M, et al, 2005a. Control parameters for the influence of a mesoscale mountain range on cyclone track continuity and deflection[J]. Journal of the Atmospheric Sciences, 62(6): 1849-1866.

LIN Y, WU C, EMANUEL K, et al, 2005b. The interaction of supertyphoon Maemi(2003) with a warm ocean eddy[J]. Mon Wea Rev, 133(9):2635-2649.

LIN J, EMANUEL K, VIGH J L, 2020. Forecasts of hurricanes using large-ensemble outputs[J]. Weather and Forecasting, 35(5):1713-1731.

LIU Q F, SURGI N, LORD S, et al, 2006. Hurricane initialization in HWRF model[R]. NCEP/EMC office note. https://www. researchgate. net/publication/228388389 _ Hurricane _ initialization _ in _ HWRF_model.

LIU C C, 2009. The influence of terrain on the tropical rainfall potential technique in Taiwan[J]. Wea Forecasting, 24(3):785-799.

LIU J Y, YANG S, MA L M, et al, 2013. An initialization scheme for Tropical cyclone numerical prediction by improving humidity in deep convection region revealed by FY3 satellite [J]. Journal of Applied Meteorology and Climatology, 52(10):2260-2277.

LIU Y A, PANDEY R S, 2020. Interactions between typhoons Parma and Melor (2009) in North West Pacific Ocean[J]. Weather Clim Extremes, 29:100272.

LORENZ E N, 1963a. Deterministic nonperiodic flow[J]. J Atmos Sci, 20(2):130-141.

LORENZ E N, 1963b. Section of planetary sciences: The predictability of hydrodynamic flow[J]. Transactions of the New York Academy of Sciences, 25(4):409-432.

LORENZ E N, 1965. A study of the predictability of a 28-variable atmospheric model[J]. Tellus, 17 (3):321-333.

LU X Q, YU H, LEI X T, 2011. Statistics for size and radial wind profile of tropical cyclones in the Western North Pacific[J]. Acta Meteor Sinica, 25(1): 104-112.

LU X Y, KEVIN K W, CHEUNG Y D, 2012. Numerical studies on the formation of typhoon Ketsana (2003) Part I: The role of mesoscale convective systems[J]. Monthly Weather Review, 140(1): 100-120.

LU X, YU H, YANG X, et al, 2019. A new technique for automatically locating the center of tropical cyclones with multi-band cloud imagery[J]. Frontiers of Earth Science, 13(4): 836-847.

MA L M, CHAN J C L, DAVIDSON N E, et al, 2007. Initialization with diabatic heating from satellite-derived rainfall[J]. Atmospheric Research, 85(1):148-158.

MA L M, TAN Z M, 2009. Improving the behavior of the cumulus parameterization for tropical cyclone prediction: Convection trigger[J]. Atmospheric Research, 92(2):190-211.

MACDANALD N J, 1968. The evidence for the existence of Rossby-like waves in the hurricane vortex

[J]. Tellus, 20(1): 138-150.

MACKEY B P, KRISHNAMURTI T N, 2001. Ensemble Forecast of a Typhoon Flood Event[J]. Wea Forecasting, 16(4):399-415.

MARCHOK T, ROGERSRANDTULEYA R,2007. Validation schemes for tropical cyclone quantitative precipitation forecasts: Evaluation of operational models for US landfall cases[J]. Weather Forecasting, 22(4):726-746.

MARKS F D J, HOUZE R A, 1984. Airborne doppler radar observations in Hurricane Debby[J]. Bulletin of the American Meteorological Society, 65(6): 569-582.

MARKS F D J, HOUZE R A J, GAMACHE J F, 1992. Dual-Aircraft investigation of the inner core of hurricane norbert, Part I: Kinematic structure[J]. Journal of the Atmospheric Sciences, 49(11): 919-942.

MARKS F D J,KAPPLER G,DEMARIA M,2002. Development of a tropical cyclone rainfall climatology and persistence (RCLIPER) model[C]//25th Conf. on Hurricanes and Tropical Meteorology. San Diego: American Meteor Society: 327-328.

MATANO H, SEKIOKA M, 1971a. On the synoptic structure of Typhoon Cora, 1969, as the compound system of tropical and extratropical cyclones[J]. Journal of the Meteorological Society of Japan, 49(4): 282-295.

MATANO H, SEKIOKA M, 1971b. Some aspects of the extratropical transformation of a tropical cyclone[J]. Journal of the Meteorological Society of Japan, 49(A): 736-743.

MATHUR M, 1988. The NMC Quasi-Lagrangian Hurricane Model. NMS Technical Bulletin, 377; NOAA, U. S. Department of Commerce, 10

MCBRIDE J L, 1981. Observational analysis of tropical cyclone formation (Part Ⅱ: Comparison of non-developing versus developing systems) [J]. J Atmos Sci, 38(6):1132-1151.

MCBRIDE J L, 1995. Tropical cyclone formation. Global Perspectives on Tropical Cyclones, WMO/TD 693, R. L. Elsberry, Ed., World Meteorological Organization, 63-105.

MCBRIDE J L, HOLLAND G J,1987. Tropical cyclone forecasting: A worldwide summary of techniques and verification statistics[J]. Bull Amer Met Soc, 68(10): 1230-1238.

MENG Z Y,NAGATA M,CHEN L S, et al, 1996. A numerical study on the formation and development of island-induced cyclone and its impact on typhoon structure change and motion[J]. Acta Meteorologica Sinica, 10(4): 430-443.

MENG Z,ZHANG Y,2012. On the squall lines preceding landfalling tropical cyclone in China[J]. Mon Wea Rev,140(2):445-470.

MILLER R N, GHIL M, GAUTHIEZ F, 1994. Advanced data assimilation in strongly nonlinear dynamical systems[J]. J Atmos Sci, 51(8):1037-1056.

MING J, ZHANG J A, ROGERS R F, 2015. Typhoon kinematic and thermodynamic boundary layer structure from dropsonde composites[J]. J Geophys Res Atmos, 120(8):3158-3172.

MOLINARI J, VOLLARO D, 1989. External influences on hurricane intensity. Part I: Outflow layer eddy angular momentum fluxes[J]. Journal of the Atmospheric Sciences, 46(8): 1093-1105.

MOLINARI J, ZHANG J A,ROGERS R F, et al, 2019. Repeated eyewall replacement cycles in Hurricane Frances (2004) [J]. Monthly Weather Review, 147(6): 2009-2022.

MONETTE S A, VELDEN C S,GRIFFIN K S, et al, 2012. Examining trends in satellite-detected tropical overshooting tops as a potential predictor of tropical cyclone rapid intensification[J]. Journal of Applied Meteorology and Climatology, 51(11): 1917-1930.

MONTGOMERY M T, FARRELL B F, 1993. Tropical cyclone formation[J]. Journal of the Atmospheric Sciences, 50(2): 285-308.

MONTGOMERY M T, KALLENBACH R J, 1997. A theory for vortex Rossby-waves and its application to spiral bands and intensity changes in hurricanes[J]. Quarterly Journal of the Royal Meteorological Society, 123(538): 435-465.

MONTGOMERY M T, ENAGONIO J, 1998. Tropical cyclogenesis via convectively forced vortex Rossby waves in a three-dimensional quasigeostrophic model[J]. Journal of the Atmospheric Sciences, 55 (20): 3176-3207.

MONTGOMERY M, NICHOLLS M, CRAM T, et al, 2006. A vortical hot tower route to tropical cyclogenesis[J]. Journal of the Atmospheric Sciences, 63(1):355-386.

MONTGOMERY M T, SANG N V, SMITH J P, et al, 2009. Do tropical cyclones intensify by WISHE [J]. Quarterly Journal of the Royal Meteorological Society, 135(644): 1697-1714.

MONTGOMERY M T,ZHANG J A, SMITH R K, 2013. An analysis of the observed low-level structure of rapidly intensifying and mature Hurricane Earl (2010)[J]. Quarterly Journal of the Royal Meteorological Society, 140(684): 2132-2146.

MUELLER K J, DEMARIA M, KNAFF J A,et al,2006. Objective estimation of tropical cyclone wind structure from infrared satellite data[J]. Wea Forecasting, 21(6): 990-1005.

MUKUT B M, 1991. The national meteorological center's quasi-Lagrangian model for hurricane prediction[J]. Mon Wea Rev, 119(6): 1419-1447.

MULLEN S L, BAURAHEFNER D P,1994. Monte carlo simulations of explosive cyclogenesis[J]. Mon Wea Rev, 122(7): 1548-1567.

NOLAN D S, MOON Y M,STERN D P, 2007. Tropical cyclone intensification from asymmetric convection: Energetics and efficiency[J]. Journal of the Atmospheric Sciences, 64(10): 3377-3405.

NOTT J, GREEN C, TOWNSEND I,et al,2014. The world record storm surge and the most intense southern hemisphere tropical cyclone: New evidence and modeling[J]. Bulletin of the American Meteorological Society, 95(5):757-765.

OLANDER T L, CHRISTOPHER S V,JAMES P K, 2004. The Advanced Objective Dvorak Technique AODT) - Latest upgrades and future directions[J]. Preprints, 26th Conf. on Hurricanes and Tropical Meteorology, Miami, FL, Amer Meteor Soc, 294-295.

OLANDER T L, CHRISTOPHER S V,2007. The Advanced Dvorak Technique: continued development of an objective scheme to estimate tropical cyclone intensity using geostationary infrared satellite imagery[J]. Wea Forecasting, 22:287-298.

ONDERLINDE M, DEMARIA M, 2018. Deterministic to Probabilistic Statistical Rapid Intensification Index (DTOPS): A new method for forecasting RI probability[C]. Ponte Vedra, FL:33rd Conference on Hurricanes and Tropical Meteorology.

OOYAMA K, 1964. A dynamical model for the study of tropical cyclone development[J]. Geofisica Internacional, 4: 187-198.

PARK M, ELSBERRY R L, 2013. Latent heating and cooling rates in developing and nondeveloping tropical disturbances during TCS-08: TRMM PR versus ELDORA retrievals[J]. Journal of the Atmospheric Sciences, 70(1): 15-35.

PRICE J F, 1981. Upper ocean response to a hurricane[J]. J Phys Oceanogr, 11(2):153-175.

PRIETO R, MCNOLDY B D,FULTON S R, et al, 2003. A classification of binary tropical cyclone-like vortex interactions[J]. Monthly Weather Review, 131(11): 2656-2666.

QI L B, YU H, HEN P Y, 2014. Selective ensemble-mean technique for tropical cyclone track forecast by using ensemble prediction systems[J]. Quart J Roy Meteor Soc, 140(680): 805-813.

QIAN Y, LIANG C, YUAN Z,et al, 2016. Upper-tropospheric environment-tropical cyclone interactions over the western North Pacific: A statistical study[J]. Advances in Atmospheric Sciences, 33 (5):614- 631.

REN F M,QIU W Y,JIANG X L,et al,2018. An objective track similarity index and itspreliminary application topredicting precipitation of landfalling tropical cyclones [J]. WeatherForecast, 33 (6): 1725-1742.

REN F M, DING C C, ZHANG D, et al,2020. A dynamical-statistical-analog ensemble forecast model: Theory and an application to heavy rainfall forecasts of landfalling tropical cyclones[J]. Monthly Weather Review, 148(4):1503-1517.

RHOME J,SISKO C A,KNABB R D, et al, 2006. On the calculation of vertical shear: An operational perspective[C]. Monterey: 27th Conference on Hurricanes and Tropical Meteorology.

RIEHL H, 1950. A model of hurricane formation[J]. Journal of Applied Physics, 21(9): 917-925.

RIEMER M, MONTGOMERY M T, NICHOLLS M E, 2010. A new paradigm for intensity modification of tropical cyclones: Thermodynamic impact of vertical wind shear on the inflow layer[J]. Atmos Chem Phys, 10(7):3163-3188.

RIOS B R, TORN R D, 2017. Climatological analysis of tropical cyclone intensity changes under moderate vertical wind shear[J]. Monthly Weather Review, 145(5):1717-1738.

RITCHIE E A, HOLLAND G J, 1993. On the interaction of tropical-cyclone-scale vortices. II: Discrete vortex patches[J]. Quarterly Journal of the Royal Meteorological Society, 119(514): 1363-1379.

RITCHIE A, HOLLAND G J,1999. Large-scale patterns associated with tropical cyclogenesis in the western pacific [J]. Mon Wea Rev, 127(9): 2027-2043.

RITCHIE E A, FRANK W M, 2007. Interactions between simulated tropical cyclones and an environment with a variable Coriolis parameter[J]. Monthly Weather Review, 135(5): 1889-1905.

RIVOIRE L, BIRNER T, KNAFF J A,2016. Evolution of the upper - level thermal structure in tropical cyclones[J]. Geophysical Research Letters, 43(19):10530-10537.

ROGERS R, LORSOLO S, REASOR P, et al,2011. Multiscale analysis of tropical cyclone kinematic structure from airborne doppler radar composites[J]. Monthly Weather Review, 140(1):77-99.

ROGERS R, REASOR P,LORSOLO S, 2013. Airborne doppler observations of the inner-core structural differences between intensifying and steady-state tropical cyclones[J]. Monthly Weather Review, 141 (9):2970-2991.

ROZOFF C M,KOSSIN J P, 2011. New probabilistic forecast models for the prediction of tropical cyclone rapid intensification[J]. Weather and Forecasting, 26(5):677-689.

RYGLICKI D R, COSSUTH J H, HODYSS D,et al, 2018. The unexpected rapid intensification of tropical cyclones in moderate vertical wind shear. Part I: Overview and observations[J]. Mon Wea Rev, 146(11): 3773-3800.

RYGLICKI D R, DOYLE J D, HODYSS D,et al,2019. The unexpected rapid intensification of tropical cyclones in moderate vertical wind shear. Part III: Outflow-environment interaction[J]. Monthly Weather Review, 147(8):2919-2940.

RYGLICKI D R, HODYSS D, RAINWATER G, 2020. The Tropical Cyclone as a Divergent Source in a Background Flow[J]. Journal of the Atmospheric Sciences, 77(12):4189-4210.

SADLER J C,1964. Tropical cyclones of the Eastern North Pacific as revealed by TIROS observations [J]. J Appl Meteor, 3(4): 347-366.

SADLER J C,1978. Mid-season typhoon development and intensity changes and the tropical upper tropospheric trough[J]. Mon Wea Rev, 106(8):1137-1152.

SAMPSON C R,KNAFF J A,DEMARIA M, 2006. A statistical intensity model consensus for the Joint Typhoon Warning Center[C]. Monterey: 27th Conference on Hurricanes and Tropical Meteorology.

SAMPSON C R, FRANKLIN J L, KNAFF J A,et al,2008. Experiments with a simple tropical cyclone intensity consensus[J]. Weather and Forecasting, 23(2): 304-312.

SCHMETZ J, TJEMKES S A, GUBE M,et al, 1997. Monitoring deep convection and convective overshooting with METEOSAT[J]. Adv Space Res, 19(3): 433-441.

SCHUMACHER A, DEMARIA M, KNAFF J, 2013. Summary of the new statistical-dynamical intensity forecast models for the Indian Ocean and Southern Hemisphere and resulting performance[R]. JTWC Project Final Report.

SEKIOKA M, 1956. A hypothesis on complex of tropical and extratropical cyclones for typhoon in the middle latitudes. I. Synoptic structure of Typhoon Marie passing over the Japan Sea[J]. Journal of the Meteorological Society of Japan, 34(5): 276-287.

SHAY L, 2010. Global perspectives on tropical cyclones: Air-sea interactions in tropical cyclones[M]. Singapore: World Scientific: 94-131.

SHEN W, GINIS L,TULEYA R E, 2002. A numerical investigation of land surface water on landfalling hurricanes[J]. Journal of the Atmospheric Sciences, 59(4): 789-802.

SHIMADA U, HORINOUCHI T, 2018. Reintensification and eyewall formation in strong shear: A case study of Typhoon Noul (2015) [J]. Monthly Weather Review, 146(9): 2799-2817.

SIMON A, PENNY A B, DEMARIA M, et al, 2018. A description of the real-time HFIP Corrected Consensus Approach (HCCA) for tropical cyclone track and intensity guidance[J]. Weather and Forecasting, 33(1): 37-57.

SITKOWSKI M, KOSSIN J P, ROZOFF C M, 2011. Intensity and structure changes during hurricane eyewall replacement cycles[J]. Monthly Weather Review, 139(12):3829-3847.

SOFIATI I,NURLATIFAH A,2019. The prediction of rainfall events using WRF (Weather Research and Forecasting) model with ensemble technique[J]. IOP Conference Series: Earth and Environmental Science,374(1):012036.

SONG J, WU R S, QUAN W Q, et al, 2013. Impact of the subtropical high on the extratropical transition of tropical cyclones over the Western North Pacific[J]. Acta Meteorologica Sinica, 27(4): 476-485.

STERN D P, NOLAN D S,2009. Reexamining the vertical structure of tangential winds in tropical cyclones: Observations and theory[J]. Journal of the Atmospheric Sciences, 66(12):3579-3600.

TANG B, EMANUEL K A, 2010. Midlevel ventilation's constraint on tropical cyclone intensity[J]. J Atmos Sci, 67(6):1817-1830.

TANG B, EMANUEL K, 2012. A ventilation index for tropical cyclones[J]. Bull Amer Meteor Soc, 93 (12):1901-1912.

TANG J, WU D,2013. Intensity identification of typhoon haikui (1211) during the landing stage[J].

Tropical Cyclone Research and Review, 2(1): 25-34.

TAO C, JIANG H Y, ZAWISLAK J, 2017. The relative importance of stratiform and convective rainfall in rapidly intensifying tropical cyclones[J]. Monthly Weather Review, 145(3): 795-809.

TITLEY H A,BOWYER R L,CLOKE H L,2020. A global evaluation of multi-model ensemble tropical cyclone track probability forecasts[J]. Quart J Roy Meteor Soc,146(726):531-545.

TORY K J, FRANK W M,2010. Chaper3: Tropical Cyclone Formation. Global Perspectives on Tropical Cyclone (2nd Edition). World Meteorological Publication. Eds. 2010, Jeff Kepert and Johnny Chan.

TOTH Z, KALNEY E,1993. Ensemble forcasting at NMC: The generation of perturbations[J]. Bull Amer Meteor Soc, 74(12): 2317-2330.

TOTH Z, KALNEY E,1997. Ensemble forecasting at NCEP and the breeding mothed[J]. Mon Wea Rev, 125(6): 3297-3319.

VELDEN C S, 1993. The relationship between tropical cyclone motion, intensity, and the vertical extent of the environmental steering layer in the Atlantic Basin[C]. Boston: 20th Conference Hurricanes and Tropical Meteorology.

VELDEN C S, LESLIE L M, 1991. The basic relationship between tropical cyclone intensity and the depth of the environmental steering layer in the Australian region[J]. Weather and Forecasting, 6(2): 244-253.

VELDEN C S, TIMOTHY L O, RAYMOND M Z, 1998. Development of an objective scheme to estimate tropical cyclone intensity from digital geostationary satellite infrared imagery[J]. Wea Forecasting, 13:172-186.

VELDEN C S, SEARS J, 2014. Computing deep-tropospheric vertical wind shear analyses for tropical cyclone applications: Does the methodology matter?, weather and forecasting[J]. 29(5): 1169-1180.

VENTHAM J D, WANG B, 2007. Large-scale flow patterns and their influence on the intensification rates of Western North Pacific tropical storms[J]. Monthly Weather Review, 135(3): 1110-1127.

VERNON F, DVORAK, FRANK SMIGIELSKI,1996. 卫星观测的热带云和云系. 北京: 气象出版社.

WANG Y, 2002a. Vortex Rossby waves in a numerically simulated tropical cyclone. Part I: Overall structure, potential vorticity, and kinetic energy budgets[J]. Journal of the Atmospheric Sciences, 59 (7): 1213-1238.

WANG Y, 2002b. Vortex Rossby waves in a numerically simulated tropical cyclone. Part II: The role in tropical cyclone structure and intensity changes[J]. Journal of the Atmospheric Sciences, 59(7): 1239-1262.

WANG Y, WANG H, 2013. The inner-core size increase of Typhoon Megi (2010) during its rapid intensification phase[J]. Trop Cyclone Res Rev, 2(2): 65-80.

WANG H, WANG Y, 2014. A numerical study of Typhoon Megi (2010). Part I: Rapid intensification [J]. Monthly Weather Review, 142(1): 29-48.

WANG Y, RRO Y, TAN Z,et al, 2015. A statistical analysis of the effects of vertical wind shear on tropical cyclone intensity change over the Western North Pacific[J]. Mon Wea Rev, 143(9): 3434-3453.

WANG W, ZHANG Z, CANGIALOSI J P, et al, 2023. A Review of Recent Advances (2018—2021) on tropical cyclone intensity change from operational perspectives, Part 2: Forecasts by TC operational centers[J]. Tropical Cyclone Research and Review, 12(1): 50-63.

WEBER H C, 2005. Probabilistic prediction of tropical cyclones. Part II: Intensity[J]. Monthly Weather Review, 133(7):1853-1864.

WEI C C,2012a. RBF neural networks combined with principal component analysis applied to quantitative precipitation forecast for a reservoir watershed during typhoon periods[J]. J Hydrometeor, 13(2): 722-734.

WEI C C,2012b. Wavelet support vector machines for forecasting precipitation in tropical cyclones: Comparisons with GSVM,regression,and MM5[J]. Wea Forecasting,27(2):438-450.

WEI N,LI Y, 2013. A modeling study of land surface process impacts on inland behavior of Typhoon Rananim (2004)[J]. Adv Atmos Sci, 30(2): 367-381.

WEI N,LI Y, ZHANG D,et al, 2016. A statistical analysis of the relationship between upper-tropospheric cold low and tropical cyclone track and intensity change over the Western North Pacific[J]. Mon Wea Rev, 144(5): 1805-1822.

WEI N,ZHANG X H,CHEN L S, et al, 2018. Comparison of the effect of easterly and westerly vertical wind shear on tropical cyclone intensity change over the Western North Pacific[J]. Environ Res Lett, 13(3): 1748-9326.

WEN Y,LIN X,LI Y,et al,2015. Impacts of interaction between typhoon Vicente (1208) and subtropical high impacts on Beijing torrential rain of 21 July 2012[J]. J Meteor Res,29(2):293-304.

WEN D,LI Y,ZHANG D L, et al, 2018. A statistical analysis of tropical upper-tropospheric trough cells over the Western North Pacific during 2006-15[J]. Journal of Applied Meteorology and Climatology, 57(11): 2469-2483.

WHITTINGHAM, 1958. The bathurst bay hurricane and associated storm surge[J]. Aust Meteor Mag, 23:14-36.

WILLIAMS E R, 2009. The global electrical circuit: A review[J]. Atmospheric Research, 91(2-4): 140-152.

WONG M L M, CHAN J C L, 2004. Tropical cyclone intensity in vertical wind shear[J]. Journal of the Atmospheric Sciences, 61(15): 1859-1876.

WOOD V T, 1994. A technique for detecting a tropical cyclone center using a Doppler radar[J]. Journal of Atmospheric & Oceanic Technology, 11(5):1207-1216.

WU G, LIU H, 1997. Vertical vorticity development owing to down-sliding at slantwise isentropic surface[J]. Dynamics of Atmospheres and Oceans, 27(1-4): 715-743.

WU L, BRAUN S A, 2004. Effects of environmentally induced asymmetries on hurricane intensity: A numerical study[J]. Journal of the Atmospheric Sciences, 61(24): 3065-3081.

WU C C,2013. Typhoon Morakot: Key findings from the journal TAO for improving prediction of extreme rains at landfall[J]. Bulletin of the American Meteorological Society,94(2):155-160.

XIAO Q N,KUO Y,SUN J,et al,2007. An approach of radar reflectivity data assimilation and its assessment with the inland qpf of Typhoon Rusa (2002) at landfall[J]. Journal of Applied Meteorology and Climatology,46(1):14-22.

XIE B G,ZHANG F Q,2012. Impacts of typhoon track and island topography on the heavy rainfalls in Taiwan associated with Morakot(2009) [J]. Monthly Weather Review,140(10):3379-3394.

XU J, WANG Y, 2015. A statistical analysis on the dependence of tropical cyclone intensification rate on the storm intensity and size in the North Atlantic[J]. Weather and Forecasting, 30(3): 692-701.

XU J, WANG Y, 2018. Dependence of tropical cyclone intensification rate on sea surface temperature, storm intensity, and size in the Western North Pacific[J]. Wea Forecasting, 33(2):523-537.

YANG Y, KUO H C, HENDRICKS E A, et al, 2013. Structural and intensity changes of concentric eyewall typhoons in the Western North Pacific basin [J]. Monthly Weather Review, 141 (8): 2632-2648.

YIN J F, GU H D, LIANG X D, et al, 2022. A possible dynamic mechanism for rapid production of the extreme hourly rainfall in Zhengzhou city on 20 July 2021[J]. J Meteor Res, 36(1):1-20.

YU H, KWON H J, 2005. Effect of TC-trough interaction on the intensity change of two typhoons[J]. Wea Forecasting, 20(2):199-211.

ZARZYCKI C M, THATCHER D R, JABLONOWSKI C, 2017. Objective tropical cyclone extratropical transition detection in high-resolution reanalysis and climate model data[J]. J Adv Model Earth Syst, 9 (1): 130-148.

ZENG Z, WANG Y, CHEN L S, 2010. A statistical analysis of vertical shear effect on tropical cyclone intensity change in the North Atlantic[J]. Geophys Res Lett, 37(2): 1495-1500.

ZHANG Z, KRISHNAMURTI T N, 1997. Ensemble forecasting of hurricane tracks[J]. Bull Amer Meteor Soc, 78(12):2785-2796.

ZHANG Z, KRISHNAMURTI T N, 1999. A perturbation method for hurricane ensemble predictions [J]. Mon Wea Rev, 127(4):447-469.

ZHANG S J, CHEN L S, LI Y, 2012. Statistical analysis and numerical simula-tion of poyang lake's influence on tropical cyclones[J]. Journal of Tropical Meteorology, 18(2):249-262.

ZHANG F, TAO D, 2013a. Effects of vertical wind shear on the predictability of tropical cyclones[J]. Journal of the Atmospheric Sciences, 70(3): 975-983.

ZHANG W, ZHANG Y, ZHOU X, 2013b. Lightning activity and precipitation characteristics of Typhoon Molave(2009) around its landfall[J]. Acta Meteor Sinica, 27(5):742-757.

ZHANG W, HUI W, LYU W, et al, 2020. FY-4A LMI observed lightning activity in super typhoon mangkhut (2018) in comparison with WWLLN data[J]. Journal of Meteorological Research, 34(1): 1-17.

ZHANG J, FENG J, LI H, et al, 2021. Unified ensemble mean forecasting of tropical cyclones based on the feature-oriented mean method[J]. Wea Forecasting, 36(6): 1945-1959.

ZHU X S, YU H, 2019. Environmental influences on the intensity and configuration of tropical cyclone concentric eyewalls in the Western North Pacific[J]. Journal of the Meteorological Society of Japan Ser II, 97(1): 153-173.

ZHUGE X, MING J, WANG Y, 2015. Reassessing the use of inner-core hot towers to predict tropical cyclone rapid intensification[J]. Weather and Forecasting, 30(5):1265-1279.

ZOU X L, XIAO Q N, 2000. Studies on the initialization and simulation of a mature hurricane using a variational bogus data assimilation scheme[J]. J Atmos Sci, 57(6): 836-860.